零基础学 ASP.NET（第2版）

11小时多媒体教学视频

魏汪洋　张建林　郑玉晖　等编著

机械工业出版社
China Machine Press

本书站在零基础学ASP.NET网页设计的初学者角度，在知识点讲解时，采用由浅入深、循序渐进的学习方式，给读者提供一本真真正正迅速上手的教材。

本书涵盖了ASP.NET网页设计所需用到的相关知识，包括：C#语言的基础，网页控件的使用，ADO.NET数据库操作，数据控件与绑定操作，网页设计中的主题、母版、导航、国际化、验证模式，以及ASP.NET AJAX、CSS、JavaScript等。本书针对每个知识点的常用方法，以实际页面中的效果为例子，重点讲述各个知识点的应用，并辅以简单易懂且贴近工程应用的实例来阐明。

本书作为ASP.NET的基础教程，适合于ASP.NET网页设计的初学者，可作为大学教学的教科书，也可以作为广大ASP.NET爱好者的自学教材。本书附赠光盘，内容是作者为本书录制的全程多媒体语音教学视频及本书所涉及的源代码。

图书在版编目（CIP）数据

零基础学ASP.NET / 魏汪洋等编著．—2版．—北京：机械工业出版社，2012.3
（零基础学编程）

ISBN 978-7-111-37366-7

Ⅰ．零…　Ⅱ．魏…　Ⅲ．网页制作工具－程序设计　Ⅳ．TP393.092

中国版本图书馆CIP数据核字（2012）第018372号

机械工业出版社（北京市西城区百万庄大街22号　邮政编码　100037）
责任编辑：陈佳媛
中国电影出版社印刷厂印刷
2012年3月第2版第1次印刷
185mm×260mm · 31.25印张
标准书号：ISBN 978-7-111-37366-7
ISBN 978-7-89433-318-6（光盘）
定价：69.00元（附光盘）

凡购本书，如有缺页、倒页、脱页，由本社发行部调换
客服热线：（010）88378991；88361066
购书热线：（010）68326294；88379649；68995259
投稿热线：（010）88379604
读者信箱：hzjsj@hzbook.com

前　言

在市场经济的大背景下，企业竞争越来越激烈，电子商务飞速发展，企业的网络宣传成为一个至关重要的环节。因此，提供一个美观大方、友好的企业窗口是各个企业在发展过程中必须考虑的问题。通过Web网页的形式向用户提供了解企业的窗口，是一个非常好的选择。

ASP.NET是专业的网页设计工具，是Microsoft公司推出的高效网页设计平台，通过它开发网页可以获得很好的支持，并且能在主流浏览器——IE上顺利运行，使用户能够无障碍阅读网页。

现在越来越多的人加入了ASP.NET网站开发的行列。.NET平台的不断升级与完善，为ASP.NET网站开发提供了完美支持。

本书特色

本书可作为学习ASP.NET的基础教程，其结构紧凑、内容丰富，几乎涵盖了ASP.NET的各个方面，而且具有一定的深度。本书完全从ASP.NET初学者的角度出发，通过大量的实例讲解相关知识点，对每个实例均按照开发顺序给出了完整的开发过程，易学易用。本书的主要特色如下：

1. 注重基础

本书的宗旨是帮助ASP.NET初学者打下坚实的基础，为后续的学习提供保障，使读者深刻理解ASP.NET的基础知识。

2. 注重实例

本书通过实例来讲述ASP.NET的主要知识点，同时给出每个实例的详细实现过程，便于读者学习、调试。

3. 循序渐进

在编写本书的过程中，无论是全书还是每章、每个知识点，都尽量按照“由浅入深”的顺序编写，便于读者学习。

4. 知识速查

本书归类整理了ASP.NET的基本知识点，方便读者速查，同时也便于初学者学习。

5. 内容全面

本书涵盖了ASP.NET基础开发的各方面内容，同时对常用的高级应用程序也做了一定的介绍。通过学习本书读者可以全面、深入、透彻地理解ASP.NET的各种应用。

前　言

本书内容

全书分为7篇，共26章，主要内容如下：

第一篇“快速起步”，包括第1~3章，介绍了使用ASP.NET进行网页设计的必备基础知识。

第二篇“使用数据”，包括第4~8章，介绍了ASP.NET设计网页时，与数据库建立连接时，各种数据控件的使用方法。

第三篇“ASP.NET网站规划”，包括第9~13章，介绍了网站设计中的母版页、主题、导航、个性化网站和建立用户控件的方法。

第四篇“ASP.NET网站管理”，包括第14~17章，介绍了页面之间传递数据的状态管理、缓存管理、网站国际化和配置文件管理的操作方法。

第五篇“ASP.NET网站安全”，包括第18~19章，介绍了网站安全模式中的两种验证方法和网站内成员与角色的管理。

第六篇“ASP.NET网站高级开发”，包括第20~22章，介绍了JavaScript语言的基础知识、CSS的相关知识、ASP.NET AJAX的使用方法。

第七篇“建立一个电子商务网站”，包括第23~26章，介绍了如何使用ASP.NET技术创建网站，第26章还提供了一些ASP.NET面试题和面试技巧。

本书读者对象

本书作为ASP.NET的基础教程，适合于：

- ASP.NET网页设计的初学者；
- 大中专院校刚学完C#语言的低年级学生；
- 各种ASP.NET网页设计培训机构的学员；
- 具备一定网页设计基础的ASP.NET爱好者。

本书作者

本书第1～4章主要由魏汪洋编写，第5章由马林编写，第6～12章主要由张建林编写，第13～18章由姜永艳编写，第19、22章由高阳编写，第20、21章由张喆编写，第24章由牛艳霞编写，第23、25、26章主要由郑玉晖编写。其他参与编写的人员有冯华君、刘博、刘燕、叶青、张军、张立娟、张艺、彭涛、徐磊、戎伟、朱毅、李佳。全书由魏汪洋统稿。

作　者

2012年2月

目　录

第二篇 使用数据

第三篇　ASP.NET网站规划

第五篇 ASP.NET网站安全

第六篇 ASP.NET网站高级开发

第七篇 建立一个电子商务网站

第一篇 快速起步

第 1 章 第一个ASP.NET程序

本章学习如何搭建ASP.NET的开发环境，并通过一些简单的程序学习ASP.NET程序的结构。如果没有环境，仅谈技术就会成为“纸上谈兵”。通过本章的学习，读者可以学会搭建ASP.NET开发环境，为学习ASP.NET提供一个良好的平台。

本章重点：

- 安装Visual Studio 2010开发环境，读者可按照书中讲述的步骤搭建ASP.NET开发环境。
- 第1个ASP.NET程序，学会编译、运行ASP.NET程序。
- ASP.NET程序结构，认识ASP.NET程序的基本构成。

1.1 选择开发工具：Visual Studio 2010

Visual Studio 2010是微软推出的专门支持.NET框架4.0的开发工具，并提供了一些日常ASP.NET开发所需要的组件，可帮助初学者缩短学习过程。本节主要就是介绍这个强大的开发工具。

1.1.1 了解Visual Studio 2010的功能

进行.NET开发的工具不是只有Visual Studio，如最常见的Windows自带的记事本，也可以进行.NET程序开发。但在开发人员眼里，Visual Studio还是.NET开发的首选工具。

Visual Studio是一套完整的开发工具集，它包含了大量的功能，主要用于生成ASP.NET Web应用程序、XML Web Services、桌面应用程序和移动应用程序。在这里，Visual Basic、Visual C++、Visual C# 和Visual J#全都使用相同的集成开发环境（IDE）。利用此IDE可以共享工具，且有助于创建混合语言解决方案，使程序可以使用不同的语言共同开发。另外，这些语言利用了.NET Framework的功能，通过此框架可使用简化ASP Web应用程序和XML Web Services开发的关键技术。

Visual Studio 2010的功能集中在以下几个方面：

- 交互式开发环境。提供了代码颜色设置、语法检查、IntelliSense自动完成等功能，而且使用重构功能，还可以轻松地重新构建和重新组织代码。

- ❑ 更优化的开发环境，直观地设计Web应用程序。注重爱好者、热衷者和学生需求的优化的开发环境。
- ❑ 直观地设计数据库。使用直观的WYSIWYG（What You See Is What You Get，所见即所得）拖放式用户界面设计器，创建美观、易于使用的Web应用程序，同时也提供IntelliSense功能，使程序员能够快速访问可在应用程序中使用的方法和库。
- ❑ 轻松共享Web应用程序。使用省时的向导轻松连接数据，也可以使用“拖放”功能，将用户界面连接到数据，而无须编写代码。

在实际开发中，还可以看到Visual Studio在很多细节方面的优化。

1.1.2 安装Visual Studio 2010所需的硬件环境

在使用Visual Studio进行开发之前，需要安装该IDE开发工具。Visual Studio需要安装在Windows操作系统中，并且对系统的硬件性能及兼容性有一定的要求。具体的硬件性能及配置要求如下所示。

- ❑ 处理器：1GHz处理器，建议使用2GHz处理器或双核处理器。
- ❑ RAM：1GB，建议在2GB以上。
- ❑ 可用硬盘空间：不含MSDN时，系统驱动器上需有1GB的可用空间。安装驱动器上需有2GB的可用空间。含MSDN时，系统驱动器上需有1GB的可用空间，完整安装MSDN的安装驱动器上需有3.8GB的可用空间，默认安装MSDN的安装驱动器上需有2.8GB的可用空间。
- ❑ 操作系统：Windows 2000 Service Pack 4、Vista、Windows XP Service Pack 2、Windows Server 2003 Service Pack 1、Windows 7 Service Pack 1或更高版本。对于64位计算机，有下列要求：必须是Windows Server 2003 Service Pack 1 x64 版本，或Windows XP Professional x64版本，或Windows 7 Service Pack 1 x64版本。
- ❑ CD-ROM驱动器或DVD-ROM：必需。
- ❑ 视频：800×600，256 色。建议：1024×768，增强色16位。
- ❑ 鼠标：Microsoft鼠标或兼容的指针设备。

1.1.3 安装Visual Studio 2010

本书以Visual Studio 2010为例介绍其安装过程。

（1）将Visual Studio 2010光盘放入光盘驱动器，屏幕上将会弹出如图1.1所示的对话框，其中有两个选项，但只有第一项“安装Microsoft Visual Studio 2010”为可选状态。

（2）单击“安装Microsoft Visual Studio 2010”选项，出现如图1.2所示的界面。此处可以选择是否参加微软的帮助改进安装活动，读者可以根据自己的意愿选择是否参加。进度条显示完成后，“下一步”按钮将变为可用状态。

（3）单击“下一步”按钮，此时窗体中出现最终用户许可协议，读者需要同意其所有条款，然后输入正版序列号。

（4）单击“下一步”按钮，弹出设置安装路径的对话框，如图1.3所示。

（5）单击“下一步”按钮，打开Visual Studio 2010的正式安装界面，如图1.4所示。安装时间较长，请耐心等待。图1.4中的列表就是Visual Studio 2010所需的组件和工具，包括.NET

4.0框架、数据库文件压缩包等。此安装需要的时间比较长，安装完毕后，图1.4中的“下一步”按钮变为可用状态。

（6）单击“下一步”按钮，出现如图1.5所示的完成界面，直接单击“完成”按钮即可。

注意 安装完成后才可以选择文档的安装。

图1.1 Visual Studio 2010安装开始界面

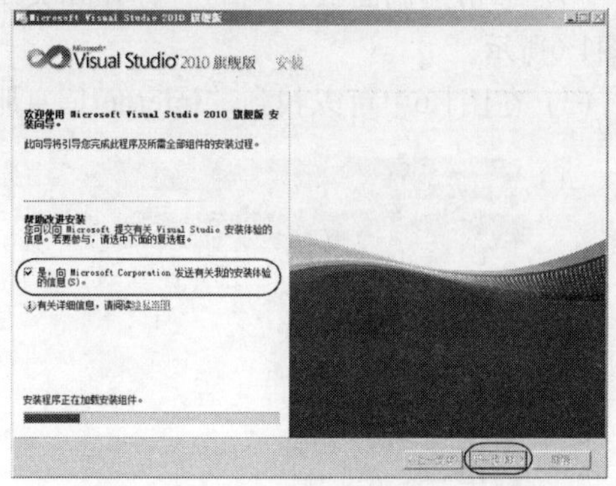

图1.2 Visual Studio 2010安装准备

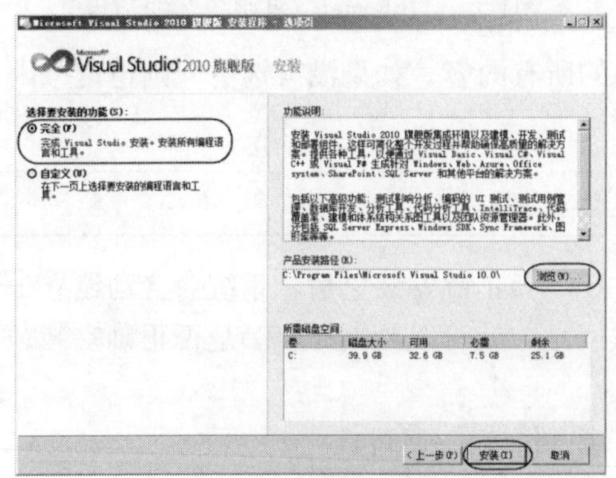

图1.3 设置安装路径

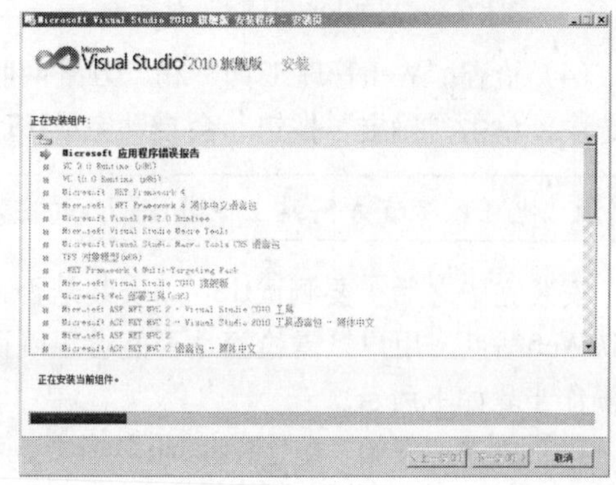

图1.4 Visual Studio 2010正式安装界面

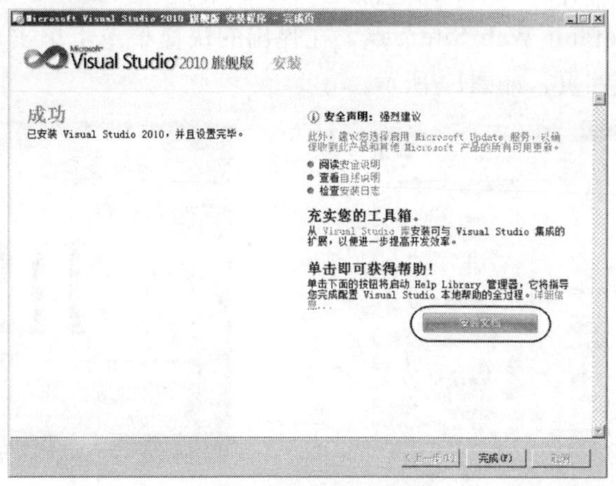

图1.5 安装文档界面

1.1.4　检查是否安装IIS

IIS 7不需要下载，一般都在Windows操作系统的安装盘内。本例检查Windows 7旗舰版下的IIS（版本是7.5）是否安装，如果没有安装，可按下述步骤学习如何安装IIS。具体的步骤如下。

（1）单击“开始”|“控制面板”|“程序”命令，弹出“程序”窗口。

（2）单击控制面板左侧的“打开和关闭Windows功能”，弹出“Windows功能”对话框，如图1.6所示。

（3）在图1.6中可以找到“Internet信息服务”选项，展开其所有节点，如图1.7所示。

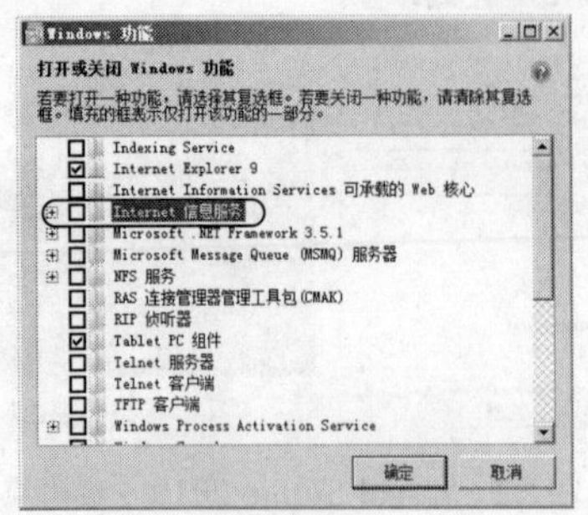

图1.6　“Windows功能”对话框

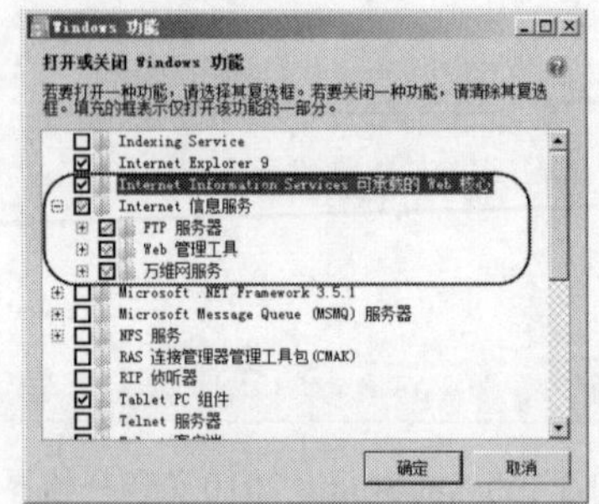

图1.7　“Internet信息服务”的节点

（4）检查“Web管理工具”和“万维网服务”的所有内容，如果没有选中，则把这些内容都选中。单击“确定”按钮，会自动完成IIS安装。

提示　*也可以从官方网站上下载IIS 7.5的安装包直接安装。*

安装完毕之后，要测试IIS 7.5安装是否正确。IIS 7.5正确安装之后，系统会自动建立一个默认Web站点。用户只需检验是否能够正确访问该网站，就可以判断IIS 7.5是否正确安装。具体操作步骤如下所示。

（1）单击“开始”|“控制面板”命令，打开“控制面板”窗口。

（2）双击“系统和安全”|“管理工具”图标，进入“管理工具”窗口。双击“Internet信息服务管理器”图标，打开“Internet信息服务（IIS）管理器”窗口，如图1.8所示。

（3）右击左侧的Default Web Site节点，在弹出的快捷菜单上单击“浏览”命令。系统会打开一个IE窗口显示该网页，如图1.9所示。

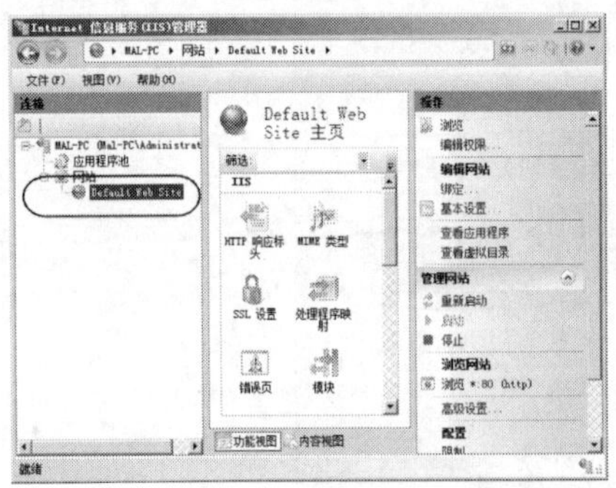

图1.8　“Internet信息服务（IIS）管理器”窗口

图1.9　IIS测试网页

用户也可以直接打开IE浏览器，在地址栏中输入本机的网址，可以是http://localhost/（localhost代表本机的默认网址）或者http://127.0.0.1/（IP地址127.0.0.1代表本机），查看是否能打开.asp或.aspx类型的文件。如果能正常打开，就证明IIS已经正确安装和运行了。

1.2 开发第一个ASP.NET程序

安装完Visual Studio 2010和IIS后，基本环境配置已经完成。本节就开始设计第一个自己的ASP.NET程序。

1.2.1 启动Visual Studio 2010，创建一个网站

为了让读者了解网站的创建过程，本节将详细介绍网站的开发过程，详细步骤如下所示。

（1）安装Visual Studio 2010之后，在“开始”|“所有程序”|“Microsoft Visual Studio 2010”菜单中，单击Microsoft Visual Studio 2010可执行文件，可以启动Microsoft Visual Studio 2010程序。进入图1.10所示的起始页。

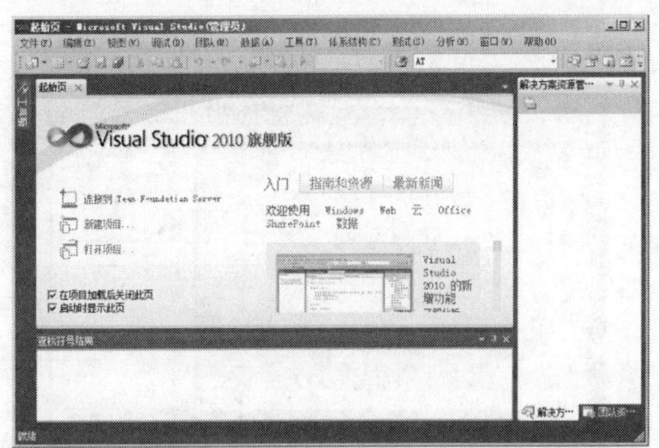

图1.10 Visual Studio 2010起始页

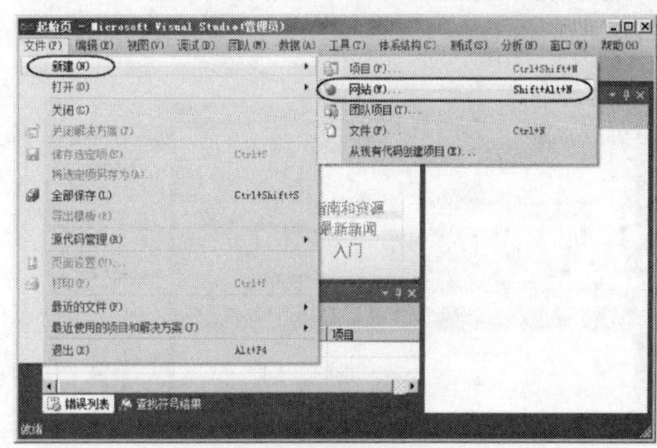

图1.11 新建网站菜单

（2）单击菜单栏的“文件”|“新建”|“网站”命令，如图1.11所示。

（3）在弹出的“新建网站”对话框中，选择“ASP.NET网站”选项，在“Web位置”下拉列表中选择“文件系统”选项，在路径后面单击“浏览”按钮，定位到需要保存该网站的文件路径，在左侧列表中选择“Visual C#”列表项，然后单击“确定”按钮，如图1.12所示。

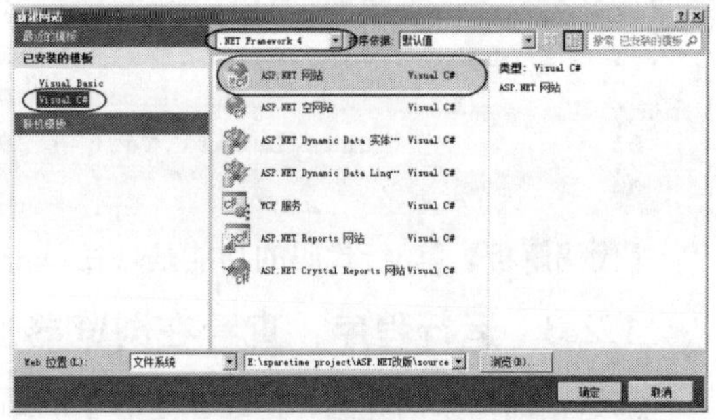

图1.12 “新建网站”对话框

注意 顶部的.NET Framework版本选择。

（4）新建的网站会自动创建解决方案，并在网站下添加一个App_Data文件夹，同时建立一个空白的名为Default.aspx的aspx页面文件和一个名为web.config的配置文件，如图1.13所示。

1.2.2 添加控件、编写代码

创建完网站后，网站中包含一个空的Default.aspx页面，这是一个空白页面。本节就教读

者设计一个有内容、含代码的页面。详细的操作步骤如下所示。

（1）在页面中添加控件。双击“解决方案资源管理器”中的Default.aspx文件，默认会进入该页面文件的源视图。该页面编辑的是页面的HTML代码文件。单击页面编辑器底部的“设计”选项卡，切换到页面的“设计”视图。

（2）选择“视图”|“工具箱”菜单项，则编辑页面弹出“工具箱”窗口。在“工具箱”窗口中选择“标准”控件部分，找到Label控件后，将其拖到页面的“设计”视图中，再找到Button控件，将其拖到Label控件的下面。

（3）设置控件的属性。设置ASP.NET控件的属性时，需要右击该控件。如果Visual Studio 2010开发平台中已经存在属性窗口，则会将该窗口显示为该控件的属性。如果没有，则会新弹出控件的属性窗口。

右击Label控件，在控件的“属性”窗口中，将Label控件的Text属性设置为“请单击OK按钮”。右键单击Button控件，在控件的“属性”窗口中，将Button控件的Text属性设置为“OK”。设置完毕的页面如图1.14所示。

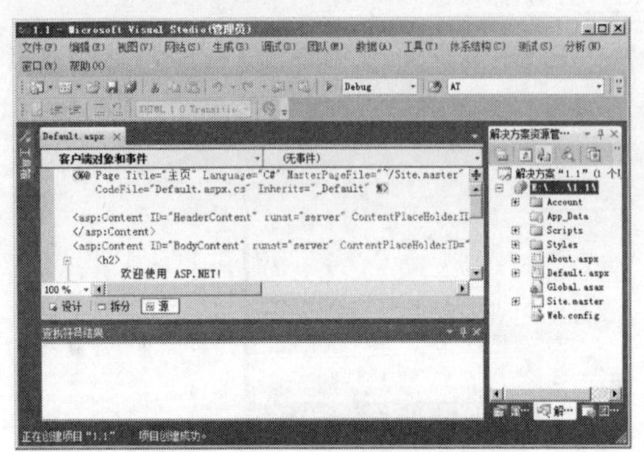

图1.13 新建网站的IDE视图

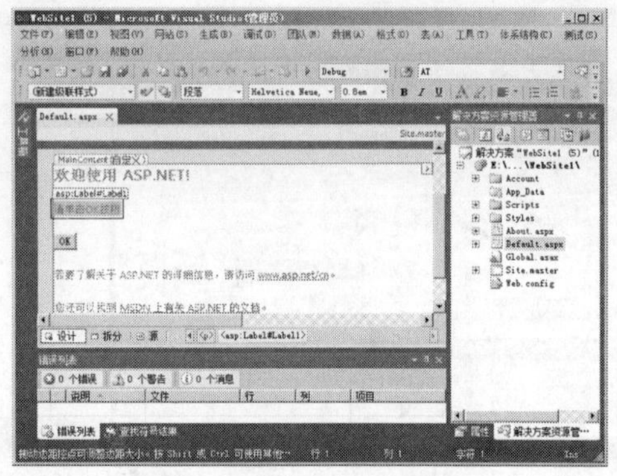

图1.14 添加控件后的页面

（4）双击按钮控件，页面切换到后台Default.aspx.cs的代码编辑视图，可以看到，开发工具自动在后台文件中添加了一个按钮的单击事件。在该事件中添加如下代码：

```
01  protected void Button1_Click(object sender, EventArgs e)
02      {
03          this.Label1.Text = "您已经单击了OK按钮，欢迎进入ASP.NET 4.0开发世界";
04      }
```

【代码解析】第3行代码的功能是，在单击按钮之后，改变Label控件的文字显示内容。

1.2.3 运行程序：查看在浏览器上显示的源文件

通过前面两节的介绍，已经创建好了网站，并设计好了网站中某个网页的内容。本节学习如何通过Visual Studio 2010与IIS的结合，浏览已设计好的网站和网页。详细步骤如下所示。

（1）单击工具栏中的“▶”按钮，运行当前的ASP.NET程序。如果是第一次启用调试，Visual Studio 2010会弹出一个“未启用调试”对话框，如图1.15所示。

（2）单击“确定”按钮，网站进入调试状态。此时会弹出一个新的网页窗口，该窗口即为Default.aspx浏览状态，如图1.16所示。

（3）单击“OK”按钮之后，页面显示出文字“您已经单击了OK按钮，欢迎进入ASP.NET 4.0开发世界”。

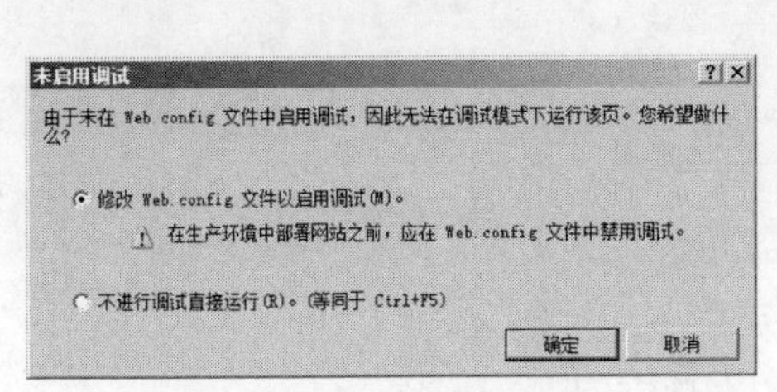

图1.15　启用网站调试

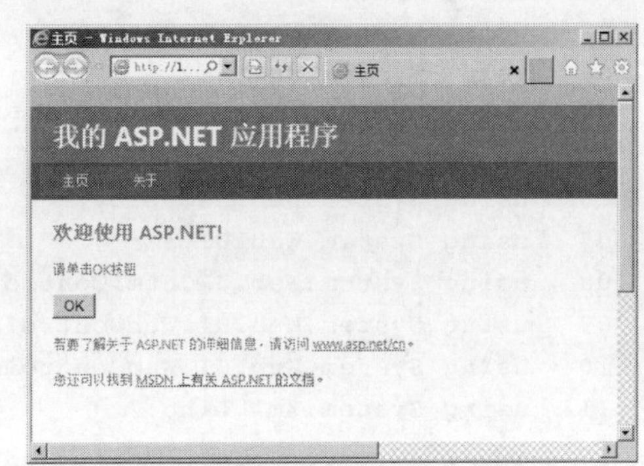

图1.16　调试页面

1.2.4　退出Visual Studio 2010

创建网站，设计网页，然后运行所设计好的页面。这三个步骤完整地表现了一个ASP.NET程序的开发过程。具体代码该如何写、那些控件该如何引用，后面的章节都会详细介绍。本章就是通过一个简单的小程序，帮助读者先了解一个开发的过程、了解究竟什么是ASP.NET应用程序。

现在关闭运行着的浏览器。注意，关闭浏览器只是关闭运行着的程序，并不是关闭Visual Studio 2010。关闭浏览器后，界面会自动退到Visual Studio 2010的设计界面。如果要退出所有的程序，单击此界面右上角的关闭按钮。如果程序还没有保存，系统会自动提示你是否要保存。如果选择“是”按钮，则Visual Studio 2010就保存后正常关闭了。

1.3　ASP.NET程序结构的剖析

前面在设计网页时添加了控件，然后也为控件添加了代码。这些代码究竟是什么意思呢？为什么要写在这个地方？本节就分析前面使用的代码，并介绍ASP.NET程序的一些代码组成。

1.3.1　前台和后台

在ASP.NET程序中，一般分为前台和后台。进行界面设计的Default.aspx，通常称之为前台，表示用户能看到的地方；而真正写代码来处理内容的地方称为后台，用户看不到后台代码，程序员来完成后台代码的设计，就是前面例子中的Default.aspx.cs。

在Default.aspx源代码界面顶部有一句声明，如下所示。其中的“CodeFile”参数设置的内容就是本界面所关联的后台代码。这个参数的意义就是指定当前页引用的代码隐藏文件的路径。此属性与Inherits属性一起使用，可以将代码隐藏源文件与网页相关联。

```
<%@ Page Language="C#" AutoEventWireup="true"  CodeFile="Default.aspx.cs"
Inherits="_Default" %>
```

通过上面的设置就可以知道，当前网页的后台代码来自Default.aspx.cs的支持，就是常说的后台文件或者后台代码。

1.3.2　程序集的引用

程序集是一些已经封装好的类库，可以直接拿来使用。打开Default.aspx.cs后台文件，文件的开始就是对.NET框架中已经存在的程序集的引用。参考下面的代码。

```
01    using System;
02    using System.Configuration;
03    using System.Data;
04    using System.Linq;
05    using System.Web;
06    using System.Web.Security;
07    using System.Web.UI;
08    using System.Web.UI.HtmlControls;
09    using System.Web.UI.WebControls;
10    using System.Web.UI.WebControls.WebParts;
11    using System.Xml.Linq;
```

【代码解析】第1～11行代码用于包含程序所需的名称空间。

其中using是.NET的关键字，表示引用。在.NET框架中，基本的程序集都封装在“System”这个名称空间内。

1.3.3 事件

在前面的案例中，使用了按钮的单击事件。事件就是操作引发一个结果的过程，如执行单击操作、双击操作等。有些事件是系统自动触发的，如页面的加载、页面的显示和页面对象的销毁等；有些是通过用户操作（如单击、双击、拖动等）来触发的。

前面事件的完整代码如下所示。其中事件有两个参数：sender和e。这两个参数的作用就是显示一个对象的操作引起的结果。

```
01     protected void Button1_Click(object sender, EventArgs e)
02      {
03           this.Label1.Text = "您已经单击了OK按钮，欢迎进入ASP.NET 4.0开发世界";
04      }
```

【代码解析】第1行代码中的Sender就是“谁”，表示触发事件的对象，而e就是监听事件类型，表示“做了什么”。

当某个事件被执行时，这个动作被Windows捕获，然后Windows把这个动作作为系统消息发送给程序。程序从自己的消息队列中不断地取出消息，并在消息循环中寻找对应的处理方式，这时message结构中的类似于sender和e的参数就起到了引导程序使用正确的处理函数的作用。这段话有些抽象，读者在学习控件的时候，会得到更深刻的理解。

1.3.4 揭示程序处理的过程和本质

本节介绍一个网页的完整处理过程，其实就是一个事件处理的顺序。整个事件的完整处理过程，就是一个页面的生命周期。

网页的生命周期主要分为10步，也就是10个需要处理的事件。从用户打开网页开始，到网页从服务器获取数据，再到网页的完全显示，总共经历10个事件。下面将有序地介绍这10个事件，介绍顺序就是网页的处理顺序。

（1）初始化对象：页面的控件（包括页面本身）的初始状态。通过在后台文件的构造函数中声明所有对象完成。声明对象后，页面就知道要创建多少对象，以及这些对象的类型。页面通过“OnInit”事件完成此操作。

(2) 导入ViewState数据：在页面初始化事件后，所有控件就可以通过其ID被程序访问。在LoadViewState这个事件中，所有的控件将获得它们的第一个属性——ViewState属性。这个属性最终将被返回给服务器，以判断这个页面是被用户访问完毕、还是仍在被用户访问。其实这就是一个缓存控件的功能。在被服务器返回数据的页面中，查看其源代码，可以看到一个名为“__VIEWSTATE”的隐藏控件。

(3) 用LoadPostData处理Postback数据：在页面创建的这个阶段，服务器对页面上控件所提交的数据进行处理。当一个页面被提交时，框架就在每个控件上执行一个IPostBackDataHandler接口操作。然后页面执行LoadPostData事件解析页面，找到每个执行了IPostBackDataHandler接口操作的控件，并用postback数据更新这些控件状态。

(4) 导入对象：导入对象是在Load事件中，在这里，所有对象都被实例化了。所有的对象第一次被布置在DOM页面里。这样，对象就可以从客户端获得各种属性，如宽度、高度、值、可见性等。

(5) RaisePostBackChanged事件：该事件发生在所有的控件执行了IPostBackDataHandler接口操作，并被正确的postback数据更新后。在这一步中，每个控件都被赋予一个布尔值，以标志该控件有没有被更新。

(6) 处理客户端PostBack事件：由postback（回发）数据在服务器端引起的事件处理完后，产生postback数据的对象就会执行RaisePostBackEvent事件。

(7) 预先呈递对象：可以改变对象，并将改变后的对象保存，此时可以对控件的属性、控件树等结构做出最后的修改。在此步之后，对象的所有修改将被最终锁定。此步通过OnPreRender事件来完成。

(8) 保存ViewState：所有对页面控件的修改完成后，ViewState就被保存了。所有对象的状态数据还是保留在一个隐藏控件里。呈现页面的对象状态数据，也是从这一步中获取。在SaveViewState事件中，其值被保存到ViewState对象中，然而这时不允许再在页面中对控件进行修改。

(9) 呈现给页面：给浏览器输出页面的时候触发的是Render事件。在Render事件中，页面调用其中的对象，并将它们呈现给浏览器。这一步仍然可以做一些修改动作，不过已经与服务器无关，只是客户端的一些显示上的变化。

(10) 销毁对象：服务器把页面呈现给浏览器后，所有的对象通过Dispose事件被销毁。此时应该销毁在建立这个页面时创建的所有对象。在此步骤中，所有的处理已经完毕，所以销毁任何对象（包括销毁页面对象）都不会产生错误。

1.4 配置文件的说明

在前面介绍网站时，知道网站默认生成一个web.config文件，这个文件就是配置文件。本节就来了解什么是配置文件，以及它有什么作用。

1.4.1 什么是配置文件

配置文件就是用来配置网站的文件。网站使用什么验证方式来验证用户？网站的登录超时时间是多长？网站的数据库如何连接？这些都是网站的配置。ASP.NET应用程序通过网站的

web.config文件来配置网站。打开这个文件，其内容如下所示。

```
01  <?xml version="1.0"?>
02  <configuration>
03      <configSections>   </configSections>
04      <appSettings/>
05      <connectionStrings/>
06      <system.web>
07          <compilation debug="false">          </compilation>
08          <authentication mode="Windows" />
09          <customErrors mode="RemoteOnly" defaultRedirect="GenericErrorPage.htm">
10              <error statusCode="403" redirect="NoAccess.htm" />
11              <error statusCode="404" redirect="FileNotFound.htm" />
12          </customErrors>
13          -->
14      </system.web>
15  ……
16  </configuration>
```

【代码解析】第1行“<?xml version="1.0"?>”表示标准格式的xml文件头。各个配置项的作用将在后续的章节进行学习，此处只给出一个配置文件的结构。

1.4.2 配置文件的作用

ASP.NET的配置信息包含在一组配置文件中，每个文件都名为web.config。每个配置文件都包含XML标记和子标记的嵌套层次结构，这些标记带有指定配置设置的属性。ASP.NET所有的配置信息都驻留在名为<configuration>和</configuration>的根XML标记之间。

注意 一个文件夹下只能有一个web.config文件。一个网站中可以有多个配置文件，它们都在不同的文件夹下。

web.config不仅可以使用与.NET框架一起提供的预定义的配置节处理程序，还可以创建自定义处理程序来处理自定义配置数据。这种灵活性就是配置文件最大的作用。归根结底，web.config文件就是用来配置网站、为网站服务，让开发人员可以通过其灵活的配置，控制好网站的各种突发情况和正常运营情况。

1.5 小结

本章首先让读者把开发ASP.NET程序的结构搭建好，然后在这个搭建好的环境下，开发了自己的第一个ASP.NET应用程序。为了让读者更好地了解ASP.NET，在创建完程序后，本章还介绍了程序的前台和后台的组成，最后还介绍了一个ASP.NET程序的处理过程，包括从加载页面到释放页面对象的整个页面生命周期。

本章最后简要介绍了web.config这个配置文件，这个文件非常关键。虽然Visual Studio 2010默认的配置都是最常用的，但当一个网站完成后，为了方便管理员操作，还是要进行一些必要配置的。

1.6　上机实践习题

1. 新建一个网站，在主页上放置2个标签，通过代码初始化，1个标签显示的内容为“中国，你好！”，另1个标签显示的内容为“祝福中国繁荣昌盛！”

【提示】 该题目要求读者学习向网页上添加控件的方法，并为窗体添加初始化事件，重点掌握为窗体添加初始化代码的方法。

【关键代码】

```
01    this.label1.text = "中国，你好！"
02    this.label2.text = "祝福中国繁荣昌盛！"
```

【代码解析】 第1行代码用于设置Label1显示的内容，第2行代码用于设置Label2显示的内容。

2. 新建一个网站，在主页上提供一个用户输入数据的接口，同时提供一个按钮，第一次显示页面时不显示数据提交的提示，当用户单击按钮时，告知用户输入数据已经提交。

【提示】 该题目要求理解用户的需求，重点掌握向窗体添加控件的方法，以及为按钮添加响应单击事件的操作。

【关键代码】

```
01    Label1.Text = "请输入数据：";
02    TextBox1.Text = "";
03    Button1.Text = "确定";
04    Label2.Text = "";
```

【代码解析】 第1行代码用于设置Label的显示内容，第2行代码用于置空文本框，第3行代码用于设置按钮的显示内容，第4行代码用于设置Label2的显示内容为空。

3. 新建一个网站，在页面显示一个LABEL控件，在页面上提供2个按钮，分别控制Label控件的显示与隐藏。

【提示】 该题目要求读者学习控件属性的使用方法，重点掌握控件常用属性的使用。

【关键代码】

```
01    Label1.Text = "LABEL控件已经显示！";
02    Button1.Text = "显示";
03    Button2.Text = "隐藏";
04    Label1.Visible = true;
05    Label1.Visible = false;
```

【代码解析】 第4行代码用于显示Label控件，第5行代码用于隐藏Label控件。

第 2 章　基础知识

本章学习的主要内容有，ASP.NET与.NET Framework的关系和C#语言的语法知识。通过认识.NET Framework的功能，有利于读者认识ASP.NET；只有学习了C#语言的基础，才能使用C#语言编写ASP.NET程序。通过学习本章，读者可以了解ASP.NET的运行机制和ASP.NET程序开发的基础。

本章重点：

- ❑ .NET Framework的功能，认识.NET Framework的功能，以及ASP.NET与.NET Framework的作用。
- ❑ C#语言的变量和常量，学会使用C#语言变量与常量的使用方法，以及C#语言中的数据类型。
- ❑ C#语言控制结构，学会使用C#语言的顺序、选择和循环等语句的使用方法，依据实际问题，选择合适的结构。
- ❑ C#语言高级应用，学会使用C#语言的各种特性。

2.1　认识ASP.NET 4.0

本节从整体的.NET环境入手，首先介绍了最新的.NET框架4.0，然后认识ASP.NET在.NET框架中的位置，最后学习ASP.NET提供的一些封装好的常用类。

2.1.1　.NET Framework 4.0的功能

微软公司将.NET Framework（即，框架）定义为：支持生成和运行下一代应用程序和XML Web Services的内部Windows组件。.NET框架主要实现下列目标：

- ❑ 提供一个统一的面向对象开发环境。该开发环境支持本地代码的开发、远程对象程序的开发，或者在本地执行分布在互联网上的各种应用程序的开发。
- ❑ 更好地解决开发应用的版本和部署版本之间的冲突。
- ❑ 通过框架的解决方案，可以调用未知的或第三方代码，实现已有系统的移植以及代码的重复使用。
- ❑ 使开发人员在开发各种不同类型应用的时候，有一样的开发体验，例如基于Windows的应用程序和基于Web的应用程序。
- ❑ 按照行业标准生成所有通信，确保基于.NET Framework的代码可与任何其他代码集成。
- ❑ 公共语言运行库是.NET框架的基础。可以将运行库看作是一个在执行时管理代码的代理，它提供内存管理、线程管理和远程处理等核心服务，并且强制实施严格的类型安全检查，能够提高代码的安全性和可靠性。以运行库为目标的代码，称为托管代码；而不以运行库为目标的代码，称为非托管代码。

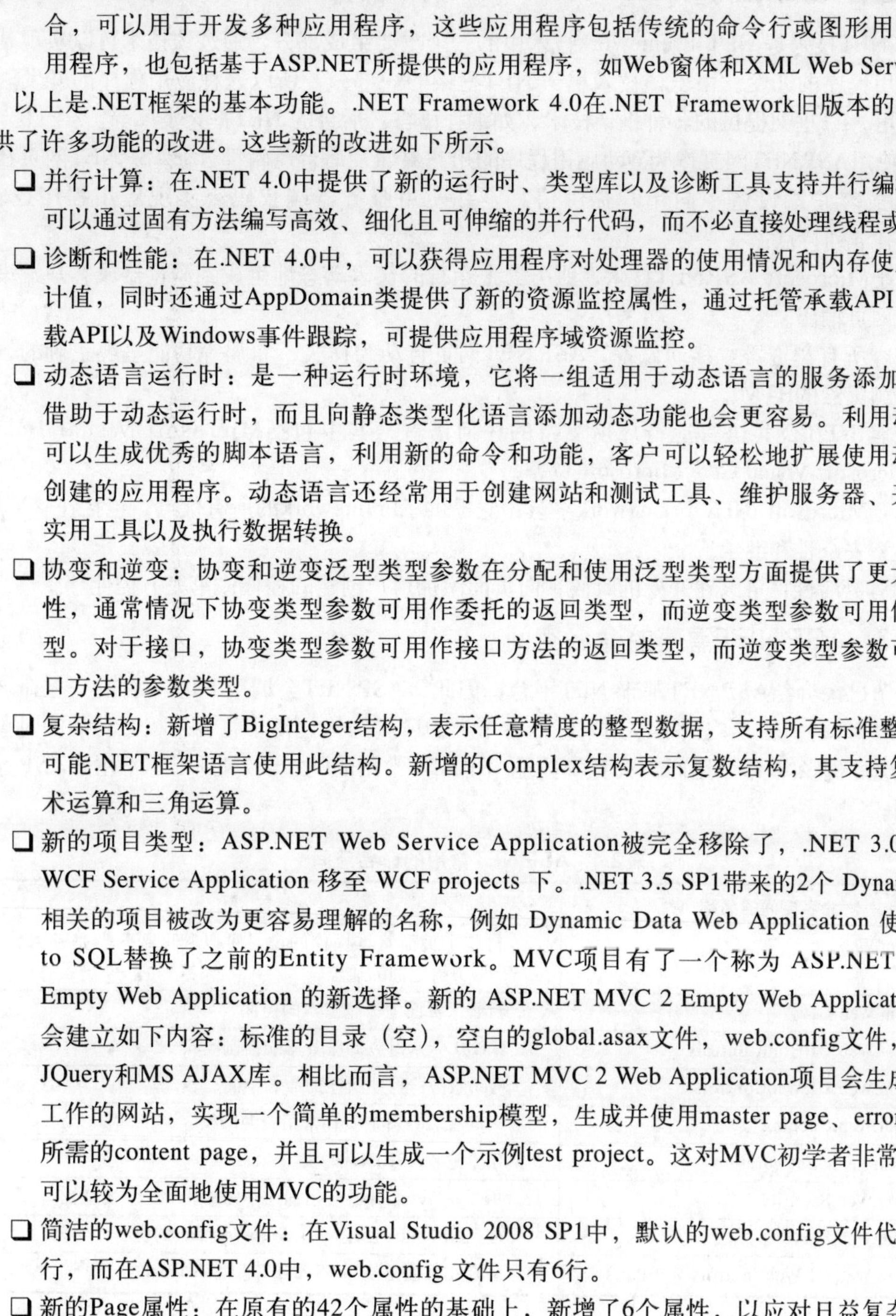

- .NET框架的另一个主要组件是类库，它是一个综合性的、面向对象的、可重用类型集合，可以用于开发多种应用程序，这些应用程序包括传统的命令行或图形用户界面应用程序，也包括基于ASP.NET所提供的应用程序，如Web窗体和XML Web Services。

以上是.NET框架的基本功能。.NET Framework 4.0在.NET Framework旧版本的基础上又提供了许多功能的改进。这些新的改进如下所示。

- 并行计算：在.NET 4.0中提供了新的运行时、类型库以及诊断工具支持并行编程，使得可以通过固有方法编写高效、细化且可伸缩的并行代码，而不必直接处理线程或线程池。
- 诊断和性能：在.NET 4.0中，可以获得应用程序对处理器的使用情况和内存使用情况估计值，同时还通过AppDomain类提供了新的资源监控属性，通过托管承载API、本机承载API以及Windows事件跟踪，可提供应用程序域资源监控。
- 动态语言运行时：是一种运行时环境，它将一组适用于动态语言的服务添加到CLR。借助于动态运行时，而且向静态类型化语言添加动态功能也会更容易。利用动态语言可以生成优秀的脚本语言，利用新的命令和功能，客户可以轻松地扩展使用动态语言创建的应用程序。动态语言还经常用于创建网站和测试工具、维护服务器、开发各种实用工具以及执行数据转换。
- 协变和逆变：协变和逆变泛型类型参数在分配和使用泛型类型方面提供了更大的灵活性，通常情况下协变类型参数可用作委托的返回类型，而逆变类型参数可用作参数类型。对于接口，协变类型参数可用作接口方法的返回类型，而逆变类型参数可用作接口方法的参数类型。
- 复杂结构：新增了BigInteger结构，表示任意精度的整型数据，支持所有标准整型运算，可能.NET框架语言使用此结构。新增的Complex结构表示复数结构，其支持复数的算术运算和三角运算。
- 新的项目类型：ASP.NET Web Service Application被完全移除了，.NET 3.0 带来的WCF Service Application 移至 WCF projects 下。.NET 3.5 SP1带来的2个 Dynamic Data相关的项目被改为更容易理解的名称，例如 Dynamic Data Web Application 使用LINQ to SQL替换了之前的Entity Framework。MVC项目有了一个称为 ASP.NET MVC 2 Empty Web Application 的新选择。新的 ASP.NET MVC 2 Empty Web Application 项目会建立如下内容：标准的目录（空），空白的global.asax文件，web.config文件，标准的JQuery和MS AJAX库。相比而言，ASP.NET MVC 2 Web Application项目会生成一个可工作的网站，实现一个简单的membership模型，生成并使用master page、error page及所需的content page，并且可以生成一个示例test project。这对MVC初学者非常有帮助，可以较为全面地使用MVC的功能。
- 简洁的web.config文件：在Visual Studio 2008 SP1中，默认的web.config文件代码有139行，而在ASP.NET 4.0中，web.config 文件只有6行。
- 新的Page属性：在原有的42个属性的基础上，新增了6个属性，以应对日益复杂的开发需求。
- 生成标准的HTML标签：较之以前的.NET Framework，.NET 4.0生成的HTML标签更加纯净和更加标准化。

2.1.2 ASP.NET是.NET Framework的一部分

ASP .NET技术是.NET Framework技术中的一个重要组成部分，通过该技术可以实现基于网站的应用程序的开发。由于该技术属于.NET框架的一部分，所以这种应用程序的开发，完全可以使用.NET框架提供的各种框架技术，如编程语言、后台的.NET框架类库等。

可以使用ASP.NET网页作为Web应用程序的用户界面及后台逻辑部分。ASP.NET网页在任何浏览器或客户端设备中向用户提供信息，并使用服务器端代码来实现应用程序逻辑。ASP.NET有下列特点：

- 基于Microsoft ASP.NET技术，服务器上运行的代码动态地生成到浏览器或客户端设备的网页输出。
- 兼容所有浏览器或移动设备，ASP.NET网页自动为样式、布局等功能呈现正确的、符合浏览器的HTML。
- 兼容.NET公共语言运行库所支持的任何语言，其中包括Microsoft Visual Basic、Microsoft Visual C#、Microsoft J#等。
- 基于Microsoft .NET Framework平台，它提供了Framework的所有优点，包括托管环境、类型安全性和继承。
- 具有灵活性，可以在开发的时候，向页面添加用户创建的控件或第三方控件。

2.1.3 ASP.NET需要的命名空间

上一节已经介绍ASP.NET基于.NET平台，因此，ASP.NET会调用.NET平台的一些命名空间（NameSpace）。命名空间可以用来区分各个类的所属结构，便于将各个相似功能的对象模型统一管理。那么多命名空间，究竟哪些是ASP.NET常用的呢？表2.1列出了常用的ASP.NET命名空间。

表2.1 ASP.NET常用的命名空间

命名空间的名称	作　用
System.Web	封装了页面基本操作的类，可以利用这些类完成浏览器和Web服务器之间的通信
System.Web.UI	封装了页面上一些基本的控件
System.Web.UI.HtmlControls	HTML元素对应的服务器端控制类
System.Web.UI.WebControls	Web服务器控件所在的命名空间
System.Web.Caching	一些在服务器上缓存常用资源的类
System.Web.Configuration	用于配置ASP.NET的类
System.Web.Security	用于在Web服务器应用程序中保障ASP.NET安全性
System.Web.Services	使用ASP.NET创建XML Web Services的类
System.Web.UI.WebControls.WebParts	决定在页面上使用ASP.NET部件WebPart的一些类

2.2 C#变量和常量

变量和常量是C#中的基本单位。通常而言，任何程序都离不开它们的参与。变量可以储存变化的数据，常量一般是一个固定值，如π。本节就介绍常量和变量的一些基本知识及应用。

2.2.1 系统预定义类型

C/C++中提供预定义类型，C#也提供了一些预定义类型。一般被分为2种：预定义值类型和预定义引用类型。预定义引用类型有Object和String。在C#中，Object类型是所有其他类型的基类。预定义值类型一般就是常见的bool、int、double等，详细的值类型请参考表2.2。

表2.2 常见的预定义值类型

类型名称	说明
bool	布尔值，其值可以是true或false
char	16-bit的Unicode字符
byte	8-bit的无符号整数
short	16-bit的带符号整数
int	32-bit的带符号整数
long	64-bit的带符号整数
float	32-bit的单精度浮点数
double	64-bit的双精度浮点数

2.2.2 定义变量（标识符与关键字）

标识符（Identifier），用来表示程序中一个特定的元素。在C#中，标识符的命名有如下规则：

- 标识符的第一个字符必须是字母、下划线“_”或“@”；
- 后面的字符可以是字母、下划线或数字；
- 标识符的名称不能使用C#的关键字。

例如：myData、I_count、_name都是正确的变量名。012a、long（关键字）、c-name（错误符号）都是错误的变量名。

注意 标识符区分大小写，name和Name是两个变量。

关键字也叫保留字，是C#中有特殊用途的一些英文单词，不能用作标识符。C#中大约有70多个关键字，这些关键字都有自己的用途。表2.3列出了这些关键字。

表2.3 C#保留关键字（按字母顺序由上往下）

abstract	event	new	struct
as	explicit	null	switch
base	extern	object	this
bool	false	operator	throw
break	finally	out	true
byte	fixed	override	try
case	float	params	typeof
catch	for	private	uint
char	foreach	protected	ulong
checked	goto	public	unchecked
class	if	readonly	unsafe

（续）

const	implicit	ref	ushort
continue	in	return	using
decimal	int	sbyte	virtual
default	interface	sealed	volatile
delegate	internal	short	void
do	is	sizeof	while
double	lock	stackalloc	
else	long	static	
enum	namespace	string	

2.2.3 变量的初始化

变量具备固定的数据类型，还有专门的作用域。声明变量时，必须指定变量的类型。变量名一般都是小写字母，如果变量的名称比较长，可将第二个单词的首字母大写。定义变量的语法如下所示。

```
int a,b            //定义变量，可同时定义多个，用逗号间隔
int c = 0;         //定义变量，可指定变量的初始值
```

下面演示如何初始化变量，并输出变量最终的结果

```
01    protected void Page_Load(object sender, EventArgs e)
02    {
03        int x, y;                                 //定义变量x和y
04        x = 4;
05        y = 5;
06        int z = 0;                                //定义变量并初始化变量z的值
07        z = x * y;                                //求x和y的积
08      Response.Write(z);                          //输出结果
09    }
```

【代码解析】第3行代码定义了变量x和y，第4~5行代码用于初始化变量x和y。第6行代码变量z则是在定义的时候直接赋值初始化。

2.2.4 变量的生命周期

变量的生命周期，也可以说是变量的作用域，指一个变量存在的有效期。根据有效期的长短，变量分为局部变量和全局变量。

局部变量是指在某一定作用域内允许调用的变量，而超出指定的作用域后，变量就被释放，再调用就会发生错误。局部变量一般使用“private”来声明，声明语法如下所示。

```
private类型 变量名;
```

参数说明如下。

- 类型：用于指定所声明的局部变量类型，例如int型、long型等。
- 变量名：表示变量的名称，以便于在程序中进行引用。

全局变量是指变量在程序的运行期内都有效，当程序结束时，变量才会被释放。全局变量

使用“public”来声明，声明语法如下所示。

```
public类型 变量名;
```

参数说明如下。

- ❑ 类型：用于指定所声明的全局变量类型，例如int型、long型等。
- ❑ 变量名：表示全局变量的名称，以便于在程序中进行引用。

2.2.5 数据的显式转换、隐式转换

在C#中，为了程序输出和数据保存的需要，不同的类型之间可以进行转换，如为了输出方便，可以将数值型转换为字符型。数据类型之间的转换可以分为显式转换和隐式转换。

（1）显式转换：在进行数据类型转换时，不需要在代码中明确指出转换后的数据类型，系统会自动进行类型判断，并正确实现类型转换。下面演示一个显式转换的过程。

```
01    protected void Page_Load(object sender, EventArgs e)
02    {
03        double y = 36.232;                     //定义双精度型
04        int z = (int)y;                        //定义整型——实现显式转换
05        Response.Write(z);                     //显示转换后的值——结果为36
06    }
```

【代码解析】第4行代码用于实现强制类型转换，将字符y转换为整型，即将y字母的ASCII码值赋值给整型变量z。

（2）隐式转换：在进行类型转换时，需要在代码中明确指出转换后的数据类型。下面的代码演示一个隐式转换的过程。

```
01    protected void Page_Load(object sender, EventArgs e)
02    {
03        int x = 2;                             //定义整型
04        double z = x;                          //定义双精度型——实现隐式转换
05        Response.Write(z);                     //显示转换后的值
06    }
```

【代码解析】第4行代码用于将整型变量x的值转换为双精度实型变量，并将其保存在double型变量中。

2.2.6 装箱和拆箱

装箱和拆箱是值类型和引用类型互相转换的过程，是数据类型转换的一种特殊应用。装箱是将值类型转换为引用类型；而拆箱正好相反，是将引用类型转换为值类型。例如下面的代码演示装箱的过程。

```
01    protected void Page_Load(object sender, EventArgs e)
02    {
03        double A1 = 45.22;                                       //定义值
04        object B1 = A1;                                          //装箱操作
05        Response.Write(A1.ToString()+"-" + B1.ToString());       //输出结果
06     }
```

【代码解析】第4行代码是一个装箱操作，将double型数据转换为object型。

拆箱只是装箱的一个逆向操作，此时要注意类型的显式转换。下面的例子演示拆箱的过程。

```
01    protected void Page_Load(object sender, EventArgs e)
02     {
03         double A1 = 25.3;                              //初始值
04         object B1 = A1;                                //转化为引用对象后的值
05         double C1 = (double)B1;                        //将引用型对象拆箱，并返回值
06     }
```

【代码解析】第4行代码是一个装箱操作，将double型数据转换为object型；第5行代码是一个拆箱操作，将一个object型数据转换为double型。

2.2.7 字符串

字符串对象是文本处理的关键，在C#中，用String类来处理字符串。字符串是一些被双引号包装起来的文本，是一系列Unicode字符。例如，下述代码定义了一个字符串Name。

```
string Name = "上海市浦东开发区";
```

注意 string关键字是小写，所有的类型关键字都是小写。

在日常的开发中，字符串可以进行一系列操作，如字符串的截取、连接等，这些基本操作都通过String类提供的一些方法来完成。详细的方法及说明如表2.4所示。

表2.4 String类的常用方法

方法名	方法说明
CopyTo	复制字符串中的字符
Format	字符串的格式化
IndexOf	找到指定文本在字符串中的索引
Insert	在字符串中指定的位置插入指定的文本
Substring	截取字符串中的一段文本
ToUpper	将字符串转换为大写
ToLower	将字符串转换为小写
Trim	去掉字符串前后的空格

2.2.8 数组

数组由一串连续的元素组成，一般分为普通数组、动态数组和泛型数组。其中泛型将在第2.2.9小节学习。

普通数组是最常用的集合，只能存储固定长度的数据，且数据类型必须相同。下面演示了一个长度为6的数值型数组。

```
int[] myarr = new int[6] { 1,2,3,4,5,6};
```

注意 数组初始值使用“{ }”，且中间以逗号间隔。

如果定义数组时没有初始化数组元素的值，可以使用数组的索引，逐个为数组中的元素赋值。例如下述代码演示了为数组逐个元素赋值的办法。

注意 数组的索引从0开始。

```
int[] myarr = new int[2];                  //定义数组
myarr[0] = 1;                              //为第1个数组元素赋值
myarr[1] = 2
```

普通数组一般用于已知长度的数组，如果在程序运行时并不知道数组的长度，则使用动态

数组来保存数组元素。ArrayList用来表示动态的数组，初始化时不需要指定数组的长度。使用方法如下所示。

```
ArrayList myarr = new ArrayList();          //初始化动态数组
myarr.Add("A");                             //在动态数组中添加值
myarr.Add("B");
```

2.2.9 泛型

泛型（generics）将类型参数的概念引入.NET框架。类型参数的好处是：类和方法将一个或多个类型的指定，推迟到客户端代码声明并实例化该类或方法的时候。

下面定义了一个简单的泛型方法，方法返回参数的类型，同时演示了如何对泛型方法进行调用。

```
01  public void Print<T>()                      //定义1个泛型方法
02  {
03      MessageBox.Show (typeof(T).Name);
04  }
05  Print<int>() ;                              //调用泛型方法
```

【代码解析】第1行代码中传递的类型参数名为“T”，这不是固定的，因为该参数只是一个参数的名字，可以为任意值。

泛型类和泛型方法同时具备可重用性、类型安全和效率，这是非泛型类和非泛型方法无法具备的。泛型通常用在集合和在集合上运行的方法中。

C#提供了专用于泛型集合的命名空间“System.Collections.Generic”，其中提供了普通数组和动态数组的泛型对象。下面来演示泛型数组的使用，定义一个返回类型是泛型数组的方法。

```
01   private List<int> GetData()
02   {
03       List<int> mylist = new List<int>();
04       mylist.Add("A");                           //注意添加的是字符型数据
05       mylist.Add("B");
06       return mylist;
07   }
```

【代码解析】第3行代码定义了一个泛型列表，第4～5行代码用于向列表中添加数据，第6行代码用于返回所添加的元素。

下面的代码调用上面的方法，并显示泛型数组的内容。

```
List<int> mylist = GetData();
for (int i = 0; i < mylist.Count; i++)
{
        Label1.Text = label1.Text + mylist[i].ToString();
}
```

2.2.10 常量

常量一般是程序中不变的数据，如π、“北京”等。常量也有不同的类型，如π属于数值型常量，而“北京”属于字符串型常量。在C#中定义常量的语法如下所示。

```
public const string PEKING = "北京";
```

上述代码中，“const”是定义常量的标识，如果没有此标识，即使为“PEKING”指定固定的值，也不算是常量。“string”用来定义常量的类型。

注意 常量在命名时，通常使用大写字母。

2.2.11 注释

C#中的注释有多种情况，常见的分为3种：

- ❑ 单行代码后的注释：在代码行的行首使用“//”注释。
- ❑ 方法前的注释。用来概括说明方法的功能和方法中的参数意义，用///表示。
- ❑ 对整个程序的说明。一般用在程序的开始处，说明这个文件的来源或者版权，以“/*”开头，并且以“*/”结束。

下面就是这3种注释方法的示例。

```
01  /*******************************/
02  /***作者： 老李************/
03  /***开发时间：2011年   **/
04  /***功能描述：用于设置页面内容***/
05  /*******************************/
06  using System;
07  using System.Collections.Generic;
08  ……
09  public partial class _Default : System.Web.UI.Page
10  {
11      /// <summary>
12      /// 页面加载的事件
13      /// </summary>
14      /// <param name="sender">发送者</param>
15      /// <param name="e">参数集合</param>
16       protected void Page_Load(object sender, EventArgs e)
17       {
18           //这里填写文档加载时的代码
19       }
20  }
```

【代码解析】 第1～3行代码用于设置源代码的作者，第4行代码用于描述代码的功能，第9～20行代码是程序的功能控制语句。

2.2.12 C#书写规范和风格

在C#语句中，所有的空格、空行、Tab字符都会被忽略。可以想到，在一行中可以书写多条语句。因此，如下代码和前述using语句实例是相同的。

```
using System;  using System.Collections.Generic;
```

但这是一种很不好的代码书写习惯，将来会直接影响代码的阅读性和维护性。各门编程语言都有自己的编程规范。下面简单介绍C#中采用编程规范时一些通用的约定。

- 在同一个项目中，应该只采用一种编程风格的约定。本条规则中所说的项目，并非C#中的Project，而是现实中一个完整的项目。
- 决定采用某种特定的编程风格之前，必须对编程风格进行详细的了解，并对所有参与项目的人员进行培训，以确保风格的统一。本项工作一般由项目的负责人员完成，因此，要求项目负责人员对编程风格有较深的了解。
- 编程风格的选取应尽量简单、合理。在不牺牲代码可读性的情况下，要把编码效率放在第一位。通常情况下，使用更多的代码是没有意义的。尤其在大型项目中，提高代码的效率最为重要。

2.3 运算符与表达式

运算符和表达式是C#应用程序的基础，本节除介绍运算符和表达式的基本概念外，还通过代码演示运算符和表达式的使用方法。

2.3.1 运算符

运算符是C#进行数据处理的基础，C#中的运算符主要分为5类：算术运算符、关系运算符、逻辑运算符、赋值运算符和“?”运算符。

（1）算术运算符是常用的计算符号，如“+”、“−”、“*”、“/”等。算术运算符又分为单目运算符和双目运算符，其中单目指只有1个变量参与的运算，双目是指2个变量参与的运算。其中，“+”、“−”、“*”、“/”这些运算符，必须有两个变量参与才可以实现运算，而“++”、“−−”这种自增、自减的操作，只有一个变量参与。下面的代码演示了这些常用的算术运算符。

```
int x = 5;
int y = 6;
int add = x + y;                                      //双运算符示例
x++; //自增                                           //单目运算符示例
y--; //自减
```

（2）逻辑运算符一般和关系运算符结合使用。关系运算符用来比较两个数据，如“= =”、“>=”等，而逻辑运算符用来判断两个或多个使用关系运算的表达式。

```
int x = 5;
int y = 6;
if (x > y)                                            //关系运算符
    label1.Text = (x + y).ToString();
```

（3）赋值运算符是C#最基本的运算，就是为某个变量指定值。“int x=5;”是一个最简单的赋值运算，“等号”左边一般为变量的名称，右边为变量的值，有时候右边也可能是另一个变量。下面演示常用的赋值运算。

```
int x = 16;                                           //直接赋值
int y;
y = x;                                                //右侧为变量的赋值
```

（4）“?”运算符通常被称为3目运算符，因为有3个变量参与其中。下面代码是一个很简单的“?”运算。

```
y = (x > 0) ? x : x++;
```

【代码解析】 3目运算符的表达式中有2个关键符号“?”和“:”，其中“?”前边通常是一个关系运算，“?”后面紧跟两个变量。“?”运算符的意思是判断“?”前面的表达式：如果表达式结果为true，则选择“?”后面的第1个表达式作为整个表达式的值；如果表达式结果为false，则选择“?”后面的第2个表达式为整个表达式的值。两个值表达式之间以“:”间隔。

在前面介绍的运算符中，优先级顺序为算术运算符>关系运算符>逻辑运算符>?运算符，但这些并不代表所有的运算符。表2.5列出了常用的运算符，其中优先级顺序为从高到低。

表2.5 C#中的运算符优先级列表

()(小括号) [ ](数组下标) .(结构成员)
!(逻辑非) .(位取反) -(负号) ++(加1)--(减1)
type(函数说明) sizeof(长度计算)
*(乘) /(除) +(加) -(减)
<(小于) <=(小于等于) >(大于) >=(大于等于) ==(等于) !=(不等于)
&&(逻辑与) ||(逻辑或)
?:(?表达式)
= += -=(联合操作)

2.3.2 表达式

表达式是可以计算，且结果为单个值、对象、方法或命名空间的代码片段。表达式在C#程序中广泛应用，尤其是在计算功能中，往往需要大量的应用数学表达式。

表达式包含文本值、方法调用、运算符、操作数以及简单名称。简单名称可以是变量、类型成员、方法参数、命名空间或类型的名称。表达式可以使用运算符，而运算符又可以将表达式用作参数，或者使用方法调用，而方法调用的参数又可以被其他方法调用，因此表达式既可以非常简单，也可以非常复杂。实际上，变量的初始化和赋值就是表达式的一种，如下所示。

```
int x = 5;
```

表达式的构成可以十分复杂，下面是一个较长的表达式。

```
double y= ((5+2)*3/2)^2/(4*5+9)-3;
```

事实上，表达式可以远远复杂得多，但我们并不推荐程序中出现复杂表达式。复杂的表达式会影响程序的可读性，并有可能带来难以发现的错误。

2.4 语句类型

语句又比表达式更复杂一些，可以用来表示一段流程，如“今天晚上是看电影还是看话剧？”这是一个选择，在程序中被称为选择语句。本节介绍几种常见的语句类型。

2.4.1 选择语句

选择语句有多种形式，可以有一种选择，也可以有多种选择。

1. 一种选择

只有一种选择的情况如下所示。如果test的值为真，则执行{ }内的语句。

```
01    if (test)                               //条件判断
02    {
03        Response.Write("我被执行了！");     //满足条件后的执行语句
04    }
```

【代码解析】第1行代码用于判断条件test是否为真，若为真，则执行第3行代码。

2. 两种选择

上述第一种选择方式如果test为假，则不执行{ }内的语句，而是执行程序的其他语句。那如果两种选择，不是选择这个，就是选择那个，则表示方法如下：如果test为真，则执行第一个语句，页面会显示“我们去看电影”；如果test为假，则执行else中的语句。

```
01    if (test)
02    {
03        Response.Write("我们去看电影！");
04    }
05    else
06    {
07        Response.Write("我们去看话剧！");
08    }
```

【代码解析】第1行代码用于判断条件test是否为真，若为真，则执行第3行代码，若不为真，则执行第7行代码。

3. 多种选择

多种选择有两种方法，一种用if...else 的方式，另一种用switch方式。用if这种方式的使用代码如下所示，其中的else if可以有多个。

```
01     if (test)
02     {
03         Response.Write ("我们去看电影！");
04     }
05    else if (myBoolFalse)
06     {
07         Response.Write ("我们去看话剧！");
08     }
09    else
10    {
11        Response.Write("我们去看皮影戏！");
12    }
```

【代码解析】第1行代码用于判断条件test是否为真。若为真，则执行第3行代码；若不为真，则判断条件myBoolFalse是否为真，若为真，则执行第7行代码，否则执行第11行代码。

switch方式的语法如下所示。

```
switch (test)
{
    //并列的多个条件，每个case表示一个条件
    case myCondition1:
        Operation1;
```

```
06            break;                                   //中断本条件的执行
07        case myCondition2:
08            Operation2;
09            break;
10        case myCondition3:
11            Operation3;
12            break;
13        default:
14            Operation4;
15            break;
16    }
```

【代码解析】第1行代码不是用于判断test是否为真，而是判断test的值与{ }内的哪个case后面的值相等，如果都不相等，则执行default后面的语句。break表示中断条件判断，退出{ }这些语句。

2.4.2 循环语句

循环语句也有多种形式，有while语句、for语句。while语句在满足条件的基础上，可以重复执行一段代码。while语句的语法如下所示。

```
while (条件)
{
    ......
}
```

参数说明如下。

- ❑ 条件：表示执行while循环语句的条件，若该执行while循环语句。

下面是一段使用While的代码。因为i等于15，而while的条件是大于5就可以。所以，程序进行循环，重复输出i的值，直到不满足条件才会退出循环。

```
int i = 15;                           //初始化变量
while (i >5)                          //判断变量是否大于5，如果满足条件，开始循环
{
    Response.Write(i);                //输出变量值
    i--;                              //变量自减
}
```

for语句和while语句一样，也是一种循环语句，用来重复执行一段代码。两个循环的区别就是使用方法不同。for语句的使用语法如下所示。

```
for (变量初始值; 循环条件; 变量步长)
{
    循环代码段...
}
```

参数说明如下。

- ❑ 变量初始值：表示循环变量的开始值。
- ❑ 循环条件：表示执行循环所需要满足的条件。
- ❑ 变量步长：表示对循环变量的修改，使循环变量不断变化，最终促使循环执行结束。

下面将前面介绍的while循环转换成for循环，输出结果都是相同的。

```
for (int i = 15; i > 5; i--)        //判断变量是否大于5，如果满足条件，开始循环
{
    Response.Write(i);               //输出变量值
}
```

2.4.3 跳转语句

C#中常见的跳转语句是break和continue。它们一般用于循环中。break用来中止循环的执行；而continue表示在本次循环中，停止执行循环体中continue语句之后的程序语句，而进入下一次循环。在学习switch语句时，曾经看到过break。下面是在for语句中跳转语句的使用情况。

```
for(条件)
{
   break;
   continue;
}
```

读者可以测试下面两段代码，看看执行效果就能明白break和continue的区别。

```
01   for (int i =15; i > 5; i--)        //判断变量是否大于5，如果满足条件，开始循环
02   {
03       Response.Write(i);//输出变量值
04       break;
05       Response.Write("看看这句是否输出呢？");
06   }
```

【代码解析】程序在执行到第4行代码时，会中止循环执行，因此，第5行代码永远不会被执行，且for循环只会被执行一次，返回的i值为15。

```
01   for (int i = 15; i > 5; i--)        //判断变量是否大于5，如果满足条件，开始循环
02   {
03      Response.Write( i);              //输出变量值
04       continue;
05       Response.Write("看看这句是否输出呢？");
06   }
```

【代码解析】程序每次执行到第4行代码，会立即结束本次循环，而不会执行第5行代码，但for循环会被执行10次，每次均返回i的值，且返回值逐步递减。

2.4.4 异常处理语句

在C#中，用try…catch语句捕获程序抛出的异常。下面就是一个错误语句。

```
int[] myArray = new int[4]{1, 2, 3, 4};
myArray[5] = 5;                            //错误的赋值，将会引发异常
```

运行上面代码后，会出现如图2.1所示的错误，图中框出的部分就是错误所在。

在网站正常运行中，不可能允许用户看到这种错误。那如何捕获这些错误呢？这就用到了异常处理语句。下面就学习用try…catch语句进行处理。如下代码演示了try…catch语句的用法。

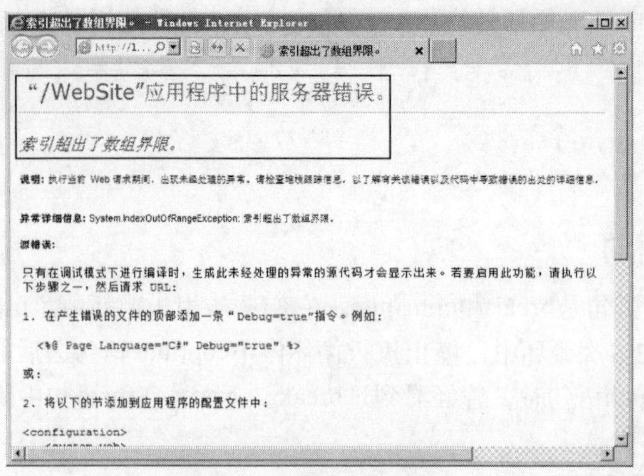

图2.1 程序运行错误

```
01    protected void Page_Load(object sender, EventArgs e)
02     {
03          int[] myArray = new int[4] { 1, 2, 3, 4 };
04          //使用try…catch语句捕获异常
05          try
06          {
07              myArray[5] = 5;                    //错误的赋值，将会引发异常
08          }
09          catch
10          {
11              Response.Write("出现了IndexOutOfRangeException异常，请检查代码，确认有
12   无数组索引超出范围的情况！");
13          }
14     }
```

【代码解析】 第3行代码定义了一个数组，第5~13行代码是一个try...catch语句块，用于捕获程序出现的异常，第7行代码会因为数组访问越界而产生异常，第9行代码用于捕获异常，第11~12行代码用于输出异常提示。

此时，运行效果就不再是如图2.1所示的错误，而是如图2.2这样的正常提示。

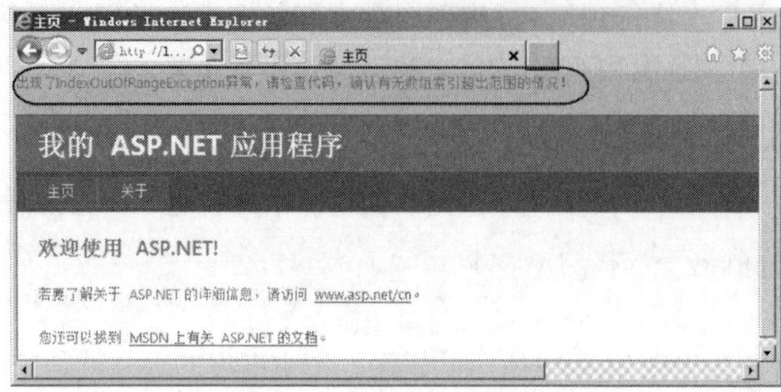

图2.2 捕获错误给出提示

说明 图中用黑框圈起来的部分是程序第11～12行代码的输出内容。

2.5 对象、类与结构

C#是一门面向对象开发的语言，面向对象就必须了解对象和类的概念。本节主要学习对象和类的声明及应用。

2.5.1 对象和类

类是面向对象程序设计的核心，实际上是一种复杂的数据类型。将不同类型的数据和与这些数据相关的操作封装在一起，就构成了类。而将抽象化的类具体化，就成了对象。通常说，对象是类的实例。

类是将现实事物抽象化，而对象是将事物具体化。如“王小丽”是一个“学生”，那么王小丽其实是具体的一个人，而“学生”则是一个抽象事物。

在C#中，类是一种数据结构，它可以包含数据成员（常量和字段）、函数成员（方法、属性、事件、索引器、运算符、实例构造函数、静态构造函数和析构函数）以及嵌套类型。类类型支持继承，继承是一种机制，它使派生类可以对基类进行扩展和专用化。类是使用class关键字来定义的，如下述代码所示。

```
public class Student
{
    //类内部定义
}
```

下面通过一个自己创建的学生类来演示对象和类的应用，代码如下所示：

```
01      /// <summary>
02      /// 定义一个学生类，包含2个属性：姓名和年龄
03      /// </summary>
04      public class Student
05      {
06          string  name;
07          int  age;
08          public string Name                                  //定义属性读写器
09          {
10              get { return  name; }
11              set {  name = value; }
12          }
13          public int Age
14          {
15              get { return  age; }
16              set {  age = value; }
17          }
18      }
19      protected void Page_Load(object sender, EventArgs e)
20      {
21          Student wangxl = new Student();                     //创建一个学生对象wangxl
22          wangxl.Name="王小丽";                               //设置对象的属性
23          wangxl.Age=20;
24          Response.Write(wangxl.Name);                        //显示对象的属性值
25      }
```

【代码解析】第4～18行代码定义了一个类Student，第21行代码调用并使用了类Student，

并声明了类的实例，第22～23行代码使用类定义的方法设置属性的值。

2.5.2 接口

一个接口定义一个协定。实现某接口的类或结构必须遵守该接口定义的协定。一个接口可以从多个基接口继承，而一个类或结构可以实现多个接口。接口可以包含方法、属性、事件和索引器。接口本身不提供它所定义的成员的实现。接口只指定实现该接口的类或结构必须提供的成员。接口的定义与实现如下所示：

```
01    //定义接口
02    Interface test1
03    {
04              Method1();
05    }
06    //定义接口
07    Interface test2
08    {
09              Method2();
10    }
11    //定义一个类，继承两个接口
12    class Test: test1, test2
13    {
14              public Method1 () {...}
15              public Method2() {...}
16    }
```

【代码解析】第2～5行代码定义了test1接口，第7～10行代码定义了test2接口，上述2个接口分别声明了Method1方法和Method2方法。第12行代码定义了类Test继承于test1和test2接口，在类的方法体中，必须实现继承接口的Method1和Method2方法。

2.5.3 继承

继承就是从父类中获取一些公开的成员，如方法和属性。继承的语法如下所示。

```
class Student : Person                                  //继承类
class Student : Interface1                              //继承接口
```

子类和父类之间以“:”间隔，C#只允许继承一个父类，但允许继承多个接口。如果子类继承了接口，则必须实现接口中定义的所有公开成员。

所谓公开的成员，就是在父类中被定义为public的成员，因为public的作用域可以在子类中生效，而private的作用域则不可。

2.6 C#高级应用

本节将集中介绍C#中一些比较抽象的知识，其中包括迭代器、局部类、隐式类型、Lambda表达式等。

2.6.1 迭代器

迭代器是方法、get访问器和运算符，它能够在类或结构中，支持foreach遍历而不必实现

整个IEnumerable接口。在C#中，只需提供一个迭代器就可以遍历类中的数据结构。使用迭代器有以下优点：

- 迭代器是一段有序的代码，可以返回相同类型的值。
- 迭代器可用作方法、运算符或get访问器的代码体。
- 迭代器代码可使用yield return语句依次返回每个元素，yield break将终止迭代。
- 可以在类中实现多个迭代器。每个迭代器都必须像类成员一样有唯一的名称，并且可以在foreach语句中被客户端调用。
- 迭代器的返回类型必须是IEnumerable、IEnumerator、 IEnumerable <T>或IEnumerator<T>。

上面的解释感觉比较枯燥，下面通过一个案例来说明迭代器的使用。

```
01      /// <summary>
02      /// 定义一个继承自IEnumerable的类
03      /// </summary>
04      public class DaysOfTheWeek :System.Collections.IEnumerable
05      {
06          //定义一周7天
07          string[] m_Days = { "Sun", "Mon", "Tue", "Wed", "Thr", "Fri", "Sat" };
08          //定义迭代返回内容
09          public System.Collections.IEnumerator GetEnumerator()
10          {
11              for (int i = 0; i < m_Days.Length; i++)
12              {
13                  yield return m_Days[i];              //返回元素值
14              }
15          }
16      }
17      protected void Page_Load(object sender, EventArgs e)
18      {
19          //创建类的一个对象
20          DaysOfTheWeek week = new DaysOfTheWeek();
21          //用foreach遍历并输出结果
22          foreach (string day in week)
23          {
24             Response.Write(day + " ");
25          }
26      }
```

【代码解析】第4～16行代码定义了一个类，该类继承了IEnumerator接口，并实现了针对迭代器的方法。第13行代码用于迭代返回元素。第20行代码定义了类DaysOfTheWeek的实例，并使用迭代器访问类的成员。第22～25行代码使用迭代器访问类中的成员。

> **注意** 黑体标注的yield是C#中的关键字，在迭代器块中用于向枚举对象提供值或发出迭代结束信号。

程序执行结果如图2.3所示，注意黑框提示部分。

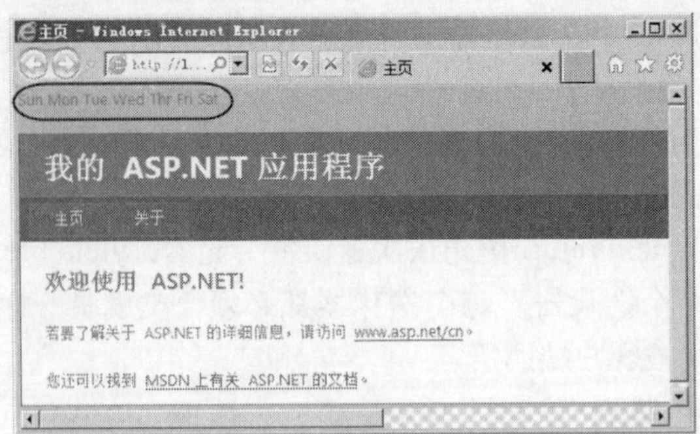

图2.3 程序执行结果

2.6.2 分部类

当通过多个部分来定义类型时，将使用类型修饰符partial。为确保与现有程序的兼容性，此修饰符不同于其他修饰符——与get和set一样，它不是一个关键字，并且其后必须紧跟下列关键字之一：class、struct或interface。

分部类在aspx.cs定义中使用非常多。在aspx页面文件建立之后，如果选择了在后台生成隐藏的代码文件，则Visual Studio会自动在后台的隐藏代码文件中生成一个分部类，用来处理页面的逻辑。每个涉及页面编程的aspx.cs页面逻辑类中，都会使用该分部类来定义。打开一个aspx.cs文件，可以看到如下的定义。

```
public partial class _Default : System.Web.UI.Page
```

分部类并不常用，所以本节只是简要介绍。感兴趣的读者，可以参考相关的帮助文档。

2.6.3 隐式类型

隐式类型是从.NET 3.0才开始有的数据类型，为了区别于其他类型，本节没有在数据类型处讲解这个知识点。在C#中，引入了“var”关键字，为C#的类型转换机制提供了类型安全的保障。下面是几个常见的隐型局部变量。

```
var i = 6;
var str = "你好";
var d = 21.5;
var ary=new  int[]{1,2,3,4,5};
```

上面的变量都使用了var关键字定义，其效果类似于下面的代码。

```
int i = 6;
string str = "你好";
double d = 121.5;
int[] ary=new  int[]{1,2,3,4,5};
```

var的使用非常方便，但必须注意以下几点：

- var必须包含初始化器。
- 初始化器必须是一个表达式。
- 初始化器的编译器类型不能是null类型。
- 如果局部变量声明了多个声明符，这些变量必须具备相同的编译器类型。

2.6.4 对象初始化设置项

使用对象初始值设置项，可以在创建对象时，直接向对象的字段或属性赋值，而无须显式调用构造函数。参考下面的例子。

```
01    /// <summary>
02    /// 定义一个学生类，包含2个属性：姓名和年龄
03    /// </summary>
04    public class Student
05    {
06        string  name;
07        int  age;
08        public string Name                        //定义属性的读写控制
09        {
10            get { return  name; }
11            set {  name = value; }
12        }
13        public int Age
14        {
15            get { return  age; }
16            set {  age = value; }
17        }
18    }
19    protected void Page Load(object sender, EventArgs e)
20    {
21        //对象初始化设定项
22        Student wangxl = new Student { Age = 20, Name = "王小丽" };
23        Response.Write(wangxl.Name);
24    }
```

【代码解析】第4～18行代码代码定义了一个类“Student”，第6～7代码行为类定义了2个属性“Age”和“Name”，第22行代码定义了一个对象实例。如果要实例化这个类，并且为类的属性赋值，必须使用下面的语句。

```
Student wangxl = new Student();            //创建一个学生对象wangxl
wangxl.Name="王小丽";                      //设置对象的属性
wangxl.Age=20;
```

而使用了对象初始化设置项后，只需要下面的一行代码即可实现上述功能。

```
Student wangxl = new Student { Age = 20, Name = "王小丽" };
```

程序执行结果如图2.4所示，注意黑框提示部分。

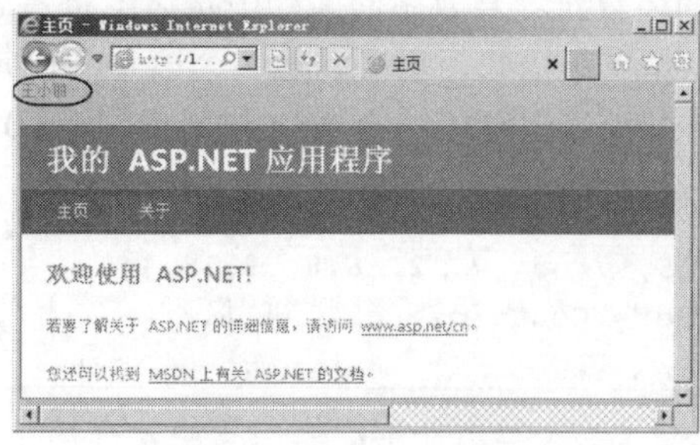

图2.4 程序执行结果

2.6.5 类中的属性赋值自动实现

在学习类和对象的时候，我们定义了2个属性——Age和Name，为属性赋值。使用了如下的代码。

```
01   //定义姓名属性
02    public string Name
03    {
04         get { return _name; }
05         set { _name = value; }
06    }
```

【代码解析】第4行代码定义了属性的访问器，第5行代码定义了属性的设置器。

其中get和set内都是通用的内容，并没有非常特殊的逻辑处理。这时就可以使用.NET 新增的属性赋值自动实现的方法。

下面就是上述代码变为自动实现属性后的结果，不再带{ }，而是直接用分号代替。

```
01   public string Name                                //姓名属性
02   {
03        get;
04        set;
05   }
06   public int Age                                    //年龄属性
07   {
08        get;
09        set;
10   }
```

【代码解析】第3行和第8行代码直接使用get关键字定义类的访问器，第4行和第9行代码直接使用set关键字定义类的设置器。

2.6.6 Lambda表达式

Lambda表达式是一种简约化表述匿名方法的函数表达式。其表述语法如下所示，有点类似C++的指针。

```
Param => Expr;
```

通过上面这个表达式可以看出，一个Lambda表达式由以下几部分组成。

- 一个参数或参数列表，也就是输入变量。
- =>符号，称作Lambda运算符，官方帮助文档中将这个符号念作“goes to”。
- Lambda语句块，可以是单条语句，也可以是多个语句的语句块。

下面是一个简单的例子。首先定义了一个数组，其中包含10个整数。然后使用了“n=> n%2 == 1”这个表达式来简化判断是否被2整除的操作。

```
int[] numbers = { 6, 5, 7, 5, 7, 2, 6,8, 9,10 };
int oddNumbers = numbers.Count(n=> n%2 == 1);
```

注意 Lambda表达式在LINQ查询中应用非常广泛，后面会单独介绍LINQ。

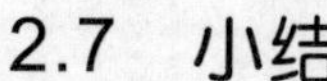

2.7 小结

本章从C#的基础语法入手，学习了C#的常量和变量，然后学习了运算符和表达式，从最简单的变量，然后到一条语句，之后到多条语句，并介绍了这些语句的类型，如循环、选择语句等。因为C#是一门面向对象的语言，所以本章也简要介绍了C#面向对象开发的主要基础，就是类和对象。因为本书并不是专门针对C#的书籍，所以讲解方式非常简单，重点是让读者有个学习的过渡。本章最后还介绍了C#语言中一些非常特殊的用法，其中包括.NET 4.0中的Lambda表达式等。

2.8 上机实践习题

1. 编写程序，求2个整数的和，最后输出求和的结果。

【提示】该题目要求读者学习运算符的相关知识，重点掌握运算符和赋值表达式的使用。

【关键代码】

```
01  int x, y,z;
02  x = 3;
03  y = 5;
04  z = x + y;                                          //求和赋值
05  Response.Write(Convert.ToString(z));                //输出求和结果
```

【代码解析】第4行代码用于求和。

2. 给定2个整数，比较2个整数的大小，输出比较的结果。

【提示】该题目要求读者学习C#语言的语句类型和表达式的相关类型，重点掌握选择结构语句和表达式的相关知识。

【关键代码】

```
01  int a, b;
02  a = 16;
03  b = 27;
04  if (a > b)                                          //判断2个整数的大小
05      Response.Write("a 小于 b！");                   //输出比较的结果
06  else
07      Response.Write("a 大于 b！");
```

【代码解析】第4行代码用于判断两个值的大小。

3. 使用循环求解1～100之间所有自然数的和。

【提示】该题目要求读者学习C#语言的语句类型，重点掌握循环语句的使用方法。

【关键代码】

```
01  int sum;
02  sum = 0;
03  for ( int i = 1; i <= 100;i++)                      //使用循环求和
04      sum = sum + i;
05  Response.Write("从1~100的自然数的和为：" + Convert.ToString(sum));
```

【代码解析】第2行代码用于求和前先清零，第3～4行代码使用循环进行求和。

第 3 章　添加网页控件

本章学习的内容为，Visual Studio 2010开发环境提供控件的使用方法。通过使用开发环境提供的控件，可以提高程序设计的效率。通过学习本章，能够使用开发环境提供的控件，设计具有友好交互性的程序。

本章重点：

- 控件分类：可以掌握网页设计中常用的控件类别。
- 使用标准控件：可以使用各种功能的控件设计交互性良好的网页。
- 使用高级控件：可以美化网页显示，使网页更加丰富。

3.1　控件分类

ASP.NET应用程序主要包括两类控件：Web控件和HTML控件。在这些控件中，有的只起到显示作用，有的允许用户与服务器交互。通过学习这些控件，读者可以掌握基本网页设计的方法。

3.1.1　HTML控件

只要浏览过网页，就会经常看到一些网页中的文本，还有按钮、图片等。这些都是控件。有些控件只显示内容，并不与服务器交互，这些控件一般称为HTML控件。Visual Studio 2010提供了这些常见的标准控件，如表3.1所示。

表3.1　常见的HTML控件

控件名称	说　明
Input(Button)	按钮控件
Input(Reset)	重置控件，用于清空页面上的文本框内容
Input(Submit)	提交按钮
Input(Text)	文本框，允许用户输入内容
Input(File)	上传控件，用于上传文件和图片
Input(Checkbox)	复选框，用于多项选择
Input(Radio)	单选框，多个选择，但只允许选择其一
Input(Password)	密码框，用*号代替密码显示
Input(Hidden)	隐藏控件，不显示，一般用来保存数据
Textarea	多行的文本框
Image	图像控件，用于显示图片
Table	布局控件，以表格方式布局内容
Select	多项列表，或者是下拉框
Horizontal Rule	间隔线
Div	布局控件，一般称之为层，与CSS搭配布局网页

3.1.2 Web控件

Web控件就是常说的服务器控件。这些控件在每次用户操作时，都会与服务器交互。使用这些控件的优点是，可以实时与服务器进行数据交互；缺点就是，每次与服务器的交互都会导致页面刷新，如果网速较慢，则网页刷新需要长时间的等待，此时就会存在效率问题。

Web控件的显示与HTML控件类似，只是具备不同的功能。表3.2列出了Visual Studio 2010中提供的常用Web控件。

表3.2 常见的Web控件

控件名称	说明
Label	标签，用于显示文本
Button	按钮，允许用户单击和双击操作
TextBox	文本框，用户可以在其中输入内容
LinkButton	链接按钮，单击此按钮后可链接到其他网页
ImageButton	图像按钮，可在按钮上添加图片
Hyperlink	超链接，用于链接到其他网页的控件
DropDownList	下拉列表，允许用户从多个选择项中选择内容
ListBox	列表框，显示一系列选项供用户选择
Checkbox	复选框，用方框的形式供用户选择，可选择多个
RadioButton	单选框，提供多个选择项，但只允许选择一个
Image	用于显示图像的控件
ImageMap	显示一幅图像，可在图像上设置热点
Table	布局控件，以表格形式显示内容
BulletedList	标签列表，类似于Word中的一些符号列表
HiddenField	隐藏控件，该控件不显示，可以隐藏一些数据
Wizard	向导控件，常用于注册功能
MultiView	多视图控件，为了节约版面，可将多个内容放在一个控件中
Panel	布局控件，主要是为了页面的美观
PlaceHolder	动态布局控件，用于包装多个控件

注意 *后面还会介绍很多数据控件和验证控件，这些都是Web控件。*

3.2 添加标准控件

通过前面2个表格，我们基本了解了ASP.NET中所包含的基本控件。本节主要学习如何往网页中添加控件，如何正确地使用控件属性和控件行为。

3.2.1 如何往网页中添加控件

本书第1章在介绍第一个ASP.NET应用程序的时候，曾经向页面中添加控件。此处将详细地剖析如何添加控件，以及控件添加后保存控件的位置。

打开Visual Studio 2010的操作界面，可以看到默认界面左侧有个工具箱。如果没有，单击

“视图”|“工具箱”菜单项，可打开“工具箱”窗口。工具箱将控件分类显示，有标准、数据、验证、导航、HTML等。

在设计界面的下部，有3个分类项：设计、源和拆分。其各个界面的含义如下所述。

- 设计：用于显示控件在页面上的样子。
- 源：用于显示控件的代码形式。
- 拆分：用于同时显示控件的这两种样式。

向网页中添加控件的具体操作步骤如下所示。

(1) 在设计界面中，单击“设计”项，进入设计界面。

(2) 在工具箱中，单击“标准”选项卡，会显示所有的标准控件。

(3) 选中“TextBox”控件，将其拖曳到设计界面。

(4) 在设计界面上，选中新添加的TextBox控件。

(5) 单击设计界面下部的“源”项，界面切换到页面代码，同时会选中TextBox的代码行，如下述代码所示。

```
<asp:TextBox ID="TextBox1" runat="server"></asp:TextBox>
```

在此段代码中：“asp:TextBox”表示这是一个标准的Web控件；ID表示控件的唯一标识，可在后台代码中通过这个标识访问此控件，因为在页面中会存在多个TextBox，所以最好设置控件的ID让其表示本来意义，比如这个控件用来输入姓名，可将其ID修订为“txtName”；runat表示此控件运行在服务器端。

为了后面操作方便，在页面中再添加一个Button和Label。此时页面的源代码如下所示。

```
01  <head runat="server">
02      <title>无标题页</title>
03  </head>
04  <body>
05      <form id="form1" runat="server">
06      <div>
07          <asp:TextBox ID="txtName" runat="server"></asp:TextBox>
08          <br />
09          <asp:Button ID="Button1" runat="server" Text="Button" />
10        </div>
11      <asp:Label ID="Label1" runat="server" Text="Label"></asp:Label>
12      </form>
13  </body>
14  </html>
```

【代码解析】第2行代码用于设置页面的标题，第4～13行代码用于设置页面的内容，第7行代码为页面添加了一个文本框控件，第8行代码用于换行，第9行代码为页面添加了一个按钮控件，第11行代码为页面添加了一个标签控件。

3.2.2 使用控件的属性

控件的属性用于描述控件的一些特征，如控件的名称，就是前面介绍的ID，还有控件的颜色、显示文本、边框线粗细等。本节结合上面的例子，学习使用控件的属性。

修改控件的属性，可以像上一节一样，直接在源代码中修改。也可以使用Visual Studio

2010提供的可视化窗口。打开页面的“设计”视图，选中TextBox控件，按F4键，就会出现该控件的属性窗口，如图3.1所示。读者可在这里设置TextBox的所有属性。如果要设置这个文本框可以显示多行，则修改“Rows”属性。如果设置文本框只读，则修改“ReadOnly”属性。

这种可视方式很简单，那在源代码中是不是必须手动写出这些属性的名称呢？不需要，因为在源代码中也提供了智能提示功能。在源代码的任何一个属性后面，按键盘的Space键，就会自动出现当前控件的所有属性，供开发人员选择，如图3.2所示。

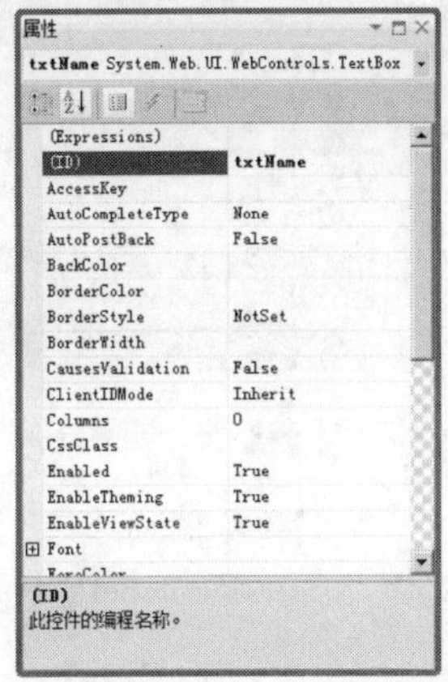

图3.1 TextBox控件的属性窗口

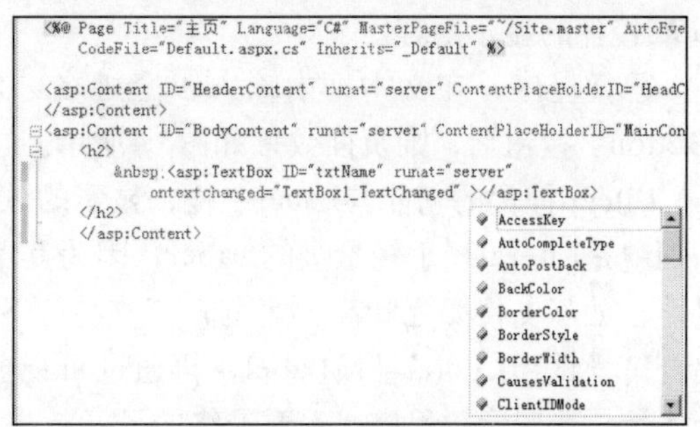

图3.2 TextBox控件的属性提示列表

3.2.3 处理控件的事件

如何知道用户单击了哪个控件？又如何根据这些操作去处理后台逻辑呢？此时就需要了解控件都有哪些事件，如何去操作这些控件。

在工具箱中，选中“Button”控件，将其拖曳到“设计”视图，按F4键打开其属性窗口。在属性窗口的右侧，有一个闪电形式的图标，单击此图标，就打开了该控件所支持的所有事件，如图3.3所示。

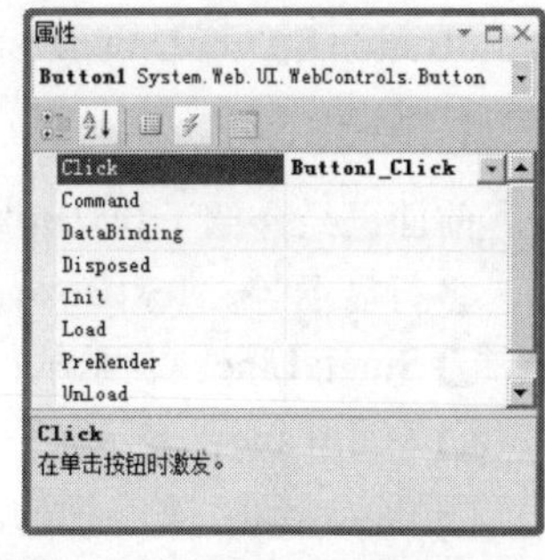

图3.3 Button控件的所有事件

如果要为按钮设置某个事件，只需要双击事件所在行的右侧空白处，则系统自动切换到按钮的这个事件中。本例双击了“Click”事件，则生成的事件代码如下所示。

```
01    protected void Button1_Click(object sender, EventArgs e)
02    {
03              //输入事件处理逻辑
04    }
```

【代码解析】第1行代码表示事件头，第2～4行代码之间可以输入响应事件的相关操作。如果希望用户在单击按钮后出现欢迎的词语，则输入如下语句进行测试。

```
Response.Write("欢迎你");
```

3.2.4 表示类控件：Label、Literal

了解了控件如何使用后，现在详细地介绍常见控件的功能和注意事项。本小节将学习这两个标签控件，用来表示数据或者显示数据。

Label控件一般不进行操作，只显示数据，不允许用户单击或者选择它。如前面的例子添加了一个Label控件，现在修改Button1_Click事件的内容如下所示，目的是让Label显示需要的内容。

```
01    protected void Button1_Click(object sender, EventArgs e)
02    {
03        Label1.Text = "欢迎你" + txtName.Text;
04    }
```

【代码解析】第3行代码用于当用户单击按钮时，设置Label控件的显示内容。

运行程序，在文本框内输入一个姓名“刘三姐”，单击“Button”按钮后，则页面效果如图3.4所示。

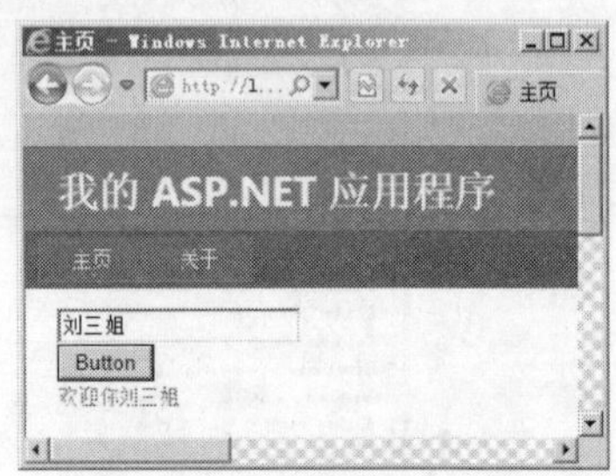

图3.4　Label显示的效果

Literal控件的功能与Label一样，显示的效果也基本一样，区别就是Literal属于轻量级的Label，因为其不支持一些样式属性，如不支持颜色和高、宽度，不支持CSS等的美观设计。读者可尝试用Literal替换Label，再通过可视窗口看看其有多少属性，然后运行程序，看看最终的显示效果。

3.2.5　输入类控件：TextBox、RadioButton、DropDownList等

本节列举了3个输入类控件，其中TextBox控件不允许用户选择，只允许用户输入，而RadioButton和DropDownList是通过设置选择项，允许用户通过选择来实现数据的输入。

1. TextBox

前面已经介绍了TextBox的属性使用情况。下面介绍TextBox常见的几种形式，如密码的显示、多行显示等。TextBox有个属性“TextMode”，其包含以下三个选择项。

- SingleLine：表示单行显示文本框。
- MultiLine：表示允许多行显示文本框。其与Rows属性搭配，允许显示比较长的文本。
- Password：文本框的内容会以*显示，主要是隐藏文本框的内容。

2. RadioButton

RadioButton和CheckBox功能一样，都是通过选择来输入数据。RadioButton是单选，CheckBox是多选。分别将这两个控件拖曳到页面中，并在页面的源代码设计中设置它们的预定选择项，详细代码如下所示。

```
<div>
    <asp:RadioButton ID="RadioButton1" runat="server" GroupName="grade"
        Text="一年级" />
    <asp:RadioButton ID="RadioButton2" runat="server" Text="二年级"
        GroupName="grade" />
    <asp:Button ID="Button1" runat="server" onclick="Button1_Click" Text="单选结果" />
    <br />
    <asp:CheckBox ID="CheckBox1" runat="server" Text="体育" ValidationGroup="like" />
    <asp:CheckBox ID="CheckBox2" runat="server" Text="音乐" ValidationGroup="like" />
```

```
10        <asp:Button ID="Button2" runat="server" onclick="Button2_Click" Text="多选结果" />
11        <br />
12        <asp:Label ID="Label1" runat="server" Text="Label"></asp:Label>
13        <br />
14    </div>
```

【代码解析】第2～5行代码为页面添加2个单选按钮，第6行代码为页面添加一个按钮控件，第8～9行代码为页面添加2个复选按钮控件，第10行代码为页面添加一个按钮控件。

> **注意** 2个RadioButton控件的GroupName必须设置一致，表明两个单选项是一组，同样，也得设置CheckBox控件的ValidationGroup属性。

其中两个按钮的事件代码如下所示。

```
01    protected void Button1_Click(object sender, EventArgs e)
02    {
03        if (RadioButton1.Checked)                          //判断单选按钮是否被选中
04            Label1.Text = "你选择的是一年级";
05        else
06            Label1.Text = "你选择的是二年级";
07     }
08     protected void Button2_Click(object sender, EventArgs e)
09     {
10         //如果两项都没有选择
11         if (CheckBox1.Checked && CheckBox2.Checked) //判断多选按钮是否被选中
12             Label1.Text = "你选择了体育和音乐";
13         else if (CheckBox1.Checked)
14             Label1.Text = "你选择了体育";
15         else if(CheckBox2.Checked)
16             Label1.Text = "你选择了音乐";
17         else
18             Label1.Text = "你什么都没有选择";
19     }
```

【代码解析】第3行代码用于判断2个单选按钮中的单选按钮1是否被选中，第11行代码用于判断2个复选框是否被同时选中，第13行代码用于判断复选框1是否被选中，第15行代码用于判断复选框2是否被选中。

单选按钮和复选按钮控件后面分别提供一个Button控件，用来响应用户的选择。运行程序，当选择单选项后，然后单击“单选结果”按钮，则效果如图3.5所示。选择多选项后，单击“多选结果”按钮，则效果如图3.6所示。

图3.5 单选结果

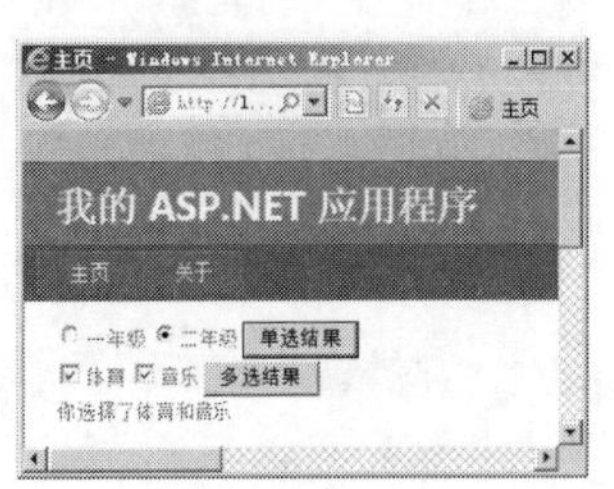

图3.6 多选结果

3. DropDownList

DropDownList和ListBox的功能一样，是以列表的形式显示多个选择以供用户选择，不同的是DropDownList带有下拉框，而ListBox就是列表形式。下面设计一个页面，代码如下所示。

```
01    <div>
02        <asp:DropDownList ID="DropDownList1" runat="server" Height="18px">
03            <asp:ListItem Value="一年级"></asp:ListItem>
04            <asp:ListItem Value="二年级"></asp:ListItem>
05        </asp:DropDownList>
06        <asp:Button ID="Button1" runat="server" onclick="Button1_Click" Text="单选结果"
07    />
08        <br />
09        <asp:ListBox ID="ListBox1" runat="server">
10            <asp:ListItem>一年级</asp:ListItem>
11            <asp:ListItem>二年级</asp:ListItem>
12        </asp:ListBox>
13        <asp:Button ID="Button2" runat="server" onclick="Button2_Click" Text="多选结果"
14    />
15        <br />
16        <asp:Label ID="Label1" runat="server" Text="Label"></asp:Label>
17        <br />
18    </div>
```

【代码解析】 第2～5行代码定义了一个DropDownList控件，第9～12行代码定义了一个ListBox控件，第13行代码为页面添加了一个按钮控件，第16行代码为页面添加了一个标签控件。

2个按钮的事件代码如下所示。

```
01    protected void Button1_Click(object sender, EventArgs e)
02    {                              //显示下拉列表内容
03        Label1.Text ="您选择的是："+ DropDownList1.SelectedValue;
04    }
05    protected void Button2_Click(object sender, EventArgs e)
06    {                              //显示列表中所选择的内容
07        Label1.Text = "您选择的是：" + ListBox1.SelectedValue;
08    }
```

【代码解析】 第3行代码用于响应下拉列表的选择，第7行代码用于响应列表框的选择。

ListBox控件和DropDownList控件后均提供一个按钮，用于响应用户的确认选择。本例的运行效果如图3.7和图3.8所示。

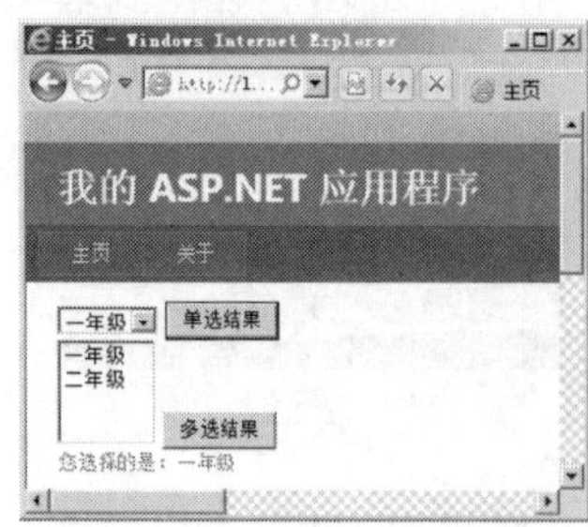

图3.7　DropDownList结果

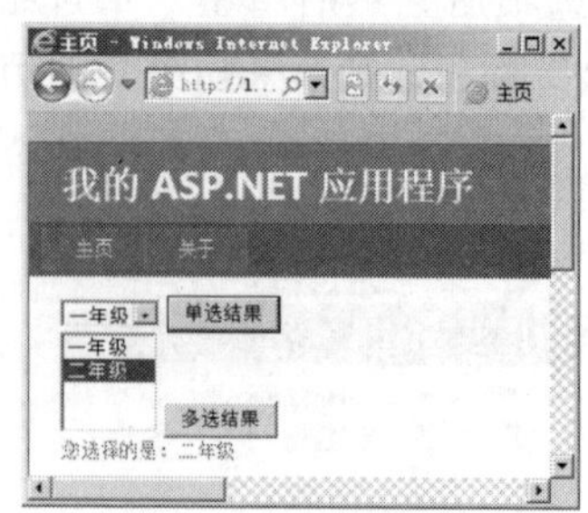

图3.8　ListBox结果

3.2.6 布局类控件：Panel、Table等

布局类控件一般主要参与页面的设计，并不控制实际的代码运行，一般也不允许用户操作。在界面中分别拖放这两个控件，然后在其中添加几个其他类型的控件，如Button、Label等。图3.9给出了两个布局控件在页面上的区别。

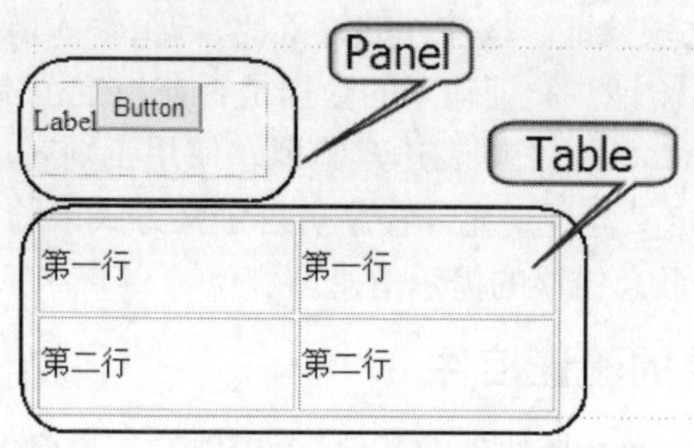

图3.9 Panel、Table的布局对比

默认的表格是没有边线的，所以需要设置表格的属性，图3.9的页面源代码如下所示。

```
01    <asp:Panel ID="Panel1" runat="server" Height="50px" Width="125px">
02        <asp:Label ID="Label2" runat="server" Text="Label"></asp:Label>
03        <asp:Button ID="Button2" runat="server" Text="Button" />
04    </asp:Panel>
05    <br />
06    <asp:Table ID="Table1" runat="server" Height="106px" Width="283px"
07        GridLines="Both">
08    <asp:TableRow>
09    <asp:TableCell>第一行</asp:TableCell><asp:TableCell>第一行</asp:TableCell>
10    </asp:TableRow>
11    <asp:TableRow>
12    <asp:TableCell>第二行</asp:TableCell><asp:TableCell>第二行</asp:TableCell>
13    </asp:TableRow>
14    </asp:Table>
```

【代码解析】第1～4行代码定义了一个Panel控件，第2～3行代码用于设置Panel控件内所装载的控件，第6～14行代码定义了一个表格，第8～10行代码用于设置表格中行的内容。

3.2.7 提交类控件：Button、LinkButton等

提交类按钮就是用户输入完数据或者做出选择后，交给服务器处理后续的操作。此类操作一般通过按钮来完成。Web控件提供了3个按钮：Button、LinkButton和ImageButton，虽然RadioButton也带了个Button，但那只用于用户的选择，所以提交类的按钮只是这3个。它们3个的区别可从表3.2中看出来。如果要让按钮带图片并且很漂亮，那就使用ImageButton。按钮的用法基本一致，前面已经介绍过按钮的事件和属性的设置，所以本节不再详细介绍。

3.3 添加验证控件

验证控件（Validation Controls）用来验证用户在页面上的输入，防止用户乱输数据而影响程序正常进行。Visual Studio 2010提供了6个常用的验证控件，在本节我们就来认识它们。

3.3.1 关于6个验证控件

验证控件检查用户的输入，并实时给出错误的提示，以提示用户进行修改。ASP.NET 4.0共提供6种验证控件，其功能如下所示。

- ❑ RequiredFieldValidator：必须字段验证。用于检查是否有输入值。
- ❑ CompareValidator：比较验证。按控件的设置比较2个输入值。
- ❑ RangeValidator：范围验证。验证输入的数据是否在指定范围内。
- ❑ RegularExpressionValidator：正则表达式验证。使用正则表达式验证控件的输入。
- ❑ CustomValidator：自定义验证。允许程序员自定义方式来验证控件。
- ❑ ValidationSummary：汇总错误的提示信息。

3.3.2 使用5个简单的验证控件

本节介绍除ValidationSummary控件外的其他5个控件，主要学习其用法和一些注意事项。

1. RequiredFieldValidator

必须输入的控件，表示当前文本框必须输入，才能继续后面的操作。拖放一个RequiredFieldValidator、一个TextBox和一个Button到界面，此时页面的关键代码如下所示。

```
01    <div>
02        <asp:TextBox ID="TextBox1" runat="server"></asp:TextBox>
03        <asp:RequiredFieldValidator ID="RequiredFieldValidator1" runat="server"
04            ControlToValidate="TextBox1" ErrorMessage="必须输入内容">
05            </asp:RequiredFieldValidator>
06    </div>
```

【代码解析】第3～5行代码用于设置RequiredFieldValidator控件的ControlToValidate属性为“TextBox1”，表示此处要验证ID为TextBox1的控件。继续设置RequiredFieldValidator的ErrorMessage的属性为“必须输入内容”，当出现错误时，就会给出指定的提示。

运行这个页面，不在文本框内输入任何数据，直接单击“Button”按钮，则页面会出现红色的提示，提示内容就是之前设置好的，如图3.10所示。

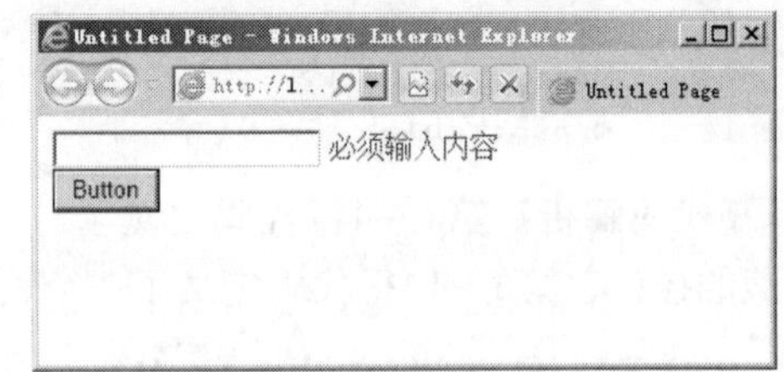

图3.10 RequiredFieldValidator控件的提示效果

2. CompareValidator

比较控件最常见的应用就是验证两个密码是否相同。下述代码通过一个验证密码的例子说明CompareValidator控件的使用。

```
<div>
    <asp:Label ID="Label1" runat="server" Text="旧密码"></asp:Label>
    <asp:TextBox ID="TextBox1" runat="server" style="height: 22px"
        TextMode="Password"></asp:TextBox>
    <br />
```

```
06        <asp:Label ID="Label2" runat="server" Text="新密码"></asp:Label>
07        <asp:TextBox ID="TextBox2" runat="server" TextMode="Password">
08        </asp:TextBox>
09        <br />
10        <asp:Button ID="Button1" runat="server" Text="提交" />
11        <asp:CompareValidator ID="CompareValidator1" runat="server"
12            ControlToCompare="TextBox1" ControlToValidate="TextBox2"
13            ErrorMessage="两个密码不相同">
14        </asp:CompareValidator>
15    </div>
```

【代码解析】第2行代码为页面添加标签控件，第3～4行代码为页面添加文本框控件，第6行代码为页面添加标签控件，第7～8行代码为页面添加文本框控件，第10行代码为页面添加一个按钮控件，第11～14行代码定义了一个CompareValidator控件用于验证2个文本框的内容是否一致。

在使用CompareValidator时，要设置ControlToCompare属性和ControlToValidate属性，表示要对比哪两个控件。为了表现密码的输入效果，还需要设置两个TextBox的TextMode属性为Password模式。页面中有一个按钮，但并没有任何代码事件，主要是为了单击按钮时刷新页面，从而给出关于错误的提示。

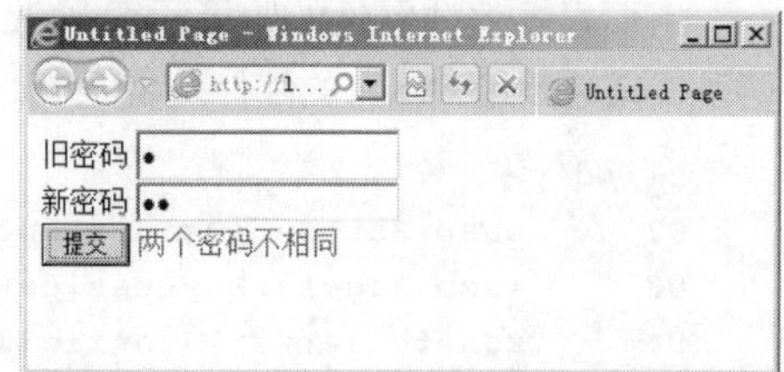

图3.11　CompareValidator控件的提示效果

运行这个页面，如果两个密码输入不一致，则如图3.11所示，如果一致，则没有任何提示。

3. RangeValidator

范围控件主要用来指定某个范围，允许用户输入的数据在这个范围之内。下面的案例表示一个文本框，只允许用户输入年龄在20～30之间。

```
01    <div>
02        <asp:Label ID="Label1" runat="server" Text="年龄"></asp:Label>
03        <asp:TextBox ID="TextBox1" runat="server"></asp:TextBox>
04        <br />
05        <asp:Button ID="Button1" runat="server" Text="提交" />
06        <asp:RangeValidator ID="RangeValidator1" runat="server"
07            ControlToValidate="TextBox1"
08            ErrorMessage="年龄输入范围错误，必须20-30"
09            MaximumValue="30"
10            MinimumValue="20">
11            </asp:RangeValidator>
12    </div>
```

【代码解析】第2行代码为页面添加标签控件，第3行代码为页面添加文本框控件，第5行代码为页面添加按钮控件，第6~11行代码定义了一个RangeValidator控件，用于验证文本框中输入的数值其范围是否在20～30之间，第7行代码用于指定需要验证的控件，第8行代码用于输入数据不符合条件时应该给出的提示，第9行代码用于设置数据的上限，第10行代码用于设置数据的下限。

RangeValidator控件在使用时必须设置ControlToValidate属性，用来关联需要验证的文本框，然后通过MinimumValue和MaximumValue来设置范围的最小值和最大值。

因为本例比较简单，所以不再给出页面的运行提示。读者可亲手试验，或者运行本书附带光盘中的示例。

4. RegularExpressionValidator

正则表达式是一种匹配字符的标准，一般用于在字符串或文件中查找或替换字符。正则表达式的关键之处，在于确定要搜索的字符。正则表达式的语法非常复杂，由于本书主要是讲述ASP.NET 4.0中这个控件的使用，所以此处只做简单介绍。

RegularExpressionValidator控件就是通过正则表达式来验证输入的数据是否符合指定格式的，正则表达式写在ValidationExpression属性中。表3.3中列出的是一些常用的验证表达式。

表3.3 正则表达式的几个通用验证表达式

功　能	验 证 码
匹配E-MAIL	\w+([-+.']\w+)*@\w+([-.]\w+)*\.\w+([-.]\w+)*
匹配URL	http(s)?://([\w-]+\.)+[\w-]+(/[\w- ./?%&=]*)?
匹配负数	^-[0-9]*[1-9][0-9]*$
匹配整数	^-?\d+$
匹配26个英文字母	^[A-Za-z]+$

下面根据这些属性的验证码设置做例子，以判断用户输入的邮件是否正确。代码如下所示。

```
01 <div>
02     <asp:Button ID="Button1" runat="server" Text="提交" />
03     <asp:RegularExpressionValidator ID="RegularExpressionValidator1"
04     runat="server" ControlToValidate="TextBox1" ErrorMessage="邮箱输入错误"
05         ValidationExpression="\w+([-+.']\w+)*@\w+([-.]\w+)*\.\w+([-.]\w+)*">
06     </asp:RegularExpressionValidator>
07 </div>
```

【代码解析】第3~6行代码定义了一个RegularExpressionValidator控件，第4行代码用于设置验证的控件和关于错误的提示信息，第5行代码用于设置验证的条件。

读者可以输入不同的邮箱，测试这个正则表达式。

5. CustomValidator

自定义验证控件CustomValidator为用户的输入提供自定义的验证方法，具有更高的灵活性。下面的案例就简要地介绍这个控件，并学习如何自定义验证方法，其主要是通过一个自定义方法，来验证文本框内的数据长度是否是8位。这个例子可用来验证身份证号码或者电话号码的长度。

（1）在网页中拖放一个CustomValidator控件，再添加一个文本框和一个按钮。

（2）设置页面的源代码如下所示。

```
01 <div>
02         <asp:TextBox ID="TextBox1" runat="server"></asp:TextBox>
03         <asp:Button ID="Button1" runat="server" Text="提交" onclick="Button1_Click" />
04         <asp:CustomValidator ID="CustomValidator1" runat="server"
05             ControlToValidate="TextBox1" ErrorMessage="文本长度错误！"
06             onservervalidate="CustomValidator1_ServerValidate">
07         </asp:CustomValidator>
08   </div>
```

【代码解析】第4~7行代码使用自定义的方式验证控件中的值，第5行代码用于设置验证的控件和关于错误信息的提示，第6行代码用于设置所要验证的事件名称。

（3）此时来设置自定义的验证方法，双击CustomValidator验证控件，自动进入该控件的验证事件ServerValidate中，书写下面的验证代码。

```
01    protected void CustomValidator1 ServerValidate
02            (object source, ServerValidateEventArgs args)
03        {
04            try
05            {
06                if(args.Value.Length==8)        //判断用户的输入是否为8位
07                    args.IsValid=true;          //如果为8位，则自定义验证控件验证成功
08                else                            //否则
09                    args.IsValid=false;         //验证失败
10            }
11            catch
12            {
13                args.IsValid=false;             //发生异常时，验证失败
14            }
15        }
```

【代码解析】第1～15行代码定义的是自定义验证控件的检验过程，第6～9行代码用于判断参数的长度，并设置参数值是否有效的标志。

（4）读者可自己设计页面，并查看结果是否能达到验证文本长度的目的。

3.3.3 ValidationSummary验证控件的错误汇总

ValidationSummary用来显示页面上所有验证控件的出错信息。出错信息的来源是每个验证控件的ErrorMessage属性。如果没有设置验证控件的ErrorMessage属性，将不会在ValidationSummary控件中为该验证控件显示出错信息。

ValidationSummary控件的2个主要属性如下。

- ❑ DisplayMode：指定显示模式，可为列表、项目符号列表或单个段落。
- ❑ ShowSummary：控制ValidationSummary控件是显示还是隐藏。

下面的代码主要用来显示两个RequiredFieldValidator控件的出错信息，这里需要注意ValidationSummary属性的设置。

```
<asp:TextBox ID="TextBox2" runat="server"></asp:TextBox>
<asp:ValidationSummary ID="ValidationSummary1"
runat="server" DisplayMode="List" />
<asp:RequiredFieldValidator ID="RequiredFieldValidator1"
runat="server" ControlToValidate="TextBox2"
    ErrorMessage="textbox2不能为空"></asp:RequiredFieldValidator>
```

设计到最后，不要忘记添加一个按钮，用来刷新页面。上述代码有关错误提示的效果如图3.12所示。

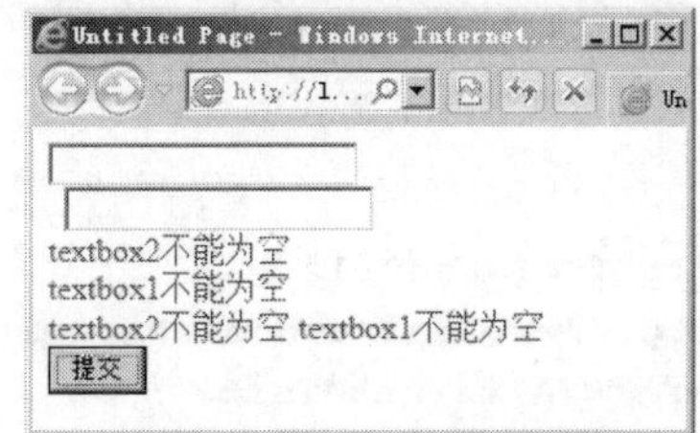

图3.12 ValidationSummary控件的验证效果

3.4 使用复杂控件

复杂控件相对前面介绍的一些控件而言有点复杂，但实际中应用起来还是比较方便的，通过本节的学习，读者应该能够学到一些应用控件的技巧。

3.4.1 日历控件

日历控件（Calendar）是一种用于用户输入日期的常用控件。这样用户就不会错误地输入日期格式，完全可以通过一个可视日历的选择，来完成最终日期的输入。将一个日历控件拖放到界面，然后再在界面上添加一个按钮和一个文本框。在这里，可以通过日历控件的属性窗口来改变此控件的一些外观设置。然后双击按钮，在其单击事件中设置显示用户所选择日期的代码，如下所示。

```
01    protected void Button1_Click(object sender, EventArgs e)
02    {
03        Label1.Text = Calendar1.SelectedDate.ToString();//显示日期
04    }
```

【代码解析】第3行代码用于将选中的日期显示出来，使用的是日历控件的SelectedDate属性。

这是最简单的显示日期的方式，如果用户希望选择具体的年、月、日或者时间，还可以通过“SelectedDate”的一些属性来实现。本例的运行效果如图3.13所示。

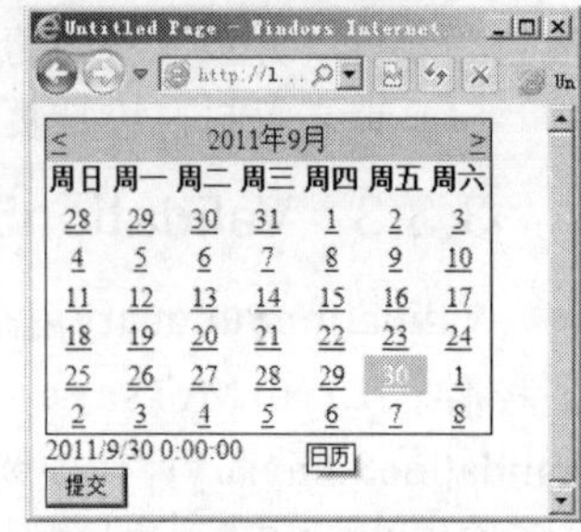

图3.13 Calendar控件的效果

3.4.2 动态广告控件

广告或者公司的LOGO是网站顶部最常见的元素。本节介绍的AdRotator（动态广告）控件提供了在Web窗体页上显示具有广告性质的图像或文字的功能。本节通过一个示例来显示来回切换Google和百度的LOGO的广告。

> **注意** AdRotator并不支持直接在其属性中关联要显示的图片，而是需要将这些图片信息保存在一个数据文件中，然后将数据文件关联到广告控件。因此，本例先创建一个xml文件。

（1）右击该项目的名称，选择“添加新项”菜单，在打开的对话框中选择“XML文件”选项，单击“确定”按钮，生成一个名为XMLFile.xml的文件。

（2）设置图片的XML数据文件内容如下所示。

> **注意** 本文件中的图片地址ImageUrl和链接地址NavigateUrl，需要与AdRotator控件的2个属性字段对应。

```
<?xml version="1.0" encoding="utf-8" ?>
<Advertisements>
  <Ad>
    <ImageUrl>baidu.gif</ImageUrl>
    <NavigateUrl>http://www.baidu.com</NavigateUrl>
    <AlternateText>百度</AlternateText>
    <Impressions>80</Impressions>
```

```
08          <Keyword>img1</Keyword>
09        </Ad>
10        <Ad>
11          <ImageUrl>google.gif</ImageUrl>
12          <NavigateUrl>http://www.google.com</NavigateUrl>
13          <AlternateText>google</AlternateText>
14          <Impressions>80</Impressions>
15          <Keyword>img2</Keyword>
16        </Ad>
17      </Advertisements>
```

【代码解析】第4行代码用于设置图片的路径信息，第5行代码设置链接的网址，第6行代码用于设置显示的内容，第8行代码用于设置关键词，第10～16行代码用于设置另一个导航内容。

编程陷阱：Advertisements不能错误的拼写为Advertise，否则会引起加载出错。

（3）在网页中添加AdRotator控件，设置其AdvertisementFile属性如下所示，表示关联到图片数据文件ad.xml。

```
<asp:AdRotator ID="AdRotator1" runat="server" AdvertisementFile="~/ad.xml" />
```

（4）因为都是著名公司的LOGO，涉及一些图像版权问题，所以本例不再给出运行效果，读者可自己测试。

3.5 小结

本章通过常见的2种控件——Web控件和标准控件，介绍了ASP.NET 4.0应用程序界面设计需要的一些控件，并学习了这些控件的属性设置，同时还学习了控件的事件处理能力，让读者掌握前台和后台程序沟通的方式。

本章3.3节介绍了6个常用的验证控件，这些控件可以帮助开发人员保证页面的输入安全。本章最后介绍了日历控件和动态广告控件，其目的是让读者通过这些复杂的控件，了解页面设计的丰富多彩。

3.6 上机实践习题

1. 设计一个网页，在网页上能设置字体的3种样式，分别为加粗、斜体和下划线，选择相应的样式后，单击“确定”按钮设置字体的样式。

【提示】该题要求读者学习添加控件和为控件添加事件的方法，重点掌握复选框CheckBox控件的使用和Button按钮的使用。

【关键代码】

```
if (CheckBox1.Checked )
    Label1.Font.Bold = true;                          //设置粗体
else
    Label1.Font.Bold = false ;
if (CheckBox2.Checked)
    Label1.Font.Italic = true;                        //设置斜体
else
```

```
08        Label1.Font.Italic = false;
09    if (CheckBox3.Checked)
10        Label1.Font.Underline = true;                         //设置下划线
11    else
12        Label1.Font.Underline = false;
```

【代码解析】第2～3行代码分别用于设置Label1控件的显示内容为粗体或非粗体，第6～8行代码用于设置Label1控件的字体为斜体或非斜体，第10~12行代码用于设置Label1字体是否带下划线。

2. 设计一个网页，在网页上用户能够通过输入数字设置示例字体的大小。

【提示】该题目要求读者学习输入类控件的使用以及数据类型之间的转换，重点掌握文本框的使用和将字符串转换为数值型的方法。

【关键代码】

```
01    Button1.Text = "设置";
02    Label1.Text = "在文本框中输入数字，然后单击“按钮”，查看字体设置的效果！";
03    Label1.Font.Size = Convert.ToInt16(TextBox1.Text);
```

【代码解析】第3行代码用于设置Label1控件显示内容的字体大小。

3. 设计一个网页，提供一个文本框，允许在文本框中输入1~10之间的数或者20~30之间的数，当输出超出范围时能够给予提示。

【提示】该题目要求读者学习添加验证控件的方法，重点掌握自定义验证控件的使用方法。

【关键代码】

```
01    Button1.Text = "确认";
02    int x;
03    try
04    {
05        x = Convert.ToInt16 (args.Value);                 //验证输入的数值
06        if ((x >= 1 && x <= 10) || (x >= 20 && x <= 30))
07            args.IsValid = true;                          //置有效标志
08        else
09            args.IsValid = false;
10    }
11    catch
12    {
13        Response.Write("输入的数据在转换过程中出错！");
14    }
```

【代码解析】第5行代码用于参数值转换为int型，第7行和第9行代码用于置参数的标志位以标识参数值是否有效。

第二篇
使 用 数 据

第 4 章 ADO.NET基础

本章学习的主要内容包括，SQL Server数据库的安装和网页设计中数据库的相关操作。数据库能够为动态网页提供更多的数据支持。通过学习本章，读者可以掌握ASP.NET中数据库操作的基本方法，为制作动态网页提供基础。

本章重点：

- ❑ 安装SQL Server 2008数据库：读者可按步骤安装SQL Server数据库。
- ❑ 建立数据库连接：学会使用Connect类连接数据库的方法，能够连接指定的数据库。
- ❑ 检索数据：学会使用Command类在数据库中检索数据。
- ❑ 显示数据：学会在网页上显示所查询到的数据。

4.1 配置数据库：SQL Server 2008

SQL Server 2008是最流行的数据库，而且它与ASP.NET的结合最好，ADO.NET也提供了很多可以轻松操作SQL Server 2008数据库的类。本节首先做好SQL Server 2008数据库开发前的准备。

4.1.1 安装SQL Server 2008

本节介绍如何安装SQL Server 2008，具体步骤如下所示，每一步操作都要仔细参考说明。

(1) 把光盘放入光驱，则会弹出自动选择菜单。在此菜单中可以选择自己需要安装的选项，如图4.1所示。

(2) 单击图4.1所示左侧树形目录上的“安装”链接，会弹出如图4.2所示的界面。

(3) 单击右侧树形目录上的“全新SQL Server独立安装或向现有安装添加新功能”的链接，开始检测安装程序所支持的规则，检测完成后，弹出如图4.3所示的界面。

(4) 单击如图4.3中所示的“确定”，会弹出收集用户信息的窗口，如图4.4所示。

(5) 单击如图4.4中所示的“安装”按钮，安装程序完成检测，弹出如图4.5所示的界面。

(6) 单击“下一步”按钮后，会弹出如图4.6所示的界面，在其中选择所要添加的SQL功能。

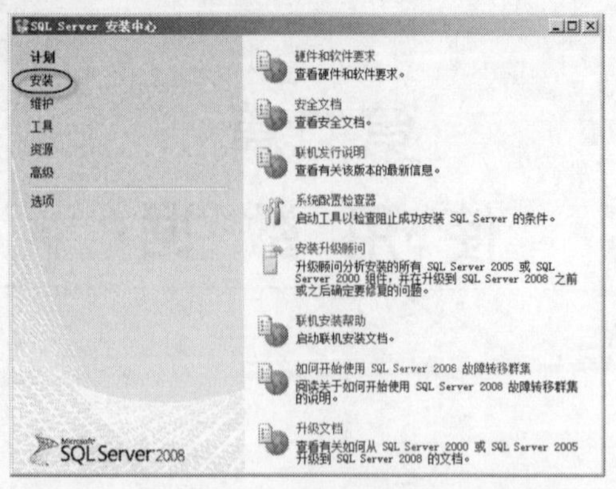

图4.1 SQL Server 2008数据库的开始界面

图4.2 安装界面

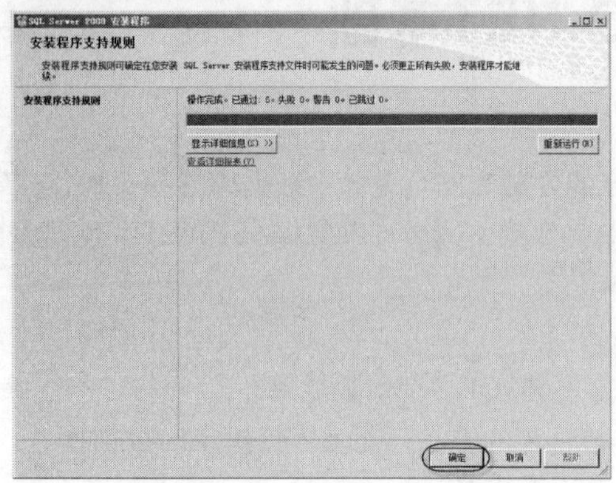

图4.3 安装必要的组件界面

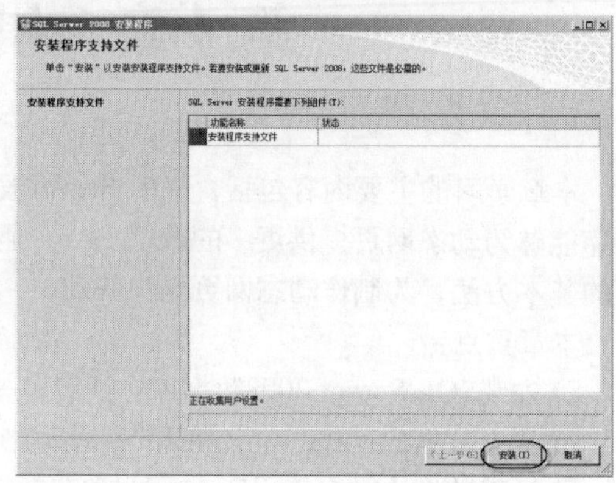

图4.4 检测安装程序规则界面

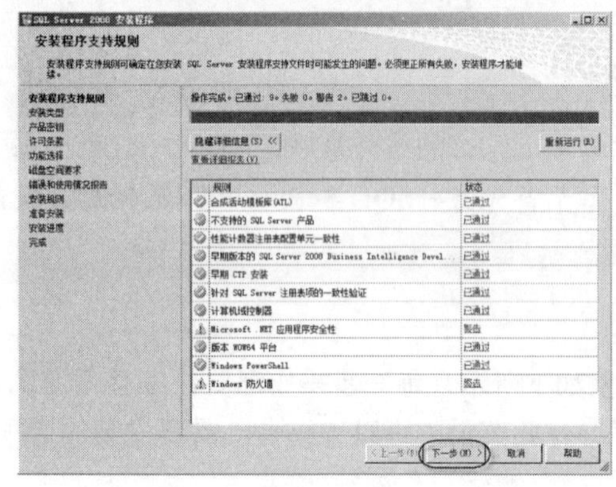

图4.5 安装程序支持规则界面

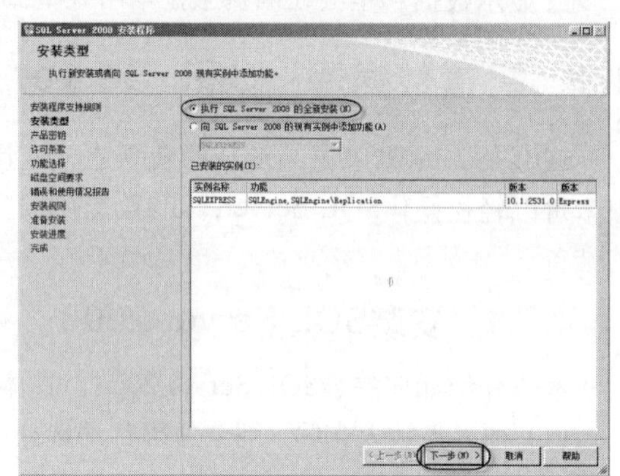

图4.6 安装功能界面

（7）单击如图4.6所示的“下一步”按钮，弹出如图4.7所示的界面，在其中输入产品序列号。

（8）单击如图4.7所示的“下一步”按钮，弹出的界面如图4.8所示，阅读许可协议，并同意协议。

（9）单击如图4.8中所示的“下一步”按钮，弹出如图4.9所示的界面。

（10）单击“全选”按钮，选中所有选项，并单击“下一步”按钮，则弹出选择安装实例的界面，如图4.10所示。

（11）单击如图4.10所示的“下一步”按钮，会弹出计算硬盘空间的界面，如图4.11所示。

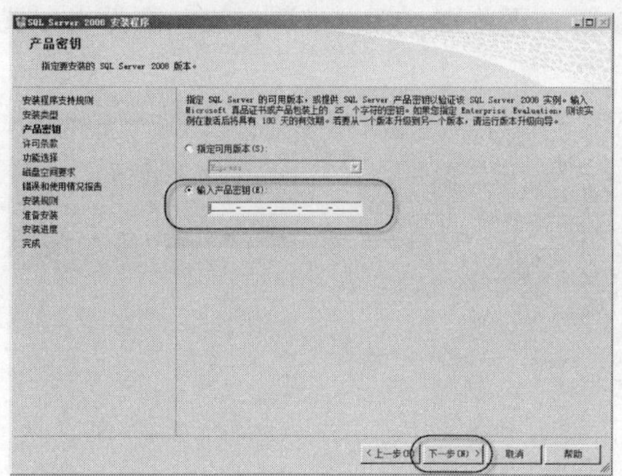

图4.7　输入产品序列号界面

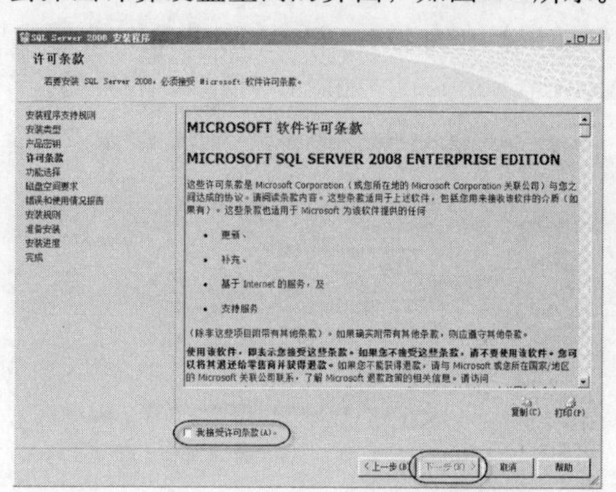

图4.8　接受许可协议界面

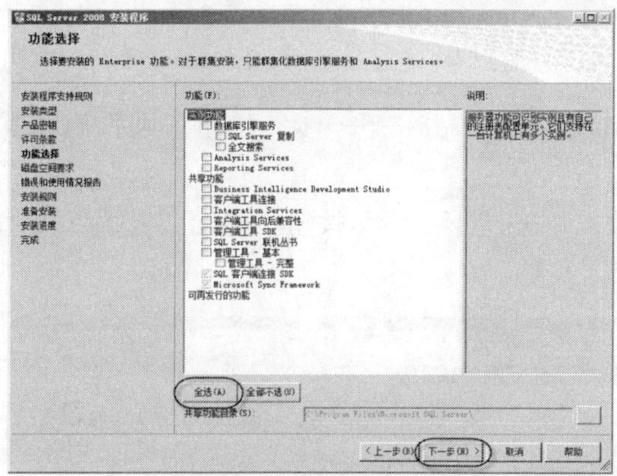

图4.9　选择功能界面

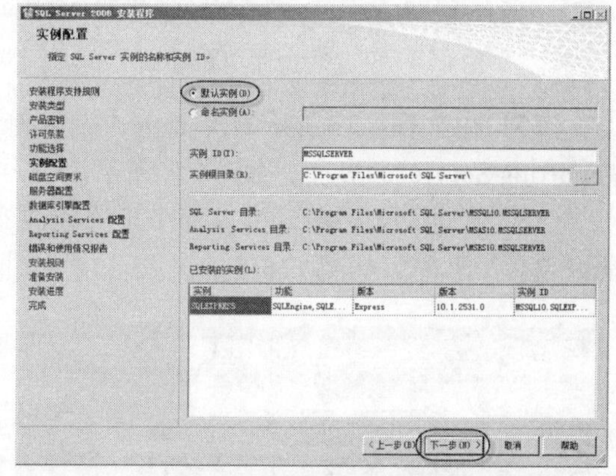

图4.10　选择安装实例界面

（12）在如图4.11所示的界面上单击“下一步”按钮，会弹出如图4.12所示的服务器配置界面。

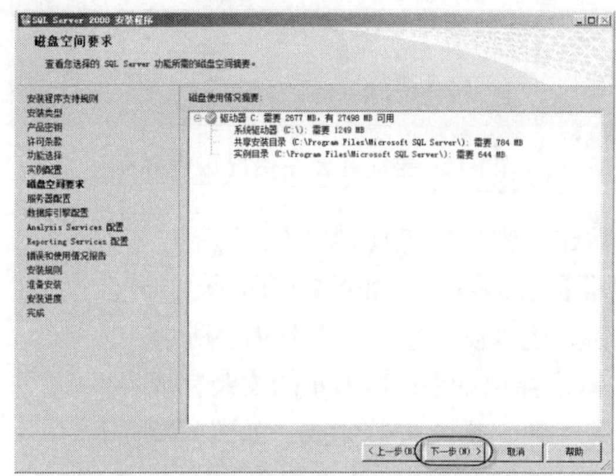

图4.11　计算硬盘空间界面

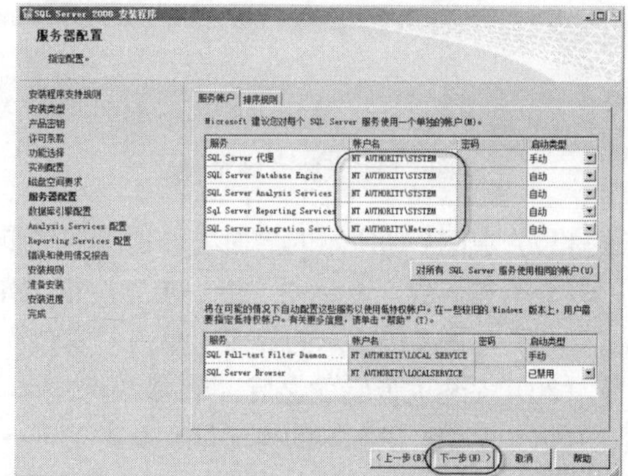

图4.12　服务器配置界面

（13）在如图4.12所示的界面上单击“下一步”按钮，会弹出如图4.13所示的设置数据库引擎的界面。

（14）在如图4.13所示的界面上设置相应参数，再单击“下一步”按钮，则弹出配置Analysis Services（如图4.14所示）的界面。

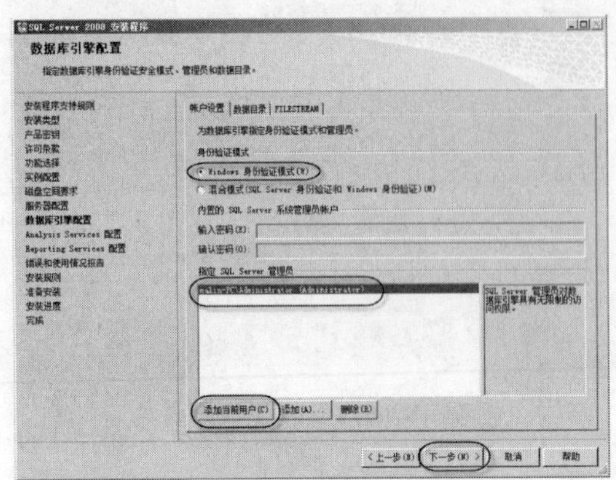

图4.13 设置数据库引擎界面

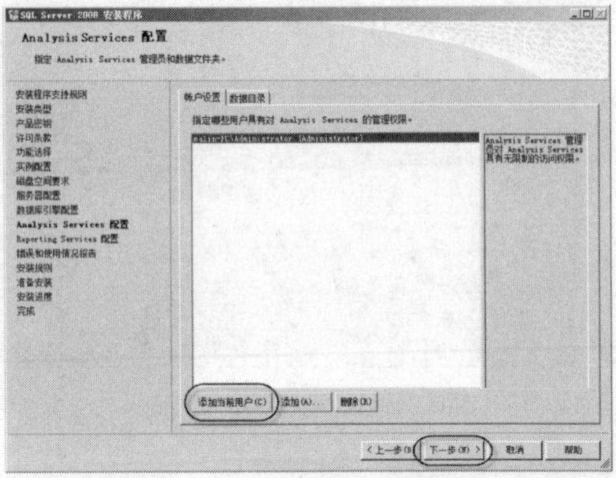

图4.14 配置Analysis Services界面

（15）在如图4.14所示的界面上，设置对应参数，再单击“下一步”按钮，则弹出配置Reporting Service的界面，如图4.15所示。

（16）在如图4.15所示的界面中设置相应参数，单击“下一步”按钮，弹出“错误和使用情况报告”界面，如图4.16所示。

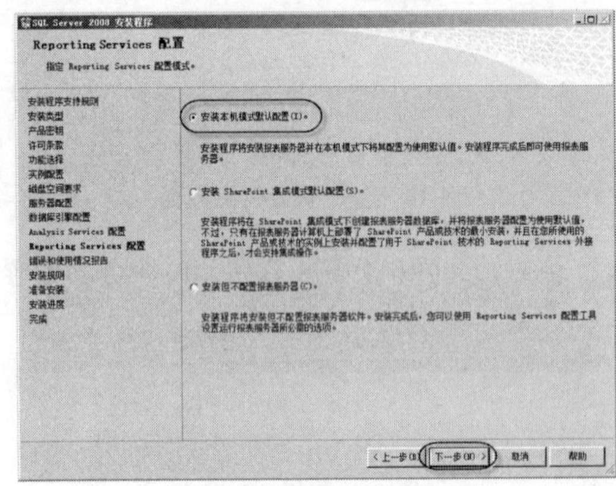

图4.15 安装完成界面

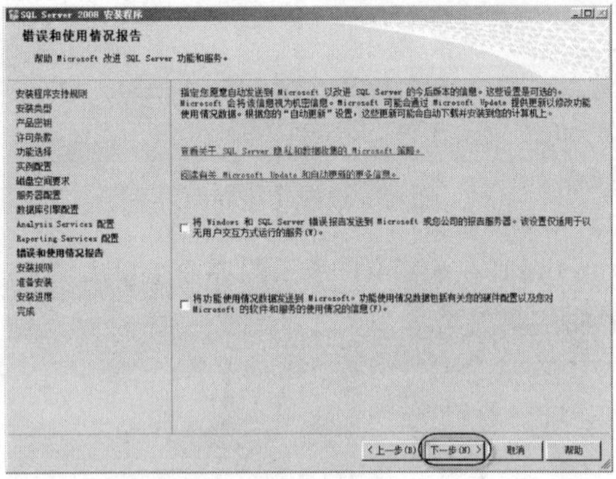

图4.16 错误和使用情况报告界面

（17）在图4.16所示的界面上单击“下一步”按钮，弹出安装规则界面。

（18）在该界面上单击“下一步”按钮，弹出准备安装界面，如图4.17所示。

（19）在图4.17所示的界面上单击“安装”按钮，进入安装界面，如图4.18所示。

（20）安装进度完成之后，单击“下一步”按钮，弹出如图4.19所示的安装完成界面。

（21）在图4.19所示的界面上，单击“下一步”按钮，提示安装完成，如图4.20所示。

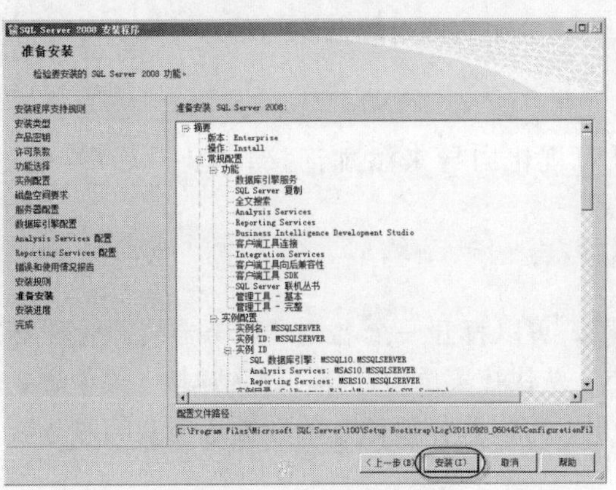

图4.17　准备安装界面

图4.18　安装进度界面

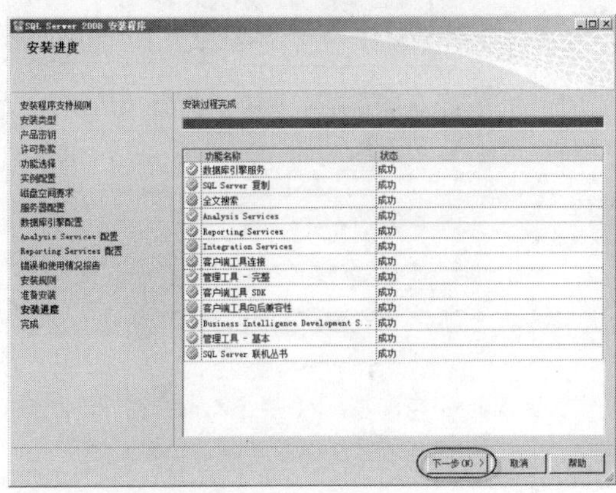

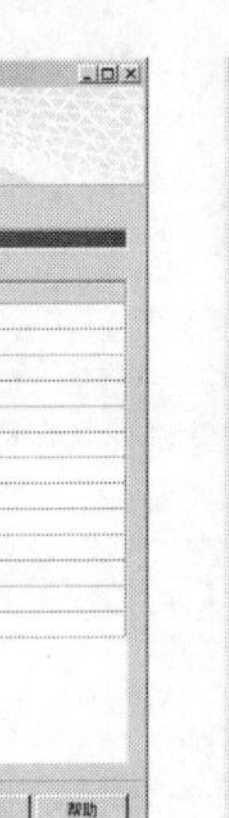

图4.19　安装界面

图4.20　安装完成

4.1.2　准备数据

为了学习后续的数据库操作方法，需要准备一些数据以提供数据支持。可以从微软的官方网站下载一些默认的数据库，如Northwind、Pubs等；也可以自己创建一个数据库，并在其中创建一个表，输入表格需要的一些数据。

因为在本章学习的操作中会涉及一些数据库的复杂操作，所以本章使用了微软提供的数据库Northwind。此数据库包含的数据表如图4.21所示。

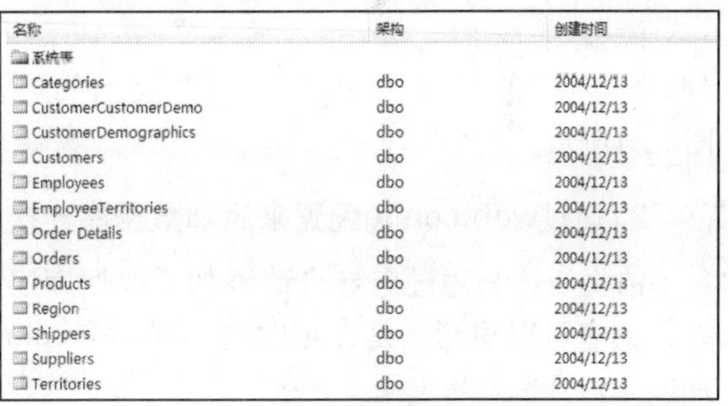

名称	架构	创建时间
系统表		
Categories	dbo	2004/12/13
CustomerCustomerDemo	dbo	2004/12/13
CustomerDemographics	dbo	2004/12/13
Customers	dbo	2004/12/13
Employees	dbo	2004/12/13
EmployeeTerritories	dbo	2004/12/13
Order Details	dbo	2004/12/13
Orders	dbo	2004/12/13
Products	dbo	2004/12/13
Region	dbo	2004/12/13
Shippers	dbo	2004/12/13
Suppliers	dbo	2004/12/13
Territories	dbo	2004/12/13

图4.21　数据库

提示　此数据库可以从微软官方网站下载。

4.2　第一个连接数据库的网页

前面我们已安装了SQL Server 2008，并且也将数据库Northwind附加到了SQL服务器上。

本节我们将学习如何通过ADO.NET提供的组件，在程序中实现对数据库的动态操作。

4.2.1 建立数据连接

要建立数据连接，有很多方法：可以通过可视化向导来添加连接；也可以直接通过web.config配置来添加数据库连接。

1. 通过可视化向导来添加连接

单击“视图”菜单中的“服务器资源管理器”，可以打开一个名为“服务器资源管理器”的小窗口，如图4.22所示。右击“数据连接”节点，从快捷菜单中选择“添加连接”菜单命令，打开如图4.23所示的“添加连接”对话框。在这里，可以选择要添加的数据库所在的服务器，然后选择我们要使用的数据库。

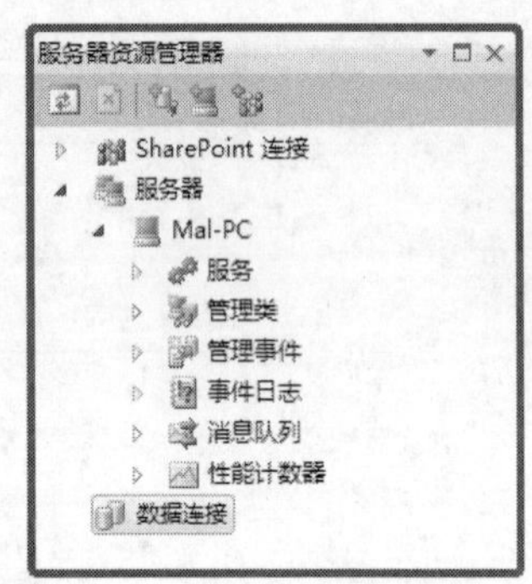

图4.22 服务器资源管理器

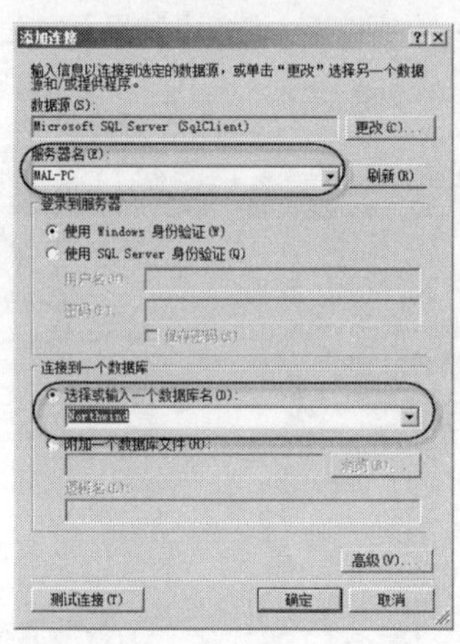

图4.23 “添加连接”对话框

注意 如果要使用本地服务器，则“服务器名”对话框处可以直接输入“.”，表示本地数据库。

添加完成后，单击“确定”按钮，此时在“服务器资源管理器”中多了一个数据库连接，如图4.24所示。

图4.24 添加连接后的服务器资源管理器

2. 通过web.config配置来添加数据库连接

前文所述是通过向导自动添加了数据库连接。那么，读者可以思考，是否可以自己在web.config中添加连接？答案是肯定的。

打开web.config配置文件，找到“connectionStrings”配置节，修改为如下所示的代码。

```
<connectionStrings>
    <add name="NorthwindConnectionString"
    connectionString="Data Source=.;
    Initial Catalog=Northwind
    Security=True"
```

```
06        providerName="System.Data.SqlClient"/>
07    </connectionStrings>
```

【代码解析】第3行代码Data Source表示数据库所在的服务器，第4行代码Initial Catalog表示要选择的数据库。

保存web.config文件，就成功完成了添加数据库连接的操作。

4.2.2 添加GridView控件

添加好数据连接后，本节将通过一个常用的数据控件GridView，来获取并显示数据库中的数据，还将深入学习通过GridView控件实现数据的编辑功能（如删除、修改等）。

GridView控件以表格形式显示数据，可以对数据进行排序、选择、编辑和删除等功能。GridView还提供丰富的事件模型，可以响应对显示出的表格所进行的各种操作。同时该控件还支持绑定列控件，可以通过数据的模板完成更复杂的功能。本例演示如何用GridView显示数据库中Categories表的数据。

（1）打开Default.aspx，从工具箱中将一个GridView拖放到设计界面，默认效果如图4.25所示。

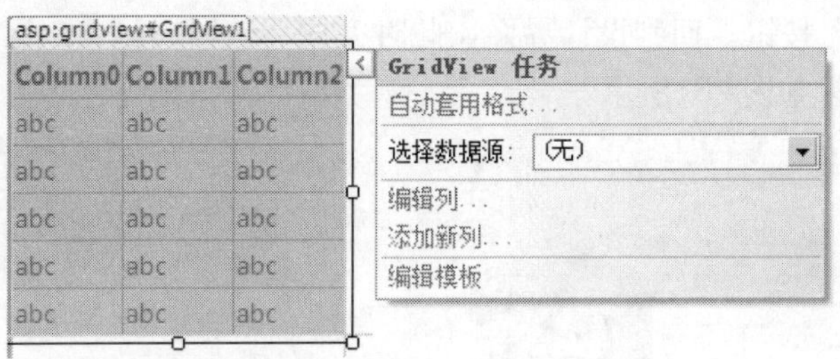

图4.25 默认的GridView设计效果

（2）单击“GridView任务”菜单，选择“选择数据库”下拉框中的“新建数据源”项，打开的数据源配置向导如图4.26所示。此时选择“数据库”项，则“为数据源指定ID”下面的对话框会自动设置为“SqlDataSource1”，表示当前的数据源控件的ID为“SqlDataSource1”，然后单击“确定”按钮。

（3）此时数据库连接选择前面用向导创建的连接，如图4.27所示，单击“下一步”按钮，会打开数据库连接配置窗口，如图4.28所示。此处默认会在web.config中创建一个名为“NorthwindConnectionString”的连接。配置内容与手动添加数据连接所需要的配置内容相同。

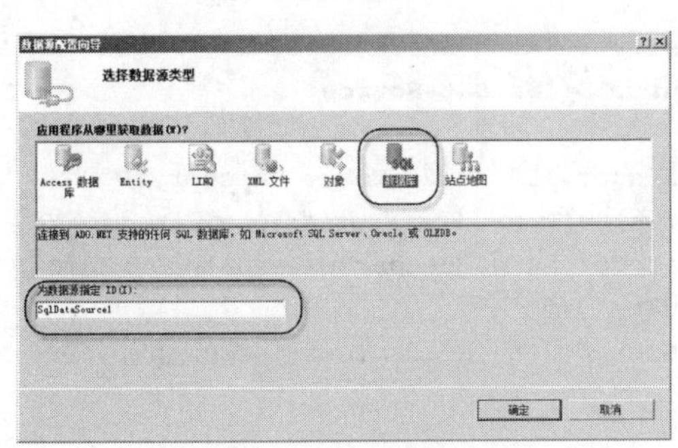

图4.26 新建数据源

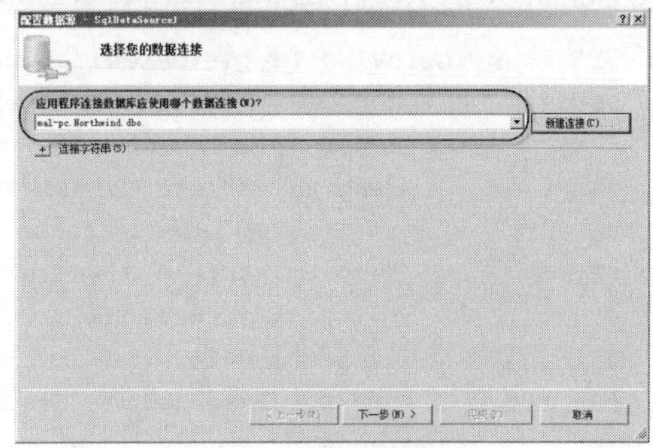

图4.27 选择数据连接

（4）单击“下一步”按钮，打开“配置Select语句”窗口，如图4.29所示。在这里，需要选择要显示的数据表，本例选择“Categories”表。

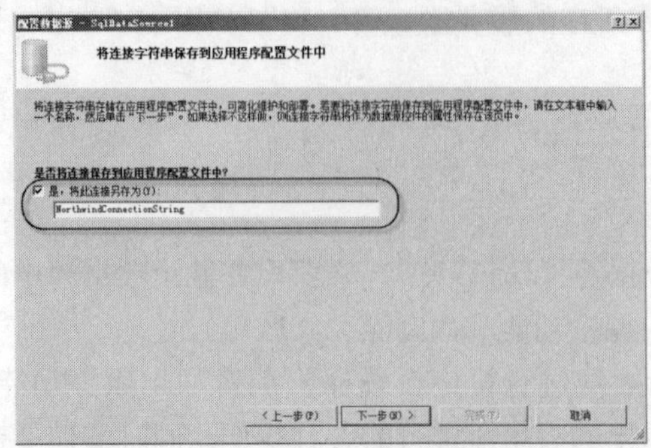

图4.28 数据库连接配置窗口

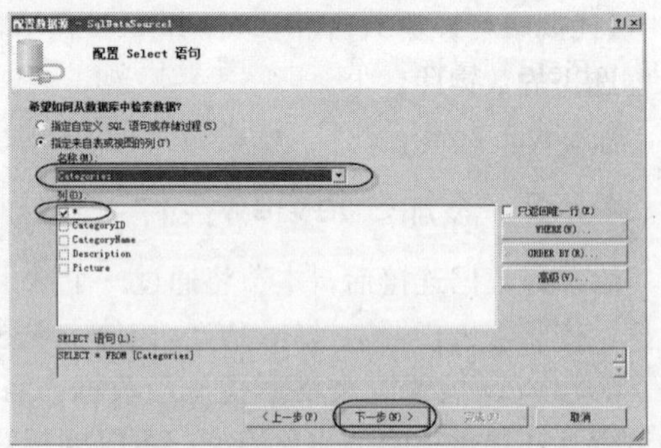

图4.29 “配置Select语句”窗口

（5）单击“下一步”按钮，打开“测试查询”窗口。在这里，需要测试上一步所选择的表中是否有数据，单击“测试查询”按钮，效果如图4.30所示，表示当前表格有数据。

（6）单击“完成”按钮，回到设计界面，此时完成了数据的配置。运行当前页面，可以看到GridView的运行效果如图4.31所示。

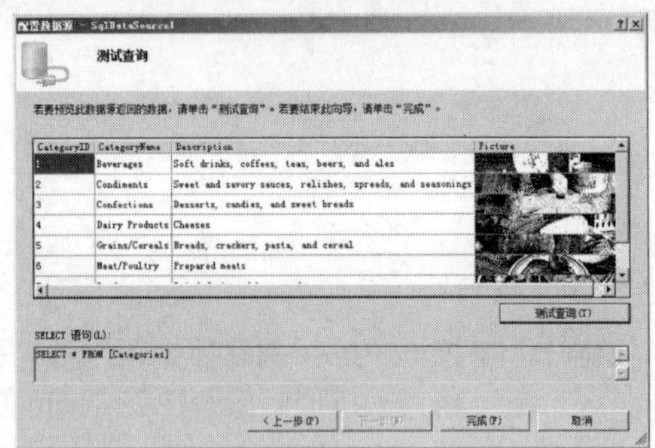

图4.30 测试查询窗口

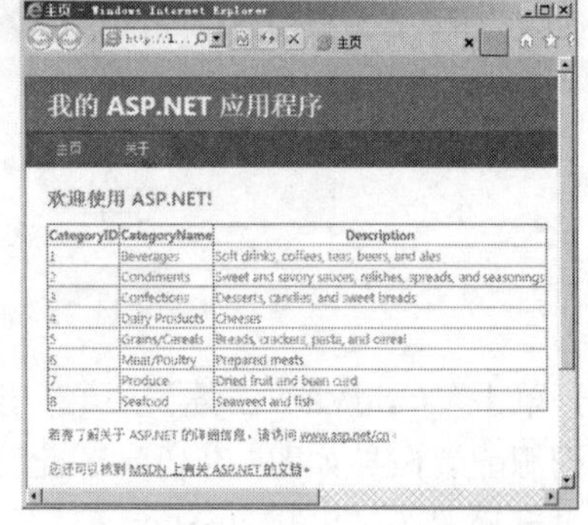

图4.31 GridView的运行效果

4.2.3 代码分析

上一小节用GridView完成了读取数据的功能；现在来分析通过向导自动生成的一些代码。打开Default.aspx的源代码界面，找到“<asp:GridView>”控件，其代码如下所示。

```
<asp:GridView ID="GridView1" runat="server" AutoGenerateColumns="False"
    DataKeyNames="CategoryID" DataSourceID="SqlDataSource1">
    <Columns>
        <asp:BoundField DataField="CategoryID" HeaderText="CategoryID"
            InsertVisible="False" ReadOnly="True" SortExpression="CategoryID" />
        <asp:BoundField DataField="CategoryName" HeaderText="CategoryName"
            SortExpression="CategoryName" />
        <asp:BoundField DataField="Description" HeaderText="Description"
            SortExpression="Description" />
    </Columns>
</asp:GridView>
```

【代码解析】 第2行代码通过GridView的"DataSourceID"属性指定了当前数据的数据来源是"SqlDataSource1"控件。第3~10行代码"<Columns>"表示GridView中的列集合，这些列有不同的类型，如模板列、绑定列等，本例使用的是绑定列"BoundField"。绑定列中"DataField"属性表示当前列绑定的哪个字段，这个字段与数据表Categories中的字段对应。绑定列中的"HeaderText"属性表示列头，即本列的名称，一般可以修改为中文。"ReadOnly"属性设置本列是否为只读，一般主键列会自动设置为只读。

看完了GridView自动生成的代码，现在看看数据源控件"SqlDataSource1"自动生成的代码。

```
01  <asp:SqlDataSource ID="SqlDataSource1" runat="server"
02          ConnectionString="<%$ ConnectionStrings:NorthwindConnectionString %>"
03          SelectCommand="SELECT * FROM [Categories]">
04  </asp:SqlDataSource>
```

【代码解析】 SqlDataSource1负责数据库的连接，第2行代码通过"ConnectionString"属性来指定当前用到的是哪个数据连接。第3行代码"SelectCommand"其实就是一个SQL语句，表示当前读取的数据是什么。GridView就是通过与SqlDataSource1的组合，实现了数据的读取功能。

4.3 ADO.NET框架与.NET框架

要掌握好ADO.NET框架，需要先学习这个框架能做什么、其在.NET框架中占据什么位置。本节通过两个图例介绍ADO.NET框架，然后再学习如何连接和断开数据库。

要掌握好ADO.NET的操作，必须先明白它在.NET中占据什么位置。微软给出了一个.NET的系统结构图，如图4.32所示。

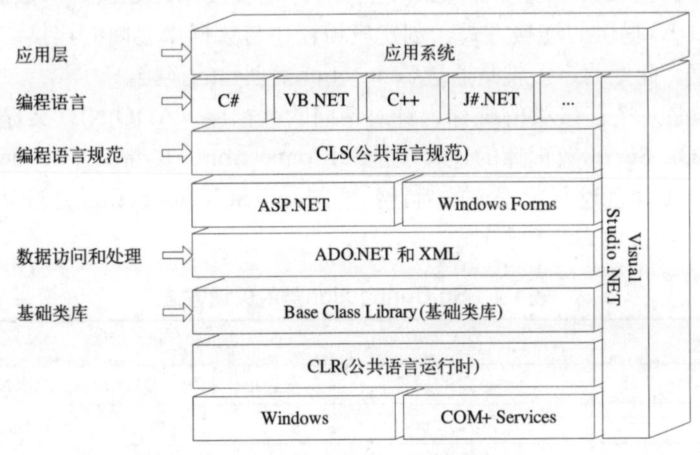

图4.32　.NET系统结构图

通过图4.32可以看出，ADO.NET是数据处理的关键部分，在这个结构中，越往下走的内容越关键，当然也就越难学习。现在把ADO.NET单独拿出来。图4.33给出的是ADO.NET的结构图。

ADO.NET中包含了很多数据库操作的封装类，Connection和Command是2个最常用的。其详细内容会在后面的小节介绍，本节只给出一个框架，让读者有全局的了解。

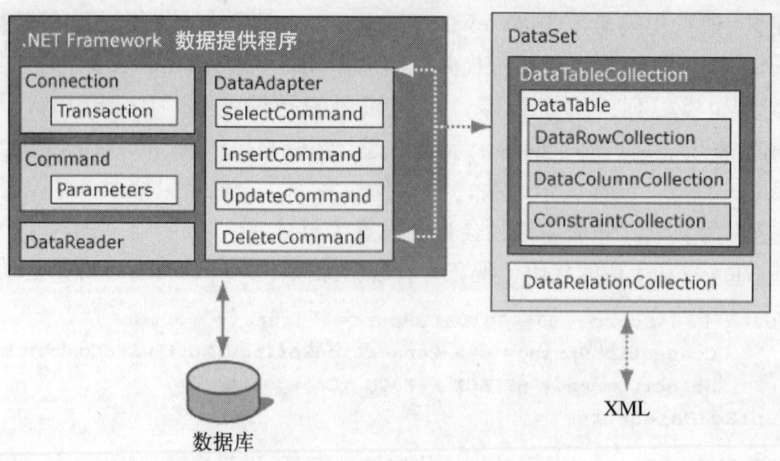

图4.33 ADO.NET结构图

4.4 连接方式

ADO.NET提供了一些方法，通过这些方法可以获取数据。每个方法的操作步骤不同，但获取结果可以相同。具体使用哪种方式，要根据项目条件允许和服务器的速度要求等。本节只是介绍最通用的方法。

4.4.1 用Connection类连接数据库

当一个系统添加完数据库连接后，如果应用程序需要使用此连接并从数据库中获取数据，就需要通过ADO.NET提供的连接方式，创建应用程序与数据库之间的连接。创建连接后，才可以正常读取数据。此处的连接就是通过Connection类创建的连接。

Connection类是一个连接类的统称，针对不同的数据库，ADO.NET又提供了不同的子类连接类，如支持SQL Server数据库的连接类是SqlConnection，其继承自Connection类。本节就演示如何通过这个类，创建与数据库的对话。要想知道SqlConnection类能干什么，先通过表4.1学习这个类的一些重要方法和属性。

表4.1 SqlConnection类的关键方法

方法或属性	功　能
ConnectionString	必需的属性，获取或设置用于打开 SQL Server 数据库的字符串
State	SqlConnection对象的状态，用来判断连接是否打开或者关闭等
CreateCommand	用来创建一个与SqlConnection关联的SqlCommand命令对象
Close	关闭当前的连接
Open	打开当前的连接

了解上述方法后，下面通过一段代码来说明这些方法的使用情况，并通过注释来了解如何打开数据库、关闭数据库等。

```
SqlConnection conn = new SqlConnection();            //创建连接对象
conn.ConnectionString=
```

```
03        "Data Source=.;Initial Catalog=Northwind;Integrated Security=True";
04    conn.Open;                                              //打开连接
05    if (conn.State = =ConnectionState.Open)                 //判断连接状态
06    {
07        conn.Close();                                       //关闭打开的连接
08    }
```

【代码解析】第1行代码用于创建连接对象，第2～3行代码用于设置连接字符串，第4行代码用于打开数据库连接，第5行代码用于判断数据库连接是否被打开，若已经被打开，则关闭数据库连接。

4.4.2 用Command类执行命令

Command类也是一个命令的基类。其中用于执行SQL命令的类是SqlCommand，其继承自Command类。SqlCommand对象主要用来执行数据库运行命令，所以其包括很多执行的方法，还有一些与数据库相关的属性。表4.2列出了SqlCommand常用的方法和属性。

表4.2 SqlCommand类的关键方法

方法或属性	功　能
CommandText	数据库的执行命令语句，就是常见的SQL命令
CommandType	命令语句的类型，主要包括3种类型：语句、存储过程和表，常用的是语句和存储过程
Connection	与SqlCommand对象相关联的数据库连接对象
ExecuteNonQuery	数据库执行命令的方法，此方法不从数据库中返回值
ExecuteScalar	数据库执行命令的方法，此方法从数据库中返回一个值
ExecuteReader	数据库执行命令的方法，此方法从数据库中返回数据集，这个数据集是只读的

本节就以一段代码，演示CommandText属性和ExecuteNonQuery方法的使用情况。本代码注释比较详细，读者可以理会数据操作的来龙去脉。

```
SqlConnection conn = new SqlConnection();         //创建数据库连接对象
//设置连接对象的数据库连接字符串
conn.ConnectionString =
    ConfigurationManager.ConnectionStrings["NorthwindConnectionString "].ToString();
conn.Open();                                      //打开连接
SqlCommand cmd = new SqlCommand();                //创建数据库命令对象
cmd.Connection = conn;                            //执行命令需要的数据库连接
cmd.CommandText = "INSERT INTO myTable VALUES('"
    + "张三"+"','"+" 男')";                         //数据库的执行语句
//通过返回的数值，判断数据库命令是否执行成功
int val=cmd.ExecuteNonQuery();
if (val > 0)                                      //如果等于负数,会说明错误原因
{
    Response.Write("数据添加成功");
}
//判断数据库连接的状态，如果处于打开状态，要关闭以节约资源
if (conn.State == ConnectionState.Open)
    conn.Close();
```

【代码解析】第1行代码用于创建连接对象，第3～4行代码用于设置数据库连接字符串，第5行代码用于打开数据库连接，第6行代码创建命令对象，第7行代码用于设置命令对象的连接字符串，第8行代码用于设置查询命令，第11行代码用于执行查询命令，第12～15行代码用于检测命令执行是否成功，第17～18行代码用于关闭数据库连接。

4.4.3　用DataReader类读取数据

在第4.4.2小节提到一个方法ExecuteReader，它返回的是一个只读数据集。只读数据集并不是一个任意的变量，不是字符型，也不是数值型。那如何定义这种返回类型呢？ADO.NET提供了DataReader类。SQL Server数据库操作的是SqlDataReader类，其继承自DataReader类。

SqlDataReader类包含的是数据集，也就是可能有好多条记录，当然也可能只有一条记录。要读取每条记录的信息，或者读取每条记录中某个字段的信息，就需要用到SqlDataReader类提供的一些属性和方法，表4.3列出了常用的属性和方法。

表4.3　SqlDataReader类的关键方法

方法或属性	功　能
FieldCount	获取数据集中的列数，就是表的字段总数
HasRows	判断数据集是否包含记录
Read	从数据集中读取一行记录
Close	关闭数据集
GetName	获取数据集中列的名称，也就是表格的字段名
GetValue	获取指定列的值
GetValues	获取当前行的所有列

下面学习一段代码，它的功能就是从数据库中获取一个数据集，然后显示数据集中的所有内容。

```
01  protected static SqlDataReader sdr;                //定义SqlDataReader对象
02  SqlConnection conn = new SqlConnection();          //创建数据库连接对象
03  //设置连接对象的数据库连接字符串
04  conn.ConnectionString =
05      ConfigurationManager.ConnectionStrings
06          ["NorthwindConnectionString "].ToString();
07  conn.Open();                                       //打开连接
08  SqlCommand cmd = new SqlCommand();                 //创建数据库命令对象
09  cmd.Connection = conn;                             //执行命令需要的数据库连接
10  cmd.CommandText = "SELECT * FROM Categories ";     //数据库的执行语句
11  sdr = cmd.ExecuteReader();                         //返回数据集
12  Response.Write(sdr.FieldCount.ToString());         //显示字段数
13  if (sdr.HasRows)
14      Response.Write( "有记录");                      //显示是否有记录
15  else
16      Response.Write("无记录");
17  string str = "";
18  //循环遍历数据集
19  while (sdr.Read())
20  {
21      str = sdr.GetString(0) + "," + sdr.GetString(1);
22  }
23  sdr.Close();                                       //关闭读取器
24  Response.Write(str);                               //显示结果
```

【代码解析】第1行代码定义了一个SqlDataReader对象，第2行代码定义了一个数据库连接对象，第4～6行代码用于设置连接字符串，第7行代码用于打开数据库连接，第8行代码创建了一个命令对象，第9行代码用于设置命令对象的连接字符串，第10行代码用于设置查询命令，第11行代码执行查询命令并保存返回的数据集，第12行代码显示返回数据集的字段数，第13行代码用于判断返回的数据集中是否存在数据，第19～22行代码用于显示所查询到的数据，第23行代码用于关闭读取器，第24行代码用于返回查询到的数据。

4.4.4 如何给Command对象添加参数对象

参数（Parameter）是变量在数据库操作中的一种替代品。如，姓名变量在程序中名字为name，那么我们就要给Command对象添加一个参数对象，用来承载name变量的内容，这样才可以在数据库中操作。针对SQL Server数据库操作的参数是SqlParameter，其继承自Parameter类。

一个SqlParameter表示一个参数，默认情况下是input参数，表示是输入的参数，就是从程序中读取的参数；输出参数表示从数据库中读取出来的参数。具体是输入还是输出参数，需要通过SqlParameter的属性Direction属性来表示。参数类型主要有3种： Input、InputOutput和ReturnValue。以下应用程序代码演示了如何创建这3种类型的参数。

```
01  //默认打开的连接名为connection,testproc是存储过程
02  SqlCommand command = new SqlCommand("testproc", connection);  //打开连接
03  command.CommandType = CommandType.StoredProcedure;            //命令类型是存储过程
04  //获取类型为returnvalue的参数，注意类型为int
05  SqlParameter parameter = command.Parameters.Add(
06  "RETURN_VALUE", SqlDbType.Int);
07  parameter.Direction = ParameterDirection.ReturnValue;     //指定参数类型
08  parameter = command.Parameters.Add(
09  "@InputParm", SqlDbType.NVarChar, 12);                    //创建一个输入参数
10  parameter.Value = "Test  Value";                          //指定参数的值
11  parameter = command.Parameters.Add(
12  "@OutputParm", SqlDbType.NVarChar, 28);                   //创建一个输出参数
13  parameter.Direction = ParameterDirection.Output;          //设置参数类型为输出参数
14  connection.Open();                                        //打开连接
15  SqlDataReader reader = command.ExecuteReader();           //执行获取数据集的命令
16  reader.Close();                                           //关闭打开的阅读器
17  connection.Close();                                       //关闭连接
18  //输出参数和ReturnValue的值
19  Response.Write(command.Parameters["@OutputParm"].Value);
20  Response.Write(command.Parameters["RETURN_VALUE"].Value);
```

【代码解析】第2行代码用于创建数据命令对象，并打开数据库连接，第3行代码用于设置命令对象的类型是存储过程，第5～6行代码用于设置存储过程中的参数，第7行代码用于指定参数类型为输入参数，第8～9行代码用于添加输入参数，第10行代码用于设置参数值，第11～12行代码用于添加一个参数，第13行代码设置参数类型为输出参数，第14行代码用于打开数据库连接，第15行代码用于执行查询命令，第16行代码用于关闭读取器，第17行代码用于关闭数据库连接，第19行代码用于返回输出参数的值，第20行代码用于返回输入参数的值。

4.4.5 DataAdapter类的桥梁作用

DataAdapter在ADO.NET中被称为适配器，有关SQL Server方面的操作依然是SqlDataAdapter

类，其继承自DataAdapter类。适配器表示一组SQL命令和一个数据库连接，用于填充DataSet数据集和更新数据源。DataAdapter用作DataSet数据集和数据源之间的桥接器（所以被称为数据桥梁），以方便数据的检索和保存。DataAdapter通过映射Fill和Update这2个方法来提供这一桥接器。

下面通过一个案例来介绍DataAdapter类的这种桥梁作用，其主要功能就是通过它的Fill对象填充数据集，然后通过它的Update方法更新数据。读者可以考虑这种方法的简便性。

```
01  string conn = " Data Source=.;Initial Catalog=Northwind;Integrated Security=True "
02  string sqlStr =" Select * from Categories ";
03  //利用构造函数，创建DataAdapter
04  SqlDataAdapter da = new SqlDataAdapter(sqlStr, conn);
05  DataSet ds = new DataSet();                                    //创建DataSet空对象
06  //填充，第一个参数是要填充的dataset对象，第二个参数是填充dataset的datatable
07  Da.Fill(ds, "Categories");
08  //以下代码将更新DataSet里的数据
09  //在DataSet里的名为" Categories "的DataTable中添加一个用于描述行记录的DataRow对象
10  DataRow dr = ds.Tables["Categories "].NewRow();
11  //通过DataRow对象添加一条记录
12  dr["CategoryName "] = "计算机分类";
13  dr["Description "] =  "从计算机类里单独列出来的一个分支";
14  ds.Table["Categories "].Rows.Add(dr);
15  //更新到数据库里
16  SqlCommandBuilder scb = new SqlCommandBuilder(da);
17  da.update(ds, " Categories ");
```

【代码解析】第1行代码用于设置数据库的连接字符串，第2行代码用于设置查询命令，第4行代码创建一个数据读取器，第5行代码创建了一个数据集，第7行代码用于填充数据集，第10行代码创建一个行对象，第12～13行代码用于设置行的字段值，第14行代码将行记录添加到数据集中，第17行代码用于更新数据。

4.5 应用断开连接类

有些操作必须在数据库连接的时候才可以使用。但为了节省服务器资源，ADO.NET也提供了一些类，如DataSet，这些类可以在断开数据库连接的情况下使用。本节就介绍这些在断开连接时仍然可以使用的类。

4.5.1 数据集类（DataSet）介绍

在应用程序中，DataSet可以看作是数据库的一个本地对象，应用程序通过数据适配器DataAdapter与DataSet进行数据交换，然后DataSet本身再与数据库进行数据操作。本节学习2种创建DataSet的方法：一种用向导方式创建，不写任何代码；一种直接在代码中创建，可以在程序运行时动态创建DataSet。

1. 用向导方式创建DataSet

右击网站的根目录，选择“添加新项”，然后选中“数据集”项，默认情况下会生成一个名为“DataSet1.xsd”的数据集。因为数据集以类的形式存在，所以此时会弹出一个提示框，如图4.34所示。在.NET中，所有的类最好都放在“App_Code”文件夹下，所以单击“是”按钮，会自动生成这个文件夹。

默认生成的数据集DataSet1.xsd是一个空的界面，右击界面，选择“添加”|“TableAdapter”菜单，如图4.35所示，此时打开了TableAdapter配置向导。首先选择数据连接，此处不再提供图例，默认情况下就是前面创建的Northwind的数据连接。

图4.34 提示框

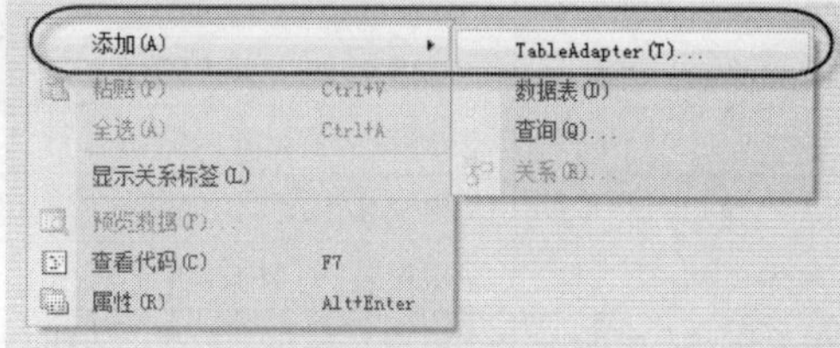

图4.35 选择菜单

单击“下一步”按钮，打开“输入SQL语句”对话框，在这里选择从哪个数据表中获取什么数据。本例与前面的案例统一，还是从Categories表中获取数据，所以输入“select * from Categories”语句，如图4.36所示。单击“完成”按钮，就完成了对数据集的数据填充。

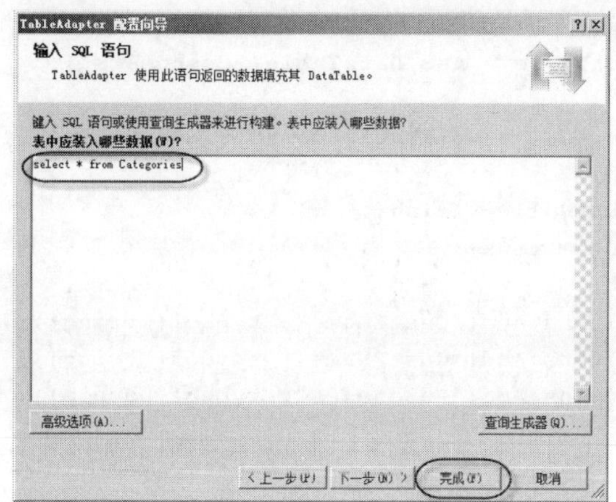

图4.36 输入SQL语句对话框

2. 用代码方式创建DataSet

前面在介绍DataAdapter类的时候，已经学习过创建DataSet的方式，代码如下。

```
01    string conn = " Data Source=.;Initial Catalog=Northwind;Integrated Security=True "
02    string sqlStr =" Select * from Categories ";
03    SqlDataAdapter da = new SqlDataAdapter(sqlStr, conn);    //利用构造函数，创建DataAdapter
04    DataSet ds = new DataSet();                              //创建DataSet
05    //填充，第一个参数是要填充的dataset对象，第二个参数是填充dataset的datatable
06    Da.Fill(ds, " Categories ");
```

【代码解析】第1行代码用于设置数据库连接字符串，第2行代码设置查询语句，第3行代码用于创建数据读取器，第4行代码创建一个DataSet数据集，第6行代码读取数据填充数据DataSet数据集。

4.5.2 数据表类（DataTable）介绍

DataTable一般表示一个数据表（包括行和列的正规数据表），是DataSet组织结构的一部分。表4.4列出了DataTable常用的方法或属性。

表4.4 DataTable类的关键方法

方法或属性	功　能
Columns	获取DataTable内的所有列
Rows	获取DataTable内的所有行
AcceptChanges	提交自上次调用AcceptChanges以来对该表进行的所有更改。此方法在修改数据时很重要
NewRow	根据表的结构，创建新行
ReadXml	将XML架构和数据读入DataTable
WriteXml	将DataTable的当前内容以XML格式写入

DataTable表示内存中数据的一个表。如果以编程方式创建DataTable，则必须通过将DataColumn对象添加到DataColumnCollection（通过Columns属性访问）中来定义其架构。创建列集合的代码如下：

```
01  //创建一个用户表格
02  DataTable workTable = new DataTable("Customers");
03  //添加表格的列
04  DataColumn workCol = workTable.Columns.Add("CustID", typeof(Int32));
05  //下面设置主键列的属性
06  workCol.AllowDBNull = false;
07  workCol.Unique = true;
08  //再添加3列内容
09  workTable.Columns.Add("CustLName", typeof(String));
10  workTable.Columns.Add("CustFName", typeof(String));
11  workTable.Columns.Add("Purchases", typeof(Double));
```

【代码解析】第2行代码用于创建数据表，第4行代码用于创建一个列字段，第6行代码设置列字段不能为空，第7行代码设置列字段为唯一性，第9～10行代码分别再定义3个列字段。

注意　添加完列集合后，只是完成了DataTable结构，并没有为其添加数据。若要向DataTable中添加行，必须先使用NewRow方法返回新的DataRow对象。NewRow方法返回具有DataTable架构的行，就像由该表的DataColumnCollection定义的那样。添加列的代码如下：

```
//为上面创建的表格添加两行数据
workTable.Rows.Add(new Object[] {1,"Smith","Right",600});
workTable.Rows.Add(new Object[] {1,"Tomas","Edison",900});
```

添加完行后，一个结构和数据完整的DataTable就创建完成了，表的名字是“Customers”，共有4个字段、2行数据。

4.6 使用事务

事务（Transaction）是一个整体操作，其封装了多个操作，一个操作执行不成功，则其他的所有操作都不成功。在Visual Studio 2010中用于事务处理的类，存在于命名空间System.

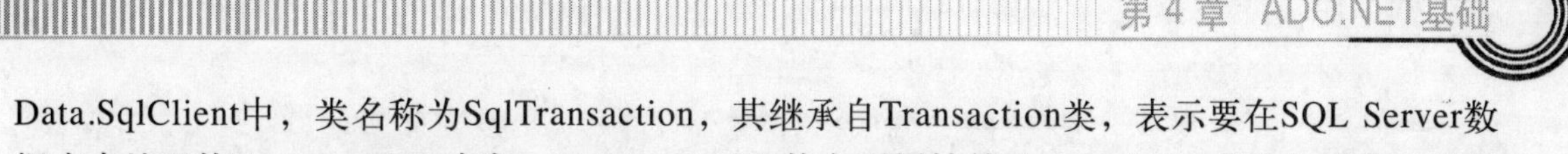

Data.SqlClient中，类名称为SqlTransaction，其继承自Transaction类，表示要在SQL Server数据库中处理的Transact-SQL事务。SqlTransaction的主要属性是Connection，获取与该事务关联的数据库连接。主要方法有：

- ❑ Commit：用来提交数据库事务。
- ❑ RollBack：从挂起状态回滚事务。

程序通过在SqlConnection对象上调用BeginTransaction方法，创建一个事务对象。然后通过事务的Commit方法执行事务，或通过RollBack方法中断事务。为了捕获在提交过程中发生的错误，在事务处理中一般使用try/catch语句。现在再来看一个简单的示例：用户取款操作。这里要先更新用户余额，然后添加取款记录，其代码实现如下：

```
using (SqlConnection conn = new SqlConnection(connectionString))
    {
        conn.Open();                                        //打开连接
        SqlCommand cmd = connection.CreateCommand();//创建执行命令
        SqlTransaction trans;                               //定义事务
        //开始一个本地的事务，并命名
        trans = connection.BeginTransaction("SampleTransaction");
        //必须指明两个命令的连接和事务
        cmd.Connection = conn;
        cmd.Transaction = trans;
        //为了更好地捕获错误，使用try/catch语句
        try
        {
            //第一个操作——更新数据
            cmd.CommandText =
                "update moneytalbe set money=money-200";、
            cmd.ExecuteNonQuery();                              //执行更新操作
            //第二个操作——插入数据
            cmd.CommandText =
                "insert into moneyhistroy values('name',200,'2006-07-07')";
            cmd.ExecuteNonQuery();                              //执行更新操作
            //尝试提交数据库事务
            trans.Commit();
            Response.Write("两条语句都执行完毕.");
        }
        catch (Exception ex)                                    //捕获出错信息
        {
            Response.Write ("提交错误类型：{0}", ex.GetType());
            Response.Write("出错信息：{0}", ex.Message);
            //尝试回滚事务，放弃操作
            try
            {
                trans.Rollback();
            }
            catch (Exception ex2)
            {
                //捕获所有可能发生的错误
```

```
38                    Response.Write ("回滚错误类型: " + ex2.GetType());
39                    Response.Write ("出错信息: " +  ex2.Message);
40                }
41            }
42        }
```

【代码解析】第1行代码用于创建连接并使用字连接字符串初始化连接对象，第3行代码用于打开连接，第4行代码创建了一个命令对象，第5行代码定义了一个事务对象，第7行代码用于设置事务开始，第9行代码用于设置连接，第10行代码用于设置命令对象的事务，第12～25行代码用于对数据库执行SQL命令，第23行代码用于提交事务，第26～41行代码用于当事务执行失败时回滚事务。

4.7 小结

因为所有的数据资源几乎都保存在数据库中，所以ASP.NET提供了ADO.NET框架，用来实现对数据的管理。本章从基础概念入手，介绍ADO.NET的工作原理和基本组成，并详细介绍了ADO.NET中必需的一些类，每个类都通过操作SQL Server数据库的案例进行演示。ADO.NET中还有一个比较重要的数据集DataSet，其在程序运行时的应用非常多，而且应用非常简单，还属于断开连接的操作，所以读者在掌握这些类的同时，尤其要多学习DataSet类的使用。

4.8 上机实践习题

1. 通过在程序中使用代码连接名称为“Pubs”的数据库。

【提示】该题目要求读者学习使用Connection类建立数据库连接的方法，重点掌握Connection类中各个属性的设置。

【关键代码】

```
01  SqlConnection conn = new SqlConnection();        //创建连接对象
02  conn.ConnectionString = "Data Source=MAL-PC;Initial Catalog=pubs;Integrated
03  Security=True";
04  conn.Open();                                     //打开连接
05  if (conn.State == ConnectionState.Open)          //判断连接状态
06  {
07      conn.Close();                                //关闭打开的连接
08  }
09  Response.Write("连接成功！");
```

【代码解析】第1行代码用于创建数据库连接对象，第2～3行用于设置连接字符串，第5行用于判断数据库连接是否成功。

2. 在程序中使用SQL语句查询数据库Pubs中authors表的所有内容。

【提示】该题目要求读者学习数据库的查询命令对象的使用方法，重点掌握Command对象的使用。

【关键代码】

```
SqlDataReader sdr;                                   //定义SqlDataReader对象
SqlConnection conn = new SqlConnection();            //创建数据库连接对象
//设置连接对象的数据库连接字符串
```

```
04   conn.ConnectionString = "Data Source=MAL-PC;Initial
05   Catalog=pubs;Integrated Security=True";
06   conn.Open();                                      //打开连接
07   SqlCommand cmd = new SqlCommand();                //创建数据库命令对象
08   cmd.Connection = conn;                            //执行命令需要的数据库连接
09   cmd.CommandText = "SELECT * FROM authors ";       //数据库的执行语句
10   sdr = cmd.ExecuteReader();                        //返回数据集
11   Response.Write(sdr.FieldCount.ToString());        //显示字段数
12   if (sdr.HasRows)
13       Response.Write( "有记录");                    //显示是否有记录
14   else
15       Response.Write("无记录");
```

【代码解析】第1行代码用于创建读取器，第7行用于创建命令对象，第10行用于保存命令对象执行后返回的数据集。

第 5 章　数据绑定

本章主要介绍在ASP.NET中，进行数据绑定的各个方面。数据绑定在网站数据交互过程中占有重要的作用，通过数据绑定可以实现数据的动态显示，使显示数据与数据库中存储的数据保持一致性。

本章重点：

- ❑ 数据绑定概述，学习数据绑定的基础知识，理解数据绑定的概念。
- ❑ 单值和复值数据绑定，学会使用单值和复值数据绑定。
- ❑ 操作数据源控件，学会将命令参数化，以及更新数据的操作。

5.1　数据绑定概述

数据绑定是指在运行时将值动态地赋给控件属性的过程。可以将控件的属性绑定到表达式、属性、方法、集合，甚至另一个控件的属性。数据绑定的重点不是数据部分，而是绑定部分。

ASP.NET的声明性数据绑定语法仅在调用DataBind()方法时计算。该方法是页和所有服务器控件的方法。通常是从Page_Load事件调用DataBind(),如下所示。

```
01    Protected void page_Load(Object Src ,EventArgs E)
02    {
03        DataBind();              //绑定数据
04    }
```

【代码解析】第1～4行是页面加载事件，第3行用于绑定数据。

> **提示**　延迟数据绑定的静态方法：DataBinder.Eval()，该方法用于计算后期绑定的数据绑定表达式。该方法很方便，因为它省去了开发人员为强迫值转换所需的数据类型而必须做的许多显示转换。

5.2　绑定单值数据

可以将单独的控件属性绑定到实际的任何信息上，此信息可被解析成适合于所绑定的属性的单值。也可以将数据库中的某个字段和单值控件进行绑定。

5.2.1　绑定表达式

使用数据绑定表达式，可以将控件属性、值绑定到数据。数据绑定表达式包含在“<%#”和“%>”分隔符之内，并使用Eval()和Bind()函数来进行绑定。

Eval()函数用于定义单向绑定，这样不能对数据进行更新，一般用于显示数据。该方法采

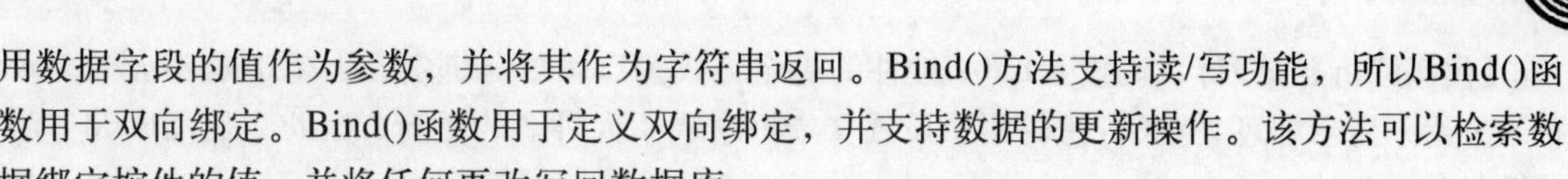

用数据字段的值作为参数，并将其作为字符串返回。Bind()方法支持读/写功能，所以Bind()函数用于双向绑定。Bind()函数用于定义双向绑定，并支持数据的更新操作。该方法可以检索数据绑定控件的值，并将任何更改写回数据库。

5.2.2 使用Eval()方法

Eval()方法可计算数据绑定控件（如GridView控件）模板中的后期绑定数据表达式。在运行时，Eval()方法调用DataBinder对象的Eval()方法，同时引用命名容器的当前数据项。命名容器通常是包含完整记录的数据绑定控件的最小组成部分，如GridView()控件中的一行。因此，只能对数据绑定控件模板内的绑定使用Eva()方法。

```
<asp:Label ID="订单金额Label" runat="server" Text='<%# Eval("订单金额") %>' />
```

Eval()方法以数据字段的名称作为参数，从数据源的当前记录返回一个包含该字段值的字符串。可以提供第2个参数来指定返回字符串的格式，该参数为可选参数。字符串格式参数使用为String类的Format()方法定义的语法。

5.2.3 使用Bind()方法

Bind()方法与Eval()方法有一些相似之处，但也存在很大的差异。虽然可以像使用Eval 方法一样使用Bind()方法来检索数据绑定字段的值，但当数据可以被修改时，还是要使用 Bind()方法将修改后的数据写回到磁盘上。

如果已为数据源控件定义了Select、Insert、Delete和Update等SQL语句，则通过在模板中使用Bind()方法，就可以使控件从模板的子控件中获取值，并将这些值传递给数据源控件，然后数据源控件将执行适当的SQL命令。出于此原因，在数据绑定控件的 EditItemTemplate模板或者InsertItemTemplate模板中要使用Bind()函数，如下所示的代码就使用了Bind()进行数据字段的绑定：

```
<asp:TextBox ID="电话TextBox" runat="server" Text='<%# Bind("电话") %>' />
```

Bind()方法通常与输入控件一起使用，例如由编辑模式中的 GridView 行所呈现的 TextBox 控件。当数据绑定控件将输入控件作为自身呈现的一部分创建时，该方法便可提取输入值。与Eval()方法相同，Bind()方法采用数据字段的名称作为参数，从而与绑定属性关联。

如下所示的代码演示了Bind()方法的使用，在GridView的数据编辑模板中使用Eval()方法将参数字段绑定到Label中，而使用Bind()方法将要更新的字段绑定到TextBox中：

```
<EditItemTemplate>
<td>
 <asp:Label ID="客户IDLabel1" runat="server"  Text='<%# Eval("客户ID") %>' />
</td>
<td>
 <asp:TextBox ID="联系人名TextBox" runat="server" Text='<%# Bind("联系人名") %>' />
</td>
<td>
 <asp:Button ID="UpdateButton" runat="server" CommandName="Update" Text="更新" />
 <asp:Button ID="CancelButton" runat="server" CommandName="Cancel" Text="取消" />
</td>
</EditItemTemplate>
```

【代码解析】第3行代码设置Label控件的绑定方式为Eval单向绑定，因为ID是不会被更改的，仅用于显示即可。第6行代码用于设置文本框中联系人姓名的更新，因此，使用Bind方法进行双向绑定。

5.3 绑定单值字段

对于单值绑定，经常会在项目中用到。进行单值字段绑定时，数据表达式经常被包含在服务器控件的属性值中。例如：

```
<asp:TextBox ID="TextBox1" runat="server" Text='<%#数据绑定表达式%>' ></asp:TextBox>
```

此时，数据绑定表达式可以是一个变量，或者是某个控件的属性值，或者是一个带返回值的C#或者VB.NET方法，或是C#对象的某个字段或者属性的值等。

5.3.1 绑定属性

将一个Label控件的Text属性绑定到Button控件，如下所示：

```
<asp:Button ID="Button1" runat="server" Text="<% #Label1.Text%>"></asp:Button>
<asp:Label ID="Label1" runat="server" Text="这是Label控件的Text属性"></asp:Label>
```

要使以上绑定成功执行，还需要在后台功能代码中调用Button控件的DataBind()方法来实现绑定：

```
01   protected void Page_Load(object sender, EventArgs e)
02   {
03           Button1.DataBind();
04   }
```

【代码解析】第3行代码用于绑定按钮控件的属性。

以上代码执行后，将得到如图5.1所示的效果。

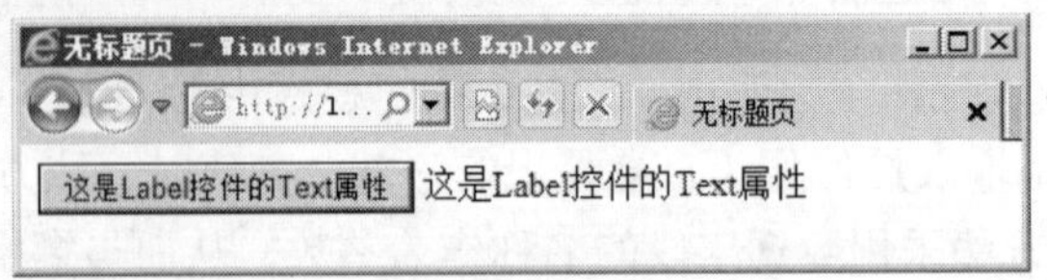

图5.1 浏览效果

5.3.2 绑定C#对象中的字段

在后台功能代码中所创建的字段，可直接被绑定。如下面的代码所示，分别将一个公用字段和一个公用方法进行绑定。

```
01   <asp:Label ID="Label1" runat="server" Text="<% #method()%>">
02   </asp:Label>
03   <asp:Label ID="Label2" runat="server" Text="<% #time %>">">
04   </asp:Label>
```

【代码解析】第1行代码用于绑定公有方法，第3行代码用于绑定公有字段。

要正常执行绑定，要确保在后台功能代码中已经创建好了一个被绑定的字段和方法，并调用了DataBind()方法，代码如下所示。

```
01    protected void Page_Load(object sender, EventArgs e)
02    {
03            DataBind();
04    }
05    public string time = DateTime.Now.ToString();
06    public string method()
07    {
08        string message = "我是要被绑定的字段值！";
09        return message;
10    }
```

【代码解析】第3行用于在加载页面时绑定数据，第5行用于设置公有字段的数值，第6~10行定义了公有方法的操作和返回值。

浏览该页面，将得到如图5.2所示的效果。

5.3.3 内联引用方式调用C#代码

可通过内联引用的方法，在Web前台页面中调用执行C#代码。如下面的代码所示，直接在前台页面中读取当前的时间并输出。

```
<div>
    <%=DateTime.Now %>
</div>
```

浏览页面后，效果如图5.3所示。

图5.2 绑定效果

图5.3 浏览效果

5.3.4 引用配置文件中预定义的字段

可直接在页面中调用配置文件中预定义的字段，将该字段进行绑定，如下代码所示。

首先在web.config文件中添加如下所示的配置信息：

```
01    <appSettings>
02        <add key="test" value="testValue"/>
03    </appSettings>
```

【代码解析】第2行代码用于设置一个键值。

然后在页面中进行如下所示的绑定：

```
01    <div>
02        <asp:Label ID="Label1" runat="server" Text="<% $AppSettings:test %>">
03        </asp:Label>
04    </div>
```

【代码解析】第2行代码用于绑定在配置文件中的预定义字段。

浏览页面，效果如图5.4所示。

图5.4 浏览效果

5.4 绑定复值数据

实际应用中，经常会遇到将数据库中的某个字段显示到一个列表中，如网上商城页面中商品的分类列表、注册表单中下拉列表形式的地址选择等。这些信息大部分都被存储在数据库中以方便进行管理维护。如何将这些单个字段的所有值绑定到一个具有列表特性的控件中，这就要用到本节中将要学习的复值数据绑定。在ASP.NET中，支持数据绑定的标准控件有以下几个：

- ❑ DropDownList：下拉列表框控件，占用较小的页面空间，为用户提供较多的选择项。
- ❑ ListBox：列表框控件，将数据以列表的形式呈现在用户面前，便于查看。
- ❑ CheckBoxList：复选框控件，用于多项选择。
- ❑ RadioButtonList：单选按钮控件，为用户提供单项选择。
- ❑ BulletedList：项目符号列表控件，为用户提供类似项目符号形式的列表。

要将数据字段绑定到列表控件中，可通过这些支持数据绑定的标准控件的DataSourceID属性来指定一个数据源，然后通过DataTextField属性设置列表项所要显示的数据字段，还可通过DataValueField属性设置列表项的值。下面的代码演示了如何将一个数据字段绑定到ListBox中。

（1）首先创建一个名为5-05.aspx的Web窗体页，向页面中添加一个SqlDataSource控件，进行如下所示的数据源配置：

```
01    <asp:SqlDataSource ID="SqlDataSource1" runat="server"
02            ConnectionString="<%$ ConnectionStrings:NorthwindConnectionString %>"
03            SelectCommand="SELECT [ProductID], [ProductName] FROM [Products]">
04    </asp:SqlDataSource>
```

【代码解析】第1~4行代码设置数据源控件的连接属性，第2行代码用于设置连接字符串，第3行代码用于设置查询的SQL语句。

（2）向页面中添加一个ListBox控件，单击其智能标记，在所显示的“ListBox任务”列表中选中“启用AutoPostBack”，如图5.5所示。然后单击“选择数据源”下拉列表，将打开“配置数据源向导”窗口，如图5.6所示。

图5.5 ListBox任务

（3）在“选择数据源”列表中，“选择数据源”为SqlDataSource1，在“选择要在ListBox中显示的数据字段”列表中选择ProductName，在“为ListBox的值选择数据字段”列表中选择ProductID。

（4）单击“确定”按钮。保存页面后，接着为ListBox控件添加SelectedIndexChanged事件处理程序，代码如下所示。

```
01  protected void ListBox1_SelectedIndexChanged(object sender, EventArgs e)
02  {
03        string strProductID = ListBox1.SelectedValue.ToString(); //获取当前选定项
04        Response.Write("该产品的ID为：" + strProductID);        //返回中的ID
05  }
```

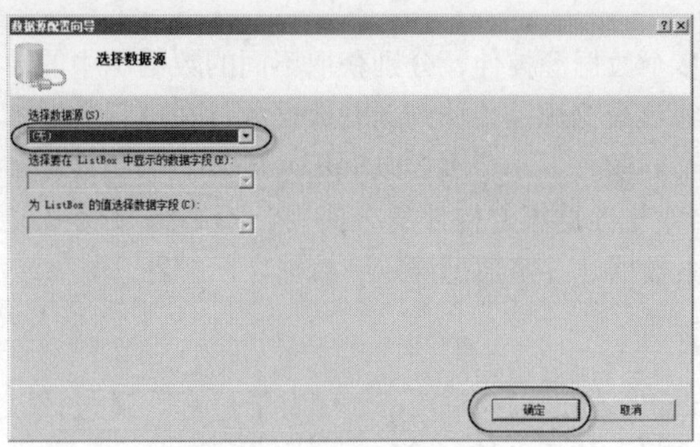

图5.6 配置数据源向导

【代码解析】该函数用于响应ListBox的值发生变化时所响应的操作，第3行代码用于获取列表框的选定项，第4行代码将选定项的内容返回给页面。

（5）此时，可以看到ListBox控件的属性设置如下所示。

```
01  <asp:ListBox ID="ListBox1" runat="server" DataSourceID="SqlDataSource1"
02          DataTextField="ProductName" DataValueField="ProductID"
03          AutoPostBack="True" Height="130px"
04          onselectedindexchanged="ListBox1_SelectedIndexChanged"
05          Width="197px">
06  </asp:ListBox>
```

【代码解析】该段代码用于设置ListBox控件的各个属性：第1行代码用于设置数据源，第2行代码用于设置所显示的文本字段、字段所对应的值和列表值发生变化时的响应函数。

浏览该页面，效果如图5.7所示。单击某一列表名称，将会读取该项的ID值，如图5.8所示。

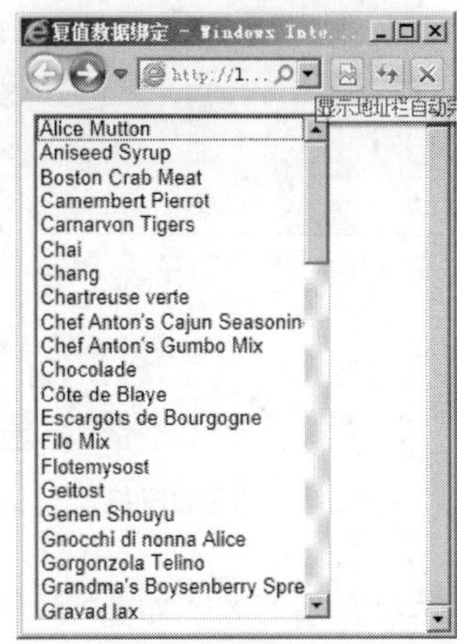

图5.7 浏览效果

图5.8 单击列表

可以看到，通过DataTextField属性设置的ProductName字段，被以文本的形式显示在列表中，而通过DataValueField设置的ProductID字段，被作为该列表项的实际值，但向服务器发回的只是该项的实际值，也就是通过DataValueField设置的字段值，而非所显示的文本。

5.5 数据源控件

ASP.NET中提供了多个数据源控件，分别获取不同的数据源中的数据。使用数据源控件进行数据获取后，可直接将该数据源控件作为新的数据源，在进行数据绑定时，可不必关心与实体数据库进行交互的细节问题。本小节主要以SqlDataSource数据源控件为例进行介绍。

将SqlDataSource控件与数据绑定控件结合使用，不必编写代码或只需编写少量代码，就可以从SQL数据库中检索数据，并将数据绑定到数据显示控件。

5.5.1 选择记录

可以将SelectCommand属性设置为SQL语句或存储过程，通过该SQL语句或存储过程从数据库中进行数据记录的选择。使用SqlDataSource数据源控件，来访问SQL Server 2008数据库的方法如下。

(1) 新建页面后，从工具箱的“数据”组中，将SqlDataSource控件添加到页面上。

(2) 右击SqlDataSource控件，在弹出的快捷菜单中选择“配置数据源”选项，将会打开“配置数据源”对话框，如图5.9所示。

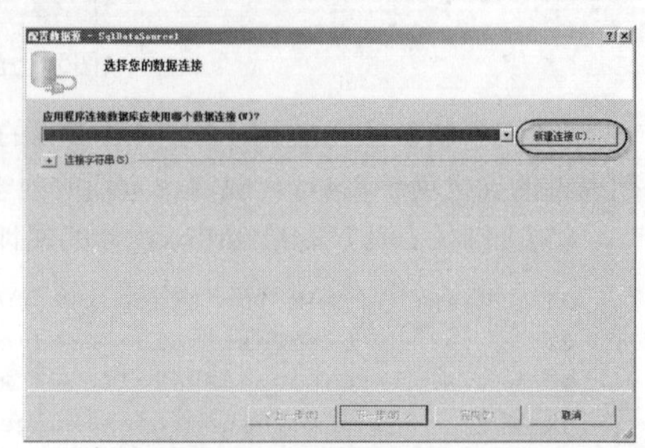

图5.9 “配置数据源”对话框

(3) 在“配置数据源”对话框中，单击“新建连接”按钮，将会打开“添加连接”对话框。

(4) 在“添加连接”对话框中选择想要连接的数据库服务器，接着选择一种登录方式。如果前面输入正确的话，就会在选择数据库下拉列表中出现可供选择的数据库，根据需要选择一个，如图5.10所示。

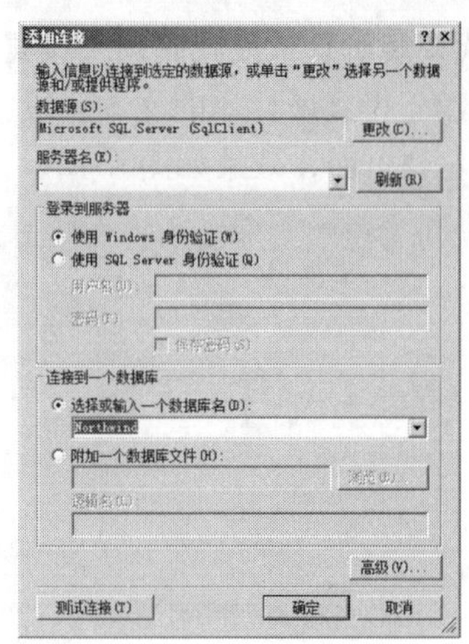

图5.10 “添加连接”对话框

(5) 单击“测试连接”按钮，测试该连接是否有效。如果成功，单击“确定”按钮。

(6) 接着可以看到，“选择数据连接”选项已经选中了刚才建立的连接，此时可以在下面看到连接字符串，单击“下一步”按钮。

(7) 选择“是，将此连接另存为”选钮，输入将该连接添加到配置文件中时使用的名称，然后单击“下一步”按钮。

(8) 接着打开“配置SQL语句”对话框。可以直接选择表名和列名，如图5.11所示。也可以选择“指定自定义SQL语句或存储过程”选项，单击“下一步”按钮，进行SQL语句的自定义，如图5.12所示。

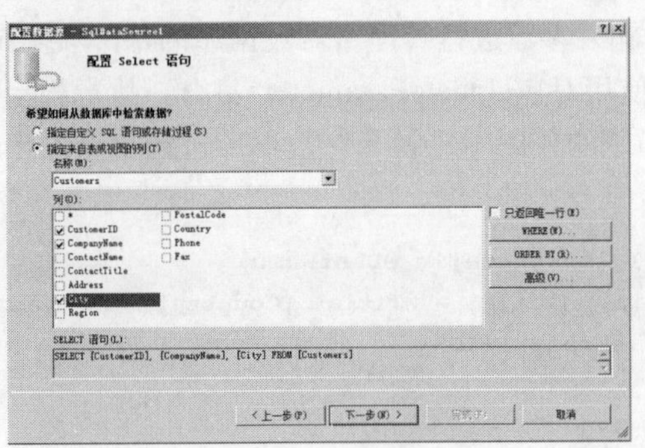

图5.11 选择表和列

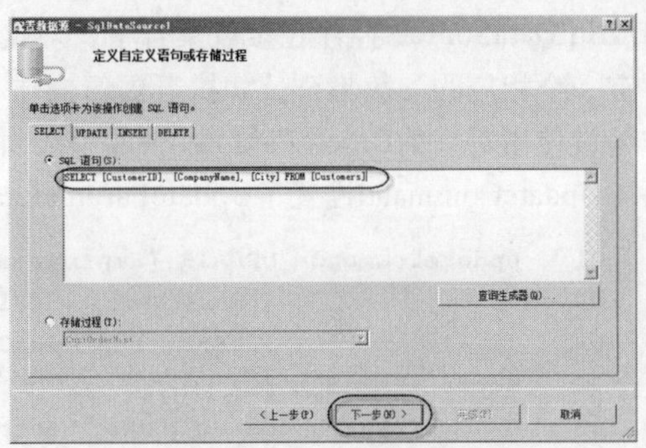

图5.12 自定义SQL语句

（9）直接选择表名和相应的列名，单击“下一步”按钮，进入下一个窗口中，再单击“测试查询”按钮，进行效果预览，如图5.13所示。

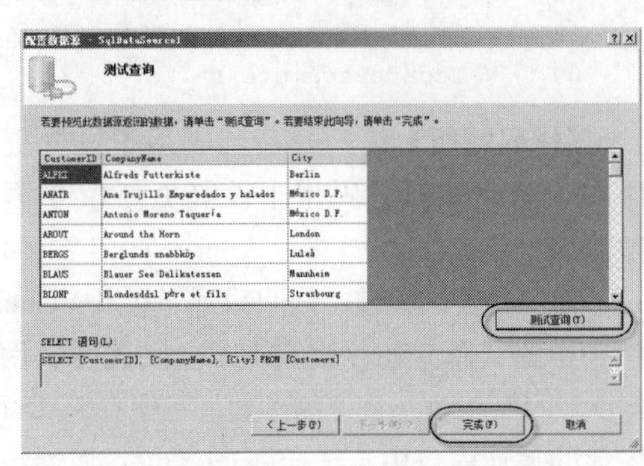

图5.13 测试查询

（10）单击“完成”按钮，就完成了对数据源的配置，然后可以将该数据源指定为数据绑定控件的数据源。

5.5.2 参数化命令

SqlDataSource控件具有4个命令属性，可以设置这些属性以告诉 SqlDataSource 如何获得、插入、更新和删除它的数据。

数据源控件可以接收输入参数，可以为其进行参数声明，在运行时将值传递给这些参数。参数可以用来执行下列操作：

- ❑ 为数据检索提供搜索条件；
- ❑ 提供要在数据操作过程中插入、更新或删除的值；
- ❑ 提供用于分页排序和筛选的值。

借助参数，只需要少量代码，或不使用代码，就可对数据进行更新、删除等操作。

可以将SelectCommand属性设置为SQL语句或存储过程。同样，InsertCommand、UpdateCommand和DeleteCommand属性也用于设置相应的SQL语句或存储过程，用于告诉SqlDataSource：使用哪些SQL语句来修改基础数据库中的数据。如下所示的代码中，就分别定义了这几个数据操作属性：

```
01  SelectCommand="SELECT [OrderID], [OrderDate], [ShipCountry] FROM [Orders]"
02  DeleteCommand="DELETE FROM [Orders] WHERE [OrderID] = @OrderID"
03  InsertCommand="INSERT INTO [Orders] ([OrderDate], [ShipCountry])
04  VALUES (@OrderDate, @ShipCountry)"
05  UpdateCommand="UPDATE [Orders]
06  SET [OrderDate] = @OrderDate, [ShipCountry] = @ShipCountry
07  WHERE [OrderID] = @OrderID">
```

【代码解析】第1行代码设置查询命令，第2行代码用于设置删除命令，第3～4行代码用于设置插入命令，第5～7行代码用于设置更新数据库的命令语句。

SqlDataSource 控件在参数集合中，对接收的输入参数进行管理。对数据库的每一项操作，都有一个相应的参数集合。如执行更新操作，就使用对应UpdateParameters集合；执行删除操作，就使用对应的DeleteParameters集合。如下所示的代码中，就为对数据库进行更新操作的语句UpdateCommand设置了UpdateParameters参数集合：

```
01    UpdateCommand="UPDATE [Employees] SET [LastName] = @LastName,
02                    [FirstName] = @FirstName, [Title] = @Title, [Country] = @Country
03                    WHERE [EmployeeID] = @EmployeeID"
04    <UpdateParameters>
05          <asp:Parameter Name="LastName" Type="String" />
06          <asp:Parameter Name="FirstName" Type="String" />
07          <asp:Parameter Name="Title" Type="String" />
08          <asp:Parameter Name="Country" Type="String" />
09    </UpdateParameters>
```

【代码解析】 第1～3行代码用于设置更新命令语句，第4～9行代码用于设置更新命令语句中的参数名。

对于参数的设定，还可以通过使用Visual Studio 2010中的“命令和参数编辑器”来进行。例如要设定DeleteParameters集合的参数，可以在SqlDataSource控件的属性窗口中，选择DeleteQuery属性，单击其后边的 ... 按钮，就可以打开“命令和参数编辑器”，之后就可以在该对话框中对DeleteParameters集合的参数进行设定，如图5.14所示。

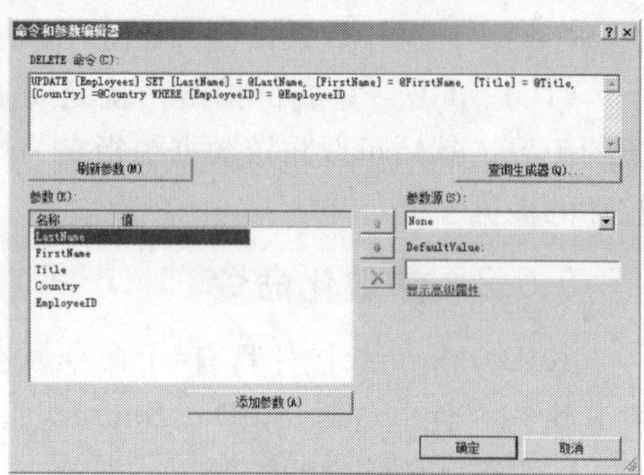

图5.14 “命令和参数编辑器”

5.6 更新数据

数据修改由数据源控件执行，在无须另外编写代码的条件下，即可修改数据源的数据。数据绑定控件无须相关数据库的特定信息，即可支持更新操作。

5.6.1 使用LinqDataSource更新数据

使用LinqDataSource更新数据时，无须设置数据插入、更新和删除等操作命令，这些命令会自动生成。只需要启用其插入、更新和删除操作即可，而这些可通过将其相关属性设置为true来实现。

以下代码就将LinqDataSource控件绑定到GridView中，以实现数据的编辑和删除功能：

```
<asp:GridView ID="GridView1" runat="server" DataKeyNames="OrderID"
            DataSourceID="LinqDataSource1">
      <Columns>
            <asp:CommandField ShowDeleteButton="True" ShowEditButton="True" />
      </Columns>
</asp:GridView>
<asp:LinqDataSource ID="LinqDataSource1" runat="server"
            ContextTypeName="DataClassesDataContext" EnableDelete="True"
```

```
09              EnableInsert="True" EnableUpdate="True" TableName="Orders">
10     </asp:LinqDataSource>
```

【代码解析】第1～6行代码用于设置GridView控件的各个属性，第8~9行代码用于设置LinqDateSource控件允许在表中插入、删除、更新数据表中的记录。

5.6.2 使用SqlDataSource更新数据

使用SqlDataSource更新数据时，需要为其提供修改数据的SQL命令：InsertCommand属性指定用来向数据源中插入记录的SQL命令，UpdateCommand属性指定用于更新记录的命令，而DeleteCommand属性指定用于从数据源中删除记录的命令。

如下所示的代码就配置了SqlDataSource的数据编辑命令：

```
01     UpdateCommand="UPDATE [Customers] SET [CompanyName] = @CompanyName,
02     [City] = @City WHERE [CustomerID] = @CustomerID">
03     <UpdateParameters>
04              <asp:Parameter Name="CompanyName" Type="String" />
05              <asp:Parameter Name="City" Type="String" />
06              <asp:Parameter Name="CustomerID" Type="String" />
07     </UpdateParameters>
```

【代码解析】第1～2行代码用于设置更新语句，第3～7行用于设置更新命令中的参数信息。

5.6.3 使用ObjectDataSource控件更新数据

使用ObjectDataSource控件更新数据时，需要指定进行更新操作的数据对象方法：InsertMethod属性设置了向数据源中插入项时所调用的数据对象方法，UpdateMethod属性指定更新数据的数据对象方法，DeleteMethod属性指定用于从数据源中删除数据的数据对象方法。

如下所示的代码，设置了ObjectDataSource控件进行数据更新的相关属性：

```
01     <asp:ObjectDataSource  ID=" ObjectDataSource 1" runat="server"
02       SelectMethod="GetData" UpdateMethod="UpdateData"
03       DeleteMethod="DeleteData" InsertMethod="InsertData" >
04       <SelectParameters>
05         <asp:Parameter Name="ID" />
06       </SelectParameters>
07       <InsertParameters>
08         <asp:Parameter Name="ID" Direction="Output" Type="Int32" DefaultValue="0" />
09       </InsertParameters>
10     </asp:ObjectDataSource>
```

【代码解析】第2～3行代码用于设置查询、更新、插入、删除记录的操作所调用的方法的名称，第5行代码用于设置参数名称，第7～9行代码用于设置参数的名称、方向、类型和默认值。

5.6.4 更换数据源

可以将不同的数据源控件与页上的任意控件组合一起使用。另外，还可以更改数据绑定控件所使用的数据库或数据源，方法是将它的DataSourceID设置为另一个数据源控件。

如下所示的代码中，先将GridView1的数据源控件设置为SqlDataSource2，然后又将GridView1的数据源控件设置为LinqDataSource1。

```
this.GridView1.DataSourceID = "SqlDataSource2";
this.GridView1.DataSourceID = " LinqDataSource1";
```

5.7 小结

本章主要介绍了几种数据绑定的方法，包括单个值的绑定和复值绑定。在单值绑定的部分，首先介绍了绑定表达式如何在数据绑定控件的模板中运用，同时还对Bind()方法与Eval()方法进行了重点讲解，然后使用实例介绍了如何绑定单值字段。

在复值绑定部分，介绍了如何将某一字段的值绑定到列表控件中，注意在绑定时要设置DataTextField和DataValueField属性。通过DataTextField属性设置的ProductName字段，以文本的形式显示在列表中，而通过DataValueField设置的ProductID字段，被作为该列表项的实际值，但向服务器发回的只是该项的实际值，也就是通过DataValueField设置的字段值，而非所显示的文本。

最后介绍了数据源控件在数据绑定时的应用，包括如何进行数据记录选择和参数的添加。熟练掌握了数据源控件的用法，有助于提高项目的开发效率。

5.8 上机实践习题

1. 使用数据绑定的方法，在网页上显示对象中属性的值和方法的返值。

【提示】该题目要求读者学习数据绑定的相关知识，重点掌握绑定单值C#对象中属性和方法的操作。

【关键代码】

```
01  <asp:Label ID="Label1" runat="server" Text="<% #function() %>"></asp:Label>
02  <asp:Label ID="Label2" runat="server" Text="<% #field %>"></asp:Label>
03  protected void Page_Load(object sender, EventArgs e)
04  {
05      DataBind();                                       //初始化绑定
06  }
07  public string field = "绑定对象属性显示";              //设置属性值
08  public string function()
09  {
10      return "绑定对象方法的显示";                       //设置方法返回值
11  }
```

【代码解析】第5行代码用于初始化绑定数据，第7行代码用于设置属性值。

2. 以项目符号的形式，用于显示数据库pubs中employee表的内容。

【提示】该题目要求读者学习数据源控件的使用方法，重点掌握BulletedList控件的使用方法。

【关键代码】

```
01  <asp:SqlDataSource ID="SqlDataSource1" runat="server"
02      ConnectionString="<%$ ConnectionStrings:pubsConnectionString %>"
03      SelectCommand="SELECT [fname], [emp_id], [lname] FROM [employee]">
04  </asp:SqlDataSource>
```

【代码解析】第2行代码用于设置连接字符串，第3行代码用于设置查询命令。

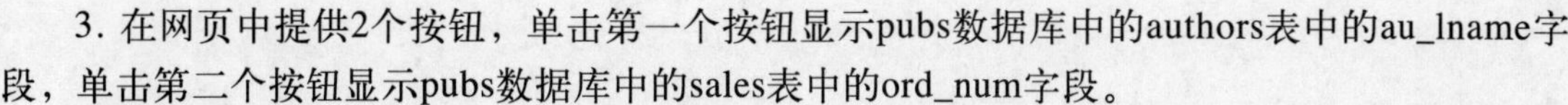

3. 在网页中提供2个按钮，单击第一个按钮显示pubs数据库中的authors表中的au_lname字段，单击第二个按钮显示pubs数据库中的sales表中的ord_num字段。

【提示】该题目要求读者学习数据源控件的使用方法和更换数据源的方法，重点掌握更换数据源的方法。

【关键代码】

```
01  protected void Page_Load(object sender, EventArgs e)
02  {
03      Button1.Text = "显示authors表中的au_lname字段";  //设置按钮上显示的内容
04      Button2.Text = "显示sales表中的ord_num字段";
05  }
06  protected void Button1_Click(object sender, EventArgs e)
07  {
08      ListBox1.DataSourceID = "SqlDataSource1";       //显示authors表中的字段
09      ListBox1.DataTextField = "au_lname";
10  }
11  protected void Button2_Click(object sender, EventArgs e)
12  {
13      ListBox1.DataSourceID = "SqlDataSource2";       //显示sales表中的ord_num字段
14      ListBox1.DataTextField = "ord_num";
15  }
```

【代码解析】第8行代码用于设置列表控件的数据源，第9行代码用于设置列表中所要显示的字段。

第 6 章　数据控件

本章学习数据控件的使用方法，数据绑定控件是指可绑定到数据源的控件，ASP.NET 4.0中提供了丰富的数据绑定控件。通过使用数据控件，可以不用书写代码，或者只需书写少量代码，就能轻松方便地完成各种数据的访问、交互和展示等解决方案。

本章重点：

- ❑ 列表视图（ListView）控件，学会使用列表视图控件显示数据。
- ❑ 数据分页控件（DataPager），学会使用该控件分页显示数据。
- ❑ 表格视图（GridView）控件，学会使用表格显示数据。
- ❑ 使用详细视图（DetailsView）控件，学会使用详细视图显示数据。
- ❑ 使用表单视图（FormView）控件，学会使用表单控件显示数据。

6.1　列表视图控件（ListView）

在ASP.NET 4.0中，数据视图控件ListView比起以前的DataList控件具有更高的可定制性，并内置了分页功能。本节将学习ListView控件的数据绑定、数据编辑等功能。

6.1.1　ListView控件显示数据

通过ListView控件的DataSourceID属性，可以将 ListView 控件绑定到数据源控件：

```
<asp:ListView ID="ListView1" runat="server" DataSourceID="SqlDataSource1">
```

此时，如果为数据源控件设置了数据的编辑和删除等功能，则可以使用ListView控件内置的排序、分页、插入、删除和更新操作等功能，对数据进行常规操作。

还可以使用ListView控件所提供的DataSource属性，将ADO.NET数据集以及内存中的集合等数据绑定到ListView中，如下所示。

```
01    DataSet ds=new DataSet();
02    ……
03    sda.Fill(ds,"datatable")
04    ListView1.DataSource=ds.Tables["datatable"].DefaultView;
```

【代码解析】第1行代码用于定义一个数据集，第3行代码用于填充数据集，第4行代码用于设置ListView控件的数据源。

此时，如果需要进行编辑和删除等其他数据操作，则必须为其他附加的功能重新编写代码。

如果要对ListView的布局、样式和选项等进行配置，可右击ListView控件，在弹出的快捷菜单中选择“显示智能标记”命令，然后在“ListView任务”菜单上单击“配置ListView”命令，此时将打开“配置ListView”对话框，如图6.1所示。可在该对话框中进行简单的预定义布局设置。

同时，ListView还提供了可自由定制的模板项，可通过在“ListView任务”菜单上的当前视图下拉列表中，选择相应的模板项进行模板的编辑，如图6.2所示。

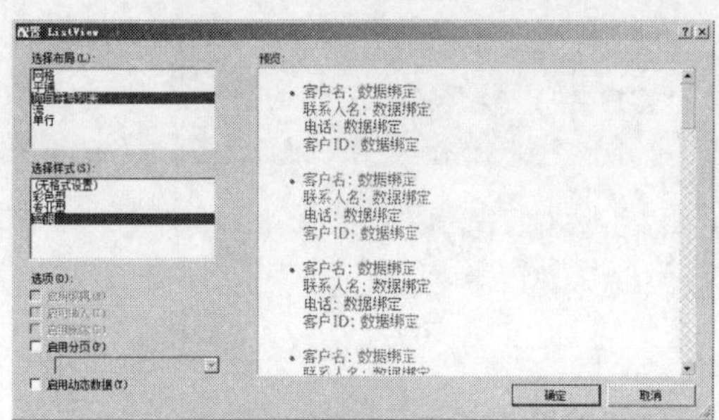

图6.1 配置ListView

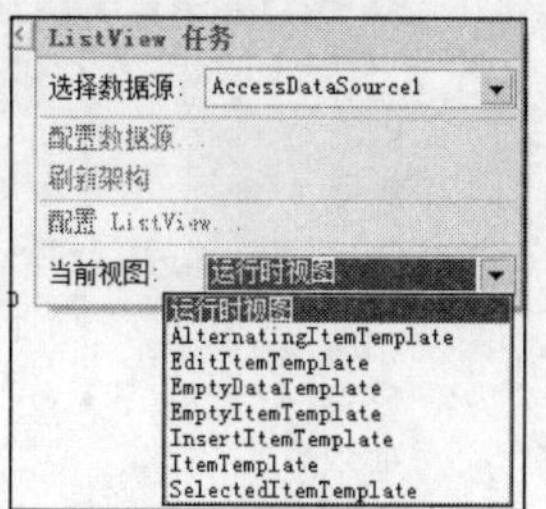

图6.2 选择模板项

下面的代码演示了如何使用ListView显示数据。

（1）首先创建Web页面6-01.aspx，向页面中添加一个ListView控件和一个名为AccessDataSource1的AccessDataSource控件，为该控件进行数据源配置，代码如下所示。

```
01    <asp:AccessDataSource ID="AccessDataSource1" runat="server"
02          DataFile="~/App_Data/xtreme.mdb"
03          SelectCommand="SELECT [客户名], [联系人名], [电话], [客户ID] FROM [客户]">
04    </asp:AccessDataSource>
```

【代码解析】第1～4行代码用于设置AccessDataSource的数据文件和查询语句。

（2）接着对ListView指定数据源控件，并进行其他的属性设置，代码如下所示。

```
<asp:ListView ID="ListView1" runat="server" DataKeyNames="客户ID"
      DataSourceID="AccessDataSource1" GroupItemCount="3">
```

（3）为ListView创建数据显示模板，即其ItemTemplate模板，代码如下所示。

```
01    <ItemTemplate>
02         <td runat="server" style="background-color:#DCDCDC;color: #000000;">
03                   客户名:
04                   <asp:Label ID="客户名Label" runat="server"
05                         Text='<%# Eval("客户名") %>' />
06                   <br />
07                     联系人名:
08                   <asp:Label ID="联系人名Label" runat="server"
09                         Text='<%# Eval("联系人名") %>' />
10                   <br />
11                     电话:
12                   <asp:Label ID="电话Label" runat="server"
13                   Text='<%# Eval("电话") %>' />
14                <br />
15          </td>
16    </ItemTemplate>
```

【代码解析】第4～5行代码用于设置Label控件的绑定内容，并绑定显示客户名，第8～9行代码用于设置绑定联系人姓名字段，第12～13行代码用于设置绑定电话字段。

（4）为ListView创建数据交替显示模板，即AlternatingItemTemplate模板，代码如下所示。

```
01 <AlternatingItemTemplate>
02         <td runat="server" style="background-color:#FFF8DC;">
03         客户名:
04         <asp:Label ID="客户名Label" runat="server"
05                        Text='<%# Eval("客户名") %>' />
06         <br />
07         联系人名:
08         <asp:Label ID="联系人名Label" runat="server"
09                        Text='<%# Eval("联系人名") %>' />
10         <br />
11         电话:
12         <asp:Label ID="电话Label" runat="server"
13                        Text='<%# Eval("电话") %>' />
14            <br />
15         </td>
16 </AlternatingItemTemplate>
```

【代码解析】第2行代码用于设置模板的样式和背景色，第4～5行代码用于绑定客户名，第8～9行代码用于绑定联系人名，第12～13行代码用于绑定电话字段。

（5）为ListView创建主要布局的根模板：LayoutTemplate模板，代码如下所示。

```
<LayoutTemplate>
    <table runat="server">
        <tr runat="server">
            <td runat="server">
                <table ID="groupPlaceholderContainer" runat="server" border="1"
               style="background-color: #FFFFFF;border-collapse: collapse;border-color:
                   #999999;border-style:none;border-width:1px;font-family:
                   Verdana, Arial, Helvetica, sans-serif;">
                     <tr ID="groupPlaceholder" runat="server">
                     </tr>
                </table>
            </td>
        </tr>
        <tr runat="server">
            <td runat="server"
                style="text-align: center;background-color: #CCCCCC;font-family:
Verdana, Arial, Helvetica, sans-serif;color: #000000;">
                <asp:DataPager ID="DataPager1" runat="server" PageSize="12">
                    <Fields>
                        <asp:NextPreviousPagerField ButtonType="Button"
                            ShowFirstPageButton="True"
                 ShowNextPageButton="False" ShowPreviousPageButton="False" />
                        <asp:NumericPagerField />
                        <asp:NextPreviousPagerField ButtonType="Button"
                            ShowLastPageButton="True"
                 ShowNextPageButton="False" ShowPreviousPageButton="False" />
```

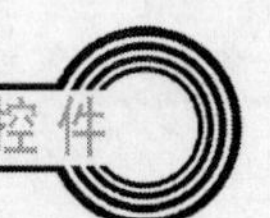

```
27                      </Fields>
28                  </asp:DataPager>
29              </td>
30          </tr>
31      </table>
32  </LayoutTemplate>
```

【代码解析】第5～8行代码用于设置表格的边框、背景色等参数，第18～28行代码用于设置分页控件的各个参数，第21行代码用于设置是否显示第一页控件，第22行代码用于设置不显示第一行的“下一页”按钮和“前一页”按钮，第26行代码用于设置显示“最后一页”按钮。

浏览该页面，效果如图6.3所示。

图6.3 浏览效果

6.1.2 ListView控件实现数据的增、删、改

ListView控件配合数据源控件使用，在不编写其他代码的情况下，即可实现数据的新增、修改和删除等操作。如果通过ListView控件的DataSource属性绑定数据时，要实现数据的编辑和删除等操作，则需在相应操作的事件中重新编写功能代码。

如果通过DataSourceID属性进行数据绑定，在将数据源控件和ListView控件进行绑定后，还确保该数据源控件具有数据的编辑、插入和删除等功能，则可直接通过编辑ListView的相关模板，来对每种操作的界面进行个性化设置。如图6.4所示就是List-View的数据编辑模板的设计界面。

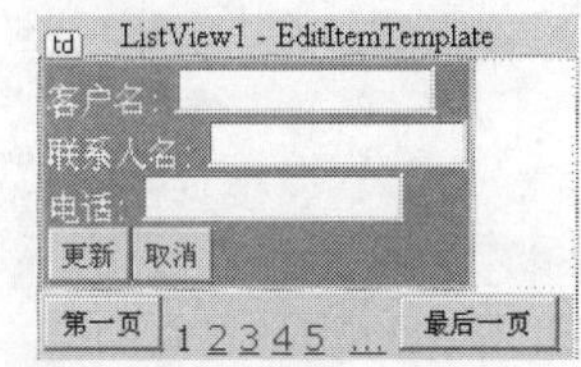

图6.4 数据编辑模板

下面的代码演示了如何使用ListView进行数据的增加、修改和删除操作。

（1）首先创建Web页面6-02.aspx，向页面中添加一个ListView控件和一个名为AccessDataSource1的AccessDataSource控件，为该控件进行数据源配置，代码如下所示。

```
<asp:AccessDataSource ID="AccessDataSource1" runat="server"
        DataFile="~/App_Data/xtreme.mdb"
        DeleteCommand="DELETE FROM [客户] WHERE [客户ID] = ?"
        InsertCommand="INSERT INTO [客户] ([客户ID], [联系人名], [电话],
         [联系人职位]) VALUES (?, ?, ?, ?)"
        SelectCommand="SELECT [客户ID], [联系人名], [电话], [联系人职位] FROM [客户]"
        UpdateCommand="UPDATE [客户] SET [联系人名] = ?,
            [电话] = ?, [联系人职位] = ? WHERE [客户ID] = ?">
        <DeleteParameters>
            <asp:Parameter Name="客户ID" Type="Int32" />
        </DeleteParameters>
        <UpdateParameters>
```

```
13                  <asp:Parameter Name="联系人名" Type="String" />
14                  <asp:Parameter Name="电话" Type="String" />
15                  <asp:Parameter Name="联系人职位" Type="String" />
16                  <asp:Parameter Name="客户ID" Type="Int32" />
17              </UpdateParameters>
18              <InsertParameters>
19                  <asp:Parameter Name="客户ID" Type="Int32" />
20                  <asp:Parameter Name="联系人名" Type="String" />
21                  <asp:Parameter Name="电话" Type="String" />
22                  <asp:Parameter Name="联系人职位" Type="String" />
23              </InsertParameters>
24      </asp:AccessDataSource>
```

【代码解析】第1行代码用于设置数据源，第2行代码用于设置数据源文件，第3行代码用于设置删除命令，第4～5行代码用于设置插入命令，第6行代码查询语句，第7～8行代码用于设置更新命令，第9～11行代码用于设置删除命令的参数，第12行代码用于设置更新命令的参数，第18～23行代码用于设置插入命令的参数。

（2）其次对ListView指定数据源控件，并进行其他的属性设置，代码如下所示。

```
<asp:ListView ID="ListView1" runat="server" DataKeyNames="客户ID"
    DataSourceID="AccessDataSource1" InsertItemPosition="LastItem">
```

（3）为ListView创建数据显示模板，即其ItemTemplate模板，代码如下所示。

```
<ItemTemplate>
            <tr style="background-color:#DCDCDC;color: #000000;">
                <td>
                    <asp:Label ID="客户IDLabel" runat="server"
                    Text='<%# Eval("客户ID") %>' />
                </td>
                <td>
                    <asp:Label ID="联系人名Label" runat="server"
                    Text='<%# Eval("联系人名") %>' />
                </td>
                <td>
                    <asp:Label ID="电话Label" runat="server"
                    Text='<%# Eval("电话") %>' />
                </td>
                <td>
                    <asp:Label ID="联系人职位Label" runat="server"
                    Text='<%# Eval("联系人职位") %>' />
                </td>
                <td>
                    <asp:Button ID="DeleteButton" runat="server"
                    CommandName="Delete" Text="删除" />
                    <asp:Button ID="EditButton" runat="server"
                    CommandName="Edit" Text="编辑" />
                </td>
            </tr>
</ItemTemplate>
```

【代码解析】第2行代码用于设置模板的背景色，第4～5行代码用于绑定客户ID，第8～9行代码用于绑定联系人名，第12～13行代码用于绑定电话，第16～17行代码用于绑定联系人职位，第20～21行代码用于设置“删除”按钮，第22～23行代码用于设置“编辑”按钮。

（4）为ListView创建数据编辑的模板，即其EditItemTemplate模板，代码如下所示。

```
01  <EditItemTemplate>
02              <tr style="background-color:#008A8C;
03                  color: #FFFFFF;">
04                  <td>
05                      <asp:Label ID="客户IDLabel1" runat="server"
06                      Text='<%# Eval("客户ID") %>' />
07                  </td>
08                  <td>
09                      <asp:TextBox ID="联系人名TextBox" runat="server"
10                      Text='<%# Bind("联系人名") %>' />
11                  </td>
12                  <td>
13                      <asp:TextBox ID="电话TextBox" runat="server"
14                      Text='<%# Bind("电话") %>' />
15                  </td>
16                  <td>
17                      <asp:TextBox ID="联系人职位TextBox" runat="server"
18                      Text='<%# Bind("联系人职位") %>' />
19                  </td>
20                   <td>
21                      <asp:Button ID="UpdateButton" runat="server"
22                      CommandName="Update" Text="更新" />
23                      <asp:Button ID="CancelButton" runat="server"
24                      CommandName="Cancel" Text="取消" />
25                  </td>
26              </tr>
27  </EditItemTemplate>
```

【代码解析】第2～3行代码用于设置表格的样式和背景色，第5～6行代码用于绑定客户ID，第9～10行代码用于绑定联系人名，第13～14行代码用于绑定电话字段，第17～18行代码用于绑定联系人职位字段，第21～22行代码用于设置“更新”按钮，第23～24行代码用于设置“取消”按钮。

（5）为ListView创建数据插入的模板，即其InsertItemTemplate模板，代码如下所示。

```
<InsertItemTemplate>
            <tr style="">
                <td>
                    <asp:TextBox ID="客户IDTextBox" runat="server"
                    Text='<%# Bind("客户ID") %>' />
                </td>
                <td>
                    <asp:TextBox ID="联系人名TextBox" runat="server"
                    Text='<%# Bind("联系人名") %>' />
                </td>
```

```
11              <td>
12                  <asp:TextBox ID="电话TextBox" runat="server"
13                  Text='<%# Bind("电话") %>' />
14              </td>
15              <td>
16                  <asp:TextBox ID="联系人职位TextBox" runat="server"
17                  Text='<%# Bind("联系人职位") %>' />
18              </td>
19              <td>
20                  <asp:Button ID="InsertButton" runat="server"
21                  CommandName="Insert" Text="插入" />
22                  <asp:Button ID="CancelButton" runat="server"
23                  CommandName="Cancel" Text="清除" />
24              </td>
25          </tr>
26  </InsertItemTemplate>
```

【代码解析】第4～5行代码用于绑定客户ID，第8～9行代码用于绑定联系人名，第12～13行代码用于绑定电话，第16～17行代码用于绑定联系人职位，第20～21行代码用于设置“插入”按钮，第22～23行代码用于设置“清除”按钮。

（6）为ListView创建选定项的内容模板，即其SelectedItemTemplate模板，代码如下所示。

```
<SelectedItemTemplate>
        <tr style="background-color:#008A8C;font-weight: bold;color: #FFFFFF;">
            <td>
                <asp:Label ID="客户IDLabel" runat="server"
                Text='<%# Eval("客户ID") %>' />
            </td>
            <td>
                <asp:Label ID="联系人名Label" runat="server"
                Text='<%# Eval("联系人名") %>' />
            </td>
            <td>
                <asp:Label ID="电话Label" runat="server"
                Text='<%# Eval("电话") %>' />
            </td>
            <td>
                <asp:Label ID="联系人职位Label" runat="server"
                Text='<%# Eval("联系人职位") %>' />
            </td>
            <td>
                <asp:Button ID="DeleteButton" runat="server"
                CommandName="Delete" Text="删除" />
                <asp:Button ID="EditButton" runat="server"
                CommandName="Edit" Text="编辑" />
            </td>
        </tr>
    </SelectedItemTemplate>
```

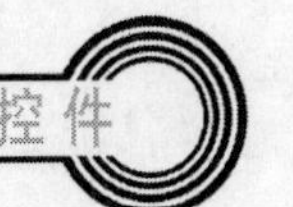

【代码解析】第4～5行代码用于绑定客户ID，第8～9行代码用于绑定联系人名，第12～13行代码用于绑定电话，第16～17行代码用于绑定联系人职位，第20～21行代码用于设置“删除”按钮，第22～23行代码用于设置“编辑”按钮。

运行该程序，效果如图6.5所示。当单击某项数据后的“编辑”按钮时，该项数据将呈现可编辑状态，效果如图6.6所示。同时，可以在下边进行数据的插入操作。

	客户ID	联系人名	电话	联系人职位
1	Chris	810-939-6479	Sales Manager	删除 编辑
2	Christine	815-756-9831	Sales Representative	删除 编辑
3	Gary	614-759-9924	Sales Associate	删除 编辑
4	Alexander1	205-430-0587	Sales Representative	删除 编辑
5	Patrick	619-457-3186	Sales Associate	删除 编辑
6	Heather	512-349-7705	Sales Representative	删除 编辑
7	Alex	612-947-4320	Sales Agent	删除 编辑
8	Kristina	515-237-7769	Sales Representative	删除 编辑
9	Alexandra	608-273-4883	Owner	删除 编辑
10	Anthony	805-375-0117	Sales Agent	删除 编辑
				插入 清除

第一页 上一页 下一页 最后一页

图6.5　浏览效果

	客户ID	联系人名	电话	联系人职位
1	Chris	810-939-6479	Sales Manager	更新 取消
2	Christine	815-756-9831	Sales Representative	删除 编辑
3	Gary	614-759-9924	Sales Associate	删除 编辑
4	Alexander1	205-430-0587	Sales Representative	删除 编辑
5	Patrick	619-457-3186	Sales Associate	删除 编辑
6	Heather	512-349-7705	Sales Representative	删除 编辑
7	Alex	612-947-4320	Sales Agent	删除 编辑
8	Kristina	515-237-7769	Sales Representative	删除 编辑
9	Alexandra	608-273-4883	Owner	删除 编辑
10	Anthony	805-375-0117	Sales Agent	删除 编辑
				插入 清除

第一页 上一页 下一页 最后一页

图6.6　编辑数据

6.2　使用数据分页控件（DataPager）进行分页

ListView内置的分页控件DataPager控件可在页面中对实现了PageableItemContainer接口的数据绑定控件提供数据分页功能。

要为某个控件进行分页，可以通过DataPager控件的PagedControlID属性指定要使用DataPager进行分页的数据绑定控件：

```
PagedControlID="ListView1"
```

也可以通过在数据绑定控件层次结构的内部添加DataPager控件，以实现分页功能，如图6.7所示。

图6.7　层次结构内部的DataPager控件

为ListView进行分页时，可将DataPager控件添加到ListView控件的LayoutTemplate模板内部，来实现为该ListView分页。

将一个DataPager控件添加到页面中，为其显示智能标记后，在“DataPager任务”菜单下选择“编辑页导航字段”命令，在打开的“字段”窗口中，可进行分页导航字段的编辑，如图6.8所示。

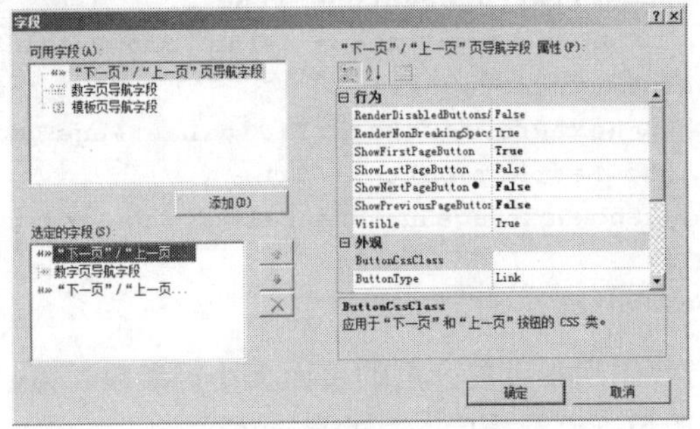

图6.8　编辑导航字段

还可通过DataPager的PageSize属性来指定每页显示的数据条数：

```
PageSize="8"
```

下面的代码演示了如何使用DataPager控件进行数据的分页。

（1）向页面6-03.aspx中添加两个AccessDataSource控件和两个ListView控件，为数据源控件AccessDataSource1进行数据源的配置，代码如下所示。

```
01    <asp:AccessDataSource ID="AccessDataSource1" runat="server"
02            DataFile="~/App_Data/xtreme.mdb"
03            SelectCommand="SELECT [供货商名称], [城市], [电话],
04                [地址1], [国家和地区] FROM [供应商]">
05    </asp:AccessDataSource>
```

【代码解析】第1~5行代码用于设置数据源，其中，第2行代码用于设置数据源文件，第3~4行代码用于设置供应商查询命令。

（2）为数据源控件AccessDataSource2进行数据源的配置，代码如下所示。

```
01    <asp:AccessDataSource ID="AccessDataSource2" runat="server"
02            DataFile="~/App_Data/xtreme.mdb"
03            SelectCommand="SELECT [订单 ID] AS 订单_ID, [订单金额], [快递公司网站],
04                          [要求到货日期], [已收货款] FROM [订单]">
05    </asp:AccessDataSource>
```

【代码解析】第1~5行代码用于设置数据源，其中，第2行代码用于设置数据源文件，第3~4行代码用于设置订单查询命令。

（3）为ListView1指定数据源，并进行其他相关属性的设置，代码如下所示。

```
<asp:ListView ID="ListView1" runat="server" DataSourceID="AccessDataSource1">
```

（4）为ListView2指定数据源，并进行其他相关属性的设置，代码如下所示。

```
01     <asp:ListView ID="ListView2" runat="server" DataKeyNames="订单_ID"
02        DataSourceID="AccessDataSource2">
```

（5）向页面中添加一个DataPager控件，为其进行如下所示的分页属性设置：

```
01    <asp:DataPager ID="DataPager1" runat="server" PagedControlID="ListView1"
02            PageSize="3">
03            <Fields>
04                <asp:NextPreviousPagerField FirstPageText="首页"
05                  ShowFirstPageButton="True"
06                    ShowNextPageButton="False" ShowPreviousPageButton="False" />
07                <asp:NumericPagerField />
08                <asp:NextPreviousPagerField LastPageText="尾页"
09                  ShowLastPageButton="True"
10                    ShowNextPageButton="False" ShowPreviousPageButton="False" />
11            </Fields>
12        </asp:DataPager>
```

【代码解析】第1~2行代码用于设置分页的页面大小等参数，第4~6行代码用于设置第1页的显示方式，第8~9行代码用于设置最后一页的显示方式。

（6）为ListView1设计数据显示模板，即其ItemTemplate模板，代码如下所示。

```
01  <ItemTemplate>
02          <tr style="background-color:#DCDCDC;color: #000000;">
03              <td>
04                  <asp:Label ID="供货商名称Label" runat="server"
05                  Text='<%# Eval("供货商名称") %>' />
06              </td>
07              <td>
08                  <asp:Label ID="城市Label" runat="server"
09                  Text='<%# Eval("城市") %>' />
10              </td>
11              <td>
12                  <asp:Label ID="电话Label" runat="server"
13                  Text='<%# Eval("电话") %>' />
14              </td>
15              <td>
16                  <asp:Label ID="地址1Label" runat="server"
17                  Text='<%# Eval("地址1") %>' />
18              </td>
19              <td>
20                  <asp:Label ID="国家和地区Label" runat="server"
21                  Text='<%# Eval("国家和地区") %>' />
22              </td>
23          </tr>
24  </ItemTemplate>
```

【代码解析】第4～5行代码用于绑定供应商名称，第8～9行代码用于绑定城市字段，第12～13行代码用于绑定电话字段，第16～17行代码用于绑定地址字段，第20～21行代码用于绑定国家和地区字段。

（7）为ListView1创建主要布局的根模板：LayoutTemplate模板，代码如下所示。

```
<LayoutTemplate>
        <table runat="server">
            <tr runat="server">
                <td runat="server">
                <table ID="itemPlaceholderContainer" runat="server" border="1"
                            style="background-color: #FFFFFF;
        border-collapse: collapse;border-color: #999999;border-style:none;
        border-width:1px;font-family: Verdana, Arial, Helvetica, sans-serif;">
                            <tr runat="server" style="background-color:#DCDCDC;
                                color: #000000;">
                                <th runat="server">
                                    供货商名称</th>
                                <th runat="server">
                                    城市</th>
                                <th runat="server">
                                    电话</th>
                                <th runat="server">
                                    地址1</th>
                                <th runat="server">
```

```
20                                        国家和地区</th>
21                                    </tr>
22                                    <tr ID="itemPlaceholder" runat="server">
23                                    </tr>
24                                </table>
25                            </td>
26                        </tr>
27                        <tr runat="server">
28                            <td runat="server"
29                                style="text-align: center;background-color:
30        #CCCCCC;font-family: Verdana, Arial, Helvetica, sans-serif;color: #000000;">
31                            </td>
32                        </tr>
33                    </table>
34    </LayoutTemplate>
```

【代码解析】第5～10行代码用于设置表格的字体、背景色等样式，第9～21行代码用于设置表格上显示的表头，第29～31行代码用于设置表格的样式。

（8）为ListView2设计数据显示模板，即其ItemTemplate模板，代码如下所示。

```
01    <ItemTemplate>
02                    <tr style="background-color:#DCDCDC;color: #000000;">
03                        <td>
04                            <asp:Label ID="订单_IDLabel" runat="server"
05                            Text='<%# Eval("订单_ID") %>' />
06                        </td>
07                        <td>
08                            <asp:Label ID="订单金额Label" runat="server"
09                            Text='<%# Eval("订单金额") %>' />
10                        </td>
11                        <td>
12                            <asp:Label ID="快递公司网站Label" runat="server"
13                            Text='<%# Eval("快递公司网站") %>' />
14                        </td>
15                        <td>
16                            <asp:Label ID="要求到货日期Label" runat="server"
17                            Text='<%# Eval("要求到货日期") %>' />
18                        </td>
19                        <td>
20                            <asp:CheckBox ID="已收货款CheckBox" runat="server"
21                            Checked='<%# Eval("已收货款") %>'
22                                Enabled="false" />
23                        </td>
24                    </tr>
25    </ItemTemplate>
```

【代码解析】第4～5行代码用于绑定订单_ID，第8～9行代码用于绑定金额，第12～13行代码用于绑定快递公司网站字段，第16～17行代码用于绑定要求到货日期字段，第21～22行代码用于绑定已收货款字段。

(9) 为ListView2创建主要布局的根模板：LayoutTemplate模板，代码如下所示。

```
01  <LayoutTemplate>
02              <table runat="server">
03                  <tr runat="server">
04                      <td runat="server">
05                          <table ID="itemPlaceholderContainer" runat="server" border="1"
06                              style="background-color: #FFFFFF;border-collapse:
07  collapse;border-color: #999999;border-style:none;border-width:1px;font-family:
08  Verdana, Arial, Helvetica, sans-serif;">
09                              <tr runat="server" style="background-color:
10  #DCDCDC;color: #000000;">
11                                  <th runat="server">
12                                      订单_ID</th>
13                                  <th runat="server">
14                                      订单金额</th>
15                                  <th runat="server">
16                                      快递公司网站</th>
17                                  <th runat="server">
18                                      要求到货日期</th>
19                                  <th runat="server">
20                                      已收货款</th>
21                              </tr>
22                              <tr ID="itemPlaceholder" runat="server">
23                              </tr>
24                          </table>
25                      </td>
26                  </tr>
27                  <tr runat="server">
28                      <td runat="server"
29                          style="text-align: center;background-color:
30              #CCCCCC;font-family: Verdana, Arial, Helvetica, sans-serif;color: #000000;">
31                          <asp:DataPager ID="DataPager2" runat="server">
32                              <Fields>
33                              <asp:NextPreviousPagerField
34                              ButtonType="Button" ShowFirstPageButton="True"
35                                      ShowLastPageButton="True" />
36                              </Fields>
37                          </asp:DataPager>
38                      </td>
39                  </tr>
40              </table>
41  </LayoutTemplate>
```

【代码解析】第5～10行代码用于设置表格的字体、背景色等样式，第9～21行代码用于设置表格上显示的表头，第29～30行代码用于设置表格内记录的样式，第32～35行代码用于设置分页控件上各个按钮的操作是否出现。

运行该程序，效果如图6.9所示。本程序使用了两个ListView控件，分别使用两个LinqDataSource控件提供数据，又分别使用了两个DataPager控件，分别以两种方式进行数据分页。

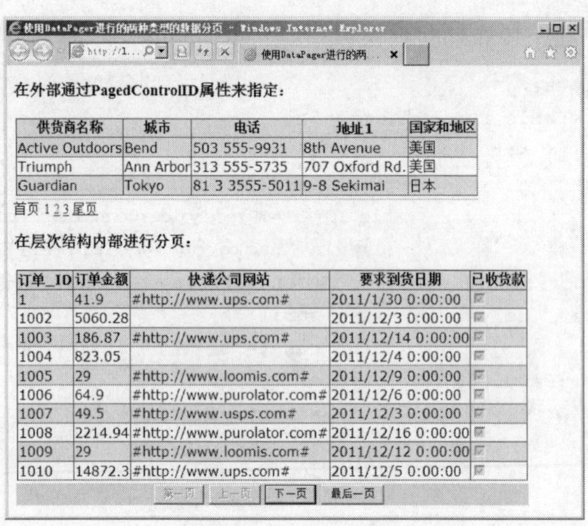

图6.9 分页效果

6.3 表格视图（GridView）显示数据

使用表格视图控件，可以绑定多种不同数据源中的数据，并以表格的形式显示在页面中。这些数据源可以是数据库、xml文件或者公开数据的业务对象。还可以对这些数据进行编辑、删除，并可对视图中的数据进行分页、排序、选择操作。

6.3.1 自动添加列与预定义列

要对GridView控件进行数据绑定，可通过该控件的DataSourceID属性进行数据绑定，还可以使用GridView控件的DataSource属性进行数据绑定。

使用DataSourceID属性进行绑定，可以直接绑定到数据源控件。此种方式比较简单，并可以方便地进行各种数据操作和分页。使用DataSource属性，可以绑定到ADO.NET对象的数据集，但需要对数据的各种操作另外编写代码来实现。

GridView提供了一个AutoGenerateColumns属性，以确定是否为数据源中的每个字段自动创建绑定字段。如果将AutoGenerateColumns属性设置为True，就会为数据源中的每个字段自动创建一个AutoGeneratedField对象，那么每一个字段将作为GridView 控件中的一列显示，其顺序是数据源中字段出现的顺序。

如果将AutoGenerateColumns属性设置为False，可以手动定义列字段，代码如下所示。

```
<Columns>
        <asp:BoundField DataField="Name" HeaderText="字段一"
SortExpression="Name" />
        <asp:BoundField DataField="Sex" HeaderText="字段二" SortExpression="Sex" />
        <asp:BoundField DataField="Age" HeaderText="字段三" SortExpression="Age" />
</Columns>
```

还可以在GridView任务列表中执行“编辑列”命令，打开“字段”窗口，如图6.10所示，然后在该窗口中进行自定义字段的编辑。

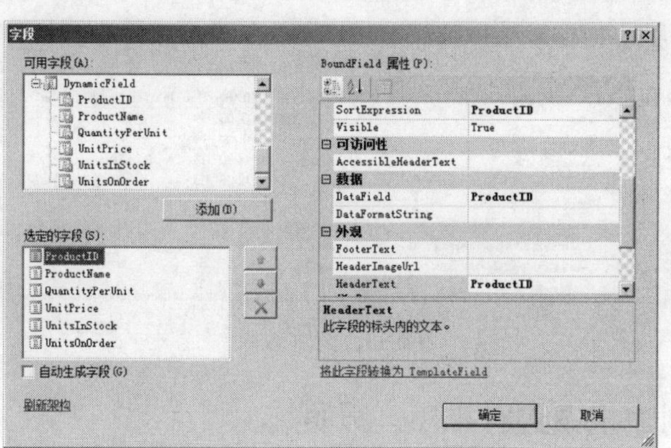

图6.10 “字段”窗口

下面的代码演示了如何将GridView控件绑定到一个数据源控件，在自动生成列之后进行显示数据。

```
01  <!--程序名称：6-04.aspx-->
02  <!--程序功能：数据绑定到一个GridView控件-->
03  <%@ Page Language="C#" AutoEventWireup="true"
04      CodeFile="6-04.aspx.cs" Inherits="_6_04"
05  %>
06  <html xmlns="http://www.w3.org/1999/xhtml" >
07  <head runat="server">
08      <title>GridView自动添加列</title>
09  </head>
10  <body>
11      <form id="form1" runat="server">
12      <div>
13          <asp:GridView ID="GridView1" runat="server"
14               AutoGenerateColumns="True"
15              DataKeyNames="ProductID" DataSourceID="SqlDataSource1">
16          </asp:GridView>
17          <asp:SqlDataSource ID="SqlDataSource1" runat="server"
18              SelectCommand="SELECT [ProductID], [ProductName],
19                     [QuantityPerUnit], [UnitPrice], [UnitsInStock],
20                     [UnitsOnOrder] FROM [Products]"
21              ConnectionString="<%$ ConnectionStrings:NorthwindConnectionString %>">
22          </asp:SqlDataSource>
23      </div>
24      </form>
25  </body>
26  </html></html>
```

【代码解析】第13～16行代码用于设置GridView控件的属性，第17～22行代码用于设置数据源的查询命令语句和连接字符串。

在程序中，使用GridView控件的DataSourceID属性，从数据源控件SqlDataSource绑定数据到GridView，为GridView自动添加列，然后在页面上显示数据，其浏览效果如图6.11所示。

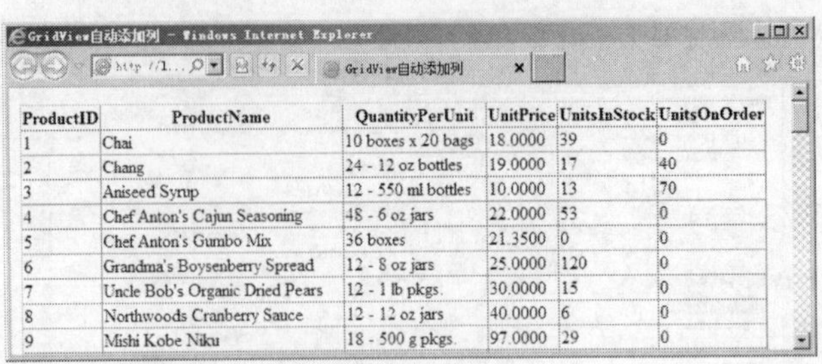

ProductID	ProductName	QuantityPerUnit	UnitPrice	UnitsInStock	UnitsOnOrder
1	Chai	10 boxes x 20 bags	18.0000	39	0
2	Chang	24 - 12 oz bottles	19.0000	17	40
3	Aniseed Syrup	12 - 550 ml bottles	10.0000	13	70
4	Chef Anton's Cajun Seasoning	48 - 6 oz jars	22.0000	53	0
5	Chef Anton's Gumbo Mix	36 boxes	21.3500	0	0
6	Grandma's Boysenberry Spread	12 - 8 oz jars	25.0000	120	0
7	Uncle Bob's Organic Dried Pears	12 - 1 lb pkgs.	30.0000	15	0
8	Northwoods Cranberry Sauce	12 - 12 oz jars	40.0000	6	0
9	Mishi Kobe Niku	18 - 500 g pkgs.	97.0000	29	0

图6.11 浏览效果

6.3.2 利用列表视图进行排序、分页

GridView控件会将数据库中的所有数据在一个页面中显示。如果数据量很大，那么浏览起来会很不方便。要解决这种问题，就要对数据进行分页显示。GridView本身支持分页功能。如果需要将数据以某种顺序显示，GridView也可以为其进行排序。

要让GridView进行分页和排序，需要对它的一些属性进行设置。代码如下所示。

```
AllowPaging="True"  AllowSorting="True"
```

下面的代码就演示了对数据进行分页和排序。

```
<!--程序名称：6-05.aspx-->
<!--程序功能：利用列表视图进行排序、分页-->
    <form id="form1" runat="server">
    <div>
        <asp:GridView ID="GridView1" runat="server"
             AllowPaging="True" AllowSorting="True"
             AutoGenerateColumns="False" DataKeyNames="CustomerID"
            DataSourceID="SqlDataSource1" PageSize="8">
            <PagerSettings FirstPageText="首页" LastPageText="尾页"
                Mode="NextPreviousFirstLast" NextPageText="下一页"
                PreviousPageText="上一页" />
            <Columns>
                <asp:BoundField DataField="CustomerID" HeaderText="CustomerID"
                     ReadOnly="True" SortExpression="CustomerID" />
                <asp:BoundField DataField="CompanyName"
HeaderText="CompanyName"
                    SortExpression="CompanyName" />
                <asp:BoundField DataField="ContactTitle" HeaderText="ContactTitle"
                    SortExpression="ContactTitle" />
                <asp:BoundField DataField="Address" HeaderText="Address"
                    SortExpression="Address" />
                <asp:BoundField DataField="Phone" HeaderText="Phone"
                     SortExpression="Phone" />
                <asp:BoundField DataField="Country" HeaderText="Country"
                    SortExpression="Country" />
            </Columns>
        </asp:GridView>
    </div>
    </form>
```

【代码解析】第6～8行代码用于设置GridView控件的数据源、页面大小等属性，第12～26行代码用于设置GridView控件所要显示的字段。

程序中的这一段代码用来设置分页格式：

```
<PagerSettings FirstPageText="首页" LastPageText="尾页"  NextPageText="下一页"
        PreviousPageText="上一页" Mode="NextPreviousFirstLast" />
```

下边的属性设置了分页时每页显示的数据条数为8：

```
PageSize="8"
```

浏览页面，效果如图6.12所示。单击分页按钮“下一页”，程序会自动分页，从而显示下一页数据，如图6.13所示。还可以对显示的数据进行排序，如单击“Address”链接，数据就会按“Address”字段进行排序，如图6.14所示。

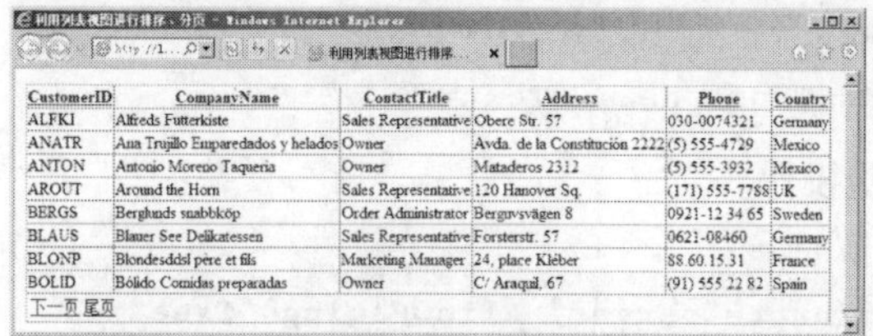

图6.12 浏览效果

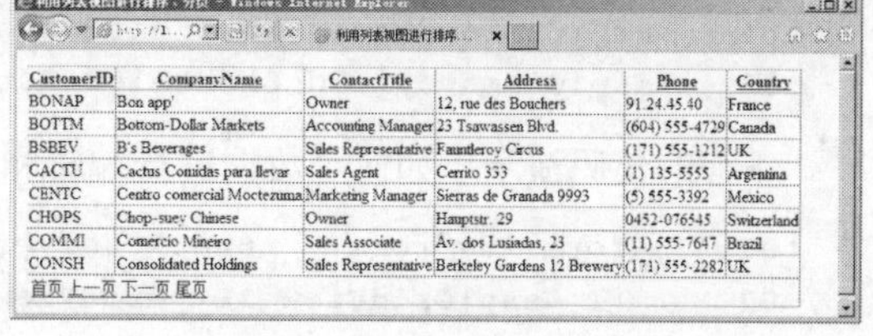

图6.13 分页操作

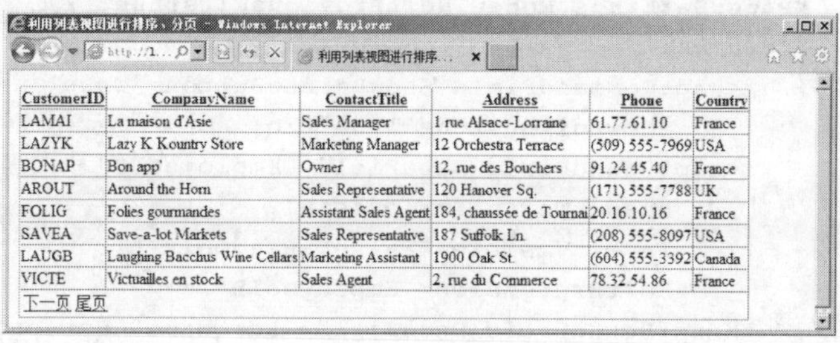

图6.14 排序操作

6.3.3 数据的编辑和删除

通过GridView还可以对数据进行编辑，在默认情况下，GridView控件以只读模式显示数据。如果要使用该控件对数据进行编辑，此时需要让该控件在另一种模式下工作。

在编辑模式下，该控件会显示一个像TextBox和CheckBox控件一样的可编辑控件。还可以通过添加字段让GridView控件显示其他按钮，来对相关数据源中的数据执行删除操作。

要让GridView控件执行编辑和删除操作，就需要对它的列属性进行编辑，添加一个列来显示“编辑”和“删除”按钮，其方法如下所示。

（1）在其属性窗口中，单击“Columns”属性后边的...按钮，打开“字段”窗口，如图6.15所示。

（2）在“可用字段”列表中展开“CommandField”字段，将“编辑、更新、取消”字段和“删除”字段添加进来。单击“确定”按钮，完成字段的添加，如图6.16所示。

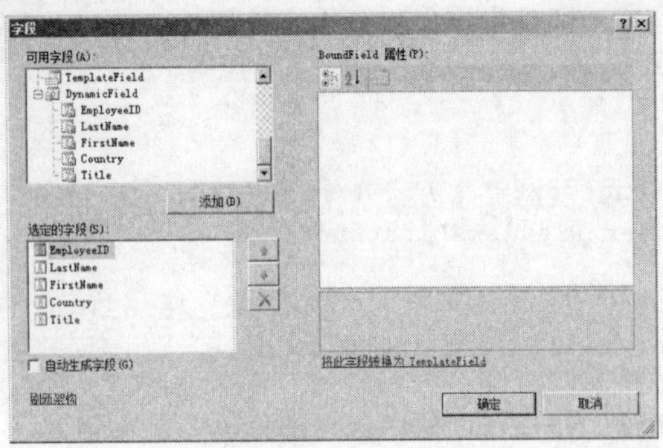

图6.15 编辑字段

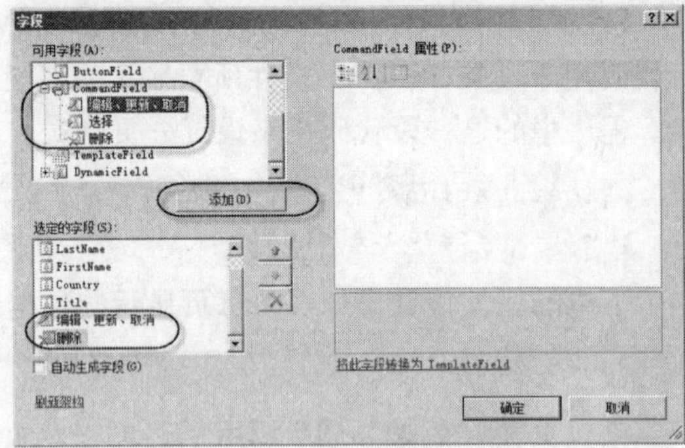

图6.16 添加数据操作字段

还可以切换到源代码视图，直接在GridView的<Columns>集合中添加以下代码：

```
<asp:CommandField ShowEditButton="True" HeaderText="编辑" />
<asp:CommandField ShowDeleteButton="True" HeaderText="删除" />
```

下面的代码演示了如何对数据进行编辑和删除操作。

```
01  <form id="form1" runat="server">
02      <asp:GridView ID="GridView1" runat="server" AllowPaging="True"
03          AllowSorting="True" AutoGenerateColumns="False"
04          DataKeyNames="EmployeeID" DataSourceID="SqlDataSource1">
05          <PagerSettings Mode="NextPreviousFirstLast"/>
06          <Columns>
07              <asp:CommandField ShowDeleteButton="True"
08                  ShowEditButton="True" />
09              <asp:BoundField DataField="EmployeeID"
10                  HeaderText="EmployeeID"
11                  InsertVisible="False" ReadOnly="True"
12                  SortExpression="EmployeeID" />
13              <asp:BoundField DataField="LastName" HeaderText="LastName"
14                  SortExpression="LastName" />
15              <asp:BoundField DataField="FirstName" HeaderText="FirstName"
16                  SortExpression="FirstName" />
17              <asp:BoundField DataField="Title" HeaderText="Title"
18                  SortExpression="Title" />
19              <asp:BoundField DataField="Country" HeaderText="Country"
20                  SortExpression="Country" />
21          </Columns>
22      </asp:GridView>
23  </form>
```

【代码解析】第2～4行代码用于设置GridView控件的数据源、排序等属性，第5行代码用于设置分页属性，第6～21行代码用于设置GridView控件所要显示的数据内容。

浏览该页面，效果如图6.17所示。单击“编辑”按钮，可以对数据进行编辑操作，如图6.18所示。对数据进行编辑后，可通过单击“更新”按钮对数据进行更新。

EmployeeID	LastName	FirstName	Country	Title		
1	Davolio	Nancy	USA	Sales Representative	编辑	删除
2	Fuller	Andrew	USA	Vice President, Sales	编辑	删除
3	Leverling	Janet	USA	Sales Representative	编辑	删除
4	Peacock	Margaret	USA	Sales Representative	编辑	删除
5	Buchanan	Steven	UK	Sales Manager	编辑	删除
6	Suyama	Michael	UK	Sales Representative	编辑	删除
7	King	Robert	UK	Sales Representative	编辑	删除
8	Callahan	Laura	USA	Inside Sales Coordinator	编辑	删除
9	Dodsworth	Anne	UK	Sales Representative	编辑	删除

图6.17 浏览效果

图6.18 编辑数据

6.4 使用详细视图（DetailsView）控件

通过DetailsView控件可以以表格的形式每次显示数据源中的一条数据记录。表格中的每一行，就是数据记录中的一个字段。

可以通过DetailsView控件的DataSourceID属性进行数据绑定：

```
DataSourceID="SqlDataSource1
```

还可以使用GridView控件的DataSource属性进行数据绑定。

DetailsView控件的数据显示特性，注定了其具备分页行为，即每页显示一条数据记录。要启用这种分页行为，可以通过设置其AllowPaging属性为True实现：

```
AllowPaging="True"
```

DetailsView还支持对数据的编辑操作。当然，这依赖于所绑定的数据源支持对数据的更新。下面的代码演示了如何通过DetailsView控件对数据进行分页和编辑。

```
<form id="form1" runat="server">
<div>
    <asp:DetailsView ID="DetailsView1" runat="server"
        CellPadding="4" DataSourceID="SqlDataSource1"
        Height="24px" Width="363px" AllowPaging="True"
        BackColor="White"
        BorderColor="#3366CC" BorderStyle="None" BorderWidth="1px">
        <PagerSettings PageButtonCount="6" />
        <FooterStyle BackColor="#99CCCC" ForeColor="#003399" />
        <HeaderTemplate>
            职员资料
        </HeaderTemplate>
        <EditRowStyle BackColor="#009999" Font-Bold="True"
        ForeColor="#CCFF99" />
        <RowStyle BackColor="White" ForeColor="#003399" />
        <PagerStyle BackColor="#99CCCC" ForeColor="#003399"
            HorizontalAlign="Left" />
        <Fields>
         <asp:CommandField ShowDeleteButton="True" ShowEditButton="True"
                ShowInsertButton="True" />
        </Fields>
```

```
22              <HeaderStyle BackColor="#003399" Font-Bold="True" ForeColor="#CCCCFF"
23    />
24          </asp:DetailsView>
25    </div>
26    </form>
```

【代码解析】第4~7行代码用于设置DetailView控件的数据源、高度、宽度等属性，第8~9行代码用于设置分页按钮显示的行数，第10~11行代码用于设置标题，第13行代码用于设置编辑行的样式，第15行代码用于设置行的样式，第16行代码用于设置页的样式，第19~20行代码用于设置显示“编辑”按钮和“删除”按钮。

浏览该页面，可以通过数字导航按钮进行数据的分页，效果如图6.19所示。可以通过“编辑”按钮来对当前数据进行编辑，如图6.20所示。单击“新建”按钮，可实现数据的插入；单击“删除”按钮，可进行该条数据的删除操作。

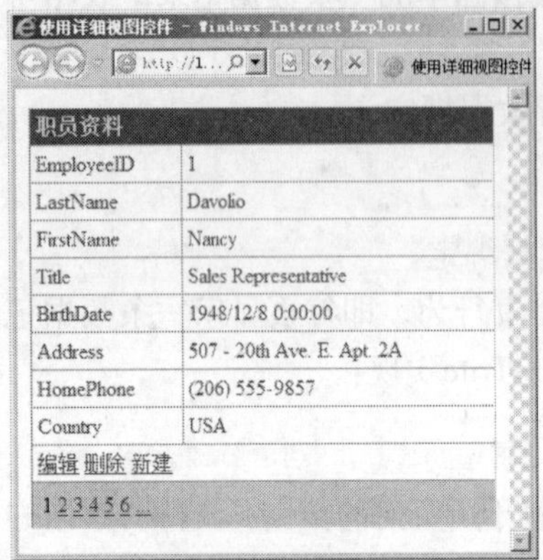

图6.19 浏览效果

图6.20 编辑数据

6.5 使用表单视图（FormView）控件

FormView控件与DetailsView控件相似，每次只显示一条数据记录。两者的差别在于：DetailsView控件使用表格来布局，而FormView控件却没有预定义布局。开发人员可以自己定义模板，模板中可以定义窗体格式，还可以绑定控件和表达式。

如下所示的代码就是将一个字段绑定到Label控件上：

```
<asp:Label ID="客户IDLabel1" runat="server" Text='<%# Eval("客户ID") %>' />
```

FormView控件同时支持分页功能，启用方式同DetailsView相同：

```
AllowPaging="True"
```

与其他数据控件相同，可以通过FormView控件的DataSourceID 属性进行数据绑定，还可以使用DataSource属性进行数据绑定。

FormView控件支持对数据的各种操作，但是该功能依赖于数据源来提供。同时，该控件没有预定义模板，需要对每一种状态的模板进行定义。当配置好数据源之后，再向控件的模板区域内添加一个控件后，在该控件所显示的智能标记中，就可执行“编辑DataBindings”命令，在打开的对话框中进行字段的绑定工作，如图6.21所示。

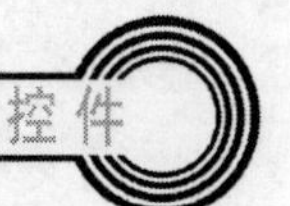

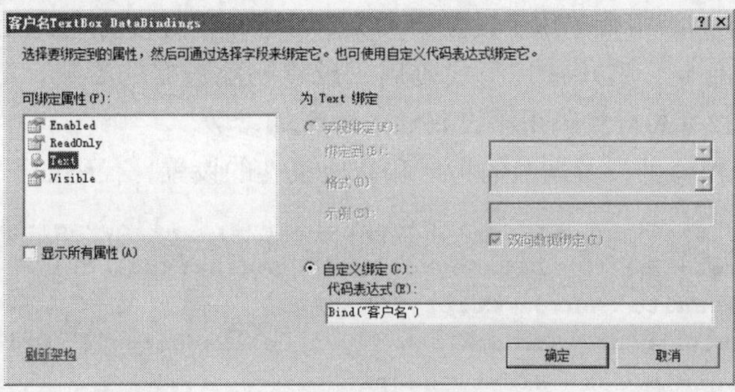

图6.21 编辑字段绑定

下面的代码演示了如何使用FormView控件进行数据的编辑、插入和删除操作。

（1）向页面6-08.aspx中添加一个FormView控件和一个AccessDataSource控件，为AccessDataSource控件配置数据源，代码如下所示。

```
01  <asp:AccessDataSource ID="AccessDataSource1" runat="server"
02          DataFile="~/App_Data/xtreme.mdb"
03          DeleteCommand="DELETE FROM [客户] WHERE [客户ID] = ?"
04          InsertCommand="INSERT INTO [客户] ([客户ID], [客户名], [联系人职位],
05              [电话], [邮政编码], [地区], [城市]) VALUES (?, ?, ?, ?, ?, ?, ?)"
06          SelectCommand="SELECT [客户ID], [客户名], [联系人职位], [电话],
07              [邮政编码], [地区], [城市] FROM [客户]"
08          UpdateCommand="UPDATE [客户] SET [客户名] = ?, [联系人职位] = ?,
09              [电话] = ?, [邮政编码] = ?, [地区] = ?, [城市] = ? WHERE [客户ID] = ?">
10          <DeleteParameters>
11              <asp:Parameter Name="客户ID" Type="Int32" />
12          </DeleteParameters>
13          <UpdateParameters>
14              <asp:Parameter Name="客户名" Type="String" />
15              <asp:Parameter Name="联系人职位" Type="String" />
16              <asp:Parameter Name="电话" Type="String" />
17              <asp:Parameter Name="邮政编码" Type="String" />
18              <asp:Parameter Name="地区" Type="String" />
19              <asp:Parameter Name="城市" Type="String" />
20              <asp:Parameter Name="客户ID" Type="Int32" />
21          </UpdateParameters>
22          <InsertParameters>
23              <asp:Parameter Name="客户ID" Type="Int32" />
24              <asp:Parameter Name="客户名" Type="String" />
25              <asp:Parameter Name="联系人职位" Type="String" />
26              <asp:Parameter Name="电话" Type="String" />
27              <asp:Parameter Name="邮政编码" Type="String" />
28              <asp:Parameter Name="地区" Type="String" />
29              <asp:Parameter Name="城市" Type="String" />
30          </InsertParameters>
31  </asp:AccessDataSource>
```

【代码解析】第1行代码用于设置数据源的名称，第2行代码用于设置数据文件，第3行代码用于设置删除命令，第4～5行代码用于设置插入命令，第6～7行代码用于设置查询命令，第8～9行代码用于设置更新命令，第10～12行代码用于设置删除数据的参数，第13～21行代码用于更新数据的参数，第22～30行代码用于设置插入命令的参数。

（2）为FormView控件进行数据源的指定和其他属性的设置，代码如下所示。

```
01  <asp:FormView ID="FormView1" runat="server" AllowPaging="True"
02  DataKeyNames="客户ID" DataSourceID="AccessDataSource1"
03  BackColor="White" BorderColor="#DEDFDE"
04    BorderStyle="None" BorderWidth="1px" CellPadding="4" GridLines="Vertical"
05     ForeColor="Black" Width="280px">
```

【代码解析】第2行代码用于设置客户关键字，第3行代码用于设置控件的背景色和边框颜色，第4行用于设置边框的样式，第5行代码用于设置控件的前景色和宽度。

（3）为FormView创建数据显示模板，其代码如下所示。

```
01  <%--下面是显示数据时的模板--%>
02              <ItemTemplate>
03                  客户ID:
04                  <asp:Label ID="客户IDLabel" runat="server"
05                      Text='<%# Eval("客户ID") %>'></asp:Label><br />
06                  客户名:
07                  <asp:Label ID="客户名Label" runat="server"
08                      Text='<%# Bind("客户名") %>'></asp:Label><br />
09                  联系人职位:
10                  <asp:Label ID="联系人职位Label" runat="server"
11                      Text='<%# Bind("联系人职位") %>'></asp:Label><br />
12                  电话:
13                  <asp:Label ID="电话Label" runat="server"
14                      Text='<%# Bind("电话") %>'></asp:Label><br />
15                  邮政编码:
16                  <asp:Label ID="邮政编码Label" runat="server"
17                      Text='<%# Bind(""邮政编码") %>' />
18                  <br />
19                  地区: <asp:Label ID="地区Label" runat="server"
20                      Text='<%# Bind("地区") %>' />
21                  <br />
22                  城市:
23                  <asp:Label ID="城市Label" runat="server" Text='<%# Bind("城市") %>' />
24                  <br />
25                  <asp:LinkButton ID="EditButton" runat="server" CommandName="Edit"
26                      Text="编辑" CausesValidation="False"></asp:LinkButton>
27                   <asp:LinkButton ID="DeleteButton"
28   runat="server" CommandName="Delete"
29                      Text="删除" CausesValidation="False"></asp:LinkButton>
30                   <asp:LinkButton ID="NewButton" runat="server"
31  CommandName="New" Text="新建" CausesValidation="False"></asp:LinkButton>
32  </ItemTemplate>
```

【代码解析】第4～5行代码用于绑定客户ID，第7～8行代码用于绑定客户名，第10～11行代码用于绑定客户名，第13～14行代码用于绑定电话字段，第16～17行代码用于绑定邮政编码，第

19～20行代码用于绑定地区字段，第23行代码用于绑定城市字段，第25～26行代码用于设置“编辑”按钮，第27～29行代码用于设置“删除”按钮，第30～31行代码用于设置“新建”按钮。

（4）为FormView创建编辑数据时的模板，代码如下所示。

```
01    <EditItemTemplate>
02                    客户ID:
03                    <asp:Label ID="客户IDLabel1" runat="server"
04                        Text='<%# Eval("客户ID") %>' />
05                    <br />
06                    客户名:
07                    <asp:TextBox ID="客户名TextBox" runat="server"
08                        Text='<%# Bind("客户名") %>'>
09                    </asp:TextBox><br />
10                    联系人职位:
11                    <asp:TextBox ID="联系人职位TextBox" runat="server"
12                        Text='<%# Bind("联系人职位") %>'>
13                    </asp:TextBox><br />
14                    电话:
15                    <asp:TextBox ID="电话TextBox" runat="server"
16                        Text='<%# Bind("电话") %>'></asp:TextBox><br />
17                    邮政编码:
18                    <asp:TextBox ID="邮政编码TextBox" runat="server"
19                        Text='<%# Bind("邮政编码") %>'></asp:TextBox>
20                    <br />
21                    地区:
22                    <asp:TextBox ID="地区TextBox" runat="server"
23                        Text='<%# Bind("地区") %>' />
24                    <br />
25                    城市:
26                    <asp:TextBox ID="城市TextBox" runat="server"
27                        Text='<%# Bind("城市") %>' />
28                    <br />
29             <asp:LinkButton ID="UpdateButton" runat="server" CausesValidation="True"
30                 CommandName="Update" Text="更新"></asp:LinkButton>
31                     
32                    <asp:LinkButton ID="UpdateCancelButton" runat="server"
33                    CausesValidation="False" CommandName="Cancel" Text="取消">
34                    </asp:LinkButton>
35    </EditItemTemplate>
```

【代码解析】第3～4行代码用于绑定客户ID，第7～9行代码用于绑定客户名，第11～13行代码用于绑定客户名，第15～16行代码用于绑定电话字段，第18～19行代码用于绑定邮政编码，第22～23行代码用于绑定地区字段，第26～27行代码用于绑定城市字段，第29～30行代码用于设置“更新”按钮，第32～33行代码用于设置“取消”按钮。

（5）为FormView创建编辑插入数据时的模板，其代码如下所示。

```
<InsertItemTemplate>
                客户ID:
                <asp:TextBox ID="客户IDTextBox" runat="server"
```

```
04                 Text='<%# Bind("客户ID") %>'></asp:TextBox><br />
05             客户名:
06             <asp:TextBox ID="客户名TextBox" runat="server"
07                 Text='<%# Bind("客户名") %>'></asp:TextBox><br />
08             联系人职位:
09             <asp:TextBox ID="联系人职位TextBox" runat="server"
10                 Text='<%# Bind("联系人职位") %>'></asp:TextBox><br />
11             电话:
12             <asp:TextBox ID="电话TextBox" runat="server"
13                 Text='<%# Bind("电话") %>'></asp:TextBox><br/>
14             邮政编码:
15             <asp:TextBox ID="邮政编码TextBox" runat="server"
16                 Text='<%# Bind("邮政编码") %>' />
17             <br />
18             地区:
19             <asp:TextBox ID="地区TextBox" runat="server"
20                 Text='<%# Bind("地区") %>' />
21             <br />
22             城市:
23             <asp:TextBox ID="城市TextBox" runat="server"
24                 Text='<%# Bind("城市") %>' />
25             <br />
26             <asp:LinkButton ID="InsertButton" runat="server" CausesValidation="True"
27                 CommandName="Insert" Text="插入">
28             </asp:LinkButton>
29              
30             <asp:LinkButton ID="InsertCancelButton" runat="server"
31                 CommandName="Cancel" Text="取消" CausesValidation="False">
32             </asp:LinkButton>
33     </InsertItemTemplate>
```

【代码解析】第3～4行代码用于绑定客户ID，第6～7行代码用于绑定客户名，第9～10行代码用于绑定客户名，第12～13行代码用于绑定电话字段，第15～16行代码用于绑定邮政编码，第19～20行代码用于绑定地区字段，第23～24行代码用于绑定城市字段，第26～28行代码用于设置“插入”按钮，第30～32行代码用于设置“取消”按钮。

浏览该页面，效果如图6.22所示。单击“编辑”按钮，可以进入编辑状态，然后可以对数据进行编辑和更新，如图6.23所示。单击“新建”按钮，可以进入插入数据状态。

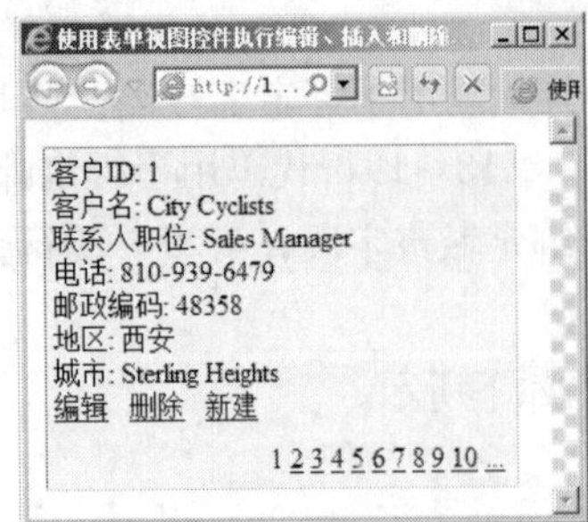

图6.22 浏览效果

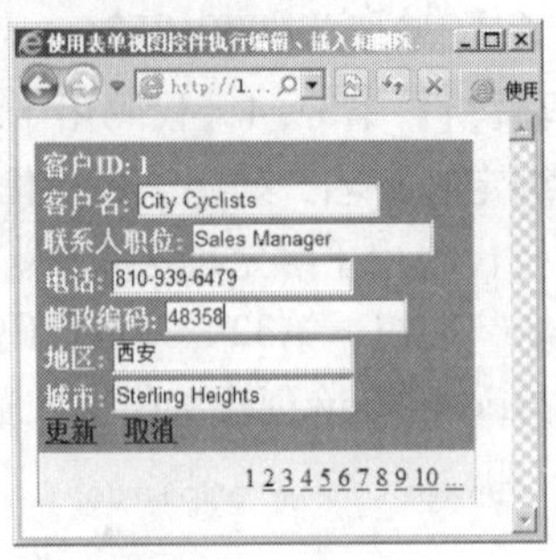

图6.23 编辑状态

6.6 使用数据列表（DataList）控件

DataList控件在数据的显示格式上有很大的灵活性，它允许开发人员自定义数据显示模板。但该控件没有其他数据操作的功能，通常和其他数据显示控件配合使用。

DataList不能自动利用数据源控件的更新功能以及自动分页或排序。若要使用DataList控件执行更新、分页和排序，必须在编写的代码中执行更新任务。

可以使用模板和样式对DataList的数据显示格式进行定义。在DataList控件上右击，选择“编辑模板”选项，该选项下有3个模板项可供编辑，分别是“项模板”、“页眉和页脚模板”和“分隔符模板”。选择“项模板”后，就可以进入如图6.24所示的模板编辑区域。

DataList1 - 项模板
ItemTemplate
订单_ID: [订单_IDLabel]
订单金额: [订单金额Label]
订单日期: [订单日期Label]
要求到货日期: [要求到货日期Label]
已收货款: [CheckBox1]

图6.24 编辑模板

下面的代码演示了DataList如何定制数据显示界面。

（1）向页面6-09.aspx中添加一个DataList控件和一个AccessDataSource控件，为Access-DataSource控件配置数据源，代码如下所示。

```
01  <asp:AccessDataSource ID="AccessDataSource1" runat="server"
02              DataFile="~/App_Data/xtreme.mdb"
03              SelectCommand="SELECT [订单 ID] AS 订单_ID, [订单金额],
04              [订单日期], [要求到货日期], [已收货款] FROM [订单] WHERE ([订单 ID] &lt; ?)">
05              <SelectParameters>
06                  <asp:Parameter DefaultValue="1003" Name="订单_ID" Type="Int32" />
07              </SelectParameters>
08          </asp:AccessDataSource>
```

【代码解析】 第1行代码用于设置数据源，第2行代码用于设置数据文件，第3～4行代码用于设置查询命令，第5～7行代码用于设置查询命令的参数，并设置默认值。

（2）为DataList控件进行数据源的指定和其他相关属性的设置，代码如下所示。

```
01  <asp:DataList ID="DataList1" runat="server" DataKeyField="订单_ID"
02          Width="330px" DataSourceID="AccessDataSource1" BackColor="White"
03           BorderColor="#CC9966" BorderStyle="None" BorderWidth="1px"
04  CellPadding="4" GridLines="Both" style="margin-right: 137px">
05     <SelectedItemStyle BackColor="#FFCC66" Font-Bold="True" ForeColor="#663399" />
06     <HeaderStyle BackColor="#990000" Font-Bold="True" ForeColor="#FFFFCC" />
```

【代码解析】 第1行代码设置DataList控件的主键，第2行设置DataList控件的宽度、数据源和背景色，第3行代码用于设置边框颜色、样式和宽度，第4行用于设置行样式，第5行用于设置选定项的样式，第6行代码用于设置DataList控件表头的背景色、字体加粗和前景色。

（3）为DataList进行数据显示模板的定制，代码如下所示。

```
01  <ItemTemplate>
02                  订单_ID:
03                  <asp:Label ID="订单_IDLabel" runat="server"
04                      Text='<%# Eval("订单_ID") %>'>
05                  </asp:Label><br />
06                  订单金额:
07                  <asp:Label ID="订单金额Label" runat="server"
```

```
08                  Text='<%# Eval("订单金额") %>'></asp:Label><br />
09              订单日期:
10              <asp:Label ID="订单日期Label" runat="server"
11                  Text='<%# Eval("订单日期") %>'></asp:Label><br />
12              要求到货日期:
13              <asp:Label ID="要求到货日期Label" runat="server"
14                  Text='<%# Eval("要求到货日期") %>'></asp:Label><br />
15              已收货款:
16              <asp:CheckBox ID="CheckBox1" runat="server" Enabled=false
17                  Checked='<%# Eval("已收货款") %>' />
18      </ItemTemplate>
```

【代码解析】第3～5行代码用于绑定订单_ID，第7～8行代码用于绑定订单金额，第10～11行代码用于绑定订单，第13～14行代码用于绑定要求到货日期，第16～17行代码用于绑定已收货款。

浏览该页面，效果如图6.25所示。

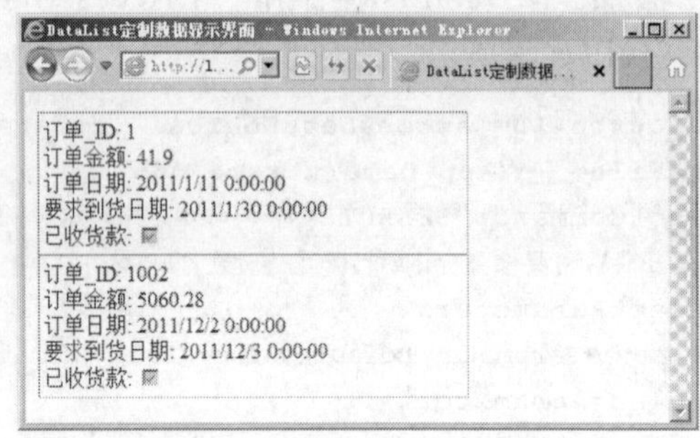

图6.25 定制的数据显示格式

6.7 实现主/详细关系数据的显示

在主/详细数据显示方案中，通常将DetailsView控件配合其他数据展示控件一起使用，让DetailsView控件接收一个来自其他控件的参数，从而将与该参数有关的详细信息展示在页面中。当配置DetailsView控件的数据源，在指定查询语句时，需要为其添加一个Where条件，如图6.26所示。

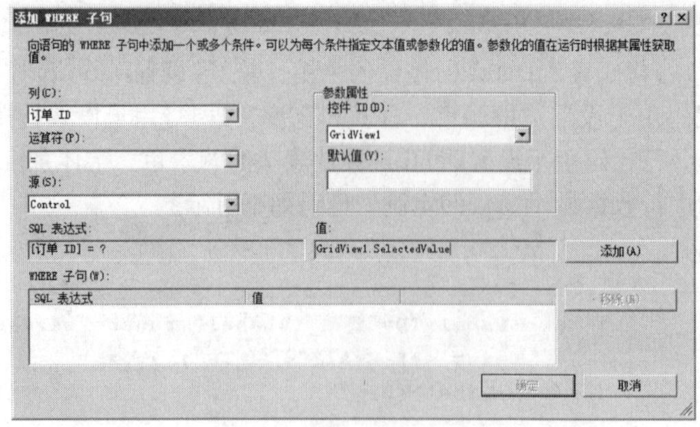

图6.26 Where参数设置

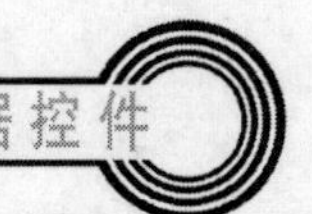

下面的代码演示了主/详细方案数据的显示。

```
<!--程序名称：6-10.aspx-->
    <form id="form1" runat="server">
    <asp:GridView ID="GridView1" runat="server" AllowPaging="True"
        AutoGenerateColumns="False" DataKeyNames="订单_ID"
        DataSourceID="AccessDataSource1" PageSize="5" >
        <Columns>
         <asp:CommandField SelectText="详细" ShowSelectButton="True" />
         <asp:BoundField DataField="订单_ID" HeaderText="订单_ID" InsertVisible="False"
                ReadOnly="True" SortExpression="订单_ID" />
            <asp:BoundField DataField="订单金额" HeaderText="订单金额"
                SortExpression="订单金额" />
            <asp:BoundField DataField="订单日期" HeaderText="订单日期"
                SortExpression="订单日期" />
            <asp:BoundField DataField="发货日期" HeaderText="发货日期"
                SortExpression="发货日期" />
            <asp:CheckBoxField DataField="已收货款" HeaderText="已收货款"
                SortExpression="已收货款" />
        </Columns>
    </asp:GridView>
    <asp:DetailsView ID="DetailsView1" runat="server" AutoGenerateRows="False"
    BackColor="White" BorderColor="#CCCCCC" BorderStyle="None" BorderWidth="1px"
        CellPadding="4" DataKeyNames="订单 ID" DataSourceID="AccessDataSource2"
        ForeColor="Black" GridLines="Horizontal" Height="50px" Width="635px">
        <FooterStyle BackColor="#CCCC99" ForeColor="Black" />
        <PagerStyle BackColor="White" ForeColor="Black" HorizontalAlign="Right" />
        <Fields>
     <asp:BoundField DataField="订单 ID" HeaderText="订单 ID" InsertVisible="False"
                ReadOnly="True" SortExpression="订单 ID" />
            <asp:BoundField DataField="订单金额" HeaderText="订单金额"
                SortExpression="订单金额" />
            <asp:BoundField DataField="客户 ID" HeaderText="客户 ID"
                SortExpression="客户 ID" />
            <asp:BoundField DataField="雇员 ID" HeaderText="雇员 ID"
                SortExpression="雇员 ID" />
            <asp:BoundField DataField="订单日期" HeaderText="订单日期"
                SortExpression="订单日期" />
            <asp:BoundField DataField="要求到货日期" HeaderText="要求到货日期"
                SortExpression="要求到货日期" />
            <asp:BoundField DataField="发货日期" HeaderText="发货日期"
                SortExpression="发货日期" />
            <asp:BoundField DataField="承运商" HeaderText="承运商"
                SortExpression="承运商" />
            <asp:BoundField DataField="快递公司网站" HeaderText="快递公司网站"
                SortExpression="快递公司网站" />
            <asp:CheckBoxField DataField="已发货" HeaderText="已发货"
                SortExpression="已发货" />
            <asp:BoundField DataField="客户订单号" HeaderText="客户订单号"
                SortExpression="客户订单号" />
```

```
49                <asp:CheckBoxField DataField="已收货款" HeaderText="已收货款"
50                    SortExpression="已收货款" />
51            </Fields>
52            <HeaderStyle BackColor="#333333" Font-Bold="True" ForeColor="White"/>
53            <HeaderTemplate>
54                订单详细情况如下所示：
55            </HeaderTemplate>
56            <EditRowStyle BackColor="#CC3333" Font-Bold="True" ForeColor="White"/>
57        </asp:DetailsView>
58      </form>
```

【代码解析】第3～5行代码用于设置GridView控件的数据源、分页大小等属性，第6～18行代码用于设置GridView控件所显示的字段，第20～23行代码用于设置DetailsView控件的数据源、分页大小、背景色、前景色、对齐方式等，第27～51行代码用于设置DetailsView控件所显示的字段，第52行代码用于设置标题样式，第56行代码用于设置编辑行的样式。

运行该程序，效果如图6.27所示。单击每条记录后面的“详细”超链接，将会在页面中展示该条记录的更详细信息，效果如图6.28所示。

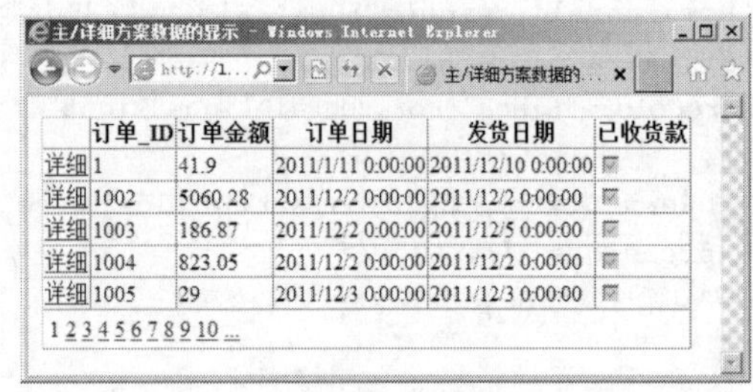

图6.27 显示主要数据

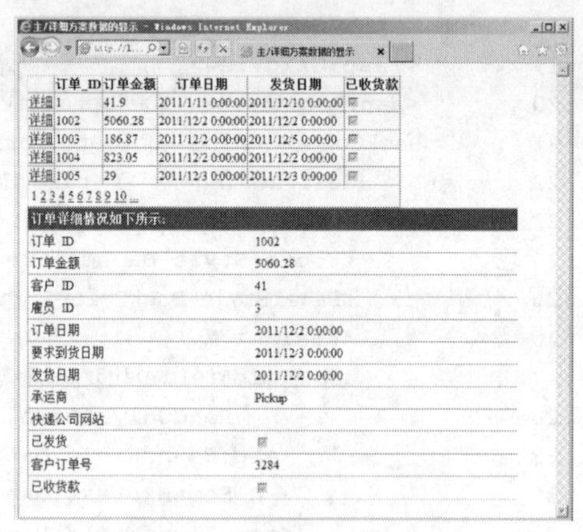

图6.28 显示详细信息

6.8 小结

本章介绍了ASP.NET中的所有数据显示控件，以及如何使用这些功能强大的控件完成数据的显示、更新、插入和删除等工作。尤其是，对ASP.NET 4.0中的ListView控件和DataPager控件进行了重点介绍，对其数据绑定、模板定制、数据更新等功能进行了详细的代码演示。还介绍了使用DataPager控件进行数据分页的两种模式，使得在项目开发中可以灵活地运用它们。在本章最后一节中，使用GridView和DetailsView控件相互配合，在不需要手动编写任何代码的情况下，实现了一个主要/详细数据显示的方案。

对于本章内容，要重点理解各个控件的数据显示特点。理解了这一点，就能根据实际需要，选择最适合的控件来完成数据的显示和其他操作，以达到事半功倍的效果。

6.9 上机实践习题

1. 使用ListView控件显示数据库pubs内authors表中的所有字段，并将数据绑定到标签控件上。

【提示】 该题目要求读者学习数据控件的使用方法，重点掌握ListView控件的使用方法。

【关键代码】

```
01  <ItemTemplate>
02      <li style="background-color: #DCDCDC;color: #000000;">au_id:
03          <asp:Label ID="au_idLabel" runat="server" Text='<%# Eval("au_id") %>' />
04          <br />
05          au_lname:
06          <asp:Label ID="au_lnameLabel" runat="server" Text='<%# Eval("au_lname") %>' />
07          <br />
08          au_fname:
09          <asp:Label ID="au_fnameLabel" runat="server" Text='<%# Eval("au_fname") %>' />
10          <br />
11          phone:
12          <asp:Label ID="phoneLabel" runat="server" Text='<%# Eval("phone") %>' />
13          <br />
14          address:
15          <asp:Label ID="addressLabel" runat="server" Text='<%# Eval("address") %>' />
16          <br />
17          city:
18          <asp:Label ID="cityLabel" runat="server" Text='<%# Eval("city") %>' />
19          <br />
20          state:
21          <asp:Label ID="stateLabel" runat="server" Text='<%# Eval("state") %>' />
22          <br />
23          zip:
24          <asp:Label ID="zipLabel" runat="server" Text='<%# Eval("zip") %>' />
25          <br />
26          <asp:CheckBox ID="contractCheckBox" runat="server"
27              Checked='<%# Eval("contract") %>' Enabled="false" Text="contract" />
28          <br />
29      </li>
30  </ItemTemplate>
```

【代码解析】 第2行代码用于设置控件的背景色，第12行代码用于绑定电话号码字段，第15行代码用于绑定地址字段，第18行代码用于绑定城市字段。

2. 使用GridView控件显示pubs数据库中的所有信息，并允许通过单击表头实现排序。

【提示】 该题目要求读者学习GridView控件的使用，重点掌握GridView控件排序和分页的方法。

【关键代码】

```
01  <asp:GridView ID="GridView1"runat="server" AllowPaging="True"
02      AllowSorting="True" AutoGenerateColumns="False" DataKeyNames="au_id"
03      DataSourceID="SqlDataSource1">
04  </asp:GridView>
```

【代码解析】 第3行代码用于设置GridView控件的数据源。

第 7 章　XML简介

本章主要介绍XML的相关知识，XML在.NET Framework中具有重要的作用。在Visual Studio开发环境中，有许多配置文件均以xml文件的格式出现，同时XML逐渐成为一种数据交换的标准。通过学习XML的相关知识，以便可以操作xml文件。

本章重点：

- ❑ XML语法，读者可按照XML文档的语法创建所需的XML文档。
- ❑ 使用LINQ操作xml文件，学会使用LINQ操作XML文档。
- ❑ XML数据绑定，学会绑定XML数据源。
- ❑ XML与ADO.NET转换，学会XML格式的数据和ADO.NET数据集之间的转换。

7.1　介绍XML

HTML由于其自身的诸多限制，已经不能充分满足人们的需要了。因为HTML只能显示静态内容，对于处理动态数据就显得无能为力了，而且它也不能描述矢量图形、化学符号、数学公式等特殊对象，在数据显示方面也不尽人意，同时它的扩展性较差。而XML的出现弥补了HTML的一系列缺陷。

XML对SGML进行了有效精简，选取了SGML的部分子集作为自身的语言。在对SGML进行简化时，将SGML的丰富功能以及SGML的可扩展特性都保留给了XML，并对HTML的简单特性进行了充分考虑。这也是HTML与XML最本质的区别。

XML（Extensible Markup Language）为可扩展标记语言，是一种以简单文本格式存储数据的方式。.NET Framework不仅允许在应用程序中使用XML，而且框架也用其配置文件。随着XML语言在应用中逐渐成熟和流行，C# 2010开发环境提供了对XML的支持——System.Xml名称空间。

使用XML，不仅使用户编写Web页面变得更方便了，同时在实现新的XML浏览器时，也降低了开发人员的困难。还有就是，XML获得了Web标准化组织W3C的正式批准，因此完全可用于Web和工具的开发，它支持包括文档对象模型标准、可扩展类型语言标准、可扩展链接语言标准和XML指针语言标准等多种标准。

7.1.1　配置文件是一个xml文件

ASP.NET中的所有配置数据，如ASP.NET Web应用程序的身份验证方式所使用的数据，都被存储在一个名为web.config的配置文件中，每一个配置文件都是一个xml文件。 web.config文件存在于ASP.NET应用程序的多个目录中。

新创建一个Web应用程序后，Visual Studio 2010开发工具会在根目录中自动创建一个

web.config文件，该配置文件中包含了默认的配置设置，应用程序的所有子目录都继承该文件的设置。如果想要修改子目录的配置设置，则可以在该子目录下新建一个web.config文件。该子目录中的配置文件，可以从父目录继承配置信息，并可存储父目录配置信息以外的配置信息，也可以对父目录中定义的配置信息进行覆写或修改。

7.1.2 XML语法

XML技术也有自己的语法定义。本小节将通过一个具体的XML文档，学习文档的结构和基本规则。

因为XML文档采用纯文本格式写成，所以可以使用任何文本编辑器来创建它：例如可以使用操作系统自带的记事本或写字板编辑器；也可以使用比较专业的代码编辑器，例如Visual Studio 2010。下面的代码是一个简单的xml文件。下文以此xml文件为例进行XML语法的介绍。

```
01    <?xml version="1.0" encoding="ISO-8859-1"?>
02    <people>
03    <name>wangyuanfeng</name>
04    <sex>man</sex>
05    <age>23</age>
06    <description>I am a student </description>
07    </people>
```

XML文档由一个XML声明和包含一些嵌套元素的一个根元素或标签构成。

1. 声明语句

第1行代码<?xml ... ?>是XML的声明语句，其作用是告诉浏览器或其他处理程序：该文档是XML文档。

在每个XML文档的开始处，必须包含声明语句。声明语句中的version表示文档遵守的XML规范的版本。encoding表示文档所用的语言编码。该范例代码用的是ISO-8859-1西欧字符集。

2. XML元素

XML元素指的是从该元素的开始标签到结束标签之间的这部分内容。如下所示的代码就称为一个元素：

```
<name>wangyuanfeng</name>
```

XML元素命名必须遵守下面的规则：

- 元素的名字可以包含子母、数字和其他字符。
- 元素的名字不能以数字或者标点符号开头。
- 元素的名字不能以任何大小写组合的XML开头，如Xml、XMl、xml等。
- 元素的名字不能包含空格。
- 在XML的元素命名中不能包含“:”。
- 每个元素都必须有结束标签。

在HTML文档中，一些元素可以没有结束标签，如：

```
<p>学习
<p>工作
```

以上代码是一段完全合法的HTML代码；但是在XML文档中，则必须写上<p>的结束标记</p>，如下所示。

```
<p>学习</p>
<p>工作</p>
```

注意 HTML代码中的<p>为段落标签，但XML文档中的<p>，只是一个普通的自定义标签，编写者可以赋予它任何含义。

- XML标签区分大小写。

XML标签区分大小写，并且起始标签和结束标签的大小写应该一致。如下所示的两个标签分别为一个正确的标签：

```
<name>wangyuanfeng</name>
```

下边则是一个错误的标签：

```
<name>wangyuanfeng</Name>
```

- XML元素有元素内容，可为混合内容、简单内容或者空内容。每个元素都可以拥有自己的属性。
- XML元素的内容可以为空，也可以为纯文本，还可以是另外一段xml文件代码。也就是说，元素中不仅可以包含文本内容，还可以包含其他元素，这就是元素的嵌套。HTML代码中的标签可以交叉嵌套，但是在XML文档中只能包含嵌套。

7.1.3 XML注释

XML注释是对XML文档结构或内容进行解释，注释不属于XML文档的内容， XML解释器不会对其进行处理。有时候，为了暂时不让XML解析器处理XML文档中的某些内容，可以在其前后加上注释标记。

注释以“<!--”字符串开始，以“-->”字符串结束。下面的代码是一行注释：

```
<!--这是我的个人信息-->
```

当XML解析器碰到“-->”时，就看做一个注释的结束，接着把后面的内容作为普通XML文档进行处理。所以，字符串“-->”不能出现在注释的内部。除此之外，其他所有合法的XML字符都可以被注释。

7.2 使用LINQ操作xml文件

.NET Framework提供了对XML的全方位支持，其提供使用XML文档和数据的功能。这些类支持分析和编写XML文档、编辑内存中的XML数据、数据验证，以及XSLT转换等。

作为一种新技术，LINQ也提供了对XML的操作支持。它提供文档对象模型（DOM）的内存文档修改功能，支持LINQ查询表达式。

7.2.1 使用LINQ创建xml文件

LINQ to XML为创建XML元素提供了一种比较有效的解决方法，称为“函数构造”，同时也提供了对XML的其他操作，如查询、修改和删除。

要进行XML树的构造和创建，可以使用XElement构造函数来进行。XElement构造函数可以对内容采用多种类型的参数：可以将另一个XElement对象作为子元素传递；可以为XElement构造函数传递一个XAttribute对象，该对象将成为该元素的一个属性；也可以将任何其他类型的对象传递到XElement构造函数中，该对象将转换为字符串并成为该元素的文本内容。

进行查询时，可以使用XElement对象的Load()方法，将XML文档加载到XElement中。此时，位于XML树根部的XElement包含所加载文档的根元素。下面的代码演示了xml文件的创建和查询。

（1）向页面7-01.aspx中添加3个Button控件，代码如下所示：

```
01  <%--程序名称：7-01.aspx--%>
02  <%--程序功能：XML树的创建和查询--%>
03  <%@ Page Language="C#" AutoEventWireup="true"
04      CodeFile="7-01.aspx.cs" Inherits="_7_01" %>
05      <form id="form1" runat="server">
06      <asp:Button ID="btnCreateXML" runat="server" Text="创建XML树"
07          onclick="btnCreateXML_Click" />
08      <asp:Button ID="btnQueryAll" runat="server" Text="查询全部"
09          onclick="btnQueryAll_Click" />
10      <asp:Button ID="btnQuery" runat="server" Text="带条件查询"
11          onclick="btnQuery_Click" />
```

【代码解析】第3～4行代码用于设置页面所使用的语言、代码文件等属性，第5～11行代码为页面添加了3个按钮。

（2）在其后台功能代码中，创建CreateXML()方法以创建XML树，代码如下所示：

```
01  /// <summary>
02  /// 创建XML树
03  /// </summary>
04  private void CreateXML()
05  {
06          XElement contacts = new XElement("学生列表",
07              new XElement("详细资料",
08                  new XElement("姓名", "王二"),
09                  new XElement("年龄", "23"),
10                  new XElement("电话", "13888888888",
11                      new XAttribute("类型", "移动电话")),
12                  new XElement("电话", "87878787",
13                      new XAttribute("类型", "家长联系电话")),
14                  new XElement("成绩",
15                      new XElement("语文", "88"),
16                      new XElement("历史", "91"),
17                      new XElement("政治", "70")
18                  )
19              )
20          );
21          //保存到xml文件中
22          contacts.Save(Server.MapPath("students.xml"));
23  }
```

【代码解析】第6～20行代码用于创建一个XML的文档元素，第22行代码用于将XML元素存储在XML文档中。

(3) 为btnCreateXML控件创建单击事件处理程序，以实现调用CreateXML()方法创建XML树，代码如下所示：

```
01  protected void btnCreateXML_Click(object sender, EventArgs e)
02      {
03          //判断是否已经存在同名文件，如果不存在，则进行下面的操作
04          if (!File.Exists(Server.MapPath("students.xml")))
05          {
06              CreateXML();                          //调用此方法进行创建和保存
07              //创建后如果存在，则证明创建成功
08              if (File.Exists(Server.MapPath("students.xml")))
09              {
10                  Response.Write("创建成功！");     //输出成功信息
11              }
12          }
13          else //如果已存在
14          {
15              Response.Write("保存失败：同名文件已存在！");//输出提示信息
16          }
17  }
```

【代码解析】第4行代码用于检测XML文档是否存在，若不存在，则执行第6行代码创建XML文档。第8行代码用于检测XML文档是否创建成功，若创建成功，则输出成功信息，若xml文件已经存在，则输出提示信息。

(4) 为btnQueryAll控件创建单击事件处理程序，以实现查询所加载的xml文件中的全部数据，代码如下所示：

```
01  protected void btnQueryAll_Click(object sender, EventArgs e)
02  {
03          XElement exl = XElement.Load(Server.MapPath("People.xml"));    //加载XML文件
04          var c = from x in exl.Descendants("People")
05                  select x;                                          //LINQ查询
06          //遍历结果集
07          foreach (var cc in c)
08          {
09              Response.Write(cc.ToString() + "   <br>");             //输出
10          }
11  }
```

【代码解析】第4～5行代码使用LINQ查询XML文档中符合条件的数据，并将其保存到变量c中，第7～10行代码用于循环输出所有数据。

(5) 为btnQueryAll控件创建单击事件处理程序，来实现带条件查询所加载的xml文件中符合条件的数据，代码如下所示：

```
protected void btnQuery_Click(object sender, EventArgs e)
{
        //首先加载xml文件
        XElement exl = XElement.Load(Server.MapPath("People.xml"));
        //条件查询
```

```
06            var c = from x in exl.Descendants("People")
07                    where (string)x.Element("ProductID") == "1"
08                    select x;                          //使用LINQ指定查询条件
09            //遍历结果集
10            foreach (var cc in c)
11            {
12                Response.Write(cc.ToString() + "<br>"); //输出
13            }
14    }
```

【代码解析】第4行代码用于加载XML文档，第6～8行代码用于设置LINQ查询语句，第10～13行代码用于遍历结果集。

为了能更好地演示对XML的查询，将使用下面代码所示的xml文件Product.xml作为查询的数据源。

```
<?xml version="1.0" standalone="yes"?>
<NewDataSet>
  <Product>
    <ProductID>1</ProductID>
    <ProductName>Chai</ProductName>
    <QuantityPerUnit>10 boxes x 20 bags</QuantityPerUnit>
    <UnitPrice>18.0000</UnitPrice>
    <UnitsInStock>39</UnitsInStock>
    <UnitsOnOrder>0</UnitsOnOrder>
  </Product>
  <Product>
    <ProductID>2</ProductID>
    <ProductName>Chang</ProductName>
    <QuantityPerUnit>24 - 12 oz bottles</QuantityPerUnit>
    <UnitPrice>19.0000</UnitPrice>
    <UnitsInStock>17</UnitsInStock>
    <UnitsOnOrder>40</UnitsOnOrder>
  </Product>
  <Product>
    <ProductID>3</ProductID>
    <ProductName>Aniseed Syrup</ProductName>
    <QuantityPerUnit>12 - 550 ml bottles</QuantityPerUnit>
    <UnitPrice>10.0000</UnitPrice>
    <UnitsInStock>13</UnitsInStock>
    <UnitsOnOrder>70</UnitsOnOrder>
  </Product>
</NewDataSet>
```

浏览该程序，首先单击“创建XML树”按钮，将完成XML树的创建，效果如图7.1所示。此时，程序已经在该程序同级目录下，创建了一个名为students.xml的xml文件，文件内容如下所示。

```
<?xml version="1.0" encoding="utf-8"?>
<学生列表>
  <详细资料>
    <姓名>王二</姓名>
```

```
        <年龄>23</年龄>
        <电话 类型="移动电话">13888888888</电话>
        <电话 类型="家长联系电话">87878787</电话>
        <成绩>
          <语文>88</语文>
          <历史>91</历史>
          <政治>70</政治>
        </成绩>
      </详细资料>
    </学生列表>
```

图7.1　成功创建XML树

单击“查询全部”按钮，将对以上xml文件中的所有数据进行检索并输出，效果如图7.2所示。单击“带条件查询”按钮，将查询所有性别为女的数据并输出，效果如图7.3所示。

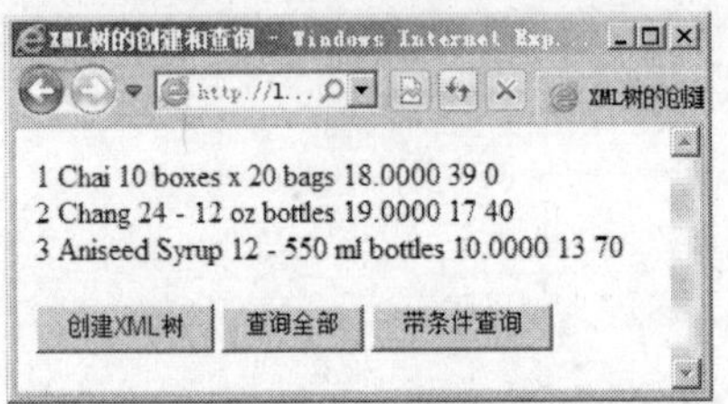

图7.2　查询全部

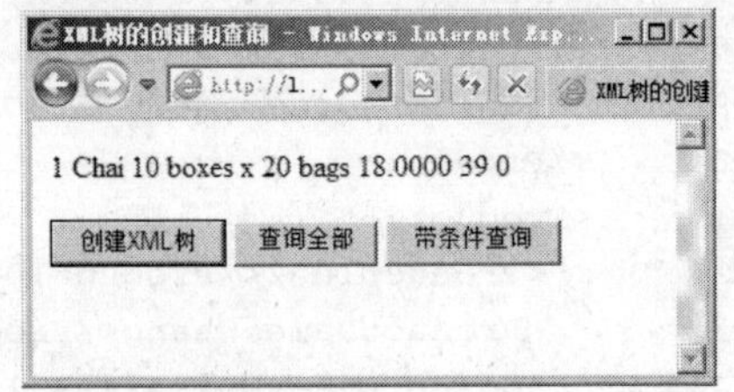

图7.3　带条件查询

创建成功的xml文件“filename.xml”的代码如下所示。

```
<?xml version="1.0" encoding="utf-8"?>
<学生列表>
  <详细资料>
    <姓名>王二</姓名>
    <年龄>23</年龄>
    <电话 类型="移动电话">13888888888</电话>
    <电话 类型="家长联系电话">87878787</电话>
    <成绩>
      <语文>88</语文>
      <历史>91</历史>
      <政治>70</政治>
    </成绩>
  </详细资料>
</学生列表>
```

7.2.2　使用LINQ对xml文件数据进行增、删、改

LINQ还支持对xml文件的内容进行增、删、改等操作。XElement对象还提供了很多用于

支持xml文件修改的方法。使用Add()方法和AddFirst()方法，可以向XElement或XDocument中添加子内容：

```
XElement newxel = new XElement(strXElement, strValue);
xel.Add(newxel);          //添加XML节点
```

同样，使用RemoveAll()扩展方法，可以从XML文档中移除单个元素或单个属性：

```
01  var item = from x in xel.Descendants("Product.xml")
02                      where (string)x.Element(strXElement).Value == strValue
03                      select x;
04  //遍历每一个符合条件的记录
05  foreach (var c in item)
06  {
07              c.RemoveAll();                    //移除节点
08  }
```

【代码解析】第1～3行代码用于查询指定元素，然后将存放到item中，第5～8行代码用于移除节点。

> **注意**　如果要移除多个元素或属性的集合，则应首先将一个集合具体化为一个列表，然后从该列表中删除相应元素或属性。

下面的代码介绍了xml文件数据的增、删、改。

（1）首先创建一个名为7-02.aspx的Web窗体页，为其进行页面设计。而页面设计首先是创建节点值的输入框，代码如下所示：

```
<h3>XML节点的增加、删除和修改</h3>
    原节点名:
    <asp:TextBox ID="txtElement" runat="server">
    </asp:TextBox>
    节点值:
    <asp:TextBox ID="txtValue" runat="server">
    </asp:TextBox>
    <br />
    <hr />
    新节点名:
    <asp:TextBox ID="txtNewElement" runat="server">
    </asp:TextBox>
    节点值:
    <asp:TextBox ID="txtNewValue" runat="server">
    </asp:TextBox>
<br />
```

（2）然后向页面中添加3个Button控件，用于执行相关操作命令：

```
 <asp:Button ID="btnAdd" runat="server" Text="增加节点"
      onclick="btnAdd_Click" />
 <asp:Button ID="btnDel" runat="server" Text="删除节点"
      onclick="btnDel_Click" />
 <asp:Button ID="btnEdit" runat="server" Text="修改节点"
      onclick="btnEdit_Click" />
```

（3）为“修改”按钮创建如下所示的单击事件处理程序，用于对xml文件中的某个节点进行修改：

```
01  protected void btnEdit_Click(object sender, EventArgs e)
02  {
03          string strXElement = txtElement.Text.Trim().ToString();    //得到原节点名
04          string strValue = txtValue.Text.Trim().ToString();          //得到原节点值
05          string strNewXElement = txtNewElement.Text.Trim().ToString(); //得到新节点名
06          string strNewValue = txtNewValue.Text.Trim().ToString();    //得到新节点值
07          XElement xel = XElement.Load(Server.MapPath("Product.xml"));//加载xml文件
08          //原节点，查询所有符合条件的节点
09          var item = from x in xel.Descendants("Product")
10                  where (string)x.Element(strXElement).Value == strValue
11                  select x;
12          //遍历每一个查询得到的节点
13          foreach (var i in item)
14          {
15          //修改节点
16  Element(strXElement).ReplaceWith(new XElement(strNewXElement, strNewValue));
17          }
18          xel.Save(Server.MapPath("newEdit.xml"));                          //保存
19  }
```

【代码解析】第9～10行代码使用LINQ过滤条件，第16行代码用于修改节点值，第18行代码用于保存修改后的XML文档。

（4）为“增加”按钮创建如下所示的单击事件处理程序，用于向xml文件中增加节点：

```
01  protected void btnAdd_Click(object sender, EventArgs e)
02  {
03          string strXElement = txtNewElement.Text.ToString().Trim();    //得到新节点名
04          string strValue = txtNewValue.Text.ToString().Trim();         //得到新节点值
05          XElement xel = XElement.Load(Server.MapPath("Product.xml")); //加载xml文件
06          XElement newxel = new XElement(strXElement, strValue);      //新xml元素
07          xel.Add(newxel);                                              //增加元素
08          xel.Save(Server.MapPath("newProduct.xml"));                   //保存
09  }
```

【代码解析】第6行代码用于创建一个XML元素，第7行用于将元素添加到文档中。

（5）为“删除”按钮创建如下所示的单击事件处理程序，用于删除xml文件中的某个节点：

```
protected void btnDel_Click(object sender, EventArgs e)
{
        string strXElement = txtElement.Text.Trim().ToString();        //得到原节点名
        string strValue = txtValue.Text.Trim().ToString();             //得到原节点值
        XElement xel = XElement.Load(Server.MapPath("Product.xml")); //加载xml文件
        //根据得到的原节点名和节点值，查询所有符合条件的记录
        var item = from x in xel.Descendants("Product.xml")
                where (string)x.Element(strXElement).Value == strValue
                select x;
        //遍历每一个符合条件的记录
```

```
11              foreach (var c in item)
12              {
13                  c.RemoveAll();                                  //移除节点
14              }
15              xel.Save(Server.MapPath("newDel.xml"));             //保存
16      }
```

【代码解析】第7～9行代码用于过滤符合条件的节点，第13行代码用于删除节点。

程序所使用的xml文件与上一小节中使用的xml文件People.xml为同一文件。

浏览该程序，效果如图7.4所示。在“新节点名”后的文本框中输入一个节点名，并在其后输入节点的值。然后单击“增加节点”按钮，就会在xml文件中增加一个节点，如图7.5所示。

图7.4 浏览效果

输入一个要删除的原节点和节点值，单击“删除节点”按钮，将会删除该节点。输入一个原节点和节点值，并输入一个新的节点名和节点值。单击“修改节点”按钮，就可以将原节点修改为新节点，效果如图7.6所示。

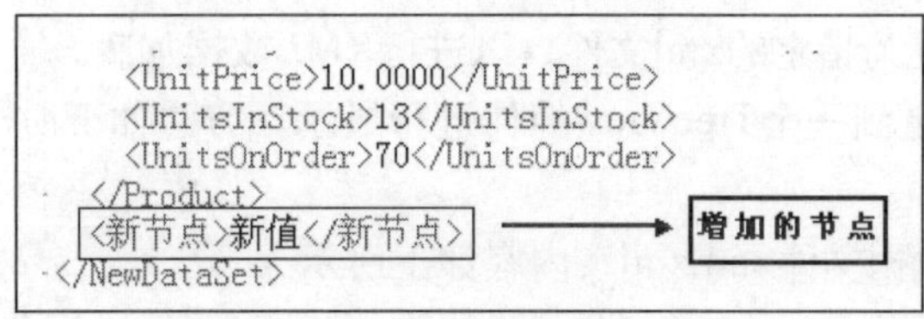

图7.5 成功增加节点

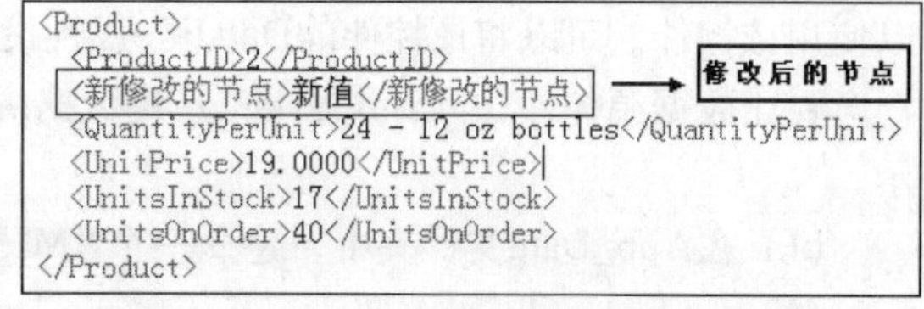

图7.6 成功修改节点

7.2.3 XML数据的验证

可以使用两种方法来验证XML文档。一种是结构方面，符合语法规则的XML文档称为符合XML文档的文档，结构良好的XML文档应该遵守XML语法规则。而另一种则是有效性方面，有效的XML文档也是结构良好的XML文档，同时还必须符合DTD的规则。

DTD（文档类型定义）是用来描述XML文档的逻辑结构的一种语言，其作用就是验证XML文档逻辑结构的正确性。DTD通过定义一系列合法的元素，决定了XML文档的内部结构。有效的XML文档必是结构良好的XML文档，但是结构良好的XML文档不一定是有效的XML文档。

```
<?xml version="1.0" encoding="ISO-8859-1"?>
<note>
<to>wangyuanfeng</to>
<from>xiaohei</from>
  <heading>message</heading>
  <body>I love you</body>
</note>
```

DTD对XML文档的结构作了严格规定。对于note元素，它由to、from、heading和body这4个子元素组成，并规定了各个子元素都是用String类型描述。要将DTD与XML文档联系起来，还需要在XML文档的开头部分加入如下的说明：

```
<?xml version="1.0" encoding="ISO-8859-1"?>
<!DOCTYPE note SYSTEM "InternalNote.dtd">
<note>
```

随着计算机技术的发展，由于DTD暴露出了一些缺陷，所以很多人逐渐转向Schema。与DTD相似，Schema也用于描述和规范XML文档的逻辑结构。但其弥补了DTD文档的缺陷：其是一个有效的XML文档，也支持命名空间，内置多种简单和复杂的数据类型，并支持自定义数据类型。

7.3 XML数据绑定

对于普通的xml文件，可使用ASP.NET中的XmlDataSource控件进行数据的获取，并能将数据绑定到其他控件中进行显示。而对于一个特殊的xml文件（名为Web.sitemap的站点地图文件）来说，可使用SiteMapDataSource控件获取其数据。

7.3.1 XmlDataSource控件

使用XmlDataSource控件，可以将XML数据绑定到数据绑定控件。XmlDataSource控件虽然在只读方式下通常只显示分层XML数据，但如果需要同时显示分层数据和表格数据，也可以使用该控件。可以将该控件的DataFile属性设置为指定的xml文件，以进行XML数据加载。

要让数据源控件访问xml文件，并将数据绑定到一个TreeView控件进行显示，方法如下所示。

（1）在App_Data文件夹中，建立一个XML数据文件xml.xml，内容如下所示。

```
<?xml version="1.0" standalone="yes"?>
<NewDataSet>
  <People>
    <id>1</id>
    <Name>小严</Name>
    <Age>24</Age>
    <Sex>男</Sex>
    <Other>这小子很拽！</Other>
  </People>
  <People>
    <id>2</id>
    <Name>黄瓜</Name>
    <Age>32</Age>
    <Sex>女</Sex>
    <Other>没什么好说的</Other>
  </People>
  <People>
    <id>3</id>
    <Name>小王</Name>
    <Age>22</Age>
```

```
        <Sex>男</Sex>
        <Other>我选择，我喜欢</Other>
      </People>
    </NewDataSet>
```

（2）新建一个Web窗体页7-03.aspx，向页面中添加一个XmlDataSource控件和一个TreeView控件，将TreeView控件的DataSourceID属性指定为该XmlDataSource。

（3）右击XmlDataSource控件，在弹出的快捷菜单中选择“配置数据源”选项，将打开“配置数据源”对话框。

（4）选择好数据文件后，单击“确定”按钮，就完成了数据源的配置，如图7.7所示。

配置数据源 - XmlDataSource1

指定用作此控件源的 XML 数据文件。您可以选择指定附加文件，这些文件将用来在控件使用该 XML 前修改它。

数据文件(D):

~/xml.xml

浏览...

转换文件(T):

浏览...

转换文件介绍应如何将 XML 文件结构转换为其他结构。

XPath 表达式(X):

利用 XPath 表达式可筛选 XML 文件中的数据，并且仅返回该文件的子集。

确定　取消

图7.7　配置数据源

完整的程序代码如下所示。

```
01  <!--程序名称：7-05.aspx-->
02  <!--程序功能：显示XML数据-->
03      <form id="form1" runat="server">
04      <div>
05          <asp:TreeView ID="TreeView1" runat="server"
06              DataSourceID="XmlDataSource1" ShowLines="True">
07          </asp:TreeView>
08          <asp:XmlDataSource ID="XmlDataSource1" runat="server"
09             DataFile="~/App_Data/test.xml"></asp:XmlDataSource>
10      </div>
11      </form>
```

【代码解析】第5～7行代码用于为页面添加树形控件，并设置树形控件的数据源、显示行数等，第8～9行代码设置XmlDataSource数据源的属性。

浏览该页面就会看到，xml文件中的结构已经在TreeView控件中显示出来，如图7.8所示。

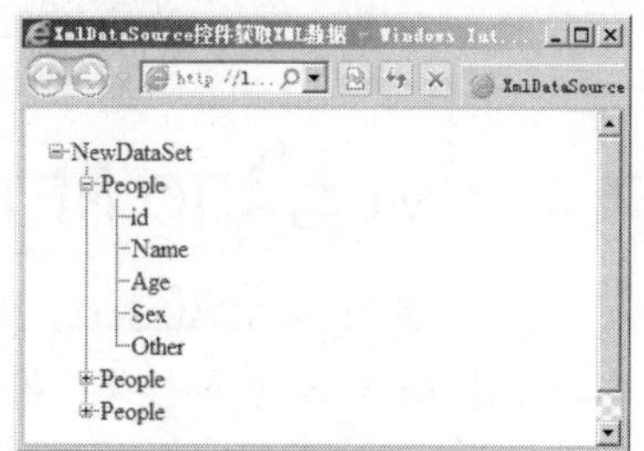

图7.8　显示XML数据

7.3.2　显示站点地图数据

站点地图也是一个xml文件，它里边存储着该站点的导航信息。ASP.NET提供了一个专门获取站点地图文件数据的数据源控件：SiteMapDataSource，然后可以通过一个Menu控件将导航信息在页面中显示。

首先建立一个Web窗体页7-04.aspx，向其中添加一个SiteMapDataSource控件和一个Menu控件，站点地图Web.sitemap的代码如下所示。

```
<?xml version="1.0" encoding="utf-8" ?>
<siteMap xmlns="http://schemas.microsoft.com/AspNet/SiteMap-File-1.0" >
    <siteMapNode title="主页" url="Default.aspx" description="主页">
        <siteMapNode title="新闻" url="Resume.aspx" description="国内新闻"/>
        <siteMapNode title="日记" url="Links.aspx" description="记录生活"/>
<siteMapNode title="音乐" url="Albums.aspx" description="好听的歌曲都在这里">
            </siteMapNode>
        </siteMapNode>
</siteMap>
```

注意 不用对SiteMapDataSource控件进行数据源配置，该控件会自动匹配站点地图文件Web.sitemap。

窗体页7-04.aspx的完整代码如下所示。

```
<%--程序名称：7-04.aspx--%>
<%--程序功能：显示站点地图数据--%>
    <form id="form1" runat="server">
    <asp:SiteMapDataSource ID="SiteMapDataSource1" runat="server" />
        <asp:Menu ID="Menu1" runat="server"
            datasourceid="SiteMapDataSource1"
                orientation="Horizontal"
                 maximumdynamicdisplaylevels="0"
                 skiplinktext=""
                 staticdisplaylevels="2">
        </asp:Menu>
    </form>
```

浏览该页面，效果如图7.9所示。

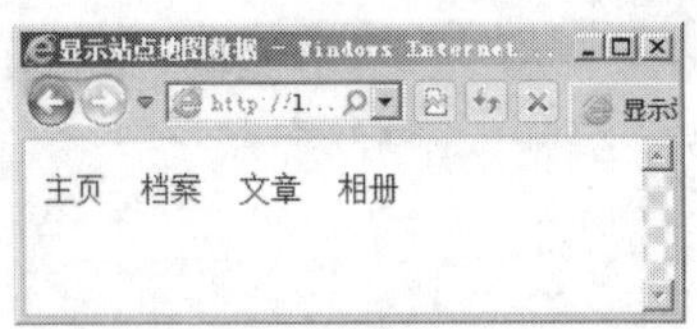

图7.9 显示站点地图

7.4 XML与ADO.NET之间的转换

xml文件数据与DataSet数据集可进行互相转换，这需要通过ADO.NET底层提供的一些类实现。本节学习这些转换类的操作技巧。

7.4.1 将DataSet转换为xml文件

可以使用DataSet对象的WriteXml()方法，将DataSet中的数据写入xml文件中。WriteXml()

方法的使用格式如下所示：

```
ds.WriteXml(Server.MapPath("xmlname.xml"));
```

下面的代码演示了如何将xml文件数据读取并存入DataSet中。

（1）前台页面设计的代码如下所示：

```
<%--程序名称：7-05.aspx--%>
<%--程序功能：xml文件转换为DataSet--%>
    <form id="form1" runat="server">
    <div>
        <asp:GridView ID="GridView1" runat="server">
        </asp:GridView>
    </div>
    </form>
```

（2）创建方法bind()来从数据库中获取数据，接着使用获得的数据填充DataSet，然后将DataSet绑定到GridView，代码如下所示：

```
01  private void bind()
02  {
03      SqlConnection sqlcon = new SqlConnection();
04      SqlDataAdapter sda;
05      DataSet ds = new DataSet();
06      string sqlconstr = "Data Source=.;Initial Catalog=Northwind;Integrated Security=True";
07      sqlcon.ConnectionString = sqlconstr;
08  string strsql = "SELECT [ProductID], [ProductName],
09  [QuantityPerUnit], [UnitPrice], [UnitsInStock],[UnitsOnOrder] FROM [Products]
10  WHERE [ProductID] < 6";
11      using (sda = new SqlDataAdapter(strsql, sqlcon))
12      {
13          try
14          {
15              sda.Fill(ds, "Product");
16              Session["ds"] = ds;
17          }
18          catch (SystemException ex)
19          {
20              Response.Write(ex.Message.ToString());
21          }
22      }
23      GridView1.DataSource = ds.Tables["Product"].DefaultView;
24      GridView1.DataBind();
25  }
```

【代码解析】第6行代码用于设置连接数据库的字符串，第15行代码用于将查询到的数据填充到数据集中，第16行代码用于保存回传的数据集。

（3）在Button1的单击事件处理程序中，实现将DataSet转换成XML，代码如下所示：

```
protected void Button1_Click(object sender, EventArgs e)
{
```

```
03          string strXmlname = this.txtXmlname.Text.ToString();
04          try
05          {
06              DataSet ds = (DataSet)Session["ds"];
07              if (File.Exists(Server.MapPath(strXmlname)) != true)
08              {
09                ds.WriteXml(Server.MapPath(strXmlname));//写入xml文件数据并保存
10                 if (File.Exists(Server.MapPath(strXmlname)))//判断xml文件是否已存在
11                  {
12                      Response.Write("转换成功！");//输出提示信息
13                      Button1.Visible = false;
14                      Button2.Visible = true;    //Button2可见
15                  }
16              }
17              else
18              {
19                  Response.Write("文件已存在，请另取一个文件名！");
20              }
21          }
22          catch (HttpException)                    //异常处理
23          {
24              Response.Write("转换过程发生错误！");
25          }
26      }
```

【代码解析】第6行代码用于将回传的Session对象强制转换为数据集类型，第9行代码用于将转换而来的XML数据保存在指定的文件中。

（4）在Button2的单击事件处理程序中，读取转换后的xml文件的内容，并在TextBox中进行显示，代码如下所示：

```
01      //读取转换成的xml文件内容
02      protected void Button2_Click(object sender, EventArgs e)
03      {
04          string strXmlname = this.txtXmlname.Text.ToString();
05          try
06          {
07              string xmlFile = Server.MapPath(strXmlname); //获取xml文件物理路径
08              TextBox1.Text = File.ReadAllText(xmlFile, Encoding.UTF8);
09              TextBox1.Visible = true;                     //TextBox1可见
10              GridView1.Visible = false;                   //GridView1不可见
11              Button2.Visible = false;                     //Button2不可见
12          }
13          catch (IOException)
14          {
15              Response.Write("读取过程发生错误！");
16          }
17      }
```

【代码解析】第8行代码用于将读取的XML文档显示在文本框控件中。

编译后执行该程序，效果如图7.10所示。输入一个xml文件名后，单击“转换”按钮，进行数据转换，效果如图7.11所示。转换成功后，可以直接单击“读取”按钮，来读取所转换成的xml文件内容，如图7.12所示。

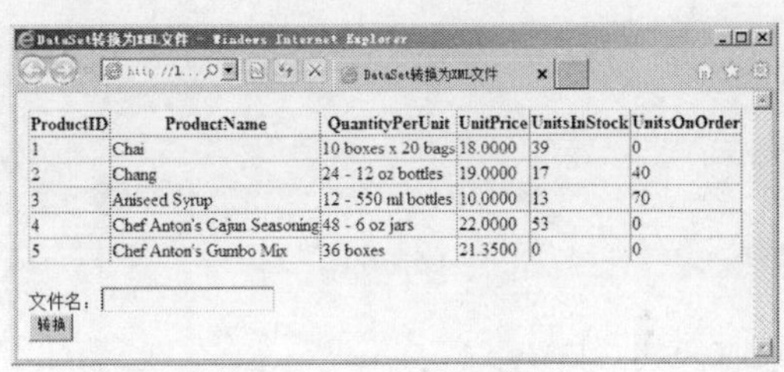

图7.10　浏览效果

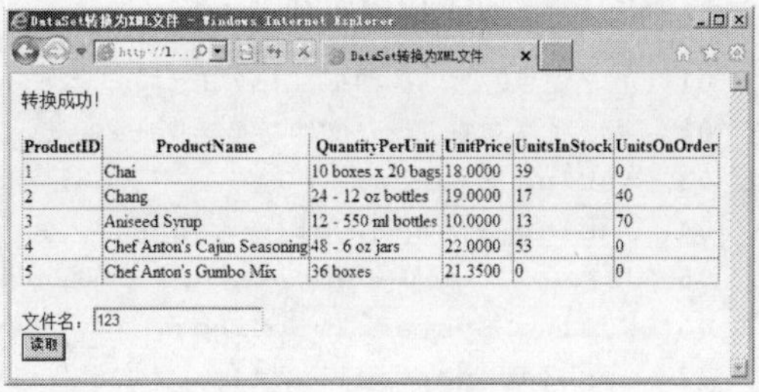

图7.11　转换成功

图7.12　读取xml文件内容

在该程序中，首先使用bind()方法将需要转换的DataSet数据读取，并显示在页面中，在此过程中，将该DataSet的实例存储到Session中，以供后期使用。

在转换操作时，首先从Session中取得DataSet的实例：

```
DataSet ds = (DataSet)Session["ds"];
```

然后使用如下所示的代码进行转换：

```
ds.WriteXml(Server.MapPath(strXmlname));
```

7.4.2　从xml文件提取数据存入DataSet

可以将xml文件数据转换成DataSet，并以网格的形式在页面中显示。使用DataSet对象的ReadXml()方法，可以进行xml文件数据的读取。在使用ReadXml方法读取xml流、并将数据加载到DataSet时，它同时还创建DataSet的关系架构。下面的代码演示了如何从xml文件提取数据存入DataSet。

```
<%--程序名称：7-06.aspx--%>
<%--程序功能：从xml文件提取数据存入DataSet--%>
    <div>
```

```
            <asp:GridView ID="GridView1" runat="server">
            </asp:GridView>
        </div>
```

完整的后台功能代码如下所示。

```
01  //程序名称：7-06.aspx.cs
02  //程序功能：xml文件转换为DataSet
03  using System;
04  using System.Collections;
05  …………………………………//省略部分命名空间
06  using System.Xml.Linq;
07  public partial class _7_06 : System.Web.UI.Page
08  {
09      protected void Page_Load(object sender, EventArgs e)
10      {
11          DataSet ds = new DataSet();
12          using (ds)
13          {
14              string fileName = Server.MapPath("Product.xml");
15              ds.ReadXml(fileName);                //读取xml文件
16              this.GridView1.DataSource = ds.Tables[0].DefaultView;
                                                     //绑定到GridView
17              GridView1.DataBind();                //执行绑定
18          }
19      }
20  }
```

【代码解析】第1~6行代码用于包含程序所需的名称空间，第11行代码定义了一个数据集，第15行代码用于读取XML文档数据，并将其放入DataSet数据集中，第16行代码用于设置GridView控件的数据源，第17行代码用于执行绑定。

浏览该程序，效果如图7.13所示。

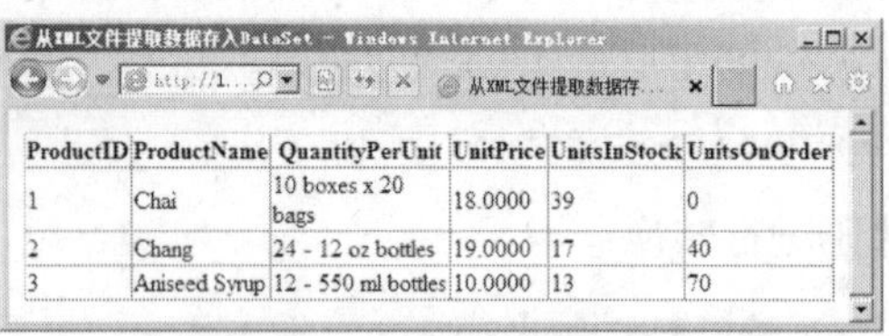

图7.13 浏览效果

7.5 小结

XML已经成为比较流行的数据存储格式。本章主要介绍了XML的各个方面，包括XML的文件格式、语法、注释，以及如何使用LINQ对XML进行各种操作。

对于LINQ和XML的交互，从xml文件的创建，元素的查询、修改和删除等方面，都使用详尽的范例代码来讲解，并对ASP.NET中可对XML格式的数据进行获取的两个数据源控件进行了介绍，包括XmlDataSource数据源控件和SiteMapDataSource数据源控件。XmlDataSource

控件可以与建立的数据模型进行交互；SiteMapDataSource控件可以获取站点地图数据。最后介绍了XML与DataSet数据集的交互。

本章的重点是，要掌握好LINQ和XML的交互，对于新的数据处理技术LINQ来说，它解决了传统方法操作XML的许多不便。

7.6 上机实践习题

1. 在网页上显示一个XML文档，并将XML文档中的数据显示在树形列表中。

【提示】该题要求读者学习XML文档，掌握数据源方法，而重点掌握XMLDataSource控件和TreeView控件的使用。

【关键代码】

```
01  <asp:XmlDataSource ID="XmlDataSource1" runat="server" DataFile="~/LocalSet.xml">
02  </asp:XmlDataSource>
03  <asp:TreeView ID="TreeView1" runat="server" DataSourceID="XmlDataSource1">
04  </asp:TreeView>
```

【代码解析】第3行代码用于设置TreeView控件的数据源。

2. 将pubs数据库中authors数据表中state字段等于CA的所有记录保存为XML文档数据。

【提示】该题目要求读者学习数据库连接及查询的相关方法，以及将DataSet数据集保存为XML格式的知识，重点掌握DataSet数据集向XML文档的转换方法。

【关键代码】

```
01  SqlConnection sqlcon = new SqlConnection();                    //创建连接
02  SqlDataAdapter sda;                                            //创建适配器
03  DataSet ds = new DataSet();                                    //创建数据集
04  string sqlconstr = "Data Source=.;Initial Catalog=pubs;Integrated Security=True";
05  sqlcon.ConnectionString = sqlconstr;
06  string strsql = "SELECT * FROM authors where state = 'CA'";
07  using (sda = new SqlDataAdapter(strsql, sqlcon))
08  {
09      try
10      {
11          sda.Fill(ds, "author");                                //填充数据集
12          Session["ds"] = ds;
13      }
14      catch (SystemException ex)                                 //捕获错误
15      {
16          Response.Write(ex.Message.ToString());
17      }
18  }
19  GridView1.DataSource = ds.Tables["author"].DefaultView;   //绑定数据到表格
20  GridView1.DataBind();
21  DataSet ds = (DataSet)Session["ds"];
22  ds.WriteXml(Server.MapPath("myxml.xml"));
```

【代码解析】第11行代码用于填充数据集，第12行代码用于将数据集保存到Session对象中，第19行代码用于设置GridView控件的数据源，第20行代码用于绑定数据，第21行代码用于获取Session对象中的数据集，第22行代码将数据保存为XML文档。

第 8 章　LINQ简介

本章学习LINQ的相关知识。语言集成查询——LINQ，为对象领域和数据领域之间架起了一座桥梁。LINQ使查询成为C# 和 Visual Basic中的一种语言构造。可以使用语言关键字和熟悉的运算符，来针对强类型化对象集合编写查询。

本章重点：

- LINQ的作用以及LINQ的语法，理解LINQ语言的基础语法。
- LINQ与DataSet数据集，学会使用LINQ在DataSet中实现查询。
- LINQ与SQL交互，学会使用LINQ实现数据的插入、删除、修改。

8.1　LINQ基础

LINQ引入了标准的、易于学习的查询和更新数据模式，可以对其技术进行扩展以支持几乎任何类型的数据存储。Visual Studio 2010包含了LINQ提供程序的所有程序集，这些程序集支持将LINQ与.NET Framework集合、SQL Server数据库、ADO.NET数据集和XML文档一起使用。

8.1.1　为什么要使用LINQ

现在的数据格式越来越多，数据库、XML、数组、散列表……每一种都有自己操作数据的方式，要全部掌握就显得费力。而LINQ则以一种统一的方式操作各种数据源，减少数据访问的复杂性。

LINQ带来了很多开发上的便利。首先，可以利用Visual Studio 2010这个强大的IDE，在进行SQL语句编写时，可以有智能感应功能，这比起在SQL Server中使用查询分析器写SQL语句就方便多了，同时它可以把数据当成一个对象来操作。LINQ的架构如图8.1所示。

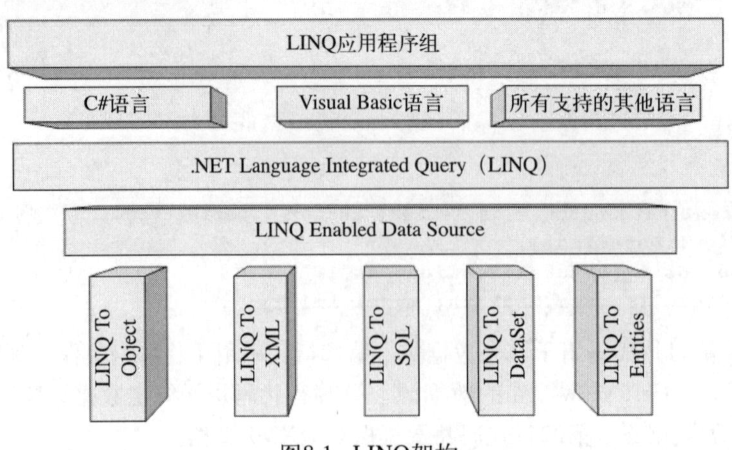

图8.1　LINQ架构

LINQ包括5个部分：LINQ To Objects、LINQ To DataSets、LINQ To SQL、LINQ To Entities、LINQ To XML。

（1）LINQ To Objects是指直接对任意IEnumerable或IEnumerable <T>集合使用LINQ查询，无须使用中间LINQ提供程序或API。

（2）LINQ To DataSet是ADO.NET中使用最广泛的组件之一，并且是建立ADO.NET时所依据的断开连接的编程模型关键元素。尽管DataSet如此杰出，但其在查询功能上有一定的缺陷。通过使用LINQ To DataSet，就可以弥补DataSet在查询上的缺陷。

（3）LINQ To SQL全称基于关系数据的.NET语言集成查询，用于以对象形式管理关系数据，并提供了丰富的查询功能。

（4）LINQ To XML在System.Xml.LINQ命名空间下实现对XML的操作，在宿主编程语言中，通过采用高效、易用的XML工具，提供操作XML的各种功能等。

（5）LINQ To Entities提供语言集成查询（LINQ）支持，它允许开发人员使用Visual Basic或Visual C#根据实体框架概念模型编写查询。

8.1.2 LINQ的语法

LINQ使查询成为.NET中一种编程概念，被查询的数据可以是XML（LINQ To XML）、Databases（LINQ To SQL、LINQ To Dataset、LINQ To Entities）和对象（LINQ To Objects）。LINQ也是可扩展的，允许建立自定义的LINQ数据提供者。

为了讲解方便，请看下面的两个查询表达式：

```
var reault =
    From s in Students
    Where s.Name="wangyuanfeng"
    Select new{s.Name,s.Age,s.Language};
```

该语句等价于下面的语句：

```
var reault =
    Students
    .Where(s => s.Name =="wangyuanfeng")
.Select(s.=> new {s.Name,.Age,s.Language });
```

1. 局部变量

“var reault”声明一个局部变量，它的具体类型从初始化表达式推断，这一点是通过var关键词完成的。可以写出如下的代码：

```
var num = 50;
var str = "simple string";
```

编译器会生成IL中间代码，以上两行代码等效于下面的代码：

```
int num = 50;
string str = "simple string";
```

2. 扩展方法

“Where、Select”等都使用了扩展方法，其可以扩展一个已存在的类型、增加它的方法，而无须继承或者重新编译。

假设想要验证一个string是不是合法的E-mail地址，可以编写一个方法，输入为一个string，并且返回true或者false。现在，使用扩展方法，则可以这样做：

```
01  public static class MyExtensions
02  {
03  public static bool IsValidEmailAddress(this string s)
04   {
05          Regex regex = new Regex( @"^[w-.]+@([w-]+.)+[w-]{2,4}$" );
06          return regex.IsMatch(s);
07      }
08  }
```

【代码解析】第5行代码定义了一个正则表达式，第6行代码用于判断参数字符串是否匹配正则表达式。

> **注意** *静态方法在参数类型string前面有一个this关键词，将告诉编译器这个特殊的扩展方法会增加给string类型的对象。因此，可以在string中调用这个方法：*

```
using MyExtensions;
string email = Request.QueryString["email"];
if ( email.IsValidEmailAddress() )
{
    ......
}
```

3. Lambda表达式

```
s => s.Name =="wangyuanfeng"
```

以上代码使用了Lambda表达式，它提供了一个更简洁的语法来写匿名方法。每一个Lambda表达式就是一个隐式类型的参数列表，然后是一个“=>”符号，最后是一个表达式或者一个语句块。

例如定义一个委托类型Mydeleg：

```
delegate R MyDeleg(A arg);
```

然后就可以使用匿名方法：

```
MyDeleg<int,bool> IsPositive = delegate(int num)
{
     return num > 0;
};
```

而使用Lambda表达式，则可以这样写：

```
Mydeleg<int,bool> IsPositive = num => num > 0;
```

4. 匿名类型

“new{}”使用了匿名类型，为了讲解匿名类型，这种语法可以定义内嵌的类型，而不需要显式地定义一个类型。

如果没有定义Point类，只使用一个类型是匿名的Point对象，则可以这样编写：

```
var p = new {a = 1, b =4};
```

8.2 LINQ对数据集的操作

DataSet（数据集）是ADO.NET中使用频率最高的组件之一，但DataSet也限制了查询功能。借助可用于许多其他数据源的相同查询功能，LINQ To DataSet可将更丰富的查询功能应用于同DataSet的交互中。通过使用LINQ To DataSet，可以更快、更容易地查询在DataSet对象中缓存的数据。

对DataSet对象使用LINQ查询时，并不是查询对自定义类型的枚举，而是查询DataRow对象的枚举：

```
var query = from p in Employees.AsEnumerable()
            select p;
```

然后可以通过使用foreach语句来遍历查询后所返回的可枚举对象：

```
foreach (DataRow p in query)
{
            //格式化输出
            Response.Write(p.Field<int>("EmployeeID") + " ... "
                        + p.Field<string>("Country"));
            Response.Write("<br>");
}
```

LINQ To DataSet的功能，主要是通过DataRowExtensions和DataTableExtensions类中的扩展方法公开。它还可用于查询从一个或多个数据源合并的数据。下面的代码演示了如何使用LINQ对DataSet数据集进行查询。

（1）首先创建页面8-01.aspx，代码如下所示：

```
<%--程序名称：8-01.aspx--%>
<%--程序功能：使用LINQ对DataSet数据集进行查询--%>
    <form id="form1" runat="server">
    <asp:GridView ID="GridView1" runat="server">
    </asp:GridView>
    <asp:Button ID="btnLinqQuery" runat="server"
        Text="LINQ查询" onclick="btnLinqQuery_Click" />
    </form>
```

（2）在后台功能代码中，首先加入对以下命名控件的引用：

```
using System.Xml.Linq;
using System.Data.SqlClient;
using System.Data.Common;
using System.Globalization;
using System.IO;
```

然后创建一个名为GetDataSet()的方法，用于实现DataSet中的数据填充。

```
private void GetDataSet()
```

```
02  {
03      SqlConnection sqlcon = new SqlConnection();
04      SqlDataAdapter sda;
05      DataSet ds = new DataSet();                                   //创建DataSet
06      string sqlconstr = "Data Source=.;Initial Catalog=Northwind;Integrated Security=True";
07      sqlcon.ConnectionString = sqlconstr;
08      //查询语句
09      string sqlcmd = "select top(10) EmployeeID,LastName,FirstName,
10      Title,City,Country from Employees";
11      //使用using语句来控制SqlDataAdapter对象对资源的合理释放
12      using (sda = new SqlDataAdapter(sqlcmd, sqlcon))
13      {
14          try
15          {
16              //填充DataSet
17              sda.Fill(ds, "Employees");
18              Session["ds"] = ds;
19          }
20          catch (SystemException ex)                                //捕捉异常
21          {
22              Response.Write(ex.Message.ToString());
23          }
24      }
25      //绑定数据
26      GridView1.DataSource = ds.Tables["Employees"].DefaultView;
27      GridView1.DataBind();
28  }
```

【代码解析】第6行代码用于设置连接数据库的字符串，读者在使用时可依据机器的配置修改，第17行代码用于填充DataSet，第18行代码用于保存会话，第26行代码用于绑定数据源，第27行代码用于执行数据绑定。

(3) 为“LINQ查询”按钮创建如下所示的单击事件处理程序，用于对所填充的DataSet数据集体进行查询，并将查询结果输出到页面中：

```
protected void btnLinqQuery_Click(object sender, EventArgs e)
{
        DataSet ds = (DataSet)Session["ds"];                      //获取DataSet
        //对表中的字符串的区域信息进行设置，将不依赖于区域性
        ds.Locale = CultureInfo.InvariantCulture;
        DataTable Employees = ds.Tables["Employees"];       //取得DataTable
        try
        {
            var query = from p in Employees.AsEnumerable()
                        select p;                                 //查询
            Response.Write("<h3>Linq查询结果输出：</h3>");   //输出
            //遍历结果集
            foreach (DataRow p in query)
            {
                //格式化输出
```

```
16                  Response.Write(p.Field<int>("EmployeeID") + " ... "
17                          + p.Field<string>("LastName") + " ... "
18                          + p.Field<string>("FirstName") + " ... "
19                          + p.Field<string>("Title") + " ... "
20                          + p.Field<string>("City") + " ... "
21                          + p.Field<string>("Country"));
22                  Response.Write("<br>");
23              }
24              GridView1.Visible = false;
25          }
26          //异常处理
27          catch (InvalidCastException iex)
28          {
29              Response.Write(iex.Message.ToString());
30          }
31          catch (IndexOutOfRangeException oex)
32          {
33              Response.Write(oex.Message.ToString());
34          }
35          catch (NullReferenceException nex)
36          {
37              Response.Write(nex.Message.ToString());
38          }
39      }
```

【代码解析】第3行代码用于获取Session对象中保存的DataSet对象，第5行代码用于设置字符串的区域信息，第6行代码定义了一个数据表对象，并使用数据集中的表初始化该对象，第9～10行代码用于查询数据表，并将查询结果存储到query中，第11～14行代码用于将数据信息输出到页面上，第27～38行代码用于捕获程序执行的异常，同时输出异常信息。

（4）在页面首次加载时，执行DataSet的数据填充：

```
01  protected void Page_Load(object sender, EventArgs e)
02  {
03          if (!IsPostBack)
04          {
05              GetDataSet();                   //页面首次加载，进行DataSet填充
06          }
07  }
```

【代码解析】第3行代码用于判断页面是否被首次执行，第5行代码用于加载DataSet中的值。

浏览该程序，首先会显示出DataSet中的数据。效果如图8.2所示。然后单击“LINQ查询”按钮，开始对此DataSet应用LINQ查询，效果如图8.3所示。

说明 由于实现了IEnumerable<T>接口或IQueryable接口的数据源才适用于LINQ查询，而DataTable类不实现任何一个接口。所以，要使用DataTable作为LINQ查询的From子句中的源，就必须调用AsEnumerable方法，其代码如下所示：

```
var query = from p in people.AsEnumerable()
                    select p;
```

EmployeeID	LastName	FirstName	Title	City	Country
1	Davolio	Nancy	Sales Representative	Seattle	USA
2	Fuller	Andrew	Vice President, Sales	Tacoma	USA
3	Leverling	Janet	Sales Representative	Kirkland	USA
4	Peacock	Margaret	Sales Representative	Redmond	USA
5	Buchanan	Steven	Sales Manager	London	UK
6	Suyama	Michael	Sales Representative	London	UK
7	King	Robert	Sales Representative	London	UK
8	Callahan	Laura	Inside Sales Coordinator	Seattle	USA
9	Dodsworth	Anne	Sales Representative	London	UK

LINQ查询

图8.2 浏览效果

图8.3 LINQ查询结果

8.3 LINQ与SQL的交互

在LINQ To SQL中，关系数据库的数据模型，被映射到开发人员所用的编程语言所表示的对象模型中。本节将介绍LINQ To SQL的一些技术，包括数据的插入、查询、修改和删除等操作。

8.3.1 数据的查询和删除

通常，对数据操作使用最频繁的就是数据的检索了。本小节将学习在LINQ To SQL中，如何对数据进行检索和删除。

要进行数据的删除时，可先使用Single()方法来获取满足条件的单条记录：

```
//获取单条记录
Employee em = ndc.Employees.Single(emp => emp.EmployeeID == iEmployeeID);
```

然后再使用数据序列的DeleteOnSubmit()方法，就可以完成数据的删除操作：

```
ndc.Employees.DeleteOnSubmit(em); //删除数据
```

然后调用SubmitChanges()方法，将所做的删除应用到数据库：

```
ndc.SubmitChanges();
```

在操作时，可借助GridView的选择功能，在其SelectedIndexChanged()事件中，完成对所选数据的删除工作。

下面的代码演示了如何使用LINQ对SQL中的数据查询和删除。

```
01    <%--程序名称：8-02.aspx--%>
02    <%--程序功能：LINQ to SQL：数据的删除--%>
03        <form id="form1" runat="server">
04        <asp:GridView ID="GridView1" runat="server" DataKeyNames="EmployeeID"
05            onselectedindexchanged="GridView1_SelectedIndexChanged">
06            <Columns>
07                <asp:CommandField SelectText="删除" ShowSelectButton="True"/>
08            </Columns>
09        </asp:GridView>
10        </form>
```

【代码解析】第4～5行代码为页面添加了GridView控件，并设置主键名称，第7行代码添加GridView控件对选定列的删除。

完整的后台功能代码如下所示。

```
//程序名称：8-02.aspx.cs
//程序功能：LINQ操作SQL：数据的删除
using System;
using System.Collections;
using System.Configuration;
using System.Data;
using System.Linq;
…………………………………//省略部分命名空间
using System.Xml.Linq;
public partial class _8_02 : System.Web.UI.Page
{
    protected void Page_Load(object sender, EventArgs e)
    {
        //首次加载
        if (!IsPostBack)
        {
            //数据绑定
            bind();
        }
    }
    /// <summary>
    /// 数据绑定
    /// </summary>
    private void bind()
    {
        //实例化LINQ To SQL数据映射
        NorthwindDataContext ndc = new NorthwindDataContext();
        var query = from em in ndc.Employees              //查询数据
                    select new
                    {
                        em.EmployeeID,                    //查询指定的字段
                        em.FirstName,
                        em.HomePhone,
                        em.PostalCode,
                        em.City,
                        em.Country
                    };
        //绑定到GridView
        GridView1.DataSource = query;
        GridView1.DataBind();
    }
    //GridView的SelectedIndexChanged()事件，也是数据的删除事件
    protected void GridView1_SelectedIndexChanged(object sender, EventArgs e)
    {
        //实例化LINQ To SQL数据映射
        NorthwindDataContext ndc = new NorthwindDataContext();
        //得到要删除的数据记录的EmployeeID的值
        int iEmployeeID = (int)GridView1.SelectedDataKey.Value;
```

```
49          using (ndc)
50          {
51              try
52              {
53                  Employee em = ndc.Employees.Single(emp =>
54                   emp.EmployeeID == iEmployeeID);          //获取单条记录
55                  ndc.Employees.DeleteOnSubmit(em);         //删除数据
56                  ndc.SubmitChanges();                      //更改应用到数据库
57                  bind();                                   //再进行一次数据绑定
58              }
59              //捕获异常
60              catch (ArgumentNullException aex)
61              {
62                  Response.Write("错误：" + aex.Message.ToString());
63              }
64          }
65      }
66  }
```

【代码解析】第15行代码用于判断是否是第一次加载该页面，若是第一次，则使用默认的数据集填充GridView控件。第27行代码用于实例化Linq To SQL的数据映射。第28～37行代码用于查询数据，并返回指定的字段。第53～54行代码用于获取单条记录的标识。第55行代码用于删除数据。第56行代码用于将数据集的操作更新到数据库中。

浏览该程序，效果如图8.4所示。此时单击某条数据前的“删除”按钮，将实现对该条数据的删除。

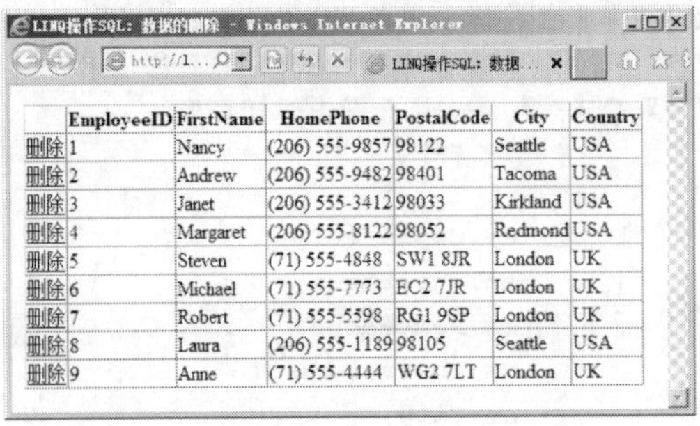

	EmployeeID	FirstName	HomePhone	PostalCode	City	Country
删除	1	Nancy	(206) 555-9857	98122	Seattle	USA
删除	2	Andrew	(206) 555-9482	98401	Tacoma	USA
删除	3	Janet	(206) 555-3412	98033	Kirkland	USA
删除	4	Margaret	(206) 555-8122	98052	Redmond	USA
删除	5	Steven	(71) 555-4848	SW1 8JR	London	UK
删除	6	Michael	(71) 555-7773	EC2 7JR	London	UK
删除	7	Robert	(71) 555-5598	RG1 9SP	London	UK
删除	8	Laura	(206) 555-1189	98105	Seattle	USA
删除	9	Anne	(71) 555-4444	WG2 7LT	London	UK

图8.4 浏览效果

8.3.2 数据的插入

向对象中新增数据时，首先要建立该对象的实例，如下代码就建立了Employee对象（Employee表）的实例。

```
Employee em = new Employee();
```

在使用相应的值填充对象中的字段后，需要首先调用InsertOnSubmit方法进行对象实体的添加：

```
ndc.Employees.InsertOnSubmit(em);
```

然后调用SubmitChanges()方法，将所做的更改提交到数据库中：

```
ndc.SubmitChanges();
```

下文演示了如何向数据库中插入数据。

（1）创建Web窗体页8-03.aspx，为其进行页面设计，代码如下所示：

```
01  <%--程序名称：8-03.aspx--%>
02  <%--程序功能：LINQ操作SQL：新增数据--%>
03      <asp:GridView ID="GridView1" runat="server">
04      </asp:GridView>
05      <asp:Button ID="Button1" runat="server" Text="添加数据"
06          onclick="Button1_Click" />
07      <asp:Panel ID="Panel1" runat="server" Width="264px">
08      FirstName：
09      <asp:TextBox ID="txtFirstName" runat="server">
10      </asp:TextBox>
11      <br />
12      LastName：
13      <asp:TextBox ID="txtLastName" runat="server">
14      </asp:TextBox>
15      <br />
16      HomePhone：
17      <asp:TextBox ID="txtHomePhone" runat="server">
18      </asp:TextBox>
19      <br />
20      City：
21      <asp:TextBox ID="txtCity" runat="server">
22      </asp:TextBox>
23      <br />
24      Address：
25      <asp:TextBox ID="txtAddress" runat="server">
26      </asp:TextBox>
27      <br />
28      <asp:Button ID="btnAdd" runat="server" Text="确定"
29          onclick="btnAdd_Click" />
30                
31          <asp:Button ID="btnCancel" runat="server" Text="取消"
32              onclick="btnCancel_Click" />
33      </asp:Panel>
```

【代码解析】第3～4行代码为页面添加GridView控件。第5～6行代码用于向页面添加按钮，第7行代码向页面添加一个Panel面板，并设置面板的宽度，然后向面板上添加控件。第9～26行代码用于向页面上添加文本框，用于显示不同的信息。第28～29行代码用于向页面添加“确定”按钮。第31～32行代码用于向页面添加“取消”按钮。

（2）在其后台功能代码中，创建bind()方法，用于实现数据的绑定：

```
private void bind()
    {
        //实例化LINQ To SQL数据映射
```

```
04          NorthwindDataContext ndc = new NorthwindDataContext();
05          //查询Employee对象（Employee表）中的所有数据
06          var query = from em in ndc.Employees
07                      //指定字段
08                      select new
09                      {
10                          em.EmployeeID,
11                          em.FirstName,
12                          em.LastName,
13                          em.HomePhone,
14                          em.City,
15                          em.Address
16                      };
17          //数据绑定
18          GridView1.DataSource = query;
19          GridView1.DataBind();
20  }
```

【代码解析】第4行代码用于实例化LINQ To SQL的数据映射，第6～16行用于查询数据，并返回指定的字段。

（3）在“新增”按钮的单击事件处理程序中实现数据的新增功能，完整的代码如下所示：

```
01  protected void btnAdd_Click(object sender, EventArgs e)
02  {
03          //获取要被添加的用户输入的数据
04          string strFirstName = txtFirstName.Text.Trim().ToString();
05          string strLastName = txtLastName.Text.Trim().ToString();
06          string strHomePhone = txtHomePhone.Text.Trim().ToString();
07          string strCity = txtCity.Text.Trim().ToString();
08          string strAddress = txtAddress.Text.Trim().ToString();
09          //实例化LINQ To SQL数据映射
10          NorthwindDataContext ndc = new NorthwindDataContext();
11          //实例化Employee对象即数据库中的Employee数据表
12          Employee em = new Employee();
13          em.FirstName = strFirstName;                //填充Employee对象中的成员
14          em.LastName = strLastName;
15          em.HomePhone = strHomePhone;
16          em.City = strCity;
17          em.Address = strAddress;
18          ndc.Employees.InsertOnSubmit(em);           //添加实体到Employee对象中
19          ndc.SubmitChanges();                        //将所做的更改提交到数据库中
20          this.bind();                                //再进行一次数据绑定
21          this.Panel1.Visible = false;                //数据添加完毕，Panel1不可见
22  }
```

【代码解析】第12行代码用于定义了一个Employee对象，第13～17行代码用于设置对象中各个字段的值，第18行代码用于将实体添加到对象中，第19行代码将新增的记录保存到数据库中，第20行代码用于刷新绑定的数据。

（4）使“添加数据”按钮和“取消”按钮在单击时，执行如下所示的操作。

```
01    //“添加数据”按钮
02    protected void Button1_Click(object sender, EventArgs e)
03    {
04            this.Panel1.Visible = true;                          //Panel1可见
05    }
06    protected void btnCancel_Click(object sender, EventArgs e)
07    {
08            this.Panel1.Visible = false;                         //Panel1不可见
09    }
```

【代码解析】第4行和第8行代码用于设置面板的可见性。

（5）使页面在第一次加载时执行数据绑定操作，并使Panel1不可见：

```
01    protected void Page_Load(object sender, EventArgs e)
02    {
03            //第一次加载
04            if (!IsPostBack)
05            {
06                bind();//数据绑定
07                this.Panel1.Visible = false;                     //Panel1不可见
08            }
09    }
```

【代码解析】第4行代码用于判断是否为第一次加载页面，第6行代码用于执行数据绑定，第7行代码用于隐藏面板控件。

浏览该程序，效果如图8.5所示。此时单击“添加数据”按钮，将出现数据输入文本框。如图8.6所示。

图8.5 浏览效果

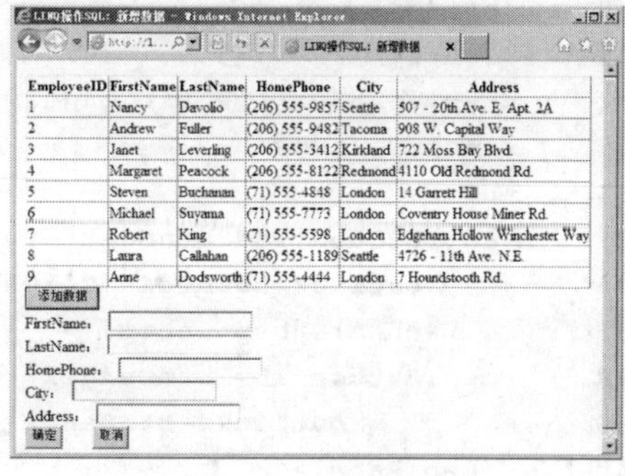

图8.6 添加数据

8.3.3 数据的修改

要进行数据的修改操作时，可以通过数据序列的Single()方法取得满足一定条件的唯一记录，然后进行更新操作。在更新后，调用SubmitChanges()方法，对数据库进行更新。下面的代码演示了如何进行数据的编辑。

（1）为8-04.aspx的页面进行设置，代码如下所示。

```
<%--程序名称：8-04.aspx--%>
<%--程序功能：LINQ操作SQL：数据的修改--%>
```

```
03    <asp:GridView ID="GridView1" runat="server"
04        DataKeyNames="EmployeeID"
05        onselectedindexchanged="GridView1_SelectedIndexChanged">
06        <Columns>
07            <asp:CommandField ShowSelectButton="True" SelectText="编辑" />
08        </Columns>
09    </asp:GridView>
10    <asp:Panel ID="Panel1" runat="server" Width="265px">
11    EmployeeID:
12    <asp:Label ID="Label1" runat="server" Text="">
13    </asp:Label>
14    <br />
15    FirstName:
16    <asp:TextBox ID="txtFirstName" runat="server">
17    </asp:TextBox>
18    <br />
19    LastName:
20    <asp:TextBox ID="txtLastName" runat="server">
21    </asp:TextBox>
22    <br />
23    HomePhone:
24    <asp:TextBox ID="txtHomePhone" runat="server">
25    </asp:TextBox>
26    <br />
27    City:
28    <asp:TextBox ID="txtCity" runat="server">
29    </asp:TextBox>
30    <br />
31    Country:
32    <asp:TextBox ID="txtCountry" runat="server">
33    </asp:TextBox>
34    <br />
35    <asp:Button ID="btnEdit" runat="server" Text="确定"
36        onclick="btnEdit_Click"/>
37           
38    <asp:Button ID="btnCancel" runat="server" Text="取消"
39            onclick="btnCancel_Click" />
40    </asp:Panel>
```

【代码解析】第5行代码用于注册GridView控件的onselectedindexchanged事件，第35～36行代码用于设置“确定”按钮的显示，第38～39行代码用于设置“取消”按钮的显示。

（2）创建方法databind()来实现数据绑定功能：

```
private void databind()
{
        //实例化LINQ To SQL数据映射
        NorthwindDataContext ndc = new NorthwindDataContext();
        //查询数据
        var query = from em in ndc.Employees
```

```
07                  select new
08                  {
09                      em.EmployeeID,
10                      em.FirstName,
11                      em.LastName,
12                      em.HomePhone,
13                      em.City,
14                      em.Country
15                  };
16          //查询结果进行绑定
17          GridView1.DataSource = query;
18          GridView1.DataBind();
19      }
```

【代码解析】第4行代码用于实例化LINQ To SQL的数据映射，第6～15行代码用于查询数据，并返回指定的字段值，第17行代码用于设置数据源，第18行代码用于绑定数据。

（3）在GridView的SelectedIndexChanged事件处理程序中，完成对要更新的某条数据各字段的值到TextBox控件中的绑定：

```
01  protected void GridView1_SelectedIndexChanged(object sender, EventArgs e)
02  {
03          /*
04           * 对要被更新的某条数据的各字段进行绑定，使用户可直接进行修改
05           * 由于将GridView的DataKeyNames属性设置为EmployeeID了，
06           * GridView1.SelectedDataKey.Value属性可以得到所选的EmployeeID的值
07           */
08          Label1.Text = GridView1.SelectedDataKey.Value.ToString();
09          //根据所选择的行的列索引号，来得到相关的数据
10          txtFirstName.Text = GridView1.SelectedRow.Cells[2].Text.ToString();
11          txtLastName.Text = GridView1.SelectedRow.Cells[3].Text.ToString();
12          txtHomePhone.Text = GridView1.SelectedRow.Cells[4].Text.ToString();
13          txtCity.Text = GridView1.SelectedRow.Cells[5].Text.ToString();
14          txtCountry.Text = GridView1.SelectedRow.Cells[6].Text.ToString();
15          //Panel1可见
16          this.Panel1.Visible = true;
17  }
```

【代码解析】第8～16行代码用于将字段值绑定到特定的控件上。

（4）单击“确定”按钮时，完成数据的更新操作，代码如下所示：

```
protected void btnEdit_Click(object sender, EventArgs e)
{
        //获取新数据
        int iEmployeeID = int.Parse(Label1.Text.Trim());
        string strFirstName = txtFirstName.Text.Trim().ToString();
        string strLastName = txtLastName.Text.Trim().ToString();
        string strHomePhone = txtHomePhone.Text.Trim().ToString();
        string strCity = txtCity.Text.Trim().ToString();
        string strCountry = txtCountry.Text.Trim().ToString();
        //实例化LINQ To SQL数据映射
```

```
11            NorthwindDataContext ndc = new NorthwindDataContext();
12            using (ndc)
13            {
14                try
15                {
16                    //根据EmployeeID获取单条记录
17                    Employee em = ndc.Employees.Single(emp =>
18                    emp.EmployeeID == iEmployeeID);
19                    //对各字段进行更新
20                    em.FirstName = strFirstName;
21                    em.LastName = strLastName;
22                    em.HomePhone = strHomePhone;
23                    em.City = strCity;
24                    em.Country = strCountry;
25                    //将更新提交到数据库
26                    ndc.SubmitChanges();
27                }
28                //捕获异常
29                catch (ArgumentNullException aex)
30                {
31                    Response.Write("错误：" + aex.Message.ToString());
32                }
33            }
34            //重新进行一次数据绑定
35            databind();
36            Panel1.Visible = false;
37    }
```

【代码解析】 第4～9行代码用于获取修改后的数据，第11行代码用于实例化LINQ To SQL数据映射，第16～24行代码用于更新对象值，第26行代码用于更新数据库，第35行代码用于重新绑定数据。

（5）单击“取消”按钮时，将所绑定的值清空，并将更新界面进行隐藏，代码如下所示：

```
01    protected void btnCancel_Click(object sender, EventArgs e)
02    {
03            Label1.Text = null;
04            txtFirstName.Text = null;
05            txtLastName.Text = null;
06            txtHomePhone.Text = null;
07            txtCity.Text = null;
08            txtCountry.Text = null;
09            this.Panel1.Visible = false;
10    }
```

【代码解析】 第3～8行代码用于清空各个显示控件的内容，第9行代码用于隐藏面板控件。

浏览该程序，效果如图8.7所示。单击某条数据前的“编辑”按钮后，即可对该条数据进行编辑，如图8.8所示。修改完数据后，单击“确定”按钮，就完成了数据的更新操作。

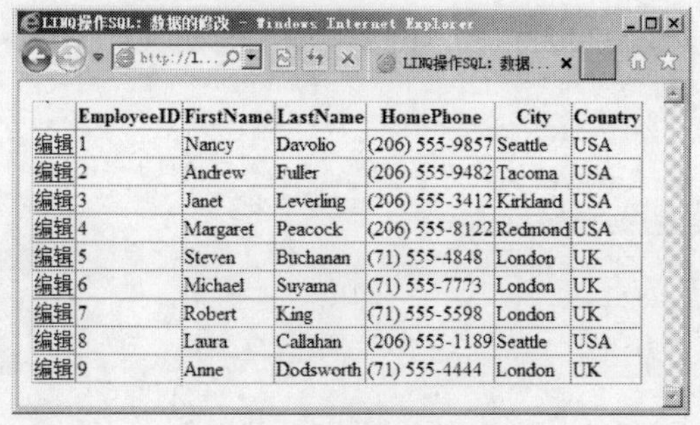

	EmployeeID	FirstName	LastName	HomePhone	City	Country
编辑	1	Nancy	Davolio	(206) 555-9857	Seattle	USA
编辑	2	Andrew	Fuller	(206) 555-9482	Tacoma	USA
编辑	3	Janet	Leverling	(206) 555-3412	Kirkland	USA
编辑	4	Margaret	Peacock	(206) 555-8122	Redmond	USA
编辑	5	Steven	Buchanan	(71) 555-4848	London	UK
编辑	6	Michael	Suyama	(71) 555-7773	London	UK
编辑	7	Robert	King	(71) 555-5598	London	UK
编辑	8	Laura	Callahan	(206) 555-1189	Seattle	USA
编辑	9	Anne	Dodsworth	(71) 555-4444	London	UK

图8.7　浏览效果

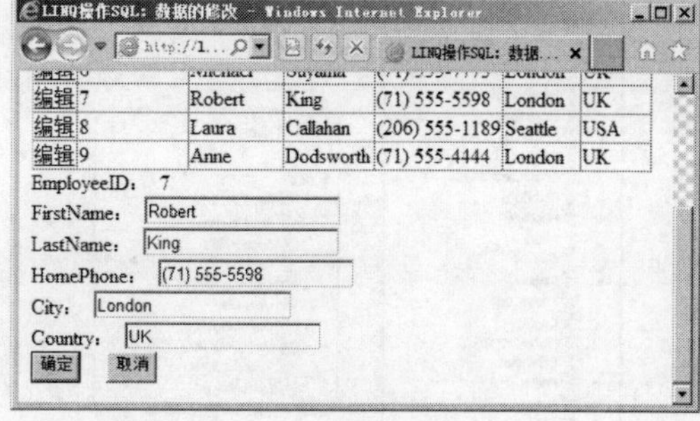

图8.8　数据更新

8.4　LinqDataSource控件实现数据的增、删、改

在ASP.NET 4.0中，提供了一个全面支持LINQ的数据源控件，使用它可以很方便、快速地完成数据的检索、插入、修改和删除操作。

使用LinqDataSource控件，可以获取来自数据库中的数据，还可以获取内存数据集中的数据，例如数组。建立一个LINQ To SQL数据模型的方法如下所示。

（1）右击解决方案名称，在弹出的快捷菜单上选择“添加新项”选项，打开“添加新项”对话框，在模板中选择“LINQ To SQL”选项，如图8.9所示。

（2）单击“添加”按钮，将出现如图8.10所示的警告框，询问是否将该项放到App_Code文件夹中，单击“是”按钮，会将一个LNIQ To SQL数据模型添加到解决方案中。

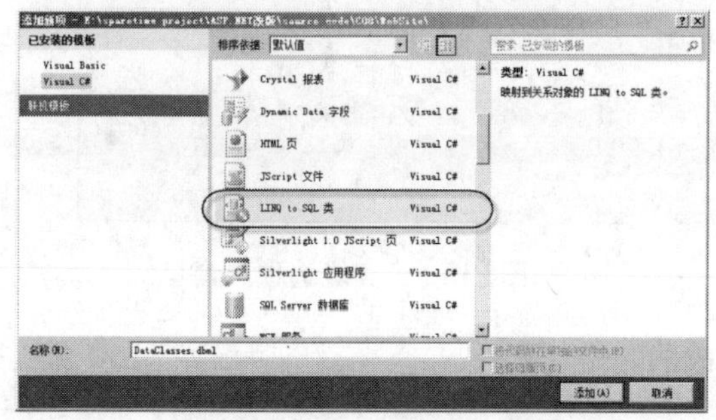

图8.9　“添加新项”对话框

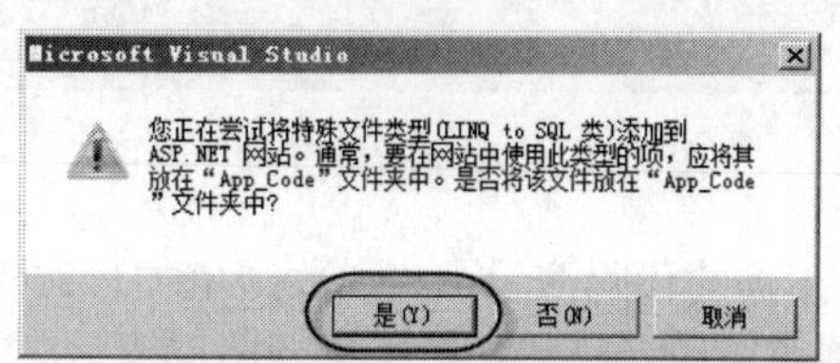

图8.10　警告框

（3）接下来就可以使用如图8.11所示的工具，进行数据模型的设计了，还可以直接从“服务器资源管理器”中将相关的数据表拖动到设计面板中。最终效果类似于图8.12所示的那样。

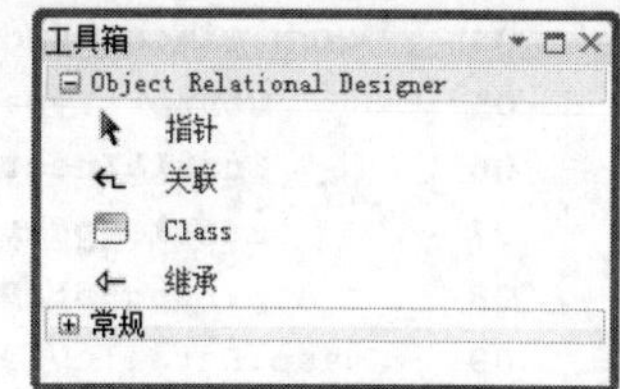

图8.11　数据模型设计工具

建立好数据模型之后，就可进行LinqDataSource控件的数据源配置了。

LinqDataSource控件提供了图形化的配置界面，可将一个LinqDataSource控件添加到页面上后，对其数据源进行配置，具体步骤如下所示。

（1）在LinqDataSource控件上右击，在弹出的快捷菜单中选择“配置数据源”选项，将打开数据源配置向导，如图8.13所示。

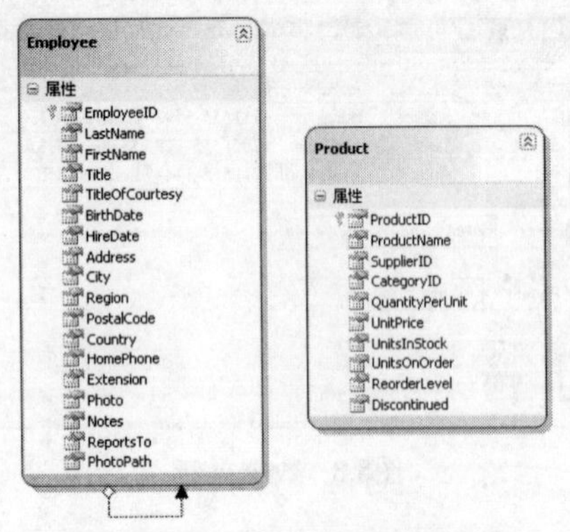

图8.12 LINQ To SQL数据模型

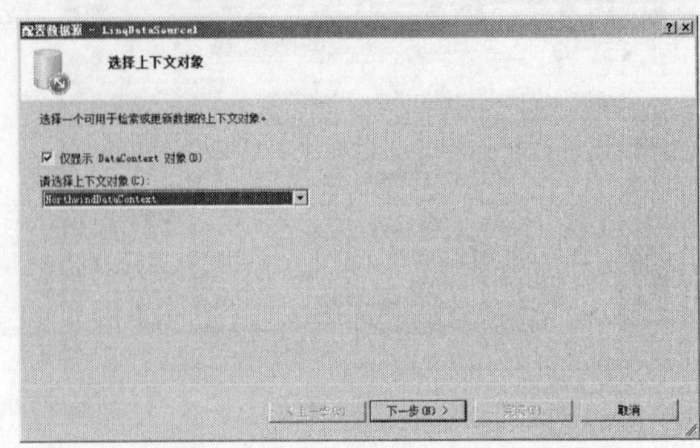

图8.13 “配置数据源”窗口

（2）选择好建立的数据模型后，单击“下一步”按钮，将进入“配置数据查询”界面，可以在此界面中，进行数据查询的详细配置，如图8.14所示。

（3）若要使其具有数据更新、删除和插入功能，则必须在“配置数据选择”界面上，单击“高级”按钮，在弹出的“高级选项”窗口中启用相关功能，如图8.15所示。

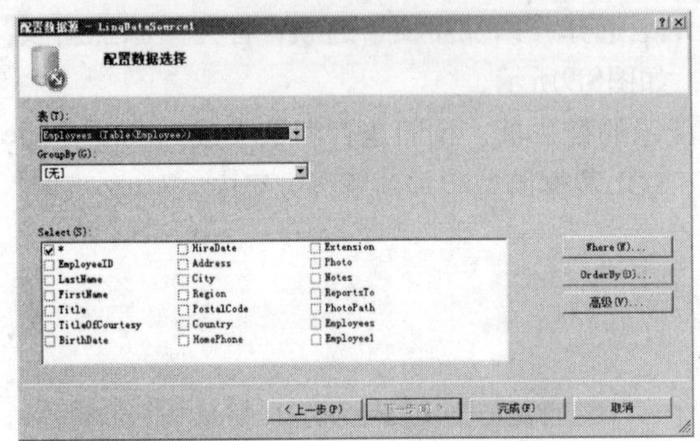

图8.14 “配置数据查询”界面

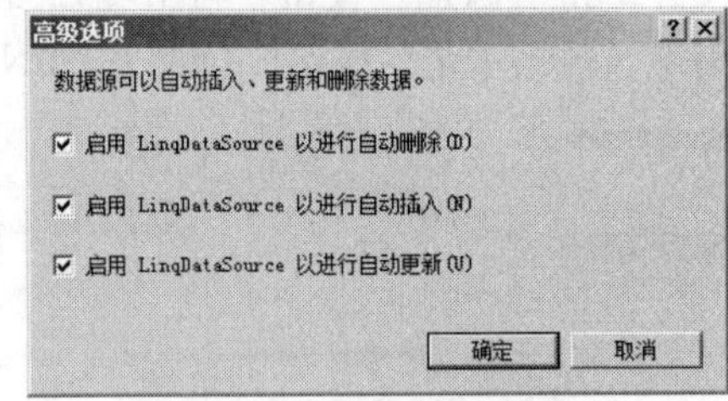

图8.15 “高级选项”窗口

下面的代码演示了实现数据增加、删除和修改的完整代码。

```
<%--程序名称：8-05.aspx--%>
<%--程序功能：LinqDataSource控件实现数据删改操作--%>
 <form id="form1" runat="server">
 <asp:LinqDataSource ID="LinqDataSource1" runat="server"
     ContextTypeName="NorthwindDataContext" EnableDelete="True"
     EnableInsert="True"
     EnableUpdate="True" TableName="Products">
 </asp:LinqDataSource>
 <asp:DetailsView ID="DetailsView1" runat="server" AllowPaging="True"
     AutoGenerateRows="False" DataKeyNames="ProductID"
     DataSourceID="LinqDataSource1" Height="50px" Width="319px">
     <Fields>
         <asp:BoundField DataField="ProductID" HeaderText="ProductID"
             InsertVisible="False" ReadOnly="True" SortExpression="ProductID" />
         <asp:BoundField DataField="ProductName" HeaderText="ProductName"
```

```
16                  SortExpression="ProductName" />
17              <asp:BoundField DataField="SupplierID" HeaderText="SupplierID"
18                  SortExpression="SupplierID" />
19              <asp:BoundField DataField="CategoryID" HeaderText="CategoryID"
20                  SortExpression="CategoryID" />
21              <asp:BoundField DataField="QuantityPerUnit" HeaderText="QuantityPerUnit"
22                  SortExpression="QuantityPerUnit" />
23              <asp:BoundField DataField="UnitPrice" HeaderText="UnitPrice"
24                  SortExpression="UnitPrice" />
25              <asp:BoundField DataField="UnitsInStock" HeaderText="UnitsInStock"
26                      SortExpression="UnitsInStock" />
27              <asp:BoundField DataField="UnitsOnOrder" HeaderText="UnitsOnOrder"
28                  SortExpression="UnitsOnOrder" />
29              <asp:BoundField DataField="ReorderLevel" HeaderText="ReorderLevel"
30                  SortExpression="ReorderLevel" />
31              <asp:CheckBoxField DataField="Discontinued" HeaderText="Discontinued"
32                  SortExpression="Discontinued" />
33              <asp:CommandField ShowDeleteButton="True" ShowEditButton="True"
34                  ShowInsertButton="True" />
35          </Fields>
36      </asp:DetailsView>
37      </form>
```

【代码解析】第4～8行代码用于设置LinqDataSource的数据库连接上下文背景及数据源的插入、删除等属性，第9～11行用于设置DetailsView控件的数据源、高度、宽度等属性，第12～35行用于设置DetailsView控件所示的字段。

编译后执行该程序，效果如图8.16所示。单击“编辑”按钮，可对当前数据进行编辑，效果如图8.17所示。单击“删除”按钮，可对当前数据进行删除。单击“新建”按钮，可进行数据的添加。

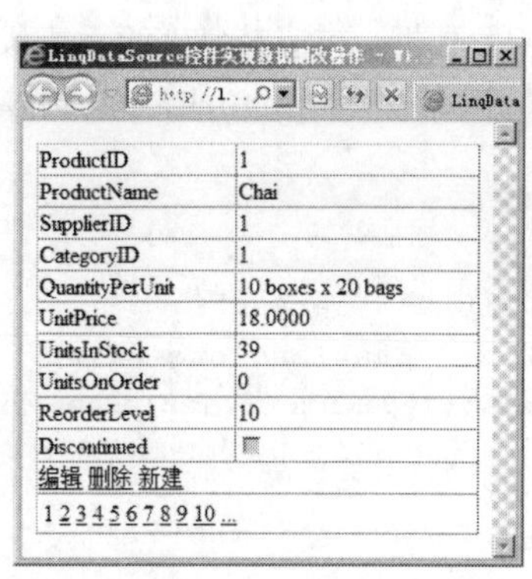

图8.16 浏览效果

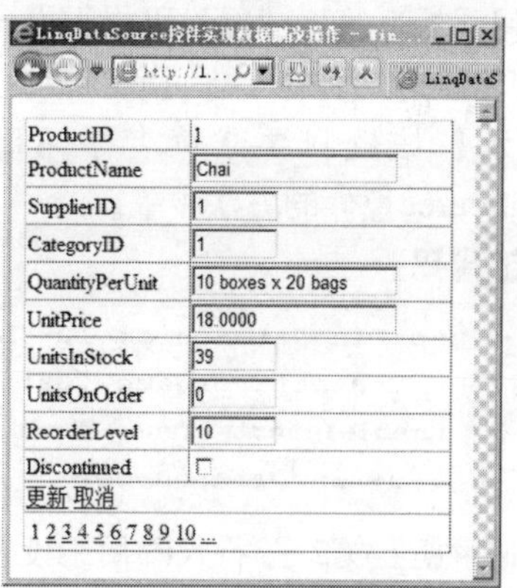

图8.17 数据更新

8.5 小结

LINQ的出现，为对象领域和数据领域之间架起了一座桥梁。本章主要介绍了LINQ的架构、语法和与其他数据源的交互，演示了LINQ使用语言关键字和熟悉的运算符，针对强类型化对象集合编写查询。在本章的最后，还对可以操作LINQ数据模型的数据源控件LinqDataSource的应用进行了介绍。

本章的重点在于LINQ与SQL Server数据库的交互，包括对SQL数据的查询、修改、新增和删除等操作。读者需要重点掌握将LINQ技术与其他数据控件进行配合使用，充分利用其他数据控件自身的某些特性与LINQ操作数据的优势，以完成高效、完善的项目开发。

8.6 上机实践习题

1. 使用LINQ查询语句，显示pubs数据库内authors表中的au_lname、au_fname、address、city字段。

【提示】该题目要求读者学习LINQ对DataSet的相关操作，重点掌握LINQ查询的语法。

【关键代码】

```
01  var query = from p in Employees.AsEnumerable()
02              select p;                                    //查询
03  Response.Write("<h3>Linq查询结果输出：</h3>");           //输出
04  //遍历结果集
05  foreach (DataRow p in query)
06  {
07      //格式化输出
08      Response.Write(p.Field<string>("au_lname") + " ... "
09              + p.Field<string>("au_fname") + " ... "
10              + p.Field<string>("address") + " ... "
11              + p.Field<string>("City") + " ... ");
12      Response.Write("<br>");
13  }
14  GridView1.Visible = false;
```

【代码解析】第1～2行代码用于设置LINQ查询语句。

2. 使用LinqDataSource显示pubs数据库中Titles表中的相关数据，并且能够在页面上编辑记录。

【提示】该题目要求读者学习LinqDataSource控件的使用方法，重点掌握设置LinqDataSource控件的方法步骤。

【关键代码】

```
01  <asp:LinqDataSource ID="LinqDataSource1" runat="server"
02      ContextTypeName="DataClassesDataContext" EnableDelete="True"
03    EnableInsert="True" EnableUpdate="True" EntityTypeName="" TableName="titles">
04  </asp:LinqDataSource>
```

【代码解析】第2～3行代码用于设置数据源的属性值。

第三篇
ASP.NET网站规划

第 9 章　使用母版页

本章学习如何使用母版页（Master Page）。母版页是网站统一界面的基础，在浏览页面的时候经常看到。有些网站的所有顶端和底端内容都是相同的，实现这种相同有很多种方法，最笨的方法是每个网页都进行同样的设计，最简单的方法就是使用母版页。

本章重点：

- ❑ 建立母版页，学会建立母版页。
- ❑ 使用母版页，学会通过修改配置文件使用模板。
- ❑ 修改母版页，学会修改母版页的内容。

9.1　母版页基础

在使用ASP的时候，要想让整个网站页眉、页脚等格式统一，一般使用frameset解决。它可以将页面分成3个框架，最上面和最下面的框架保持不变，只允许更改中间的内容框架。那时，框架的内容以及部署都需要手工完成。而在ASP.NET中，新添了Master Page页面，专门用于统一界面框架。本节就介绍Master Page的使用。

9.1.1　建立一个母版页

本节首先学习创建一个母版页，然后再了解母版页的组成。创建母版页的步骤如下。

（1）右击当前项目名称，单击“添加新项”菜单命令，打开“添加新项”对话框。

（2）选择“母版页”模板，系统将自动命名为“MasterPage.master”。在这里，不需要修改名称。

注意　母版页文件的扩展名为“.master”。

（3）单击“添加”按钮，在解决方案资源管理器中就生成了一个母版页文件。

（4）双击“MasterPage.master”文件，在页面“设计”视图的整个文件中，只有两个ContentPlaceHolder服务器控件，这是允许改变的内容部分，一个在页面的head中，一个在页面的body中。而其他固定部分，在此控件以外的地方添加。

（5）在此文件中加个HTML表格，设置为3行2列。

（6）将“ContentPlaceHolder1”控件拖到第2行第2列中。

（7）在第1行中显示欢迎信息，主要是为了在母版页中显示固定的内容。最终页面的设计都是一些隐藏的网格线，并没有非常特殊的设计，如图9.1所示。下面给出母版页的源代码。

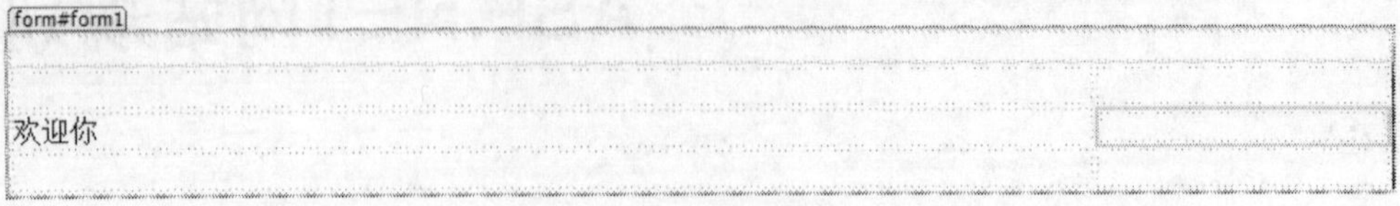

form#form1

欢迎你

图9.1 母版页

```
<html xmlns="http://www.w3.org/1999/xhtml">
<head runat="server">
    <title>Untitled Page</title>
    <asp:ContentPlaceHolder id="head" runat="server">
    </asp:ContentPlaceHolder>
</head>
<body>
    <form id="form1" runat="server">
    <div>
    </div>
    </form>
    <table style="width:100%;">
        <tr>
            <td>
                 </td>
            <td>
                 </td>
        </tr>
        <tr>
            <td>
                欢迎你</td>
            <td>
              <asp:ContentPlaceHolder id="ContentPlaceHolder1" runat="server">
                   </asp:ContentPlaceHolder>
           </td>
        </tr>
        <tr>
            <td>
                 </td>
            <td>
                 </td>
        </tr>
    </table>
</body>
</html>
```

9.1.2 建立一个内容页

上一节创建好了母版页。本节将在一个内容页（Content Page）中应用这个母版，让读者看看ASP.NET程序下的母版页是什么样子。

(1) 右击当前项目名称，单击“添加新项”菜单命令，打开“添加新项”对话框。

(2) 此时，选中对话框右下角的“选择母版页”复选框。然后选择“Web窗体”项，将这个窗体命名为ContentP.aspx。单击“添加”按钮，此时打开一个对话框，让用户选择要应用哪个母版页。

(3) 因为本例只创建了一个MasterPage.master母版，所以选择这个文件，然后单击“确定”按钮，此时生成的页面源代码如下所示。

```
01    <%@ Page Language="C#" MasterPageFile="~/MasterPage.master"
02        AutoEventWireup="true" CodeFile="ContentP.aspx.cs"
03        Inherits="ContentP" Title="Untitled Page" %>
04    <asp:Content ID="Content1" ContentPlaceHolderID="head" Runat="Server">
05    </asp:Content>
06    <asp:Content ID="Content2" ContentPlaceHolderID="ContentPlaceHolder1"
07        Runat="Server">
08    </asp:Content>
```

【代码解析】第1行代码用于指定页面所使用的编程语言和母版文件，第2行代码用于设置相关联的代码文件，第3行代码用于设置页面标题，第4~7行代码用于设置页面内容。

上述代码第1行MasterPageFile属性对应的就是本页面所应用的母版文件。“asp:Content”标签用来包装当前页的内容。其中两个Content标签，一个用来显示页面的头(head)，一个显示页面的躯体（body）。在里面添加两段内容，然后运行页面，效果如图9.2所示。

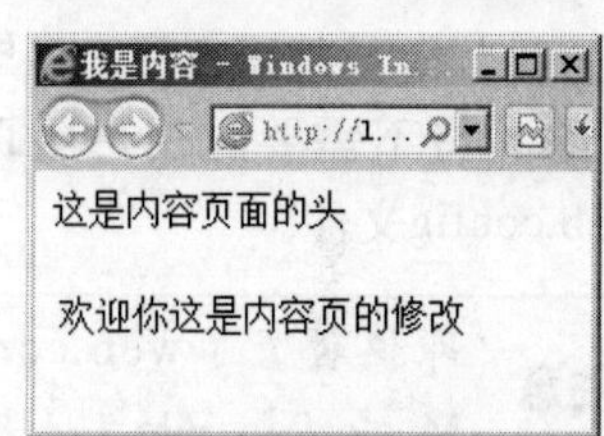

图9.2 应用了母版页的内容页

9.1.3 在母版页使用相对路径应注意的问题

在母版页中使用图像文件时，内容页是否可以正常显示这个图像，不得而知。下面通过试验来测试这个路径问题。

(1) 在网站下添加一个LOGO，本例使用了Google的LOGO。

(2) 在母版页文件MasterPage.master中添加一个img控件，然后设置其图像文件属性如下所示。

```
<img src="logo_cn.gif" style="height: 39px" />
```

(3) 在网站根目录下添加一个新文件夹“Content”，将上节的ContentP.aspx页面拖到这个文件夹内，其主要目的是让母版页和内容页不在同一个目录下。因为实际项目都很大，所以不同的内容都会分类在不同的目录下。

(4) 此时设置ContentP.aspx为起始页，运行后发现，图像根本没有显示。这就是经常遇到的母版页路径问题。

凡是在母版页遇到文件路径时，如图像的文件来源、链接的文件去向等，都需要使用绝对路径，或者使用ResolveUrl方法实现相对路径。本例将img的属性修改为如下所示。

```
<img src=' <%=ResolveUrl("logo_cn.gif")%>'  style="height: 39px" >
```

此时再运行程序，图像就可以正常显示了，如图9.3所示。

图9.3 使用图像的母版页

9.1.4 在配置文件中设置母版页

如果要修改现在的网站，让每个网页都能应用母版页，那么不需要修改每个网页的属性，只需要在web.config文件中进行配置就可以了，其主要配置细节如下所示。

```
<system.web>
    <pages  masterPageFile="MasterPage.master" />
</system.web>
```

这样做虽然很方便，但毕竟不很灵活。如果个别目录下的内容不需要应用母版，还有一个方法：将不需要应用母版页的内容页都集中在一个目录下，然后在这个目录下单独设置web.config文件。

注意 *即使设置了web.config中全部网页都应用母版页，但用户也可以通过修改网页的MasterPageFile属性来更改母版页。*

9.2 对母版页类进行操作

上一节介绍的这些都是一些可视化的操作。如果要在后台进行母版页的操作，就必须使用母版页类。本节就介绍母版页类的一些操作。

9.2.1 修改标题

当一个内容页应用了母版页后，它的页面源代码中就少了“title”这一项。本节就学习当没有了这个标题项时如何修改网页的标题。

打开内容页ContentP.aspx，其头文件如下所示。其中所有的属性就是针对当前页面的一些配置，在任意属性后面，按Space键，就会出现所能选择的属性。可以看到有“Title”项，选中此项，并将其属性设置为“我是内容”。

```
<%@ Page Language="C#" MasterPageFile="~/MasterPage.master"
AutoEventWireup="true" CodeFile="ContentP.aspx.cs" Inherits="ContentP"
Title="Untitled Page" %>
```

好了，运行内容页，再看看内容的标题，如图9.4所示。

图9.4 内容页的标题

9.2.2 访问母版页中的控件

在.NET中，由于是先加载内容页，然后再加载母版页，所以不能用常规的方法在内容页中直接访问母版页的属性和方法。母版页类提供了“Master.FindControl()”方法类，以帮助开发人员从内容页调用母版页的数据。

现在在母版页中添加一个Label控件，然后在内容页的“Page_Load”中修改这个控件的显示文本，代码如下所示。

```
01    protected void Page_Load(object sender, EventArgs e)
02    {
03        (Master.FindControl("Label1") as Label).Text = "这是内容页的修改";
04    }
```

【代码解析】第3行代码通过FindControl方法设置标签控件的显示内容。

运行内容页，看看母版页中的Label显示文本是否已经修改。

9.2.3 使用方法与处理事件

为了让内容页可以访问母版页的成员，Page类公开了Master属性。如果想在某个内容页访问其母版页的属性和方法，只需要在内容页的源代码中增加下面的代码即可：

```
<%@ MasterType  virtualPath="~/MasterPage.master"%>
```

其中的MasterType指令就是创建对此母版页的强类型引用，而virtualPath则指明了需要强类型引用的母版页文件名。经过上面的设置后，即可以在内容页中调用母版页的公用属性及方法了，如以下代码所示。

```
this.Label1.Text = this.Master.loginName;
this.Label2.Text = this.Master.GetLoginTime();
```

上面例子中的loginName和GetLoginTime就是母版页中提供的公有属性和方法。下面就通过一个实例来学习如何访问母版页的公有属性。

（1）在母版页的“ContentPlaceHolder”区域外，添加一个“HyperLink”，其属性设置如下所示。

```
<asp:HyperLink ID="HyperLink1" runat="server" NavigateUrl="http://www.baidu.com">
连接</asp:HyperLink>
```

（2）打开MasterPage.master.cs代码页面，添加一个公共变量“BranchName”，其代码如下所示，其中Page_Load的代码是为变量初始化值。

```
protected void Page_Load(object sender, EventArgs e)
```

```
02    {
03        BranchName = "中国石油";                              //给定义好的属性赋值
04    }
05    private string _branch;
06    public string BranchName                                  //定义属性
07    {
08        get { return _branch; }
09        set { _branch = value; }
10    }
```

【代码解析】第3行代码为定义好的属性赋值，第5行代码定义了一个私有属性，第6～10行代码定义了一个公有属性，第8行代码用于获取属性值，第9行代码用于设置属性值。

（3）打开ContentP.aspx页，在其第2个“Content”标记内，添加一个“HyperLink”和“Button”，源代码如下所示。

```
<asp:HyperLink ID="HyperLink1" runat="server" NavigateUrl="http://www.google.com">
自己的连接</asp:HyperLink>
<asp:Button ID="Button1" runat="server" OnClick="Button1_Click" Text="Button" />
```

（4）双击“Button”按钮，切换到代码视图，在其Click事件中，获取母版页控件，并修改母版页中的链接，代码如下所示。

```
MasterPage mymaster = (MasterPage)Page.Master;           //定义对象
HyperLink masterlink =(HyperLink) mymaster.FindControl("HyperLink1");//获取控件
masterlink.NavigateUrl = this.HyperLink1.NavigateUrl; //更改母版控件的值
```

（5）此时键入“mymaster.BranchName”是无法获取母版页的公共变量的，必须将内容页的Master属性强类型化。在ContentP.aspx源代码内，添加强类型化的指令，如下所示。

```
<%@ MasterType VirtualPath="~/MasterPage.master" %>
```

（6）在Button的Click事件中，添加如下输出语句。

```
Response.Write(mymaster.BranchName);                    //打印母版页的变量
```

（7）运行程序，测试能否获取母版页的控件，同时测试是否显示母版页的变量。本例的运行效果如图9.5所示。

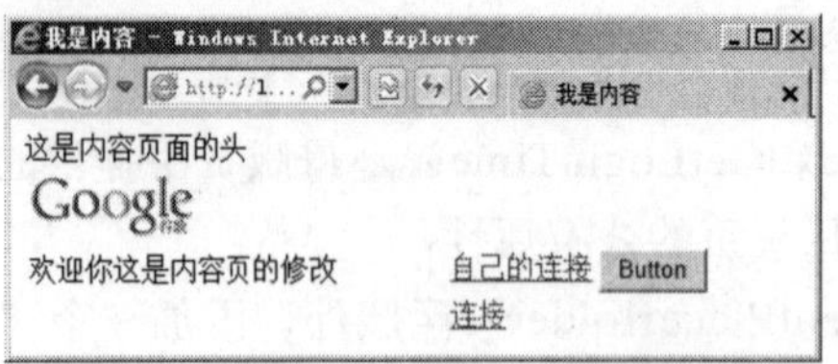

图9.5 访问母版页的公有属性效果

9.3 关于母版页嵌套

母版页嵌套（Nesting），就是让一个母版页可以引用另外的母版页。利用嵌套的母版页，我们可以创建组件化的母版页。如很多网站包含一个用于定义站点外观的总体外观，这个外观就可以通过母版页来完成。而且，不同的功能里又可以定义各自的子母版页，这些子母版页引用了网站的总母版页，并相应定义当前主体内容的外观。

Visual Studio 2010开发环境提供第2个母版页的设计时支持。打开本章的案例，在网站下再添加一个新的母版页，命名为“MasterPage2.master”。在添加时，选中“选择母版页”复选框，然后把MasterPage.master作为本页的母版页。在MasterPage2.master的第2个Content控件内，输入“我是第2个母版”，用以在页面显示时进行区别。

然后，在网站中添加一个Web窗体Default2.aspx，此窗体应用MasterPage2.master作为母版，读者可运行Default2.aspx，测试嵌套母版页的运行效果。

9.4 小结

本章学习了什么是母版页、如何应用母版页、如何引用母版页。这些在日常的网站工作中经常用到，所以本章通过一个个小例子说明了这些知识点。通过本章的介绍，读者应该掌握母版页的创建以及内容页对母版页的引用。在学习母版页的同时，还要掌握网站中网页之间层次的嵌套和相互之间的数据调用。

9.5 上机实践习题

1. 新建一个网页，在页面上放置一个按钮，同时在网站上创建一个母版页。然后，新建一个Web窗体，并将母版页应用到新的网页上，单击主页上的按钮，即转入母版页格式页面。

【提示】该题目要求读者学习母版页的创建及应用方法，重点掌握母版的创建方法及使用方法。

【关键代码】

```
01  <%@ Master Language="C#" AutoEventWireup="true"
02  CodeFile="MasterPage.master.cs" 02      Inherits="MasterPage" %>
03  <!DOCTYPE html PUBLIC "-//W3C//DTD
04  XHTML 1.0 Transitional//EN" "http://www.w3.org/TR/xhtml1/DTD/xhtml1-transitional.dtd">
05  <html xmlns="http://www.w3.org/1999/xhtml">
06  <head runat="server">
07      <title></title>
08      <asp:ContentPlaceHolder id="head" runat="server">
09      </asp:ContentPlaceHolder>
10  </head>
11  <body>
12      <h1>我的第一个模板</h1>
13      <form id="form1" runat="server">
14      <div>
15          <asp:ContentPlaceHolder id="ContentPlaceHolder1" runat="server">
16          </asp:ContentPlaceHolder>
17      </div>
18      </form>
19  </body>
20  </html>
21  <%@ Page Title="" Language="C#"
22  MasterPageFile="~/MasterPage.master" AutoEventWireup="true"
23  CodeFile="Default2.aspx.cs" Inherits="Default2" %>
```

【代码解析】第21～23行代码用于设置页面所要使用的母版页。

第10章 使 用 主 题

本章介绍如何为Web应用程序创建统一的主题和外观。主题（Themes）和外观是ASP.NET时代的主要界面设计方法，主题包括网页的CSS布局、按钮的外观，以及一些图片、资源。为了保持整个网站的美观，一般会定义很多的CSS。现在，通过ASP.NET的主题，程序员可以更简单地布局网站，而且能做到统一和更改方便。

本章重点：

- ❑ 建立主题，学会在ASP.NET中建立主题的方法。
- ❑ 建立级联样式表单，学会在ASP.NET使用级联样式。
- ❑ 使用主题和样式，学会将创建的样式应用到网页上。

10.1 创建主题

主题就是一个页面中的布局，它包括很多类布局，如控件外观的布局、页面的布局等。本节就通过案例介绍主题的组成和设计。

10.1.1 建立一个简单的主题

主题分为页面主题和全局主题两种。页面主题是一个主题文件夹，其中包含控件外观、样式表、图片和其他资源，该文件夹是作为网站中\App_Themes文件夹的子文件夹创建的，下面就给出一个网站的页面主题文件夹结构；全局主题是可以应用于服务器上所有网站的主题，其存储在Web服务器的名为\Themes的文件夹中。

```
WebSite1
  App_Themes
    Theme1
      Controls.skin
      Theme1.css
    Theme2
      Controls.skin
      Theme2.css
```

本节先学习创建一个简单的主题。

（1）在网站中添加一个名为App_Themes的文件夹。文件夹必须命名为App_Themes，不允许自定义。

（2）在App_Themes文件夹下，创建一个子文件夹。该文件夹主要用来保存主题文件，子文件夹的名称就是主题名称。如要创建名为FirstTheme的主题，应创建名为\App_Themes\FirstTheme的文件夹。

(3) 此时需要向新文件夹中添加主题元素，包括主题的皮肤、CSS样式表和图片。本节只学习如何创建这个主题，但具体主题内皮肤外观的创建，将在后面的章节学习。

10.1.2 外观

外观（Skins）文件的扩展名是.skin，也被称为皮肤，其包含各个服务器控件（如Button、Label、TextBox或Calendar控件）的属性设置。控件外观设置类似于控件标记本身，但只包含要作为主题的一部分来设置的属性。例如下面是Button控件的外观。

```
<asp:button runat="server" skinid="btn" BackColor="lightblue" ForeColor="black" />
```

如果页面中的控件并不都使用这一外观，则需要指定外观的“skinid”属性，如下所示。

```
<asp:Label runat="server" BackColor="Red" ForeColor="White" skinid="redlabel" />
<asp:Label runat="server" BackColor="Blue" ForeColor="White" skinid="bluelabel" />
```

这种带skinid的外观在页面中引用时，使用如下代码。

```
<asp:Label ID="Label1" runat="server" Text="bluelabel应用蓝皮肤"
 SkinID=bluelabel></asp:Label>
```

接上一节的实例，在FirstTheme文件夹下添加一个名为“myControl.skin”的外观文件，设计2个Label、2个Button和2个TextBox的外观，代码如下所示。

```
<asp:Label runat="server" BackColor="Red" ForeColor="White" skinid="redlabel" />
<asp:Label runat="server" BackColor="Blue" ForeColor="White" skinid="bluelabel" />
<asp:TextBox runat="server" BackColor="Black" ForeColor="Yellow" skinid="blacktxt" />
<asp:TextBox runat="server" BackColor="White" ForeColor="Black" skinid="whitetxt" />
<asp:Button  runat="server" Text="Button" BackColor="Yellow"
     BorderColor="Black" skinid="yellowbtn" />
<asp:Button  runat="server" Text="Button" BackColor="Black"
BorderColor="Yellow" skinid="blackbtn" />
```

打开Default.aspx，在网页中设计6个控件，这些控件的“SkinID”属性与上面的外观文件中设置的“skinid”对应，代码如下所示。

```
01   <div>
02    <asp:Label ID="Label1" runat="server" Text="Label" SkinID="redlabel"></asp:Label>
03    <asp:Label ID="Label2" runat="server" Text="Label" SkinID="bluelabel"></asp:Label>
04    <br />
05    <asp:TextBox ID="TextBox1" runat="server" SkinID="blacktxt"></asp:TextBox>
06    <asp:TextBox ID="TextBox2" runat="server" SkinID="whitetxt"></asp:TextBox>
07    <br />
08    <asp:Button ID="Button1" runat="server" Text="Button" SkinID="yellowbtn" />
09    <asp:Button ID="Button2" runat="server" Text="Button" SkinID="blackbtn" />
10   </div>
```

【代码解析】第2～3行代码用于设置Label控件的显示内容及外观颜色，第5～6行代码用于设置TextBox控件的外观，第8～9行代码用于设置按钮的显示内容和外观。

这里虽然对应了外观文件，但并没有将主题应用在本页面中，所以还应该在页面的“@Page”中添加“Theme”属性，如下所示。

```
<%@ Page Language="C#" AutoEventWireup="true"
```

```
CodeFile="Default.aspx.cs" Inherits="_Default"  Theme="FirstTheme" %>
```

运行当前的页面，效果如图10.1所示，每个控件都有了不同的外观。

10.1.3　建立级联样式表单

前面两节创建了一个主题和一个外观文件，这些都是针对页面中的控件进行设置。现在再来对页面的整体布局进行控制，如设置页面的背景色、表格的边框等，这些就需要用到级联样式表CSS。本节简单介绍CSS在主题中的应用，具体的应用语法将在第21章详细介绍。

在“FirstTheme”下添加一个样式表，命名为“pagecss.css”，设置其中的样式如下所示。

```
01  body                                    //设置页面内容的页边距
02  {
03      margin:10;
04      padding:10;
05      overflow:hidden;
06      background:yellow;
07  }
08  div                                     //设置div中的元素的字体
09  {
10      font-family:"隶书";                 //设置字体名称
11      font-size:15px;                     //设置字体大小
12      border-color:#6E006E;               //设置边框颜色
13      line-height:130%;
14  }
```

【代码解析】第1～7行代码用于设置页面体的样式，第8～9行代码用于设置div标签之间内容的字体样式及行高。

在Default.aspx中，添加对CSS文件的引用，如下所示。

```
01  <head runat="server">
02      <title>Untitled Page</title>
03  <link href="App_Themes/FirstTheme/pagecss.css" rel="stylesheet" type="text/css" />
04  </head>
```

【代码解析】第3行代码将CSS样式应用于网页。

运行当前页面，此时页面的效果如图10.2所示。

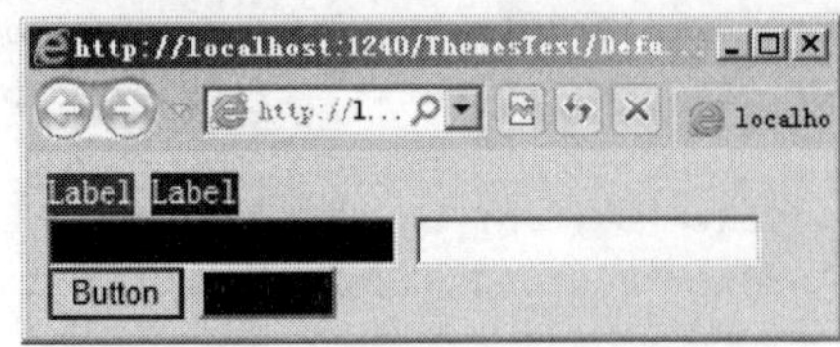

图10.1　应用不同外观的控件

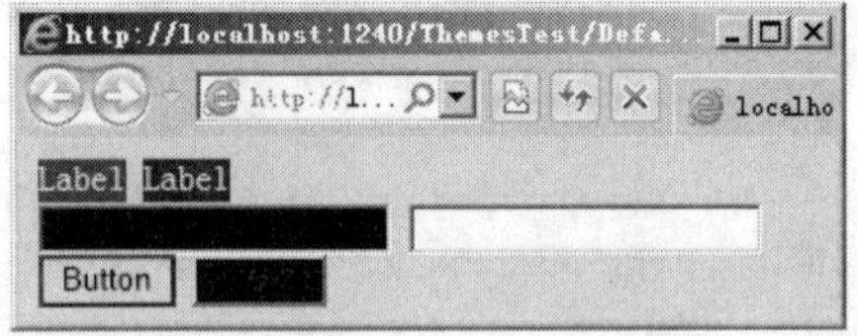

图10.2　应用了样式表的页面

10.2　运行时更改主题和外观

现在的用户越来越喜欢用Blog（博客或微博）来记录或分享自己的心情。在使用Blog时，可以看到网站提供很多风格供用户选择。这些不同的风格就是网站提供的主题。不同的主题，外观将不同。本节就介绍如何在ASP.NET中实现在各种主题之间的动态切换。

还是接前面的实例。打开Default.aspx页面的源代码，在div层中添加两个链接，用于切换主题，代码如下所示。

```
    选择页面主题：<br />
   <a href="Default.aspx?page_theme=FirstTheme">第一个主题</a>  <br />
   <a href="Default.aspx?page_theme=SecondTheme">第二个主题</a><br />
```

注意 每个链接传递一个参数page_theme，这个参数的值就是要切换的主题的名称。

要实现主题的切换，必须在页面初始化的时候就设置好主题。所以，本例还需要在Page_PreInit事件中写出调整主题的代码，如下所示。

```
01    protected void Page_PreInit(object sender, EventArgs e)
02    {
03        //切换页面主题
04        if (Request.QueryString["page_theme"] != null)
05            Page.Theme = Request.QueryString["page_theme"].ToString();
06    }
```

【代码解析】第4行代码用于获取页面的主题，并判断页面的主题是否为空，若不为空，则设置页面主题。

运行这个页面，效果如图10.3所示，读者可以通过单击这两个链接实现两个主题的切换。

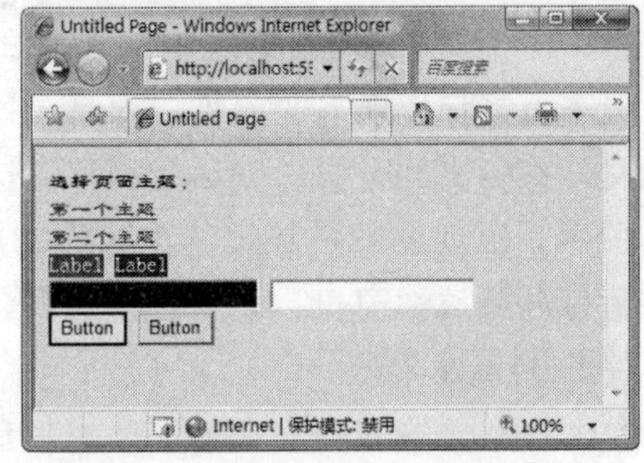

图10.3 运行时切换主题的效果

10.3 通过配置文件应用主题

前面介绍过，主题分为页面主题和全局主题。要将一个主题设置为页面主题，只需要在当前页的“@Page”中设置“Theme”属性即可。如果要将一个主题设置为全局主题，就需要修改网站的配置文件web.config，添加的配置内容如下所示。

```
<system.web>
    <pages theme="FirstTheme"/>
    ......
</system.web>
```

如果某个文件夹下的网页都具有同一主题，则在此文件夹下添加一个web.config文件，在其中使用<pages theme="SecondTheme"/>来应用当前文件夹的主题。

10.4 自定义日历控件的外观

本节通过设置一个日历的主题来学习如何方便地定义主题。打开FirstTheme主题下的myControl.skin外观文件，添加一个日历控件的外观，如下所示。

```
<asp:Calendar runat="server" BackColor="White"  BorderColor="Black"
              DayNameFormat="Shortest" Font-Names="Times New Roman"
              Font-Size="10pt" ForeColor="Black" Height="220px"
```

```
04                  NextPrevFormat="FullMonth"  TitleFormat="Month" Width="400px">
05         <SelectedDayStyle BackColor="#CC3333" ForeColor="White" />
06         <SelectorStyle BackColor="#CCCCCC" Font-Bold="True" Font-Names="Verdana"
07             Font-Size="8pt" ForeColor="#333333" Width="1%" />
08         <TodayDayStyle BackColor="#CCCC99" />
09         <OtherMonthDayStyle ForeColor="#999999" />
10         <DayStyle Width="14%" />
11         <NextPrevStyle Font-Size="8pt" ForeColor="White" />
12         <DayHeaderStyle BackColor="#CCCCCC" Font-Bold="True" Font-Size="7pt"
13             ForeColor="#333333" Height="10pt" />
14         <TitleStyle BackColor="Black" Font-Bold="True" Font-Size="13pt"
15             ForeColor="White" Height="14pt" />
16     </asp:Calendar>
```

【代码解析】第1～4行代码用于设置日历控件的外观，主要包含背景色、边框颜色、日期格式、字体名、字体大小等外观属性，第5行代码用于设置选定日期的背景色和前景色，第6行代码用于设置选日期时的样式，第8行代码用于设置当天日期的背景色，第9行代码用于设置非当前日期的前景色，第10行代码用于设置日期的样式，第12～13行代码用于设置日期头的样式，第14～15行代码用于设置标题样式。

仔细看看这个主题文件，其中的属性很多，如前景色、背景色、字体、高、宽等。开发人员不可能记住所有的属性，而且，即使记住了所有属性，也不可能记住那么多字体。其实外观文件在提出的时候，就尽量简化了这些问题。如果要配置某一个控件，可以先在页面的设计视图中，以视图方式修改某个控件的属性。如本例，先在Default.aspx中添加一个日历控件，然后打开其属性窗口，设置各项属性，最后把生成的源代码直接复制到外观文件中，然后去掉控件的ID属性即可。

在本例中的两个主题下都添加日历控件的外观设置，然后运行程序。两种主题下的日历外观，分别如图10.4和图10.5所示。

图10.4 运行时切换主题的效果

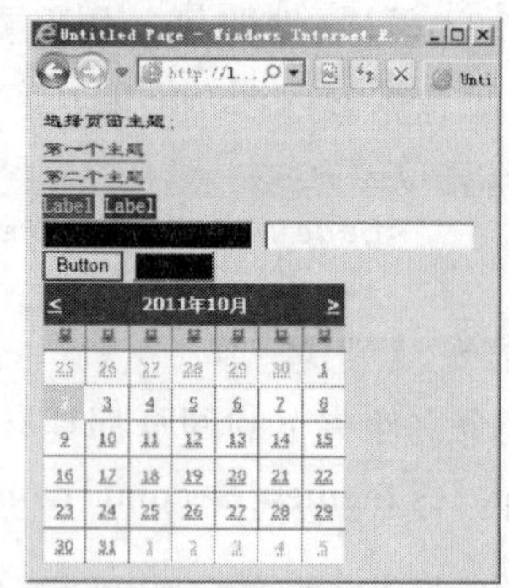

图10.5 运行时切换主题的效果

10.5 如何应用从网络下载的主题

网络提供了很多共享资源，随着ASP.NET主题的应用越来越广，很多网站也提供了主题的下载。本节介绍如何把这些下载的资源，应用在自己的ASP.NET程序中。

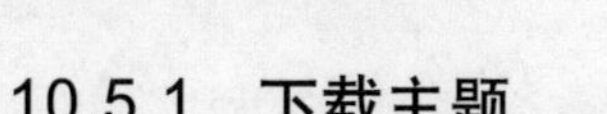

10.5.1 下载主题

笔者推荐一个有很多主题的国外网站http://www. dotnettreats.com/ SampleThemes/ Default.aspx，这里有多种MSN或XP风格的主题。该网站提供一个下载包，其中包含了所有的主题，地址是http://www.dotnettreats .com/tools/Default.aspx。

10.5.2 应用主题

下载所有的主题后，发现是一个示例网站。因为我们前面已经介绍了主题的应用，所以不用这个网站，只需要用其中的“App_Themes”文件夹下的所有主题。打开此文件夹，可以看到其提供了8种风格的主题。双击打开WinXP_Blue文件夹，如图10.6所示。

打开本章案例所在的文件夹，把“WinXP_Blue”这个主题复制到本例的“App_Themes”文件夹下。刷新当前案例所在的项目，可以看到多了一个名为“WinXP_Blue”的主题。该主题包含一个图片文件夹、一个样式表和一个外观文件，如图10.7所示。

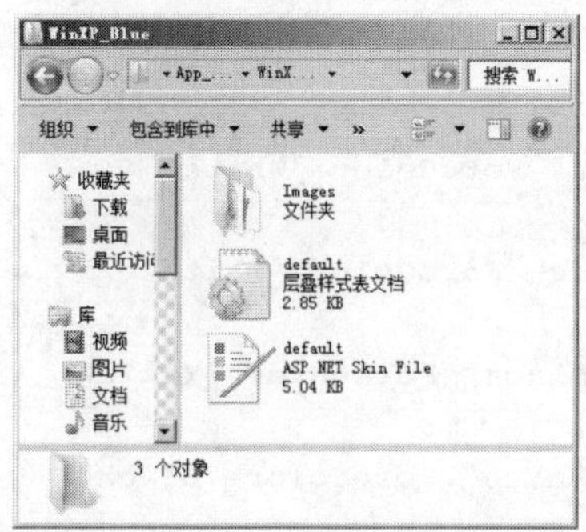

图10.6 运行时切换主题的效果

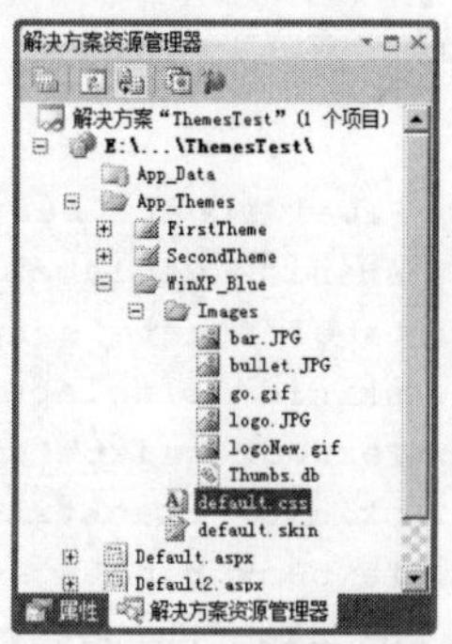

图10.7 WinXP_Blue主题的内容

打开Default.skin文件，可以看到里面设置了很多复杂控件的外观，如登录控件、日历控件、向导控件等。这样就缩短了我们自己设置的时间，而且还能将案例的各个控件设置得像WinXP的风格。

新添加一个Default2.aspx页面，在页面的“@Page”中添加“Theme= WinXP_Blue”属性，在页面中添加一个日历控件，然后添加一个登录控件Login。因为该控件的外观文件中定义了“SkinID”属性，所以还需要设置这两个控件的“SkinID”属性与外观文件中的这个属性对应。默认的设计效果如图10.8所示。将此页设置为起始页，运行后，应用了主题的效果如图10.9所示。

图10.8 没应用主题的效果

图10.9 应用了WinXP主题的效果

10.6 小结

本章学习了ASP.NET统一外观所用的主题和外观，对于缤纷多彩的网站来说，为用户提供多个可自定义或者可选择的主题，是吸引用户的一种方法。在ASP.NET应用程序中，本章首先教读者认识什么是主题和皮肤，如何定义主题和皮肤，然后又深入地讲解了如何在运行时切换主题。本章最后提供了一个主题的下载网站，感兴趣的读者可以把这些主题应用在自己的网站中，或者上传更多的主题以供ASP.NET爱好者们分享。

10.7 上机实践习题

1. 新建一个外观文件和一个CSS样式表，并将该样式表应用于一个页面。

【提示】该题目要求读者学习主题的创建方法，重点掌握外观的使用方法和级联样式的使用方法。

【关键代码】

外观代码：

```
01   <asp:Label runat="server" BackColor="Red" ForeColor="White"
02        skinid="redlabel" />
03   <asp:Label runat="server" BackColor="Blue" ForeColor="White"
04        skinid="bluelabel" />
05   <asp:TextBox runat="server" BackColor="Black" ForeColor="Yellow"
06        skinid="blacktxt" />
07   <asp:TextBox runat="server" BackColor="White" ForeColor="Black"
08        skinid="whitetxt" />
09   <asp:Button  runat="server" Text="Button" BackColor="Yellow"
10        BorderColor="Black" skinid="yellowbtn" />
11   <asp:Button  runat="server" Text="Button" BackColor="Black"
12        BorderColor="Yellow" skinid="blackbtn" />
```

【代码解析】第3行代码用于设置Label控件的背景色和前景色，第4行用于设置文本框的背景色和前景色。

样式代码

```
body                                          //设置边框样式
{
     margin:10;
     padding:10;
     overflow:hidden;
     background:yellow;
}
p                                             //设置段的字体
{
     font-family:"隶书";
     font-size:15px;
      border-color:#6E006E;
     line-height:130%;
}
```

【代码解析】第1～7行代码用于设置页面的边框样式，第8～14行代码用于设置段的样式。

使用主题代码

```
01  <%@ Page Title="主页" Language="C#"
02  MasterPageFile="~/Site.master" AutoEventWireup="true"
03      CodeFile="Default.aspx.cs" Inherits="_Default"
04       Theme="mythemes"%>
05  <asp:Content ID="HeaderContent" runat="server"
06       ContentPlaceHolderID="HeadContent">
07  </asp:Content>
08  <asp:Content ID="BodyContent" runat="server"
09       ContentPlaceHolderID="MainContent">
10      <link href="App_Themes/FirstTheme/pagecss.css"
11            rel="stylesheet" type="text/css" />
12  <p><asp:Button ID="Button1" runat="server" Text="Button"
13       SkinID="yellowbtn" /></p>
14  <p><asp:Label ID="Label1" runat="server"
15       Text="Label" SkinID="redlabel"></asp:Label></p>
16  <p><asp:TextBox ID="TextBox1"
17       runat="server" SkinID="blacktxt"></asp:TextBox></p>
18  <p><asp:TextBox ID="TextBox2"
19       runat="server" SkinID="whitetxt"></asp:TextBox></p>
20  <p><asp:Label ID="Label2" runat="server"
21       Text="Label" SkinID="bluelabel"></asp:Label></p>
22  <p><asp:Button ID="Button2" runat="server" Text="Button"
23       SkinID="blackbtn" /></p>
```

【代码解析】第10～11行代码用于设置页面所使用的主题，第14～15行代码用于设置段中Label控件的外面。

第11章 建立用户控件

本章学习用户控件的相关操作，用户控件是用户根据.NET已经提供的控件，组合成各种程序需要的组合控件。此类用户控件只需定义一次，可以在当前网站的不同界面使用，这就方便了开发人员的操作。如一个购物网站中的购物车，购物车包括物品、价格、数量和总价。这些包含的内容是固定的，所以可以把购物车做成一个用户控件，然后在各个网页中使用。

本章重点：

- ❑ 创建用户控件，学会依据实际应用创建用户控件。
- ❑ 使用用户控件，学会增加处理用户控件的属性和事件。
- ❑ 处理用户控件缓存，学会处理用户控件在本地的缓存数据。

11.1 一个简单的用户控件

用户控件（User Controls）与ASP.NET页面非常相似，用户控件就是封装了ASP.NET现有控件或功能的复合控件，或者称为组合控件。用户控件使Web页面的可维护性增强，并且增强了可重用性。在运行时，用户控件将被编译，并且能单独进行缓存。而且用户控件利用了ASP.NET对象模型支持，使开发人员像访问普通控件一样使用用户控件。本节就学习如何创建一个完整的用户控件。

11.1.1 创建用户控件

本例要创建的用户控件是一个选择日期的控件，主要实现如下功能：

（1）一个文本框，用来显示日期。

（2）提供一个可视化的日历，当文本框获得焦点时，供用户选择日期。

（3）用户选择日期后，日历控件消失，文本框中显示用户选择的日期。

这个功能虽然看起来比较简单，但因为在一些财务软件中会经常遇到财务日期，不可能每个页面都新做一个控件，所以将其设置为用户控件，可以一次定义、多次使用。下面学习创建这种用户控件的方法。

（1）右击当前的网站项目，在弹出的菜单中单击“添加新项”命令，在打开的新项模板中，选择“Web用户控件”模板，命名为“CalendarControl.ascx”，然后单击“添加”按钮。

（2）此时生成一个扩展名为ascx的文件，其内容如下所示。

```
<%@ Control Language="C#" AutoEventWireup="true"
CodeFile="CalendarControl.ascx.cs" Inherits="CalendarControl" %>
```

注意 如果是一个页面，则以@Page开头，而现在是一个用户控件，所以以@Control开头。

（3）切换到本控件的“设计”视图，拖放一个TextBox和一个Calendar日历控件到界面。设计它们的样式，如图11.1所示。此时界面源代码如下所示。

```
01  <%@ Control Language="C#" AutoEventWireup="true"
02  CodeFile="CalendarControl.ascx.cs" Inherits="CalendarControl" %>
03  <asp:TextBox ID="TextBox1" runat="server" Width="264px"></asp:TextBox>
04  <asp:Calendar ID="Calendar1" runat="server" BackColor="White"
05      BorderColor="#3366CC" BorderWidth="1px" CellPadding="1"
06      DayNameFormat="Shortest" Font-Names="Verdana" Font-Size="8pt"
07      ForeColor="#003399" Height="200px" Width="264px">
08      <SelectedDayStyle BackColor="#009999" Font-Bold="True" ForeColor="#CCFF99" />
09      <SelectorStyle BackColor="#99CCCC" ForeColor="#336666" />
10      <WeekendDayStyle BackColor="#CCCCFF" />
11      <TodayDayStyle BackColor="#99CCCC" ForeColor="White" />
12      <OtherMonthDayStyle ForeColor="#999999" />
13      <NextPrevStyle Font-Size="8pt" ForeColor="#CCCCFF" />
14      <DayHeaderStyle BackColor="#99CCCC" ForeColor="#336666" Height="1px" />
15      <TitleStyle BackColor="#003399" BorderColor="#3366CC" BorderWidth="1px"
16          Font-Bold="True" Font-Size="10pt" ForeColor="#CCCCFF" Height="25px" />
17  </asp:Calendar>
```

【代码解析】第1～2行代码用于设置控件使用的语言、事件响应开关、相关联的代码文件，第3行代码用于设置文本框的宽度，第4行代码用于设置日历控件的背景色，第5行代码用于设置边框的颜色，第6～7行代码用于设置日期的格式、字体、字体大小、前景色、高度、宽度，第8行代码用于设置选定日期的背景色、字体加粗和前景色，第9行代码用于设置选定日期时的背景色和前景色，第10行代码用于设置星期的背景色，第11行代码用于设置当天日期的样式，第12行代码用于设置非其他月份的日期前景色，第14行代码用于设置日期的背景色和前景色，第15～16行代码用于设置标题的样式。

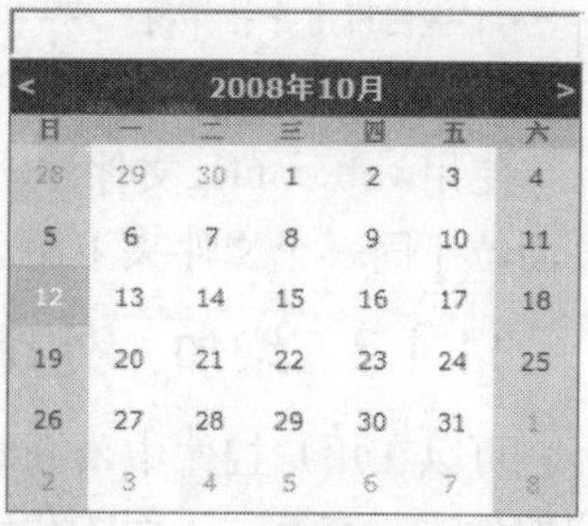

图11.1　用户控件的设计视图

（4）此时，一个很简单的用户控件就设计完成了。

11.1.2　应用用户控件

控件设计完成后，ASP.NET提供了简便的应用方法。打开Default.aspx页面，切换到“设计”视图，然后拖住“CalendarControl.ascx”文件，直接拖放到这个设计视图中。此时可以看到生成的界面与用户控件的界面相同，切换到“源”视图，发现在“@page”行下面多了一行：

```
<%@ Register src="CalendarControl.ascx" tagname="CalendarControl" tagprefix="uc1" %>
```

【代码解析】此处通过“Register”在这个页面中注册用户控件，然后tagprefix指明用户控件的前缀，src是用户控件所在的位置。Visual Studio 2010默认生成的TagPrefix以uc开头，TagName则直接使用用户控件的文件名。建议开发人员为用户控件取具有表示意义的命名，以免难以维护。在用户控件的声明区中，使用<TagPrefix:TagName..>这样的语法来定义用户控件，这与普通的用户控件没有什么区别。

本例页面中已经生成了这个日历用户控件，可以看到这个控件的代码如下所示。

```
<uc1:CalendarControl ID="CalendarControl1" runat="server" />
```

运行页面，测试用户控件的运行效果，可以看到，此时效果与普通页面中两个控件的运行效果相似。用户控件的效果并不特殊，优点是一次定义、多次使用。

还可以在web.config配置用户控件，这样就可以直接在整个Web应用程序中使用该控件，而无须再次声明。下面的代码注册了一个用户控件。

```
<configuration>
  <system.web>
    <pages>
      <controls>
    <add tagPrefix=" uc1"  tagName=" CalendarControl "
          src="~/ CalendarControl.ascx"/>
      </controls>
    </pages>
  </system.web>
</configuration>
```

当在web.config配置文件中添加了注册用户控件的代码之后，可以使用如下的代码来声明用户控件：

```
<!--使用用户控件的代码-->
< uc1: CalendarControl ID="calendar1" runat="server" />
```

使用web.config文件注册用户控件有一个限制，就是用户控件不能与应用用户控件的Web页面位于同一个文件夹下面。通常的做法是，创建UserControl子文件夹存放用户控件。

11.1.3 增加、处理用户控件的属性

可以在用户控件中公开属性，这样一来，页面就可以通过访问和设置用户控件的属性与用户控件进行交互。下面的代码为前面的用户控件定义一个属性“CalendarDate”。

```
public string CalendarDate
{
    get { return TextBox1.Text; }                    //返回文本框中的日期
    set { TextBox1.Text = value; }                   //设置文本框中的日期
}
```

这里CalendarDate属性的值，其实就是该用户控件中TextBox1的值。根据用户控件的要求，当用户选择了日历控件后，TextBox1应该显示用户选择的日期，所以设置日历控件的选择事件，此处涉及用户控件的事件，具体内容将在11.1.4节介绍。

11.1.4 增加、处理用户控件的事件

控件真正的功能是定义响应用户操作的事件。本节学习为前面定义的用户控件添加事件。当用户选择好日期后，日历控件隐藏起来，只显示带有日期的文本框。事件代码如下所示。

```
protected void Calendar1_SelectionChanged(object sender, EventArgs e)
{
    TextBox1.Text = Calendar1.SelectedDate.ToShortDateString();
       Calendar1.Visible = false;                       //隐藏日历控件
 }
```

【代码解析】第3行代码用于将日历控件的日期转换为字符串，显示在文本框中，第4行代码用于将日历控件的可见性置为假。

这样，用户控件的属性和事件就设置完了，在Default.aspx中添加一个按钮，用来显示用户控件的值。当用户单击按钮时，在页面上显示用户控件的值，所以需要设置按钮的单击事件代码，如下所示，其中，CalendarControl1.CalendarDate就是用户控件的属性。

```
01    protected void Button1_Click(object sender, EventArgs e)
02    {
03        Response.Write(CalendarControl1.CalendarDate);
04    }
```

【代码解析】第3行代码用于返回日历控件所选择的日期。

运行程序，单击Button按钮，测试用户控件的值是否正常读取。本例的初始效果如图11.2所示，当用户选择日期后的效果如图11.3所示。

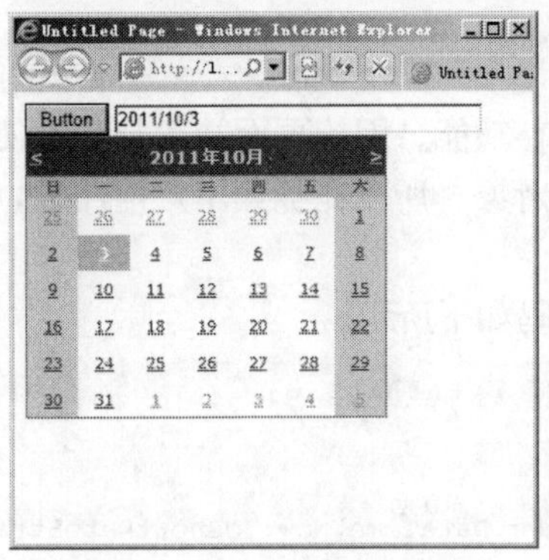

图11.2　本例的初始效果

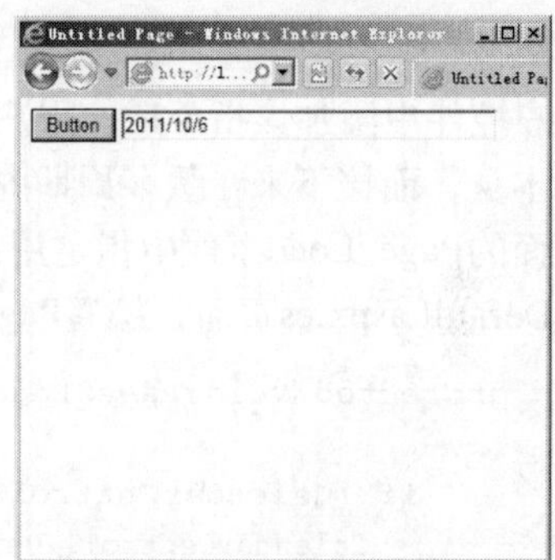

图11.3　用户选择日期后的效果

11.2　动态装载用户控件

所谓“动态”，就是程序在运行时当需要的时候才开始加载用户控件。要在一个页面中引用用户控件，必须添加一个标记“@Reference”，在这个标记中指出用户控件的地址，然后才能在后台代码中使用该用户控件。实现动态装载用户控件的步骤如下所示。

（1）在当前项目中添加一个页面Default2.aspx，然后在其“@Page”行下面添加以下内容。

```
<%@Reference Control="CalendarControl.ascx"%>
```

（2）打开Default2.aspx.cs文件，在其Page_Load事件中，动态装载用户控件，代码如下所示。

```
protected void Page_Load(object sender, EventArgs e)
{
    //定义一个用户控件
    UserControl mycontrol = (UserControl)LoadControl("CalendarControl.ascx.cs");
    //设置用户控件的初始值
    ((CalendarControl)mycontrol).CalendarDate="2011-10-10";
    //用Panel装载控件
    Panel1.Controls.Add(mycontrol);
}
```

【代码解析】第4行代码用于定义用户控件，第6行代码用于设置用户控件的属性，第8行代码用于将日期控件添加到页面。

> **注意** 必须将动态装载的控件放在一个容器内，如本例放在Panel中，因为必须将控件放在具有runat=server的窗体标记内。

(3) 运行这个页面，主要观察两个结果：是否可以给用户控件设置当前默认值，是否可以正常加载这个用户控件。

11.3 用户控件缓存问题

用户控件缓存，就是ASP.NET中常说的片段缓存。在用户控件中使用缓存，需要添加“OutputCache”指令，代码如下所示。VaryByParam表示缓存依赖的参数，本例不提供依赖参数；Duration表示缓存10秒。

```
<%@ OutputCache Duration="10" VaryByParam="none"%>
```

在用户控件中添加该指令后，用户控件就具备了缓存功能。因为页面初次加载时使用的是用户控件本身，而接下来在缓存周期内使用的就是缓存对象，所以在加载用户控件时，就需要在应用页面的Page_Load事件中指定用户控件的属性。

打开Default.aspx.cs页面，编写Page_Load事件的代码如下所示。

```
01    protected void Page_Load(object sender, EventArgs e)
02    {
03        if (CalendarControl1 != null)
04          CalendarControl1.CalendarDate = System.DateTime.Now.ToShortDateString();
05    }
```

【代码解析】第3行代码用于判断日历控件是否为空，若为非空，则显示日期为当前时间。

此时运行页面，可以看到文本框内显示默认提供的日期。此时选择日历控件，日期不会有任何改变，因为这时有缓存存在。当过了10秒后再选择日历，这时缓存失效，日期随用户选择。

11.4 用户控件与母版页、普通页面的比较

用户控件的设计与普通页面基本一样，两者的主要区别是：

(1) 用户控件的扩展名为“ascx”，而普通页面为“aspx”。

(2) 与普通页面不同，用户控件无法在客户端直接浏览。使用用户控件，只能把用户控件包含在页面内部。

(3) 作为页面中的元素，一个页面上可以放置多个用户控件。

(4) 用户控件的应用同普通的服务器控件相同，具有自身的属性、方法，以及响应使用者操作的事件，并可用编程的方式操作用户控件。

用户控件与母版页的区别：

(1) 母版页具有master文件扩展名，还有一个Master指令。

(2) 母版页包含位于每个独立页面中的顶级HTML标记，如<html>、<body>等。

(3) 使用母版页可以快速标准化站点，简化整个网站的布局。

(4) 母版页提供ContentPlaceHolder控件，也可以称为容器，以装载内容页的所有控件。

11.5 小结

本章通过一个简单的案例，学习了如何创建用户控件、如何将用户控件应用到页面中。用户控件如果设计得非常完整，比普通的服务器控件会更好用。用户控件可以一次定义、多次使用，所以掌握好用户控件的使用，可以在实际项目应用中提高工作效率，也可以统一工作界面。本章最后简单介绍了用户控件和母版页的区别，读者可以根据这几个区别，在实际项目中灵活应用母版页和用户控件。

11.6 上机实践习题

1. 创建一个用户控件，包含一个文本框和一个列表框，当单击选择列表框中的内容时，将选中的内容显示在文本框中。

【提示】 该题目要求读者学习创建用户控件的相关知识，重点掌握增加用户控件属性和处理用户控件事件的知识。

【关键代码】

建立用户控件关键代码：

```
01  <%@ Control Language="C#" AutoEventWireup="true"
02  CodeFile="ListText.ascx.cs" Inherits="ListText" %>
03  <asp:TextBox ID="TextBox1" runat="server" Width="122px">
04  </asp:TextBox>
05  <p>
06      <asp:ListBox ID="ListBox1" runat="server"
07          onselectedindexchanged="ListBox1_SelectedIndexChanged"
08  Width="118px"></asp:ListBox>
09  </p>
```

【代码解析】 第6～7行代码用于添加ListBox控件。

增加用户控件属性关键代码：

```
01  public string selectvalue
02      {
03          get { return TextBox1.Text; }                    //设置读取值
04          set { TextBox1.Text = value; }                   //设置文本框中的值
05      }
```

【代码解析】 第3行代码用于获取文本框的值，第4行用于设置文本框的值。

初始化关键事件代码：

```
protected void Page_Load(object sender, EventArgs e)
    {
        ListBox1.Items.Add("计算机系统结构");      //初始化列表框中的内容
        ListBox1.Items.Add("计算机组成原理");
        ListBox1.Items.Add("数据库原理");
        ListBox1.Items.Add("数据结构");
        ListBox1.Items.Add("计算机应用基础");
    }
```

【代码解析】第3～7行代码用于添加列表项。

增加用户控件事件关键代码：

```
01   protected void ListBox1_SelectedIndexChanged(object sender, EventArgs e)
02       {
03           TextBox1.Text = ListBox1.Text;                  //设置文本框中的值
04           ListBox1.Visible = false;                       //隐藏文本框中的值
05       }
```

【代码解析】第3行代码用于设置文本框的值为列表框中选定的值。

第12章　网　页　导　航

本章主要学习网页导航功能的应用。网页导航（Website Navigate）可以帮助用户了解网站提供的各项服务。此类控件可以节约页面的篇幅、简化内容，让页面看起来更简洁。学习完本章后，读者可设计网站的导航功能。

本章重点：

- ❑ 使用多视图控件，学会使用多视图控件的使用方法，使网站看起来更丰富。
- ❑ 使用站点地图控件，学会使用站点地图控件，使网站的内容更加清晰。
- ❑ 使用树型控件，学会使用树型控件，使网站内容结构清晰，可以纵观整个网页内容。
- ❑ 使用菜单控件，学会使用菜单控件，使网站的功能操作更加简便。

12.1　多视图控件

MultiView（多视图）控件用来在一个页面中显示多个视图。这样的效果在用户看来，类似打开了多个页面。MultiView必须由多个View控件组成，其不能独立存在。每个View控件代表不同的页，每个View控件内可以包含子控件。应用程序可以根据条件向用户呈现不同的View控件。

MultiView控件通过属性ActiveViewIndex控制所显示的View控件。ActiveViewIndex属性从0开始。0表示第1个View，1表示第2个View……依次类推。本节就用MultiView来制作两个界面，学习这个控件的用法。

（1）打开项目中的Default.aspx页面，在其中添加了1个MultiView控件和2个View控件。每在View控件中添加一个Label控件，就分别设置其Text属性为“这是页面一”和“这是页面二”。

（2）在页面的顶端添加一个按钮控件，该控件不在View中。双击此按钮，在其事件中书写切换View的代码，如下所示。

```
protected void Button1_Click(object sender, EventArgs e)
{
    //根据当前索引判断显示的View
    if (MultiView1.ActiveViewIndex == 1)
    {
        MultiView1.ActiveViewIndex = 0;         //显示第一个页面
    }
    else
    {
        MultiView1.ActiveViewIndex = 1;         //显示第二页面
    }
}
```

【代码解析】第6行代码用于设置当前活动页面为页面一，第10行代码用于设置当前活动页面为页面二。

（3）运行程序，可以看到不断单击按钮的默认切换效果，如图12.1和图12.2所示。

图12.1 切换前效果

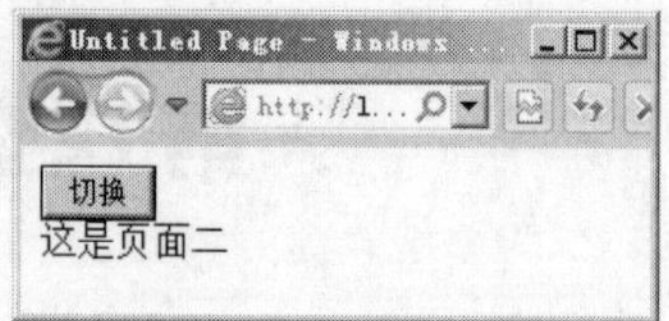

图12.2 切换后效果

12.2 导航控件

导航控件（Wizard）又叫向导控件，就是用窗体（用来完成某项任务的一组窗体）收集用户的输入。ASP.NET提供了Wizard导航控件，可以在一个页面内生成一系列窗体，以收集用户输入的操作关联的任务。如Visual Studio 2010提供的注册控件，其实就是一个导航控件。导航控件的应用，就像一个安装程序一样，你可以一步一步地向下进行。

ASP.NET Wizard控件简化了很多操作（包括生成多个窗体、收集用户输入等）。Wizard控件提供了一种简单的机制，允许轻松地生成步骤、添加新步骤或重新安排步骤。无须编写代码，即可生成线性和非线性的导航，并自定义控件的用户导航。因为其生成导航非常方便，所以本节也通过一个例子来学习Wizard控件的使用方法。

Wizard控件使用多个步骤，描绘用户数据输入的不同部分。该控件内的每个步骤均会给定一个StepType，用以指示这一步骤是开始步骤、中间步骤还是完成步骤。下面的代码示例演示带有3个步骤的Wizard控件。

```
01    <asp:Wizard ID="Wizard1" Runat="server">
02        <WizardSteps>
03            <asp:WizardStep Runat="server" Title="第一步">
04            </asp:WizardStep>
05            <asp:WizardStep Runat="server" Title="第二步">
06            </asp:WizardStep>
07            <asp:WizardStep Runat="server" Title="第三步">
08            </asp:WizardStep>
09        </WizardSteps>
10    </asp:Wizard>
```

【代码解析】第1～10行代码用于设置导航控件，第3行代码用于设置第一步，第5行代码用于设置第2步，第7行代码用于设置第3步。

Wizard控件具有线性导航和非线性导航的功能。该控件的状态管理功能允许用户在各个步骤之间前后移动，在有侧栏的情况下，还允许用户在任何时候选择任意步骤。通过使用StepNextButtonText、StepPreviousButtonText和FinishCompleteButtonText这些属性，可以自定义该控件的asp:Wizard元素中用于导航的文本或者符号，如下面的代码所示。

```
<asp:Wizard ID="Wizard1" Runat="server"
  StepNextButtonText=" Next >> "
```

```
    StepPreviousButtonText=" << Previous "
    FinishCompleteButtonText=" Done! ">
```

Wizard控件可自动显示标题和控件的当前步骤。标题是用HeaderText属性自定义的。可以通过使用HeaderTemplate属性来调整标题的模板，还可以选择显示一个“取消”按钮，方法是将DisplayCancelButton属性设置为true，这样可以直接从当前步骤退出导航。

根据前面这些介绍，设计一个既有标记又有文本的导航控件，详细代码如下所示。

```
01    <asp:Wizard ID="Wizard1" Runat="server" ActiveStepIndex="1"
02            FinishCompleteButtonText="完成" FinishPreviousButtonText="上一步"
03         StartNextButtonText="下一步"
04            StepNextButtonText="&gt;&gt;" StepPreviousButtonText="&lt;&lt;">
05        <WizardSteps>
06            <asp:WizardStep ID="WizardStep1" Runat="server" Title="第一步">
07                <asp:Label ID="Label1" runat="server" Text="版权说明，侵权必究！">
08                </asp:Label>
09            </asp:WizardStep>
10            <asp:WizardStep ID="WizardStep2" Runat="server" Title="第二步">
11                <asp:Label ID="Label2" runat="server" Text="输入序列号"></asp:Label>
12                <br />
13                <asp:TextBox ID="TextBox1" runat="server"></asp:TextBox>
14            </asp:WizardStep>
15            <asp:WizardStep ID="WizardStep3" Runat="server" Title="第三步">
16                <asp:Label ID="Label3" runat="server" Text="谢谢使用"></asp:Label>
17            </asp:WizardStep>
18        </WizardSteps>
19    </asp:Wizard>
```

【代码解析】第1行代码用于设置当前导航为第一步，第2行代码用于设置完成导航和上一步导航，第3行代码用于设置下一步导航，第6～9行代码用于设置第一步和显示内容，第10～14行代码用于设置第二步导航和显示的内容，第15～19行代码用于设置第三步导航及显示的文本内容。

为了让这个导航控件默认显示是显示在第一步，还需要在Page_Load事件中设置其索引属性，如下所示。

```
01    protected void Page_Load(object sender, EventArgs e)
02    {
03        Wizard1.ActiveStepIndex = 0;
04    }
```

【代码解析】第3行代码用于设置当前活动步骤为第一步。

图12.3、图12.4和图12.5就分别显示导航控件的每一步。

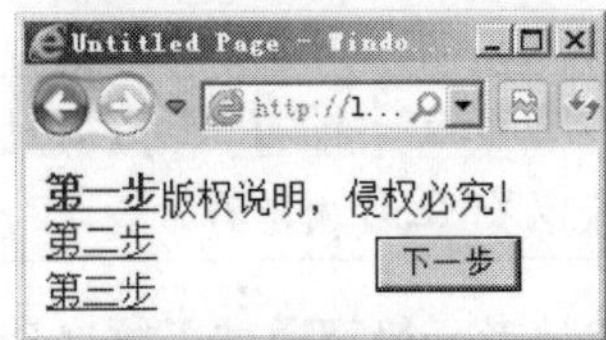

图12.3 第一步

图12.4 第二步

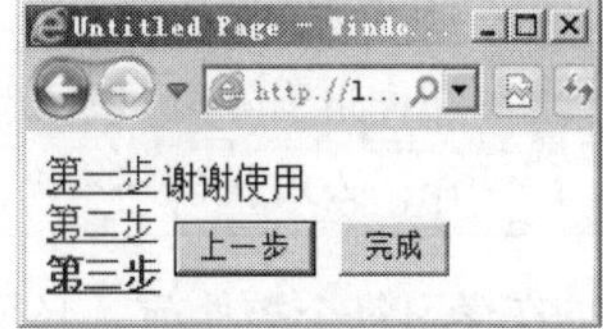

图12.5 第三步

如果要可视化地修改每一步，可通过该控件属性窗口的“WizardSteps”属性，打开如

图12.6所示的对话框。

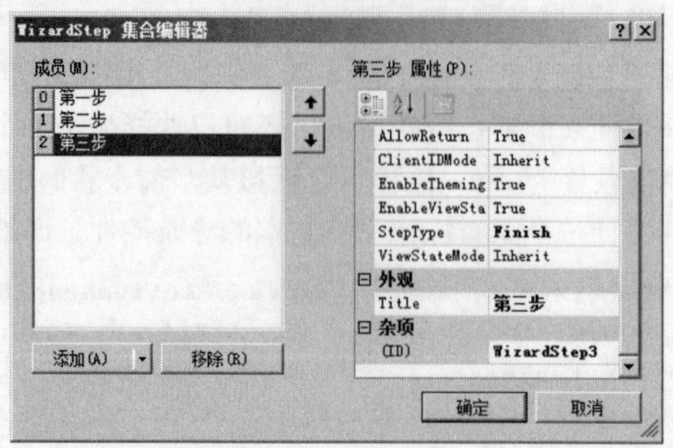

图12.6 导航属性对话框

为了让读者深入学习导航控件，表12.1给出了常用导航控件的属性和事件的说明。

表12.1 导航控件的常用属性和事件

名　称	属性或事件	说　明
ActiveStepIndex	属性	当前显示的步骤，索引从0开始
DisplaySideBar	属性	是否显示左侧的导航栏
WizardSteps	属性	步骤集合编辑器
ActiveStepChanged	事件	当步骤发生改变时触发的事件
CacelButtonClick	事件	当用户单击“取消”按钮时触发的事件
FinishButtonClick	事件	当用户单击“完成”时触发的事件
NextButtonClick	事件	当用户单击“下一步”时触发的事件
PreviousButtonClick	事件	当用户单击“上一步”时触发的事件
SideBarButtonClick	事件	当用户单击左侧导航时，触发的事件

12.3 站点地图控件

一个庞大的Web应用程序，必须让用户感觉操作并不困难。这就得使用站点地图控件(SiteMapPath)，让用户在使用程序时有一目了然的效果。本节主要介绍站点地图的定义和使用。

12.3.1 站点地图控件的功能

SiteMapPath控件用来显示当前页在整个应用程序中的位置，运行效果如图12.7所示。其中当前位置和父级目录间以“>”相隔。

办公室应用 > 办公软件 > Word

图12.7 SiteMapPath控件的效果

注意 在使用SiteMapPath控件时，需要显示导航路径的页面都必须添加一个SiteMapPath控件；必须提供一个所有页面关系的导航地图文件，这个文件以XML形式保存。

在学习每个控件前，必须先掌握这个控件都具备哪些功能。初学者一般都通过了解这个控件的属性来了解其所具备的功能。SiteMapPath控件的几个主要属性如下所示。

❑ PathDirection：导航路径的显示顺序，有CurrentToRoot（从当前位置到根节点）和

RootToCurrent（从根节点到当前节点）两个值。

- RenderCurrentNodeAsLink：设置导航路径是否呈现为链接样式，属于默认样式。
- PathSeparator：导航路径之间的分隔符号。默认为“>"。

12.3.2 使用站点地图控件实现导航

上一节学习了站点地图控件的功能和主要属性。本节通过一个案例，学习如何使用这个控件实现网站的导航。

（1）一个网站有多个网页，为了实现这种网站效果，在项目中再添加2个窗体“Default2.aspx”和“Default3.aspx”。

（2）为这3个窗体分别添加SiteMapPath控件，因为不仅仅要导航到这个页面，还必须从这个页面导航到其他页面。

（3）右击项目名称，在弹出的菜单中，单击“添加新项”命令，添加一个“站点地图”到本程序中。站点地图的默认名称为“Web.sitemap”。设计当前网站的布局，详细内容如下所示。

```
<?xml version="1.0" encoding="utf-8" ?>
<siteMap xmlns="http://schemas.microsoft.com/AspNet/SiteMap-File-1.0" >
    <siteMapNode url="Default.aspx" title="计算机类图书"  description="总类">
        <siteMapNode url="Default2.aspx" title="软件类图书"  description="分类">
            <siteMapNode url="Default3.aspx" title="C#开发语言"
            description="细分类" />
        </siteMapNode>
    </siteMapNode>
</siteMap>
```

注意 站点地图必须是xml文件格式。

（4）在默认的Default.aspx页面中，添加一个HyperLink控件，设计其属性如下所示。

```
<asp:HyperLink ID="HyperLink1" runat="server" NavigateUrl="
~/Default2.aspx">软件类图书</asp:HyperLink>
```

（5）在Default2.aspx页面中，添加一个HyperLink控件，设计其属性如下所示。

```
<asp:HyperLink ID="HyperLink2" runat="server" NavigateUrl=
"~/Default3.aspx">C#开发语言</asp:HyperLink>
```

（6）在Default3.aspx页面中，写出任意C#内容，让用户可以知道现在显示的是第三个页面。

（7）运行程序，通过单击导航链接，可以发现站点导航控件的变化。图12.8、图12.9和图12.10分别演示了3个页面的运行效果。

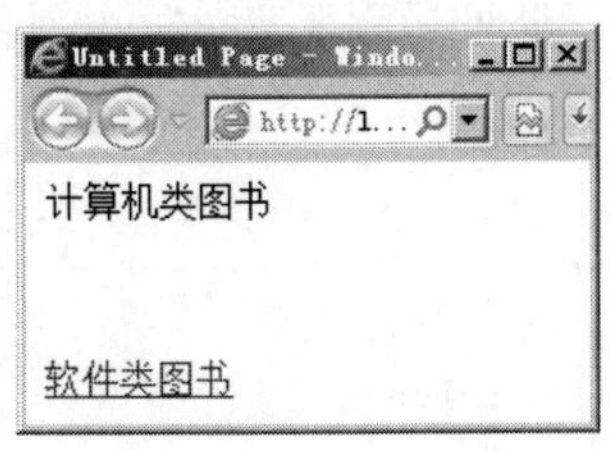

图12.8 第一页

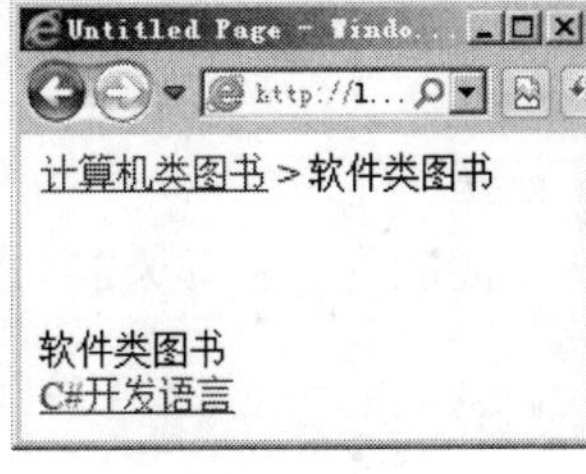

图12.9 第二页

图12.10 第三页

12.4 树型视图控件

树型视图控件（TreeView）是通过树形结构显示一些复杂的数据，也经常用来做站点的导航。TreeView控件必须包含一个根节点，根节点下的子节点没有限制。在网站上经常会看到左侧有树形导航结构，这些一般就是TreeView控件。本节剖析该控件的结构，并学习该控件的使用方法。

12.4.1 应用树型视图控件

与SiteMapPath不同，TreeView无法直接显示SiteMap对象中的地图，而必须通过另外一个中间对象SiteMapDataSource才可以显示，即SiteMapDataSource从SiteMap对象中取得网站地图，然后作为TreeView的数据源。树型视图控件的效果如图12.11所示。

图12.11 树型视图控件的效果

下面详细介绍如何实现如图12.11所示的效果。本例中，没有给TreeView指定xml文件格式的数据源，而是使用默认的SiteMap对象，读取用Web.sitemap文件描述的站点逻辑结构。同上一节介绍的站点地图一样，这是最简单、最常用的方式，开发者不用写一句代码便可以轻松实现。

（1）在页面中添加一个TreeView控件。同12.3节一样，也在这个项目中添加Web.sitemap站点地图，内容同上节实例。

（2）在页面中添加一个SiteMapDataSource控件，这个会自动关联到Web.sitemap站点地图，此控件默认的ID为“SiteMapDataSource1”，下面会用到这个ID。

（3）不需要添加任何代码，只需要把TreeView控件的DataSourceID属性设置为SiteMapDataSource1。表示当前树形控件的内容来自站点地图。

（4）运行程序，浏览树形控件的运行效果。

12.4.2 节点定义

TreeView控件由一个或多个节点（TreeNode）构成，树中的每一项都是一个节点。节点使用TreeNode对象来描述。根据节点位置的不同，可以分成三种节点：根节点、父节点和叶节点。根节点是树的最顶级的节点，它没有父节点；叶节点是最底层的节点，它没有子节点。除了根节点和叶节点之外的节点，都可以称为父节点。

每一个节点对象都有Text和Value两个属性，Text属性用来显示节点的名称，而Value属性用来存放节点的其他任何附加信息。下面通过一个小例子，来学习TreeNode的用法，要求在页面显示出图12.11中的所有节点。

在页面中添加一个按钮，写出该按钮的单击时间代码如下所示。此处用到了TreeNode对象，每个对象就是树控件中的每个节点。

```
//遍历并输出所有的节点
foreach(TreeNode mynode in TreeView1.Nodes )
{
    Response.Write(mynode.Text + ":" + mynode.Value);
}
```

运行本页面，可以看到只能显示最上面一层节点，这里留给读者一个思考题：如何显示所有层的节点，而不是只有第一层节点？建议读者用递归方法解决。

12.4.3 动态生成节点

要动态生成节点，就要掌握树形控件的结构，当然还要灵活运行TreeNode对象。下面在前面的实例中的“计算机类图书”下面，再添加一个“硬件类图书”的节点。首先要定位计算机类图书节点，然后新创建一个节点对象，最后将新节点对象添加到计算机类图书节点中，详细代码如下所示。

```
01    protected void Button2_Click(object sender, EventArgs e)
02    {
03        //首先创建一个新节点对象
04        TreeNode newnode = new TreeNode();
05        newnode.Text = "硬件类图书";
06        newnode.Value = "硬件类图书";
07        //找到计算机类图书节点
08        TreeNode parentNode=TreeView1.FindNode("计算机类图书");
09        //在计算机类图书节点中添加新节点
10        parentNode.ChildNodes.Add(newnode);
11    }
```

【代码解析】第8行代码用于设置新建节点的父节点，第10行代码用于将新节点添加到树形目录。本例添加节点后的效果如图12.12所示。

12.4.4 定义节点样式

读者在网站上会经常看到一些带图标的树形控件，这些控件都应用了样式（Styles），使树形控件看起来更美观。如果读者觉得设计这些样式不方便，则可以用Visual Studio 2010提供的控件格式化功能，选择默认提供的样式，如图12.13所示。

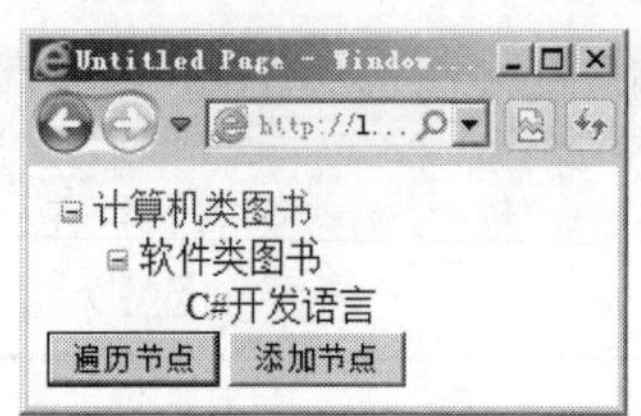

图12.12 动态生成节点

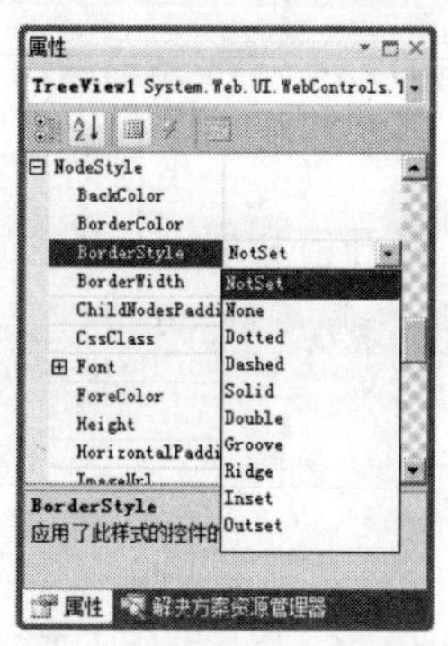

图12.13 树形控件的样式

TreeView控件还支持每种节点的TreeNodeStyle控件的属性。这些属性将应用于所有节点类型的NodeStyle属性。当一个节点被选中或鼠标指针悬停在该节点上时，可对该节点应用不同的样式。当某个节点的Selected属性设置为True时，将应用当前节点的SelectedNodeStyle属性。读者可以通过这些树形来细化节点的样式。

12.5 菜单控件

早期的网站上，通常都是使用JavaScript+Div的形式构成菜单，但这种方式代码多、层次不太清楚。Visual Studio 2010提供了Menu（菜单）控件，可以方便地在Web程序中创建和编辑菜单。本节就学习菜单控件的应用。

12.5.1 应用菜单控件

Menu控件是用来可视化设计应用程序的菜单，可实现菜单的增、删、改。拖放一个Menu控件到设计界面，单击其任务菜单中的“编辑菜单项”菜单命令，打开菜单项编辑器对话框，如图12.14所示。

在菜单区上面有一排按钮，可通过这些按钮实现菜单项的编辑。当选中菜单项时，属性区就会显示此项的文本、值等属性。这种方法可以设置静态菜单内容。下面将详细介绍如何实现动态菜单的创建。

（1）单击Menu控件的任务菜单，在“选择数据源”下拉框中，选择“新建数据源”项，打开“数据源配置向导”对话框，如图12.15所示。Visual Studio 2010提供两种动态数据源：xml文件和站点地图。本例还是选择前面创建的地图文件。

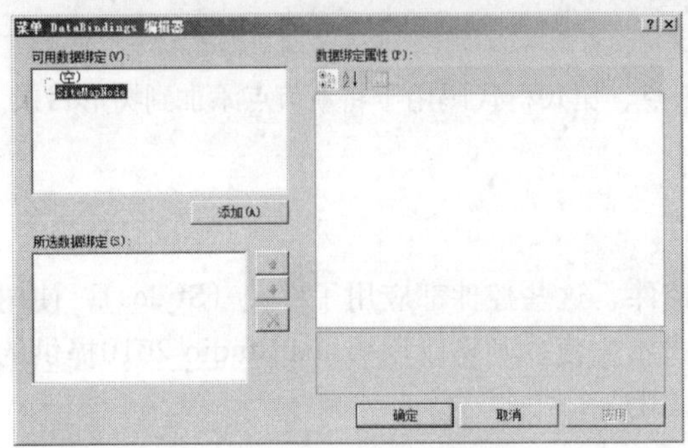

图12.14 菜单项编辑器

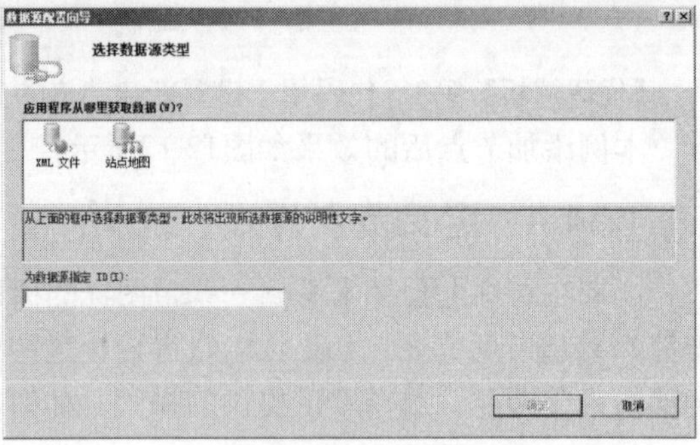

图12.15 数据源配置向导

（2）运行这个页面，生成时，菜单默认只显示第一级，但当鼠标指针划过时，菜单中的各项就会展开。展开前和展开后的效果如图12.16和图12.17所示。

图12.16 菜单控件展开前

图12.17 菜单控件展开后

12.5.2 定义菜单样式

Menu控件的样式（Styles）也可以通过自动套用格式来定义。还可以通过Menu控件本身的属性设置，来更改菜单外观的显示。Menu控件可以分为水平显示和垂直显示两种风格，这两种风格通过Orientation属性来设置。另外，Menu控件还可以修改菜单项样式属性、级别样式集合、图片属性和模板属性来更改控件的外观。各个属性的具体含义参见表12.2。

表12.2 Menu控件的一些样式属性

属性名称	说明
DynamicHoverStyle	鼠标指针悬停其上时的样式设置
DynamicMenuItemStyle	单个动态菜单项的样式设置
DynamicMenuStyle	动态菜单的样式设置
DynamicSelectedStyle	当前选定的动态菜单项的样式设置
StaticHoverStyle	静态菜单项在鼠标指针悬停其上时的样式设置
StaticMenuItemStyle	单个静态菜单项的样式设置
StaticMenuStyle	静态菜单的样式设置
StaticSelectedStyle	当前选定的静态菜单项的样式设置
LevelMenuItemStyles	MenuItemStyle对象的集合，这些对象根据级别控制菜单项的样式
LevelSelectedStyles	MenuItemStyle对象的集合，这些对象根据级别控制所选菜单项的样式
LevelSubMenuStyles	MenuItemStyle对象的集合，这些对象根据级别控制子菜单项的样式
DynamicBottomSeparatorImageUrl	显示在动态菜单项底部的可选图像，用于将菜单项与其他菜单项隔开
DynamicPopOutImageUrl	显示在动态菜单项中的可选图像，用于指示菜单项具有子菜单
DynamicTopSeparatorImageUrl	显示在动态菜单项顶部的可选图像，用于将菜单项与其他菜单项隔开
ScrollDownImageUrl	显示在菜单项底部的图像，用于指示用户可以向下滚动查看其他菜单项
ScrollUpImageUrl	显示在菜单项顶部的图像，用于指示用户可以向上滚动查看其他菜单项
StaticBottomSeparatorImageUrl	显示在静态菜单项底部的可选图像，用于将菜单项与其他菜单项隔开
StaticPopOutImageUrl	显示在静态菜单项中的可选图像，用于指示菜单项具有子菜单
StaticTopSeparatorImageUrl	显示在静态菜单项顶部的可选图像，用于将菜单项与其他菜单项隔开
DynamicItemTemplate	包含动态菜单项的自定义呈现内容的模板
StaticItemTemplate	包含静态菜单项的自定义呈现内容的模板

注意 上面表格中提到了Menu控件的静态菜单和动态菜单。其实Menu控件有两种显示模式：静态和动态。

12.6 小结

本章介绍了Visual Studio 2010提供的导航控件组，这些控件包括：多视图控件、站点地图控件、树形控件和菜单控件。因为站点地图控件和树形控件都会应用站点地图文件，所以本章第12.3节还学习了如何创建站点地图。针对每种控件，本章都给出了至少一个案例，可以通过这些案例深入学习这些控件在实际开发过程中的作用。

12.7 上机实践习题

1. 新建一个页面，在页面上显示3个按钮，在同一个页面上分别显示3个不同的视图。

【提示】该题目要求读者学习多视图控件的使用方法，重点掌握多视图控件中存在多个视图时显示指定视图的方法。

【关键代码】

```
01  protected void Page_Load(object sender, EventArgs e)
02  {
03      Label1.Text = "当前显示的内容是第1个页面";        //设置页面显示的内容
04      Label1.BackColor = Color.Red;                    //设置控件的背景色
05      Label2.Text = "当前显示的内容是第2个页面";
06      Label2.BackColor = Color.Green;
07      Label3.Text = "当前显示的内容是第3个页面";
08      Label3.BackColor = Color.Blue;
09      Button1.Text = "显示第1个页面";                  //设置按钮标题
10      Button2.Text = "显示第2个页面";
11      Button3.Text = "显示第3个页面";
12  }
13  protected void Button1_Click(object sender, EventArgs e)
14  {
15      MultiView1.ActiveViewIndex = 0;                  //设置活动页面
16  }
17  protected void Button2_Click(object sender, EventArgs e)
18  {
19      MultiView1.ActiveViewIndex = 1;
20  }
21  protected void Button3_Click(object sender, EventArgs e)
22  {
23      MultiView1.ActiveViewIndex = 2;
24  }
```

【代码解析】第15行代码用于设置活动页面为第一个页面，第19行代码用于设置活动页面为第二个页面，第23行代码用于设置活动页面为第三个页面。

2. 显示下述站点文件所表示的菜单。

```
<?xml version="1.0" encoding="utf-8" ?>
<siteMap>
  <siteMapNode title="Home" description="Home" url="default.aspx" >
    <siteMapNode title="Products" description="Our products"
     url="Products.aspx">
      <siteMapNode title="Hardware"
       description="Hardware choices"
       url="Hardware.aspx" />
      <siteMapNode title="Software"
       description="Software choices"
       url="Software.aspx" />
    </siteMapNode>
    <siteMapNode title="Services"
     description="Services we offer"
     url="Services.aspx">
      <siteMapNode title="Training"
       description="Training classes"
       url="Training.aspx" />
      <siteMapNode title="Consulting"
```

```
        description="Consulting services"
        url="Consulting.aspx" />
      <siteMapNode title="Support"
        description="Support plans"
        url="Support.aspx" />
    </siteMapNode>
  </siteMapNode>
</siteMap>
```

【提示】该题目要求读者学习菜单控件的使用方法，重点掌握设置菜单控件数据源的方法。

【关键代码】

```
01    <asp:Menu ID="Menu1" runat="server" DataSourceID="SiteMapDataSource1">
02    </asp:Menu>
03    <asp:SiteMapDataSource ID="SiteMapDataSource1" runat="server" />
```

【代码解析】第1行代码用于设置菜单控件的数据源，第3行代码用于设置站点地图的数据源。

第13章　门户个性化

本章学习门户个性化的相关知识和利用ASP.NET创建个性化内容。门户个性化可以增加网页的吸引力，以网页形式体现企业的文化及各种特色。通过学习本章，读者可以创建简单的个性化门户网站。

本章重点：

- ❑ 门户个性化，学习门户个性化的基本概念，理解什么是门户个性化。
- ❑ 使用WebPartZone控件，学会WebPartZone控件的使用方法。
- ❑ 设置Profile属性，学会设置Profile属性，实现网站个性化。

13.1　什么是门户个性化

某份报纸上曾经说过：千人一面的企业门户已是过去式，个性化门户将会引领未来潮流。现在是Web 2.0时代，各大网站都要具备开放性，同时保持数据的可迁移性，还允许用户挑选自己喜欢的内容。这样，用户就可以构建属于自己的个性化网页，还可以组合网上不同来源的数据。门户个性化已经是一个潮流，随着Web 2.0的兴起而被广泛传播。本节从概念和应用上详细介绍门户的个性化。

13.1.1　哪些网站体现了门户个性化

门户个性化就是要求各大门户具备开放性，允许用户挑选自己喜欢的内容。经常使用Blog的人应该知道：可以通过网站提供的模板，让自己的Blog更靓丽；也可以通过配置来增加或减少Blog上显示的内容，如不显示日期，或者显示所有的评论等。

国内比较大的网站，如Google、Sohu博客、Sina博客等，都实现了这些个性化功能。本节以Google的个性化为例，介绍它们的应用。

打开www.google.com网站，可以看到右上角的“个性化首页”链接，如图13.1所示。单击这个链接，打开Google提供的一些可选项，包括财经、天气等，用户可以更改界面主题，如图13.2所示。

图13.1　Google首页

本例只保存谷歌财经和天气两个项目，然后关闭其他所有项目。用户除了可以显示和关闭这些项目外，还可以自己移动这些项目，来设置其显示的位置，如图13.3的拖曳操作。

用户还可以看到，每个项目右上角都有个“设置”按钮和“×”按钮。通过“设置”按钮，如在天气这个项目中，可以选择显示某个城市的天气。不同的项目，设置内容不同。

图13.2 Google提供的用户可选项

图13.3 Google支持的拖曳操作

13.1.2 门户个性化具备哪些功能

通过上一小节的学习，本节总结门户个性化究竟具备哪些功能。

（1）用户可得到定制化信息。通过RSS，用户可以随时随地查看定制内容。

（2）用户可以得到自己的个性化网页。通过上一节的学习可以知道，网站提供一些内容供用户自己选择搭配。

（3）提供在线服务，如Google还提供在线Word编辑功能。

（4）善于组合网络上不同来源的数据。

（5）开放自己的应用编程接口（API），允许他人接入这些内容。如淘宝网上提供的支付宝，向一些VIP用户提供接口，整合支付功能。

门户个性化的内容不仅仅是这些，Web 2.0时代的信息变化太快，这些个性化内容还在不断变化中。

13.2 Web Part Pages基础

Web Part，被称为Web部件。Web部件技术主要用于创建网站，使最终用户可以直接在浏览器上修改网页的内容、外观和行为。这些修改可以应用于网站上的所有用户或个别用户。用户可以根据Web部件技术中的个性化，来实现当用户修改页和控件时保存这些设置，为以后的各浏览器会话保留用户的个人首选项信息。此个性化效果就是前面演示的Google网站提供的功能。本节就介绍在ASP.NET程序中实现个性化的方法。

13.2.1 创建一个Web Part网页

Web Part网页，就是在普通的页面中，添加Web部件包含的相关控件，从而使该页面具有了Web Part页的特点，可以提供给用户更强的自定义功能。下面演示Web Part页的创建过程。

（1）在网站中，添加一个新的aspx页面，命名为WebPartPage.aspx。本例将以该文件作为Web Part页。

（2）用表格来设计页面，详细代码如下所示。其中，创建了一个1行3列的表格，后面的小节再单独介绍如何添加一些Web部件。

```
<h1>演示Web Part页面</h1>
    <form runat="server" id="form1">
        <br />
        <table cellspacing="0" cellpadding="0" border="0">
            <tr>
                <td valign="top">
                </td>
                <td valign="top">
                </td>
                <td valign="top">
                </td>
            </tr>
        </table>
</form>
```

13.2.2 添加WebPartManager控件

创建好网页后，首先必须在网页中添加一个WebPartManager部件。WebPartManager控件用作Web部件控件集的中心类，管理网页上的所有Web部件、功能和事件。每一个Web部件页都需要一个WebPartManager控件。

拖放一个WebPartManager到页面，自动生成的代码如下所示。

```
<asp:WebPartManager ID="WebPartManager1" runat="server">
</asp:WebPartManager>
```

一个Web Part页必须包含一个WebPartManager控件。WebPartManager控件的主要功能如下所示。

（1）管理Web Parts及区域的列表。

（2）管理页面的状态，如显示状态、编辑状态等。

（3）页面状态发生改变时触发相应事件。

（4）协调Web Parts之间的通信。

（5）管理个性化设置。

13.2.3 添加WebPartZone控件

继上一节添加了Web Part页的管理控件后，本节开始添加WebPart区域。在表Table中第一个<td>元素的内部，拖入一个WebPartZone（部件区域）控件。参考页面的源代码可以看到，该区域内有一个模板ZoneTemplate，用来承载该区域内所有的控件。此处可以添加普通的Web控件，也可以添加用户自定义的控件。此时设置WebPartZone的属性如下所示。

```
<td valign="top">
        <asp:WebPartZone ID="SideBarZone" runat="server"  HeaderText="导航栏">
            <ZoneTemplate>
            </ZoneTemplate>
        </asp:WebPartZone>
</td>
```

同样，在第二列也添加一个区域模板，添加之后的源代码如下所示。

```
<td valign="top">
    <asp:WebPartZone ID="MainZone" runat="server" HeaderText= "主页">
        <ZoneTemplate>
        </ZoneTemplate>
    </asp:WebPartZone>
</td>
```

13.2.4 添加普通控件

前面添加了Web区域后，并没有在其中添加内容，本节在其中添加一些普通的服务器控件。在第二列的ZoneTemplate内，设计本区域要显示的内容，如下所示。

```
01  <asp:WebPartZone ID="MainZone" runat="server" HeaderText="Main">
02          <ZoneTemplate>
03              <asp:Label ID="contentPart" runat="server" title="内容">
04                  <h2>欢迎来到我的网站</h2>
05                  <p>相关网站链接!</p>
06              </asp:Label>
07          </ZoneTemplate>
08  </asp:WebPartZone>
```

【代码解析】第3行代码用于设置标签的标题，第4～5行代码用于设置页面显示内容。

在第一列的区域内，也添加几个链接，内容如下所示。

```
01  <asp:WebPartZone ID="SideBarZone" runat="server" HeaderText="导航栏">
02          <ZoneTemplate>
03              <asp:Label runat="server" ID="linksPart" title= "网站链接">
04                  <a href="http://www.sohu.com">搜狐网站</a>
05                  <br />
06                  <a href="http://www.google.com">谷歌搜索</a>
07                  <br />
08                  <a href="http://www.sina.com.cn">新浪门户</a>
09                  <br />
10              </asp:Label>
11          </ZoneTemplate>
12  </asp:WebPartZone>
```

【代码解析】第3行代码用于设置标题，第4～8行代码用于设置页面上的超级链接。

添加完2个区域后，此时的页面设计效果如图13.4所示。

运行Web Part页，效果如图13.5所示，可通过选择每个区域右上角的按钮来实现该区域的最小化、还原和关闭。

图13.4 Web Part页的设计效果

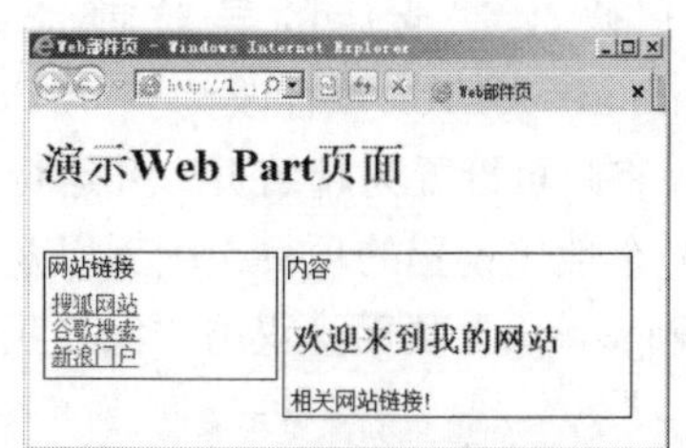

图13.5 Web Part页的运行效果

13.3 个性化设置Profile和数据存取

Profile可以自动在多个Web应用程序之间存储用户信息。一个User Profile可以存储各种类型的信息，此信息既可以是简单的字符和数值类型，也可以是复杂的自定义类型。本节只是简要介绍Profile的使用，具体很复杂的应用，读者可以在实践中加强练习。

13.3.1 设置属性

要进行站点的个性化设置，应先选择可以自定义的项目，比如定义自己的字体、颜色、窗口大小等。本节用一个比较简单的设置，提供两个字符串类型：一个用来保存用户姓名，一个用来保存鼠标移动到姓名时的标签提示信息。实现的具体步骤如下所示。

(1) 添加一个Web窗体“ProfilePage.aspx”，在网页中，添加个性化项目所需要的控件，如图13.6所示。其中“Label1”控件用来显示个性化设置的结果，同时还为两个文本框控件添加了验证，要求用户必须填写两个项目的设置。

图13.6 个性化网页的设计效果

(2) 设计完配置界面后，要让程序知道这个界面，这就需要修改配置文件web.config。在“<system.web>”节点下，添加Profile的配置，详细代码如下所示。

```
        <profile>
              <properties>
                    <add name="Name" type="System.String"  />
                    <add name="ToopTip" type="System.String"  />
              </properties>
        </profile>
```

从代码中可以看到，本站点的Profile设置了两个项目，一个是“Name”，一个是“ToopTip”，两个项目的类型都是“String”。

13.3.2 保存设置

本站点的个性化设置目前只对登录用户有效。为了实现用户的登录，还必须设计登录功能，具体设计步骤如下所示。

(1) 首先要为站点添加用户，为了快速实现用户的添加，使用“网站”|“ASP.NET 配置”菜单中的站点安全工具，以视图方式添加一个名为“Admin”的用户。

(2) 在项目中添加一个Web窗体“Login”，从登录控件组中，拖放一个“Login”控件到界面。

(3) 修改登录后的导航地址。按F4键打开“Login”控件的属性窗口，将“DestinationPageUrl”属性改为“~/ ProfilePage.aspx”，表示登录后进入个性化设置页。

(4) 将此页设置为起始页，并运行程序，测试是否可以正确登录并导航。

(5) 个性化设置的项目、配置以及登录信息已经设计完毕之后，就保存用户的设置。打开“ProfilePage.aspx”页面，双击“保存我的设置”按钮，在单击事件中写出保存代码，如下所示。

```
//首先验证页面是否有效
if (Page.IsValid)
```

```
03    {
04        // 开始个性化设置
05        Profile.Name=txtname.Text;            //保存姓名
06        Profile.ToopTip = txtTooltip.Text; //保存鼠标移动到姓名控件时的提示信息
07    }
```

【代码解析】 第2行代码用于验证页面是否有效，第6行代码用于保存控件的提示信息。

（6）运行程序，登录成功后转到个性化设置页面，添加完自定义的项目，单击“保存我的设置”按钮，测试能否正确保存个性化信息。

（7）个性化设置保存完毕后，需要为用户应用这些设置，在当前页面的“Page_Load”事件中写出获取个性信息的设置，代码如下所示。

```
01    if (!IsPostBack)
02    {
03        if (Profile.Name != string.Empty && Profile.ToopTip != string.Empty)
04        {
05            Label1.Text = Profile.Name;      //获取个性化设置中的姓名
06            Label1.ToolTip = Profile.ToopTip; //获取鼠标移动到姓名控件时的提示信息
07        }
08    }
```

【代码解析】 第1行代码用于验证页面是否已经回传，第5行代码用于保存个性化的姓名。

（8）运行程序，用admin登录成功后，测试能否正常获取用户的设置。如果运行一切正常，则个性化设置功能已经成功完成。图13.7表示用户存储个性化信息前的界面；图13.8所示是登录后系统自动获取的用户个性化信息的界面。

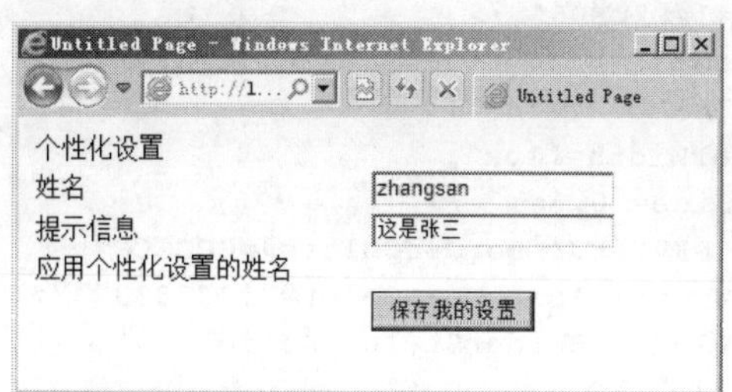

图13.7 用户存储个性化信息前

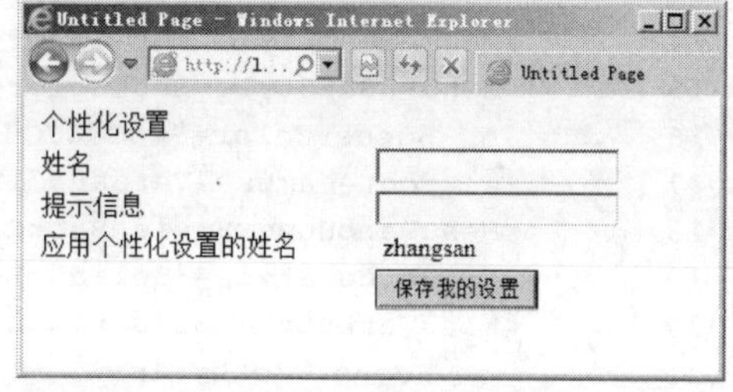

图13.8 系统自动获取的用户个性化信息

13.4 小结

本章主要介绍了ASP.NET中关于个性化设置的功能，详细介绍了Web部件和Profile个性化设置，主要内容是如何利用这些功能完成用户的自定义配置。

Profile和Session有相似之处，都可以保存用户的一些信息。Session是存在于应用程序之内的，应用程序关闭后Session也随之消失，而Profile是保存在数据库的，只要数据库存在，Profile信息就永远有效。Web部件允许用户在网页中定制属于自己的显示内容，是Web 2.0时代的基本特色。

13.5 上机实践习题

新建一个WebPartsDemo.aspx页面，在该页面上实现个性化网页的设计，使用户能够对页面内容进行最小化、关闭等操作。

【提示】该题目要求读者学习门户个性化的相关知识，重点掌握WebPartManager控件的使用方法和WebPartZone控件的使用方法。

【关键代码】

WebPartManager控件代码

```
01  <div>
02  <asp:WebPartManager ID="WebPartManager1" runat="server">
03  </asp:WebPartManager>
04  </div>
```

【代码解析】第2行代码用于为页面添加WebPartManager控件。

WebPartZone控件代码

```
01  <asp:WebPartZone ID="SidebarZone" runat="server" HeaderText="Sidebar"
02      BorderColor="#CCCCCC" Font-Names="Verdana" Padding="6">
03  <ZoneTemplate>
04  <asp:Label runat="server" id="linksPart" title="My Links">
05      <a href="http://www.asp.net">ASP.NET site</a>
06      <br />
07      <a href="http://www.gotdotnet.com">GotDotNet</a>
08      <br />
09      <a href="http://www.contoso.com">Contoso.com</a>
10      <br />
11  </asp:Label>
12  </ZoneTemplate>
13      <MenuLabelHoverStyle ForeColor="#E2DED6" />
14      <MenuLabelStyle ForeColor="White" />
15      <MenuPopupStyle BackColor="#5D7B9D"
16          BorderColor="#CCCCCC" BorderWidth="1px"
17          Font-Names="Verdana" Font-Size="0.6em" />
18      <MenuVerbHoverStyle BackColor="#F7F6F3" BorderColor="#CCCCCC"
19          BorderStyle="Solid" BorderWidth="1px" ForeColor="#333333" />
20      <MenuVerbStyle BorderColor="#5D7B9D" BorderStyle="Solid"
21          BorderWidth="1px"
22          ForeColor="White" />
23      <TitleBarVerbStyle Font-Size="0.6em" Font-Underline="False"
24            ForeColor="White" />
25      <EmptyZoneTextStyle Font-Size="0.8em" />
26      <HeaderStyle Font-Size="0.7em" ForeColor="#CCCCCC"
27          HorizontalAlign="Center" />
28      <PartChromeStyle BackColor="#F7F6F3"
29          BorderColor="#E2DED6" Font-Names="Verdana"
30          ForeColor="White" />
31      <PartStyle Font-Size="0.8em" ForeColor="#333333" />
32      <PartTitleStyle BackColor="#5D7B9D" Font-Bold="True" Font-Size="0.8em"
33          ForeColor="White" />
34  </asp:WebPartZone>
```

【代码解析】第1～2行代码用于向页面添加WebPartZone控件，第3～12行代码用于设置WebPartZone控件内的超级链接。第13～33行代码用于设置WebPartZone控件内显示的内容及其样式。

第四篇
ASP.NET网站管理

第14章 状 态 管 理

本章学习网页设计中的状态管理（State Management）。因为HTTP协议是一个无状态的协议，在传统的客户端和服务器进行交互时，将会丢失页面中的数据信息。通过学习本章，读者可以学会在客户端与服务器端交互时，如何保存页面信息。

本章重点：

- ASP.NET中的状态管理，理解ASP.NET中客户端状态管理和服务器端状态管理的基本知识。
- 视图状态、控件状态、隐藏域、Cookie，以不同的方式将数据存储到客户端上，即客户端的状态管理。
- 应用程序状态和会话状态，将数据存储到服务器的内存中，即服务器端的状态管理。

14.1 ASP.NET状态管理概述

在传统的Web编程中，每一次将网页发送到服务器，与该页及该页上的控件相关联的所有信息都会丢失。例如，如果用户在登录时，将账户和密码等信息输入文本框，该信息将在从浏览器到服务器的过程中丢失。

为了解决这些问题，ASP.NET中包括了几个选项，可实现按页保留数据和在整个应用程序范围内保留数据，因此，被称作ASP.NET中的状态管理。状态信息可以被保存到服务器上，也可以被保存到客户端。

14.1.1 服务器端状态管理

将状态信息保存到服务器端的状态管理，被称作服务器端状态管理。它可以减少发送给客户端的信息量，但可能会占用服务器上高成本的资源。服务器端状态管理包括，应用程序状态、会话状态和配置文件属性等状态类型。

1. 应用程序状态

如果数据要被多个客户端共享，则可以使用应用程序状态。应用程序状态是一种全局存储机制，它是HttpApplicationState类的一个实例，可以通过Web应用程序中的所有页面访问。因此，应用程序状态可用于存储需要在服务器往返行程之间及页请求之间维护的信息。

应用程序状态存储在一个键/值字典中，在每次请求一个特定的URL期间，就会创建这样一个字典。可以将特定于应用程序的信息添加到此结构，以便在页请求期间存储它。一旦将应用程序特定的信息添加到应用程序状态中，服务器就会管理该对象。

2. 会话状态

ASP.NET中，使用会话状态保存每个活动Web应用程序的会话值。会话状态是HttpSessionState类的一个实例。客户第一次请求并打开一个ASP.NET页面时，就开始了一个会话。如果用户在20分钟内没有与服务器进行任何交互的话，会话将自动结束。

会话状态与应用程序状态不同的是：会话状态的范围限于当前的浏览器会话。如果有不同的用户在使用当前应用程序，则每个用户会话都将有一个不同的会话状态。此外，如果同一用户在退出后又返回到应用程序，那么返回后，用户会话的会话状态也会与退出之前的应用程序的会话状态不同。

3. 配置文件属性

通过ASP.NET中的配置文件属性，可以存储特定于用户的数据。与会话状态不同的是，在用户的会话过期时，配置文件数据不会丢失。

配置文件属性功能使用ASP.NET 配置文件，该配置文件以持久的格式存储，并与某个用户关联。ASP.NET配置文件可轻松地管理用户信息，而无须创建和维护自己的数据库。可以在配置文件中存储任何类型的对象。ASP.NET 配置文件功能提供了一个通用存储系统，可对几乎任何类型的数据进行定义和维护，同时仍可用类型安全的方式使用数据。

14.1.2 客户端状态管理

将状态信息保存到客户端的状态管理，被称作客户端状态管理。它的缺点是，增加了数据在网络之间的传输量。服务器端状态管理包括视图状态、控件状态、隐藏域、Cookie和查询字符串。

1. 视图状态

ViewState属性用于在对同一页的多个请求之间，通过其所提供的一个字典对象来保留值。该方法常用于在往返行程之间保留页和控件属性值。

在对页进行处理时，页和控件的当前状态会散列为一个字符串，并在页中保存为一个隐藏域或多个隐藏域。当将页回发到服务器时，页会在页初始化阶段分析视图状态字符串，并还原页中的属性信息。

2. 控件状态

ControlState属性可用于保留特定于某个控件的属性信息，且不能像ViewState属性一样会被关闭。某些时候，为了让控件正常工作，就需要将控件的状态数据按顺序进行存储。

3. 隐藏域

ASP.NET中，可使用HiddenField控件对特定的信息进行存储，该控件将呈现为一个标准的HTML隐藏域。HiddenField 控件在其Value属性中只存储一个变量，可以将希望直接存储在

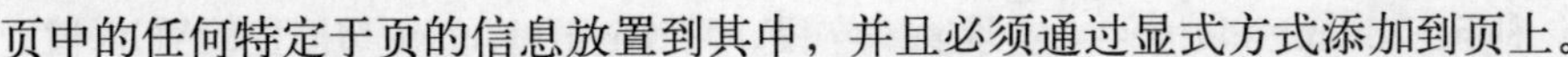

页中的任何特定于页的信息放置到其中，并且必须通过显式方式添加到页上。

隐藏域在浏览器中不可见，但却可以像标准控件一样为其设置属性。当向服务器提交页时，隐藏域的内容将在HTTP窗体集合中随同其他控件的值一起被发送到服务器端。

4. Cookie

Cookie对象与Session对象相似，也可以保存用户信息。不同的是，Session对象的所有信息保存在服务器上，而Cookie对象的所有信息保存在客户机器上。Cookie，有时也用其复数形式Cookies，是指某些网站为了辨别用户身份而存储在用户本地终端上的数据。

可使用Cookie存储有关特定客户端、会话或应用程序的信息。Cookie被保存在客户端设备上，当浏览器请求某页时，客户端会将Cookie中的信息连同请求信息一起发送出去。

5. 查询字符串

查询字符串是在所请求的URL地址结尾附加的信息。一个典型的查询字符串示例如下所示。

```
http://www.test.com/product.aspx?category=watch&price=1000
```

14.2 视图状态

使用视图状态（ViewState），可以将必须在页面回发过程中保留的值进行存储。页框架使用视图状态在各个回发操作之间保存控件设置。视图状态所包含的状态值，与控件发送给客户端时所包含的状态相同。当浏览器将窗体发送回服务器时，视图状态包含了初试值，而所发送的控件包含新值。如果这个初试值和新值有区别的话，将会调用相关的事件处理程序。

概括起来讲，使用视图状态可以完成以下工作：

- 在各个回发之间保存值，而不将这些值存储在会话状态中或用户配置文件中。
- 存储您定义的页或控件属性的值。
- 创建一个自定义视图状态提供程序，以便将视图状态信息存储在数据库或其他数据存储区中。

可以使用索引符和Page类的ViewState属性，将指定的数据存储到ViewState中，代码如下所示：

```
ViewState["username"] = "User Name";
```

还可以读取已经存储的ViewState，代码如下所示：

```
string username = (string)ViewState["username"];
```

在每一个ASP.NET页面所发送到客户端的HTML代码中，都会看到类似于这样的代码：

```
<input type="hidden" name="__VIEWSTATE" id="__VIEWSTATE"
value="/wEPDwUJNzgzNDMwNTMzZGScVerW+NJMEzgP+kp5EtJ9HKE9Ng==" />
```

该隐藏字段将存储着整个页面的ViewState值，每个浏览器都可以使用该特性，并且用户不能随意将其关闭。

14.3 隐藏字段

当需要在页面中传递某些值，而此种类型值的使用、修改和删除等，并不需要用户的参与，对用户来说，此值就是透明的，该值即所谓的隐藏字段（Hidden Field）。

在ASP.NET中，使用HiddenField控件来实现隐藏字段，可通过HiddenField控件的Value值，来定义隐藏字段的值。该控件的用法如下所示。

```
01  <!--程序名称：14-01.aspx-->
02  <!--程序功能：使用HiddenField控件实现隐藏字段-->
03      <form id="form1" runat="server">
04      <div>
05          <asp:HiddenField ID="HiddenField1" runat="server" />
06      </div>
07          <asp:Button ID="Button1" runat="server"
08              OnClick="Button1_Click" Text="确定" />
09      </form>
```

【代码解析】第5行代码为页面添加了一个隐藏字段，第7～8行为页面添加按钮控件。

在Button1控件的单击事件中，首先判断隐藏字段HiddenField1的值是否为空，如果为空的话，就将当前的时间设置为隐藏字段的值，如果不为空，那么就改变它的值并输出改变的时间，最后输出隐藏字段的值。相关代码如下所示：

```
01  protected void Button1_Click(object sender, EventArgs e)
02  {
03          //判断隐藏字段是否为空
04          if (this.HiddenField1.Value == string.Empty)
05          {
06              //当前时间赋值给隐藏字段
07              HiddenField1.Value = "初始时间：" + DateTime.Now.ToString();
08          }
09          else
10          {
11              HiddenField1.Value = "值改变时间:" + DateTime.Now.ToString();
12          }
13          //下面输出隐藏字段的值
14          Response.Write(HiddenField1.Value);
15  }
```

【代码解析】第4行代码用于判断隐藏字段是否为空，若为空，则执行第7行代码，保存程序执行的初始时间，否则执行第11行代码保存执行后的时间。

在页面第一次加载时，将隐藏字段的值清空，代码如下所示：

```
01  protected void Page_Load(object sender, EventArgs e)
02  {
03          if (!IsPostBack)
04          {
05              HiddenField1.Value = null;
06          }
07  }
```

【代码解析】第3行代码用于判断是否为初次加载页面，第5行代码用于设置隐藏字段为空。

浏览该页面，单击“确定”按钮，将会输出当前时间，如图14.1所示。再次单击该按钮，如图14.2所示。

图14.1 浏览效果

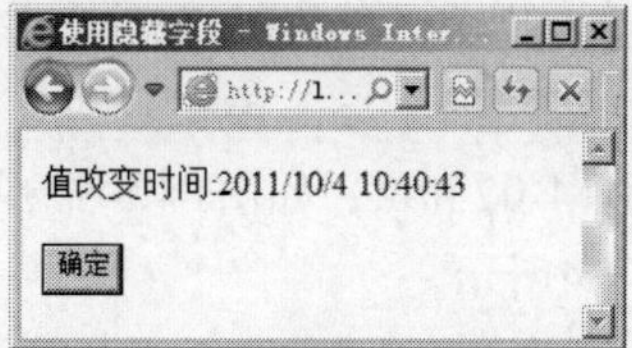

图14.2 单击按钮

14.4 网页之间信息的传递

服务器端常常使用Request对象从客户端得到数据信息，可使用该对象的QueryString()方法，来获取客户以Get方式提交的数据，格式如下：

```
Request.QueryString[字段名称]
```

下面将使用QueryString ()方法来获取客户以Get方式提交的数据。

（1）先创建表单页14-02.htm，代码如下所示。

```
01  <!--程序名称：14-02.htm-->
02  <!--程序功能：以post方式提交数据到14-02.aspx的表单-->
03  <form id="form1" name="form1" method="post" action="14-02.aspx">
04    <label>
05    用户：
06    <input type="text" name="user" />
07    </label>
08    <p>密码：
09      <label>
10      <input type="password" name="password" />
11      </label>
12    </p>
13    <p>
14      <label>
15      <input type="submit" name="Submit" value="Get提交" />
16      </label>
17     </p>
18  </form>
```

【代码解析】第6行代码提供了一个文本框用于输入用户名，第10行提供一个文本框用于输入密码，第15行代码提供一个按钮用于提交输入的数据。

（2）14-02.aspx是用来处理从表单提交过来的数据。主要代码如下所示：

```
protected void Page_Load(object sender, EventArgs e)
{
        string strName = Request.QueryString["user"];
        string strPwd = Request.QueryString["password"];
        Response.Write("用户名为：");
        Response.Write(strName);
        Response.Write("密码为：");
        Response.Write(strPwd);
}
```

【**代码解析**】第3行代码用于获取客户端输入的用户名，第4行代码用于获取客户端输入的密码。

先浏览14-02.htm，如图14.3所示。输入用户名和密码后再单击“Get提交”按钮，所得的界面如图14.4所示。

图14.3 表单

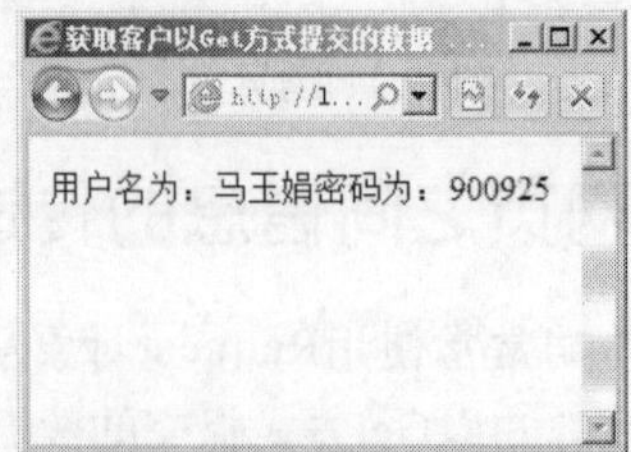

图14.4 获取并处理表单数据

此时可以看到，浏览器地址栏中的URL为：

```
http://localhost:1449/WebSite/14-02.aspx?user=%E9%A9%AC%E7
%8E%89%E5%A8%9F&password=900925&SubmitGet=Get%E6%8F%90%E4%BA%A4
```

注意 上述代码中“1449”用于指示服务器端口号，会依据机器设置的不同而不同。

在以Get方法传递表单数据时，所传递的值会经过URL编码后，被附加到URL地址后边进行传递。

14.5 如何使用Cookie类

Cookie是将所有的信息保存在客户端机器上。它可用于网站识别用户身份，其保存在客户端上。服务器通过Cookie的信息来判断用户信息在HTTP下的状态。Cookie与Session有共同的作用，用于判断用户是否登录网站。Cookie也可以使用在购物车上，将用户在某段时间所选择的商品都存入Cookie中，然后在结算的时候读取。

14.5.1 Cookie的写入和读取

在ASP.NET中，Cookie类可用来操作跟Cookie相关的东西，Cookie对象需要利用.NET中所提供的HttpCookie类重新定义。可以使用Response.Cookies.Add()语句，将Cookie信息发送并保存到客户机器：

```
Response.Cookies.Add(CookieTest);
```

下面的代码演示了Cookie的写入和读取。

```
//程序名称：14-13.aspx.cs
//程序功能：向客户机器写入Cookie
using System;
using System.Data;
using System.Configuration;
……………………………………//省略部分命名空间
using System.Web.UI.HtmlControls;
public partial class _14_03 : System.Web.UI.Page
```

```
02    {
03        protected void Page_Load(object sender, EventArgs e)
04        {
05        }
06        //写入Cookie
07        protected void btnWrite_Click(object sender, EventArgs e)
08        {
09            HttpCookie CookieTest = new HttpCookie("Password");
10            CookieTest.Value = "TestCookieValue";            //设置Cookie值
11            Response.Cookies.Add(CookieTest);                //添加Cookie
12            Response.Write("<p>Cookie已成功写入. ");
13        }
14        //读取Cookie
15        protected void btnRead_Click(object sender, EventArgs e)
16        {
17            string Cookie = Request.Cookies["Password"].Value.ToString();
18            Response.Write("<p>读出的Cookie值为: ");
19            Response.Write("<h3>" + Cookie + "</h3>");
20        }
21    }
```

【代码解析】第9行代码定义了一个Cookie对象，第10行代码用于设置Cookie对象的属性值，第11行代码用于保存Cookie对象的值，第12行代码用于返回页面告知用户保存成功，第16行用于获取保存的Cookie对象的属性值，第18～19行用于返回页面显示内容。

浏览14-03.aspx页面，单击“写入Cookie”按钮，即可写入一个Cookie，如图14.5所示。单击页面上的“读取Cookie”按钮读取Cookie，如图14.6所示。

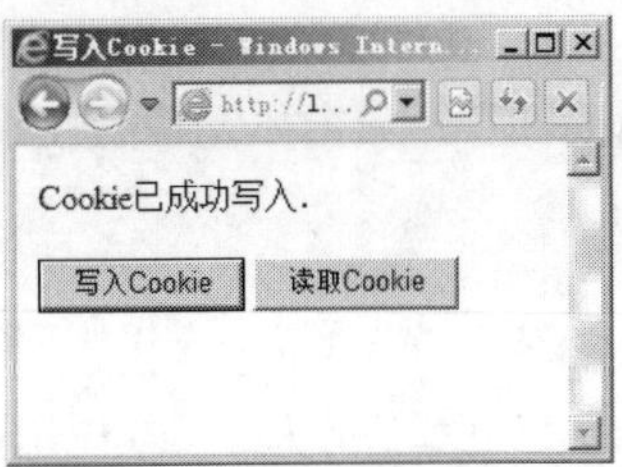

图14.5 写入Cookie

图14.6 读取Cookie

14.5.2 Cookie的失效和删除

设置了Cookie后，它是不是一直就存在于客户机器里呢？答案是否定的。可以使用下面的语句来设置Cookie的有效期限。如下所示的代码，Cookie有效时间设置为3小时。

```
Response.Cookies["CookieTest"].Expires = DateTime.Now.AddHours(3);
```

> **注意** 在ASP.NET中，不能直接将一个Cookie删除；只能重新再创建一个与旧的Cookie同名的新Cookie，并把新Cookie发送到浏览器，覆写客户机上旧的Cookie。

14.6 如何使用会话状态

会话状态（Session）可以存储和检索用户的值，它会将来自限定时间范围内的同一浏览器的请求标识为一个会话，并提供在该会话持续期间内保留变量值的方法。ASP.NET中使用Session对象存储特定的用户会话所需信息。

14.6.1 会话状态标识

当用户第一次登录系统时，应用程序系统会自动为该用户分配一个SessionID（会话状态标识），这个ID是随机分配的，永远不会重复。可以将其作为不同用户的一个识别标志。当对页面进行刷新或者重新请求该页面时，SessionID的值都会发生变化。

创建Web窗体页14-04.aspx，为其创建如下所示的主要功能代码，就可以将此次所分配的SessionID值读出。主要功能代码如下所示。

```
01    protected void Page_Load(object sender, EventArgs e)
02    {
03            Response.Write("你的SessionID为：<br>");
04            Response.Write("<H2>" + this.Session.SessionID.ToString() + "/<H2>");
05    }
```

【代码解析】 第4行代码用于输出当前连接的SessionID。

浏览该页面，就可以读出当前会话状态的SessionID，如图14.7所示。

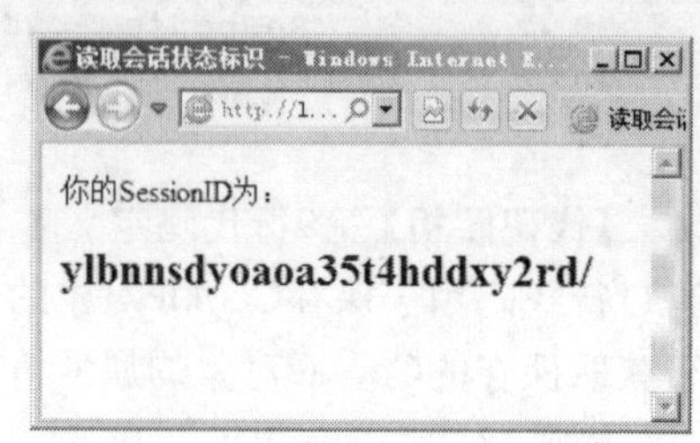

图14.7 读取SessionID

14.6.2 使用Session对象

会话状态被存储在HttpSessionState对象中，与当前HTTP环境相关的会话状态可使用Page类的Session属性来访问。

创建名为14-05.aspx的Web窗体，来实现会话状态中值的保存。该窗体完整的代码如下所示。

```
01    <%--程序名称：14-05.aspx--%>
02    <%--程序功能：保存会话状态中的值--%>
03        <form id="form1" runat="server">
04        <asp:Label ID="Label1" runat="server" Height="52px"
05            Text="Label" Width="366px">
06        </asp:Label>
07            <asp:LinkButton ID="LinkButton1" runat="server"
08                Height="17px" PostBackUrl="~/14-06.aspx" Width="90px">
09                读取会话状态的值
10            </asp:LinkButton>
11        </form>
```

【代码解析】 第4～6行代码用于设置标签的显示内容、宽度和高度等，第7～10行用于设置超链接按钮的高度和宽度等属性值。

为其添加如下所示的后台功能代码。

```
protected void Page_Load(object sender, EventArgs e)
{
        if (Session["test"] == null)                         //判断Session是否为空
        {
```

```
05              Session["test"] = "欢迎学习会话状态！";
06          }
07          else
08          {
09              Session["test"] = "会话状态值已被保存！";
10          }
11          this.Label1.Text = this.Session["test"].ToString(); //显示Session内容
12  }
```

【代码解析】第3行代码用于判断会话对象是否为空，若为空，执行第5行代码为会话对象赋值，否则，执行第9行代码用于设置会话中的字符串值。

再添加一个页面，名为14-06.aspx。在该页面的后台功能代码中实现会话状态数据的读取。

```
01  protected void Page_Load(object sender, EventArgs e)
02  {
03          if (Session["test"] != null)          //判断Session是否为空
04          {
05              Response.Write(Session["test"].ToString());
06          }
07          else
08          {
09              Response.Write("所需的值不存在于会话状态中！");
10          }
11  }
```

【代码解析】第3行代码用于判断会话对象是否为空，若为空，执行第5行代码以输出会话对象的值，否则，执行第9行代码用于返回字符串不存在。

运行程序14-05.aspx，如图14.8所示。单击页面上的链接，将会链接到14-06.aspx，如图14.9所示。

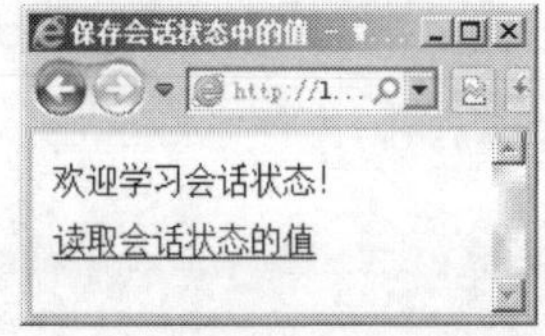

图14.8 保存会话状态数据

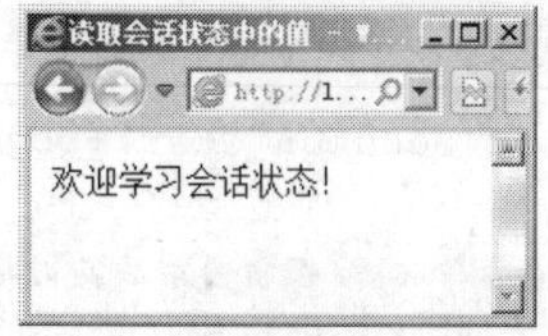

图14.9 读取会话状态数据

14.6.3 会话状态的时效性

当用户在应用程序的页之间跳转时，存储在Session对象中的变量不会清除。它的默认时间是20分钟。如有特殊要求，还可以使用Session对象的Timeout属性来设置该对象的失效时间，如下所示的代码就将Session的有效时间设置为5分钟：

```
Session.Timeout = 5;
```

Session对象还有一个Abandon()方法，可以通过显式的方式结束一个会话：

```
Session.Abandon();
```

将14-05.aspx的“Page_Load”事件进行如下所示的改写。

```
01    protected void Page_Load(object sender, EventArgs e)
02    {
03            if (Session["test"] == null)                        //判断Session是否为空
04            {
05                Session["test"] = "欢迎学习会话状态！";
06            }
07            else
08            {
09                Session["test"] = "会话状态值已被保存！";
10            }
11            this.Label1.Text = this.Session["test"].ToString(); //显示内容
12            Session.Abandon();                                  //结束会话
13    }
```

【代码解析】第3行代码用于判断会话对象是否为空，若为空，执行第5行代码为会话对象赋值，否则，执行第9行代码用于设置会话中的字符串值。第12行代码结束当前会话。

当该Session值被显示出来后，调用“Abandon()”方法结束Session，然后单击页面上的链接跳转到14-06.aspx，效果如图14.10所示。

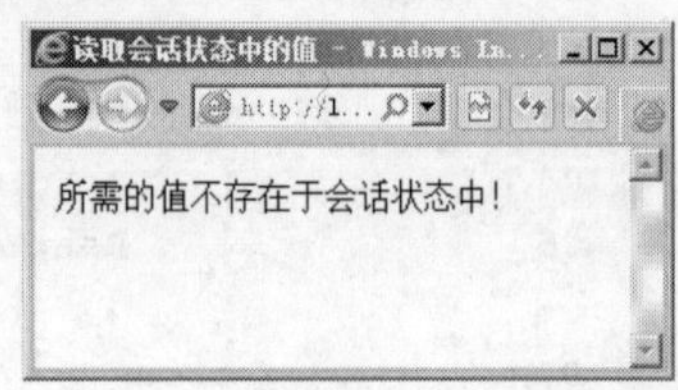

图14.10 读取Session的值

14.6.4 会话状态的事件处理程序

ASP.NET 提供了两种会话状态事件：Session_OnStart()事件和Session_OnEnd()事件。当一个新会话开始时，将引发Session_OnStart()事件处理程序；当会话被放弃或过期时，将引发Session_OnEnd()事件处理程序。

要使用会话状态的事件处理程序，可以通过向Global.asax文件中，添加一个名为Session_OnStart()和一个名为Session_OnEnd()的事件处理程序，来对会话状态事件进行处理。代码如下所示。

```
void Session_Start(object sender, EventArgs e)
{
        //在新会话启动时运行的代码
}
void Session_End(object sender, EventArgs e)
{
        //在会话结束时运行的代码
        //注意：只有在 Web.config 文件中的 sessionstate 模式设置为
        //InProc 时，才会引发 Session_End 事件。如果会话模式
        //设置为 StateServer 或 SQLServer，则不会引发该事件
}
```

14.7 应用程序状态

应用程序（Application）状态是可供ASP.NET应用程序中的所有类使用的数据储存库。它存储在服务器的内存中，比其他的存储方法执行速度更快。

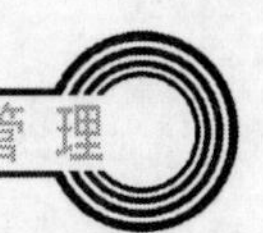

14.7.1 应用程序状态概述

与单个用户会话的会话状态不同，应用程序状态应用于所有的用户和会话。因此，应用程序状态用于存储那些数量较少、不随用户的变化而变化的常用数据，如实现网页计数器等功能。

应用程序状态存储在HttpApplicationState 类的实例中。当用户首次对应用程序中的任何URL资源访问时，HttpApplicationState实例将会被创建。可通过HttpContext类的Application属性对其进行访问。可以通过代码直接对HttpApplicationState的Contents集合中的值进行添加、访问或移除操作。

ASP.NET提供了两种会话状态事件：Application_Start()事件和Application_End()事件。当一个新会话开始时，将引发Application_Start()事件处理程序；当会话被放弃或过期时，将引发Application_End()事件处理程序。

要使用会话状态的事件处理程序，可以通过向Global.asax文件中，添加一个名为Application_Start()和一个名为Application_End()的事件处理程序，来对会话状态事件进行处理。代码下所示。

```
void Application_Start(object sender, EventArgs e)
{
        //在应用程序启动时运行的代码
}
void Application_End(object sender, EventArgs e)
{
        //在应用程序关闭时运行的代码
}
```

还可以在Web 应用程序的Global.asax文件中，以直接声明的方式向StaticObjects集合添加对象，如下所示：

```
<object runat="server" scope="application" ID="MyApp"
    PROGID="MyApp.wyf">
</object>
```

然后，就可以在应用程序中的任何地方，通过代码对所定义的应用程序状态进行访问。如下所示：

```
Label1.Text = MyApp.Title;
```

14.7.2 使用应用程序状态存储公用数据

在进行应用程序状态的使用时，用户可以根据自己的实际需要为Application对象定义属性，其语法格式为：

```
Application["属性名"]
```

使用应用程序状态存储公用数据，方法如下所示。

```
<!--程序名称：14-07.aspx-->
<!--程序功能：aspx页面中添加一个Lable标签-->
<%@ Page Language="C#" AutoEventWireup="true"
CodeFile="14-07.aspx.cs" Inherits="_14_07" %>
```

```
05  <html xmlns="http://www.w3.org/1999/xhtml" >
06  <head runat="server">
07      <title>使用应用程序状态存储公用数据</title>
08  </head>
09  <body>
10      <form id="form1" runat="server">
11      <div>
12          <asp:Label ID="Label1" runat="server"
13               Height="52px" Text="Label" Width="366px">
14          </asp:Label></div>
15      </form>
16  </body>
17  </html>
```

【代码解析】第7行代码用于设置标题，第12～14行用于设置标签控件的宽度和高度。

该程序的功能代码如14-07.aspx.cs所示。

```
01  //程序名称：14-07.aspx.cs
02  //程序功能：14-07.aspx的代码文件
03  using System;
04  using System.Data;
05  using System.Configuration;
06  ……………………………………………//省略部分命名空间
07  using System.Web.UI.HtmlControls;
08  public partial class _14_07 : System.Web.UI.Page
09  {
10      protected void Page_Load(object sender, EventArgs e)
11      {
12          Application["hello"] = "使用应用程序状态存储公用数据！";
13          this.Label1.Text = this.Application["hello"].ToString();
14      }
15  }
```

【代码解析】第12行代码用于设置Application对象的值，第13行代码用于读取Application对象的值，并在标签控件上显示出来。

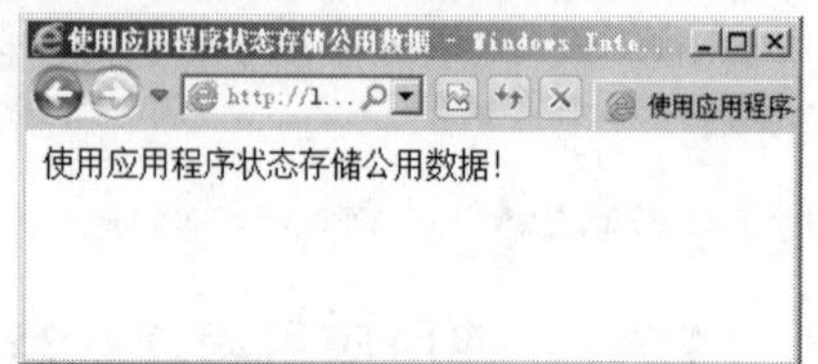

图14.11 使用应用程序状态存储公用数据

该程序先在页面中添加了一个Lable标签，然后在页面的“Page_Load”事件中创建了一个属性名为Hello的Application对象，然后将该属性的值显示在Lable标签上，如图14.11所示。

执行完后，该对象就被保存在服务器上。重新打开其他页面后，依然可以读出该属性的值。浏览一次14-07.aspx页面，再将该页面的后台功能代码改写为如下所示的代码，还可以读出前面创建的Application的属性的值。

```
protected void Page_Load(object sender, EventArgs e)
{
        this.Label1.Text = Application["hello"].ToString();
}
```

14.8 小结

本章主要介绍了ASP.NET中的状态管理，包括视图状态、控件状态、隐藏字段、Cookie、应用程序状态和会话状态等几个状态管理选项。而这几个状态管理选项又可分为客户端的状态管理和服务器端的状态管理，其分别以不同的方式将数据存储到客户端或者服务器端。对于每一个状态管理选项，则分别介绍了其状态信息存储的方式和该种存储方式的优点和不足之处。

本章中的内容并没有什么重点与难点，需要对每一种状态管理进行全面掌握，充分利用各自的优点，并能在实际开发中灵活运用。

14.9 上机实践习题

1. 在网页上设计按钮，单击按钮时，计算2011年是否为闰年，并利用隐藏字段返回判断的结果。

【提示】 该题要求读者学习隐藏字段的相关知识，重点掌握使用隐藏字段返回结果的方法。

【关键代码】

```
01  protected void Button1 Click(object sender, EventArgs e)
02  {
03      int year;
04      year = 2011;
05      if ((year % 4 == 0 && year % 100 != 0) || (year % 400 == 0))
06      {
07          HiddenField1.Value = "2011年是一个闰年！";
08      }
09      else
10      {
11          HiddenField1.Value = "2011年不是一个闰年！";
12      }
13      Response.Write(HiddenField1.Value);
14  }
```

【代码解析】 第7行和第11行代码依据判断结果设置隐藏字段的值。

2. 在用户访问网页时，记录他访问网页的最近时间，提供用户查询访问网页的最近时间。

【提示】 该题目要求读者学习Cookie类的相关知识，重点操作Cookie类的操作方法。

【关键代码】

```
01  protected void Button1 Click(object sender, EventArgs e)
02  {
03      HttpCookie CookieTest = new HttpCookie("time");
04      CookieTest.Value = DateTime.Now.ToString();        //为Cookie赋值
05      Response.Cookies.Add(CookieTest);
06      Response.Write("访问网站的时间保存成功！");
07  }
08  protected void Button2 Click(object sender, EventArgs e)
09  {
10      string Cookie = Request.Cookies["time"].Value.ToString(); //读取Cookie值
11      Response.Write("最近访问网站的时间为：");
12      Response.Write("<h3>" + Cookie + "</h3>");
13  }
```

【代码解析】 第3行代码用于定义一个HttpCookie变量，第4行代码用于为Cookie赋值，第10行代码用于获取Cookie值。

第15章 缓存和不同步网页

本章学习缓存和不同步网页的相关知识。当采用传统模式时，用户浏览页面时产生的每一次请求，例如对数据库的查询、修改、删除等操作，后台程序都会做出相应的响应。如果产生的请求量大了，就会出现应用程序的响应速度变量，影响程序的整体性能。如果应用程序的设计模式丢弃传统模式的不足，采用数据缓存技术，就可以大大地改进这一不足。数据缓存的作用是把短时间内不会更改的数据放进内存，当用户请求时，就可以直接从缓存中取出使用，这样就大大增强程序的执行效率。

本章重点：

- ❑ 页面输出缓存，学会启用页面输出缓存。
- ❑ 缓存控制，学会使用参数控制缓存和使用头控制缓存，以及缓存的存放位置等。
- ❑ 缓存依据性，理解缓存数据对文件和数据库的依赖性。

15.1 什么是缓存

ASP.NET 1.0就已经引入了缓存（Caching）的概念，还提供诸多非常好的缓存功能，比如，页面缓存、页面部分缓存、页面数据缓存等功能。采用这些缓存技术，不但可以提高程序的工作效率，而且还可以有效地减少系统的工作压力。

上面介绍的都是ASP.NET早期缓存的优点，但是它也有美中不足的地方，比如：缓存中的数据更新问题，并没有得到更好的、有效的解决。如果数据库中的数据发生了变化，不能及时更新，只有等到缓存中的数据过期时，缓存的数据才能更新。不过，在ASP.NET 3.5中弥补了缓存数据的更新问题，对缓存的功能进行了扩展。

在ASP.NET 4.0中，不但支持旧版本中的缓存功能，而且还扩展了缓存依赖。这样就可以提高程序的执行效率，加快网站访问速度。当页面中采用了缓存技术，如果访问的用户量比较大时，对频繁的页面访问，也可以很快地对请求做出响应。但是整页进行缓存是不可取的，因为用户的请求是不相同的，程序对用户的请求做出的响应也应该是不同的。在这种情况下，页面的分段缓存就可以解决这一问题。

下面介绍在什么情况下使用缓存技术。

- ❑ 页面分段缓存：是指把页面部分内容保存在内存中，以便响应用户请求，而页面其他部分内容则为动态内容，根据不同用户显示不同内容。
- ❑ 页面数据缓存：通过某种缓存策略，将缓存任意数据。该操作类似于应用程序状态。使用该方法进行缓存的数据，常常容易丢失。但此种缓存却是由ASP.NET进行管理的，可以在某种条件下，对内存中的数据项进行移除。还可以通过对应用程序缓存的配置，使其在移除缓存项时对应用程序发出通知。

- ASP.NET缓存支持文件和缓存键依赖项，使开发人员可以使缓存项依赖于外部文件或其他缓存项。此种方式可在项的基础数据源发生改变时，使该缓存项过期。

15.2 页面输出缓存

本节介绍页面输出缓存。那么页面输出缓存在什么情况下使用呢？答案就是：当网站中的某个页面被请求的次数很多，并且页面的数据不会在短时间内被修改，在这种情况下就可以使用页面输出缓存。此操作可以提高程序的执行效率，不需要对用户的每次请求都进行重复的数据操作。

15.2.1 启用页面输出缓存

启用页面输出缓存的方法是，在页面中添加如下所示的代码，以实现该页面的输出缓存的启用：

```
<%@ OutputCache Duration="10" VaryByParam ="none" %>
```

其中属性“Duration”的作用是用来设置缓存有效期限。缓存的最长期限为5分钟，一般情况下单位是秒。

如下所示的代码演示了如何使用页面输出缓存。

```
01  <%--程序名称：15-01.aspx--%>
02  <%--程序功能：启用使用页面缓存--%>
03  <%@ Page Language="C#" AutoEventWireup="true"
04  CodeFile="15-01.aspx.cs" Inherits="_15_01"
05   %>
06   <%@ OutputCache Duration="15" VaryByParam ="none" %>
07  <html xmlns="http://www.w3.org/1999/xhtml" >
08  <head runat="server">
09      <title>启用使用页面缓存</title>
10  </head>
11  <body>
12      <form id="form1" runat="server">
13        <div>
14        <asp:Label ID="Label1" runat="server" Text="Label">
15      </asp:Label>
16      </div>
17      </form>
18  </body>
19  </html>
```

【代码解析】第6行代码用于设置缓存的时间为15秒，且未采用参数，第9行用于设置页面标题，第14～15行代码用于为页面添加Label控件。

为其添加如下所示的后台功能代码。

```
//程序名称：15-01.aspx
//程序功能：15-01.aspx功能代码，页面缓存演示
using System;
using System.Data;
………………………………                                  //省略部分命名空间
using System.Web.UI.HtmlControls;
```

```
07    public partial class _15_01 : System.Web.UI.Page
08    {
09        protected void Page_Load(object sender, EventArgs e)
10        {
11            Label1.Text = "页面缓存时间为：" + DateTime.Now.ToString(); //显示当前时间
12        }
13    }
```

【代码解析】第11行代码用于设置页面上显示的内容为当前时间。

此程序设置了页面的缓存有效期限为15秒，在缓存没有过期前，如果刷新页面，时间始终会显示上次缓存的时间。程序的运行效果如图15.1所示。

图15.1 页面缓存

15.2.2 用参数控制缓存

改变缓存的整页内容的方法是根据传入的参数进行改变。参数是通过OutputCache指令的VaryByParam属性来设置的。如果属性的值为“none”，就是指页面不会因为参数的不同来改变页面的缓存。缓存的改变是指版本的改变，是通过属性接收到不同的参数来改变不同版本的缓存。

如下所示的程序实现了使用参数对缓存内容的控制。

（1）添加一个名为15-02.aspx的Web窗体页，为其进行页面缓存的配置并进行页面设计，代码如下所示：

```
01    <%--程序名称：15-02.aspx--%>
02    <%--程序功能：15-02.aspx功能代码，按参数改变缓存--%>
03    <%@ Page Language="C#" AutoEventWireup="true"
04    CodeFile="15-02.aspx.cs" Inherits="_15_02" %>
05    <%@ OutputCache Duration ="30" VaryByParam ="CacheId" %>
06    <html xmlns="http://www.w3.org/1999/xhtml" >
07    <head runat="server">
08        <title>按参数改变缓存</title>
09    </head>
10    <body>
11        <form id="form1" runat="server">
12        <div>
13            <asp:Label ID="Label1" runat="server" Text="Label">
14            </asp:Label>
15            <br />
16             
17            <asp:Button ID="Button1" runat="server"
18                 OnClick="Button1_Click" Text="提交参数1" />
19            <asp:Button ID="Button2" runat="server"
20                 OnClick="Button2_Click" Text="提交参数2" /> 
21        </div>
22        </form>
23    </body>
24    </html>
```

【代码解析】第5行代码用于设置缓存时间为30秒，缓存参数为CacheId，第8行代码用于设置页面标题，第13～14行代码用于设置页面标签，第17～20行代码用于设置页面按钮的显示内容和单击事件。

（2）当页面加载时，为其创建如下所示的所要执行的代码：

```
01  protected void Page_Load(object sender, EventArgs e)
02  {
03          string strId = Request.Params["CacheId"];      //得到参数
04          //判断参数是否为空
05          if (strId == null)
06          {
07              this.Label1.Text = "默认缓存<br>";
08          }
09          else
10          {
11              if (strId == "1")                          //如果参数为1
12              {
13                  this.Label1.Text = "缓存1<br>";
14              }
15              else                                       //如果不为1
16              {
17                  this.Label1.Text = "缓存2<br>";
18              }
19          }
20          //显示时间
21          this.Label1.Text += "生成时间为" + DateTime.Now.ToString();
22  }
```

【代码解析】第3行代码用于获取参数值。第5～19行代码用于判断参数是否为空，若为空，显示为“默认缓存”，若不为空，则依据参数值设置页面上显示的内容。

（3）对于两个传递不同参数的Button控件，为其创建事件处理程序，代码如下所示：

```
01  protected void Button1_Click(object sender, EventArgs e)
02  {
03          Response.Redirect("15-02.aspx?CacheId=1");     //传递参数1
04  }
05  protected void Button2_Click(object sender, EventArgs e)
06  {
07          Response.Redirect("15-02.aspx?CacheId=2");     //传递参数2
08  }
```

【代码解析】第3行代码用于传递参数值1，第7行代码用于传递参数值2。

创建不同的缓存内容是通过页面接收参数CacheId，根据CacheId的不同，创建不同的缓存内容。程序的运行效果如图15.2所示。

图15.2 浏览效果

默认缓存是通过页面的加载来创建的，内容就是加载当前页面的时间。通过单击“提交参数1”和“提交参数2”按钮，创建不同的缓存，如图15.3和图15.4所示。缓存的创建时间就是此缓存的内容，有效期限是30秒。也可以通过参数查看相应的缓存内容。

图15.3　传递参数1

图15.4　传递参数2

15.2.3　用头控制缓存

默认情况下，在不同浏览器显示页面所输出的缓存是相同的。但是在ASP.NET中，可以通过OutputCache指令的VaryByHeader属性，根据不同浏览器的请求来创建不同的数据。如下所示的代码演示了如何通过头改变缓存内容。

（1）创建一个名为15-03.aspx的Web窗体页，为其进行如下所示的页面设计：

```
01  <%--程序名称：15-03.aspx--%>
02  <%--程序功能：15-03.aspx功能代码，按头改变缓存--%>
03  <%@ Page Language="C#" AutoEventWireup="true"
04  CodeFile="15-03.aspx.cs" Inherits="_15_03"
05  %>
06  <%@ OutputCache Duration ="10" VaryByParam ="*"
07      VaryByHeader ="User-Agent"
08  %>
09  <html xmlns="http://www.w3.org/1999/xhtml" >
10  <head runat="server">
11      <title>按头改变缓存内容</title>
12  </head>
13  <body>
14      <form id="form1" runat="server">
15      <div>
16          <asp:Label ID="Label1" runat="server" Text="Label">
17          </asp:Label>
18      </div>
19      </form>
20  </body>
21  </html>
```

【代码解析】第6～8行代码用于设置头缓存。

（2）在页面加载时，对用户的浏览器头标识进行判断，并根据结果缓存不同的内容，代码如下所示。

```
protected void Page_Load(object sender, EventArgs e)
    {
        //判断是否是Firefox浏览器
        if (Request.Browser.Browser == "Firefox")
        {
            this.Label1.Text = "很少能见到你，欢迎...";
        }
        //非Firefox浏览器
```

```
09              else
10              {
11                  this.Label1.Text = "你好，你是我们的常客！";
12              }
13              this.Label1.Text += "<br>缓存生成时间：" + DateTime.Now.ToString();
14      }
```

【代码解析】第4行代码用于判断当前浏览器是否为Firefox，然后依据判定结果决定在页面显示的内容。

浏览器是根据某种类型的浏览器，请求页面时所发出的不同的User-Agent头标识来进行区分的。当有不同浏览器请求时，就会创建不同的缓存数据。下面首先使用Internet Explorer浏览发送请求，效果如图15.5所示。然后再使用Firefox浏览器发送请求，效果如图15.6所示。

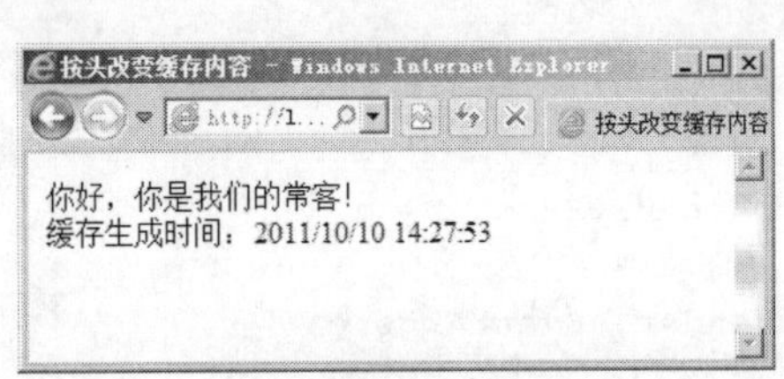

图15.5　IE浏览器浏览效果

图15.6　Firefox浏览效果

15.2.4　自定义字符串控制缓存

改变缓存的内容，还可以通过设置VaryByCustom属性，给VaryByCustom属性传一个自定义的字符串。此种方法可以提高页面输出缓存的敏感性。实例15-04.aspx通过VaryByCustom属性接收参数，判断发送请求的浏览器是否支持Java，最后根据反馈的结果来创建缓存。反馈的结果包括“True”和“False”，True表示支持，而False表示不支持。

在Global.asax文件中，添加控制页面缓存函数的代码如下所示。

```
public override string GetVaryByCustomString(HttpContext context, string custom)
{
    return context.Request.Browser. ActiveXControls.ToString();
}
```

完整的程序代码如下所示。

```
<%--程序名称：15-04.aspx--%>
<%--程序功能：自定义字符串改变缓存内容--%>
<%@ Page Language="C#" AutoEventWireup="true"
    CodeFile="15-04.aspx.cs" Inherits="_15_04" %>
<%@ OutputCache Duration="40" VaryByParam="none"
    VaryByCustom ="ActiveXControls" %>
<html xmlns="http://www.w3.org/1999/xhtml" >
<head runat="server">
    <title>按照自定义字符串改变缓存内容</title>
</head>
<body>
    <form id="form1" runat="server">
```

```
13      <div>
14          <asp:Label ID="Label1" runat="server" Text="Label">
15          </asp:Label>
16      </div>
17      </form>
18  </body>
19  </html>
```

【代码解析】第3～4行代码用于设置页面代码文件及脚本语言，第5～6行代码用于设置缓存为用户自定义方式，第9行代码用于设置页面标题，第14～15行代码用于设置标签控件。

该页面的后台功能代码如下所示。

```
01  //程序名称：15-04.aspx.cs
02  //程序功能：15-04.aspx后台功能代码
03  using System;
04  ……………………………………………//省略部分命名空间
05  using System.Web.UI.HtmlControls;
06  public partial class _15_04 : System.Web.UI.Page
07  {
08      protected void Page_Load(object sender, EventArgs e)
09      {
10          //当前时间
11          Response.Write(DateTime.Now.ToString());
12          //得到浏览器是否支持ActiveX控件的信息
13          bool isActiveX=Request.Browser.ActiveXControls;
14          if (isActiveX == true)
15          {
16              Label1.Text = "当前浏览器支持ActiveX控件。";
17          }
18          else
19          {
20              Label1.Text = "当前浏览器不支持或者禁用了ActiveX控件。";
21          }
22      }
23  }
```

【代码解析】第11行代码用于设置页面显示的时间。第13行代码用于获取浏览器是否支持ActiveX控件。第14～21行代码依据浏览器是否支持浏览器，设置标签控件显示的内容。

浏览该页面，效果如图15.7所示。

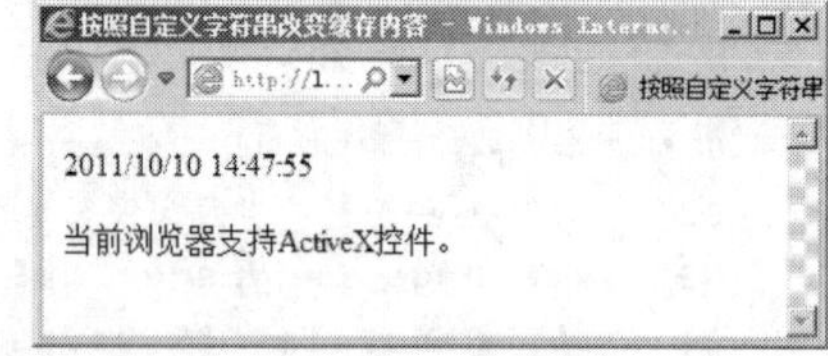

图15.7 浏览效果

15.2.5 缓存的存放位置

缓存的存放位置，可以通过设置页面指令OutputCache的Location属性来实现。这个位置可以是服务器端，也可以是客户端，也可以是两者全有。

设置存放位置的属性值分别为：Any、Client、Downstream、None和Server。

- ❑ Any：表示两端都可以存放。

- ❑ Client：表示只在客户端存放。
- ❑ Downstream：表示在下行服务器上存放。
- ❑ None：表示不启用缓存。
- ❑ Server：则表示只在服务器上存放。

如下所示的代码演示了同一时间在服务器端和客户端进行缓存。

```
01    <%--程序名称：15-05.aspx--%>
02    <%--程序功能：缓存位置的设置--%>
03    <%@ Page Language="C#" AutoEventWireup="true"
04        CodeFile="15-05.aspx.cs" Inherits="_15_05" %>
05    <%@ OutputCache Duration="30" Location ="ServerAndClient"
06        VaryByParam="none"%>
07    <html xmlns="http://www.w3.org/1999/xhtml" >
08    <head runat="server">
09        <title>缓存位置的设置</title>
10    </head>
11    <body>
12        <form id="form1" runat="server">
13        <div>
14        </div>
15        </form>
16    </body>
17    </html>
```

【代码解析】第5行代码用于设置缓存存放的位置。第9行代码用于设置网页的标题，第11～16行用于设置网页的内容体。

15.3 页面数据缓存

前面介绍了页面输出缓存，但是此类缓存并不能满足应用程序需要。当需要缓存某条特定的数据或者某条特别的信息时，前面所介绍的缓存方式并不能很好地解决这个问题。但可以利用ASP.NET提供的Cache对象。通过使用该Cache对象，可以很好地解决缓存某条特定信息之类的问题。它是将某条特定的数据或信息缓存在内存中。使用Cache对象时，也可以设置缓存数据的有效时间，还可以指定缓存条目的依赖性，并能对缓存的条目进行显式的删除操作。

当需要向缓存中添加条目时，可以使用下面的语句来实现：

```
Cache["test"] = DateTime.Now.ToString();
```

如果需要移除一条缓存，就可以通过Cache对象的Remove()方法来实现。不过，需要注意的是，在移除前，最好判断一下需要移除的缓存是否存在。方法如下所示。

```
01    if (Cache["test"] != null)
02    {
03        //移除缓存
04        Cache.Remove("testCache");
05    }
```

【代码解析】第1行代码用于判断缓存是否为空，若不为空，则执行第4行代码移除缓存数据。

如下所示的代码演示了如何添加和删除缓存条目。

（1）添加一个新的Web窗体页15-06.aspx，为其进行页面设计，代码如下所示：

```
01    <%--程序名称：15-06.aspx--%>
02    <%--程序功能：使用页面数据缓存--%>
03    <%@ Page Language="C#" AutoEventWireup="true" CodeFile="15-06.aspx.cs"
04        Debug="true"  Inherits="_15_06" %>
05    <form id="form1" runat="server">
06        <div>
07            <asp:Label ID="Label1" runat="server" Text="Label">
08                </asp:Label>
09            <br />
10            <asp:Button ID="Button1" runat="server" Text="添加缓存"
11                OnClick="Button1_Click" />
12            <asp:Button ID="Button2" runat="server"
13                OnClick="Button2_Click" Text="移除缓存" /></div>
14     </form>
```

【代码解析】第3行代码用于设置页面所使用的语言和代码文件，第5～14行代码用于设置表单内容，第7行代码用于设置Label控件显示的内容，第10～13行代码用于设置两个按钮的显示内容及单击事件。

（2）首先在后台功能代码中，为“添加缓存”按钮创建单击事件处理程序，代码如下所示：

```
01    protected void Button1_Click(object sender, EventArgs e)
02    {
03            Cache["test"] = DateTime.Now.ToString();                //添加缓存
04            Response.Redirect("15-07.aspx");
05    }
```

【代码解析】第3行代码用于添加缓存，第4行代码用于直接返回指定的页面。

（3）然后为“移除缓存”按钮创建单击事件处理程序，用于完成缓存移除的工作。如果缓存中数据条目为0，那么删除将不成功。代码如下所示：

```
01    protected void Button2_Click(object sender, EventArgs e)
02    {
03            if (Cache["test"] != null)              //判断缓存是否为空
04            {
05                Cache.Remove("test");               //移除缓存
06                Response.Redirect("15-07.aspx"); ;
07            }
08            else
09            {
10                Response.Write("<br>没有缓存条目可供删除！");
11            }
12    }
```

【代码解析】第3行代码用于判断缓存是否为空，若不为空，则执行第5行代码移除缓存，若缓存为空，则显示“没有缓存条目可供删除”。

（4）当页面每次加载时，进行缓存的判断和读取，代码如下所示：

```
01    protected void Page_Load(object sender, EventArgs e)
```

```
02    {
03            if (Cache["test"] !=null)                   //判断缓存是否为空
04            {
05               string strCache = Cache["test"].ToString(); //取得缓存条目的值
06                Label1.Text = strCache;
07            }
08            else
09            {
10                Label1.Text = "没有任何缓存条目";
11            }
12            Response.Write("当前缓存条目数：" + Cache.Count.ToString()); //输出当前缓存数目
13    }
```

【代码解析】第3行代码用于判断缓存是否为空，若缓存不为空，第5行代码用于取得缓存的值，在第6行将缓存的值显示在Label控件上，若缓存为空，则在Label控件上显示“没有任何缓存条目”。第12行代码用于在页面上显示当前缓存条目的个数。

该程序浏览效果如图15.8所示。单击“添加缓存”按钮，程序就会向缓存中添加一条数据，如图15.9所示。当用户对刚才添加的缓存条目进行移除操作时，可以单击“移除缓存”按钮来完成移除缓存。如果缓存中数据条目为0，那么将不能成功删除，如图15.10所示。

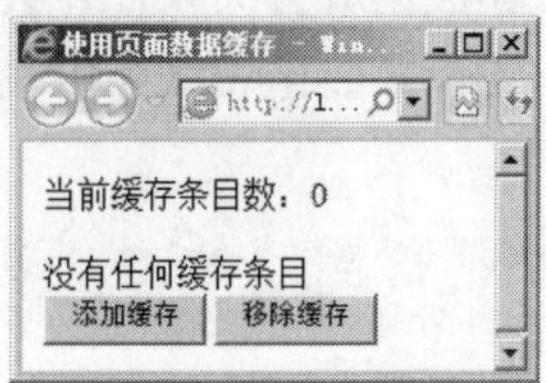

图15.8 浏览效果

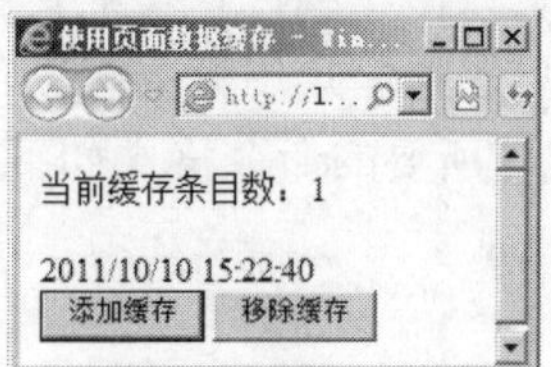

图15.9 添加缓存

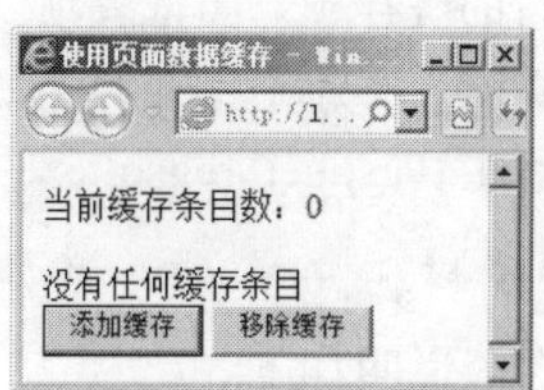

图15.10 移除操作不成功

15.4 缓存的依赖性

缓存的依赖性是把缓存数据中的一项生存期设置为依赖于其他依赖项，比如文件或数据库。当缓存依赖项的元素发生变化时，ASP.NET将从缓存中移除该项。

15.4.1 文件缓存依赖

文件缓存依赖是把一个缓存条目与某个文件相关联，当文件内容被修改了时，相应的缓存也就会自动删除，重新缓存新数据。

下面通过实例来介绍文件缓存依赖。把文件“txt.txt”设置为文件依赖项，此页的输出缓存就与“txt.txt”文件相关联，如果“txt.txt”文件里的内容更改了，那么此页的缓存就会从内容中移除：

```
protected void Page_Load(object sender, EventArgs e)
{
    string fileDependencyPath = Server.MapPath("test.txt");
    //设置依赖文件
    Response.AddFileDependency(fileDependencyPath);
    Response.Cache.SetCacheability(HttpCacheability.Public);
}
```

【代码解析】第3行代码用于获取文件缓存依赖的路径信息，第5行代码用于添加文件缓存依赖性，第6行代码用于设置缓存依赖。

还可以将一个文件组设置为缓存依赖项，代码如下所示：

```
01  protected void Page_Load(object sender, EventArgs e)
02  {
03      //定义一个存储文件组的数组
04      string[] arrFileDependencies;
05      string file1 = Server.MapPath("test1.doc");
06      string file2 = Server.MapPath("test2.xml");
07      arrFileDependencies = new String[] { test1,test2 }; //添加文件到数组中
08      Response.AddFileDependencies(arrFileDependencies); //设置依赖项
09  }
```

【代码解析】第4行代码声明了一个字符串数组，第5行代码用于设置文件test1.doc的服务器路径，第6行代码用于设置文件test2.xml的服务器路径，第7行代码用于保存两个文件的服务器路径信息，第8行用于设置文件的缓存依赖。

15.4.2 数据库缓存依赖

数据库缓存依赖是通过使用SqlCacheDependency类创建依赖项，依赖项是数据库中的数据表或行的缓存项。当依赖项（也就是数据表或行）发生变化时，缓存数据就会失效，并会从缓存中删除。本小节主要介绍如何为应用程序启用数据库缓存依赖。要设置数据库缓存依赖，可以通过工具aspnet_regsql.exe来完成，所要的命令格式如下所示。

```
aspnet_regsql.exe -S 服务器名 -U 用户 -P 密码 -ed -d 缓存依赖启用的数据库 -et -t 库中的表
```

参数说明如下。

- -S：表示数据库服务器地址。
- -U：表示登录数据库的用户名。
- -P：表示登录数据库的密码。
- -ed：表示SQL缓存依赖项启用该数据库。
- -t：表示SQL缓存依赖项启用该表。

（1）首先为Web应用程序配置数据库缓存依赖，命令如下所示，运行效果如图15.11所示。

```
aspnet_regsql.exe -S F-EWKBB4BZOC3D4 -U sa -P 123456 -ed -d Northwind -et -t Products
```

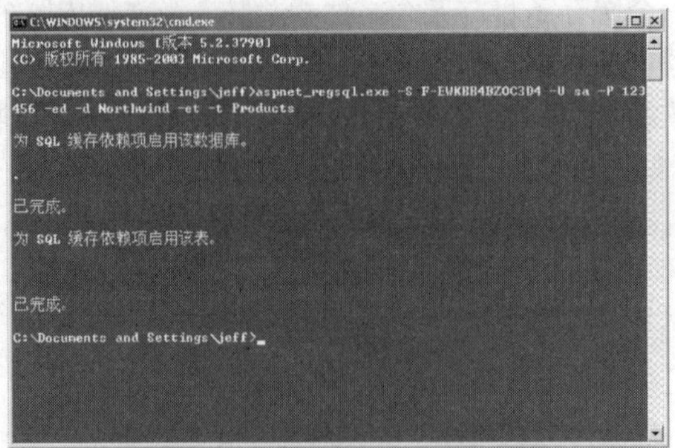

图15.11 配置数据库缓存依赖

在不使用工具配置的条件下，可以直接手动在Web.config文件中进行数据库缓存依赖的配置：

```
01  <caching>
02      <sqlCacheDependency enabled = "true" pollTime = "1000" >
03          <databases>
04            <add name="DatabaseName"
05               connectionStringName="ConnectionString" pollTime = "1000" />
06          </databases>
07      </sqlCacheDependency>
08  </caching>
```

【代码解析】第2行代码通过pollTime属性设置了SqlCacheDependency轮询数据库表，其单位是以毫秒计算的。第3～6行代码在<databases>节点中配置了数据库名和连接字符串。

（2）为了实现对页面的缓存，还需对页面的@OutputCache指令进行配置。代码15-07.aspx演示了应用数据库缓存依赖的方法。

```
01  <%--程序名称：15-07.aspx--%>
02  <%--程序功能：应用数据库缓存依赖--%>
03  <%@ Page Language="C#" AutoEventWireup="true"
04      CodeFile="15-07.aspx.cs" Inherits="_15_07" %>
05  <%--缓存配置--%>
06  <%@ OutputCache Duration="3600" SqlDependency="Northwind:Products"
07      VaryByParam="none" %>
08  <html xmlns="http://www.w3.org/1999/xhtml">
09  <head runat="server">
10      <title>应用数据库缓存依赖</title>
11  </head>
12  <body>
13      <form id="form1" runat="server">
14      <div>
15          <asp:GridView ID="GridView1" runat="server"
16              DataSourceID="SqlDataSource1">
17          </asp:GridView>
18          <asp:Label ID="Label1" runat="server" Font-Size="X-Large"></asp:Label>
19          <asp:SqlDataSource ID="SqlDataSource1" runat="server"
20              ConnectionString="<%$ ConnectionStrings:NorthwindConnectionString %>"
21              SelectCommand="SELECT [ProductID], [ProductName], [QuantityPerUnit],
22                       [UnitPrice], [ReorderLevel] FROM [Products]
23                       WHERE ([ProductID] &lt;= @ProductID)">
24              <SelectParameters>
25                  <asp:Parameter DefaultValue="10" Name="ProductID" Type="Int32" />
26              </SelectParameters>
27          </asp:SqlDataSource>
28      </div>
29      </form>
30  </body>
31  </html>
```

【代码解析】第6～7行代码用于设置缓存属性。第15～17行代码用于设置GridView控件的数据源。第19～27行代码用于设置SqlDataSource控件的数据源属性，包括数据源的连接字符串以及查询语句。

(3) 在其后台功能代码文件中添加以下代码：

```
01  protected void Page_Load(object sender, EventArgs e)
02  {
03          Label1.Text = "缓存创建于：" + DateTime.Now.ToString();
04  }
```

【代码解析】第3行代码用于显示缓存的创建时间。

(4) 确保在web.config文件中进行了如下所示的配置：

```
01  <!--设置缓存依赖-->
02  <caching>
03        <sqlCacheDependency enabled = "true" pollTime = "1000" >
04          <databases>
05            <add name="Northwind"
06             connectionStringName="NorthwindConnectionString" pollTime = "1000" />
07          </databases>
08        </sqlCacheDependency>
09  </caching>
```

【代码解析】第3行代码用于设置数据库缓存依赖和轮询数据表的时间，第5行代码用于设置缓存依赖的数据库的名称，第6行代码用于设置数据库的连接字符串和轮询数据表的时间。

(5) 执行此程序，运行效果如图15.12所示。在有效期限3600秒内更新页面，此页面是不会发生改变的。如果修改数据库中Products表的数据，页面会重新创建缓存数据。

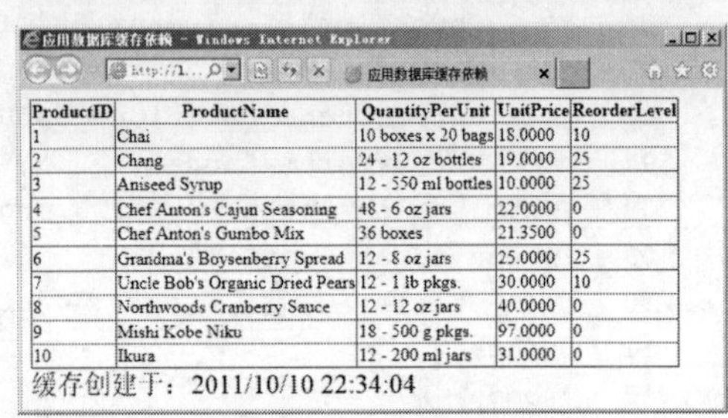

图15.12 浏览效果

15.5 使用不同步的网页

分段缓存技术是，当用户在特殊情况下只需要页面的一部分缓存数据，比如不同用户登录有不同的欢迎信息，该部分内容就不可能进行创建缓存，而用户共同浏览的信息部分就可以创建缓存数据，在此种情况下就可以使用分段缓存技术。也就是说，只对单独的用户控件进行缓存，即只对用户控件部分缓存，而主页面不启用缓存。

下面的代码就演示了分段缓存的实现方法。让用户控件对当前页面加载的时间进行缓存，而主页面只显示当前页面加载时间，并不进行缓存。

(1) 创建一个名为Control.ascs的用户控件，并对其进行页面缓存，代码如下所示：

```
01  <%--程序名称：Control.ascs--%>
02  <%--程序功能：可以缓存的用户控件--%>
03  <%@ Control Language="C#" AutoEventWireup="true"
04       CodeFile="Control.ascx.cs" Inherits="Control" %>
05  <%@ OutputCache Duration="60" VaryByParam="*" %>
06  <asp:Label ID="lblControl" runat="server" Text="Label">
07  </asp:Label>
```

【代码解析】第3～4行代码用于设置用户控件所用的语言、自动事件、程序文件等属性，第5行代码用于设置控件的缓存属性，第6行代码加入一个Label控件。

（2）用户控件的后台功能代码如下所示：

```
01  //程序名称：Control.ascx.cs
02  //程序功能：用户控件后台功能代码
03  using System;
04  ……………………………………………//省略部分命名空间
05  using System.Web.UI.HtmlControls;
06  public partial class Control : System.Web.UI.UserControl
07  {
08      protected void Page_Load(object sender, EventArgs e)
09      {
10          lblControl.Text ="缓存加载时间..."+ DateTime.Now.ToString();
11      }
12  }
```

【代码解析】第10行代码使用所创建的用户控件显示缓存加载的时间。

（3）添加一个名为15-08.aspx的Web窗体，对其进行页面设计，代码如下所示：

```
01  <%--程序名称：15-08.aspx--%>
02  <%--程序功能：不同步网页的实现--%>
03  <%@ Page Language="C#" AutoEventWireup="true"
04     CodeFile="15-08.aspx.cs" Inherits="_15_08" %>
05  <%@ Register Src="Control.ascx" TagName="Control" TagPrefix="uc1" %>
06          <asp:Label ID="Label1" runat="server" Text="Label">
07          </asp:Label>
08          <br />
09          <uc1:Control ID="Control1" runat="server" />
```

【代码解析】第3～4行代码用于设置页面的属性和代码文件，第5行代码用于注册用户控件，第6～7行代码定义Label控件。

（4）该页面的Page_Load事件的详细代码如下所示。

```
01  protected void Page_Load(object sender, EventArgs e)
02  {
03      this.Label1.Text ="页面加载时间..."+ DateTime.Now.ToString();
04  }
```

【代码解析】第3行代码用于设置页面的加载时间。

浏览该页面，效果如图15.13所示。

在缓存的生存周期1分钟内，刷新此页面，页面的加载时间会随刷新而更新，但是缓存的加载时间是不会变化的。

图15.13 不同步的网页

注意 如果需要用参数实现不同步的网页，则只需对用户控件缓存进行参数控制。

15.6 小结

本章主要介绍了ASP.NET中的各种缓存技术。通过使用缓存技术，可以将一些短时间不会更改的数据放进内存中，用户的请求直接从缓存中取得，这样一来，将大大增强程序的运行效率。可以说，缓存技术的使用，有效解决了应用程序在大访问量冲击下变得缓慢的问题。

通过本章的学习，读者应当理解各种不同缓存方式的特点，弄清楚它们各自所适用的场合。尤其要掌握一些缓存的控制方式，因为所有的Web应用程序都会进行数据更新。如果在数据更新后，用户却不能及时浏览到最新信息，那么，缓存的使用就没有任何实际意义。

15.7 上机实践习题

1. 通过参数传递的方式向服务器传送缓存数据，然后在页面上将所传送的缓存数据显示在界面上。

【提示】该题目要求读者学习通过参数传递缓存数据的方法，重点掌握OutputCache指令的VaryByParam属性的使用方法。

【关键代码】

```
01  <%@ OutputCache Duration ="30" VaryByParam ="id" %>
02  protected void Page_Load(object sender, EventArgs e)
03  {
04      Button1.Text = "提交缓存数据";
05      Label2.Text = "";
06      string cs = Request.Params["id"];           //获取缓存值
07      if (cs != null)
08      {
09          Label2.Text = "用户提交的缓存数据为："+cs;
10      }
11      else
12          Label2.Text = "请单击按钮提交缓存数据！";
13  }
14  protected void Button1_Click(object sender, EventArgs e)
15  {
16      Response.Redirect("default.aspx?id=100");  //传送参数
17  }
```

【代码解析】第1行代码用于启用缓存，第6行代码用于获取请求参数。

2. 使用页面数据缓存保存当前的时间，并实现对缓存数据的添加和删除。

【提示】该题目要求读者学习页面数据缓存的知识，重点掌握Cache对象的使用。

【关键代码】

```
if (Cache["id"] !=null)                            //判断缓存是否为空
{
    string strCache = Cache["id"].ToString(); //取得缓存条目的值
     Label1.Text = strCache;
}
else
{
     Label1.Text = "没有任何缓存条目";
}
if (Cache["id"] != null)                           //判断缓存是否为空
```

```
11  {
12      Cache.Remove("id");                         //移除缓存
13      Response.Redirect("default.aspx"); ;
14  }
15  else
16  {
17      Response.Write("<br>已经没有缓存数据可删除！");
18  }
19  Cache["id"] = DateTime.Now.ToString();      //添加缓存
```

【代码解析】第1行代码用于判断缓存是否为空，第3行代码用于获取缓存中的值，第12行用于移除缓存，第19行用于添加缓存。

第16章　网站国际化

本章学习网站国际化的相关知识，即如何依据地区的不同，设置相应的文化和资源文件。因为网站建立发布后会被众多的用户访问，用户可能来自不同的国家和地区，使用着不同的语言，并有不同的文化背景。因此，网站开发人员要为不同的用户开发不同的版本。网站国际化可以方便地开发出适应不同国家、地区和市场的网站，从而吸引不同国家地区的用户前来访问。

本章重点：

- ❑ 设置当前文化，学会通过声明方式和编程方式设置区域文化。
- ❑ 建立资源，学会创建资源文件。
- ❑ 设置网页国际编码，学会为网页选择国际编码的方法。

16.1　设置当前文化

在ASP.NET网页中，可以设置两个区域性值：分别为Culture和UICulture属性。Culture属性用于确定与区域性相关的函数的结果，如日期、数字和货币格式等。UICulture值用于确定为页面加载哪些资源。这两个区域性设置不需要具有相同的值。

Culture值只能设置为某个特定的区域性，如en-US或en-DE。因为不同地区具有不同的货币符号，这样就不必标识用于en的正确货币符号。

用户可以在各自的浏览器中设置区域性和UI区域性。方法如下所示：

（1）在Microsoft Internet Explorer的“工具”菜单上，执行“Internet 选项”命令，打开“Internet选项”对话框。

（2）在“常规”选项卡中单击“语言”按钮，打开“语言首选项”对话框，如图16.1所示，然后在该对话框中设置语言首选项。

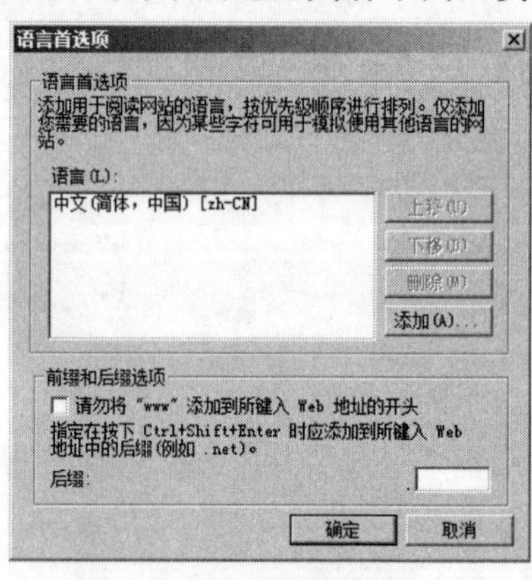

图16.1　语言首选项

如果web.config文件中globalization元素的enableClientBasedCulture属性设置为true，则ASP.NET可以根据浏览器发送的值自动设置网页的区域性和界面区域性。

> **注意**　由于用户使用的浏览器通常并未设置为他们的首选项，而且并不是每一位浏览者都知道该怎么设置，所以，完全依赖浏览器设置来确定网页的UI区域性并不是最佳做法。

16.1.1　以声明方式设置区域性

若要设置所有页的区域性和UI区域性，请向 web.config 文件添加一个 globalization 节点，然后设置uiculture和culture两个属性，如下面的示例所示：

```
<globalization uiculture="es" culture="es-GB" />
```

若要设置单个页的区域性和UI区域性，可设置@Page指令的Culture和UICulture属性，如下面的示例所示：

```
<%@ Page UICulture="es" Culture="es-GB" %>
```

要使当前浏览器设置指定的第一种语言作为ASP.NET的区域性和UI区域性，只需将UICulture和Culture属性设置为auto即可。

16.1.2 编程方式进行区域性设置

自动检测浏览器语言和文化格式，在返回语言列表之后，开发者可以方便地进行默认的语言获取。使用以下方法可以获得当前使用的系统：

```
. CultureInfo.CurrentCulture.Name
```

可将网页的Culture和UICulture等两个属性的值设置为语言和区域性字符串。由于这两个属性是页的内部属性，所以只能在页中使用。

还可以将当前线程的CurrentUICulture和CurrentCulture等两个属性分别设置为UI区域性和区域性。CurrentUICulture属性接受一个语言和区域性信息字符串作为属性值。如果要设置CurrentCulture属性，可通过创建CultureInfo类的一个实例，然后再调用其CreateSpecificCulture()方法。

以下所示的代码就实现了首选语言的设置：

```
//当前的语言选项
string CurrentLanguage = TextBox1.Text.ToString();
//与页关联的用户界面ID
UICulture = CurrentLanguage;
//与当前页关联的线程对象的区域性ID
Culture = CurrentLanguage;
//当前线程的区域性
System.Threading.Thread.CurrentThread.CurrentCulture =
CultureInfo.CreateSpecificCulture(CurrentLanguage);
//资源管理器使用的当前区域性
System.Threading.Thread.CurrentThread.CurrentUICulture =
new CultureInfo(CurrentLanguage);
//为页的当前线程设置网页和界面的区域性
base.InitializeCulture();
```

16.2 为网站建立资源

资源文件是可以包含字符串和其他资源的xml文件，通常用于存储必须翻译为其他语言的用户界面字符串。ASP.NET还提供了专门的目录用于存放资源文件，避免了手动定位资源文件的麻烦。

16.2.1 手动创建资源文件

如果要创建全局资源文件，则必须先添加名为“App_GlobalResources”的文件夹，应用程序中只能有一个这样的文件夹，且必须位于应用程序的根目录下。添加该文件夹的方法如下所示：

在“解决方案资源管理器”中右击网站的名称，在弹出的快捷菜单中选择“添加文件夹”命令，然后选择“App_GlobalResources 文件夹”即可。

如果要创建局部资源文件，则必须先添加名为“App_LocalResources”的文件夹，应用程序中可以有多个这样的文件夹，且可以位于应用程序中的任意一级目录中。创建该文件夹的方法如下所示：

在“解决方案资源管理器”中右击网站的名称，在弹出的快捷菜单中选择“添加文件夹”命令，然后选择“App_LocalResources 文件夹”即可。

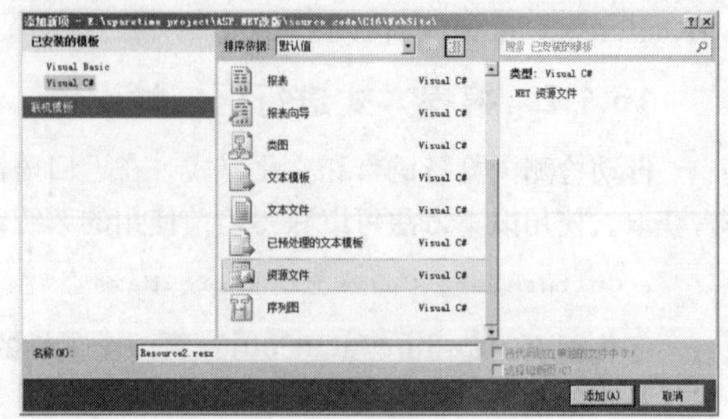

图16.2 添加新项

创建资源文件的方法如下所示：

（1）右击App_GlobalResources或App_LocalResources文件夹，在弹出的快捷菜单中选择“添加新项”命令，将打开“添加新项”对话框，如图16.2所示。

（2）在“添加新项”对话框中的“Visual Studio 已安装的模板”列表中，单击“资源文件”，输入资源文件的名称，然后单击“添加”按钮。

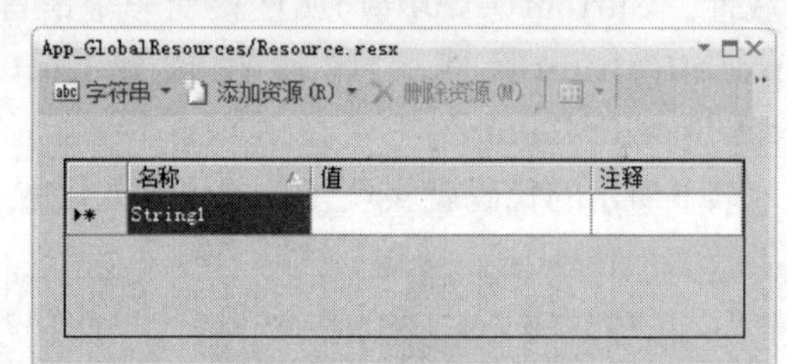

图16.3 编辑资源文件

（3）在Visual Studio 2010中打开所添加的资源文件。编辑器将显示一个网格，可以在其中输入名称、值和可选注释，如图16.3所示。

（4）为应用程序中所需要的每个资源输入键名和值，然后保存文件。

> **注意** 资源文件通过将图形的URL存储为字符串来表示图形。请不要尝试直接将图形嵌入资源文件中，因为控件不会将资源字符串读取为流图像文件。

（5）若要创建其他语言的资源文件，请在“解决方案资源管理器”中复制该文件，然后按照以下模式之一对其进行重命名：

对于全局资源文件，命名格式如下所示：

```
名称.语言.resx
名称.语言-区域性.resx
```

对于局部资源文件，命名格式如下所示：

```
页面或控件名称.扩展名.语言.resx
页面或控件名称.扩展名.语言-区域性.resx
```

（6）打开文件并将所有值翻译成目标语言，并保持名称不变。

一个简单的资源代码如下所示：

```
<data name="Label1TextKey">
<value xml:space="preserve">
Welcome to ASP.NET Localization
</value>
</data>
```

以下所示的代码演示了如何在页面中调用上面所创建的资源：

```
01 <%@ Page UICulture="auto" Culture="auto" %>
02 <form runat="server">
03 <asp:Label ID="Label1" runat="server"
04 Text="<%$Resources:Label1TextKey%>"
05 </form>
```

【代码解析】第1行代码用于设置区域属性为自动，第3～4行代码用于设置页面上Label控件的显示内容为资源文件中所定义的属性。

16.2.2 从网页生成局部资源文件

本地资源文件还可从网页生成，方法如下所示：

(1) 首先打开要创建资源文件的页，切换到“设计”视图。然后在“工具”菜单中单击“生成本地资源”命令。

(2) 如果 App_LocalResources 文件夹不存在，则Visual Web Developer 将创建该文件夹。然后Visual Web Developer创建当前页面的非特定区域性的资源文件。对于每个需要进行本地化的控件属性或页属性，该文件都包含相对应的键/名称对。

(3) 最后，Visual Studio 2010会向所有ASP.NET Web服务器控件添加meta属性，将这些控件配置为使用隐式本地化功能。

(4) 为应用程序中所需要的每个资源输入值，然后保存该资源文件。

(5) 可以接着创建其他语言的资源文件。

注意 命名资源文件时，请勿在名称中包含 .aspx，否则会导致命名冲突。例如，Resource 文件夹中不能包含两个具有类似于 resTestPage.resx和resTestPage.aspx.resx 的名称的文件。如果出现这种情况，则会在编译过程中解析文件名时产生命名冲突，从而导致出现编译时错误。

16.3 为网页选择国际编码

在浏览器内部，ASP.NET网页后台的代码将所有字符串数据作为Unicode编码处理。在设置该页对其响应进行编码方式的同时，也会相应地设置HTTP头Content-Type部分的CharSet属性，这就使得浏览器不从内容就能够确定正确的编码方法。

若要为所有的页面设置编码，则需要将Globalization属性设置添加到web.config文件中，如下所示的代码，就为其设置了utf-8编码：

```
<configuration>
  <system.web>
    <globalization
```

```
04          fileEncoding="utf-8"
05          requestEncoding="utf-8"
06          responseEncoding="utf-8"
07          culture="en-US"
08          uiCulture="de-DE"/>
09      </system.web>
10    </configuration>
```

【代码解析】第4～7行代码分别对其FileEncoding、RequestEncoding和ResponseEncoding属性进行配置。

若要为单个页面设置编码，可通过@Page指令的RequestEncoding和ResponseEncoding 两个属性的设置来实现，如下面的代码所示：

```
<%@ Page RequestEncoding="utf-8" ResponseEncoding="utf-8" %>
```

16.4 为ASP.NET页面使用本地化资源

前面几节中分别介绍了区域性设置以及网站资源的建立。在本节中，将实现一个可以根据用户的语言和区域性，自动选择用于网页文本和控件显示的语言版本。

为了进行演示，本节实现了网页的中文和英文两个版本。当用户进行浏览时，程序会根据浏览器语言首选项中设置的语言，自动选择要呈现给用户的是中文还是英文界面，其详细的方法如下所示。

（1）建立一个名为index.aspx的Web窗体页，将两个Label控件以及一个Button控件添加到页面中，并为控件进行相关的属性设置，此时，页面代码如下所示。

```
01  <%@ Page Language="C#" AutoEventWireup="true"
02      CodeFile="index.aspx.cs" Inherits="index" %>
03  <html xmlns="http://www.w3.org/1999/xhtml">
04  <head runat="server">
05      <title>无标题页</title>
06  </head>
07  <body>
08      <form id="form1" runat="server">
09        <asp:Label ID="lblMessage" runat="server"
10            Font-Bold="True"
11            Font-Size="X-Large">
12      </asp:Label>
13      <br />
14      <asp:Label ID="Label1" runat="server" Text="EnglishLabel">
15      </asp:Label>
16      <asp:Button ID="Button1" runat="server" Text="EnglishButton" />
17      </form>
18  </body>
19  </html>
```

【代码解析】第5行代码用于设置网页标题，第9～12行定义了一个标签控件，并设置标签的字体粗度和大小，第14～15行代码为页面添加了一个Label控件，第16行代码为页面添加一个按钮控件。

（2）切换到index.aspx页面，在“工具”菜单中单击“生成本地资源”。此时，Visual Studio 2010已经自动创建了一个名为App_LocalResources的文件夹，并在该文件夹中创建了一个名为index.aspx.resx 的新资源文件。

图16.4 英文资源文件

（3）打开该资源文件，并对其进行编辑，可将其作为英文资源文件。最终效果如图16.4所示。

（4）然后切换到index.aspx页面的源代码视图，此时可以看到，页面中的“@ Page”指令已经添加了其他几个属性，如下所示。

```
01    <%@ Page Language="C#" AutoEventWireup="true"
02        CodeFile="index.aspx.cs" Inherits="index"
03        culture="auto" meta:resourcekey="PageResource1"
04        uiculture="auto" %>
```

【代码解析】第3～4行代码设置culture 与uiculture两个属性为auto，也就是说：要将当前浏览器设置中指定的第一语言，作为ASP.NET的区域性和UI区域性；而添加的meta:resourcekey属性被设置为PageResource1，即为Page对象使用的资源名称为PageResource1。

（5）对于页面中的控件，也分别被添加了一个meta:resourcekey属性，指定了该控件所要使用的资源名称，代码如下所示。

```
<asp:Label ID="lblMessage" runat="server"
    meta:resourcekey="lblMessageResource" Font-Bold="True"
    Font-Size="X-Large">
</asp:Label>
<br />
<asp:Label ID="Label1" runat="server" Text="EnglishLabel"
    meta:resourcekey="Label1Resource1">
</asp:Label>
<asp:Button ID="Button1" runat="server" Text="OK"
    meta:resourcekey="Button1Resource1" />
```

（6）在App_LocalResources文件夹中创建index.aspx.resx的复件，作为index.aspx页面引用的中文资源文件，由于“zh-cn”为中文的区域代码，所以需要将该复件重新命名为index.aspx.zh-cn.resx。

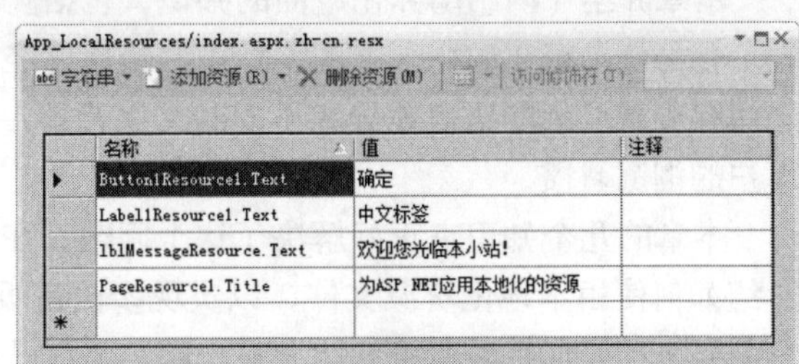

图16.5 中文资源文件

（7）打开index.aspx.zh-cn.resx，对该中文资源文件进行编辑，最终，该中文资源文件效果如图16.5所示。

（8）接下来就可以测试ASP.NET页面了。先将浏览器的“语言首选项”设置为“中文”，如图16.6所示。此时浏览index.aspx页面，将会显示中文版本，效果如图16.7所示。

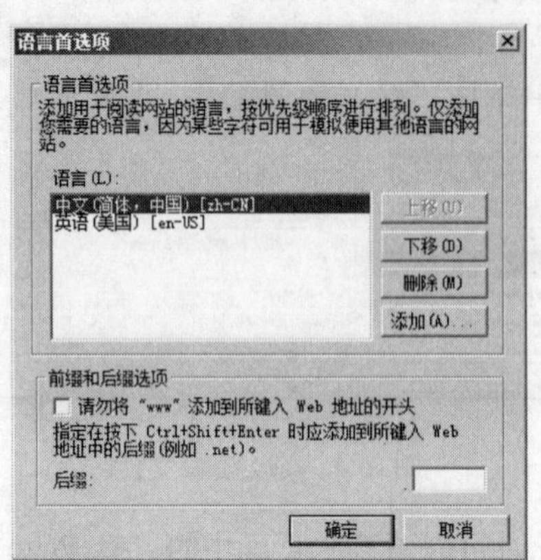

图16.6 设置中文为首选语言

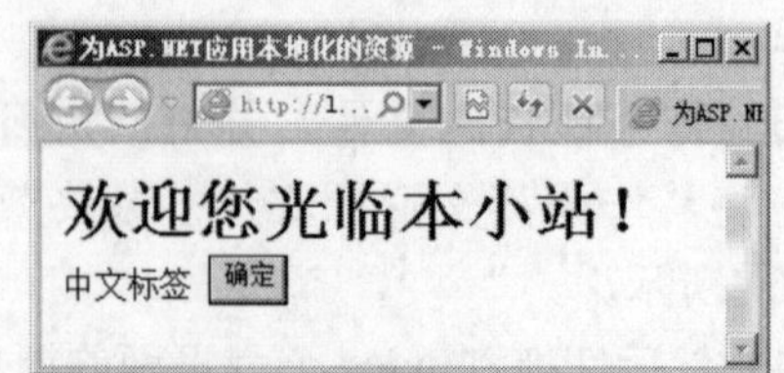

图16.7 浏览效果：中文

（9）将浏览器的“语言首选项”设置为“英语”，如图16.8所示。此时浏览index.aspx页面，将会显示英文版本，效果如图16.9所示。

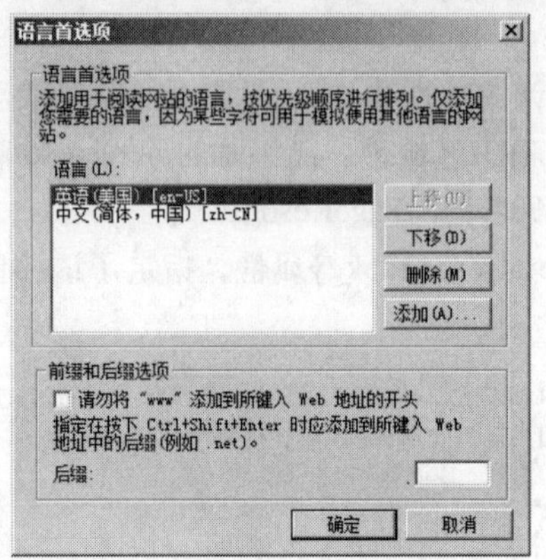

图16.8 设置英文为首选语言

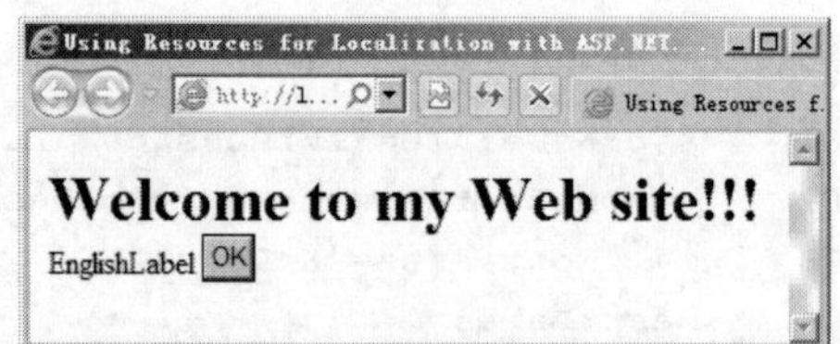

图16.9 浏览效果：英文

16.5 小结

本章介绍了网站国际化方面的知识，包括区域文化的设置、资源文件的建立以及编码的设置。在经济全球化的今天，网络信息的传递已经没有了国界之分，而由于不同国家地域的人们之间存在着巨大的语言差异和不同的文化背景，这就要求所建立的Web站点能够适应不同国家用户的浏览习惯。

本章的几个知识点正好解决了这个问题。在本章的第16.4节中，还使用了详细的操作步骤介绍如何使用本地化资源文件，以实现多语言版本的网页。对于本章的内容，没有什么难点，只需要多加操作练习即可。让大家一起，为自己网站的国际化而行动吧！

16.6 上机实践习题

设计一个页面，使该页面在浏览器使用不同的区域设置时显示不同的数据内容。

【提示】该题目要求读者学习设置当前文化和为网站建立资源文件的方法，重点掌握在页面中使用本地化资源的方法。

【关键代码】

```
01  <%@ Page Title="主页" Language="C#"
02  MasterPageFile="~/Site.master" AutoEventWireup="true"
03      CodeFile="Default.aspx.cs" Inherits="_Default"
04  culture="auto" meta:resourcekey="PageResource1" uiculture="auto" %>
05  <asp:Content ID="BodyContent" runat="server"
06  ContentPlaceHolderID="MainContent">
07      <h2>
08          测试使用资源文件!
09      </h2>
10      <p>
11          <asp:Label ID="Label1" runat="server" Text="Label"
12              meta:resourcekey="Label1Resource1"></asp:Label>
13      </p>
14      <p>
15          <asp:Button ID="Button1" runat="server" Text="Button"
16              meta:resourcekey="Button1Resource1" />
17      </p>
18  </asp:Content>
```

【代码解析】第4行代码用于设置默认的文化区域和资源。

第17章　网站配置文件管理

本章学习如何使用ASP.NET配置系统的功能和管理网站的配置文件，配置整个服务器、ASP.NET 应用程序或应用程序子目录中的单个页。可以配置的功能包括身份验证的模式、页面缓存、编译器选项、自定义错误、调试和跟踪选项，以及更多。

本章重点：

- ❑ 使用网站管理工具，学会网站程序的配置。
- ❑ 使用控制台，学会使用微软管理控制台（MMC）管理单元配置ASP.NET应用程序。
- ❑ 使用配置编程接口，学会使用配置编程接口（configuration API），通过配置接口实现网站管理。

17.1　使用网站管理工具

使用ASP.NET网站管理工具，能够通过简单的Web界面查看并管理网站配置。该界面包含4个选项卡，分别是“主页”选项卡、“安全”选项卡、“应用程序”选项卡和“提供程序”选项卡。可通过在Visual Studio 2010中执行“网站”|“ASP.NET配置”命令打开网站管理工具，如图17.1所示。

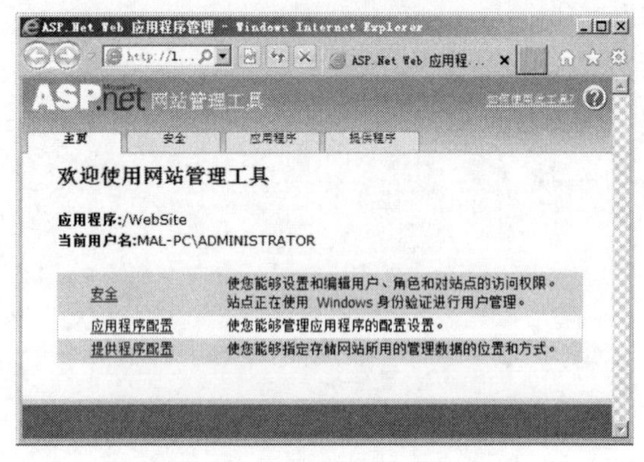

图17.1　打开的网站管理工具

17.1.1　“安全”选项卡

在“安全”选项卡中可以管理访问规则，以保证网站中特定资源的安全，并能对用户账户和角色进行管理。

可以指定网站的浏览方式，如是在Internet上使用，还是在Intranet（局域网）上使用。当然，同时也指定了网站将要使用的身份验证类型。

如果是在Internet上使用，则网站使用 ASP.NET 成员资格系统，使用Form身份验证。可以在该系统中定义单个用户账户。ASP.NET使用安全系统来限制特定用户账户，或该账户所属角色的访问权限。如果在Intranet中使用，则网站使用Windows身份验证，即由其Windows登录信息来验证。

安全选项的配置步骤如下所示。

（1）单击“安全”选项卡，就可以对用户、角色和访问权限等一些项进行配置了，如图17.2所示。

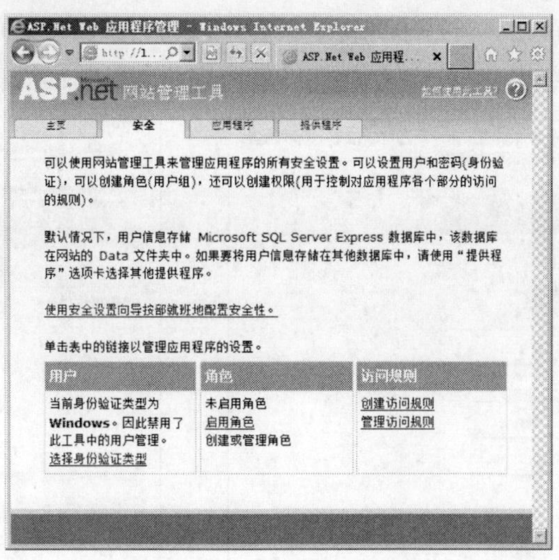

图17.2 “安全”选项卡

（2）第一次使用该工具，可以直接使用安全设置向导进行配置。单击“使用安全设置向导按部就班地配置安全性”链接，将进入“安全设置向导”页面，可看到如图17.3所示的步骤。

（3）单击“下一步”按钮，“选择访问方法”为“通过Internet”，接着单击两次“下一步”按钮，为网站启用角色，如图17.4、图17.5所示。

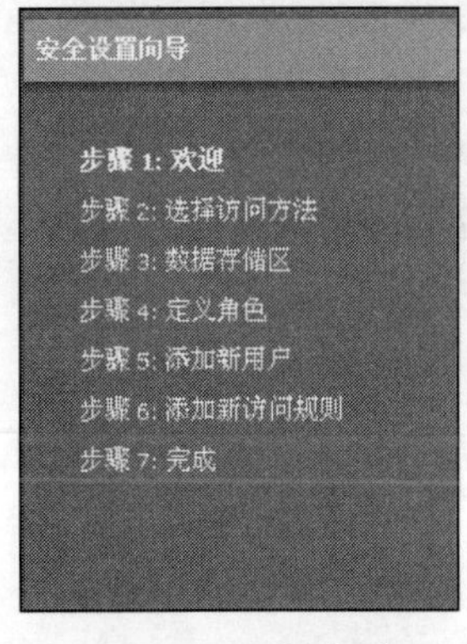

图17.3 配置步骤

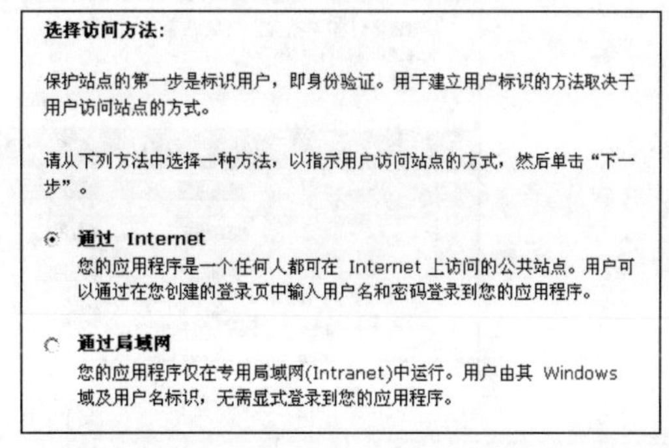

图17.4 选择访问方法

（4）单击“下一步”按钮，就可以为网站定义角色了。为网站添加两个角色，如图17.6所示。

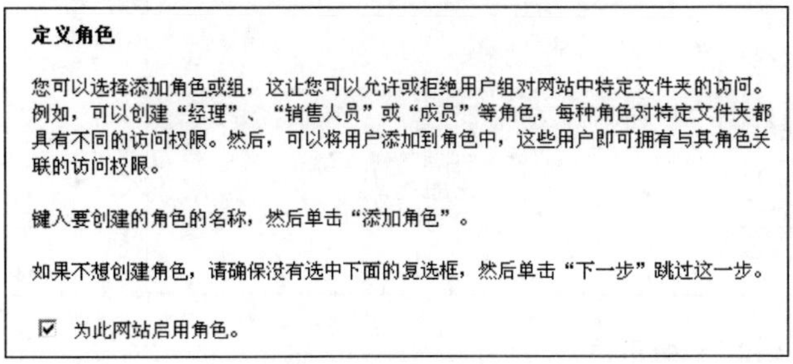

定义角色

您可以选择添加角色或组，这让您可以允许或拒绝用户组对网站中特定文件夹的访问。例如，可以创建“经理”、“销售人员”或“成员”等角色，每种角色对特定文件夹都具有不同的访问权限。然后，可以将用户添加到角色中，这些用户即可拥有与其角色关联的访问权限。

键入要创建的角色的名称，然后单击“添加角色”。

如果不想创建角色，请确保没有选中下面的复选框，然后单击“下一步”跳过这一步。

☑ 为此网站启用角色。

图17.5 定义角色（1）

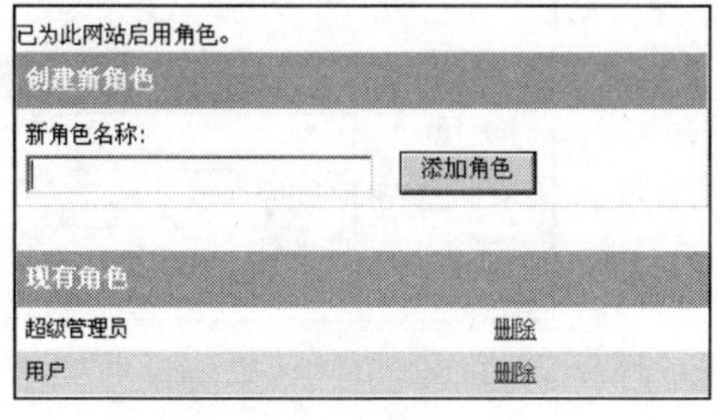

图17.6 定义角色（2）

（5）创建角色以后，单击“下一步”按钮，就可以为系统添加用户了，如图17.7所示。

（6）创建好用户后，单击“下一步”按钮，就可以添加新访问规则了，如图17.8所示。

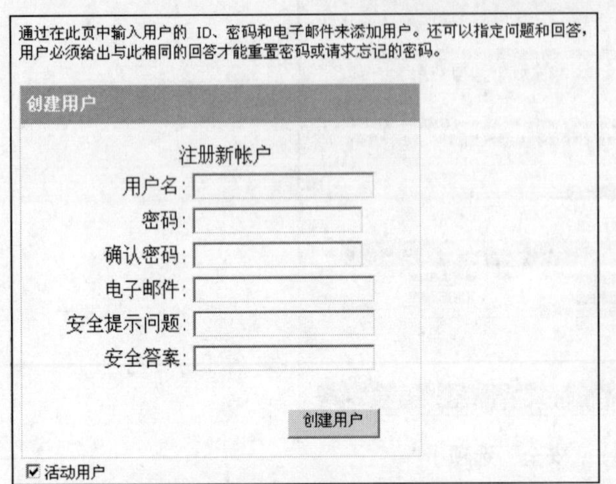

图17.7　添加用户

添加新访问规则

您可以选择添加访问规则来控制对整个网站或单个文件夹的访问。规则可应用于特定的用户和角色、所有用户、匿名用户或这些用户的某种组合。规则应用于子文件夹。

若要添加新的访问规则，请选择要设置规则的站点名称或文件夹，再选择应用该规则的用户或角色，然后选择“允许”或“拒绝”。

如果定义了多个规则，则这些规则按表中显示的顺序应用。应用第一个符合条件的规则。您可以在以后添加、移除、修改和重排规则。

添加新访问规则

为此规则选择一个目录: App_Data admin App_Code

规则应用于: 角色 超级管理员 / 用户 / 所有用户 / 匿名用户 / 搜索用户

权限: 允许 / 拒绝 / 添加此规则

灰显的规则继承自父级，无法在此级别更改。

权限	用户和角色	删除
拒绝	用户	删除
允许	超级管理员	删除
允许	超级管理员	删除
允许	[全部]	删除

图17.8　添加新访问规则

（7）设置新访问规则后，单击“完成”按钮，就回到“安全”选项卡首页。单击“管理用户”链接，可对用户进行编辑，如图17.9所示。

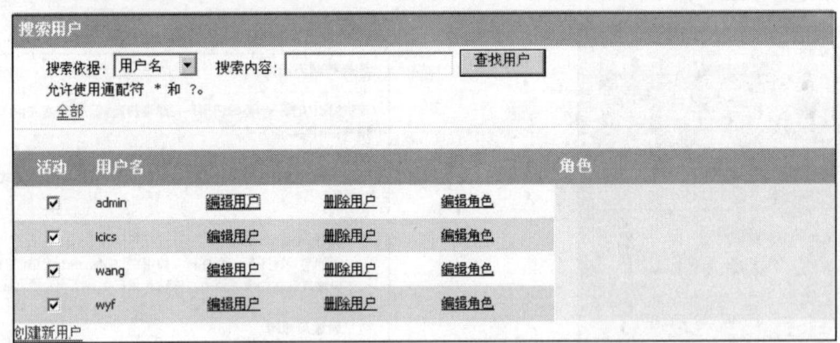

图17.9　管理用户

（8）编辑每一个用户，为其指定相应的角色，还可以进行一些其他信息的修改，如说明信息等，如图17.10所示。

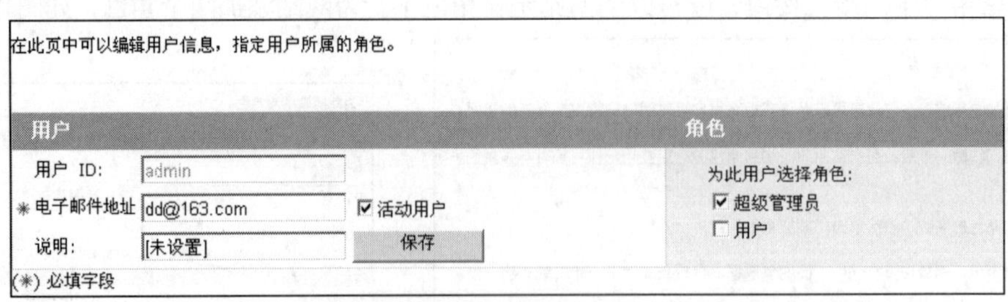

图17.10　编辑用户

（9）编辑完成后保存。返回“安全”选项卡首页，还可以单击“其他”链接，对相应的信息进行配置。这样，就完成了必要信息的配置。

刚才对admin目录所设置的访问规则，会出现在admin目录下的web.config文件中，生成的代码如下所示：

```
01  <?xml version="1.0" encoding="utf-8"?>
02  <configuration xmlns="http://schemas.microsoft.com/.NetConfiguration/v2.0">
03      <system.web>
04          <authorization>
05              <deny roles="用户" />
06              <allow roles="超级管理员" />
07          </authorization>
08      </system.web>
09  </configuration>
```

【代码解析】第4~7行代码设置了2个账户的角色。

17.1.2 "应用程序"选项卡

可以使用"应用程序"选项卡对与网站相关的各种设置进行管理，如管理应用程序设置、SMTP设置、调试和跟踪设置、脱机和联机设置等。

1. 应用程序设置

在打开网站管理工具后，切换到"应用程序"选项卡，即可看到最左边的是一个"应用程序设置"模块，如图17.11所示。单击"创建应用程序设置"链接，即可进行应用程序设置的创建，如图17.12所示。

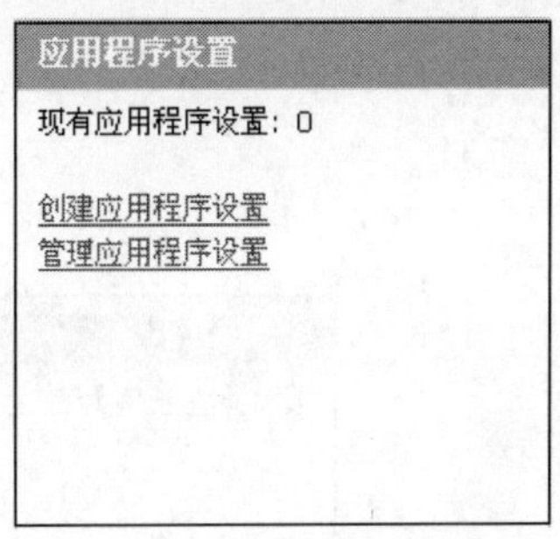

图17.11 应用程序设置模块

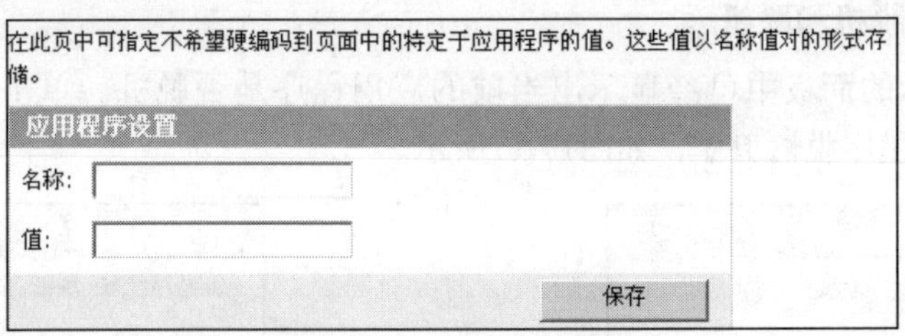

图17.12 创建应用程序设置

创建了应用程序设置后，可通过单击"管理应用程序设置"对已创建的应用程序设置进行管理，如图17.13所示。

在此页中可以编辑、重写或删除不想硬编码到页中的应用程序设置。设置可以是应用程序范围的局部设置，也可以是继承自默认站点范围或计算机范围的配置。如果是继承设置，则可以将其重写，为应用程序指定一个新值。

源	名称	值		
本地	test	valuetest	编辑	删除

现有应用程序设置：1

创建新应用程序设置

图17.13 管理应用程序设置

创建了一个应用程序设置后，会在web.config文件中添加如下所示的配置信息：

```
<appSettings>
  <add key="test" value="valuetest" />
</appSettings>
```

2. SMTP设置

若要进行SMTP的设置，在打开网站管理工具后切换到“应用程序”选项卡，即可看到如图17.14所示的“SMTP设置”项。单击“配置SMTP电子邮件设置”，打开“配置 SMTP 设置”界面，进行类似于图17.15所示的SMTP相关参数的设置。

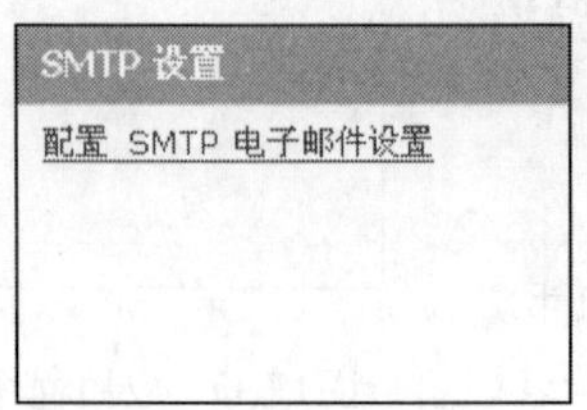

图17.14 “SMTP设置”项

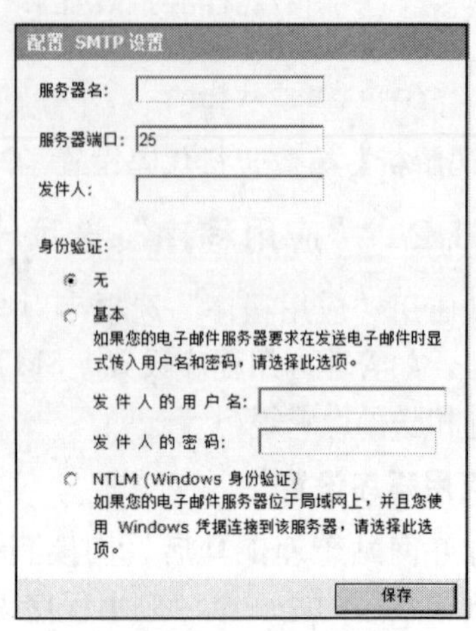

图17.15 配置SMTP

3. 使应用程序脱机和联机

如图17.16所示的面板中已经显示出当前的应用程序是否脱机。单击“使应用程序脱机”链接，则可让应用程序脱机工作，如图17.17所示。

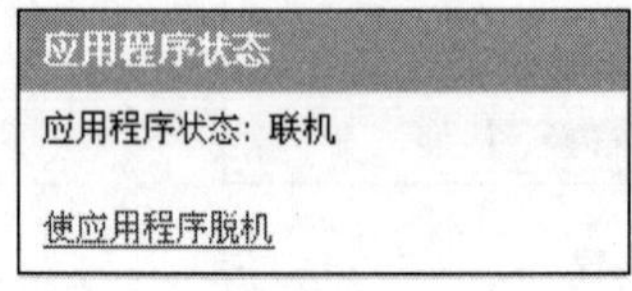

图17.16 应用程序状态

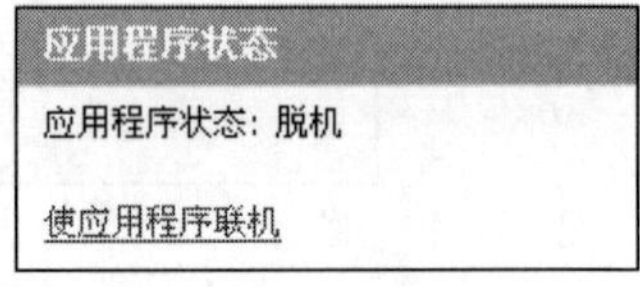

图17.17 已经脱机

脱机设置存在于网站的web.config文件的<httpRuntime>节中。在使用网站管理工具使应用程序脱机后，会在web.config文件中进行如下所示的设置。

```
<configuration>
    <system.Web>
        <httpRuntime enable="False" />
    </system.Web>
</configuration>
```

4. 调试和跟踪

单击“配置调试和跟踪”后，可打开如图17.18所示的页面，在该页面中进行调试和跟踪的配置。

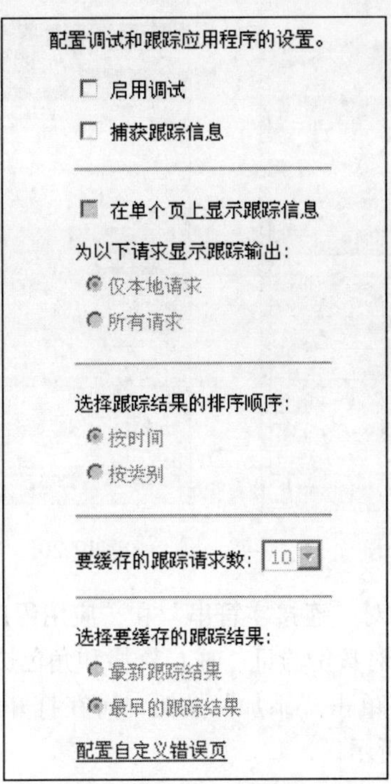

图17.18 配置调试和跟踪

17.1.3 “提供程序”选项卡

使用网站管理工具的“提供程序”选项卡，可以管理ASP.NET如何存储应用程序功能的数据，如用户账户、角色和其他设置等。

ASP.NET使用提供程序类管理各种功能的数据存储，如成员资格和角色管理。提供程序类是一个组件，该组件公开一个特定的ASP.NET功能，例如管理成员资格中的角色管理等。如果将AspNetRoleProvider提供程序用于角色管理后，则网站管理工具会生成如下所示的配置信息。

```
<system.web>
<membership defaultProvider="AspNetRoleProvider" />
<roleManager enabled="true" defaultProvider="AspNetWindowsTokenRoleProvider" />
<authentication mode="Forms" />
</system.web>
```

17.2 使用控制台管理单元配置ASP.NET

使用微软管理控制台 (MMC)，可以对所有网站或某个特定网站的配置进行设置。与网站管理工具不同，使用MMC进行配置时，配置者将拥有Web服务器的整个配置层次结构的控制权。

使用控制台（MMC）管理单元配置ASP.NET应用程序的方法如下所示。

（1）在IIS中建立ASP.NET站点后，右击站点的名称，在弹出的快捷菜单上选择“属性”选项，打开“默认网站属性”对话框。

（2）在“网站属性”对话框中，切换到“ASP.NET”选项卡，如图17.19所示。

（3）单击“编辑全局配置”按钮，打开“ASP.NET配置设置”对话框，如图17.20所示。

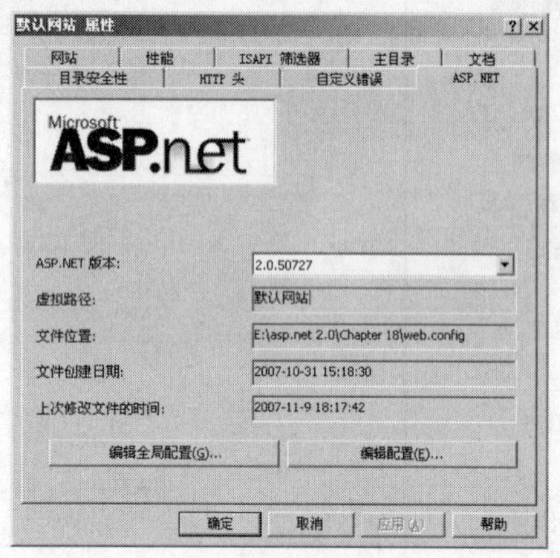

图17.19 ASP.NET选项卡

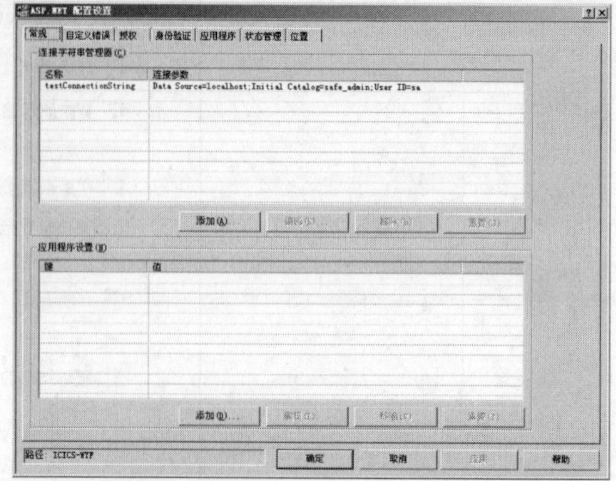

图17.20 “ASP.NET配置设置”对话框

（4）在“常规”选项卡中，对“连接字符串”和“应用程序设置”等选项进行必要的配置。然后在“身份验证”选项卡中，对身份验证、成员资格和角色进行必要的设置，如图17.21所示。

（5）在“授权”选项卡中，单击“添加”按钮，可在打开的“编辑规则”对话框中进行网站访问规则的编辑，如图17.22所示。

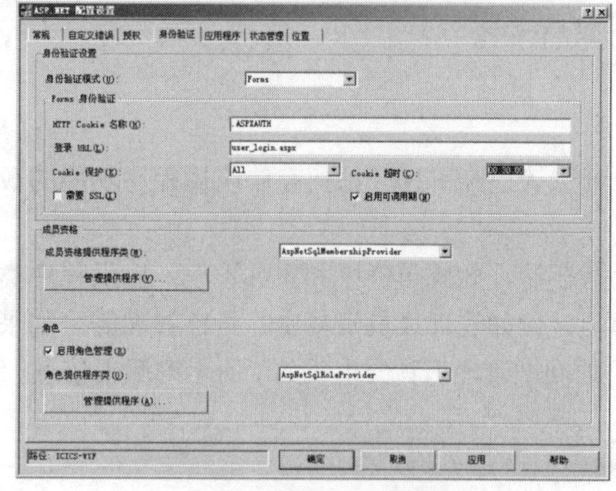

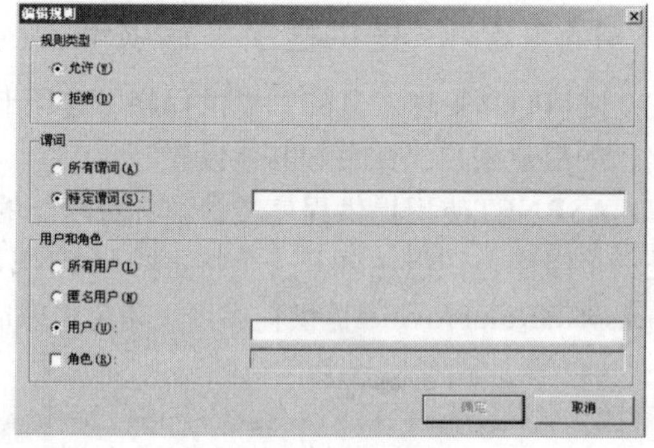

图17.21 设置“身份验证”　　图17.22 编辑规则

（6）在其他的选项卡中，可根据实际需要进行配置。完成配置后，单击“确定”按钮，就完成了应用程序的全局配置。

17.3 使用配置编程接口

使用ASP.NET配置API，可使用单个编程接口来开发、部署和管理应用程序配置数据。使用配置API，还可以通过编程方式来开发和修改ASP.NET配置，而无须直接在配置文件中进行配置信息的编辑。

Configuration对象表示应用于特定计算机或网站的配置设置的合并视图。指定的网站可以存在于本地计算机或远程服务器上。可通过WebConfigurationManager类来获取Configuration对象。WebConfigurationManager类又提供了处理基础配置文件所需的方法和属性，通过这些方法和属性，可以访问配置文件并进行读取或写入信息。

可以使用GetSection()或GetSectionGroup()方法来读取配置信息；可以使用Save ()方法写入配置信息。

注意 进行读取或者写入的用户或进程，必须对配置层次结构中当前级别的配置文件和目录具有写入权限，而且还必须对该层次结构中的所有配置文件具有读取权限。

下面的代码演示了如何读取web.config中配置元素的属性值。

```
01  using System;
02  using System.Collections;
03  ……………………………………//省略部分命名空间
04  using System.Xml.Linq;
05  using System.Web.Configuration;
06  using System.Text;
07  public partial class _Default : System.Web.UI.Page
08  {
09      protected void Page_Load(object sender, EventArgs e)
10      {
11          string configPath = "/MyAppRoot";
12          //获取要访问的配置文件web.config
13          Configuration config =
14          WebConfigurationManager.OpenWebConfiguration(configPath);
15          //获取<identity>元素.
16          IdentitySection section =
17           (IdentitySection)config.GetSection("system.web/identity");
18          //输出<identity>元素的信息
19          Response.Write("Impersonate: " + section.Impersonate.ToString());
20      }
21  }
```

【代码解析】第1～6行代码用于包含程序所需的名称空间，第11行代码用于设置路径，第13～14行代码用于获取Web配置文件，第16～17行代码用于获取identity的元素值，第19行代码用于在页面上显示identity元素。

程序将会读取system.web配置节下identity元素的Impersonate属性值，浏览该页面，效果如图17.23所示。

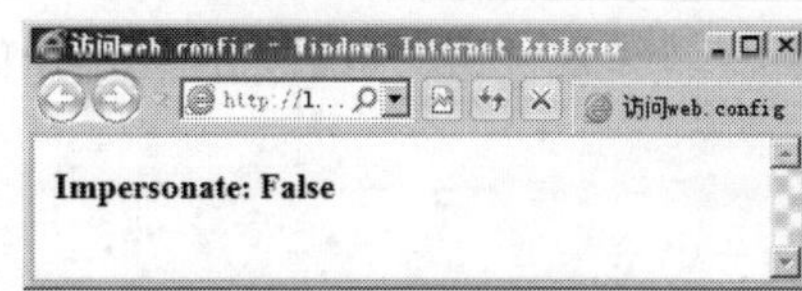

图17.23 浏览效果

17.4 小结

本章内容主要介绍了网站配置文件管理方面的知识，包括了网站管理工具的使用、如何在MMC中配置ASP.NET应用程序以及配置编程接口方面的内容。大家都知道，ASP.NET应用程序要很好地为人们服务，就必须进行各种配置，如程序的浏览权限、身份验证模式等，以适应当前的需求。使用ASP.NET配置系统，可方便地实现此类信息的配置。

对于本章的内容，要全面的了解并掌握，这就需要多加练习、多加测试，最好能站在实际项目开发的角度思考问题。

17.5 上机实践习题

使用程序修改Web.config中<identity>的值为True，将修改后的值显示在页面上。

【提示】该题目要求读者学习通过程序修改配置文件的方法，重点掌握Configuration对象应用于特定计算机或网站的配置设置的合并视图，以及通过WebConfigurationManager类，获取Configuration对象和处理基础配置文件所需的方法和属性。

【关键代码】

```
01   using System.Web;
02   using System.Web.Security;
03   using System.Web.UI;
04   using System.Web.UI.HtmlControls;
05   using System.Web.UI.WebControls;
06   using System.Web.UI.WebControls.WebParts;
07   using System.Xml.Linq;
08   using System.Web.Configuration;
09   protected void Page_Load(object sender, EventArgs e)
10   {
11        string configPath = "/MyAppRoot";
12        //获取要访问的配置文件web.config
13   Configuration config = WebConfigurationManager.OpenWebConfiguration(configPath);
14        //获取<identity>元素
15        IdentitySection section = (IdentitySection)config.GetSection("system.web/identity");
16        //输出<identity>元素的信息
17        Response.Write("<h3>Impersonate: " + section.Impersonate.ToString() + "</h3>");
18        section.Impersonate = true;      //设置属性值
19        config.Save();                   //保存修改后的属值显示返回到页面上
20        Response.Write("<h3>Impersonate: " + section.Impersonate.ToString() + "</h3>");
21   }
```

【代码解析】第11行代码用于设置配置路径，第13行用于获取要访问的配置文件，第18行用于设置属性值，第19行代码用于保存属性值。

第五篇
ASP.NET网站安全

第18章　两种验证模型

ASP.NET提供了两种主要的身份证验证模型：表单验证和窗口验证。本章学习ASP.NET中的安全模型，并深入介绍表单验证和窗口验证方式。网站安生性在网站运营过程中占有重要的地位，通过学习这些验证方式，可以在开发中提高程序的安全性，保障网站的正常运营。

本章重点：

❑ ASP.NET安全验证过程，理解ASP.NET的安全验证过程。

❑ 表单验证，学会使用表单验证，提高程序的安全性。

❑ 窗口验证，学会使用窗口验证，提高程序的安全性。

18.1　介绍ASP.NET安全模型

ASP.NET与Microsoft .NET Framework及Microsoft Internet信息服务（IIS）协同工作，以提供Web应用程序安全性。本节介绍ASP.NET应用程序的安全模型。

18.1.1　ASP.NET的安全验证过程

ASP.NET的安全性主要从两个方面进行控制，即身份验证和授权两个部分。身份验证帮助验证用户是不是假冒的。应用程序获取用户的凭据，并通过某些授权机构验证用户的凭据。如果凭据有效，则将提交凭据的实体视为通过身份验证。授权是通过对已验证身份授予或拒绝特定权限来限制访问权限。图18.1给出了这个安全验证的过程。

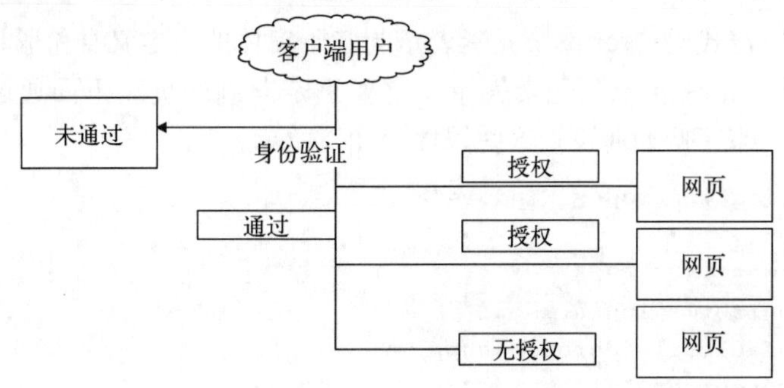

图18.1　安全验证的过程

一般的应用程序都需要划分权限，如有些用户可以看到工资单，但有些用户看不到。那么如何让没有权限的用户看不到呢？这就需要进行应用程序的安全设置。经常访问网站的用户可以看到，有些论坛不注册是不允许回复的，注册并登录也是一种安全保障方式。

18.1.2 安全防范措施

应用程序，尤其是Web应用程序，因为其在网络上被访问，所以就存在被攻击的危险。一旦服务器被攻击，则整个系统将处于瘫痪状态，这是其与Windows应用程序的很大区别。所以开发Web应用程序，一定要设计良好的安全模式。

下面列出了一些保障安全的措施，这些措施来源于一些开发者的经验。

- 限制用户的输入：因为用户输入的数据中可能带有非法数据，所以可以为文本框使用验证控件，如只允许用户输入数字时，那么用户就不能输入除数字之外的任何字符。
- 加密隐藏字段：在Web应用程序中，系统使用_ViewState保存页面的一些状态信息，如页面中的控件布局、控件的状态值等。默认情况下，_VIEWSTATE是使用Base64编码，在一般人员看来已经非常保险，因为Base64编码后的字符串没有一定的格式，类似乱码，但黑客却可以使用Base64解码软件，方便地破解页面的一些信息，这就可能导致页面被攻击。通常设置EnableViewStatMAC="true"，来启用_VIEWSTATE数据加密功能。
- 防止SQL注入式攻击：大型的Web应用程序都会使用数据库，但由于数据库中的连接参数语句使用单引号设置，所以用户只要输入“'”，就有可能提前结束数据库操作语句，而导致错误的处理结果，因此一般建议不使用字符串来连接数据库执行命令。建议使用存储过程或C#提供的一些参数类库。
- 从全局入手，配置好各成员的权限，使用.NET提供的两个验证模式，保障应用程序的安全。

18.2 配置身份验证属性

Authentication是web.config配置文件中的一个元素，用来配置ASP.NET身份验证方案，该方案用于识别和查看ASP.NET应用程序的登录用户，其使用方法如下。

```
01  <authentication
02      mode="[Windows|Forms|Passport|None]">
03      <forms>...</forms>
04      <passport/>
05  </authentication>
```

【代码解析】第3行代码“forms”元素表示为基于窗体的自定义身份验证配置ASP.NET应用程序，第4行代码“passport”元素表示指定要重定向到的页。下面通过一个比较详细的Authentication配置，来了解如何设置这些属性，如下所示。

```
<authentication mode="Windows">
    <forms
        name=".ASPXAUTH"
        loginUrl="login.aspx"
        defaultUrl="default.aspx"
        protection="All"
```

```
07          timeout="30"
08          path="/"
09          requireSSL="false"
10          slidingExpiration="true"
11          cookieless="UseDeviceProfile" domain=""
12          enableCrossAppRedirects="false">
13          <credentials passwordFormat="SHA1" />
14       </forms>
15       <passport redirectUrl="internal" />
16    </authentication>
```

【代码解析】第8行代码“path”元素表示默认路径，第13行代码“credentials”元素的“passwordFormat”属性表示密码的加密方式，此处设置的是“SHA1”。

18.3 表单验证

Forms Authentication，即表单验证，是指提供有关如何使用自己的代码创建应用程序特定的登录窗体并执行身份验证的信息。使用Forms身份验证的一种简便方法是，使用ASP.NET成员资格和ASP.NET登录控件。

如果用户通过Internet访问应用程序（如网站程序），通常使用Forms身份验证。用户需要使用Web窗体登录。此时站点将使用Forms身份验证，根据存储在数据库中的用户信息来识别用户。

18.3.1 应用表单验证

使用表单验证方式，用户信息必须单独建立，而且保存在指定的数据库中。每次用户登录时，要将用户输入的名称和密码与数据库中的名称和密码进行对比，只有完全匹配才可以进入站点进行访问。Forms身份验证的配置格式如下所示。

```
01    <configuration>
02       <system.web>
03              <authentication mode="Forms"/>
04       </system.web>
05    </configuration>
```

【代码解析】第3行代码用于设置窗体的验证模式为表单验证。

下面演示一个用户注册并登录的实例，主要是学习在身份验证模式下，如何获取当前用户的登录姓名。

（1）打开程序自动生成的web.config配置文件，将身份验证类型修改为“Forms”，详细设置如下所示。

```
01    <?xml version="1.0"?>
02    <configuration>
03       <system.web>
04            <authentication mode="Forms"/>
05            <compilation debug="true"/>
06       </system.web>
07    </configuration>
```

【代码解析】第4行代码用于将网页的验证方式设置为表单验证，第5行代码用于将程序运行模式设置为调试模式。

（2）在网站下添加一个Web窗体，命名为“Login.aspx”。

（3）将1个Login控件和1个CreateUserWizard控件拖到设计界面。将Login控件的“DestinationPageUrl”属性值修改为“Default.aspx”。

（4）打开默认生成的Default.aspx.cs文件，在其窗体的加载事件中，写出获取当前登录用户的代码，如下所示。

```
protected void Page_Load(object sender, EventArgs e)
{
    Response.Write("你好，欢迎登录:" + User.Identity.Name);//显示登录用户名
}
```

（5）将Login.aspx页设置为起始页，运行程序。首先注册一个用户，然后使用此用户登录，可以发现在Default.aspx页中正确显示了当前的登录用户名。本例的效果如图18.2所示。

图18.2 表单验证的运行效果

18.3.2 表单验证的一些重要功能

上一小节只介绍了Forms表单验证的应用。当网站采用表单验证后，还可以通过配置文件提供的很多属性，来优化网站中的程序，如可以设置默认登录页、设置保护Cookie数据的方法等。完整的Forms身份验证的格式如下所示。

```
<authentication mode="Forms">
    <forms timeout="" name="" loginUrl="" path="/" protection="All"/>
</authentication>
```

其中各属性的意义如下。

- timeout：设置Cookie过期的时间，以分钟为单位，默认值是30。
- name：用于身份验证的HTTP Cookie的名称。
- loginUrl：未授权的用户被重定向到的指定页面，设置为登录页面。
- path：用于已发出Cookie的路径。默认值为“/”，以避免因路径中有不匹配的字母大小写而带来的问题，因为在返回Cookie时，浏览器严格区分大小写。共享服务器环境中的应用程序应该使用此指令维持专用Cookie。
- protection：用于保护Cookie数据的方法，共有4个值：All、None、Encryption、Validation。

> **注意** 如果不只一个应用程序要在一台计算机上使用基于窗体的身份验证服务，则每个应用程序应该配置唯一的Cookie值。为了避免在URL中导致依赖项，ASP.NET在设置身份验证时，将“/”用作Path值，使Cookie被送回站点的每个应用程序上。

18.4 窗口验证

Windows身份验证，即窗口验证，是指提供有关如何将Windows身份验证与Microsoft Internet信息服务（IIS）身份验证结合使用以确保ASP.NET应用程序安全的信息。

如果想知道有哪些用户可以访问应用程序，则打开操作系统的“计算机管理”中的“用户

和组”，就可以看到所有可以访问的用户。使用此验证模式，不需要再单独的创建用户，而且可以保障应用程序不受外来用户的攻击。

在Web.Config中配置Windows身份验证的代码如下所示。

```
01  <configuration>
02      <system.web>
03          <authentication mode="Windows"/>
04     </system.web>
05  </configuration>
```

【代码解析】第3行代码用于设置验证模式为窗体模式。

下面演示在Windows身份验证模式下，如何获取当前用户的登录名。

（1）打开web.config文件，设置当前程序使用Windows身份验证，代码如下所示。

```
01  <?xml version="1.0"?>
02  <configuration>
03      <system.web>
04          <authentication mode="Windows"/>
05          <compilation debug="true"/></system.web>
06  </configuration>
```

【代码解析】第4行代码设置验证模式为窗体模式，第5行代码设置程序为调试模式。

（2）打开Default.aspx.cs文件，在其Page_Load事件内，判断当前用户的权限和登录名，详细代码如下所示。

```
01  protected void Page_Load(object sender, EventArgs e)
02  {
03      if (User.IsInRole("Administrators"))
04      {
05          Response.Write("您具备管理员的资格！<br />");    //判断管理员权限
06          Response.Write("您的登录名为："+User.Identity.Name); //显示登录名
07      }
08  }
```

【代码解析】第3行代码用于判断用户的角色身份，并依据判断结果反馈页面。

（3）运行程序，如果登录计算机时使用的用户具备管理员权限，则运行时会显示当前登录的用户名。图18.3就是本例的运行效果。

图18.3　窗体验证的运行效果

18.5　小结

本章主要介绍了ASP.NET应用程序中必须注意的安全问题，其中.NET提供了两种验证方法来保障程序的安全：表单验证和窗口验证。表单验证一般应用于广域网，而窗口验证一般应用在内部网或者局域网。通过18.3.1小节和18.4节中的两个案例，详细演示了这两种验证方法的使用。读者除了要了解这些验证方法外，还要掌握通过web.config文件配置网站的一些安全属性。

18.6 上机实践习题

编写一个页面，页面的验证方式采用窗口验证，验证登录页面的账户名称是否为管理员账户，并依据登录名称给出页面提示。

【提示】该题目要求读者学习网页验证模型的知识点，重点掌握ASP.NET的安全验证过程，以及通过窗口验证登录的方法。

【关键代码】

```
01  <authentication mode="Windows">
02      <forms loginUrl="~/Account/Login.aspx" timeout="2880"/>
03  </authentication>
04  protected void Page_Load(object sender, EventArgs e)
05  {
06      if (User.IsInRole("Administrators"))
07      {
08          Response.Write("您具备管理员的资格！<br />");      //判断管理员权限
09          Response.Write("您的登录名为：" + User.Identity.Name); //显示登录名
10      }
11      else
12      {
13          Response.Write("您不具备管理的资格！<br />");//判断是否具备管理员权限
14          Response.Write("您的登录名为：" + User.Identity.Name);  //显示登录名
15      }
16  }
```

【代码解析】第1行代码用于设置页面的验证模式为窗体模式，第6行代码用于判断登录用户的身份角色。

第19章　成员和角色管理

本章学习在ASP.NET中使用Membership类和Roles类，检验用户及验证用户的角色权限。用户和角色信息通过SqlMembershipProvider和SqlRoleProvider提供程序类，保存在SQL Server中。成员和角色管理能够增强安全性管理。通过学习成员和角色管理，读者可以加强自己网站的安全性与可靠性。

本章重点：

- 成员管理，了解成员管理的类，学会动态创建用户和验证用户的方法。
- 角色管理，学会在网站中通过网站管理工具或在代码中创建用户角色。
- 使用登录组件，学会使用ASP.NET提供的登录控件。

19.1　成员管理

简单来说，成员管理就是一个网站到底注册了多少用户，以及为这些用户提供了哪些功能。本节围绕一个成员管理类介绍成员管理提供的各项功能。

19.1.1　成员管理Membership类的功能

Membership类的主要作用是验证用户凭据，并管理用户设置。Membership类提供的功能如下。

- 存储成员信息：Membership类将成员资格信息（用户名、密码、电子邮件等）存储在数据设置中，如Oracle数据库和Active Directory中。
- 身份验证：可以以编程方式，也可以使用Login控件，对用户进行身份验证。
- 管理密码：包括创建、更改密码等，并提供密码提示问题及其答案对忘记密码的用户进行身份验证。
- 用户的管理：增加、更新、查找、删除用户等。

19.1.2　动态创建用户

出于网站的安全考虑，一般都要求用户在访问网站的时候注册并登录。创建用户是进入网站的第一步。本节学习使用Membership类，实现创建用户的功能。

Membership类提供了一个方法“CreateUser”，用来创建用户，其使用语法如下。

```
public static MembershipUser CreateUser (
     string username,
     string password
)
```

参数说明如下所示。

❑ Username：表示用户在本网站的登录名。

❑ password：表示用户的登录密码。

有时候很多网站希望一个邮箱只能注册一个用户，所以Membership还提供了一个带邮箱参数的CreateUser方法，其使用语法如下，其中email参数表示用户的邮箱。

```
public static MembershipUser CreateUser (
      string username,
      string password,
      string email
)
```

参数说明如下所示。

❑ Username：表示用户在本网站的登录名。

❑ password：表示用户的登录密码。

❑ email：表示用户输入的email。

下面结合前面介绍过的验证控件，来实现一个创建用户的案例。

【本例代码参考光盘中的\源代码\C19\CreateUserTest】

（1）打开默认生成的Default.aspx页，在设计界面添加4个Label、4个TextBox和1个Button。其中，4个TextBox分别用来填写用户名、登录密码、密码确认和邮箱。

（2）在创建用户时，用户名、密码、邮箱属于必须填写的内容，所以需要为其中的3个TextBox绑定验证控件“RequiredFieldValidator”，此外为保证两次输入的密码必须相同，还需要在密码确认文本框的后面，添加“CompareValidator”验证控件。

（3）设计Label和Button控件的Text属性，设计效果如图19.1所示。

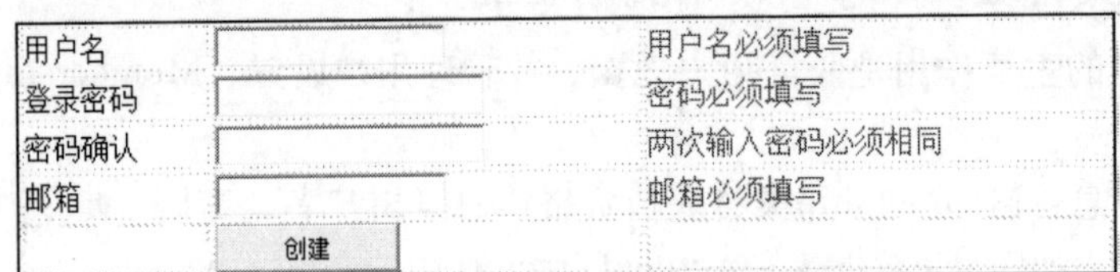

图19.1　创建用户界面设计效果

（4）为保证密码的安全性，需要将输入密码的两个TextBox的TextMode属性，设置为“Password”，然后设置3个验证控件的源代码如下所示。

```
<asp:RequiredFieldValidator ID="RequiredFieldValidator1"
    runat="server" ControlToValidate="TextBox1"
    ErrorMessage="用户名必须填写"></asp:RequiredFieldValidator>
<asp:RequiredFieldValidator ID="RequiredFieldValidator2" runat="server"
    ErrorMessage="密码必须填写" ControlToValidate="TextBox2">
</asp:RequiredFieldValidator>
<asp:CompareValidator ID="CompareValidator1" runat="server"
    ErrorMessage="两次输入密码必须相同"
    ControlToCompare="TextBox2" ControlToValidate="TextBox3">
</asp:CompareValidator>
<asp:RequiredFieldValidator ID="RequiredFieldValidator3" runat="server"
    ErrorMessage="邮箱必须填写" ControlToValidate="TextBox4">
</asp:RequiredFieldValidator>
```

【代码解析】第1～3行代码用于绑定用户名验证的控件，第3行代码用于设置出错提示信息，第4～6行代码用于绑定密码文本框控件，第7～8行用于绑定邮箱控件。

(5) 双击“创建”按钮，写出其Click事件代码，使用CreateUser方法根据用户的输入创建用户，代码如下所示。为了防止创建过程出现错误，本例使用了try…catch错误处理语句。

```
01    protected void Button1_Click(object sender, EventArgs e)
02    {
03        try {
04            //使用CreateUser方法创建用户
05           Membership.CreateUser(TextBox1.Text, TextBox2.Text, TextBox4.Text);
06            Response.Write("用户创建成功!");        }
07        catch(Exception ex)
08        {
09            Response.Write("对不起，创建用户过程中出现错误,错误原因为"+ex.Message);
10        }
11    }
```

【代码解析】第5行代码以用户提供的用户名、密码和邮箱为参数创建用户，第6行代码用于返回用户创建成功，第7～10行用于返回创建用户出错的异常。

(6) 修改web.config文件中的成员资格提供程序，因为本例不需要用户输入密码提示答案。最终的成员资格提供程序配置如下。

```
<membership defaultProvider="AspNetSqlMembershipProvider1"
userIsOnlineTimeWindow="20" hashAlgorithmType="SHA1" >
     <providers>
        <add name="AspNetSqlMembershipProvider1"
            type="System.Web.Security.SqlMembershipProvider"
            connectionStringName="LocalSqlServer"
               enablePasswordRetrieval="false"
               enablePasswordReset="true"
               requiresQuestionAndAnswer="false"
               applicationName="/"
               requiresUniqueEmail="false"
               passwordFormat="Hashed"
               maxInvalidPasswordAttempts="5"
               minRequiredPasswordLength="7"
               minRequiredNonalphanumericCharacters="1"
               passwordAttemptWindow="10"
               passwordStrengthRegularExpression="" />
     </providers>
</membership>
```

说明 这些配置的具体说明，会在本章后面详细介绍。

(7) 保存并运行程序，运行效果如图19.2所示。输入用户名、密码和邮箱，测试是否成功创建用户。如果此处创建不成功，请检查成员资格提供程序的配置是否正确。如果成功，则出现如图19.3所示的提示界面。

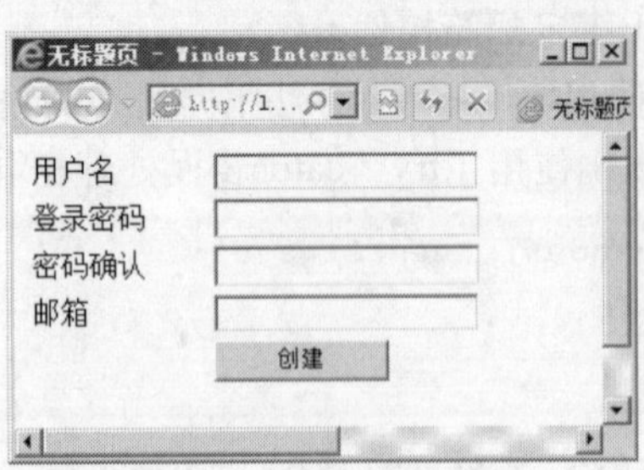

图19.2 创建用户的运行效果

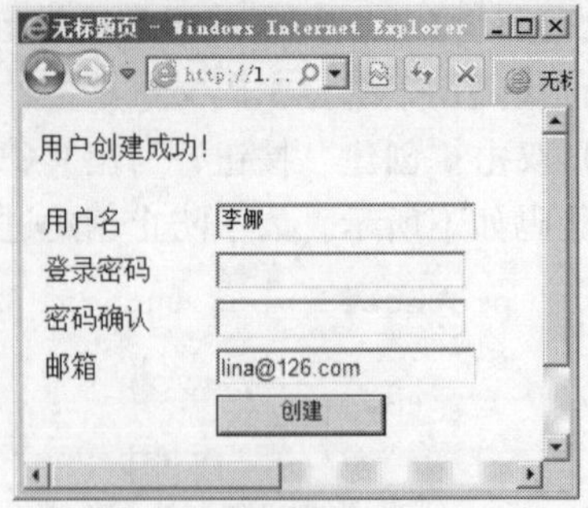

图19.3 创建用户成功的界面

注意 在默认设置中，输入密码时需要一个特殊字符，具体取决于Membership配置中的“minRequiredNonalphanumericCharacters”属性。

19.1.3 验证用户的姓名和密码

在用户登录时，需要判断用户输入的用户名和密码是否正确，也就是Membership对用户的验证过程。判断用户时，需要在配置文件中，指定用户名和密码保存在哪个数据库中，这就需要成员资格提供程序的defaultProvider来完成。ValidateUser是Membership提供的验证用户的方法，其使用语法如下所示。

```
public static bool ValidateUser (
      string username,
      string password
)
```

参数说明：

- ❑ username：表示所要验证的用户名。
- ❑ password：表示所要验证的用户名对应的密码。

下面通过实例演示一个用户登录的过程，这也是Login控件的登录原理。

【本例代码参考光盘中的\源代码\C19\ValidateUserTest】

（1）在网站下添加Web窗体 “Login.aspx”。在设计界面添加2个Label、2个TextBox和1个Button。因为要求用户名和密码必须填写，所以还必须添加RequiredFieldValidator控件。

（2）修改Label和Button控件的Text属性，然后修改两个RequiredFieldValidator控件的ControlToValidate和ErrorMessage属性。最终的设计效果如图19.4所示。

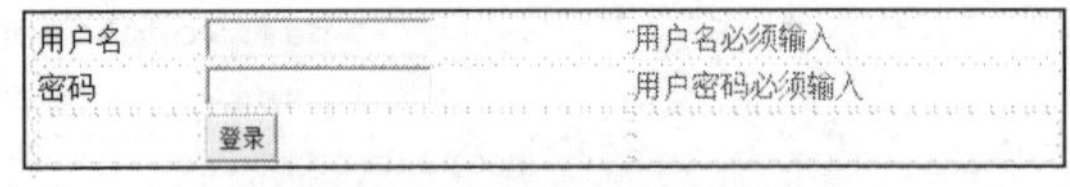

图19.4 验证用户的设计界面

（3）双击“登录”按钮，写出其Click事件代码。为了演示方便，本例先用代码创建了一个名为“admin”、密码为“admin@pass”的用户，然后使用“ValidateUser”方法验证用户的输入。详细的验证代码如下所示，其中的用户在验证成功后被导航到默认主页Default.aspx。

```
protected void Button1_Click(object sender, EventArgs e)
{
```

```
03        Membership.CreateUser("admin", "admin@pass");      //创建一个用户
04        if (Membership.ValidateUser(TextBox1.Text, TextBox2.Text))
05            Response.Redirect("Default.aspx");             //导航到主页
06        else
07            Response.Write("用户名或密码输入错误！");        //提示出错信息
08    }
```

【代码解析】第3行代码用于创建用户，第4行用于判断所输入的用户名和密码是否与已经创建的用户一致，若一致，则显示主页，否则提示用户输入错误。

（4）打开web.config文件，添加成员资格配置程序，代码如下所示。

```
        <membership defaultProvider="AspNetSqlMembershipProvider1"
              userIsOnlineTimeWindow="20" hashAlgorithmType="SHA1" >
              <providers>
                    <add name="AspNetSqlMembershipProvider1"
                   type="System.Web.Security.SqlMembershipProvider"
                   connectionStringName="LocalSqlServer"
                           enablePasswordRetrieval="false"
                           enablePasswordReset="true"
                           requiresQuestionAndAnswer="false"
                           applicationName="/"
                           requiresUniqueEmail="false"
                           passwordFormat="Hashed"
                           maxInvalidPasswordAttempts="5"
                           minRequiredPasswordLength="7"
                           minRequiredNonalphanumericCharacters="1"
                           passwordAttemptWindow="10"
                           passwordStrengthRegularExpression="" />
              </providers>
        </membership>
```

（5）保存所有的代码，将Login.aspx设置为起始页。运行程序，运行效果如图19.5所示。

（6）输入用户名“admin”、用户密码“admin@pass”，测试登录是否成功，如果成功，再测试是否被正确导航到了默认主页。

图19.5 验证用户的运行效果

19.1.4 成员管理类的常用方法

前面通过两个案例介绍了成员管理的两个功能：创建用户和验证用户。其实成员管理类还提供很多其他的方法，下面通过代码的方式罗列这些主要的方法。

```
//因为Membership类的方法都是静态方法，所以不需要创建对象
Membership.CreateUser("admin", "pass@admin");      //创建用户
Membership.CreateUser("normal", "pass@normal", "normal@263.net");//重载的创建用户方法
Membership.DeleteUser("admin");                    //删除用户
Membership.GetUserNameByEmail("admin@263.net");    //通过E-MAIL获取用户名称
string password=Membership.GeneratePassword(12, 3);//生成指定长度的随机密码
```

```
int mytime = Membership.UserIsOnlineTimeWindow;    //获取最后一次联机的分钟数
//验证输入的用户名和时间是否有效
bool result = Membership.ValidateUser(txtname.Text, txtpass.Text);
```

19.1.5 单一的用户信息管理类

MembershipUser类用来显示和更新数据库中的用户信息。MembershipUser对象用于表示数据存储区中的单个成员资格用户。该对象公开有关成员资格用户的信息（如电子邮件地址），并为成员资格用户提供功能（如更改或重置其密码的功能）。

MembershipUser对象可由Membership类中的GetUser和CreateUser方法返回，或是作为GetAllUsers、FindUsersByName和FindUsersByEmail方法返回的MembershipUserCollection的一部分返回。这些看起来很抽象，后面会通过例子加以解释。

当要更新现有成员资格用户的信息时，UpdateUser方法需要MembershipUser对象作为参数。下面的代码演示了如何更新用户的电子邮件地址。为了不重复用户的创建和验证过程等，本例只给出简要代码。具体的效果，读者可以自己创建程序测试。

（1）本例的设计界面源代码如下所示。

```
01  <html>
02  <head>
03  <title>更新电子邮件的示例</title>
04  </head>
05  <body>
06  <form runat="server">
07    <h3>更新用户的E-Mail <%=User.Identity.Name%></h3>
08    <asp:Label id="Msg" ForeColor="maroon" runat="server" /><br>
09    <table CellPadding="3" border="0">
10      <tr>
11        <td>E-mail Address:</td>
12        <td><asp:TextBox id="txtEmail"  runat="server" /></td>
13        <td><asp:RequiredFieldValidator id="EmailRequiredValidator" runat="server"
14                        ControlToValidate="txtEmail ForeColor="red"
15                        Display="Static" ErrorMessage="Required" /></td>
16      </tr>
17      <tr>
18        <td></td>
19        <td><asp:Button id="UpdateEmailButton"
20                             Text="更新 E-mail"
21                             OnClick="UpdateEmailButton-OnClick"
22                             runat="server" /></td>
23      </tr>
24    </table>
25  </form>
26  </body>
27  </html>
```

【代码解析】 第7行代码用于显示更新用户的E-mail，第8行为页面添加一个标签控件，第9～24行为页面添加一个表格，第12行用于向表格中添加一个文本框，第13～15行用于绑定需要验证的控件，第19～22行为表格中添加一个按钮，用于更新用户的E-mail。

(2) 本例的后台实现代码如下所示。

```
01 MembershipUser myuser;
02 public void Page_Load(object sender, EventArgs args)
03 {
04 //获取登录用户
05   myuser = Membership.GetUser(User.Identity.Name);
06   if (!IsPostBack)
07   {
08     //显示用户的E-MAIL
09     txtEmail.Text = myuser.Email;
10   }
11 }
12 public void UpdateEmailButton_OnClick
13      (object sender, EventArgs args)
14 {
15   try
16   {
17     //更新用户的E-MAIL
18     myuser.Email = txtEmail.Text;
19     Membership.UpdateUser(myuser);
20     Msg.Text = " e-mail更新成功";
21   }
22   catch (Exception e)                                  //捕获异常
23   {
24     Msg.Text = e.Message;
25   }
26 }
```

【代码解析】第5行代码用于获取登录用户的Email。第6行代码用于判断是否为首次加载页面，若不是首次加载，则显示用户Email。第13～26行代码用于响应当单击“更新”按钮时，更新用户的Email。第18行代码用于获取新的Email，第19行代码用于更新操作，第20行代码显示更新的结果，第22～25行代码用于捕获更新用户Email过程中的异常。

19.1.6 成员资格提供程序MembershipProvider

这个提供程序MembershipProvider需要在web.config中配置，主要配置内容在前面的案例中曾经使用，详细的配置属性如下所示。

```
            <membership defaultProvider="AspNetSqlMembershipProvider"
userIsOnlineTimeWindow="20" hashAlgorithmType="SHA1" >
                  <providers>
                        <add name="AspNetSqlMembershipProvider"
                     type="System.Web.Security.SqlMembershipProvider"
                     connectionStringName="LocalSqlServer"
                              enablePasswordRetrieval="false"
                              enablePasswordReset="true"
                              requiresQuestionAndAnswer="true"
                              applicationName="/"
                              requiresUniqueEmail="true"
                              passwordFormat="Hashed"
                              maxInvalidPasswordAttempts="5"
```

```
                                              minRequiredPasswordLength="7"
                                              minRequiredNonalphanumericCharacters="1"
                                              passwordAttemptWindow="10"
                                              passwordStrengthRegularExpression="" />
                    </providers>
             </membership>
```

上面配置中的每个元素都很关键，涉及当前应用程序中用户的管理，其中各元素的意义如下所述。

- defaultProvider：默认的成员资格提供程序的名字，一般与providers元素内的name属性相同。
- userIsOnlineTimeWindow：用户的在线时间，一般如果此事件内用户无任何操作，则默认用户已经离线。
- hashAlgorithmType：加密类型，默认为SHA1。
- name：成员资格提供程序的名称。
- type：成员资格提供程序的类型，一般为SqlMembershipProvider，是C#提供的默认程序。如果需要使用除SQL Server外的数据库，可修改此处的类型。
- connectionStringName：用户数据保存到的数据库，通过连接字符串获取。
- enablePasswordRetrieval：是否支持密码修复。
- enablePasswordReset：是否支持密码重置。
- requiresQuestionAndAnswer：注册用户时是否需要密码问题和答案。默认为true。
- applicationName：当前应用程序的名称。
- requiresUniqueEmail：一个邮箱是否只能注册一个用户。
- passwordFormat：密码格式化类型，默认为Hashed。
- maxInvalidPasswordAttempts：密码尝试的次数。
- minRequiredPasswordLength：最小密码长度。
- minRequiredNonalphanumericCharacters：要求密码中最少要包含的特殊字符。
- passwordAttemptWindow：与密码尝试次数相关的配置。
- passwordStrengthRegularExpression：验证密码强度的表达式。

通过修改这些元素，可以配置适合中国特色的用户管理，因为国外的密码长度、加密手法可能跟国内不同，所以默认设置不一定适合国内的程序。

19.1.7 网站默认的数据存储数据库

网站默认的数据库都保存在ASPNETDB中，这是如何配置的呢？本节就通过配置数据存储方式来确定用户信息如何保存，配置步骤如下。

（1）在Visual Studio 2010的工作界面中，单击“网站”|“ASP.NET配置”菜单命令，打开“网站管理工具”窗口。

（2）单击“提供程序配置”标签，转到“提供程序”界面，如图19.6所示。

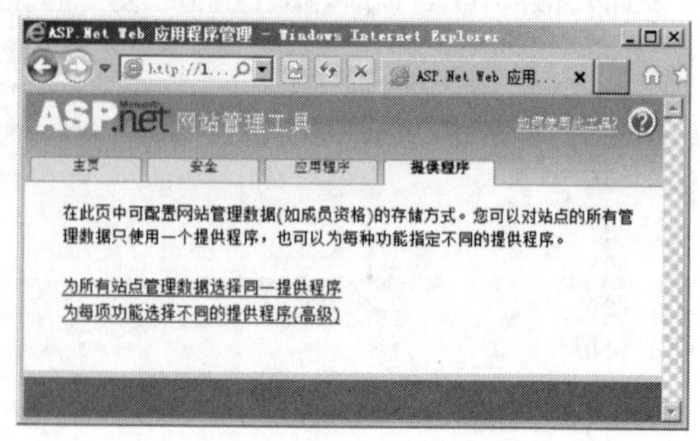

图19.6 “提供程序”配置界面

（3）默认的提供程序是“AspNetSqlProvider”，生成的默认数据库名为“aspnetdb”。所有的用户信息、个性化信息和基本配置等都保存在此数据库中。第19.1.8小节将学习如何不用这个默认的数据库，而使用项目中设计的数据库。

19.1.8 自定义保存用户信息的数据库

默认创建的用户都保存在ASPNETDB中，本节教读者如何在自己的数据库中保存这些用户信息。下面两步是要实现这个功能必需的两步操作。

（1）配置web.config，修改本项目的数据库提供者信息（SqlProvider）。

（2）使用Visual Studio 2010提供的命令工具aspnet_regsql，注册自己的数据库。

根据这两个步骤，下面将本项目的数据库配置为带有用户权限管理功能的数据库。

（1）打开本项目的web.config文件，在数据库连接connectionStrings中，添加如下的数据库配置信息。

```
<remove name="LocalSqlServer"/>
<add name="LocalSqlServer" connectionString="Data
Source=localhost;Initial Catalog=MemberCard;Integrated
Security=True" providerName="System.Data.SqlClient"/>
```

（2）单击“开始”｜“所有程序”｜“Visual Stuido 2010”｜“Visual Stuido Tools”｜“Visual Stuido命令提示”命令，打开Visual Stuido 2010的命令窗口

（3）输入“aspnet_regsql”注册命令，打开注册数据库向导，如图19.7所示。

（4）单击“下一步”按钮，选择安装选项，本例是安装，不是卸载，所以选择第一项，如图19.8所示。

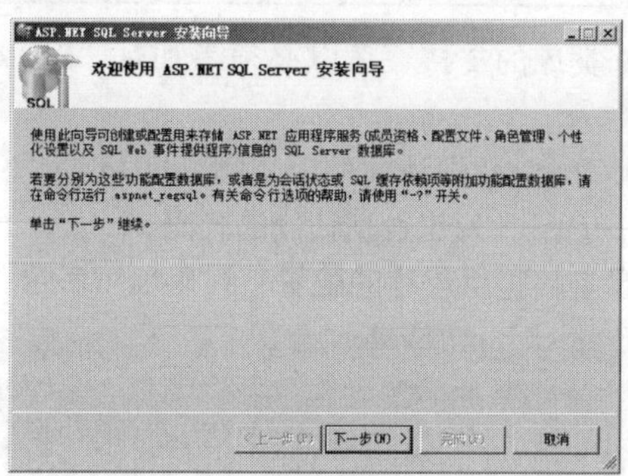
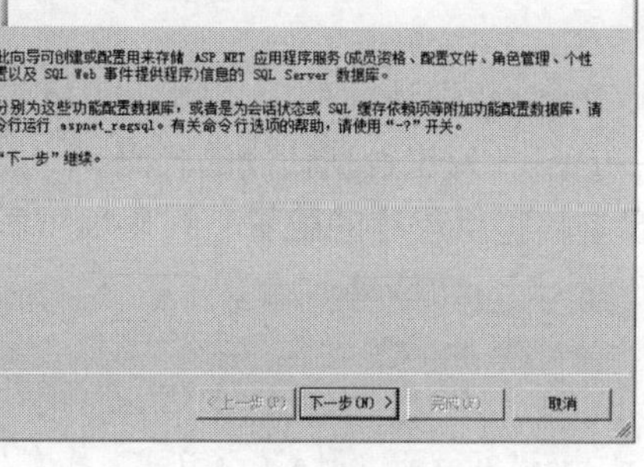

图19.7 注册数据库向导

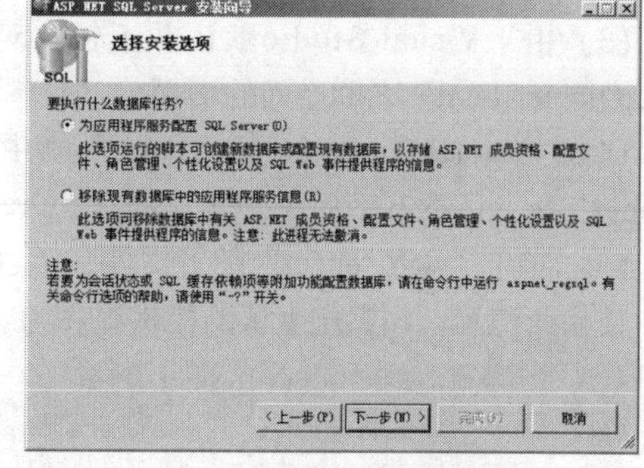

图19.8 选择安装选项

（5）单击“下一步”按钮，选择数据库所在的服务器，“数据库”选择当前项目的数据库，如图19.9所示。

（6）单击“下一步”按钮，出现确认窗口。确认无误后，单击“下一步”按钮，直至完成。

（7）此时数据库中就添加了“aspnet_”开头的表。这样添加的用户和角色，就保存在了自己的数据库中。

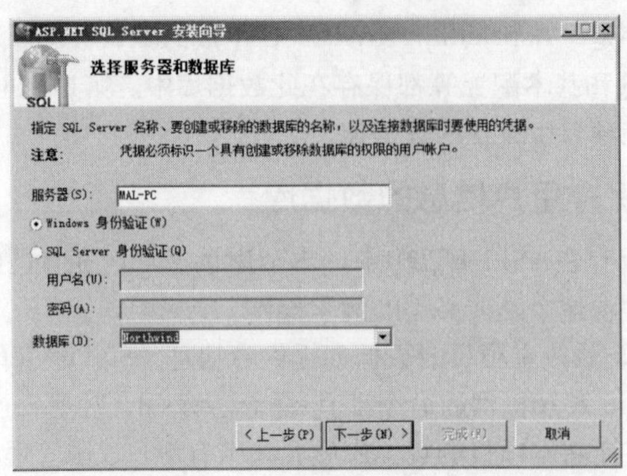

图19.9 选择服务器和数据库

19.1.9 扩展MembershipProvider支持Oracle数据库存储方式

默认的MembershipProvider都是支持SQL Server数据库。本例将简要介绍如何通过扩展MembershipProvider，实现用户信息在Oracle数据库中的存储方案。本例的演示步骤如下所示。

【本例代码参考光盘中的\源代码\C19\ OracleProvider】

(1) 在“App_Code”目录下，添加一个类，名为“OracleMembershipProvider.cs”。

(2) 设置“OracleMembershipProvider”类继承“MembershipProvider”，然后实现MembershipProvider约束的属性和方法。

注意 由于篇幅所限，此处未给出详细代码，可参考随书光盘。

(3) 由于Visual Studio默认并不包含对Oracle类库的支持，所以必须添加对“System.Data.OracleClient”名称空间的引用。

(4)“OracleMembershipProvider”类中用到了Oracle数据访问助手“OracleHelper”，在“App_Code”目录下添加一个类，名为“OracleHelper.cs”，写出数据访问的代码。

(5) 打开“web.config”配置文件，添加对成员资格提供程序的配置，代码如下所示。如果不使用此配置，则系统默认的提供程序为“SqlMembershipProvider”。

```
<connectionStrings>
     <add name="OraMembershipConnString"
         connectionString="" providerName="System.Data.OracleClient"/>
</connectionStrings>
     <membership defaultProvider="OracleMembershipProvider">
         <providers>
              <clear/>
              <add name="OracleMembershipProvider"
                    type="OracleMembershipProvider"
                    connectionStringName="OraMembershipConnString"
                    enablePasswordRetrieval="false" enablePasswordReset="false"
                    requiresUniqueEmail="false"
                    requiresQuestionAndAnswer="false"
                    minRequiredPasswordLength="7"
```

```
                    minRequiredNonalphanumericCharacters="1"
    applicationName="Study" hashAlgorithmType="SHA1" passwordFormat="Hashed"/>
            </providers>
        </membership>
```

（6）保存程序，即可使用“OracleMembershipProvider”类中提供的方法，将用户信息保存到Oracle中。

19.2 角色管理

角色主要用来定义用户所能执行的操作。用户进入网站后，可以访问网站内的任意网页，但如果该网站配备了权限管理功能，即普通用户只允许浏览几个页面，而真正的操作界面则只有高级用户才可以看到，这样的功能就需要用到本节介绍的角色管理。

19.2.1 在应用程序中启用角色管理功能

角色是具有某些权限的用户，在配置工具中，角色的管理和用户管理有所不同，本小节将详细介绍如何使用工具管理角色。必须先启用角色管理功能，才能对用户进行管理，启用步骤如下。

（1）打开配置管理工具，单击“安全”标签，切换到“安全”配置界面。

（2）在“角色”板块，单击“启用角色”链接，系统自动为应用程序开启角色功能。

（3）关闭配置管理工具，在Visual Studio 2010的解决方案资源管理器中，打开“web.config”文件。

（4）在配置文件中，多了一条配置“<roleManager enabled="true" />”，这就是刚刚在配置工具中所做的修改。

启用角色功能后，就可以为网站创建角色了。

19.2.2 通过网站管理工具创建角色

角色用来定义用户所能执行的操作，本例通过可视化界面创建角色，其创建步骤如下。

（1）打开ASP.NET配置管理工具，单击“安全”标签，切换到“安全”配置界面。

（2）在“角色”板块，单击“创建或管理角色”链接，打开“创建新角色”界面，如图19.10所示。

（3）输入角色名称，例如“管理员”。本例添加了两个角色：管理员和普通用户。

（4）单击“添加角色”按钮，系统会自动在下边列出所添加的角色。

角色功能是为了网站安全而设计，每个用户只能查看自己角色所允许的页面。

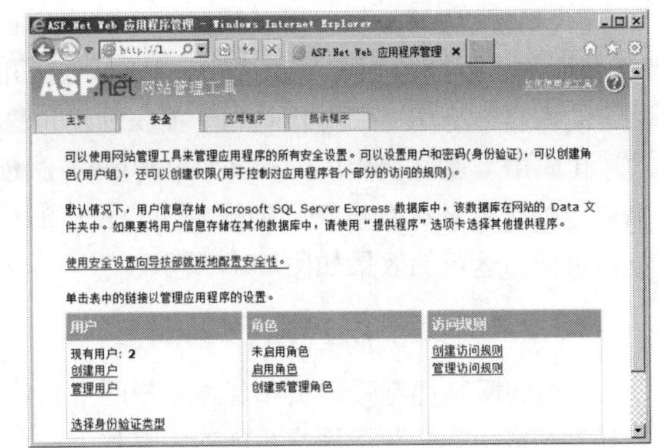

图19.10 创建新角色界面

19.2.3 通过代码创建角色

网站中，角色的创建可以通过两种方式完成：一种是通过网站管理工具进行角色的创建，另外一种是通过角色管理的Role类来实现角色的添加。本节就将介绍如何通过Roles类来实现角色的添加。具体步骤如下所示。

（1）添加一个CreateRole.aspx页面，设计页面源代码如下所示。

```
01  <form id="form1" runat="server">
02      <div>
03      <asp:label id="MessageLabel" runat="Server" forecolor="Red" Font-Size= ".9em" />
04          角色名称：<asp:textbox id="RoleTextbox" runat="Server" width="125px" />
05       <asp:button id="CreateButton" runat="Server" text="创建角色"
06              onclick="CreateButton_Click" />
07      </div>
08  </form>
```

【代码解析】第4行代码向页面中添加了一个TextBox控件，用于输入待创建角色的名称，第5～6行代码为页面添加按钮，用于激活创建角色的事件。

（2）对应该窗体后台的cs文件中，需要在用户单击“创建角色”按钮之后，进行相应的事件处理，相应的代码如下所示。

```
01  protected void CreateButton_Click(object sender, EventArgs e)
02      {
03          try
04          {
05                  //创建角色
06              Roles.CreateRole(RoleTextbox.Text);
07              MessageLabel.Text = "角色创建成功.";
08              RoleTextbox.Text = "";
09          }
10          catch (System.Configuration.Provider.ProviderException exc)
11          {
12              MessageLabel.Text = "角色名称重复.";
13          }
14      }
```

【代码解析】第6行代码以用户输入的内容创建角色，第7行代码用于返回给用户显示成功，第8行代码用于清除文本框中的内容，第10～13行代码用于捕获创建角色的异常。

代码中，通过调用Roles的CreateRole方法创建角色，如果创建的角色名称有重复，则提示用户相应的出错信息。浏览该页面，运行的效果如图19.11所示。

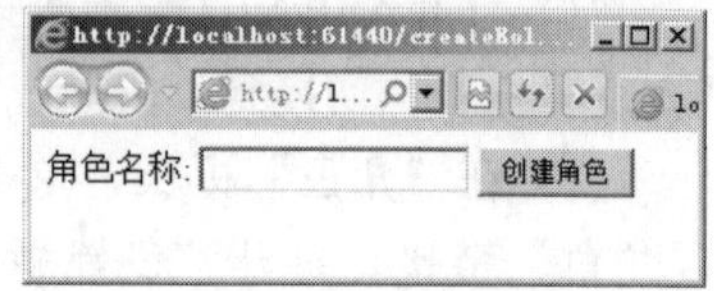

图19.11 创建角色

19.2.4 赋予用户角色权限

一般的网站都有管理员和普通用户两个角色，管理员主要负责网站的维护，而普通用户则只具有浏览功能。赋予用户角色的步骤如下：

（1）打开配置管理工具，单击“安全”链接，切换到安全配置界面。

（2）在“角色”板块，单击“创建或管理角色”链接，打开管理角色界面。

（3）在角色列表中，单击“管理”链接，打开界面，如图19.12所示。

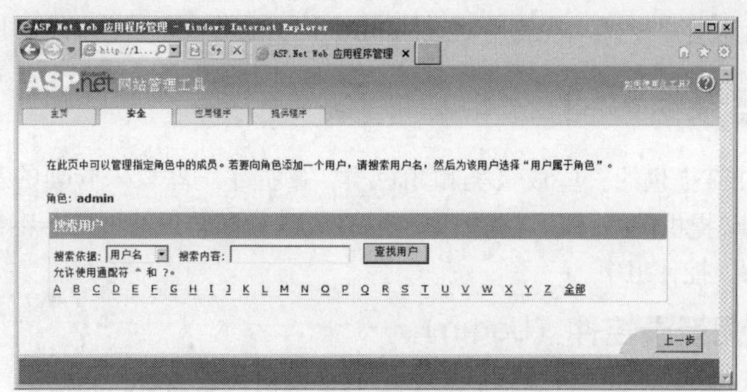

图19.12 管理角色界面

（4）系统并不自动显示所有的用户，管理人员可通过搜索的方式查找某用户，也可单击“全部”链接，显示系统中的所有用户。

（5）显示用户的列表中，有一个“用户属于角色”复选框。如果要将此角色赋予某个用户，直接选中此用户的复选框即可。

一定要掌握本节的知识，在Web应用程序安全技术方面，用户、角色、权限是关键的因素。

19.2.5 配置角色的登录权限

如果只允许具有某角色的成员才能访问，则必须在web.config文件中进行设置，如下所示。

```
<authorization>
 <allow roles="管理员" />
     <deny roles="普通用户" />
</authorization>
```

在登录界面，输入具有普通用户角色的用户名“User”，系统不发生任何变化，还是停留在登录页，因为在配置中使用“deny”，拒绝了具有“普通用户”角色的用户登录。

19.2.6 allow和deny

allow是允许用户和某类角色访问的意思，其使用语法如下所示。

```
01  <configuration>
02    <system.web>
03      <authentication mode="Forms"/>
04      <authorization>
05          <allow users="ZHANG" />
06          <allow roles="amdin"/>
07      </authorization>
08    </system.web>
09  </configuration>
```

【代码解析】第3行代码用于设置验证模式为表单认证，第5行代码用于设置授权的用户名，第6行用于设置该用户的角色。

提示 其中users属性中可以有多个用户，用户之间用逗号间隔。也可以用通配符，其中“*”表示所有用户；“？”表示匿名用户。Roles表示角色，使用格式同users。

deny用来拒绝为用户授权，其使用格式同allow，不过其表示的意义与allow相反。

19.3 使用登录组件包

前面学习了.NET提供的一些成员类和角色类，掌握了一些权限管理的基本原理。本节学习一些Visual Studio提供的控件，这些控件可以完成成员和角色的一些基本操作。这些控件都在工具箱的“登录”控件组中。

19.3.1 使用登录控件（Login）

Login（登录）控件用来提供登录界面，主要包含用户名和密码的输入，界面如图19.13所示。还有一个复选框“下次记住我”，用来保存用户的登录信息。

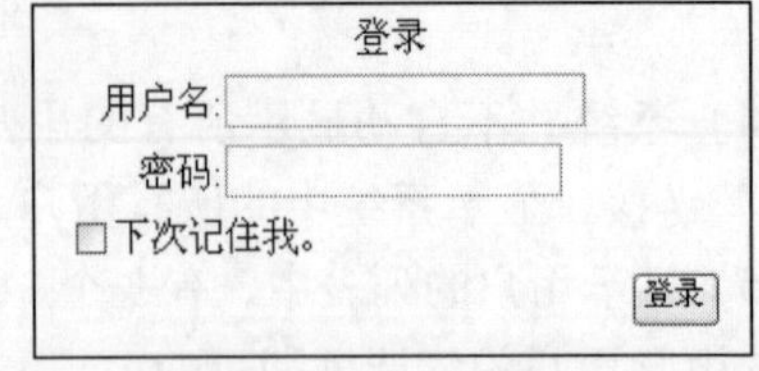

图19.13 登录控件

Login控件是标准的用户登录接口，可以自动调用用户验证，也就是说，在通过单击“登录”按钮以验证和登录时，开发者无须编写任何代码。本书的多个案例都需要登录功能，我们都通过文本框和验证控件的组合来实现，而Login控件包含了必需的验证控件（Required FieldValidators）。

Login控件内置了一系列样式。通过在设计视图中右击Login控件，选择“显示智能标记”，然后选择“自动套用格式”，便可以快速生成漂亮的格式。通过指定CreateUserText、PasswordRecoveryText等属性，还可以使其显示创建新用户和找回密码的链接。下面的代码演示了该控件的定义（省略了样式定义）。

```
01    <asp:Login ID="Login1" runat="server"
02        DestinationPageUrl="~MembershipInfo.aspx"
03        CreateUserText="创建用户" CreateUserUrl="CreateUser.aspx"
04        PasswordRecoveryText="忘记了密码？"
05        PasswordRecoveryUrl="RecoverPassword.aspx">
06    </asp:Login>
```

【代码解析】第2行代码用于设置登录成功后导航的网页，第3行代码用于创建新用户，第4～5行代码用于设置找回密码的页面。

19.3.2 登录状态控件（LoginStatus）

LoginStatus控件显示当前用户的登录状态，也为通过身份验证的用户显示注销链接。登录链接将用户带到登录页，注销链接将当前用户的身份重置为匿名用户。还可以通过设置LoginStatus控件的相关属性，自定义控件的外观。

图19.14 LoginStatus控件的演示

LoginStatus的作用就是在页面上，根据用户是否登录显示不同的状态。在如图19.14所示的页面中，如果已经登录的用户访问这个页面，右下角便是“注销”链接，单击它可以退出系统，而没有登录的用户访问这个页面，则会看到一个“登录”链接，将用户引向登录页面。

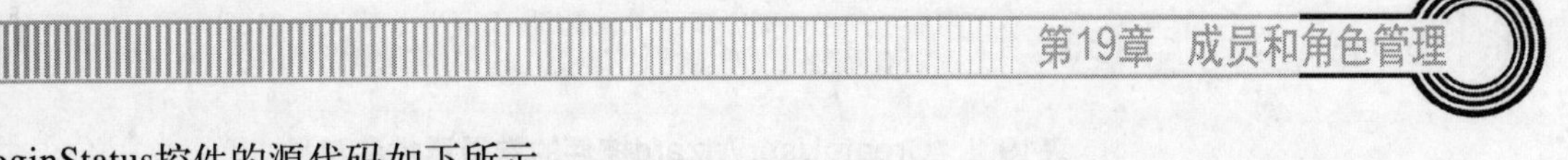

LoginStatus控件的源代码如下所示。

```
<asp:LoginStatus ID="LoginStatus1" runat="server"
                LogoutAction="Redirect" LogoutPageUrl="~/Login.aspx">
</asp:LoginStatus>
```

19.3.3 登录者名称控件（LoginName）

LoginName控件显示当前用户的登录名。如果已经登录，则LoginName控件将显示该用户的登录名。如果站点使用集成Windows身份验证，则该控件将显示用户的Windows账户名。

LoginName控件使用非常简单，不需要程序人员编写任何代码，直接拖放在界面上即可。此控件的源代码如下所示。

```
<asp:LoginName ID="LoginName1" runat="server" />
```

19.3.4 修改密码控件（ChangePassword）

经常上网和使用银行卡的人都知道，密码可能经常需要修改，所有的ATM和网站，都会提供密码修改功能，ChangePassword控件就是用来实现密码的修改，其运行效果如图19.15所示。

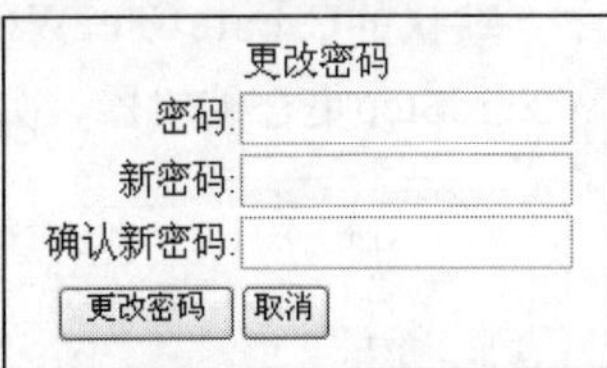

图19.15 密码修改

ChangePassword控件的主要属性和事件如表19.1所示。

表19.1 ChangePassword控件的常用属性和事件

名　称	属性或事件	说　明
DisplayUserName	属性	显示当前登录的用户名
SuccessText	属性	修改成功后的提示信息
ContinueDestinationPageUrl	属性	单击“继续”时导航到的目标页
UserName	属性	登录用户名
ChangePassword	事件	更改密码时触发的事件
ChangePasswordError	事件	更改密码过程中错误引发的事件

修改密码时，其实是使用CompareValidator控件比较两个密码的一致性。读者在学习这些组合控件时，要学会分析一些基本控件的使用。此控件的源代码如下所示。

```
<asp:ChangePassword ID="ChangePassword1" runat="server"
                SuccessPageUrl="~/MembershipUserInfo.aspx">
</asp:ChangePassword>
```

19.3.5 创建用户控件（CreateUserWizard）

CreateUserWizard控件用来创建新用户，在网站中提供客户的注册功能。此控件封装了用户输入时数据验证的操作，并与数据库建立了关联，可将添加的用户正确地保存到数据库中。

CreateUserWizard控件的运行效果如图19.16所示。其中的所有项目都必须填写，而且得遵照已经定义的数据格式，如密码必须带一个特殊字符、用户名不能包含特殊字符等。CreateUserWizard控件的主要属性和事件如表19.2所示。

表19.2 CreateUserWizard控件的常用属性和事件

名 称	属性或事件	说 明
CompleteSuccessText	属性	成功创建用户时给出的提示
ContinueDestinationPageUrl	属性	单击“继续”按钮时导航到的页面地址
DisplaySideBar	属性	是否显示左侧导航步骤
FinishDestinationPageUrl	属性	当完成用户创建时要导航到的目的页
LoginCreatedUser	属性	刚创建完的用户是否登录到站点上
WizardSteps	属性	创建用户的步骤集合
CreatedUser	事件	创建用户后触发的事件
FinishButtonClick	事件	单击“完成”按钮时触发的事件
ActiveStepChanged	事件	当步骤发生改变时触发的事件

默认的CreateUserWizard创建用户只有两步，开发人员可通过WizardSteps属性，打开WizardStep集合编辑器，如图19.17所示，根据实际情况编辑创建用户的步骤。

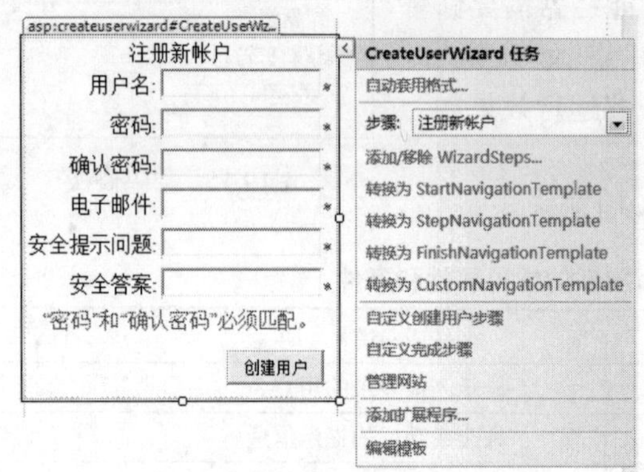

图19.16 创建用户的控件

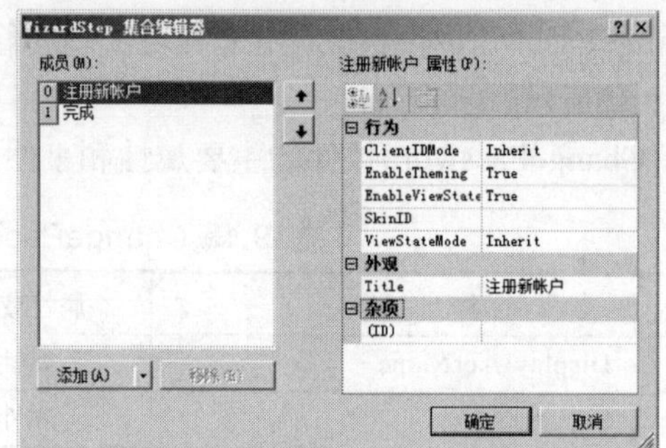

图19.17 WizardStep集合编辑器

19.4 小结

本章介绍了一个网站的成员和角色管理功能。在ASP.NET中，Membership类用来管理所有的成员，Roles类用来管理所有的角色。通过这两个类，就基本可以完成一个网站基本的安全防范。本章最后介绍了一组登录控件，包括LoginStatus、LoginName、ChangePassword和CreateUserWizard。其实，登录控件组还有其他的控件，因为其应用都比较简单，所以读者可尝试着把所有的登录控件都自己实践。

19.5 上机实践习题

设计一个页面，能够通过代码维护网站的角色，即可以通过页面创建角色和删除角色。

【提示】该题目要求读者学习角色管理的相关知识，重点掌握通过Roles类在代码中创建与删除角色。

【关键代码】

```
HTML代码
<body>
```

```
03        <form id="form1" runat="server">
04        <div>
05            <asp:label id="MessageLabel" runat="Server" forecolor="Red" Font-Size= ".9em" />
06            角色名称：<asp:textbox id="RoleTextbox" runat="Server" width="125px" />
07            <asp:button id="CreateButton" runat="Server" text="创建角色"
08            onclick="CreateButton_Click" />
09        </div>
10        <div>
11             <asp:label id="Label1" runat="Server" forecolor="Red" Font-Size= ".9em" />
12             角色名称：<asp:textbox id="Textbox1" runat="Server" width="125px" />
13             <asp:button id="Button1" runat="Server" text="删除角色" onclick="Button1_Click"
14                 />
15        </div>
16        </form>
17    </body>
18    C#代码
19    protected void CreateButton_Click(object sender, EventArgs e)
20    {
21        try
22        {
23            Roles.CreateRole(RoleTextbox.Text);          //创建角色
24            MessageLabel.Text = "角色创建成功！";
25            RoleTextbox.Text = "";
26        }
27        catch (System.Configuration.Provider.ProviderException exc)
28        {
29            MessageLabel.Text = "角色名称重复！";
30        }
31    }
32    protected void Button1_Click(object sender, EventArgs e)
33    {
34        try
35        {
36            Roles.DeleteRole (Textbox1.Text );           //删除角色
37            Label1.Text = "角色删除成功!";
38            Textbox1.Text = "";
39        }
40        catch (System.Configuration.Provider.ProviderException exc)
41        {
42            Label1.Text = "角色删除失败！";
43        }
44    }
```

【代码解析】第7～8行代码用于设置创建角色的按钮，第23行代码用于创建角色，第36行代码用于删除角色。

第六篇

ASP.NET网站高级开发

第20章 AJAX Web开发语言：JavaScript简明编程

本章学习JavaScript的相关知识，因为在页中使用JavaScript可以减轻服务器的负担。很多Web程序需要在客户端完成，这就需要掌握JavaScript语言。通过本章的学习，读者可以使用JavaScript进行简单的功能设计。

本章重点：

- 了解JavaScript的标准和发展，了解JavaScript的产生和发展过程。
- JavaScript基本语法，学会使用JavaScript的数据类型、函数和对象。
- 使用prototype.js框架，学会使用prototype.js框架设计页面。

20.1 JavaScript的标准和发展

本节我们首先简要地介绍JavaScript脚本语言的发展历程。作为一种脚本语言，JavaScript 1.0第一次出现在Netscape Navigator 2.0浏览器中（1995年），当时设计它的主要目的，是为了处理一些输入的有效性验证，以尽可能准确地将表单信息传递给服务器，而不至于因为仅仅少填一个字段就让用户在等待了“大半天”的时间后，还得到一个“您的输入错误”的结果。

很快，JavaScript 1.0获得了成功，随后随着Navigator 3.0的发布，又同期发布了JavaScript 1.1版本（这也是迄今为止，在实现上得到最广泛支持的一个JavaScript版本）。其赋予网页动态化的功能也同时吸引了Microsoft的注意，开始进军浏览器市场。Microsoft在其发布的IE 3.0中，也通过发布了类似JavaScript语言的JavaScript语言，参与到Web脚本语言的竞争中来。

随着Microsoft公司与Navigator公司的竞争，不同的类JavaScript脚本语言之间的差异性也日渐繁多起来。这引起了开发人员的不满，因此制定一个标准势在必行。终于，在1997年，JavaScript 1.1作为一个草案，被提交给欧洲计算机制造商协会（ECMA）。而最终，来自Netscape、微软、SUN等公司的程序员组成的TC39委员会，共同制定了ECMA-262标准。而经由该标准所定义的语言，则被称之为ECMAScript脚本语言。

提示 ECMA的官方站点为：“http://www.ecma-international.org/”。

迄今为止，ECMA-262标准已经完成了前三版的制定工作，第四版的制定、发布和实现工作正在进行中。表20.1给出了该语言各个版本的一些主要特点。

表20.1 ECMA-262各版本概况

版　本	发布日期	主要特点
1	1997年06月	以JavaScript 1.1为基础，并添加了一些新特性，其在Netscape 4.5 和IE 4 都得到了实现
2	1998年06月	仅仅对文档格式进行了修正，使其符合ISO/IEC 16262国际标准，未增减任何语言特性
3	1999年12月	标准化了switch语句、异常处理和正则表达式，其应用也被其扩展到Flash领域中，制定了和Flash对象交互的基本BOM标准，形成了最初的ActionScript语言
4	尚未发布	具备的特性是，更加明确的类的定义、命名空间等

从这些版本的介绍中不难看出，JavaScript语言，就其语言内容而言，大致包括了如下三个基本内容。

- ❑ 语言核心（ECMAScript）：JavaScript的语法内容，也是本章中所主要介绍的内容。
- ❑ 文档对象模型（DOM）：用于将HTML、XHTML、XML在内的文档对象化，并实施相关的操作。DOM包含两个部分：DOM Core、DOM HTML。前者制定了基于XML的文档结构图，以供访问文档内的各对象；后者定义了一些HTML专用对象和方法。目前其最高版本为Level 3。
- ❑ 浏览器对象模型（BOM）：其按照对象化的手段来实施对浏览器本身的操作。该模型属于ECMAScript标准中一个非必需的支持。

而另外一个需要注意的地方，则是在进行版本4的规划和设计过程中，即2004年6月，欧洲计算机制造商协会根据BEA的成果，发表了ECMA-357标准，以作为ECMAScript的一个扩延，被称之为E4X（ECMAScript for XML）。

此标准的主要作用是，为ECMAScript语言增加了一种新的数据类型，即XML文档类型，并赋予了该数据类型默认的解析方法，以替代使用DOM对XML文档的解析。显然，使用DOM的方法，对于一般的编程人员而言还是比较困难的。

此标准首先得到了Firefox 1.5版本的支持，但迄今为止，却还未获得另一主流浏览器IE的支持，这不能不说是一个遗憾。下面通过一个简单的代码段来初窥其一些基本的应用方法。

【案例代码参考光盘中的\源代码\C20\20.1.htm】

提示 虽然IE似乎并没有特别的计划支持该标准，但Flash Player 9的ActionScrip t3.0脚本语言却引入并实现了标准。

在浏览器中应用E4X的第一步，是扩展针对JavaScript引用标准的声明。改进后的代码为如下形式，其中主要增加的是支持e4x的部分，即e4x=1：

```
<script type="text/javascript;e4x=1" >
......
</script>
```

之后，就可以应用JavaScript所引入的一个新的对象类型xml了。比如，一段用于进行幼儿教育的“4可以分成几加几”的案例，其xml对象的声明如下：

```
01   var $xml = <plus result="4">
02                     <paras id="1">
03                     <para name="a">1</para>
04                     <para name="b">3</para>
05                     </paras>
06                     <paras id="2">
07                     <para name="a">2</para>
08                     <para name="b">2</para>
09                     </paras>
10               </plus>;
```

【代码解析】第1行代码用于设置一个XML对象，第2～5行代码用于设置XML节点，第6～9行代码用于设置另一个节点。

提示	如果这并不是一种语法错误，那对于深陷于复杂的转义字符中而不可自拔的开发人员而言，这简直就是一种福音。但事实上，对于符合E4X标准的JavaScript引擎而言，这是正确的。

按钮“4可以等于？”的功能是显示所有的解答情况（在onclick事件中实现）：

```
01   function getResult()
02   {
03     //遍历XML文档的paras部分，并以弹出框的模式显示
04     var $str = "4可以=\n";                              //定义字符串变量
05     for each($each in $xml..paras)                      //循环遍历
06     {
07       $str += "答案" + $each.@id + ":"
08           + $each.para.(@name=="a") + "+" + $each.para.(@name=="b") + "\n";
09     }
10     window.alert($str);
11   }
```

【代码解析】第4行代码用于设置所要显示的字符串，第5～9行代码用于读取XML节点值，第10行代码用于输出字符串中的值。

从上面的例子中不难发现，通过XML内容直接对象化和提供“.”（用于获取下层节点）、“..”（用于获取属于该节点的所有子节点对象）、“@”（用于获取节点属性）这样一些便捷的访问操作符两种方式，使得开发人员几乎可以用一种非常直观的方式去操作XML（和JSON比较接近），这无疑可以大大地加速XML的应用。因此，大部分开发人员都期盼着IE可以尽快将这一标准纳入其JavaScript的语言实现中。

提示	显然，E4X的标准，在元素解析上，很类似于使用XPath对XML文档进行解析。此外，规范中还包括了如何新增删除XML元素对象，以及更好地检索这样的一些标准。限于篇幅，笔者就不再一一介绍了。有兴趣的读者，可以自行借助于其他的文章、书籍或网络来了解相关的内容。

20.2 JavaScript关键字和运算符

在介绍JavaScript语言的细节内容之前，先向读者介绍在Web开发的过程中如何引入JavaScript脚本。在HTML中，总体可以通过以下2种方法来实现。

1. 通过<script/>标记引入JavaScript脚本文件

一般的JavaScript脚本文件的后缀名为“js”。下面的代码，就显示了如何通过<script />标记来引入JavaScript脚本文件“prototype.js”的技术细节。

```
<script type="text/javascript" language="javascript" src="prototype.js" >
```

从中不难看到，<script />标记携带有3个主要属性，其中，属性“type”和属性“language”，都是用来表明脚本标记，属于JavaScript语言标记，而属性“src”的作用，则是声明脚本文件所在的URL地址。

而一般来说，在“language”属性中，还可以很明确地声明所使用的JavaScript语言版本，如“language="javascript1.1"”就表示，该脚本所依据的是JavaScript 1.1的语法标准。

2. 直接在<script />标记中嵌入JavaScript脚本代码

和引入外部文件唯一不同的就是，在此种方式下，标记不存在“src”属性，取而代之的，是位于<script />段中的JavaScript脚本代码，如下范例所示。

```
<script type="text/javascript" language="javascript">
window.alert("这是一段JavaScript代码");
</script>
```

注意 无论使用上述哪种方式，作为一个规范，我们总是建议开发者在HTML文件的<head/>标记段中使用<script/>标记。这当然不是必需的，但却是一个“好”的开发习惯。

JavaScript所规定的关键字包含两类，即关键字和保留关键字。该类单词不能用作变量、对象等符号的声明。其中，关键字如表20.2所示。

表20.2 JavaScript关键字一览表

break	case	catch	continue	default
delete	do	else	finally	for
function	if	in	instanceof	new
return	switch	this	throw	try
typeof	var	void	while	with

保留关键字（其中的大部分，准备用于将来更加完整的对象化和类型化）则包含了如表20.3所示的一些单词。

表20.3 JavaScript保留关键字一览表

abstract	boolean	byte	char	class
const	debugger	double	enum	export
extends	final	float	goto	implements

（续）

import	int	interface	long	native
package	private	protected	public	short
static	super	synchronized	throws	transient
volatile				

此外，作为良好的编程习惯，在JavaScript开发中还应该避免使用那些已经用作 JavaScript的内部常量、对象或函数的名称的单词，如string、true、false等。

除了上述的关键字外，JavaScript还定义了一大批运算符，用于完成各种运算功能，其中，常用的运算符包括：

（1）算术运算符，用于实现四则运算，包括+（加法）、－（减法或一元取反）、++（递增）、--（递减）、*（乘法）、/（除法）和%（取余）。

❑ +运算符：当操作数为字符串时，可用于连接2个字符串，如：

```
s="a" + "b";                                   //s = "ab"
```

❑ 递增、递减都属于一元运算，运算的结果是将变量的值增、减1，如：

```
i = 1;
i++;                                           //i的值将成为2
```

❑ -运算符：一元运算时用作取变量的相反数。

❑ %运算符：在JavaScript中，取余运算较特殊，其可以应用在浮点数上，在实际应用时，作为除数的浮点数将做四舍五入的处理，如下所示。

```
a= 5%2.1;                                      //结果为1
b=5%2.6;                                       //结果为2
```

（2）逻辑运算符，用于进行各种逻辑运算，运算的结果为逻辑值true或者false，这些运算符包括：,（逗号）、?:（三元条件运算）、==（相等）、>（大于）、>=（大于等于）、===（严格相等）、!=（不等于）、<（小于）、<=（小于等于）、&&（逻辑与）、!（逻辑非）、||（逻辑或）、!==（非严格相等）。

❑ 当比较的双方均为字符串时，比较所应用的原则是，依次比较每一个字符所对应的Unicode编码的大小；而比较的双方有一方为数字时，则将另一方也转化为数字进行比较。如下例：

```
"a" < "ab"                                     //结果为true
"65" == 65                                     //结果为true，针对字符串"65"的转变
```

❑ 应用严格比较运算符时，要求运算的双方在任何方面（值、类型）都需要一致，如：

```
"65" === 65 结果为false
```

（3）位运算符，在日常编程中使用不多（Web的编程中用到数学处理的情况不多），包括：&（按位与）、<<（按位左移）、~（按位取反）、|（按位或）、>>（按位右移）、^（按位异或）、>>>（无符号右移）。

（4）赋值运算符，主要的赋值运算符是=，其余的还有+=、-=等。以+=为例，a+=3其代表的意思等价于a = a+3。

在实际应用这些运算符时，一个重要的问题就是关于运算符优先级：

- 不要去试图记住那些复杂的优先级规则，有时候，一个括号比什么都来得有效，特别是在针对逻辑判断运算时尤其如此。
- 而作为第一个建议的“反”建议则是：也不要把什么都加上括号进行约束，至少，乘除优于加减运算这样的简单规则还是需要掌握的。

此外，JavaScript为了支持其原型语言的特征，特意制定了一批用来操作其原型对象的运算符，这部分内容将结合20.5和20.6小节的讲解，给予相关的介绍在此就不赘述了。

20.3 基本程序结构

第20.2节列举了JavaScript中所使用的关键字；本节学习三种常用的程序结构，以实现过程式编程的部分关键字。

首先通过表20.4，给出在进行过程式编程中JavaScript语言所涉及的一些基本语言结构。这些结构，相信对编程稍有认识的读者都比较熟悉了，其主要就是指顺序、分支和循环三者，如表20.4所示。

表20.4 JavaScript语言程序结构一览表

类　别	结　构	说　明

分支	if (条件){
	......
	}
	else{
	......
	}
		当条件为真时，执行if部分语句，否则执行else部分语句；else部分可以省略

	switch(条件){
	case 值1:
	　......
	　break;
	......
	default:
	　......
	}
		多项条件结构。当条件满足值1时，就从其下处开始执行代码，直至结尾或者遇到break时终止；
		当所列条件项均不符合时，执行default处的代码；
		default部分可省略

循环	for(初始化;条件;增量) {
	　......
	}
		在循环体内不允许出现条件语句中所使用的变量；
		初始化参数告诉循环的开始位置，必须赋予变量的初值；
		条件用于设置循环何时有效。只要条件满足，就执行循环体，否则跳出执行；
		增量则用来控制循环控制变量在每次循环时按什么方式变化

	for(变量 in 对象|数组){
	　......
	}
		遍历数组或对象中的每一个元素，并执行相关的循环体

	while(条件){
	　......
	}
		当条件满足时执行循环体。因此，在这种情况下，循环体可能执行0次，1次或多次

	do{ 　...... }while(条件)	意义上同while，唯一的区别在于，在这种情况下，循环体至少将被执行1次

下面就其中的一些注意点做一简单的说明。

1. break语句

break的作用是中断距其最近的switch、while、for、for...in或 do...while语句执行，转向这些结构体外，继续执行程序。

编程陷阱 每个switch语句执行时，需要使用break语句中止，在使用过程中一个非常容易犯的错误就是会经常遗漏break语句。

另外可以实现程序执行流程非“结构化”跳转的语句还有continue、return等。continue语句用于停止循环的当前迭代，并开始新的迭代；return语句用于从当前函数中退出，并返回在其语句后所指定的值（如果存在返回值）。

2. for结构

在JavaScript中，有两种for结构可供开发者用来实现步进式循环。从功能角度上讲，两种结构是完全一致的，其中不存在孰优孰劣的区别。

许多读者可能会看到，在一些JavaScript的教科书中，强调对数组或对象等内容进行遍历时，应该尽可能使用for...in结构，而不是传统的for结构，以避免因数组或对象为空时造成循环体执行错误。

但这其实是一种以讹传讹的说法，只是仅仅进行一次简单的试验，就可以知道真相。当在JavaScript语言中使用传统的for结构时，JavaScript的处理规则实际是：在每次执行循环体之前，都要判断是否符合循环条件，哪怕是第一次执行也不例外。

也就是说，对于传统的for循环而言，其循环体也有可能执行0次、1次或多次。下面的代码就显示了该过程，执行代码所输出的结果为空，其表面并没有执行for循环体。

```
01  function _dirname(src) {
02    var dir = "";                                    //定义空字符串变量
03    var dir_array = src.split("/");                  //以"/"符为标记，切割字符串
04    for (i=0; i< dir_array.length-1; i++){
05      dir += dir_array[i] + '/';
06    }
07    return dir;
08  }
09  window.alert(_dirname("test.js"));
```

【代码解析】第2行代码定义了一个字符串变量，第3行代码用于以“/”为分割符将src字符串分隔，第4～5行代码用于重组字符串，第7行代码用于返回字符串dir，第9行代码用于返回页面。

提示 实践是检验真理的唯一标准，这是放之四海而皆准的。

20.4 数据类型

和其他大部分计算机语言一样，JavaScript语言也包含常量和变量。按照一般的编程常识，每一个变量或者常量都应该具有一个特定的数据类型。

而对于JavaScript语言而言，由于其属于一种弱类型的语言，因此，该语言在进行变量定义时，并不需要指定其所对应的数据类型。也就是说，其数据类型的绑定是在赋值期，甚至是

引用期，才由JavaScript引擎所决定。这也是一般的弱类型语言的一个普遍特性。

提示　本书统一使用的C#语言是一种强类型语言。

在介绍JavaScript语言在处理数据类型方面的一些特点之前，首先谈一下在JavaScript中，变量和常量的定义语法。

❑ JavaScript中，变量的定义，可以使用关键字var来完成，如下代码所示。

```
var 变量名称;
```

此外，JavaScript中，还可以不经过定义直接使用变量，并对其进行赋值，比如：

```
str = "This is a String.";
window.alert(str);
```

❑ 常量的定义，则可以使用const关键字完成，如下代码所示。

```
const 常量名称 = 常量值;
```

和变量模型一样，JavaScript中的常量也是无类型的，其实际类型将根据定义时其常量值的类型，由JavaScript引擎确定。

20.4.1　数据的类型识别

如上文所述，JavaScript是一种弱类型的编程语言，但这并不表示，JavaScript对于数据类型的支持程度就差，恰恰相反，JavaScript还是拥有较强的数据类型判别能力的。运算符typeof()，就是识别实体的数据类型的主要途径。表20.5给出了在ECMA-262的版本3基础下，通过typeof()运算符可以获得的实体的JavaScript数据类型。

表20.5　typeof()可获得的JavaScript类型一览表

数据类型名称	意　义	说　明
number	数字	
string	字符串	使用双引号（"）进行包括，在写作时需要注意部分字符串的转义表达方式
boolean	布尔值	包含true和false
function	函数	函数是一种单独的数据类型，这是JavaScript的特点之一，根据这个知识，读者应该不难理解下面的代码含义（即函数变量）： var $func = function(){window.alert("This is a function var");}
object	对象	
undefined	未定义的	

在一般的数据类型识别中，对于数字类型的识别显然还是不够精确的。在开发人员的印象中，数字类型总是起码要包括整数、浮点数（单精度和双精度）这样一些区别。

提示　在实际的开发中，要求这样精确地判定所使用的数字类型的应用，其实并不常见。或许正是从这个角度出发，JavaScript的typeof()运算符才弱化了针对整数和浮点数的区别。

例如，在一般的语言中，数组（array）总是作为一种特殊的数据类型而存在的。JavaScript也提供了丰富的数组操作函数供使用。但是在JavaScript中，如果使用typeof去获取数组变量的话，返回的仅仅是object，这几乎不能说明任何问题。

【下面的范例代码参考光盘的\源代码\C20\20.2.htm】

为此下面通过范例，在typeof()运算符的基础上，向读者提供一个更为精确的类型判定函数entityType。其中，最为核心的技巧是利用了JavaScript中所有对象都支持的constructor属性，该属性可以获得对象的构造函数的名称，而通过不同的构造函数，则可以比较准确地判断该对象所属的数据类型。表20.6给出了可以使用该函数获得的数据类型表。

表20.6 entityType函数可以判定的实体所属数据类型一览表

数据类型名称	对应值	意义和辅助说明
TYPE_INT	0	整型，包含从负无穷大整数到0到正无穷大整数内的所有整数值
TYPE_FLOAT	1	浮点数，取值从[NEGATIVE_INFINITY（负无穷大），POSITIVE_INFINITY（正无穷大）]
TYPE_BOOL	2	布尔值，包含true和false
TYPE_DATE	4	日期类型，可以使用new Date()进行创建
TYPE_STR	8	字符串
TYPE_ARRAY	17	数组
TYPE_FUNC	18	函数对象
TYPE_OBJECT	16	除日期、数组、函数对象外的其他对象
TYPE_NULL	32	空值
TYPE_UNDEFINED	64	未定义数据类型

而函数的主体部分代码，则如下所示。

```
function entityType(entity)
{
    if(_is_null(entity)){return TYPE_NULL;}                  //判断是否是null
    if(_is_undefined(entity)){return TYPE_UNDEFINED;}//判断是否未定义
    if(_is_number(entity))                                   //判断是否数值
    {
        if(is_int(entity)){                                  //判断整数和非整数
            return TYPE_INT;
        }
        else {
            return TYPE_FLOAT;
        }
    }
    if(_is_boolean(entity)){return TYPE_BOOL;}               //判断是否是布尔值
    if(_is_string(entity)){return TYPE_STR;}                 //判断是否是字符串
    if(_is_function(entity)){return TYPE_FUNC;}              //判断是否是函数
    if(_is_object(entity)){                                  //判断是否是对象
        if(_is_date(entity)){                                //判断是否是日期对象
            return TYPE_DATE;
        }
        else if(_is_array(entity)){                          //判断是否是数组对象
            return TYPE_ARRAY;
        }
```

```
24            else {
25                return TYPE_OBJECT;
26            }
27        }
28    }
```

【代码解析】第3行代码用于判断变量是否为null值，第4行用于判断变量是否未定义，第5～13行用于判断变量是否为数字型，第7～9行代码用于判断变量是否为整型，第10～12行用于判断变量是否为浮点型，第14行用于判断变量是否为布尔型，第15行用于判断变量是否为函数名，第17行用于判断变量是否为对象类型，第18行用于判断变量是否为日期型，第21行用于判断变量是否为数组，第25行代码用于返回对象类型。

提示 需要注意判断部分的排列顺序。在这里，判断的顺序是不能随意颠倒的，读者可以考虑一下其中的原因。而本章后面内容也将就其中的部分类型，给予更加深入的讨论。显然，在准确地获取了实体所针对的数据类型后，再对实体进行相关的操作，在一定程度上，是可以大大降低运算错误的可能性的。

20.4.2 基本数据类型之间的转换

在了解了JavaScript语言中数据类型的一些基本知识后，下面将介绍在这些类型中，涉及编程常用的基本数据类型之间，进行相互转换的一些知识和开发技巧。

此处所指的基本数据类型包含TYPE_INT、TYPE_FLOAT、TYPE_BOOL、TYPE_STR 4类，其中：

（1）使用实体的toString()方法，可以将整数、浮点数、布尔值转化为相应的字符串。比如，在下例中，实现了布尔值向字符串的转化。

```
var vbool = true;
window.alert(vbool.toString());   //弹出框显示为true
```

提示 即使在alert的参数中，不附加toString方法调用，也会得到所期望的结果，这就说明，在参数类型为TYPE_STR时，JavaScript对toString()方法的调用可以隐含地自动实现。

（2）使用Number()函数（或者更为精确的使用parseInt()和parseFloat()函数），可以实现字符串转换为相应的数值类型。例如上面的范例中，就是使用这种方法判断数值是否是整数的，如下代码所示。

```
01   function _is_int(entity)
02   {
03        return !isNaN(parseInt(entity));
04   }
```

【代码解析】第3行代码用于表示转换无效时，函数parseInt会返回NaN，该常量表示返回值不是一个数（Not a Number）。

但是如果要脱离函数的上下文背景，而单独使用_is_int()函数，所获得的结果并不总是正确的，因为实际情况比想象的要更加复杂一些，这主要和JavaScript在进行这方面转化时所遵循的原则有关，即：当转化发生时，JavaScript总是试图进行成功的转化，因此，只要字符串在开始的部分符合数字的书写惯例，则JavaScript就会把符合条件的部分进行转化。

比如在下例中，弹出框将显示“34”，而无论其形式和预想有多大的差距都是如此。

```
<script language="javascript">
    window.alert(parseInt("34a..e3"));
</script>
```

因此可以看到，在范例中应用该函数前，还使用了typeof运算符，以判断其是否属于一个数字类型。

（3）需要使用Math.floor()方法或者Math.round()方法，实现TYPE_FLOAT类型实体向TYPE_INT类型的转化。

其中，Math.floor()方法和Math.round()方法的区别在于：前者返回不大于原数的最大整数；后者则按照四舍五入的规范返回数值，根据第一个小数位的值进行处理。而关于隐藏在Math.floor()方法和Math.round()方法背后的语言现象，则会在后续的内容中学习。

（4）当需要将TYPE_INT类型值转化为TYPE_FLOAT类型值时，可以不必考虑任何问题，直接将TYPE_INT类型值作为TYPE_FLOAT类型值进行处理。

20.4.3 null和undefined

在本节的最后，会对JavaScript中两个特殊的数据类型null和undefined，进行一个简要的补充说明。

在JavaScript中，这两种数据类型也可以看作是两个特殊的常量，两种看法并无不同，可以理解为：TYPE_NULL数据类型包含且仅包含唯一的值null，TYPE_UNDEFINED数据类型也如此。

但是，对null和undefined的区别，却是JavaScript应用中一个经常容易混淆的问题。下面将分几点进行说明。

1. null代表空，而undefined则代表未定义

关于null和undefined的区别最为简明扼要、也最为准确的提法是，null代表变量是一个空盒子，虽然里面什么都没有，但至少作为一个盒子，其是存在的。

而undefined则相当于一个根本不存在的盒子，因此，即使有人向盒子中装什么物体，也注定徒劳无益。比如说，现有实现加法运算的add(x1, x2)，如下代码所示。

```
function add(x1, x2)
{
    return x1+x2;
}
```

对于该函数，如果使用下述代码进行调用则会发现，第一次调用时，函数返回NaN，而第二次调用时，函数返回0。

```
window.alert(add(null));
window.alert(add(null, null));
```

仔细分析上面的调用可以知道：在前一次调用中没有对x2进行赋值，按照刚才得到的概念，此时，函数体中不存在形参x2所对应的实参，因此，运算将无法进行下去，所以返回了NaN；

而在第二次调用中，形参x2具有了对应的实参（虽然仅仅是null），对于加法运算而言，空意味着0，因此两个0相加，得到的结果也为0。

2. null == undefined

至此，对于null和undefined之间的区别，相信读者已经理解，但是，JavaScript又在语言上，给这两个实际上完全不同的概念制造了混淆。执行下面的语句，你或许会惊讶于结果和理解之间的不同：

```
01  <script language="javascript">
02          if(null == undefined){
03              window.alert("null等于undefined");
04          }
05          else{
06              window.alert("null不等于undefined");
07          }
08  </script>
```

【代码解析】第2行代码用于判断null是否等于undefined，如果相等，则执行第3条语句，否则执行第6条语句。

程序运行的结果很清楚，弹出框显示“null等于undefined”。当然，这绝非意味着读者的理解有误，这更加像是JavaScript语言的一个“魔术”，因为有时候，确实需要“故意模糊二者界线”，以更好地方便开发。

比如，对于上面的函数add，为了使之更具可控性，可以先对其参数长度进行判断，之后再处理，对于参数不足的情况，则不进行计算，直接返回。整个函数代码修改如下：

```
01  function add(x1, x2)
02  {
03          if(arguments.length!=2){return;}
04          return x1+x2;
05  }
```

【代码解析】第3行代码用于判断参数的个数是否为2，若不等于2，则直接退出函数，否则执行第4行代码求解2个参数的和。

注意　应特别留意当参数个数不足时的函数返回。这样的写法，在日常的编程中是多见的，但是，对于在该语句下函数的返回值是什么，许多人都会想当然地认为是null，而写出如下的判断代码：

```
if(add(1)==null){window.alert("参数不足");}
```

在目前的JavaScript中，是可以得到开发人员所期待的结果的。而究其原因，则正是因为JavaScript语言在进行null和undefined的比较时，具有这样的模糊性。

当然，JavaScript也允许精确的进行比较，此时所使用的运算符是“===”，因此，如果使用该运算符运行如下代码，则读者所得到的结果是“函数返回undefined”，从中读者也可以了解函数的真实返回情况。

```
if(add(1)===null){window.alert("函数返回null");}
if(add(1)===undefined){window.alert("函数返回undefined");}
```

3. 由null和undefined参与的运算

表20.7给出了在有null和undefined作用的情况下，进行加减乘除四则运算的运算结果表，以便于读者在日常的开发编程中参照使用。

表20.7 null和undefined四则运算表

+	null	undefined	x	0	-	null	undefined	x	0
null	0	NaN	x	0	null	0	NaN	-x	0
undefined	NaN	NaN	NaN	NaN	undefined	NaN	NaN	NaN	NaN
x	x	NaN	2x	x	x	x	NaN	0	x
0	0	NaN	x	0	0	0	NaN	-x	0
*	null	undefined	x	0	/	null	undefined	x	0
null	0	NaN	0	0	null	NaN	NaN	0	NaN
undefined	NaN	NaN	NaN	NaN	undefined	NaN	NaN	NaN	NaN
x	0	NaN	x2	0	x	NaN	NaN	1	NaN
0	NaN	NaN	0	NaN	0	NaN	NaN	0	NaN

提示 其中，x代表一个非0的数，运算的模式是左栏项和上栏项交叉运算，其中，左栏项在前。

20.5 函数和对象

在介绍了JavaScript的基本数据类型后，现在介绍JavaScript中两种比较重要的数据类型：函数和对象。

20.5.1 简单的函数模型

关于函数的概念，相信读者已经非常熟悉，并且在前文中也已经不只一次地接触到了各种各样的JavaScript函数。通过对这些函数的总结，可以得出如下结论：

函数的基本语法形式为：

```
function 函数名(参数列表){ //执行体 }
```

- ❑ 函数的参数列表可以为空，如果有多个参数，则彼此之间使用逗号（","）分隔。
- ❑ 每个函数都可以通过return语句，返回一定的值，不具备return语句的函数，返回undefined。

毋庸置疑，上述的理解是对于JavaScript语言中函数的正确认识，这是读者需要坚定的信念。但是，JavaScript语言中的函数又绝非仅此。通过函数的变化，集中体现了JavaScript语言对多风格编程的支持。在本章后续小节将一一进行介绍。

20.5.2 简单的对象模型

下面首先介绍函数的一种高级应用，即，使用函数构建JavaScript中对象的操作方法。当然，作为一种合并了多种编程风格的语言，JavaScript也支持通过class关键字，来提供标准的类和对象的设计实现方法，如下代码所示。

```
class ClassName extends BaseClassName{
var element1;                                           //类的成员1
var element2;
function method1{......}                                //类的方法成员1
function method2{......}
}
var obj = new ClassName(); //进行对象初始化
```

但是非常不幸的是，此类语法特点，需要到JavaScript 2才广为支持，因此，在目前的浏览器环境下，并不是一个“大众化”的语言特征。

在传统的JavaScript语言中，对象可以通过函数来进行模拟。此处有必要重新解释一下对象。所谓对象，实际上就是，一组有相互关系的数据和方法的集合。

注意 这个概念有两点：(1) 对象就是一个数据和方法的集合，因此，只要一个结构可以描述这个集合，就可以视为对象。(2) 对象不是天生地需要和类产生关系的，也就是说，类机制并非是面向对象编程的唯一机制。

对JavaScript语言而言，如果不考虑其版本2，函数就是一种可以很好地实现这两个概念的描述模型，这又主要和JavaScript中的函数对三种语法现象的支持密不可分。

(1) 函数变量。

如果说读者熟悉的函数写作方式，体现了函数是一种有效的程序组织结构的话，而匿名函数，则体现了（在上一节中向读者介绍的）函数是JavaScript所支持的一种数据类型的特征。而对于一种数据类型而言，创建该类型下的变量，应该是再正常不过的事情了。对于函数数据类型，情况显然也是如此。因此，一个函数，就可以用如下所示的代码赋给一个变量：

```
var add = function add(x1, x2){ return x1+x2; };
```

提示 在JavaScript 1.5版本之前，只对匿名函数变量提供了支持。而所谓匿名函数，就是指缺失了函数名的函数。

显然，在将函数变量化后，就解决了对方法成员的描述问题。

(2) 使用this关键字作为前缀，来声明函数内的变量，如下代码所示。

```
01  function calculate(x1, x2) {
02  this.x1 = x1;
03  this.x2 = x2;
04  this.add = function(){return this.x1 + this.x2;}
05  }
```

【代码解析】 第2～4行代码中的this变量表示当前正在运行的对象。

在没有上下文干扰的情况下，该段代码中的this关键字在JavaScript语言中的作用，就表示当前正在运行的对象。

因此，在这种情况下，如果有一种方法，可以使得在调用calculate函数时，this可以指向某个明确的对象obj，那么显然，在调用完该函数后，obj对象就具有了两个可以访问的数据成员x1和x2，以及一个可以访问的方法成员add。JavaScript恰巧提供了此机制。

（3）允许对函数施加new运算符。

在JavaScript语言中，new运算符的语法如下所示。

```
new 函数名称()
```

其作用流程可以描述如下：首先，生成一个对象；然后，使用该对象来调用函数名称所表示的函数；最后，返回所生成的对象。

显然，此流程完全吻合了之前的假想，因此，通过这种方法，完全应该可以构建出一个包含有数据和方法的对象来。下面的代码证实了该流程通过new创建相应的对象。

```
var obj = new calculate(1,2);
window.alert(obj.x1);
obj.x2 += 2;
window.alert(obj.add());                          //打印输出的结果为5
```

其中，为了与类和对象的理解相一致，也通常将new运算符所调用的函数称为对象obj的构造函数。至此，一个包含着数据和方法的简单对象就构建完成了。

透过该实例，相信读者对于对象是数据和方法的集合这一概念，应该有了更进一步的理解。显然在一种语言中，只要有一种数据结构可以支持这样的集合，那么，应该就可以实现面向对象的编程。

提示　*作为一个练习，希望读者可以任选一种支持面向对象风格开发的语言，如C语言，并思考如何在其中实现基本的面向对象的开发。*

20.5.3　对象的类别

通过上一小节，读者已经了解了JavaScript函数所具有的一些高级特征，而通过这个特征，程序在JavaScript中实现了基本的面向对象。本小节将再深入讨论该问题。

首先谈一下在JavaScript中，对象的几种可能的存在形式。对JavaScript语言了解的读者，可能都会知道下面的一个定论，即：JavaScript是一种基于原型对象的语言。

从这个定论，显然可以引申出以下两个结论，即：

- ❑ JavaScript中，一切都是对象。
- ❑ JavaScript中的对象，都是基于原型的。

对于后者，将在后续的章节中再进行介绍。那么，JavaScript中，一切都是对象，又从何说起呢？显然，这就涉及JavaScript语言中，对象表现形式的基本主题。总体看来，在JavaScript中，对象可以分为如下一些基本类别。

1. 内部对象

内部对象是由JavaScript语言引擎所提供的对象。也就是说，只要使用JavaScript引擎，这些对象就默认地存在于系统中。

而这部分对象，按照是否可以（像前面的范例那样）通过new运算符生成新对象，又可以分为两类，即：

（1）不允许进行再克隆运算的对象，主要是指Global对象和Math对象。

以Math对象为例，该对象以属性的方式，提供了基本的数学处理常数，又以方法的形式，提供了基本的数学处理函数，如表20.8所示。

表20.8 Math对象属性和方法一览表

	名 称	说 明
属性	E	欧拉常数，自然对数的底，约等于 2.718
	LN2	2的自然对数
	LN10	10的自然对数，约等于2.302
	LOG2E	以2为底，Math.E的对数，约等于20.442
	LOG10E	以10为底，Math.EE的对数，约等于 0.434
	PI	返回圆的周长与其直径的比值，约等于3.141592653589793
	SQRT1_2	1/2的平方根
	SQRT2	2的平方根，约等于1.414
方法	abs($number)	返回数$number的绝对值
	ceil($number)	返回大于等于$number的最小整数
	floor($number)	返回小于等于$number的最大整数
	round($number)	按照四舍五入原则，返回与$number最接近的整数
	max($n1, $n2, ...)	返回若干个数中的最大者
	min($n1, $n2, ...)	返回若干个数中的最小者
	exp($number)	返回Math.E$number
	pow($base, $exponent)	返回$base$exponent
	sqrt($number)	返回数字$number的平方根，如果$number为负数，则返回
	log($number)	返回$number的自然对数，底为Math.E
	cos($number)	返回数$number的余弦值
	sin($number)	返回数$number的正弦值
	tan($number)	返回数$number的正切值
	acos($number)	返回数$number的反余弦值
	asin($number)	返回数$number的反正弦值
	atan($number)	返回数$number的反正切值
	atan2($y, $x)	返回由X轴到（$y,$x）点的角度（以弧度为单位），其中，$x描述笛卡儿x坐标数值，$y描述笛卡儿y坐标数值，返回值在-Math.PI和Math.PI之间
	random()	产生介于[0,1) 之间的伪随机数，也就是，返回值可能为0，但总是小于1

落实到具体的应用，Math对象也是通过“Math.属性（或方法）”的形式调用，如表20.8所示。显然，此处符合第20.5.2小节对象的定义。因此，将Math视为对象，没有任何语法疑惑。

Global（全局）对象则会稍微特殊一些，表20.9给出了该对象的默认属性和方法。

表20.9 Global对象属性和方法一览表

	名 称	说 明
属性	Infinity	等同于Number.POSITIVE_INFINITY，表示正无穷
	NaN	意思是不是数字，可以通过isNaN方法来判断某表达式是否等于NaN

（续）

	名　称	说　明
方法	escape($str)	对字符串进行Unicode编码，所有空格、标点、重音符号以及其他非ASCII 字符都用 %xx 编码代替，字符值大于255的以 %uxxxx格式存储
	unescape($str)	解码使用escape进行编码的字符串
	eval($code)	检查$code，并执行
	isFinite($number)	如果$number等于NaN、负无穷或正无穷，返回false，否则返回true
	isNaN($number)	如果$number等于NaN，返回true，否则返回false，等同于!($number==$number)
	parseFloat($string)	返回由$string转换得到的浮点数，如果其前缀不能解释为浮点数，则返回NaN
	parseInt($String)	返回由$string转换得到的整数，如果其前缀不能解释为整数，则返回NaN

而此时，如果依据在Math对象的使用中所获得的经验撰写如下代码的话，则不会得到预想的正确结果，系统则会提示：Global未定义。

```
var f = Global.parseFloat("123.45");
```

在JavaScript中，此语法是一个非常特殊的语法现象，其特殊之处就在于，JavaScript语言并不存在明确的Global对象，或者说，JavaScript语言中Global对象所指的就是JavaScript本身，也就是说：Global = JavaScript。

注意　应重视Global对象“默认”支持的属性和方法。在这里，默认表示通过Global对象，可以实际访问的属性和方法。实际远非如此。下面的代码，大致可以认为是对Global对象的正确描述。

```
var Global = {
  //数据成员域
  //Global缺省支持的数据成员
  Infinity  : Infinity,
  NaN       : NaN,
  //Global支持的其他内建成员
  Math      : Math,
  Object    : Object,
  ......
  //Global支持的JavaScript脚本级别的变量
  obj       : obj, //其可能是通过var obj = new Calculate(1,2);构建形成的
  ......
  //方法成员域
  //Global缺省支持的方法成员
  escape              : function($str){......},
  ......
  //Global支持的JavaScript脚本级别的函数
  calculate : function(x1, x2){......},
  ......
}
```

从中可以看到，包括像Math这样的一些对象，以及所有在JavaScript中定义的全局变量和函数，都是Global对象的成员。应该正是基于此，因此在JavaScript中，通过Global再来引用这些成员，反而成为画蛇添足的事情。

提示 编译器在承认Global地位的前提下，也可以允许使用Global对这些成员进行访问。这实际上并不是困难的事情，还可以大大降低开发人员在认知上的难度。

（2）允许进行再克隆，以生成新对象的内部对象。

此类对象包括Array（数组对象）、Boolean（布尔对象）、Date（日期操作对象）、Error（错误处理对象）、Function（函数对象）、Number（数值对象）、Object（根对象）、RegExp（正则表达式处理对象）、String（字符串处理对象）。

表20.10列出了在JavaScript中，在此对象的基础上进行克隆产生新对象的各种方法。在很多JavaScript教科书中，都是散见于各个章节的，并且也没有明确指出来：都属于通过克隆，创建新对象的方法。

而依据该表也可以十分清晰地看到，并不是只有使用new运算符才能产生新对象。事实上，像普通的变量定义、函数声明等过程，都可以产生相应的新对象。正是基于这个意义，JavaScript才成为一种基于对象的语言。

表20.10 JavaScript内部对象克隆方法一览表

对象名	克隆方法	说　明	范　例
Array	[初始值列表]	列表允许为空，表示创建一个空数组	var arr = [0,1];
	new Array(初始值列表)	初始值列表为空，则创建一个空数组	var arr = new Array(0,1);
	new Array(length)	产生定长为length的数组，JavaScript 20.5标准后才支持，数组元素内容均为null	var arr = new Array(2);
Boolean	直接赋值为true|false		var b = true;
	new Boolean(true|false)		var b = new Boolean(true);
Date	new Date()	创建包含当前日期和时间的日期对象	
	new Date($num)	创建一个自1970年1月1日零时为起点，以$num为偏移毫秒时间量的日期对象	var d = new Date(0);//该对象代表1970年1月1日零时
	new Date($str)	创建一个符合日期表达规范的$str字符串表达式所代表的日期的日期对象	var d = new Date("2008-01-01");
	new Date(y,m,d,h,m,s,ms)	创建指定年月日，小时分秒毫秒的日期对象，其中d后的要素都可省略	var d = new Date(2008,1,1);
Error	try{}catch(e)	隐含创建Error对象e	
	new Error($message)	$message可省略，一经创建，立即抛出	
Function	直接声明		function add(x,y){return x+y;}
	赋值声明		var add = function(x,y){return x+y;}
	new Function(参数列表，方法体)	所有参数均为字符串，如果函数不存在形参，则参数列表可省略	var add = new Function("x", "y", "return x+y;");
Number	赋值声明		var i = 65; var f = Math.PI;
	new Number(x)	使用x进行声明，如果x不是一个数字，则返回NaN	var n = new Number(65);

（续）

对象名	克隆方法	说　明	范　例
Object	{}	在JavaScript 20.2及其以后标准中实现	var obj = {};
	new Object()		
RegExp	new RegExp("正则式", "参数")	参数可省略，常用的参数有：i（忽略大小写），g（全文查找）	
String	使用"..."的形式赋值		var str = "Hello";
	new String("字符串")		var str = new String("Hello");

2. 宿主对象

宿主对象是JavaScript语言所提供的依赖于宿主环境的对象。所谓宿主，则是指JavaScript引擎运行的环境。和内建对象一样，根据宿主对象是否可以被克隆成为新对象，也可以将宿主对象分为两类。

其中的一类是不能克隆的对象。比如BOM对象document，即当浏览器被打开后，由浏览器提供一个可对载入的文档进行操作的对象，因此，该对象是一个不能克隆的对象，不允许通过new等途径对其进行克隆以产生新的document对象。

与此相对应的另一类，则是可克隆产生新对象的宿主对象。其中，最为读者所熟悉的是克隆产生进行AJAX通信的request对象了。

在IE浏览器上，request对象的产生，是通过对宿主对象ActiveXObject的克隆实现的，如下代码所示。

```
request = new ActiveXObject("Msxml2.XMLHTTP");
```

而在Firefox浏览器上，又变成了对宿主对象XMLHttpRequest的克隆，如下代码所示。

```
request = new XMLHttpRequest();
```

提示 从对宿主对象的介绍中可以看到，一个成熟的JavaScript语言引擎，必然应该是一个可以通过某种接口扩展宿主的脚本行为功能的语言。建议读者通过对Firefox的JavaScript语言引擎SpiderMonkey的扩展，来领会其中的一些技巧。

3. 用户所创建的自定义对象

如果仅从语言本身的角度来衡量，在JavaScript中将自定义对象列为对象的一个新的种类，实际上是不合适的。通过前面的介绍可以知道，实际上，在对象obj以及函数calculate之间，存在如图20.1所示的一种递进关系。

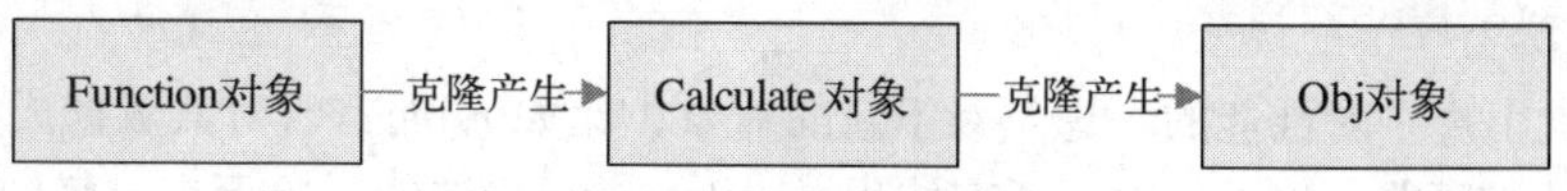

图20.1　对象克隆关系图

从图中可以看到，追根溯源，对于用户所创建的对象obj而言，其不过是借助两次“克隆”运算所形成的一个Function对象而已，因此，在谱系上，其应该隶属于内建对象Function。也就是说，在JavaScript中，不存在一个特别的、专门用于创建用户自定义对象的模型。这对于理解用户所创建的自定义对象是非常重要的。其起码说明在JavaScript中，所有的自定义对象，本质上都是一个Function对象。因此，JavaScript语言中的自定义对象，将包含Function对象的全部属性和方法。

其中，最为重要的是原型对象。关于这方面的内容，在第20.5.4小节中进行说明。

提示 本质上，Function对象的原型对象属性，也并非其首创。如果更进一步了解的话，Function对象又是Object对象的一个克隆实现。而原型对象，正是Object对象的一个重要属性。但是，由于从内建对象的角度出发，Function对象和Object对象之间的关系较为复杂。

20.5.4 原型对象prototype

本小节将介绍Function对象的一个重要属性：prototype。在很多书籍中，该属性都被译为：原型对象。因为翻译会引起理解上的混淆，所以本书直接使用prototype。

1. 再谈this

在介绍Function对象的prototype属性之前，回顾一下，在创建对象obj时，所使用的构造函数calculate。在该函数中，最为引人注目的是 “this” 关键字的使用，this代表了当前正在运行的对象。正是这一关键性的特征，使得函数calculate承担起了构造函数的职责。下面的代码，解释了这其中的基本原理：

```
var obj = {};
obj.x1 = x1;                    //该x1是通过由函数calculate的形参所指定的，下同
obj.x2 = x2;
obj.add = function(){return obj.x1+obj.x2;}
```

显然，如果从这个角度出发，可以得出以下的基本结论，即：在这里，数据成员x1、x2以及方法成员add都是在对象创建时由新对象创建的，而不是由构造函数calculate创建的，也就是说，calculate函数的作用，是指导进行对象的创建。

提示 从这一点上讲，称calculate函数为构造函数，是恰如其分的。因为其确实起到了类和对象中类的构造函数所应发挥的作用。但有所不同的是，类的构造函数从属于类，而在这里，该函数则是一个完全不从属于任何其他结构的独立实体。

换言之，就是说，数据成员x1、x2以及方法成员add，并不是对象calculate的成员。了解了这一点，相信读者便能够了解：为什么在如下代码中如果尝试调用add方法，系统会提示“该变量没有此属性”。

```
var obj2 = calculate(1,2);              //直接赋值所完成的，是浅拷贝，即对象的引用
window.alert(obj2.add());
```

因此，就出现了对性能的考虑：对于新的对象，比如obj而言，对其数据成员x1、x2进行创建，当然是必要的，但是，对于所有使用calculate进行构造的对象而言，每构造一个新的对象，就将add方法重新复制一次，完全无此必要，因为，毕竟不论其复制到任一对象下，add函数的实现方法都没有发生任何变化。

思考那些实现类和对象机制的语言，也可以得到类似的经验。在这些语言中，类的构造器

所完成的工作，可以如图20.2所示。从该图中不难看到，在方法成员的实现上，对象所采取的策略是，直接对类方法进行引用，而非复制。显然，这样不仅可以减少新对象所占用的空间，还可以降低新对象构建所需要的时间，是一个非常不错的策略。

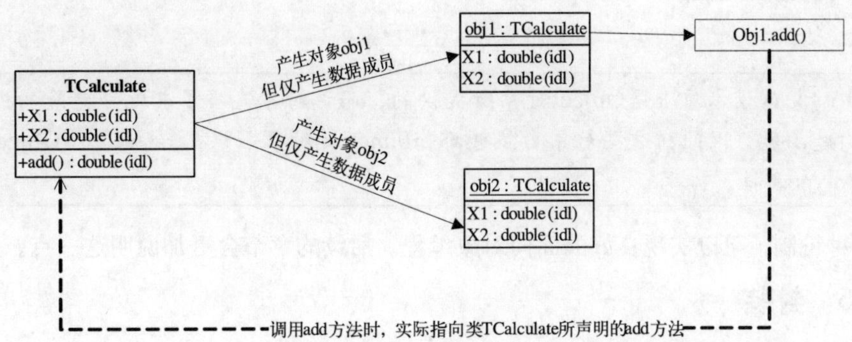

图20.2 类和对象的创建机制示意图

那么，在JavaScript语言中，是否也可以实现如图20.2所示的策略呢？答案是肯定的：那就是利用函数的prototype属性，为函数对象增加新方法。

提示 有人可能提出，既然calculate是一个函数，而JavaScript语言中的函数又都是对象，那么是否可以利用为对象增加属性的方法，来为calculate函数增加方法成员呢？答案是：从calculate的语法支持角度看，这没有任何问题，但是，这样的声明，在JavaScript中无法传递到其所有子对象中。这是语法规范所确定的原则，读者可以对此进行尝试。

2. prototype属性

下面具体讨论一下Function对象的属性：prototype。通过前面的讲解可以想到， prototype属性的作用包含两个方面，即：

- 用于在函数中存储多个数据成员和方法成员，特别是方法成员。
- 其所存储的成员，可以被以该函数为构造函数的所有对象所访问。

将calculate函数修正如下代码所示，即：仅在其中包含了对数据成员的创建过程，而将方法成员的创建移到了整个函数外。

```
function calculate(x1, x2) {
this.x1 = x1;
this.x2 = x2;
}
calculate.prototype.add = function(){return this.x1 + this.x2;}
```

而在此情况下，使用calculate所创建的对象obj，打印输出调用add方法后的结果会发现，和前面的预判完全一致。此结果说明，方法add已经被obj成功地调用。

而由这个范例，显然可以获得一种对现有对象体系，特别是那些可进行克隆的内建对象体系，进行扩展的有益技巧。例如，在JavaScript中，对于数组操作对象Array，并未提供一个将数组内容清空的方法clear，那么，在这种机制作用下，就可以为所有的数组对象提供这样的方法，如下代码所示。

```
//提供将Array对象的所有数据清空的方法clear
Array.prototype.clear = function() {
  this.length = 0;
  return this;
}
```

说明 prototype属性本质上是Object对象所提供的，而该对象充当了其他可克隆的内建对象的构造函数。因此，这些对象自然也都如Function对象一样，“继承”了Object对象的prototype属性。

借助这种机制，可以实现良好的面向对象编程。后续的章节会更加说明这一点。

20.5.5 封装

前面的几小节，实际上已经给出了在现有JavaScript标准下，进行面向对象的程序设计所秉承的基本原理和方法。因此，从本小节起，将对JavaScript环境下面向对象方法进行简要的说明。本小节首先介绍关于封装的一些基本知识。

封装是面向对象的一个最基本特性，也是实现其他面向对象编程特性的基础。封装的概念很清楚，就是将一组具有关联的数据和方法统一在一个对象下，供用户使用。显然，通过前面的学习，读者对如何实现JavaScript下的对象封装，应该没有任何方法障碍了。总体上而言，其就是通过构建特殊的构造函数形式实现的。

当然，JavaScript的数据封装是很不严谨的，特别是其并没有一个私有成员的概念，这就使得对象中的所有成员，其实都是对开发者开放的。这一点，虽然显得不是太好，但也并非是特别难以接受的事情，毕竟，这不过就是让JavaScript变得更加“灵活些”罢了，并不会实际影响开发者的使用，只要“小心”些就行。

20.5.6 继承

关于面向对象的第二个重要特性，就是继承。继承的概念，包含以下两个层次。

(1) 层次的继承：表示通过构造函数实现的对象，继承在该构造函数的prototype属性中声明的所有成员。

当开发者不知道构造函数在其prototype属性中所支持的成员时，可以通过for(in)循环的模式测试获得其所有成员。在此，给出一个遍历由calculate生成的对象obj的所有成员的代码。

```
var obj = new calculate(1,2);
//遍历对象obj可以使用的所有成员
var $str = "";
for($element in obj){                                    //遍历字符串
  $str += $element + "\n";
}
window.alert($str);                                      //显示字符串
```

编程陷阱 在JavaScript的语法规范中，for(in)循环在循环对象时，所返回的值仅仅是用户自定义的成员，因此，想借此了解所有内建对象的成员情况是不可行的。

(2) 建立多个对象之间的成员继承：和传统的“类继承”机制相类似，对于构建一个较大型的系统而言，显然是非常重要的，起码可以在语言的层次上实现有效的复用。

当然，对于JavaScript语言而言，其实现对象继承的方法是多样的，在此将介绍借助于prototype所实现的继承，也是在JavaScript下应用最为灵活的一种继承方式。以calculate对象为基准实现的新对象calculateExt，其中提供了一种新的操作，即乘法操作，其基本思路如图20.3所示。

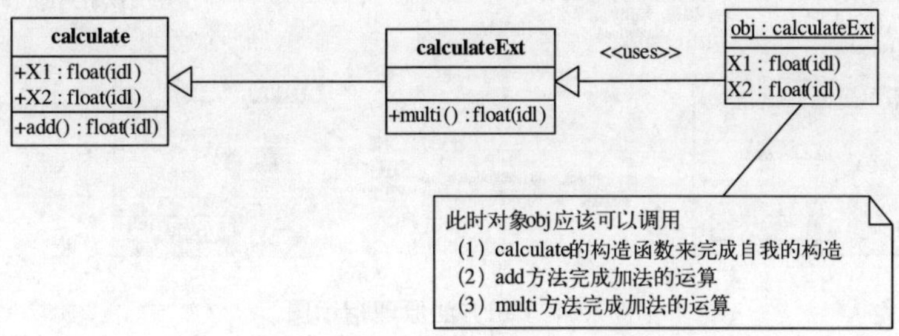

图20.3 calculateExt构造示意图

显然，问题的关键就是对calculateExt函数的构建，其中将实现以下两个目标：

- 使得基于calculateExt的对象obj具有x1、x2这两个数据成员；
- 使得基于calculateExt的对象obj既具有add方法成员，也具有multi方法成员。

第一个目标的实现，看起来并不困难。最为直观的方式，就是在calculateExt函数中，生成并返回一个使用calcualte函数构建的对象。显然，这样就会使得以calculateExt函数为构造函数的obj对象，也同时拥有这两个数据成员，如下代码所示。

```
function calculateExt(x1, x2) {
  var result_obj = new calculate(x1, x2);
  return result_obj;
}
```

而如下代码所示的对obj对象的打印输出过程，也显示了在这种情况下obj对象具有x1、x2这两个数据成员，同时还具有add方法成员，但是却不具有multi方法成员。

```
01  var obj = new calculateExt(1,2);
02  window.alert(obj.x1);
03  window.alert(obj.x2);
04  window.alert(obj.add());
05  window.alert(obj.multi());
```

【代码解析】第1行代码用于创建对象obj，第2行代码返回x1的值，第3行代码用于返回x2的值，第4行代码用于返回求和的值，第5行代码用于返回求积的值。

显然，产生这种情况的原因，应该和语句“var obj = new calculate(x1,x2) ;”相关。前面分析过，new语句具有两个作用：一个作用是产生并返回一个以当前函数（此处就是calculate函数）为构造函数的新对象；第二个作用，则是将当前函数中所有的this指代，指向那个新对象。

经过分析，问题便很清楚了，那就是：虽然调用了calculateExt进行对象创建，但是创建的过程中实际创建的，却仍然是一个以calculate为构造函数的对象。因此，该对象将具有x1、x2这两个数据成员，以及add方法成员，却不会具有multi方法成员。

因此，解决问题的关键显然是，是否可以有一种方式，使得calculate函数被调用时，其“this”的指代可以指向以calculateExt为构造函数的对象？如果存在的话，那么，问题便迎刃而解了。所幸的是，在JavaScript的Function对象中，是存在相关方法的，那就是call/apply方法。

首先，介绍一下该方法的基本原理，如图20.4所示。

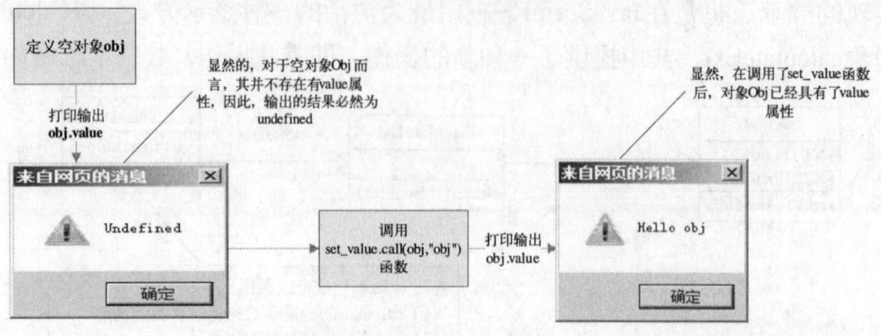

图20.4 call方法原理指示图

从图中可以看到，前后两次打印输出“obj.value”，结果却迥异。而两次打印的不同，仅在于在第二次打印之前，使用了set_value函数的call方法对该函数进行了调用。下面不妨来查看一下set_value函数，这其实是一个比较简单的函数，如下代码所示。

```
function set_value(value)
{
  this.value = "Hello " + value;
}
```

而结合最后的显示结果则不难猜测到，在函数的调用过程中，this所指代的对象就是obj，也即是set_value.call方法中的第一个参数。通过函数的call方法，可以实现一个比较特殊的功能，即：以call方法的第一个参数所指示的对象，为当前对象调用函数。

提示 apply方法和call方法所起到的作用是完全一致的，只是在宿主参数传递模式上，稍有区别。对于call方法而言，从第二个参数开始，分别对应于调用call的宿主函数中的各个参数；而对于apply方法而言，其参数仅包含两个，其中，第一个参数的意义和call相同，第二个参数，则是一个数组，代表了其宿主函数所需的全部参数。

当函数有了该功能后，显然，便可以抛弃new运算符，在calculateExt函数中实现对父对象成员的复制了，如下代码所示。

```
function calculateExt(x1, x2) {
  calculate.call(this, x1, x2);
}
```

提示 读者可以考虑一下，当调用var obj = new calculateExt(1,2);时，函数calculateExt中的this指代的对象，以及此时通过call方法调用的函数calculate中，this所指代的对象分别是什么，就可以了解到为什么说这种写法可以完成对父对象成员的复制。

以修正过的calculateExt函数作为构造函数，再一次分别打印对象obj的数据成员x1、x2以及方法成员add、multi的值，可以发现，现在对于新对象Obj而言，其已经通过构造函数直接拥有了数据成员x1和x2，并且，已经通过calculateExt 的prototype属性链，获得了对方法multi

的访问权，即间接拥有了方法成员multi。

但是，此时的obj，却失去了对方法add的访问权，也就是说，“calculate.call(this, x1, x2)”这个过程，并没有能够使得obj，拥有对calculate.prototype属性所声明方法的访问权。

下面来提供解决这个问题的方法。最重要的策略当然是，要在构造函数中可以实现对calculate对象的prototype属性内容的同名复制引用。这显然是不难实现的，可以使用以下函数完成：

```
01  function copy_prototype(source, dest) {
02    for(e in source.prototype) {                    //循环遍历所有属性值
03      dest.prototype.e = source.prototype.e;
04    }
05  }
```

【代码解析】第2～4行代码用于设置复制prototype属性。

在calculateExt中，通过语句“copy_prototype(calculate, calculateExt);”加入对该函数的调用后，再次打印输出对象obj的数据成员x1、x2，以及方法成员add、multi的结果，此时，便可以得到全部正确的结果了。

至此，对于如何实现继承的基本原理和技巧，都已经向读者介绍完毕了。整个实现过程，已经整理、收录在源代码下的20.3.htm中，以供读者参考。笔者在此将就进行prototype链的复制，再介绍两个小技巧。

- 技巧1：仅用于Firefox所实现的JavaScript引擎中。在该引擎中，函数的prototype属性包含了一个重要的子属性，即__proto__，借助该属性可以实现将其他函数的prototype属性所声明的成员，引入本函数的prototype链中。

因此很显然，如果借助这个技巧，则copy_prototype函数将完全可以简写为：

```
function copy_prototype(source, dest) {
  dest.prototype.__proto__= source.prototype;
}
```

- 技巧2：和上面的技巧仅使用于Firefox不同，本技巧不仅可以实现和技巧1完全一致的结果，且适用于所有的JavaScript引擎。该技巧即是，通过“new 父构造函数名”的方式，实现对prototype链的引用复制，如下代码所示。

```
function copy_prototype(source, dest) {
  dest.prototype = new source;
}
```

需要注意的是，在这个过程中，父函数对象source后，不能加缀任何“()”运算表达式，以表示在此过程中所进行的是prototype链的引用复制。

思考	为什么不能通过“dest.prototype = source.prototype;”的形式，完成子对象的prototype链的引用复制，一个提示是：在JavaScript中，对象的赋值操作所完成的，是一种类似指针的引用。

20.5.7 重载

最后来学习面向对象中的多态性，在JavaScript环境下的实现。多态性的概念，恰恰是面向对象的理念中最“迷人”的一环，也是诸多设计模式的实现所依赖的理论基础。而所谓多态性，最为经典的叙述之一，应该是由Luca Cardelli和Peter Wegner在其共同撰写的文章*On Understanding Types, Data Abstraction, and Polymorphism*中给出的，有兴趣的读者可以阅读。

在JavaScript语言中支持两种多态的模式：重载和覆写。本小节重点介绍重载。

重载所体现的，是一种“编译前”多态的概念。也就是说，通过重载，可以使得对象在调用同名方法时，可以根据不同的参数实现不同的执行方法绑定。

因此，一般而言，重载具有以下几个特点：

- ❑ 重载是面向单一对象的：重载不涉及多个对象，其所体现的，是单个对象和其多个同名方法之间的关系。
- ❑ 方法调用判别的关键，是传递给对象方法的参数的个数。

下面介绍JavaScript语言实现重载的过程。

在JavaScript中不存在一个明显的方法，可以支持在一个对象下，声明多个仅是参数不同的函数方法。这也是很容易理解的事情。诚如前文所述，JavaScript中的函数是一个对象，因此，在同一层面上（比如，同一对象下），一个固定的名称，最好对应一个唯一的对象，是一个“良好”的策略。否则的话，JavaScript引擎，就需要增加对不同“特例”的支持，这显然会影响到整个架构的简洁性。

而且，JavaScript语言也无此必要，因为其所有的函数对象，都继承一个从Function对象携带而来的特殊属性，即arguments，该属性正是在此解决重载性问题的关键所在。

arguments属性是一个类似于Array对象的对象，表20.11给出了该对象的一些特性。

表20.11 arguments对象属性和方法一览表

名称		说明
属性	length	当前对象所有参数的个数
	callee	返回函数对象本身
方法	arguments[i]	访问获得第i个参数，i从0开始，结合方向为从左向右

当了解了函数对象的这一特质后，下面按照要求给出最为核心的代码部分，结果显然是对其参数个数所进行的判别。

```
calculateExt.prototype.multi = function() {
  if(arguments.length==1) {                              //获取参数长度
    if(arguments[0]=="x1") {return this.x1*this.x1}
    if(arguments[0]=="x2") {return this.x2*this.x2}
  }
  return this.x1 * this.x2;
}
```

在该代码中，一个需要考虑的问题是，为什么没有在arguments前缀加“multi.”？一个可以参考的信息是，当arguments属性不包含前缀时，其就代表了函数对象本身。而关于该问题的思考，可以对读者进一步理解匿名函数的概念有所帮助。

提示 还可以考虑一下如何借助该属性实现构造函数的重载，以及借助该属性并辅之对参数所属数据类型的判断，实现当方法（或函数）的参数个数完全相同时的重载。后者在很多计算机语言中，是不可想象的。

当然，总体来讲，借助arguments所实现的重载，在很大程度上，是一个“游戏”之作，因为，这与实际的工程开发并无多大益处。在实际的工程开发中，重载的发生，更多不是一人为之的，甚至不是一时为之的。利用arguments的方案，无异于抹杀了这一点，就有纯为重载而重载的味道。举一个更为极端的例子而言，这在工程开发中可能更为常见，如图20.5所示。

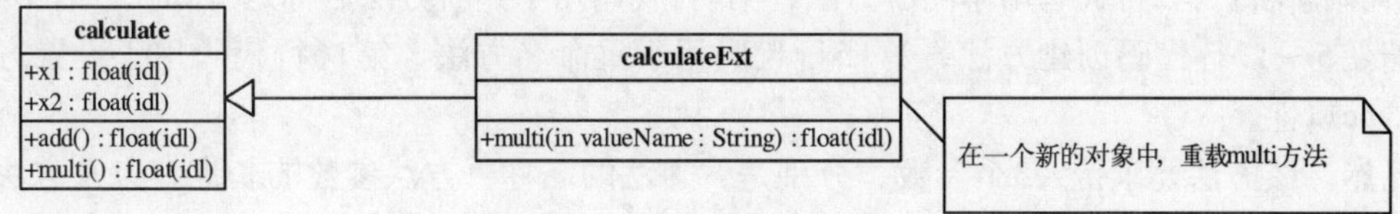

图20.5　重载对象示意图

从图中可以看到，函数对象calculate实现了无参数的方法multi。而现在的要求则是在不改变原始代码的情况下，通过扩展对象calulateExt，来实现对multi的重载。显然，需要一个新的思路来完成该任务。

在此，不妨回到本小节的开始部分，重新温故关于“重载”的概念。其中强调了重载是一种编译前多态的概念。这就意味着，计算机语言实现重载的关键，实际在于其“编译”的过程。

但是，JavaScript语言是不存在编译的。因此，是否可以在程序代码声明后为其附加一个“伪编译”的过程，以模仿传统语言实现重载的策略，自然就是最直接的想法。

当然，首先还是需要设计一个“伪编译”实现重载的策略。结合JavaScript语言的特点，可以总结为以下两点。

- 编译的关键是函数重命名：既然JavaScript语言名称相同的函数对象，不可能就凭借其参数的不同就将之视为不同的对象，那么，将对象的对象名进行自动的、无重复的重命名，当然就完全可以将不同参数的函数对象，在整个体系中区分开来了。显然，在此过程中，难点就是如何保证这种重命名的唯一性。
- 执行的关键是定位：也就是说，当“伪编译”结束后，依然还是要保证开发人员可以采用multi作为方法成员名称，进行方法的调用。此时，关键就在于可以依据其调用参数的不同，分别对应到经过了编译的不同函数体上。

依据这两个基本的策略，下面给出了这种策略下重载的一个实现范例。其中所有的方法，将通过实现calulate对象中的regist方法注册，如下代码所示。

```
//注册方法
calculate.prototype.regist = function(method, arguments_length, func) {
  //判断是否存在该方法，如不存在，则创建之
  if(!calculate.prototype[method]) {
    calculate.prototype[method] = function() {
      param = new Array();
      for(var i = 1; i<=arguments.length; i++) {
        param.push(arguments[i-1]);
      }
      _method = method + "___" + param.length;
      return this[_method].apply(this, param);
    }
  }
```

```
14      //重命名方法，统一是在原方法名后尾缀___ + 参数个数
15      _method = method + "___" + arguments_length;
16      calculate.prototype[_method] = func;
17  }
```

【代码解析】第2行代码用于注册方法，第4行代码用于判断方法名称是否存在，若不存在，则执行第5～12行代码创建方法，第15行代码用于重命名方法，第16行代码用于设置方法的prototype属性。

显然，该方法要求传入3个参数，分别是：方法的名称、方法参数的长度，以及方法体本身。而在其实现过程中，则应用了以下3个技巧。

（1）所有通过注册（register）产生的方法，都按照一定的规范进行重命名。

从上面的代码可以看到，方法名重命名的规则，是在原有基础上，尾缀“___”加上参数的个数。当然，也可以使用其他规则进行重命名，以实现更为复杂的应用，或者更好地保证新名称的唯一性。

当然，如上代码所示的方法，还产生了一个“奇妙”的副作用，即对于同参数模式的同名方法，保证了后注册的方法对前注册方法的覆写，这其实是多态性的表现之一，在下一小节中，将看到类似的应用。

（2）覆写原方法。

覆写原方法是保证调用的基础。因为所有注册的方法，本质上都被重命名了，因此很显然，如果不创建一个和原方法名一致的方法，那么，系统将无法实现如下形式的调用：

```
window.alert(obj.multi("x2"));
```

其中的原理也很简单，就是在该前提下，multi方法实际上并不存在于对象中，取而代之的是名为“multi___1”的方法。

因此，就需要重新注册一个multi方法，以确保可以调用。而该方法的核心应该是，确保可以通过判断所传递参数的个数，来调用不同的重载方法。

提示　从中可以看到，就实现技术而言，仍然是借助于arguments对象完成的，并没有什么特殊的内容。两个范例的不同之处，主要在于其设计的理念。

（3）在将重命名的方法纳入prototype属性时，使用了“[]”运算符，而不是“.”。

“[]”运算符是一个重要的技巧，而透过该技巧也应该认识到，在JavaScript语言中，数组、JSON、对象等一系列概念中，实际上存在着深刻的联系。

如上所示，实现了注册后，对方法的调用，和其他对象方法的调用是一样的。

20.5.8　覆写

下面来介绍多态性的另一大特征，即面向对象中的覆写原理。和重载一样，这并不是一个在实现上有很大技巧的内容，其更多体现的是一种称之为“后期绑定”的思想，或者说接口思想，也是组织大型软件工程的一个重要思想。

在正式介绍这一原理之前，首先介绍一下在JavaScript中对象属性覆写的规范。在第20.5.7小节，也有所暗示，但并没有将其系统化。

简单地说，JavaScript语言中对象成员的覆写，将遵循以下两个原则。

- 在成员的构造函数中，通过this声明的成员，将覆写通过prototype声明的成员。
- 如果两个同名成员，同属this声明或者prototype声明，则后声明的成员将覆写先前声明的成员。

下面介绍软件工程上“后期绑定”的意义，以及使用该规则实现“后期绑定”的一个应用实例。

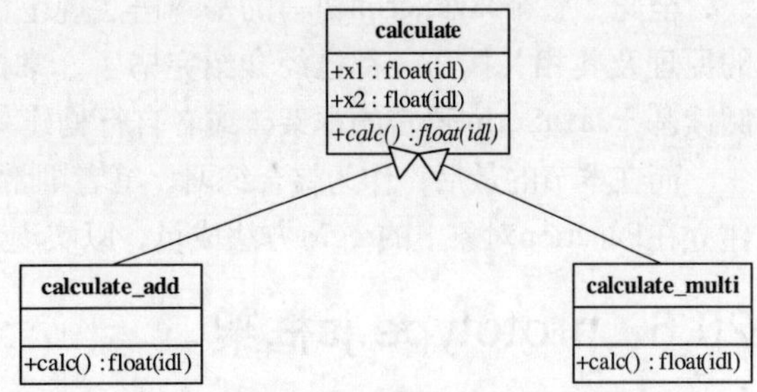

图20.6 后期绑定的运算对象结构示意图

软件工程中需要后期绑定，在很大程度上，是“抽象”和“去耦合化”所带来的必然结果。当然，对此，初学者可能还一时无法接受。下面就结合着对前面所举的运算范例的重构，简略介绍其中的内容。首先看后期绑定的运算对象结构示意图，如图20.6所示。

从图中可以看到，新的设计和旧的设计之间有很大的不同，其主要体现在：在新的设计下，无论是最后实现加法运算的函数对象calculate_add，还是最后实现乘法运算的函数对象calculate_multi，其进行运算的方法，都是名称为calc的函数。

这个设计是会带来很多好处的，综合起来可以概括为以下两点。

（1）在此基础上进行运算扩展比较简单，只需要写作不同的函数对象，并在其中实现calc方法即可，并不需要对原先的代码进行任何的修正。

比如说，现在需要增加一个对减法运算进行支持的函数对象，在该机制下，可以实现为如下的模式：

```
01   function calculate_sub(x1, x2) {
02        calculate.call(this, x1, x2);
03        calculate_sub.prototype = new calculate;
04   }
05   calculate_sub.prototype.calc = function() {return this.x1 - this.x2;}
```

【代码解析】第1～4行代码重新定义了一个函数，第2～3行用于继承已有的成员。

当然，通过继承的手段，也可以在不修正已实现代码的基础上完成类似的扩展功能。所不同的是，继承的扩展必须要求使用不同的方法名称。这在前面的范例中多有展示。因此，可以进行“同名”的扩展，才是在此需要注意的地方。

（2）正因为在这种扩展机制下，所有扩展进行运算的方法名、调用形式都完全一致，因此，这就为应用中的统一调用方法提供了便利。

例如，可以设计如下代码所示的调用函数：

```
function get_result(obj) {
     window.alert(obj.calc());
}
```

此时，只要保证传入该函数的参数obj，是以caluclate函数为根构造函数，并覆写了方法calc的，就都能得到调用，并返回相应的值。这就是后期绑定的意思，即obj的具体类型，是在运行期才决定的，而不是在编译期决定的。

同时，在这种情况下，即使后续的开发人员为系统增加了功能（比如，增加了可以支持减法运算的函数对象），也根本不必改变该调用函数。对于组织实施，特别是维护大型的工程，是很有裨益的。在软件工程的术语中，一个部分的变化不会导致另一部分必须随之而变化的设计方法，就称之为去耦合化。

至此，整个JavaScript语言的基本语法规范，以及特别利用JavaScript语言进行面向对象设计的原理及其相关技巧，都已经介绍完毕了。掌握这些内容，对于进一步进行Web的开发，以及阅读基于JavaScript语言的框架，或者自行构建相关的团队开发核心，都会起到很好的作用。

而在本节的最后，作为综合练习，笔者则希望读者可以在这两小节的基础上，构建完成一个建立在Function对象上的regist方法成员，以实现对所有对象在其方法重载和覆写上的语言支持。

20.6 prototype.js框架

通过前5节的学习，相信读者对于JavaScript语言的基本语法内容，已经有了一个比较全面的认识了。当然，JavaScript语言是由语言核心、DOM以及BOM等多个部分组成的，即使是语言核心部分，也不仅仅包含其语法部分，还包含JavaScript所支持的核心对象及其使用技巧。因此，对于JavaScript语言的学习，绝不是至此就可以结束的。更为深入的学习，应该通过阅读ECMAScript语言的标准规范（可以通过访问其官方网站“http://www.ecmascript.org/”来获得该语言规范的说明），以及反复不断地实践来实现。

本章最后介绍一个使用JavaScript语言写作的开源类库：prototype.js，及其相关的一些使用技巧。prototype.js类库并不是所有相关类库中最为优秀的，但有其可取之处。选择该类库的原因如下。

- ❑ 该类库足够小：整个类库仅包含123～124KB左右，对于现今的网络而言，几乎不存在任何加载的困难。因此，将其应用到商业开发领域是完全可行的。
- ❑ 类库充分地应用了原型对象prototype：可以通过阅读该类库的源代码，获得对prototype对象更为深入的应用认识。
- ❑ 类库提供了比较全面的对Ajax及其相关领域开发的支持：对于流行Ajax技术的Web时代而言，这无疑可以为其入选增加不小的砝码。
- ❑ 类库的存在已非一日，较为成熟，各种扩展也比较丰富。

20.6.1 获得prototype.js

首先，当然是要获得prototype.js类库。目前，该类库最新版本为1.7，可以直接从其官方网站进行下载（其官方站点的网址为“http://www.prototypejs.org/”）。

从类库文件的后缀可以看到，prototype.js是一个专注于客户端实现的类库，因此，其使用方式也是异常简单的，只需要通过“<script />”标记，借助于“src”属性，将其引入即可。

20.6.2 包

包（Package），是现代语言的一个重要特色。通过包，可以最大限度地确保程序所定义的各类名称之间不彼此影响，换言之，包的概念实际上等同于名称空间。

在prototype.js中，虽然作者并没有明确的引入包，但是，通过代码还是向读者展示了该技巧。从语言角度考量，类库中包的概念，可以使用一个空对象来完成，如下代码所示。

```
var myclass = {};
```

借助这一特征，显然可以递归地构建形成一个多个包的层次，以使更好地组织代码。当然，笔者也建议，可以在prototype.js中为包这一元素添加特别的扩展，这是不难实现的。注册一个包的语法范式如下所示。

```
Package.regist("使用点号（.）分隔的包名");
```

注意 在向系统注册了所使用的包后，将不能使用var关键字进行包含包名的变量的定义。以下代码所示是不符合语法规范的，其原因也很简单，因为，此时的org.zhuzh是一个对象。因此，TCalculate的声明需要符合对象属性声明的语法规范。

```
var org.zhuzh.TCalculate = Class.create();
```

正确的写法是：

```
org.zhuzh.TCalculate = Class.create();
```

或许，这就是prototype.js不愿意提供包要素的原因之一吧。而如果从此出发，可能读者会构建出和prototype.js迥异的框架结构来。

20.6.3 prototype.js中的面向对象支持

prototype.js的一大特征是重新整合了JavaScript语言中的面向对象，将面向对象的机制，以一种更加符合传统语言的形态（即“类和对象”的模式）给出。在技术上，当然并不是特别困难的事情（良好的UML图可以确保这样的设计得到实现），但是，起码来说，这使得代码的可读性又进一步增强了，甚至已经符合那些仅熟悉“类和对象”模式的人群的阅读需要。

1. Class对象

Class对象是prototype.js类库用于实现面向对象的关键对象，其模拟了用户自定义类数据结构的基本特征，即：

（1）类是一种结构。

这也就意味着，类可以由“类工厂”创建出来。在prototype.js中，这就是Class.create方法所提供的功能。

（2）类的构造函数统一在initialize成员中，进行声明。

例如，对于类TCalculate，就可以进行如下的构造。

```
TCalculate.prototype.initialize = function(x1, x2) {
    this.x1 = x1;                                   //初始化属性值
    this.x2 = x2;
};
```

从该声明中可以得出一个结论，就是prototype.js并未改变JavaScript。比如说，对于方法成员的声明，仍然需要通过对象的prototype属性来完成，其所改变的是更为规范的应用语法内容。

提示 当initialize方法成员没有声明时，Class类会使用在Prototype对象中声明的方法emptyFunction（即空函数）来替代，这就确保了整个类结构的健壮性。

显然，通过此种声明将类变量和其他对象在结构上分离开来，对于提高代码的可阅读性显然有着很好的辅助作用，因为，毕竟在JavaScript中，“类”就是一个函数，当然，这也部分地丧失了灵活性。但在笔者看来，是值得的。同时，也使得开发人员据此开发一些小型工具来提炼出代码中的类及其方法模型成为可能。

(3) 类的其他成员，可自行通过类的prototype属性进行声明。

比如，对于类TCalculate，一个需要声明的方法就是add方法，如下代码所示。

```
TCalculate.prototype.add = function() {return this.x1 + this.x2;}
```

至此，整个类就构建完成了，可以通过以下代码产生类的对象obj，并打印输出调用其add方法的结果。

```
var obj = new TCalculate(1,2);
window.alert(obj.add());
```

(4) 类的继承，可以通过Class.create(父类名称)的方式实现。

和前面的文章中所实现的继承比较起来，这显然是更为自然的方法，据此原理，不难写出如下代码，以实现继承。

```
var TCalculateExt = Class.create(TCalculate);
```

而深入create实现的内部可以看到，其实现的原理和上一节中的介绍是完全一致的，如下代码所示。

```
if (parent) {
  var subclass = function() { };
  subclass.prototype = parent.prototype;
  klass.prototype = new subclass;
  parent.subclasses.push(klass);
}
```

其中，唯一的不同之处就在于，子类不仅复制了父类的成员，而且，还反向向父类进行了注册，实现了检索任意类的全部子类的功能，的确是不错的设计。

2. 抽象类

prototype.js并未提供特别的机制对抽象类进行管理。实际上，这在JavaScript中也是无法特别做到的。在prototype.js中，仅仅为此制定了语法上的规范，即：原则上，所有的抽象类都应该属于Abstract包，如下代码所示。

```
Abstract.TCaclulate = Class.create();
```

该代码即声明了一个抽象的类：Abstract.TCalculate，而其他相关实现，则和在上一节中所介绍的方法一样。

通过以上两节的介绍，相信读者已经初步领略了在prototype.js中进行类和对象设计的一些基本方法了。当然也可以看到，对于prototype.js而言，虽然其对类和对象的形式进行了一定的模拟，但仍然是不完全的，也就是说，还有进一步改进的可能。有兴趣的读者，可以去完成该工作。

20.6.4 基于事件的开发

prototype.js在面向对象的基础上，完成了对多种事件机制的对象化封装，并以此为基础实现了整个客户端开发的面向事件化。该特点是prototype.js类库的一大重要特性。

首先来谈一下事件的概念。总体来说，事件就是一种回调，在前面的文章中已经多次接触过了。下面介绍一下prototype.js类库对事件的支持方式。

1. 统一的事件注册方式

本例是一个在日常的开发中经常使用到的事件声明方法。显然，随着Web页面的日益复杂，特别是面向对象技术的加入，和网页美工、编程等人员的分离，这样的事件声明方法，在一定程度上会破坏工作的专一性。因此，prototype.js给出了一个统一的事件注册方法，以替代以前的事件注册模式。如下代码所示，即是对前面代码的一个符合prototype.js的改进。

```
Event.observe(window, 'load', function() {
  Event.observe('cmdMe', 'click', cmdMeClick);
});
```

从中不难看到，在prototype.js中，传统的事件机制可以通过以下原则进行注册：

- ❑ 注册使用Event对象的observe方法来完成。
- ❑ observe方法的第一个参数，既可以是要求触发事件的对象本身（如“window”），也可以是该对象在系统中的ID值（如“cmdMe”）。
- ❑ observe方法的第二个参数，代表需要附加的事件。

在此处，事件的写法要符合W3C中DOM规范的事件部分（Event）的写作要求，可以通过文档“http://www.w3.org/TR/DOM-Level-2-Events”了解这方面的内容，特别是可以从中了解到，事件的符合DOM规范的写作方式，及其分类和作用方式。

- ❑ observe方法是为事件所注册的回调函数，或者该函数的句柄，此处不多作解释了。

提示 实际上，附加一个事件的行为，在IE和Firefox中都有提供，因此在这里，类库所完成的工作，仅仅是使得这种声明行为可以根据不同的浏览器特征，自动对不同的声明方法进行调用而已。

2. 关于observe

下面解释一下，为什么Event对象在此使用了observe作为事件注册的方法名，而不是其他的名称，比如regist。如果仅仅希望表达事件注册这一概念，显然后者要更达意些。这是饱含了设计者设计技巧的名称，在此设计者通过这一名称，就向开发者声明了：在prototype.js下，事件实际上是按照观察者模式进行设计的。自然，这就涉及了两个问题，即：

- ❑ 什么是观察者模式？
- ❑ 观察者模式下的事件机制，和传统模式下的事件机制的区别在哪里？

首先来解决第二个问题。面对按钮对象“cmdMe”的单击事件，使用了两次Event.observe过程，如下代码所示。

```
function cmdMeClick(){
  window.alert("触发单击事件");
}
function cmdMeClick2(){
  window.alert("触发单击事件2");
}
```

```
07   Event.observe('cmdMe', 'click', cmdMeClick);
08   Event.observe('cmdMe', 'click', cmdMeClick2);
```

【代码解析】第1～3行代码用于设置单击按钮的响应操作，第4～6行代码用于响应单击按钮的操作，第7～8行代码用于为按钮添加单击事件。

运行该代码可以发现，浏览器分两次分别弹出了“触发单击事件”和“触发单击事件2”的对话框（当然，因为浏览器的不同，弹出的顺序并不完全一致。在IE浏览器，是后者先弹出，Firefox则正好相反）。

此结果说明，对于“cmdMe”按钮对象所注册的两个单击事件处理器，都为浏览器所接受并处理了，在以前的传统写法中是不可思议的，也是无法直接完成的。显然，允许在对象的某个事件触发时，同时触发多个事件处理策略，就是这两种模式最大的区别所在。

提示 *再次强调，IE浏览器和Firefox浏览器实际上也实现了这种模式的事件声明，只是大部分读者在平时不太注重罢了。prototype.js的工作，仅是抹平了不同浏览器的方法差异。*

而在此处获得的认识，正是观察者（Observer）模式的核心所在。总结起来就是：

- 系统中存在一个或者多个观察者。

观察者的作用，总体来说，就是实现对观察所获得结果的处理。例如，在上面范例中，观察者显然就可以视为是那两个不同的处理函数。

- 所有的观察者，所观察的是同一主题。

在上面的范例中就表现为：两个观察者，所观察的都是“cmdMe”按钮进行了单击（click）行为。

- 观察者需要向主题进行登记注册。

在日常的生活中，这样的情况也比比皆是。例如，只有持有记者证的人，才能进行采访，所蕴含的意思就可以表达为：不是所有的人都可以去访问新闻事件的，只有当其注册成为记者后才具有该资格。在上例中，Event.observe所实现的，显然正是此功能。

当然，一个观察者既然允许注册到一个主题中，也必然允许从一个主题中注销，在这个方面，prototype.js也提供了相应的支持，即Event. stopObserving方法。下面的代码显示了这一过程：

```
01   Event.observe("cmdUnobserve", "click", function(){
02                   Event.stopObserving("cmdMe", "click", cmdMeClick2);
03          })
```

【代码解析】第2行代码用于注销按钮的事件注册。

- 观察者无权主动调用观察结果处理过程。

该特点是观察者（Observer）模式的重点，同时，也表明了观察者模式中用来接受观察者进行注册的主题，不仅起到了对潜在观察者的过滤作用（分出了哪些观察者可以进行观察，哪些不能够），还起到了其他的更为重要的作用，即：代替观察者进行观察，当观察的现象出现时，则向所有的观察者进行通知（Notify），并主动调用这些观察者的处理策略。也就是说，观察者完全处在一个从动的位置上。

结合上面的说明，也可以很清楚地看到这一点。对两个处理函数的调用，并不是作为观察者的处理函数本身自己完成的，而是可以看作是由Event对象完成的。当其检测到“cmdMe”

对象已经被“click”后，就主动调用了所有对这个现象进行观察的观察者处理策略。

3. 基于时间间隔的事件机制

除了那些由DOM以及BOM所支持的固有对象事件之外，prototype.js还支持通过时间间隔函数window.setInterval来实现其他自定义的事件模式。

总体而言，此类事件的处理有两个来源：一是通过继承抽象类Abstract.TimedObserver来实现；另一个是通过继承抽象类Abstract.EventObserver来实现。两者相比，后者所面对的范围较窄，仅可用于Form元素中，而这又由其自身通过Form.EventObserver类和 Form.Element.EventObserver类得以实现了，因此也就无须进一步的扩展了。

因此，本书的介绍将主要侧重于抽象类Abstract.TimedObserver。首先，不妨来介绍一下该类的两个实现Form.Observer和Form.Element.Observer。这两个类都是用在表单中，为表单提供内容改变时的事件机制的，其主要的差别在于：前面的那个类所面对的一定是整个表单；而后面的则一定是表单中的某个元素。

Form.EventObserver类和 Form.Element.EventObserver类之间也有类似的关系。以Form.Element.Observer为例，认识类的用法，由于都是从Abstract.TimedObserver继承而来，因此很显然，在用法上两个类是几乎一致的。此处，笔者试图为按钮元素增加一个新的不属于DOM的事件：onchange，其作用为，当按钮上的文本（即value属性）发生变化时触发，如下代码所示。

```
var onchange = new Form.Element.Observer("cmdDest", 0.1, function() {
    window.alert("本按钮的值已经发生了改变\n" + "新值为" + $F("cmdDest"));
});
```

从该代码中不难看出，Form.Element.Observer类的对象声明方法，主要由三部分组成，即：

- ❑ 对应表单元素对象，或者其ID值。
- ❑ 事件间隔侦测时间，以秒为单位。
- ❑ 事件处理函数，或者处理函数的句柄。

表20.12给出了在prototype.js中常用的一些简化形式；更多标准的简化形式，可参考开发手册。

表20.12 简化函数表

函　数	用 法 说 明
$(id)	用以替代document.getElementById(id)，返回ID为id的元素
$F(id)	用以替代document.getElementById(id).value，返回ID为id的元素的值，只读
$h(id)	用以替代document.getElementById(id).innerHTML，返回ID为id的元素的文本对象（扩展）
$$(cssSelector)	返回文档中使用该CSS选择器的所有标记组成的数组
$w(字符串)	以字符串中的空格符为分隔符，将字符串转化为数组
$W(数组)	以空格符为分隔符，将数组转化为字符串（扩展）

另一个技巧是，在$W()函数创写过程中，所使用的prototype.js扩展的Array对象方法each。该方法所起到的作用是：遍历数组中的每个元素，并在每次遍历时，都调用each方法所声明的处理函数进行处理，代码如下所示。

```
arr.each(function(node){
            _value += (_value=="")?"":_liter;
            _value += node;
    });
```

这当然可以改写为更为常见的形式，如：

```
for (var i=0; i<arr.length; i++){
      _value += (_value=="")?"":_liter;
      _value += arr[i];
};
```

但通过这一过程，也透露了prototype.js的作者受Ruby语言影响之深。在文中所示的第一种写法，正是该语言的语言特点之一，显然，在整个prototype.js中，类似的处理已经在不只一处看到过，比如对Event.observe()的应用。在此笔者也建议，在使用prototype.js类库时，也应该尽量使用这样的写法，毕竟看起来和整个类库的风格更趋向一致，也容易为熟悉者阅读。

此外，在“prototypeext.js”文件所在目录下，也收录了使用$$()函数进行CSS选择器处理的例子“index.htm”，读者可以再次体会一下该方式在应用中的简单之处。

通过上面的介绍，相信读者对于如何使用类Form.Element.Observer和Form.Observer，已经有了初步的认识。和Event.observe()一样，通过这两个类，也可以为同一Form表单元素的value值变化建立多个观察者。

下面介绍使用Abstract.TimedObserver进行扩展的相关技巧。毕竟，在日常Web编程中还有很多情况，需要为其他非Form的标记元素建立一些特殊的事件。

20.6.5 Abstract.TimedObserver扩展

首先不妨来了解一下Form.Element.Observer 是如何扩展抽象类Abstract.TimedObserver的，代码如下所示。

```
01  Form.Element.Observer = Class.create(Abstract.TimedObserver, {
02    getValue: function() {
03      return Form.Element.getValue(this.element);
04    }
05  });
```

【代码解析】第1~5行代码用于实现注册元素的观察者激活后的响应操作。

从中不难看到，对于类Abstract.TimedObserver而言，需要子类进行扩展的是其getValue方法。换言之，就是类Abstract.TimedObserver，已经为基于时间间隔的事件处理准备了全部的要素，仅需要其继承者指定：观察器获取需要侦测的值的方法。

根据这样的思路，下面完成一个自定义的观察器设计。该观察器的作用是，可以监测任意对象的CSS风格变化，当其风格发生变化时，便可触发相应的事件处理策略。

整个观察器的代码十分简单，在其中主要使用到的技巧，就是对于具体的标记元素而言，其CSS属性的值可以通过“style.cssText”获取，代码如下所示。

```
//风格观察器
Package.regist("zhuzh.Style");
zhuzh.Style.Observer = Class.create(Abstract.TimedObserver, {
```

```
04     getValue : function(){
05       return this.element.style.cssText;
06     }
07   });
```

【代码解析】第2行代码用于注册CSS样式，第3～6行代码用于设置CSS样式的观察者的响应操作。

说明 cssText并不是一个所有浏览器都支持的DOM属性，但是，却被IE和Firefox同时支持，因此，在现实情况下，还是可以将其视为浏览器所支持的属性。当然，读者也可以通过遍历的方法产生该属性值。关于这一点，不妨作为一个练习，留待读者自行完成。

而依据此观察器，应该很容易开发完成对元素风格改变进行监视的JavaScript程序。

20.6.6 Ajax支持

在本节的开始曾经介绍过选用prototype.js类库。作为介绍JavaScript语言的结束，其中一个重要的原因，就是该类库较好地支持了Ajax的开发。本小节就介绍这方面的一些内容。

1. 发送基本的Ajax请求

Ajax应用的第一步，就是发送Ajax请求。对于prototype.js而言，Ajax请求是通过创建Ajax.Request类的对象完成的，该类的构造函数由两部分组成：

- ❑ url地址。
- ❑ Ajax请求配置项对象options。

关于options对象，在阅读了以下代码所示的prototype.js源代码后，便可大致了解。

```
01  this.options = {
02        method:        'post',
03        asynchronous: true,
04        contentType:   'application/x-www-form-urlencoded',
05        encoding:      'UTF-8',
06        parameters:    '',
07        evalJSON:      true,
08        evalJS:        true
09      };
```

【代码解析】第1行代码用于设置options选项的值，第2行用于设置回传的方法，第3行用于设置同步模式，第4行代码用于设置内容，第5行用于设置页面编码，第6行用于设置参数，第7行用于设置JSON开关，第8行用于设置JS开关。

其中，需要进行解释的是两点：

- ❑ options对象的parameters属性，可以使用Hash对象来表示。

显然这样做，便使得整个表达更加清晰了，如下代码所示。

```
var request = new Ajax.Request("getHelloXXX.php", {
    method          : "get",
    parameters      : {txtName : $F("txtName")}
  });
```

提示 Hash对象是prototype.js所提供的一个核心数据对象类型，在表示方法上和JSON十分接近。

- ❑ options配置中的evalJSON=true表示，如果从服务器端返回的是application/JSON数据，则自动执行。evalJS也雷同，其值为true时，表示如果从服务器端返回的是text/javascript脚本，则自动加载执行。

仅通过此种形式，便可以完成一个简单的Ajax通信和处理过程。

2. 使用事件机制，处理各种通信结果

在XMLHttpRequest对象的介绍和使用中，读者已经很熟悉了通过使用对象的readyState属性和status属性，对Ajax通信的结果进行处理的技巧。在prototype.js中，笔者将此过程整理形成了一组事件，供开发者按照事件模式进行编程。表20.13给出了在prototype.js中所支持的常用Ajax处理事件的名称，及其触发条件，以供读者参考。

表20.13 Ajax.Request对象支持常用事件一览表

事 件	说 明
onCreate	Ajax.Request对象初始化时触发，此时，对象的URL参数，和parameters等属性刚刚赋值成功
onSuccess	Ajax.Request通信成功后，需要注意的是，该事件可以携带两个参数： 第一个参数，代表进行通信的Ajax.Request对象 第二个参数，保存HTTP头信息X-JSON的信息，这是一个使用JSON规范写作的字符串
onFailure	通信失败时触发
onLoading	（不确保可以在任何浏览器上都支持）通信正在进行中时触发

此类事件，在Ajax.Request中，也是以options配置项中的项目形式存在的，因此，显然和method等属性一样，可以在创建Ajax.Request对象时一并进行声明，如下代码所示。

```
var request = new Ajax.Request("getHelloXXX.php", {
  method               : "get",
  parameters           : {txtName : $F("txtName")},
  onSuccess            : function(r) {
    $("txtContentContainer").innerHTML = r.responseText;
  }
});
```

从上述代码中可以发现，在此仅使用了onSuccess事件的两个参数之一。而对于第二个参数的意义，可能有部分读者会产生疑惑，下面就简要介绍一下这个参数。

- ❑ 首先，如果在onSuccess中使用该参数，则在Ajax.Request对象实际调用事件处理函数时，传入该参数的值，对应于头信息“X-JSON”的值。

如果希望onSuccess事件处理函数可以捕获到有具体信息的值，则需要服务器端向客户端发送以“X-JSON”作为头信息名。以JSON格式的数据作为头信息值的头信息内容。在PHP中，这显然是和向客户端发送Content-type头信息一样，是通过header完成的，如下代码所示。

```
header("X-JSON : {page : 'ok'}");
```

- ❑ 其次，引入这一特性，在工程上为快速处理Ajax通信的结果准备了条件。

Ajax通信的成功，有时候并不意味着整个工程业务上的成功，比如说，现在有很多服务器端

的框架，都为开发人员准备了错误处理的框架。在此框架下进行Ajax开发，很可能发生下述情况，即：虽然从Ajax的通信角度看成功了，但是，其所返回的内容，却和预计的内容大相径庭。

当然，通过对返回内容的程序化分析，开发人员自然就可以分辨出内容的正确与否，但通过引入X-JSON这一特殊的头信息，显然可以简化这个过程。

3. 进一步简化

通过前面的介绍，相信读者对于prototype.js中的Ajax.Request对象及其基本的使用方法，已经有了一个初步的认识，从中也应该可以感觉到，在prototype.js下进行Ajax编程的确是比较便捷和自然的。但prototype.js对Ajax的应用改造，却并未到此结束。

第一个改造所针对的，具有如下的鲜明特点，即应用的目的就是为当前页面中的某个标记填充HTML文档。

在prototype.js中，这类Ajax应用，可以使用从Ajax.Request对象继承的类Ajax.Updater来完成开发，如下代码所示。

```
01  var request = new Ajax.Updater("txtContentContainer","getHelloXXX.php", {
02      method          : "get",
03      parameters      : {txtName : $F("txtName")}
04    });
```

【代码解析】第1行代码用于设置request变量的值，第2行用于设置传输的方法模式，第3行用于设置创建对象所要使用的参数。

至此，便完成了整个Ajax通信的开发过程，应该说，与前面范例中曾经使用过的、通过服务器端生成可执行的JavaScript代码并由客户端自动执行的方案比较起来，其明显降低了客户端和服务器端之间的耦合性，应该说，这种方案的确为很多Ajax应用开发提供了不小的便利。

提示　Ajax.Updater是Ajax.Request的子类，因此，很自然，在上文中Ajax.Request所支持的所有配置项，包括那些事件，也都可以在Ajax.Updater中使用。

除此之外，prototype.js还为另一类Ajax应用也提供了便捷的开发方法，这种应用的特点是：在整个页面运行的过程中，需要按时、不间断的和后台服务器进行交互。

prototype.js对该类Ajax的应用，是通过类Ajax.PeriodicalUpdater来实现的。和前面所介绍的类Ajax.Updater一样，该类的构造函数也包含三个参数，即更新标记、服务器脚本和Ajax.options配置项，如下代码所示。

```
function getHelloXXX(){
  var request = new Ajax.PeriodicalUpdater("txtContentContainer","getHelloXXX.php", {
    method          : "get",
    parameters      : {txtName : $F("txtName")},
    frequency       : 1,
    decay           : 2,
    onCreate : function(){
      cur_date = new Date();
      window.alert("时间间隔：" + (cur_date.valueOf() - vdate.valueOf()) + "毫秒");
      vdate.getDate();
    });
}
```

【代码解析】在options配置项中增加的两个要素，即：frequency和decay。第5行代码表示需要延迟更新的频率，单位为秒（默认为2秒），是一个相对比较容易理解的概念。第6行代码用于设置“衰退率”，是比较符合其大意的，其具体的作用是：当后一次从服务器获得的内容和前一次完全相同时，那么再次和服务器通信的时间，会在上次间隔时间的基础上，乘以一个decay系数。

20.7 小结

本章从JavaScript的发展开始讲起，介绍了Web时代JavaScript语言的重要性。然后还介绍了当前比较流行的支持JavaScript语言的浏览器，其中当属IE最为流行。介绍了这些理论知识后，本章又详细介绍了JavaScript的语法知识，并学习了如何用JavaScript语言实现面向对象的编程，为了深入面向对象知识，本章最后又介绍了比较流行的JavaScript框架：prototype.js。通过对这些内容的学习，希望读者对JavaScript有更深入的了解。

20.8 上机实践习题

使用JavaScript语言实现对数据的加法运算和乘法运算。

【提示】该题目要求读者学习JavaScript语言的基本语法知识，重点掌握在页面设计中引入JavaScript代码的方法，以及JavaScript代码的运行过程。

【关键代码】

```
01  <meta http-equiv="Content-Type" content="text/html; charset=utf-8"/>
02  <title>两个数的加法与乘法运算</title>
03  <script type="text/javascript">
04          function calculate(x1, x2) {
05              this.x1 = x1;
06              this.x2 = x2;
07          }
08          calculate.prototype.add = function () { return this.x1 + this.x2; }
09          function calculateExt(x1, x2) {
10              copy_prototype(calculate, calculateExt);
11              calculate.call(this, x1, x2);
12          }
13          function copy_prototype(source, dest) {
14              for (e in source.prototype) {
15                  dest.prototype.e = source.prototype.e;
16              }
17          }
18          function test() {
19              var obj = new calculateExt(1, 2);
20              window.alert(obj.x1);
21              window.alert(obj.x2);
22              window.alert(obj.add());
23              window.alert(obj.multi());
24          }
25  </script>
```

【代码解析】第2行代码用于设置页面标题，第4行用于初始化属性值，第9行用于扩展数的计算，第13行用于复制源属性，第18行用于调用已经定义好的方法。

第21章　AJAX布局技术：CSS深入详解

本章将介绍一些关于CSS方面的基本知识。在现有技术条件下，CSS是在HTML环境下构成RIA的重要元素之一，而RIA，正是Web 2.0时代的界面特征，因此花一些篇幅向读者介绍CSS的基本知识，对美化页面很有意义。

本章重点：

- ❑ CSS样式概述，学会如何在Web页面上引入CSS样式表。
- ❑ 使用选择符，学会在页面中使用类选择符、属性选择符和复合选择符。
- ❑ 元素渲染，学会渲染文字，学会设置页颜色和背景，以及图片的拼合技术。
- ❑ 使用块，理解块的基本概念，学会使用块布局网页。

21.1 CSS概述

CSS是Cascading Style Sheets的缩写，翻译过来，就是层叠样式表单。作为一个概念，CSS具有以下两个基本特性：

- ❑ CSS是一个样式表单标准。而所谓样式就是指网页元素的展现形式，因此，CSS是一个控制网页元素如何在页面上进行布局和显示的标准。
- ❑ CSS是一个层叠样式。层叠，是CSS风格如何和网页元素进行结合的方法。CSS又一次奇妙地再现了"继承"的思想。

当然，和其他很多网页标准一样，CSS的标准也是由W3C组织制定并维护的，目前的版本为3。但为众多的浏览器厂商所支持的，还是其2.1版本的标准，因此，该版本也成了本书所介绍内容的主要依据，读者可以通过地址"http://www.w3.org/TR/CSS 2/"，阅读该版本的CSS标准，以获得对于CSS更为全面的认识。

21.2　在Web页面中引入CSS风格表

要使用CSS风格，第一步，当然是要在Web页面中引入CSS风格。而在眼下的Web页面文档，除了传统的HTML之外，XML文档也逐渐成为一种重要的格式。因此，掌握在这两种文档中加入CSS风格表的方法，显然是十分重要的。

21.2.1　在HTML中引入CSS

对于CSS应用而言，在HTML中引入CSS对HTML元素进行渲染，显然是一个最为常见的应用场合，在该文本中，可以通过以下的方式引入CSS风格。

1. 使用HTML文档链接一个外部样式表

外部样式表文件的后缀名一般是css，在该文件中，包含了若干个符合规范的CSS声明，如下代码所示。

```
/*
  CSS风格表文件范例
*/
/* 定义超链接元素不使用下划线作为其标志 */
a:link, a:visited { text-decoration: none }
```

提示　在此展示了如何为CSS风格增加注释的方法，即可通过/*...*/的方式为CSS增加注释。

将该代码保存为以css为后缀名的文件，比如，site.css，即可在HTML文档中通过位于<head />段的<link />标记来引入了，其代码如下：

```
<link type="text/css" rel="stylesheet" href="site.css" media="screen">
```

其中需要注意的是：

（1）对于CSS文件引入而言，type属性的值是不能修改的，其代表在此引入的是一个CSS文件，而非其他。

（2）rel的含义比较特殊，其实际的意义是指明css风格表文件是默认风格（stylesheet），还是可替换风格（alternate stylesheet）。

但是，并不是所有的浏览器都支持该属性有这两个可选的项，至少，IE系列的浏览器就不支持（使得该属性几乎没有多大的作用）。

现在定义一个包含如下风格声明的css文件redlink.css。

```
a:link, a:visited {color:red}
```

该声明的含义是：页面中<a />标记的文本使用红色表示。而在引入该css风格文件的"index.htm"中，引入声明如下：

```
<link type="text/css" rel="stylesheet" href="site.css" media="screen">
<link type="text/css" rel="alternate stylesheet" href="redlink.css" title="Red Link CSS">
```

其中，"site.css"是作为默认风格引入的，而"redlink.css"则是作为可替换风格引入的，并且其代号（即title属性值）为"Red Link CSS"。

（3）链接标记有一个可选的media属性，代表了指定样式表文件被接收的介质或媒体。

media属性是一个被忽视的、但却十分有用的属性。下面的代码通过<link />标记，分别引入了风格表"site.css"和"print.css"。

```
<link type="text/css" rel="stylesheet" href="site.css" media="screen">
<link type="text/css" rel="stylesheet" href="print.css" media="print">
```

在浏览器中运行该代码，可以发现，超链接元素<a />所展现出来的风格，忠实地遵循了文件"site.css"的要求，而如果读者选择"打印预览"（或者直接将其打印），则又会发现，其结果中，<a />元素按照"print.css"的要求展现了出来。

此结果正是media属性的意义所在，而通过这样的一个策略，开发人员便可以为不同的介质对象来撰写不同的样式表文件，使之可以更好地利用该介质在显示方面的一些特点。表21.1即显示了在CSS 2标准中可以使用的一些介质元素。

表21.1　CSS文件media介质一览表

名　称	意　义
screen	(默认值)，控制计算机屏幕输出
print	控制打印机输出
projection	控制投影机输出
aural	控制扬声器输出
braille	控制凸字触觉感知设备输出，即盲文设备
embossed	控制在盲人用打印机设备上的输出
handheld	控制在小型的或者带狭窄屏幕空间的手持设备上的输出，很可惜，并不是指WAP
tty	控制电传打字机输出，这种设备使用固定的字体
tv	控制电视机输出
all	控制输出设备的输出

提示　一个media属性也可以包含多个值，以代表该风格表文件同时适用于多种媒体。此时，不同媒体值之间应该使用半角的逗号（","）进行分隔。

当然，即使不借助于<link />标记本身，纯粹用CSS规定的方法也可以完成这一指定过程。此种写法也是CSS所推荐的写作方法，即语法上的要点，就是在CSS风格表中使用"@media"指令。如下代码所示，即指示了在屏幕（screen）输出时，<a/>标记显示为没有下划线的状态，而在打印（print）时，则显示为黑色加下划线的形式。

```
01    @media screen {
02    a:link, a:visited { text-decoration: none}
03    }
04    @media print {
05    a:link, a:visited { text-decoration: underline; color:black}
06    }
```

【代码解析】第1～3行代码用于设置显示器上的CSS样式，第4～6行用于设置打印出的样式。

2. 在页面中嵌入样式表

除了可以引入外部的样式表文件中的样式外，在HTML文件内部，也可以通过嵌入样式表的方式使用CSS样式，而主要通过两种方式实现。

（1）使用<style/>标记嵌入样式表。

<style/>标记位于HTML的<head/>段内，其作用就是用来引入CSS样式，和使用外部样式表文件一样。<style/>标记也具有两个重要的属性，即"type"属性用于指明，此处所存储的是CSS样式，其值固定为"text/css"；而"media"属性则用来指示该样式所针对的媒体。如下代码所示，即是将"site.css"文件中的样式嵌入HTML中的一种等价编写方式，其中，之所以要加上HTML注释，"据说"是为了使"古老"的浏览器不至于发生解析错误。相信如果谁还能拥有这样的一款商业浏览器软件，应该也不失为一件"宝贝"了。

```
<style>
<!--
a:link, a:visited { text-decoration: none }
```

```
-->
</style>
```

不过，需要指出的是，利用<style/>标记，除了可以像上面的范例一样进行CSS风格的指定外，也可以用来引入其他的CSS风格表文件。而引入的方法，则是使用CSS规范所支持的CSS指令@import，其语法的范例如下代码所示。

```
@import url("site.css") screen
```

其中，很显然，url()运算代表了需要引入的CSS文件地址，而“screen”部分则代表了引入文件所针对的媒体，当然，该参数也是可以默认的，其默认值就是“screen”。

> **提示** 既然@import是属于CSS规范的一部分，那么，其应该允许在任何可以编写CSS风格代码的部分进行使用，其他CSS指示的情况雷同。因此，在后文中，笔者将不再对此进行专门说明。

（2）使用“style”属性指定样式。

从HTML 4标准开始，所有的位于正文部分的HTML标记，便都拥有了一个重要的属性：style，而通过这个属性，便可以为其所在的标记定义CSS风格。如下代码所示，在<p/>标记中，定义了其字体颜色为red的风格：

```
<p style="color:red">注意</p>
```

此种使用方式，一般也被称之为内联样式。

当然，因为和需要展示的内容混合在一起，内联样式就会失去一些样式表的优点，比如，其不再可能像上面的几种形式一样，指明风格所针对的明确媒体。

以上即是在HTML页面中引入CSS风格的几种主要方式。此内容应该是不难被开发者掌握的。

21.2.2 在XML中引入CSS

与在HTML中引入CSS的花样繁多方式比较起来，在XML中引入CSS可以称得上是“简陋”。

首先，在XML的标准中，其仅仅允许通过外部文件的方式引入CSS风格，这其实也反映了XML以数据为核心的重要思想。

其次，在引入外部CSS风格文件时，XML引入了一个“新”的处理指令，即<?xml-styleshett ?>。其应用的范例如下：

```
<!--本范例用来在一个xml文件中引入一个假想的CSS文件css.css-->
<?xml version="1.0" encoding="utf-8" ?>
<?xml-stylesheet type="text/css" href="css.css" ?>
<!--以下为XML文档的正文部分，略-->
```

可以发现，和在XML中引入XSLT对XML文档进行格式化比较起来，除了在“type”属性值方面不同之外，二者是一致的。

当然，和在HTML文档中引入CSS一致，在XML文档中引入CSS时，也能通过在处理指令xml-stylesheet中加入“media”属性来声明CSS文件所针对的媒体类型。

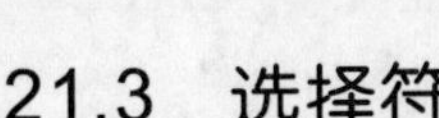

21.3　选择符

21.2节简要地介绍了在Web文档中引入CSS风格表的几种方法；而在本节中，将向读者介绍CSS两大特征之一的级联性规范及其基本应用。

21.3.1　标记选择符、类选择符和ID选择符

首先介绍一下，在CSS标准中，可以附加风格控制的要素，在CSS标准中，此类要素的统一称谓是“选择符”。

CSS所支持的选择符包含3大类，分别为标记选择符、类选择符和ID选择符。

1. 标记选择符

在CSS中，以一个HTML（或者XML）文件标记的名称（tagName）为风格，所撰写的风格组合，即构成一个标记选择符。如下代码为HTML标记<p>指定了其风格为：颜色为红色(red)，字体为斜体。

```
p {
color : red;
font-style : italic
}
```

显然，一个标记选择符所指定的风格，仅对该标记有效。而在上例所示的风格声明中，以下的几点是需要引起注意的，也是所有风格撰写中的一些基本共性：

- 一段风格是以风格的名称开始的，并且使用“{}”组合进行界定。
- 每一个风格后，都需要使用分号（“;”）表示结束，但对于最后一个风格，分号可以省略，因此，分号显然也成为隔离各个风格的语法要素。
- 每一个风格的声明语法均为以冒号（“:”）隔开的名值对，其中，冒号前的内容为风格的名称，冒号后的内容为该风格所对应的值。

2. 类选择符

在CSS中，除了可以为某个特定的标记指定其显示风格外，还可以为一类标记指定风格。此类标记具有如下的基本特性，即：所有标记都具有统一的class属性值。

以“.”加上该class属性值的名称为名称所定义的CSS风格，就称之为类选择符。显然，在这种选择符的名称中，除了需要所要处理的class属性外，还需要加上一个前缀的点，是为了和标记选择符相区别。

比如，在下面的代码中就定义了类选择符：.important，其表现形式是可以将字体的颜色变红且加粗。

```
.important {
color : red;
font-weight : bold
}
```

3. ID选择符

和类选择符（.A）作用于class属性值为A的标记上一样，ID选择符也会将其所指定的风格作用于特殊的标记上。但其和类选择符所不同的是：

❑ ID选择符进行作用所选择的标记属性为“id”，而其所选择的选择符前缀为“#”。

因此，一个ID选择符“#A”将作用于id属性为“A”的标记上。

❑ 由于HTML规范要求，在一个HTML文档中，标记的“id”属性要保持唯一，因此原则上，每个ID选择符最多只会作用于一个标记上。

至此，关于CSS的三种主要选择符形式，已经全部学习完毕。而作为练习，笔者建议读者可以访问任意网页，通过阅读源代码的方式，将其中的CSS风格选择符遴选出来，并分析其所属的选择符类型。当然，这是相当容易完成的事。

21.3.2 伪类选择符

在第21.3.1小节介绍了在CSS中所使用的三种主要选择符形式，但并不完全，例如，在介绍如何引入CSS风格时，前面的案例所写作的“a:link {......}”风格，就不属于以上三种中的任何一种。

因此，从本小节开始将介绍其他的一些选择符写作方式。本小节中所介绍的，就是类似“a:link {......}”的选择符，在CSS中，被称之为伪类选择符，而其中的“link”，则被称之为伪类。显然，伪类风格选择符的基本定义语法，如下代码所示。

```
其他选择符:伪类名称
```

在语法定义中，有三点是需要注意的：

❑ 伪类选择符之所以被称为“类”，其意义在于，在级联法则的计算中，伪类在优先级计算上和类是相同的，都是纳入“c”类别中的一个选择符。因此，一个在a:link中定义的风格，显然就会优先于在a中定义的同类风格。

❑ 伪类的一大重要特征是：不能独立的存在。伪类只能依附于其他选择符存在，成为一个复合选择符。

> **提示** 此处第一次接触到了复合选择符这一概念，其意思是由多个简单选择符以某种形式联合在一起所形成的选择符。在21.3.4中，笔者还将详细地介绍其组合方式，读者可以至该小节进行阅读。

❑ 伪类风格，不需要进行引用，就能在某一特定环境下自动应用于相关标记。

此特点是伪类不同于类风格的重要特征。表21.2则给出了常用伪类的应用条件。

表21.2 常用伪类及其应用场合一览表

伪 类 名	说 明
x:first-child	为Firefox和IE 7支持，对于x选择符应用的所有标记而言，如果该标记属于其父标记下的第一个子标记，则应用此处所定义的风格
x:link	仅当x应用于<a />标记，且该标记包含“href”属性时有效，代表未被访问的链接所适用风格
x:visited	仅当x应用于<a />标记，且该标记包含“href”属性时有效，代表已被访问过的链接所适用风格
x:hover	仅当x应用于<a />标记，且该标记包含“href”属性时有效，代表当鼠标悬浮在链接上时所适用的风格
x :active	仅当x应用于<a />标记，且该标记包含“href”属性时有效，代表鼠标点中链接的刹那所适用的风格

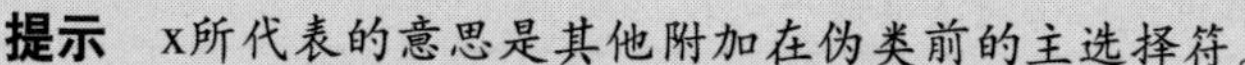

提示　x所代表的意思是其他附加在伪类前的主选择符。

下面主要将结合“first-child”选择符，举一个简单的例子，以帮助读者更好地理解其含义。首先不妨定义一个使用first-child伪类的复合选择符，如下代码所示。

```
p:first-child {color : red}
```

其次，将该选择符应用到如下代码所示的HTML文档中：

```
01  <body>
02      <p>我是body下的第一个P</p>
03      <p>我是body下的第二个P</p>
04      <div>
05          <p>我是DIV下的第一个P</p>
06          <p>我是DIV下的第二个P</p>
07      </div>
08  </body>
```

【代码解析】第1～8行代码用于设置body内的内容。

运行该代码可以发现，只有文字“我是body下的第一个P”和“我是DIV下的第一个P”的颜色，变为了红色。此结果说明，仅有首段<p />标记所包括的文字应用了所定义的风格。而进一步研究两个<p />标记，则不难发现：

- “<p>我是body下的第一个P</p>”属于<body />标记下的第一个子标记；
- “<p>我是DIV下的第一个P</p>”属于<div />标记下的第一个子标记。

伪类“first-child”的含义即风格“color : red”，将应用到具有如下特征的<p />标记上：该<p />标记是其上一层标记的第一个子标记。

提示　从这个角度出发，相信读者会对于“为什么单独的定义只包含伪类的选择符是无意义的”这句话有更深的认识。此外，如果在使用该伪类时一定要照顾到IE 6用户的话，那么，使用IE对CSS的expression扩展是不错的主意。但这种方法并不是笔者所推荐的，因此就不在这里介绍了。

21.3.3　属性选择符

在第21.3.2小节介绍伪类选择符的基础上，本节将介绍另一种选择符形式，即：属性选择符。

之所以将此选择符形式单列一个小节来介绍，主要是因为，对于在上一小节所介绍的选择符而言，几乎所有的主流浏览器及其主流版本都对其进行了支持，而对于属性选择符而言，占据浏览器市场份额最大的IE浏览器，却直到IE 7版本才开始给予一定的支持。因此，将此选择符形式和上述三种选择符形式加以小节上的区分，可以帮助读者在二者应用范围不同方面，形成一个比较深刻的印象。

属性选择符较之于上面的三种选择符，特别是类选择符与ID选择符而言，更为灵活，读者首先可以通过表21.3，来了解和掌握属性选择符的语法范式及其相关的意义。

表21.3 属性选择符语法范式一览表

语法范式	语法说明
[attr]{}	其下风格匹配所有具有属性attr的标记
[attr=val]{}	其下风格匹配所有具有属性attr且属性attr的值为val的标记
[attr～=val]{}	其下风格匹配所有具有属性attr且属性attr的值中包含单词val的标记
[attr|=val]{}	其下风格匹配所有具有属性attr且属性attr的值是以val +“-”（连字符）形式的标记

从中不难了解：

❑ 如果按照本规范编写选择符的话，类选择符和ID选择符就是属性选择符的特例。

例如，在第21.3.1小节中声明的类选择符.important，显然，等价于以下的属性选择符形式：

```
[class="important"] {
color : red; font-weight : bold
}
```

❑ 除了可以表达具有某属性或者属性具有某值外，还允许有更为特殊的匹配手段。

在CSS 2中，主要是指可以通过运算符“～=”和“|=”来实现更为特殊的匹配，其中，对于“|=”所表达的意思会难理解一些。下面给出了使用“|=”运算符表达的class属性选择符[class|="not"]，如下代码所示。

```
/* 风格的特征是将标记的字体变成蓝色 */
[class|="not"] {
  color : blue;
}
```

而该选择符，仅会匹配标记属性class中以“not-”开头的标记。也就是说，在4个属性标记值“not important”、“not-important”、“notimportant”和“importantnot-”中，该风格可以匹配的，仅有“not-important”属性值所对应的标记。

当然，既然在浏览器中实现了对于属性选择符的支持，那么，增加运算符形式以支持更多的属性表达，便成为可以吸引开发者的方法，毕竟不会增加任何解析器开发难度。

Firefox和IE 9，都在这个方面做了超出CSS 2规范的扩展。表21.4给出了在这些扩展中可以为两个浏览器共同支持的属性选择符、运算符扩展，以作为本小节的结束。

表21.4 扩展属性选择符一览表

语法范式	语法说明
[attr^=val]	其下风格匹配所有具有属性attr且属性attr的值以val字符串组合开始的标记，以前例为准，此时，风格将匹配not important、not-important、notimportant属性值所属标记
[attr*=val]	其下风格匹配所有具有属性attr且属性attr的值中包含有val字符串组合的标记，以前例为准，此时的风格，将匹配上述所有的4个标记
[attr$=val]	其下风格匹配所有具有属性attr且属性attr的值以val字符串结尾的标记，以前例为准，此时，风格将无法匹配上述任何一个标记

21.3.4 复合选择符

通过以上几小节，相信读者对于在CSS中如何使用选择符的相应语法规范，有一个初步的认识。由于选择符所针对的都是单一的标记，因此在CSS中，也将上述的所有选择符称之为简

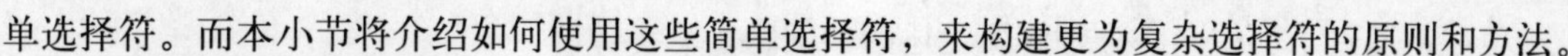

单选择符。而本小节将介绍如何使用这些简单选择符，来构建更为复杂选择符的原则和方法。

（1）使用逗号运算符（“,”）构建选择符组。

使用选择符组，对于减少样式表的重复声明、缩减定义文本大小，有着很好的作用。比如，在下面的代码中，定义了三个风格内容完全一致的风格：

```
h1 {color : red}
.header1 {color : red}
#header {color : red}
```

显然，针对这种情况，如果可以使用一个CSS声明，就能够同时定义这三个内容完全一致的选择符，那自然是再好不过了。逗号运算符可以完成该功能，如下代码所示。

```
h1, .header1, #header {color : red}
```

而使用逗号运算符所联立的多个选择符组合，就称为一个选择符组。每一个选择符组，都共享完全一致的风格定义。

（2）使用空格运算符（“ ”）构建具有层次关系的选择符匹配。

空格在CSS中也是一种重要的运算符形式，空格运算符可能是出乎部分读者的意料的。如下代码所示，使用空格定义了一个复合选择符：

```
p .important {color : red}
```

借助于该定义，现在完成如下所示HTML代码：

```
<h1 class="important">H1标记的class属性为important</h1>
<p class="important">P标记的class属性为important</p>
<p>
  <span>
    <label class="important">label标记的class属性为important，其位于p标记下的span标记下</label>
  </span>
</p>
```

运行该代码可以发现，仅是标记<label />下的字符串颜色变为了红色。分析其他文字没有变色的原因，则可以得到以下两个说明。

- <h1 class="important" />标记中，不同时具备声明所包含的两个要素：<p />标记，和标记的class属性为“important”，因此，无法匹配应用该复合选择符。
- <p class="important" />标记，虽然同时具备了声明中的两个要素，但是值为important的class属性所对应的标记，就是<p />标记自身，因此，不符合空格运算符要求两个选择符所对应标记具有祖先和子孙关系的要求。

而对于<label />标记而言：一方面，该标记的class属性为“important”，因此，可以匹配类选择符“.important”；另一方面，<p />标记为该标记的祖先标记之一，因此，是符合运算符的要求的，浏览器的显示结果是最好的证明。

那么，疑问会由此产生，如果对于开发者而言希望表达下述的两种概念，即：

- 定义表达对于所有class属性为“important”的<p />标记有效的CSS风格；
- 定义表达只能直接位于<p />标记下且class属性为“important”的CSS风格，而不是像<label />标记一样，在和<p />标记之间还存在着一个中间标记<span />。

现在将通过下面的两点分别解决上述两个问题。

(3) 使用跟随表达的方式建立同属一个标记的选择符形式。

所谓的跟随表达，是指两个选择符之间没有任何的空格或者其他符号存在，比如，将上例中所定义的选择符“p .important”修改如下，即成为了使用跟随表达方式进行表达的复合选择符：

```
p.important {color : red}
```

(4) 使用右尖括号运算符（“>”）构建具有直接父子关系的复合选择符。

还如上例，如果将风格写作成如下代码形式，则在目前情况下，其不匹配位于任何标记元素。

```
p > .important {color : red}
```

(5) 使用加号运算符（“+”）构建在同一层次下、具有直接前后关系的复合选择符。

在此需要注意区别 “+”运算符和“>”运算符。下面给出了关于这二者区别的一个范例，其中，文字“DIV在P标记内”将被渲染为红色，而文字“DIV在P标记后”则将被渲染为蓝色。从这个范例中，是可以体会到二者不同之处的。

```
p + div {color : blue}
p > div {color : red}
<p><div>DIV在P标记内</div></p>
<p>这是一个P标记</p>
<div>DIV在P标记后</div>
```

至此，对于使用运算符构建常用复合选择符的方法，已经基本介绍完毕了。而在第21.3.5小节，将介绍CSS的级联法则。级联是CSS的两大特征之一。

21.3.5 级联法则

级联所解决的，是在文档中的标记发生风格冲突时如何解决冲突问题。或者，也可以反过来说，级联就是解决标记究竟应该应用哪种风格的问题。

(1) 风格冲突的基本解决方案。

风格会发生冲突，是很常见的事情。下面的代码就设计了两种风格：

```
p { color : blue }
.important {color : red }
```

而对于一个class属性为“important”的<p />标记而言，如下代码所示。

```
<p class="important">本p标记的class属性为important</p>
```

在具体显示时，其文字的颜色，究竟应该选择红色（类选择符.important所规定的），还是蓝色（标记选择符p所规定的），显然就构成了冲突。

级联法则，则为解决这一冲突提供了方法依据。可以通过运算的方式，来确定实际标记应该使用的风格。

提示 这实际上也是风格处理器所依据的方法，而笔者之所以向读者推荐这种方法，是因为在笔者看来，穷尽可能的风格选择符组合，并给出其优先级采用的规则，不仅是无趣的，也是难以实现的，还不如将其背后的原理揭示出来，这样显得更好。

- 首先，将某个标记可以匹配的所有风格，一一按照a、b、c、d进行归类，并计算a、b、

c、d的值。

在此处，a、b、c、d及其值当然各有所指，表21.5就给出了其含义的说明。

表21.5　风格的级联计算规则表

类　别	含　义
a	如果在标记内部，具有style属性值，则a=1，否则，a=0
b	风格描述中，ID选择符的个数
c	风格描述中，类选择符和其他非ID形式的属性选择符的个数
d	风格描述中，标记选择符的个数

显然，如果按照这个计算规则，由于在“<p class="important" />”标记中，同时匹配了p选择符和.important选择符，那么，应该分别计算这两种选择符的a、b、c、d值的结果如下：

```
p:          a=0 b=0 c=0 d=1
.important: a=0 b=0 c=1 d=0
```

❑ 其次，将符合匹配条件的选择符的a、b、c、d值组合称为整数abcd，在风格匹配发生冲突时，选择其值为大者所声明的风格。

此种算法即是CSS在解决风格冲突时所秉承的原则。比如，在本例中的两个风格选择符中，p选择符的级联值为1，而.important为10，显然p < .important。因此，在发生风格冲突时，应该选用.important中所声明的风格，也就是说，文字“本p标记的class属性为important”的颜色应该为红色。

提示　当然，从引擎的角度而言，其处理的过程，可能是优先匹配其值小的部分的风格，再匹配大值者，而在遇到冲突时，则使用后者的风格来覆写前者，这样便可以确保符合本规范。

（2）同一选择符自身风格冲突的解决方案。

对于开发者而言，其固然不会有意识写作如下代码所示的风格表。但如果考虑到是在“浩大”的工程中，就不是非常“奇怪”的现象。比如，对于该工程的总体风格而言，p选择符应该使用黑色（black）为其文字的颜色，而对于小的页面而言，可能就应该使用蓝色（blue）。

```
p {color : black}
p {color : blue}
```

因此，“p {color : black}”可能存在于一个外部的CSS文件中，而“p {color:blue}”则可能存在于一个引入了该外部CSS文件的页面中。在这种情况下，对于该页面而言，其p选择符会如上代码所示，最终被引入两次，且在风格上存在冲突。

面对这个情况，CSS所给出的规则是：覆写。具体而言，有如下几个原则。

❑ 优先使用本页面所声明的风格，其次使用系统引入的风格表文件所声明的风格。

比如风格的定义形式如下代码所示，将外部风格文件的导入，放到了本页面风格声明的后面，但是，系统仍然会使用在本页面中声明的选择符p，替代在“site.css”文件中所声明的p选择符。

```
<style>
p {color:red}
@import url("site.css");
</style>
```

- 当冲突风格的声明位于同一级别时，以后声明的风格为准。

该原则也是符合逻辑意义的，当然，出现这种情况的几率应该为0。正如本章开始所说，没有开发者会故意使用此方式测试CSS解析引擎是否表现正确。

提示 在CSS的规范中，可以通过在风格声明后追加“!important”指示的方法，来改变级联的规则以强制使用该声明。但是，在笔者看来，这是一个会破坏“工程性”的指示，因此，不推荐读者在日常的开发中进行使用。

至此，关于风格级联及其处理的基本原则，已经介绍完毕了。而随着这部分内容的结束，整个CSS在风格引入方面知识的介绍也将告一段落。在下面的章节中，将深入到CSS声明内部，介绍关于如何使用CSS对元素、段落、页面进行渲染和部署的方法和技巧。

21.4 元素的渲染

CSS风格处理了和页面布局相关的所有部分。笔者认为，从微小到巨大，可以分为：元素的渲染、段落的处理、页面的部署这三个主要层次。在本节中，将向读者介绍在第一个层次中CSS的相关风格及其意义。

21.4.1 文字的基本渲染方法

对于Web文档而言，最为基本的内容显然是位于标记内的文本内容，因此，了解CSS如何对文字本身进行渲染，是非常重要的。

但是，在此方面，CSS的应用却不存在太多的技巧，因此，在掌握上应该是最容易的，本书也将仅仅通过表格的方式向读者介绍。

表21.6 CSS文字渲染风格表

名　称	值	说明和范例
font-style	normal（正常）| italic（斜体）|oblique（斜体）	三者选其一，默认为normal
font-variant	normal（正常）|small-caps（小形大写，即将小写字母表现为一种尺寸较小的大写字母）	默认为normal，显然对中文的处理无所特别的帮助
font-weight	lighter（更细）|normal（正常）|bold（粗体）|bolder（更粗）|100|200|300|400|500（相当于normal）|600（相当于bold）|700|800|900	字体的粗细程度，默认为normal
font-size	xx-small|x-small|small|medium|large|x-large|xx-large|larger|smaller|绝对大小|相对大小|百分比	字体的大小
font-family	以逗号（,）分隔的字体名称列表，采用的优先级从左至右。如果一个字体的名称中间包含空格，则要求使用双引号（"..."）将其引起	所属字体列表
text-decoration	none（没有任何修饰）|underline（下划线）|overline（上划线）|line-through（删除线）|blink（闪烁，该值并非所有浏览器支持）	文字的修饰

（1）在Web文档中，要将一个标记的文本置为italic斜体，不仅依赖于将font-style的值置为italic，还依赖于该标记所使用的字体是否存在斜体表示，如果不存在，则CSS会将italic等同于oblique，即强制倾斜。

（2）在font-weight中，关于500相当于normal这样的描述，也只是一个泛泛的原则，具体到某个标记，要结合相应的字体风格共同确定。关于此点，读者也要有正确的认识。因此，在一般的应用中，仅以normal或者bold进行应用。

（3）font-size是一个比较特殊的CSS属性，该属性可以使用两种尺度的值来衡量，即相对大小尺度和绝对大小尺度。而在前面所介绍的各个属性中，所使用的尺度都属于绝对大小尺度。

❑ 以字符表示的font-size属性值，属于绝对大小尺度。

表21.7给出了默认尺度和HTML4标记中<font />标记之间的对应关系。

表21.7 font-size和<font />标记间的对应关系表

尺 度 值	对 应 标 记
xx-small	<font size="1">......</font>
x-small	
small	<font size="2">......</font>
medium	<font size="3">......</font>
large	<font size="4">......</font>
x-large	<font size="5">......</font>
xx-large	<font size="6">......</font>

❑ 当以“数值”+“pt（点）|pc（派卡）|in（英寸）|cm（厘米）|mm（毫米）”为font-size表现形式时，表示绝对大小尺度。

在其中，数值后的尾缀，称之为该数值的单位，而下面的一个等式，描绘出了单位之间的基本换算关系。

```
1in = 21.54cm = 25.4 mm = 72pt = 6pc
```

提示 显然，在其中，关于in、cm、mm都是比较熟悉的长度单位，但考虑到PC技术主要发源于美国，因此，单位in成了其中最为常用的单位模式。

❑ 当以“数值”+单位“emlex”为font-size表现形式时，表示相对大小尺度。

这也就意味着，长度单位em和ex是两个表示相对数量的单位尺度。在CSS中，相对的概念是：运算以标记所处的父容器标记为准，如下代码所示。

```
.larger {font-size : 1.5em}
```

该选择符表示对于class为larger的标记而言，其字体的大小是在父容器所规定字体大小的基础上，扩展1.5倍。此外，如果风格所对应标记同处于一个父容器下，则下面的等式是成立的。

```
1em = 0.5ex
```

❑ 当以“数值n”+“px”表示font-size时，其是一个特殊的相对大小尺度像素。

关于像素单位px，是许多读者所困惑的一个单位，因此本书将其单列出来进行简单的介绍，希望可以给读者以帮助。

很显然，问题的关键在于理解“相对”一词。从前面的介绍中读者可能会形成这样的一个观念，使用相对长度单位就意味着，此时，是以父容器的大小为基准1的，比如，ex和em都是如此，但是，px的相对性却非如此。

px单位的相对性意思在于，1px的实际大小，会随着屏幕分辨率的变化而变化。

比如说，某用户屏幕的分辨率为800×600，这就意味着在其屏幕上，横向的一排可以摆放800个像素点，纵向的一列可以摆放600个像素点。因此，如果以w英寸代表屏幕的宽、h英寸代表屏幕的高的话，此时，1px就意味着：其横向的长度为w/800英寸，其纵向的长度为h/600英寸。

而当分辨率提高到1440×900时，1px则分别变化为横向长度w/1440英寸、纵向长度h/900英寸，和800×600相比，1px相对变小了。

灵活性是px单位相对性的一个基本特征。也就是说，对于页面的某一次具体显示而言，因为其所针对的分辨率环境是固定的，因此，px实际上相当于一个绝对长度单位。所以，如果一个网页是以px为主要长度单位进行规划设计的，那么是可以确保各个标记之间的相对位置保持恒定的。

提示 而在很多网站中，读者都可以看到，会在页面的某一处注明推荐在某一分辨率下浏览。这样一般表示，开发者就是在指定分辨率环境下进行设计的，因此在此环境下浏览可以获得最佳的表现效果。

❑ 当以“数值n”+“%”表示font-size时，也是一个相对大小尺度。

显然，此时所代表的意思是，选择符所属标记的font-size值，将以父标记为准，按照n%的标准进行设置。

提示 在CSS 2中，还存在相对长度单位larger和smaller，但其大小的标准是无法界定的，因此，笔者并不推荐使用。

21.4.2 颜色和背景

下面在第21.4.1小节内容的基础上，进一步讲解元素内容基本的渲染方法。在本小节所需要掌握的，是关于渲染的另一个方面，即为元素附加色彩。

显然，对于一个页面元素而言，其色彩包含了两个方面：一是元素自身的色彩，二是元素的背景色彩。

在CSS中，对于这两个方面都做出了足够强大的规定。

（1）使用color风格指定元素所使用的颜色。

在前面的范例中已经多次出现，就不再举例了。需要声明的是，对于color所取值的表现形式，在CSS中有两大类主要方法，即：

❑ RGB表示法。

即，使用三原色R（红）、G（绿）、B（蓝）在一种颜色中，分别以所占的份额（从0～255）表示颜色。显然，该方案是一种通用的颜色表示方案。

在具体的写作过程中，RGB方式的表示又分为三种方式，即#FFF（使用三位十六进制数分别代表RGB）方式，#FFFFFF（从左至右，分别使用两位十六进制数，分别代表RGB）方式和rgb(255, 255, 255)（以十进制方式，通过rgb函数分别指明颜色中RGB的值）方式。

❑ 名称法。W3C组织规定要求浏览器必须支持的颜色名称，如图21.1所示。

显然，在一定程度上，使用名称法更为直观。

（2）使用background风格来指定元素的背景特征。

和前面介绍过的所有CSS风格不同，background风格是一个复合风格，也就是说，该风格是由一组有序的子风格组成的。

因此在定义background风格时，就等于是从左至右依次定义了如表21.8所示的子风格。

表21.8　background风格包含子风格一览表

名　称	值	说明和范例
background-color		背景色
background-image	url("图片地址")	背景使用图片的地址
background-repeat	repeat（在横向和纵向平铺，默认值）|no-repeat（背景图片仅出现一次）|repeat-x（背景图片在横向平铺）|repeat-y（背景图片在纵向平铺）	背景图片的重复方式
background-attachment	scroll（图像随内容而动）|fixed（图像不随内容而动）	背景图像的附着内容方式
background-position	x坐标 y坐标（如果省略y坐标，其值默认为50%）	背景图像的初始位置

从中不难看出，除background-color外，其他的风格所针对的，都是在使用背景图片作为背景的情况下元素的渲染模式。其中background-position代表了背景图像的初始显示位置，可以使用上文所介绍的绝对长度单位和相对长度单位，或者百分号，来定义其x、y坐标的值。

在此，有一个基本的概念是需要了解的，就是对于一个浏览器而言，其所使用的定位坐标，和在数学中经常使用的定位坐标是不完全相同的，如图21.2所示。

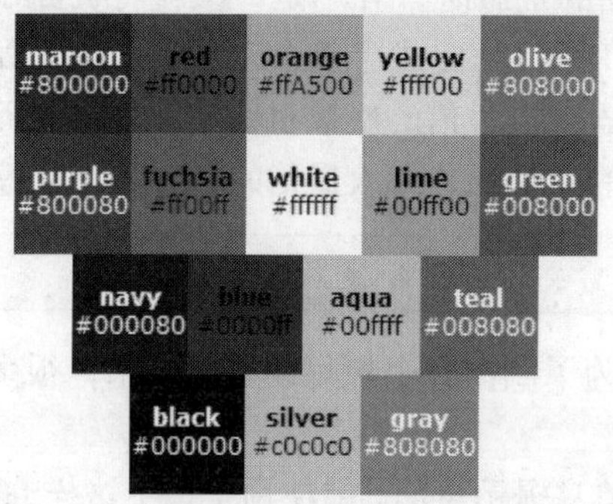

图21.1　W3C颜色名称示意图

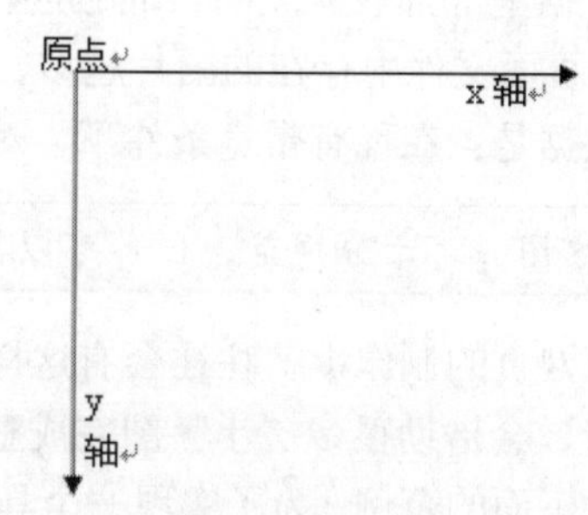

图21.2　浏览器坐标示意图

此外，对于background-position而言，除了可以使用数字内容作为其风格的值之外，还可以使用文字内容作为其风格的值。其中，可以用在x坐标表现方面的值有left（左对齐）、center（居中对齐）和right（右对齐）。可以用在y坐标表现方面的值有top（顶端对齐）、center（居中对齐）和bottom（底部对齐），上述值都是开发者经常使用的风格值。

提示　另一个常用的复合风格是font，其从左到右，依次代表font-style、font-variant、font-weight、font-size、line-height、font-family。这其中关于line-height风格，将在后面的文章中给予介绍。

至此，关于文字元素渲染的一些主要知识和技巧，已经向读者介绍完毕了。相信读者借助于这些风格，就可以完成网页中一般的文字渲染工作了。而下一小节中，则将作为一个扩充介绍在CSS中，通过联合使用background-repeat和background-position风格，进行图片处理的一个技巧，即图片拼合技术。

21.4.3 图片拼合技术

所谓的图片拼合技术，是现在为很多Web产品所广泛采用的一个图片处理技术，比如读者在之前所接触的YUI中，还有像目前许多的大型站点，如sina.com等，都大量应用了该技术完成图片的加载。但考量其之所以要使用该技术的根本原因，则和HTTP协议对页面的加载特点相关，如图21.3所示。

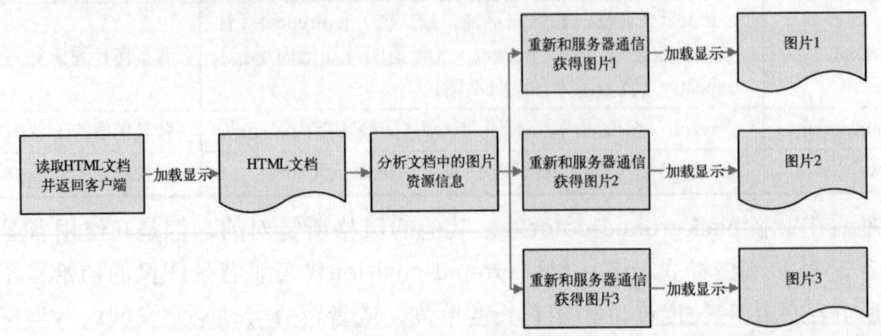

图21.3 HTTP协议进行页面加载流程示意图

在图中不难看到，在使用HTTP协议进行Web页面的加载时，并不是一次就将页面显示所需要的数据全部加载完成的，而是进行了多次的HTTP通信才完成了整个工作。因此，如果在一个Web页面文件中存在的图片越多，那么，和服务器进行通信的次数也将随之增多。而另一个经验数据是：在现有带宽条件下，对于200KB左右的通信量，每次通信的耗时几乎相等。

提示 本图并不十分规范，但却可以很好地对为什么需要图片拼合技术进行解释。

而在网页的制作中，往往会有这样的现象，即：为了制作一个较好的页面效果，很多的网页制作者，会借助很多“小”图完成整个页面的拼接。

比如下面的范例，为了实现一个具有边框特征的信息提示页面，就使用了多个这样的小图，如下代码所示。

```
<!DOCTYPE html PUBLIC "-//W3C//DTD XHTML 1.0 Transitional//EN"
"http://www.w3.org/TR/xhtml1/DTD/xhtml1-transitional.dtd">
<html xmlns="http://www.w3.org/1999/xhtml" >
<head>
<title>使用小图拼接的边框页面</title>
<style type="text/css"><!--
.topcenter {
      background-image: url(img/top_center.jpg); background-repeat: repeat-x;
      color:white;width:324px;
}
.content {
      background-image: url(img/center.jpg);background-repeat: repeat-y;
      text-align : left;
}
body {text-align: center;}
--></style>
</head>
```

```
18  <body>
19  <p>使用小图拼接的模式实现的边框页面</p>
20  <table border="0" cellspacing="0" cellpadding="0">
21    <tr>
22      <td width="13"><img src="img/top_left.jpg" width="13" height="28" /></td>
23      <td class="topcenter">信息提示框</td>
24      <td width="13"><img src="img/top_right.jpg" width="13" height="28" /></td>
25    </tr>
26    <tr>
27      <td colspan="3" class="content">信息提示标题<br/>信息提示的正文部分<br /></td>
28    </tr>
29    <tr><td colspan="3"><img src="img/bottom.jpg" width="350" height="1" /></td></tr>
30  </table>
31  </body>
32  </html>
```

【代码解析】第6～16行代码用于设置页面的CSS样式，第19行用于设置页面显示的内容，第20～30行为页面添加了一个表格，并设置表格的内容和样式。

针对此Web页面，不难得出以下两个结论，即：

- ❑ 将所有需要加载的图片资源汇总计算，总量也仅为64.4KB，数据流量很小。
- ❑ 同时，完成这样的页面加载，却需要进行6次和服务器的链接。

提示 当然，如果仅仅是为了实现边框页面，甚至是圆角边框页面，单纯通过CSS风格也完全可以实现，在此仅仅是为了模拟很多网页设计中的经常现象。

显然，此种策略并不是好的策略，尤其是针对较为繁忙的服务器而言。因此，对于类似的网页，可以替代的设计思路便自然而然地产生了：既然这些图片的汇总数据量并不大，那么，是否可以将这些图片整合为一个图片进行下载，并且利用脚本（或其他代码）的形式，在浏览器端对其进行分割使用呢？显然，此种策略，一方面减少了通信的次数，另一方面，单次通信时间也几乎不会有任何变化，简直就是一个完美的解决方案。此种策略正是图片拼合（CSS Sprites）技术的设计初衷。

下面介绍在现有Web技术条件下，开发人员实现该策略的技巧。

首先当然是要来拼合图片。拼合图片并不是本书所要介绍的重点，读者通过Photoshop等软件可以很好地学习该知识。如果实在不愿意手工完成该工作，也有一些好的工具可以辅助读者完成该过程，比如“http://spritegen.website-performance.org/”就是这么一个可以实现图片拼合的在线工具（还包含了中文版本）。笔者就是使用该工具，完成了拼合。

之后，则是使用拼合后的图片组成页面所需要的全部“非背景或者无须横向或纵向平铺的背景”图片资源，此处，主要的技巧有两个：

- ❑ 所有的图片信息，都以背景图片的模式加载，也就是说，都通过使用CSS风格background-image载入的。

显然，在此处，所有的background-image属性都是指向同一图片的，比如“img/main.png”。

- ❑ 加载背景时，通过调整background-position的值来调整显示的内容。

对于图片处理而言，显然是整个过程中最为困难的部分，但所幸的是，如果读者是通过“http://spritegen.website-performance.org/”来完成图片拼合，那么，其本身就提供了对各个图片进行提取的background-position说明。

提示 通过“http://spritegen.website-performance.org/”所生成的CSS说明中，每一幅图片引用的background-position说明都是通过CSS类选择符表达的，其类选择符的默认命名规则为：“.sprite-”+各个图片文件的名称。

当然，图片拼合技术也非万能的，起码，在通过精确定位背景图片的载入位置实现图片信息载入的同时，其也暗含了background-repeat风格为no-repeat这一特征，因此，是无法支持需要进行水平/竖直平铺的图片效果渲染的，这也在范例中得到了体现。但总体而言，对于包含众多小图片信息的页面而言，仍然不失为优秀的解决方案。

21.5 块及块的定位

在第21.4节探讨了利用CSS对于文字进行渲染的相关方法。在本节中，则将上升一步，开始讨论如何借助于CSS定义和管理块结构的相关知识和技巧。在CSS中，块一般被视为是一个页面的基本构成要素。

21.5.1 块的概念

首先来讨论一下什么是块，块是一个和CSS风格display密切相关的概念，表21.9给出了在CSS中display的一些常用值，及其相关的显示特点。

表21.9 display常用值及其相关意义一览表

值	别 名	显示特征	范 例
block	块级元素	(1) 总是独占一行 (2) 是一个长方形的区域 (3) 高度（height）、行高（line-height）以及各边距都可控制 (4) 宽度（weight）默认是其父标记容器的100%，也可特殊指定	<div> <p> <form>
inline	行内元素	(1) 和其他元素都在一行上 (2) 高度（height）、行高（line-height）及各边距都不可改变 (3) 宽度（weight）就是其实际文字或图片所占的宽度，不可改变	<a> <img>
list-item	列表项		<li>
table	表格		<table>
none		标记元素将不显示在Web页面上	

提示 在上表中，table是CSS 2中才增加的属性值，在CSS 2中，提供了多个用于描述表格的display值。

其中，块级元素（即display风格为“block”时的标记元素），就简称为块。

21.5.2 块的4大区域

在了解块的概念和基本特征后，下面将介绍在CSS中块的一些基本控制风格。图21.4可以视为是对块的显示特征的细化，同时也加注了在块这一要素上开发者可以应用的各种风格属性，以供读者在编程时参考。

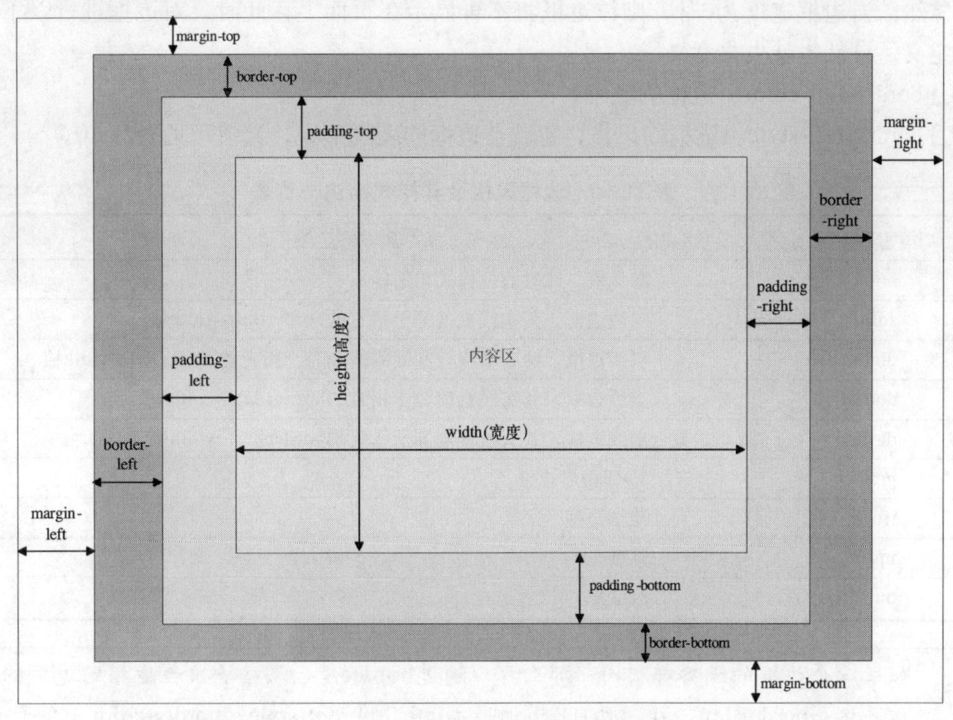

。

图21.4 块CSS相关风格及其含义对照图

从图中不难看到，一个完整的块是由4部分矩形区域组成的。下面将结合着各部分的主要风格进行简要的介绍。

（1）外补丁区（margin）。

外补丁区位于整个块结构的最外层。严格地说，外补丁区不应该属于块，其所标志的，是块和块之间的间隔距离。

提示 风格margin是一个复合风格，其由4个子风格margin-top、margin-right、margin-bottom和margin-left组成，分别表示块和其他块之间的上、右、下、左间距。padding属性也雷同，下不重述。

外补丁区的这一特性也体现在浏览器的实际渲染上，即当浏览器在渲染一个块时，作用于块的渲染风格，如background，将不会作用于margin区域中。因此，该区域就成了一个透明的区域。

（2）边框（border）。

如果严格地说，margin并不属于一个块，那么，边框便可视为块的起始区域。在此方面，CSS提供了丰富的边框渲染风格。以左边框风格border-left为例，该风格包含有以下三个子风格。

- border-left-width：左边框的宽度。

其值可以是任意的相对/绝对长度值，也可以是以下三个文字变量值：thick（大于默认宽度）、medium（默认宽度）、thin（小于默认宽度）。

显然，当边框宽度为0时，则该边框将不再显示在页面上，此时，对边框进行以下两个属性的定义，自然也就失去意义了。

- border-left-color：边框的颜色。
- border-left-style：边框的风格，也就是边框的表现形式，其值可见表21.10。

表21.10 边框风格及其样式描述一览表

边框风格值	风格描述
none	默认值，此时边框样式为透明
solid	实线边框，其实线宽度等于指定的border-left-width值
double	双线边框，两条单线与其间隔的和等于指定的border-left-width值
dotted	点线边框，其实线宽度等于指定的border-left-width值
dashed	虚线边框，其实线宽度等于指定的border-left-width值
groove	3D凹槽形边框
ridge	菱形边框
inset	3D凹边
outset	3D凸边

提示 如果四个边框的风格都相同，那么可以通过border复合风格一次性地指定边框的特性，该风格和border-left一样，也包含border-width、border-style和border-color三个子风格。

（3）内补丁区（padding）。

内补丁区（padding）标志了块的内容部分和边框之间的距离。和margin不同，padding是在块内的，因此，对块进行的渲染，对于padding都有效。

（4）块的内容区域。

块的内容区域框架，是通过两个以长度为单位的风格width和height指定的。对于矩形而言，是一个常态的指定方法，并无特别之处。在此要介绍的，则是当块中的内容超出该区域时块的处理风格。在CSS中，该现象称之为溢出。

CSS处理溢出内容所使用的风格为overflow，表21.11给出了其所具有的属性值及其相关意义，供读者在编程时参考。

表21.11 overflow风格值及其相关含义

边框风格值	风格描述
visible	溢出部分显示在页面上，显然，这将改变了原先指定的width和height属性
scroll	无论溢出与否，内容区域总是显示水平和垂直方向的滚动条
hidden	不显示超过对象尺寸的内容，即对溢出部分进行裁切
auto	表示当有内容溢出时，添加并显示滚动条；否则不显示内容滚动条

至此，有关块及其框架基本构成方面的风格属性，便介绍完毕了。根据这些属性，读者可以很快地编写出任意一个块的轮廓。在下面的小节中，将探讨关于块在其定位方面的一些方法

和技巧，此内容是构成网页布局的基础。

21.5.3 position和网页布局

当开发人员经由上小节所述的过程，完成了对一个块的基本轮廓的描述后，下一步的工作，自然就是需要将该块放置到网页上的合适位置，以成为网页的一部分。从本小节开始，将介绍该方面的一些内容。本小节将介绍其中的position风格及其相关的一些控制技巧。在CSS中，该风格声明了块的定位方法，总体而言，其包含以下三个风格值。

1. static

static所代表的是最为传统的块的定位方式，也是position风格的默认值。一个static（静态）定位的标记不能被重新定位，也无法为子标记提供定位的依据。

2. absolute

absolute所代表的意思是绝对的，因此，这种块的定位方法，也相应被称之为绝对定位方法。在这里，绝对的概念，需要从两个方面来理解：

- 首先，如果块所在父标记的position风格不为relative或absolute，那么，该块标记将以浏览器原点作为其定位依据；反之，则以父标记的原点作为其定位的依据。

关于该点，可通过代码进一步理解。此处定义了两个<p />标记，其分别位于position风格为static的块和relative的块中，如下代码所示。

```
01  <style>
02       .absoulte {position:absolute; left:205px;top:3px; width:100px; height:80px;
03       background:#00FFFF;}
04  </style>
05  ......
06  <div style="width:200px; height:100px; background:#00FF00;">
07  <p class="absolute">这是位于static块中的子块P</p>
08  </div>
09  <div style="position:relative; left:150px; width:300px; height:50px;
10  background:#FF9933;">
11  <p class="absolute">这是位于relative块中的子块P</p>
12  </div>
```

【代码解析】第1～4行代码用于定CSS样式，第6～8行用于设置内容的样式和该部分内容宽度为200px、高度为100px、背景色为绿色，第9～10行用于设置另一块的内容样式。

图21.5则是该范例在运行时的情况示意图。

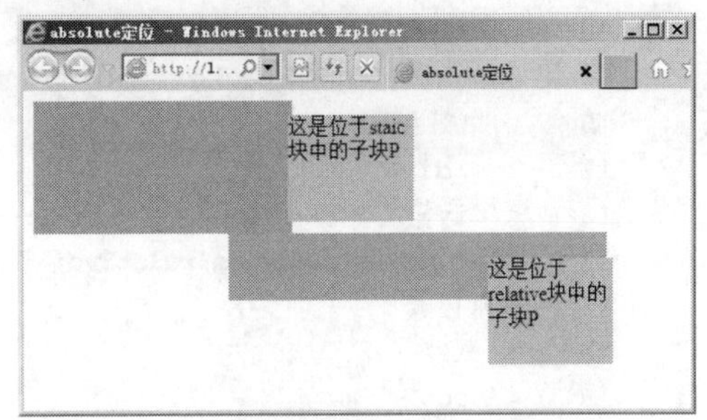

图21.5 absolute风格显示示意图

从图中不难看到，虽然两个<p/>标记在风格上完全一致，但是，其表现却截然不同。此结果充分说明，在指定了父标记的position风格不为static时，子标记的定位是深受父标记位置的影响。此外，通过此例也进一步证实了上文的论断，即一个static（静态）定位的标记不能为子标记提供定位的依据。

- 其次，当一个块使用了absolute作为position风格值时，也就意味着需要为该块进行坐标的定位。

在CSS中，这一定位通常称之为TRBL，表示此时可以通过使用以下四个CSS风格完成一个块的定位。表格中的四个CSS风格显然都属于长度单位风格，如表21.12所示。

表21.12 CSS定位风格及其意义一览表

风格名称	风格意义
top	块起点对应的y轴坐标
right	块终点对应的x轴坐标
bottom	块终点对应的y轴坐标
left	块起点对应的x轴坐标

以上即是对absolute定位模式的简单说明。应该说，该模式在CSS中的应用是非常广泛的。

3. relative

position风格的属性值relative，一直都是很多开发人员比较困惑的一个属性。在relative模式下，块的定位特征主要表现在以下两个方面，即：

- 一方面，不管其父标记的position风格属性如何，块的横向定位风格left和right，总是以父标记所在位置为基准进行的。显然，如果该块本身就是页面中顶层标记的话，则以整个页面为布局依据进行。
- 另一方面，不管其父标记的position风格属性如何，块的纵向定位风格top和bottom，是以其“上”一个“非绝对（absolute）定位”的标记为定位的基准。

上述两点是relative和absolute之间的最大不同地方。对于absolute而言，其纵向定位风格所依据的总是其父节点元素。而对于relative则不尽然，只有当该块节点本身就是该层的第一个非绝对（absolute）定位的节点时，其作用才类同于absolute。

下面的范例，充分展示了relative风格值的两个特征。在该范例中，实现了一种常见的网页布局形式，即整个网页分为上、中、下三个基本的显示区域。而对于中部区域，又分为左、右两个基本的区域，如下代码所示。

```
01    <div style="position:relative; left:0px; width:100%; height:50px; background:#FF0000;">
02    顶部区域
03    </div>
04    <div style="position:relative; left:0px; width:100%; height:250px; background:#00FF00;">
05      <div style="position:relative; left:0px; width:70%; height:250px; background:#FFFF00;">
06      中部左区域
07      </div>
08      <div style="position:relative; left:70%; top:-100%;width:30%;
09    height:250px; background:#00FFFF;">
10      中部右区域
11      </div>
12    </div>
13    <div style="position:relative; left:0px; width:100%; height:50px; background:#0000FF;">
14    底部区域
15    </div>
16    </body>
17    </html>
```

【代码解析】第1～3行代码用于设置顶部区域的样式，第4～11行代码用于设置中部区域的样式，第5～7行代码用于设置中部左区域的样式，第8～11行用于设置中部右区域的样式，第13～15行用于设置底部的区域样式。

整体的效果如图21.6所示。

图21.6 上中下三层页面布局模式示意图

其中需要关注的，就是在块“中部右区域”的风格说明中，left风格和top风格的值。在此，读者不妨结合relative模式定位的两大特征思考一下，为什么在此处，left风格的值为70%，而top风格的值为-100%？

提示 在此展示了一种完全使用relative实现上、中（包含左右）、下的网页定位方法，实际上，纯粹借助于absolute，或者借助于absolute和relative的联合，也可以实现类似的效果。对此，不妨作为一个练习，供读者来完成。

至此，关于CSS中，定位的基本风格position，便已经介绍完毕了。在下一小节中，将考察块定位的第二个基本风格，即块的浮动定位风格float。

21.5.4 浮动定位和网页布局

在介绍CSS在浮动定位方面的风格float前，读者不妨重新回顾一下表21.9。读者可以看到，块的一大特性就是：块总是独占一行。

但是，对于position风格的介绍，可能会对于该特性产生怀疑，比如在图21.6中，块“中部左区域”和块“中部右区域”，似乎处在了同一行上，看起来和块的特性是不相符合的。

事实当然绝非如此。图21.6所示的效果，本质上并没有改变块独占一行的特性，其所改变的，仅仅是块所依据的原点坐标。当一个块的position风格为absolute或者relative，并且为其附加了TRBL风格时，块的原点发生变化了，才导致其显示的位置发生了移动。

但是，对块进行浮动化的意义，却和position及其系列风格施加于块之上的意义有所不同。对于一个块而言，当其被浮动化后，块将不再独自占据一行，而是浮动至其“后一个”标记的左侧或右侧，从而成为一个特殊的块。

显然，此时块已经不再独占一行了，因此，为其框定具体的宽度（width）风格，也自然成为一种需要。一般看来，该块也是float模式下的块唯一需要定义的附加风格。

下面讨论一下风格float。该风格的属性值，总体而言非常简单，仅包含“left”、“right”和“none”（默认）三种，其意义则分别代表浮动于下一个块的左边、右边和不浮动。下面的代码实现了图文混排，这对于许多开发者而言，是比较“头疼”的一件事情。本例显示的效果，如图21.7所示。

```
<html>
    <head>
```

```
03            <meta http-equiv="Content-Type" content="text/html; charset=UTF-8">
04            <title>天宁寺介绍</title>
05        </head>
06        <body>
07            <img src="tns1.jpg" style="float:left" />
08            <img src="tns21.jpg"  style="float:right"/>
09            <p>千年古刹天宁寺, ......</p>
10        </body>
11    </html>
```

【**代码解析**】第3行代码用于设置页面文件的内容及编码格式，第4行用于设置页面标题，第7～8行用于设置页面上的两张图片及其对齐样式，第9行代码用于设置文本内容。

图21.7 使用float风格进行图文混排的实例

提示 任何一个标记，只要其原先的display风格不为“none”，那么，当为其附加float标记后，该标记便自动转换为不独占一行的特殊块结构。另外，对于图片文件而言，如果不为其附加width风格，则图片的宽度会自动作为width风格值被采用。关于这两点，是需要引起读者注意的。

从该实例中不难看出，使用float将一个块浮动后整个布局和定位的一些特点。总体而言包含有三个方面，如下所示。

- 浮动元素的顶端，总是和其后一个标记保持一致。也就是说，浮动元素的top风格值，就等于其后一个标记的top风格值。如果不存在后一个标记，则其top值相对于其上级标记总为0px。
- 对于“left”模式的浮动而言，浮动后标记的left风格值，相对于其上级标记总为0px；与此对应的，对于“right”模式的浮动而言，标记的right风格值，相对于其上级标记总为0px。
- 如果连续存在多个“left”模式（或“right”模式）的浮动，则下一个“left”模式块（或“right”模式块）的left风格（或right风格值），相对于上一个浮动块为0px。

从上述三个特征中可以看到，由于在对标记float化后，其left（或者right）风格的值便已经唯一确定，并且按流顺序排列，因此，块的float定位特性，就特别适用于水平结构的Web页面布局。下面的范例便使用了这一技巧，在上面的代码基础上，实现了中间部分分为左、中、右三层的页面布局方式，如下代码所示。

```
01  <div style="position:relative; left:0px; width:100%; height:50px; background:#FF0000;">
02  顶部区域
03  </div>
04  <div style="position:relative; left:0px; width:100%; height:250px; background:#00FF00;">
05    <div style="float:left; width:20%; height:250px; background:#FFFF00;">
06    中部左区域
07    </div>
08    <div style="float:left; width:50%; height:250px; background:#00FFFF;">
09    中部中间区域
10    </div>
11    <div style="float:right; width:30%; height:250px; background:#FF00FF;">
12    中部右区域
13    </div>
14  </div>
15  <div style="position:relative; left:0px; width:100%; height:50px; background:#0000FF;">
16  底部区域
17  </div>
```

【代码解析】第1行代码用于设置顶部区域的浮动块样式，第4行代码用于设置中部区域的浮动块样式，第8行代码用于设置中部左区域的浮动块样式，第8～10行用于设置中部区域中间块的区域浮动样式，第11行代码用于设置中部右区域的浮动块样式，第13～15行用于设置底部的区域浮动块样式。

从代码中可以看到，和前面的代码相比，在水平布局方面的确是简化了不少的风格定义。

至此，关于块定义的第二个主要CSS风格，便已经介绍完毕了。与此同时，对CSS定位方面风格的介绍以及CSS风格的介绍，也将告一段落，当然，CSS的风格并不仅限于此。事实上，本书所介绍的，仅如冰山一角，远非CSS的全部面貌。例如，就浮动定位而言，CSS还包含clear风格，可以消除已有的浮动。

21.6 小结

本书从CSS的概念讲起，介绍了CSS的来源、发展以及一些基本语法，此类知识在Web应用程序中都比较常用。因为篇幅有限，本书对CSS的介绍还只是知识初级讲解，因此本章的介绍，仅能够起到帮助读者初步了解CSS的一般语法规则的目的。笔者希望借此介绍激发读者对于CSS探索的兴趣，然后多实践，才是掌握CSS的唯一途径所在。

21.7 上机实践习题

设计一个页面，分别使用相对定位和绝对定位方法，指定元素的显示位置，并引用类选择符，设计指定部分的字体颜色为红色。

【提示】该题目要求读者学习CSS样式和布局的相关知识，重点掌握CSS样式的定义方法、网页布局的常用方法，以及CSS样式中选择符的使用方法。

【关键代码】

```
01  <head id="Head1" runat="server">
02      <title>absolute定位</title>
03      <style type="text/css" >
04       .absoulte {position:absolute; left:205px;top:3px; width:100px;
05       height:80px; background:#00FFFF;}
06      </style>
07      <style type = "text/css" >
08          p .important {color : red}
09      </style>
10  </head>
11  <body>
12      <form id="form1" runat="server">
13      <div style="width:200px; height:100px; background:#00FF00;">
14      <p class="absoulte">static块中的子块P示例</p>
15      </div>
16       <div style="position:relative; left:150px; width:300px; height:50px;
17              background:#FF9933;">
18      <p class="absoulte">relative块中的子块示例</p>
19      </div>
20      <div>
21          <p class="important">P标记的class属性为important</p>
22          <p>
23            <span>
24              <label class="important">
25                     label标记的class属性为important，其位于p标记下的span标记下
26                 </label>
27            </span>
28          </p>
29      </div>
30      </form>
31  </body>
```

【代码解析】第3行代码用于设置页面的样式，第4行用于设置页面布局的方式为绝对定位，第5行用于设置背景色和高度，第7～9行代码用于设置段的样式。

第22章 ASP.NET AJAX

本章将学习ASP.NET AJAX框架的应用。因为.NET 4.0框架包含了ASP.NET AJAX框架，所以可以把AJAX当做是ASP.NET应用程序中的一些控件。通过学习本章，读者可以认识AJAX框架的组成，以及AJAX控件的使用方法。

本章重点：

- ASP.NET AJAX框架，理解ASP.NET AJAX框架的组成。
- 建立ASP.NET AJAX程序，学会建立ASP.NET AJAX应用程序。
- 使用ScriptManager服务器控件，学会使用ScriptManager控件更新局部页和调用页面方法。
- 使用AJAX调用Web服务方法，学会使用AJAX引用WebService和调用Web服务代码。
- 使用局部更新控件和定时控件，学会应用局部更新控件和定时控件。
- 使用AJAX工具包，学会应用AJAX工具包中的“自动完成”按钮、“确认”按钮、下拉菜单及文本框水印控件等。

22.1 ASP.NET AJAX概述

ASP.NET AJAX框架，是微软提供快速开发丰富用户体验的一个框架。ASP.NET AJAX提供了client-script libraries（客户端脚本本库），采用能够兼容多种流行浏览器的ECMAScript（JavaScript）来开发，同时也提供DHTML技术，并将其和ASP.NET server-based（服务器端）关联共同组成一个开发平台，以便.NET开发人员能够实现快速开发。

22.1.1 ASP.NET AJAX特性

通过ASP.NET AJAX可以建立丰富的Web应用程式，使用其跨浏览器的客户端脚本本库，能够兼容多种浏览器。对于.NET开发人员来说，其丰富的服务端控件等，不仅降低了开发难度，同时也提高了开发效率。对.NET开发人员来说，ASP.NET AJAX框架是其他AJAX库所不可比拟的，其优越性主要表现在：

- 局部更新网页，提高一个网页在浏览器中执行的性能。
- 具有属性的UI控件，如进度条、警告窗口等。
- 客户端集成与ASP.NET应用服务，实现Forms用户认证和用户档案文件（User Profile）。
- 可以通过调用Web服务，将不同来源的数据进行归纳整合。
- 提供了一个框架，简化了用户定义具有客户端特性的服务器控件。
- 支持最流行和普遍采用的浏览器，其中包括微软Internet Explorer、Mozilla的Firefox和苹果的Safari。

ASP.NET AJAX是客户端脚本本库和服务端组件集成的一个开发框架。除了使用ASP.NET

AJAX现有框架外，还可以使用微软组织开发的一个工具包（ASP.NET AJAX Control Toolkit），以及ASP.NET发展的新特性等。

在官方网站的文档中，还可以得到构成ASP.NET AJAX客户端和服务端的组件，如图22.1所示。

从图中可以得知：客户端是基于Microsoft AJAX Library，其中包括支持创建客户端组件，浏览器的兼容性，网络和核心服务；同时也显示了服务端是基于ASP.NET AJAX Extensions，其中包括脚本支持、Web服务、应用服务，以及服务器控件。

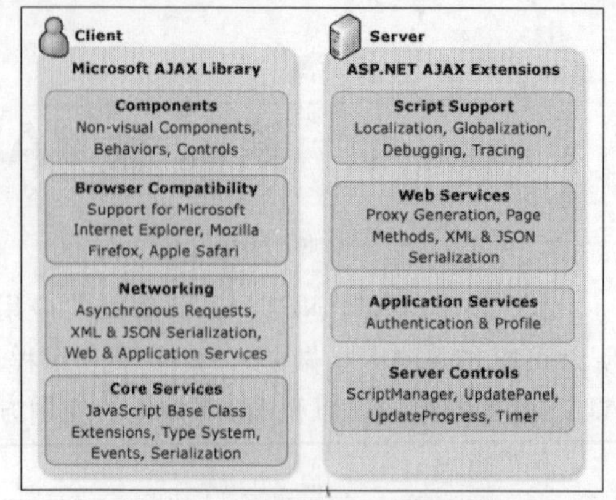

图22.1 ASP.NET AJAX服务端和客户端的架构图

> **注意** 图22.1来自ASP.NET AJAX官方网站。由于技术在不断的更新和发展，可能今后的ASP.NET AJAX组成会有所不同。

每一种程序在编译过程中，都需要通过调试来不断完善和改正错误的代码。在ASP.NET AJAX的架构中，提供了两种格式的脚本文件，其中：一个用于调试（js文件的文件名中包含debug词）；而一种编译后的脚本用于发布，这样就可以减少代码所占的空间，提高下载速度，但很遗憾的是，微软还没有将这种编译器提供下载。

由于在Visual Studio 2010中对JavaScript的调试提供了全面的支持，因此在Visual Studio 2010中，调试ASP.NET AJAX应用程序也就变得十分简单。如果在调试ASP.NET应用程序相关的脚本时，无须将进程附加到IE浏览器中，那么直接使用其调试方式，即可设置断点进行调试。

当然ASP.NET AJAX中，也提供了一个sys.debug类来辅助调试，读者可以在今后的程序开发过程中慢慢体会。除了提供方便的调试方法外，ASP.NET AJAX的客户端和服务端框架还为本地化和全球化提供了一个模型，以保证使用单一的代码为不同地方（语言、文化）提供相应的用户界面，而无须Postback到服务端。例如，ASP.NET AJAX可以根据用户所使用的浏览器，对日期等格式进行本地化处理等。

ASP.NET AJAX具有很多特点：方便调试，支持本地化和全球化等。最重要的是，提高了ASP.NET开发AJAX应用程序的效率，降低了开发难度等。

22.1.2 Microsoft AJAX Library脚本库

ASP.NET AJAX客户端脚本库，通过面向对象的JavaScript编程方法将其保存在JavaScript文件（.js）中。随.NET 4.0同时发布的ASP.NET AJAX库，如图22.2所示。

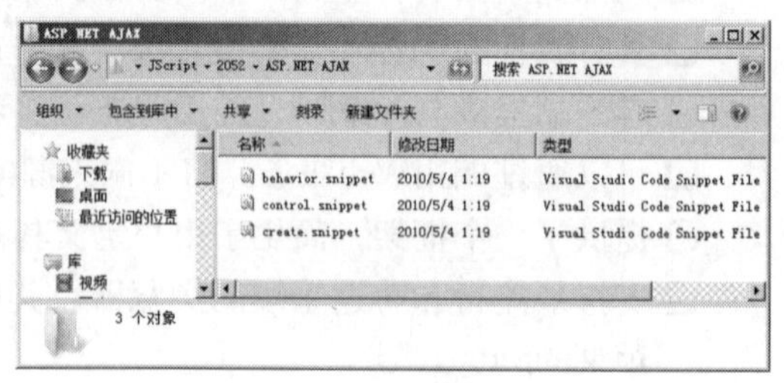

图22.2 Microsoft AJAX Library（4.0）

在Microsoft AJAX Library中，JavaScript面向对象编程使得程序更具模块化。以下是包含在此脚本库中的一些信息。

- ❑ 浏览器兼容层，为asp.net Ajax的脚本提供了兼容性，能够兼容最常用的浏览器（包括微软的Internet Explorer、Mozilla的Firefox、苹果的Safari）。

- ASP.NET AJAX的核心服务，包括扩展的JavaScript，如类、命名空间、事件处理、继承、数据类型、对象序列化等。
- ASP.NET AJAX基类库，包含如String Builder以及错误处理的扩展等组成部分。
- 一个网络层处理通信与基于Web服务的应用，以及管理异步远程方法调用等。
- 可以将Microsoft AJAX Library嵌入其他程序中，也可以单独提供作为一个JavaScript文件。该程序集能够很好地进行发布以及程序版本的管理等。
- 此脚本库还支持基于服务端的Forms用户验证，以及用户档案的管理等。

Microsoft AJAX Library是一个很强大而且兼容多个浏览器的面向对象的脚本库。使用类.NET（C#）的语法进行扩展JavaScript脚本，对.NET开发人员来说是一个莫大的支持。同时在Visual Studio 2010中，又有对Microsoft AJAX Library智能提示的完全支持，因而减轻了开发人员的负担。

22.1.3 服务器端架构

在了解了客户端脚本库后，ASP.NET AJAX还为开发人员准备了很好用而且很强大的一些服务器控件，同时也提供了一个集合来管理应用程序的UI和流程，包含对象管理、序列化、验证以及控件的扩展等。在Web 2.0数据共享的时代，有很多网站都有Web服务，可以通过ASP.NET AJAX对Web服务的支持实现各种功能，例如用户验证等。

在服务器端的架构中最重要的莫过于服务器控件，该控件使得开发可以省去很多工作。在ASP.NET AJAX中，所包含的服务器控件如下所示。

- ScriptManager：管理脚本资源，包含客户端组件、页面的局部绘制、本地化、全球化、自定义的用户脚本。该控件是ASP.NET AJAX的灵魂，每一个页面包含且仅包含一个ScriptManager控件。只有引入了ScriptManager控件（即引入了脚本），才能够使用ASP.NET AJAX中的其他控件。
- ScriptManagerProxy：此控件和ScriptManager一样，都是引入脚本资源。若当前页面已经包含了一个ScriptManager控件，而又要引入脚本资源时，就需要使用此控件。
- UpdatePanel：局部更新控件，此控件可以使网页的某个地方实现更新，而不是整个页面实现Postback方法更新。
- UpdateProgress：提供状态信息，犹如进度条，但是此控件只是模拟，不能反映真实情况，可以配合UpdatePanel控件使用，增强用户体验。
- Timer：定时器控件，可以通过该控件来实现定时更新某个网页，或通过UpdatePanel控件定时更新某一个部分的内容。

在ASP.NET AJAX自带的服务器控件就包含上述五个，有关它们的详细使用方法在后续的章节中再做阐述。在Visual Studio 2010的工具箱上就可以看到上述控件的信息，如图22.3所示。

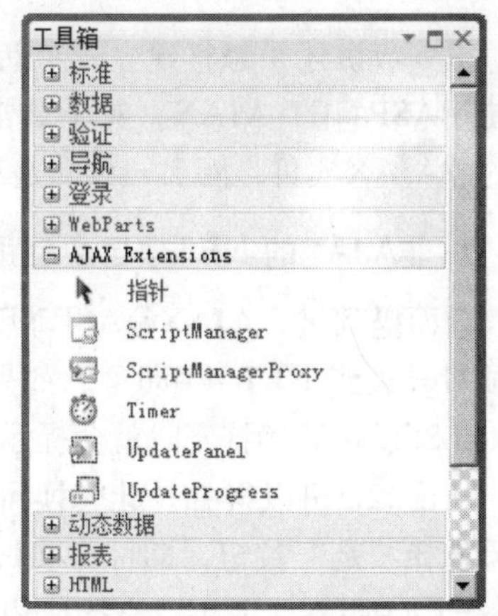

图22.3 ASP.NET AJAX自带服务器控件

由于ASP.NET AJAX的扩展性，既保证了用户可以创建自己的ASP.NET AJAX服务器控件，同时还能够包含客户端行为，这样就可以自定义一些服务器控件供使用。为了能够更好地服务大众，微软还组织了一个团队进行ASP.NET AJAX Control Toolkit（配套控件）的开发。该配套控件中包含了很多很好看的用户控件，用户可以直接进行调用。

22.2 建立ASP.NET AJAX程序

在安装完有关程序后，就可以进行开发。在Visual Studio 2010中建立ASP.NET AJAX项目，可以发现和其他.NET项目一样，简单而又强大。

22.2.1 开发ASP.NET AJAX的应用程序

万事俱备后，就可以创建项目来开发ASP.NET AJAX应用程序了。由于从.NET框架3.5开始，就集成了ASP.NET AJAX框架，因此，在构建或部署应用时，不再需要下载和安装单独的ASP.NET AJAX安装文件。

在Visual Studio 2010中创建针对.NET 4.0的ASP.NET应用或网站项目时，Visual Studio会自动在web.config 文件里添加适当的AJAX注册设置，而且核心ASP.NET AJAX服务器控件会出现在工具箱里。

在Visual Studio 2010中，创建一个网站。建好了网站后，就可以发现在web.config文件中已经为开发人员配置好了所有需要的程序集，其结构如图22.4所示。

```
<compilation debug="true" targetFramework="4.0">
  <assemblies>
    <add assembly="System.Design, Version=4.0.0.0, Culture=neutral, PublicKeyToken=B03F5F7F11D50A3A"/>
    <add assembly="System.Web.Extensions.Design, Version=4.0.0.0, Culture=neutral, PublicKeyToken=31BF3856AD364E35"/>
    <add assembly="System.Windows.Forms, Version=4.0.0.0, Culture=neutral, PublicKeyToken=B77A5C561934E089"/></assemblies>
</compilation>
```

图22.4　.NET 4.0中所需的程序集

从图22.4中可以得知，AJAX所需要使用到的程序集“System.Web.Extensions”。关于其他配置，读者可以根据自己的需要，了解一下web.config文件中的代码。

22.2.2 在现有的应用程序上使用ASP.NET AJAX

上一节讲述了怎样建立一个新的ASP.NET AJAX项目；本节将讲述怎样在现有的应用程序上使用ASP.NET AJAX。对于最常见的项目而言，有两种方案需要转换：第一种即是在.NET上的非AJAX项目；而另一种即是在.NET 2.0上的AJAX项目。

1. 非AJAX的.NET项目中使用ASP.NET 4.0 AJAX

前面提到过，AJAX是ASP.NET 4.0的一部分，要在现有项目上使用ASP.NET AJAX，只要将项目升级到.NET 4.0即可。如果是使用Visual Studio 2008或相同版本创建的项目，在使用Visual Studio 2010打开时就会提示转换，其结果如图22.5所示。

从图22.5可以得知，此转换可把项目转换为.NET 4.0版本，或还是使用早期.NET 2版本。如果选择“是”按钮，即可将项目转换为.NET 4.0；否则还是使用早期.NET版本。如果使用的是.NET 4.0版本，即可以直接使用AJAX控件开发自己的项目。

在整个转换过程中，并非是AJAX的更替，而是.NET不同版本直接的转换。由于Visual Studio 2010中提供了多种开发版本，同时也提供了不同版本直接转换的选项，在项目属性中就可看到，其界面如图22.6所示。

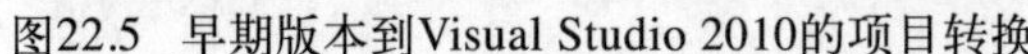

图22.5 早期版本到Visual Studio 2010的项目转换

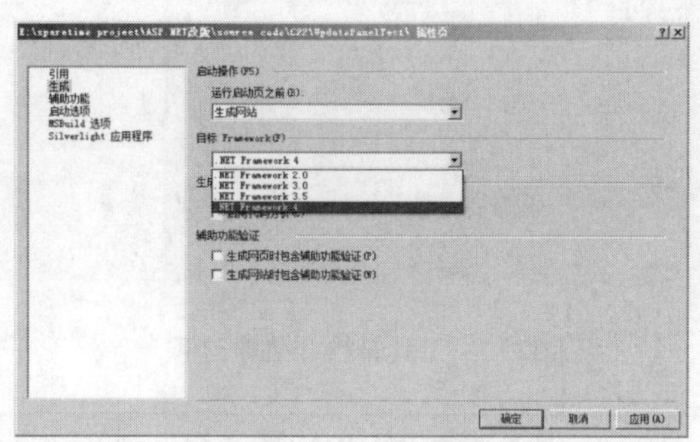

图22.6 项目.NET版本转换

当将一个其他版本的.NET项目转换到.NET 4.0时，就会出现提示窗口。当然，反向转换也一样会有提示窗口。

2. ASP.NET AJAX 1.0项目升级到ASP.NET 4.0 AJAX

在ASP.NET AJAX 1.0的web.config文件中可以发现，其程序集都是1.0的，而且只有一个System.Web.Extensions程序集，结果如图22.7所示。

```
<compilation debug="false">
  <assemblies>
    <add assembly="System.Web.Extensions, Version=1.0.61025.0,
         Culture=neutral, PublicKeyToken=31bf3856ad364e35"/>
  </assemblies>
</compilation>
```

图22.7 ASP.NET AJAX 1.0所需程序集

当然除了该配置外还有很多配置，此处就不一一介绍了。但是可以知道的是，凡是使用到的程序集都是1.0版本的。把ASP.NET AJAX 1.0项目升级到ASP.NET 4.0 AJAX，步骤也很简单，只需要在项目属性中进行转换即可。

如果在使用了ASP.NET 4.0 AJAX后，想转换回ASP.NET AJAX 1.0就不那么简单了。直接使用项目属性中的转换，却得不到所想要的结果。在web.config可以很清楚地看到，所有ASP.NET AJAX 1.0的配置已经不复存在，和普通的ASP.NET项目没有区别，由于在“.aspx”页面中还保留有<ScriptManager/>控件的标记，因此需要手动进行配置。

22.2.3 配置Visual Studio的工具箱

微软提供的软件的一大好处就是使用简单，和ASP.NET一样。当使用ASP.NET AJAX时，Visual Studio 2010的工具箱就会自动装载相关的控件。因此，可以直接拖放它们，从而提高了开发效率。

（1）转向一个“.aspx”页面，打开工具箱并在选项卡上单击右键，结果如图22.8所示。

（2）选择“选择项”选项，并在结果中的过滤文本框中输入“System.Web.Extensions”，即可得到如图22.9所示的结果。

从图22.9中可以看出，“AJAX Extensions”选项卡中的控件有两个不同的版本，Visual Studio 2010会根据项目的版本来判断所使用的版本。在整个ASP.NET AJAX Control Toolkit中都是AJAX控件，当然也可以将其配置到工具箱中。

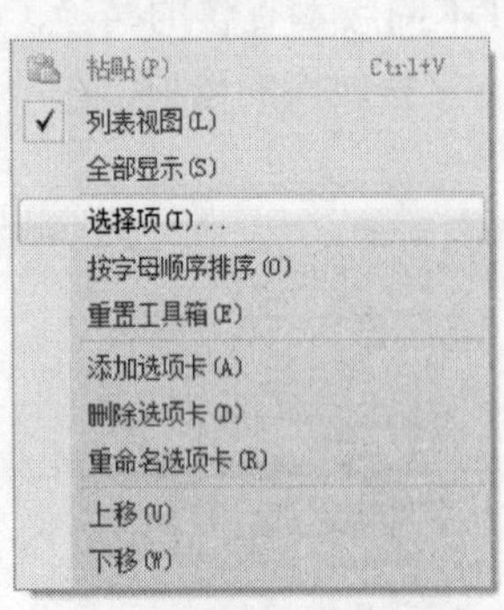

图22.8 工具箱操作菜单选项

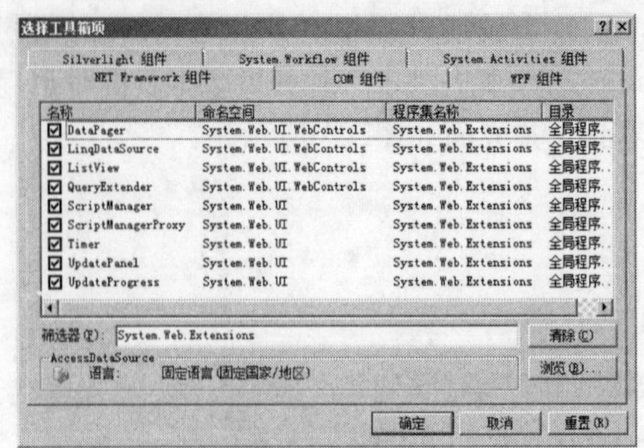

图22.9 工具集

注意 如果没有安装ASP.NET AJAX Extensions 1.0，则将会只看到一个版本。如果读者看到的结果和图22.9不符，可能就是该原因。

22.3 使用ASP.NET AJAX建立Hello World程序

在了解了ASP.NET AJAX的相关信息后，本节将带大家一同进入ASP.NET AJAX世界。ASP.NET AJAX最主要的功能就是可以部分更新网页，达到无刷新的效果。本例将使用ASP.NET AJAX自带的服务器控件达到这个目标。

创建一个新网站，可以发现web.config已经配置好了所有需要的信息。新建一个“HelloWorld.aspx”页面，就可以进行AJAX程序的编写了。在ASP.NET AJAX中，<ScriptManager/>控件是必不可少的，主要用于脚本的管理等，详细的内容将在后面章节中讲述。

将<ScriptManager/>和<UpdatePanel/>控件拖放到页面中，所得到的代码如下所示。

```
<%@ Page Language="C#" AutoEventWireup="true"
CodeFile="HelloWorld.aspx.cs" Inherits="HelloWorld" %>
<!DOCTYPE html PUBLIC "-//W3C//DTD XHTML 1.0 Transitional//EN"
"http://www.w3.org/TR/xhtml1/DTD/xhtml1-transitional.dtd">
<html xmlns="http://www.w3.org/1999/xhtml" >
<head id="Head1" runat="server">
    <title>First ASP.NET AJAX Demo</title>
</head>
<body>
    <form id="form1" runat="server">
    <asp:ScriptManager ID="ScriptManager1" runat="server">
    </asp:ScriptManager>
    <div>
        <br /><br /><br /><br /><br /><br /><br /><br /><br /><br /><br /><br />
        <asp:UpdatePanel ID="UpdatePanel1" runat="server">
        <ContentTemplate>
            <asp:Label ID="ShowText" runat="server"
                Text="在此处将进行AJAX回调"></asp:Label>
        </ContentTemplate>
        <Triggers>
```

```
21                <asp:AsyncPostBackTrigger ControlID="Submit"
22                       EventName="Click" />
23            </Triggers>
24            </asp:UpdatePanel>
25            <asp:Button ID="Submit" runat="server" Text="Submit"
26                onclick="Submit_Click" />
27        </div>
28        </form>
29    </body>
30    </html>
```

【代码解析】第1～2行代码用于设置代码文件，第7行用于设置页面标题，第11～12行用于向页面添加ScriptManager控件，第15～24行用于设置需要更新的页面部分，第16～19行用于设置页面标签，第20～23行用于设置更新触发器，第25～26行代码为页面添加按钮，用于“提交”按钮。

当然服务端还需要Submit按钮的事件处理，其代码如下所示。

```
01    protected void Submit_Click(object sender, EventArgs e)
02    {
03        ShowText.Text = "Hello World!";
04    }
```

【代码解析】第3行代码用于设置页面上显示的内容。

代码很简单，和传统的ASP.NET编程没有什么区别，主要的区别在于UI编程：将需要更新的控件包含在UpdatePanel控件的ContentTemplate模板中，并且需要将触发事件响应的控件及其事件在AsyncPostBackTrigger中指出。

执行上述结果，为了能够体验到不刷新的效果，笔者将浏览器缩小，并加入多行出现滚动条，其结果如图22.10所示。

从图22.10中可以得知，如果单击“Submit”按钮，将会触发“Click”事件。如果不能局部更新，则滚动条将会回到最顶处，如果无刷新则将保持原状，并且输出“Hello World!”字样。单击“Submit”按钮，其得到的结果如图22.11所示。

图22.10 ASP.NET AJAX执行结果

图22.11 AJAX局部更新

从图22.11中可以得知，滚动条并没有回到原位，所得的结果和理论相符合。局部更新是很重要的功能，AJAX最初就是因此而诞生，不仅可以减少流量，还可以提高用户体验。

22.4 ScriptManager服务器控件

ScriptManager控件包括在System.Web.Extensions程序集中，用来处理页面上的所有组件以及页面局部更新，生成相关的客户端代理脚本，以便能够在JavaScript中访问Web Service。

22.4.1 ScriptManager控件概述

所有需要支持ASP.NET AJAX的ASP.NET页面上，有且仅有一个ScriptManager控件。在ScriptManager控件中，可以指定需要的脚本库，或者指定通过JavaScript调用Web Service，以及调用AuthenticationService和ProfileService，还有页面错误处理等。

可以使用<asp:ScriptManager/>格式定义一个ScriptManager控件，这和其他的ASP.NET控件是一样的，其基本定义如下所示。

```
<asp:ScriptManager
    AllowCustomErrorsRedirect="True|False"
    AsyncPostBackErrorMessage="string"
    AsyncPostBackTimeout="integer"
    AuthenticationService-Path="uri"
    EnablePageMethods="True|False"
    EnablePartialRendering="True|False"
    EnableScriptGlobalization="True|False"
    EnableScriptLocalization="True|False"
    EnableTheming="True|False"
    EnableViewState="True|False"
    ID="string"
    LoadScriptsBeforeUI="True|False"
    OnAsyncPostBackError="AsyncPostBackError event handler"
    OnDataBinding="DataBinding event handler"
    OnDisposed="Disposed event handler"
    OnInit="Init event handler"
    OnLoad="Load event handler"
    OnPreRender="PreRender event handler"
    OnResolveScriptReference="ResolveScriptReference event handler"
    OnUnload="Unload event handler"
    ProfileService-LoadProperties="string"
    ProfileService-Path="uri"
    RoleService-LoadRoles="True|False"
    RoleService-Path="uri"
    runat="server"
    ScriptMode="Auto|Inherit|Debug|Release"
    ScriptPath="string"
    SkinID="string"
    SupportsPartialRendering="True|False"
    Visible="True|False">
 <AuthenticationService
    Path="uri"/>
 <ProfileService
    LoadProperties="string"
    Path="uri"/>
```

```
<RoleService
    LoadRoles="True|False"
    Path="uri"/>
<Scripts>
        <asp:ScriptReference
            Assembly="string"
                IgnoreScriptPath="True|False"
                Name="string"
                NotifyScriptLoaded="True|False"
                Path="string"
                ResourceUICultures="string"
                ScriptMode="Auto|Debug|Inherit|Release"        />
</Scripts>
<Services>
        <asp:ServiceReference
                InlineScript="True|False"
                Path="string"       />
</Services>
</asp:ScriptManager>
```

在了解了ScriptManager控件后，下面会一步步地教读者使用它，以便更加深入地了解它内在的应用和实现的基础等。

22.4.2 理解EnablePartialRendering属性实现局部更新

该属性在ASP.NET AJAX是一个非常有分量的属性，当使用UpdatePanel控件来局部更新时，就需要打开这个属性，即将此属性值设置为true。不仅如此，其实在整个ASP.NET页面生命周期中，只要是使用回调异步提交的，都需要打开这个属性。将EnablePartialRendering属性设置为true进行异步提交，具有如下优势。

- ❑ 可以改善用户体验，使得页面更加具有人性化，使得Web应用程序可以同桌面应用程序产生一样的效果；
- ❑ 具有无须整个页面刷新、可以减少流量带宽等特点，从而提高性能；
- ❑ 通过ASP.NET AJAX，无须编写脚本就可以体验无刷新等效果，并且实现客户端和服务器端之间的通信；
- ❑ 可以使用ASP.NET AJAX Control Toolkit等丰富的AJAX控件；
- ❑ 可以开发自己的ASP.NET AJAX控件。

通过以上几点就可以看出EnablePartialRendering属性的魅力了，所有ASP.NET AJAX的应用几乎都离不开它，因此，该属性的默认值也由最初的false更改为现如今的true了。若用户将EnablePartialRendering属性设置为true，当服务端执行方法时，就会通过ScriptManager类的一个IsInAsyncPostBack属性来判断当前请求是否为一个异步回调。

在微软的网站上有一个很好的例子，就是和UpdatePanel控件组合。读者可以直接阅读ASP.NET AJAX官方文档去了解更多的详细内容，其主要代码如下所示。

```
<%@ Page Language="C#" %>
<!DOCTYPE html PUBLIC "-//W3C//DTD XHTML 1.0 Transitional//EN"
  "http://www.w3.org/TR/xhtml1/DTD/xhtml1-transitional.dtd">
```

```
04  <script runat="server">
05  </script>
06  <html xmlns="http://www.w3.org/1999/xhtml" >
07  <head runat="server">
08      <title>Partial-Page Rendering Server-Side Syntax</title>
09  </head>
10  <body>
11      <form id="form1" runat="server">
12      <div>
13        <asp:ScriptManager ID="ScriptManager1" runat="server" />
14        <asp:UpdatePanel ID="UpdatePanel1" runat="server">
15        <ContentTemplate>
16          <fieldset>
17          <legend>UpdatePanel</legend>
18          Content to update incrementally without a full
19          page refresh.
20          <br />
21          Last update:  <%=DateTime.Now.ToString() %>
22          <br />
23          <asp:Calendar ID="Calendar" runat="server"/>
24          </fieldset>
25        </ContentTemplate>
26        </asp:UpdatePanel>
27        <script type="text/javascript" language="javascript">
28        var prm = Sys.WebForms.PageRequestManager.getInstance();
29        prm.add_pageLoaded(PageLoadedEventHandler);
30        function PageLoadedEventHandler() {
31           // custom script
32        }
33        </script>
34      </div>
35      </form>
36  </body>
37  </html>
```

【代码解析】第8行代码用于设置页面标题，第13行代码为页面添加ScriptManager控件，第14行代码为页面添加UpdatePanel控件，第15～25行代码用于设置页面内容，第27～29行代码用于设置页面需要更新的内容。

此例子很简单，主要是通过显示时间来展示局部更新。由于在ScriptManager中的EnablePartialRendering属性的默认值是true，因此可以不要显示声明。执行上述代码，可以得到如图22.12的结果。

当单击日期控件中的日期链接时，就会执行异步回调，更新“Last update”的时间。例如本例中单击“29”，就会出现如图22.13的结果，从中可以看出更新后的时间。

ASP.NET AJAX是一个跨浏览器的AJAX框架，例如本例中代码在FireFox下的运行效果是一样的，其中FireFox下运行的效果如图22.14和图22.15所示。从图中也可以看出更新的效果，不过笔者还是推荐读者自己动手来实现一个例子，以加深对知识的理解。

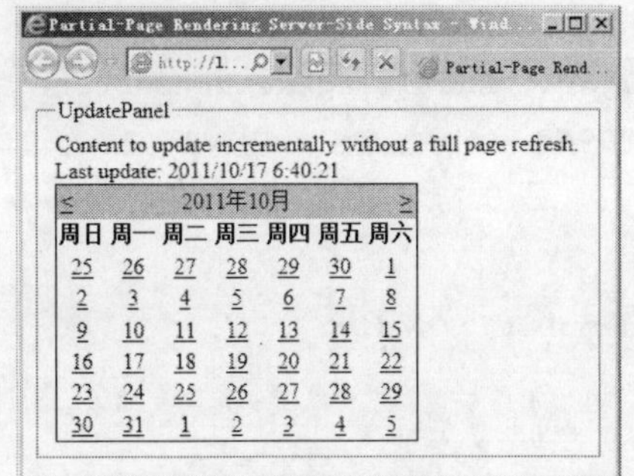

图22.12 局部更新一

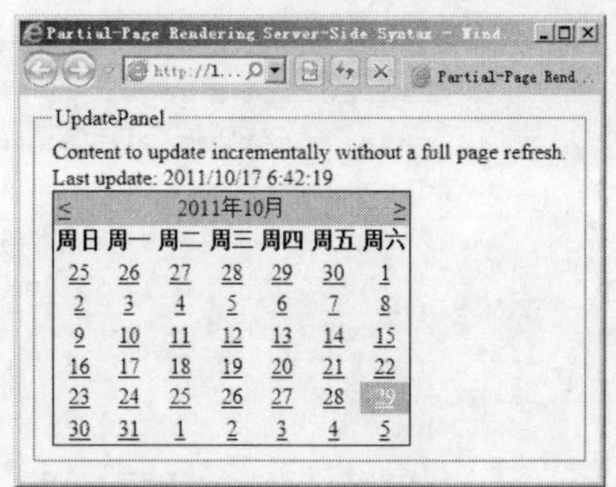

图22.13 局部更新二

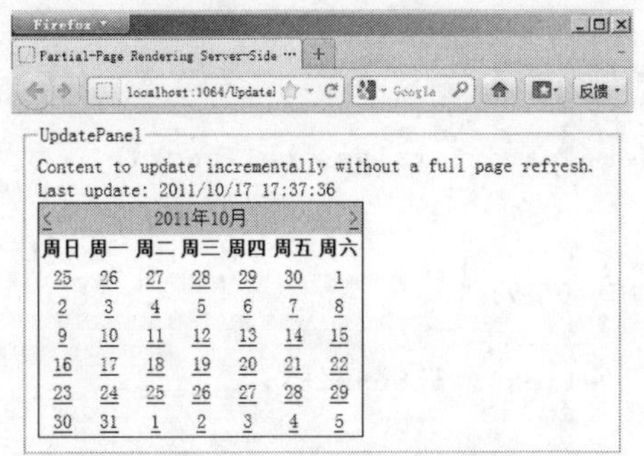

图22.14 异步回调一（FireFox）

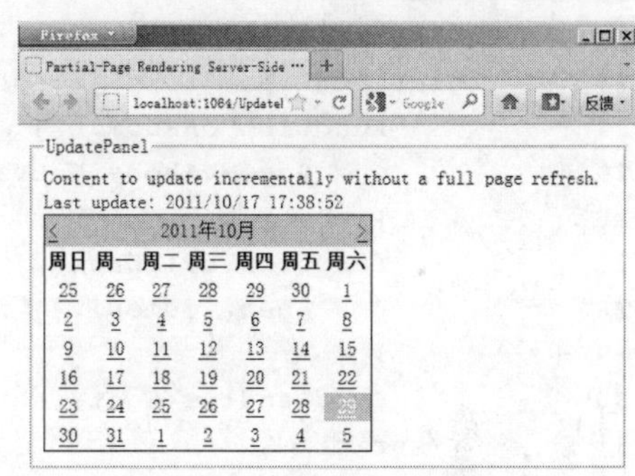

图22.15 异步回调二（FireFox）

注意 本小节的例子来自于ASP.NET AJAX官方文档，读者可以自己到ASP.NET AJAX官方网去查看。由于ASP.NET AJAX版本更新太快，有可能出现和本书不同的地方。

22.4.3 使用EnablePageMethods属性调用页面方法

由于AJAX的主要优势之一就是可以减少流量，因此在和服务器端交换数据时，使用Web Service是一种理想的选择。但是在项目开发中，笔者比较喜欢能够在客户端脚本中直接调用页面中的方法，而不是为了调用而特地设计的Web Service。EnablePageMethods属性就具有该功能，当用户设置此属性为true时，就可以调用页面中的方法，即当前页面的“.cs”文件中类的方法。

由于EnablePageMethods属性默认值为false，因此如果要调用页面中的方法，就需要显式设置。接下来通过一个例子说明怎样在客户端调用页面中的方法，其客户端代码如下所示。

```
<%@ Page Language="C#" AutoEventWireup="true"
CodeFile="WebMethod.aspx.cs" Inherits="WebMethod" %>
<!DOCTYPE html PUBLIC "-//W3C//DTD XHTML 1.0 Transitional//EN"
"http://www.w3.org/TR/xhtml1/DTD/xhtml1-transitional.dtd">
<html xmlns="http://www.w3.org/1999/xhtml">
<head id="Head1" runat="server">
    <title>AJAX调用页面方法的例子</title>
</head>
<body>
```

```
10        <form id="form1" runat="server">
11        <asp:ScriptManager ID="ScriptManager1" EnablePageMethods="true"
12         runat="server"> </asp:ScriptManager>
13        <div>
14        <div style="height:50px;">
15            AJAX调用页面方法的实例:
16            <div style="color:Red;" id="demoDiv"> </div>
17        </div>
18        <hr />
19        <input type="text" id="name"  />
20        <button id="submit">Submit</button>
21        </div>
22        </form>
23        <script type="text/javascript">
24            function onsubmit() {
25                PageMethods.GetValue($get('name').value, callback);
26            }
27            function callback(v) {
28                $get('demoDiv').innerHTML  = v;
29            }
30            $addHandler($get('submit'), 'click', onsubmit);
31        </script>
32    </body>
33    </html>
```

【代码解析】第7行代码用于设置页面标题，第11～12行代码为页面添加ScriptManager控件，第14～17行用于设置DIV的内容和和格式，第19行为页面添加文本框，第20行为页面添加按钮，第23～31行代码用于调用Web方法，第25行用于获取name的值并回调，第30行用于添加“提交”按钮的句柄。

从上述代码中可以看出，PageMethods.GetValue方法是服务器端生成的方法，而PageMethods类是ASP.NET AJAX固定的类，其中服务端的主要代码如下所示。

```
01    [WebMethod]
02    public static string GetValue(string name)
03    {
04        return string.Format("{0}，你好！现在是{1}。", name, DateTime.Now);
05    }
```

【代码解析】第1行代码用于指定该方法为Web调用方法，第4行用于格式化字符串，并返回处理好的字符串。

注意 页面中的方法必须为静态函数，即具有static修饰的函数，并且具有public修饰符。当然ScriptManager需要将其特殊处理，因此也需要通过WebMethodAttribute的修饰，否则在运行脚本时将报错，如图22.16所示。

执行上述代码，其得到的结果如图22.17所示。

在文本框中输入文本（如“小兵”）后，单击“Submit”按钮，将得到如图22.18的效果。

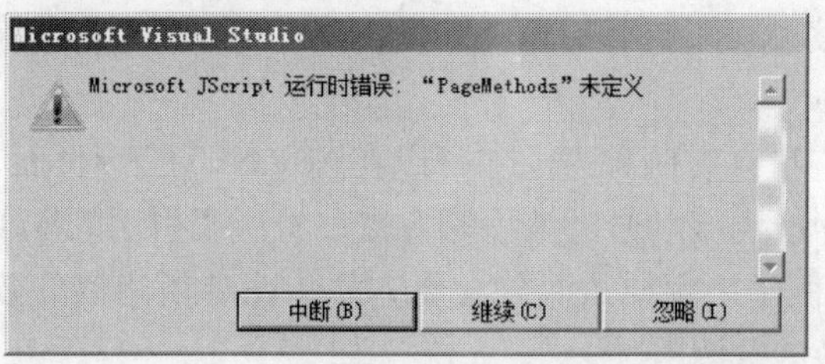

图22.16 服务端方法不具有public修饰符的错误

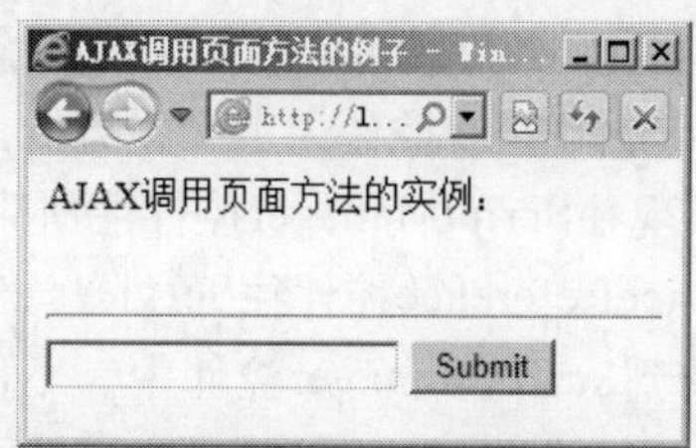

图22.17 执行结果

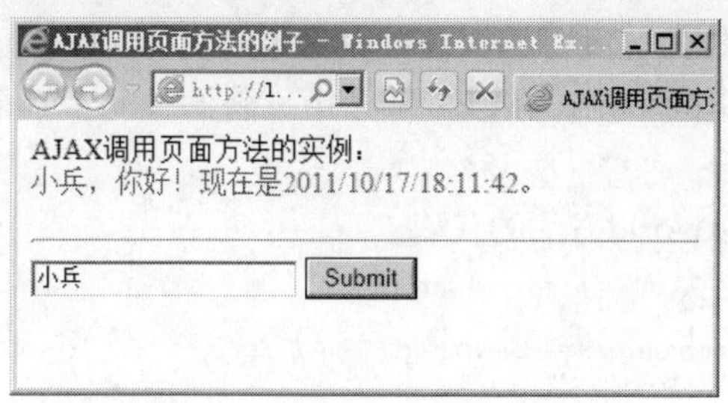

图22.18 AJAX调用页面方法结果

从图22.18中可以看出，当用户单击“Submit”按钮时，就通过执行服务端的方法GetValue返回一个字符串，并呈现于DIV上。其实当运行程序时，ASP.NET AJAX就会将一个脚本类PageMethods注册到客户端，并且将服务端的方法GetValue注册到客户端。但是ASP.NET AJAX将GetValue方法加入了一个参数，注册到客户端中的GetValue方法如下所示。

```
PageMethods.GetValue= function(name,onSuccess,onFailed,userContext) {
/// <param name="name" type="String">System.String</param>
/// <param name=" onSuccess " type="Function" optional="true" mayBeNull="true"></param>
/// <param name=" onFailed " type="Function" optional="true" mayBeNull="true"></param>
/// <param name="userContext" optional="true" mayBeNull="true"></param>
PageMethods._staticInstance.GetValue(name,onSuccess,onFailed,userContext); }
```

由于使用的是Debug版本，因此注册后的脚本还将添加注释，从中可以得到参数name表示服务器端方法的参数。如果服务器端的参数不只一个，则将按顺序排列。参数排列后的onSuccess，表示成功后调用的客户端方法，此方法的参数将是异步提交成功响应后返回的结果；而onFailed和onSuccess作用相似，不同的是，onFailed是在发生错误的时候调用的。userContext表示是否添加用户的上下文。

22.5 使用AJAX调用Web服务方法

ScriptManager控件除了能够很好地管理客户端脚本外，还有很多涉及客户端和服务器端的一些代理。通过ScriptManager可以实现客户端调用Web服务的方法，因此可以将其称为客户端服务代理。

22.5.1 引用Web Service

ScriptManager有一个Services属性，用于获取一个ServiceReferenceCollection对象。该属性所返回的ServiceReferenceCollection对象是ServiceReference对象的集合，集合中的每个对象

代表向ScriptManager控件注册的一个Web服务。可以在ScriptManager控件或在相关联的ScriptManagerProxy控件中定义服务。

要实现往ScriptManager控件注册Web服务，可以有两种方法：可以在ASP.NET的UI页面，通过ServiceReference控件往Services集合中添加；也可以通过编程的方式，将所要引用的Web服务注册到ScriptManager控件中。下面将通过例子来说明这两种注册方法，两者所达到的效果是一样的，因此读者可以权衡一种适合的方法进行调用。

1. 通过ServiceReference控件注册Web服务

使用ServiceReference控件，只要遵循模板嵌套原则就可以使用。由于Services是一个集合，因此可以添加多个Web服务的引用。在以下例子中，将添加两个Web服务。Web服务中添加的代码分别如下所示。

下面是Service1的HelloWorld方法的代码。

```
01        [WebMethod]
02        public string HelloWorld()//方法
03        {
04            return "Hello World, This is Service1!";    //方法输出内容
05        }
```

【代码解析】第1行代码用于声明该方法为Web调用方法，第4行代码用于返回字符串内容。

以下是Service2的HelloWorld方法的代码。

```
01        [WebMethod]
02        public string HelloWorld()
03        {
04            return "Hello World, This is Service2!";
05        }
```

【代码解析】第1行代码用于声明该方法为Web调用方法，第4行代码用于返回字符串内容。

> **注意** 要允许使用ASP.NET AJAX从脚本中调用此Web服务，需要将当前服务类使用[System.Web.Script.Services.ScriptService]元素标注。

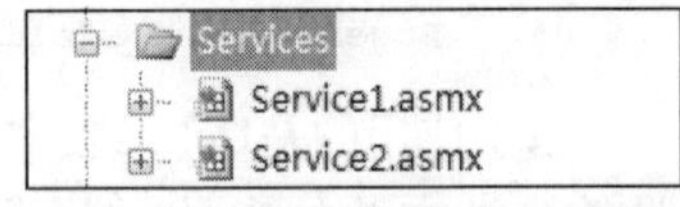

图22.19 Services的目录结构

将两个Web服务分别放于Services目录中，其目录结构如图22.19所示。

定义好了Web服务，就可以直接在ServiceReference控件中引用了，其主要代码如下所示。

```
01    <asp:ScriptManager ID="ScriptManager1" runat="server">
02    <Services>
03    <asp:ServiceReference Path="~/Services/Service1.asmx" InlineScript="false" />
04    <asp:ServiceReference Path="~/Services/Service2.asmx" InlineScript="true" />
05    </Services>
06    </asp:ScriptManager>
```

【代码解析】第3～4行代码用于指定可使用的Web方法。

通过上述方法可以直接引用这两个Web服务了。其中，Path属性所指定的就是Web服务所在的地址；而InlineScript属性则指示，是将代理生成脚本作为内联脚本块包含在页上，还是通过单独的请求获取。

注意 当将InlineScript设置为false时，通过对服务器的附加请求，将用于生成ECMAScript(JavaScript)代理的脚本作为单独的脚本文件下载。如果使用浏览器缓存，则当多个网页使用同一服务引用时，此选项十分有用。当将InlineScript设置为true时，代理生成脚本将作为内联脚本块包含在页中。这可通过减少网络请求数量来提高服务器性能，特别是对于页中存在多个服务引用而其他页未引用这些服务的情况更是如此。此外，当将InlineScript设置为true时，还必须将Path属性设置为相对路径。

2. 通过编程的方式注册Web服务

ServiceReferenceCollection类有一个Add方法，可以以编程方式通过ScriptManager.Services或ScriptManagerProxy.Services集合添加ServiceReference对象。

由于在客户端是异步调用Web服务的，因此在整个请求页面生命周期中，不会经过每一个周期。在AJAX中，主要经过的是PreRender生命周期阶段，因此，在编程注册Web服务时，就需要在这个阶段注册Web服务。

在上述的例子中，也可以通过此方式来注册Web服务，以此达到对Web服务的引用，其代码如下所示。

```
01  protected override void OnPreRender(EventArgs e)
02  {
03      ScriptManager1.Services.Add(
04          new System.Web.UI.ServiceReference("~/Services/Service1.asmx")
05          );
06      ScriptManager1.Services.Add(
07          new System.Web.UI.ServiceReference("~/Services/Service2.asmx")
08          );
09      base.OnPreRender(e);
10  }
```

【代码解析】 第3～5行代码用于注册Service1方法，第6～8行代码用于注册Service2方法。

注意 使用编程方式注册Web服务，需要在PreRender生命周期阶段，这样才能够正确地对Web服务进行引用。

22.5.2 调用Web服务代理

在上一节中讲述了怎样引用Web服务，本节将讲述客户端对Web服务代理的调用。从例子中可以看出，引用了两个Web服务，此时，就可以在客户端直接对其进行调用。由于ScriptManager控件和Visual Studio 2010的强大功能，使得这种代理的调用变得异常简单。例如，当调用它们时，就会有和.NET一样的智能提示，效果如图22.20所示。

Visual Studio2010不仅有很好的命名空间层次结构，还能够对所有方法进行提示，包括继承而来的方法，其结果如图22.21所示。

为了能够看清ASP.NET AJAX对Web服务代理所生成的客户端脚本，可以对其InlineScript属性设置为true。代理后所得到的客户端脚本，在调试的情况下就可以很容易地得到，其代码如下所示。

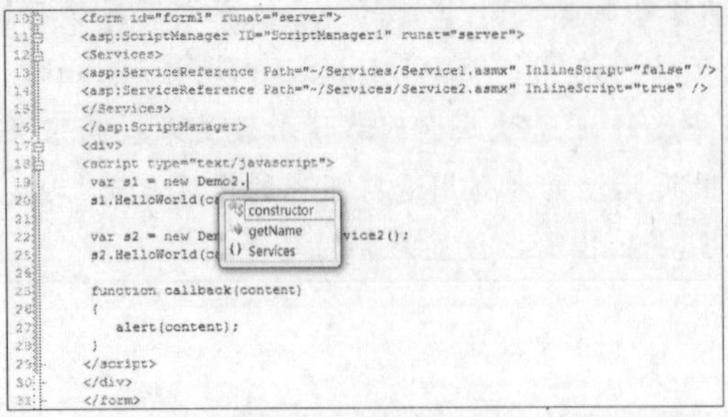

图22.20 智能提示图一

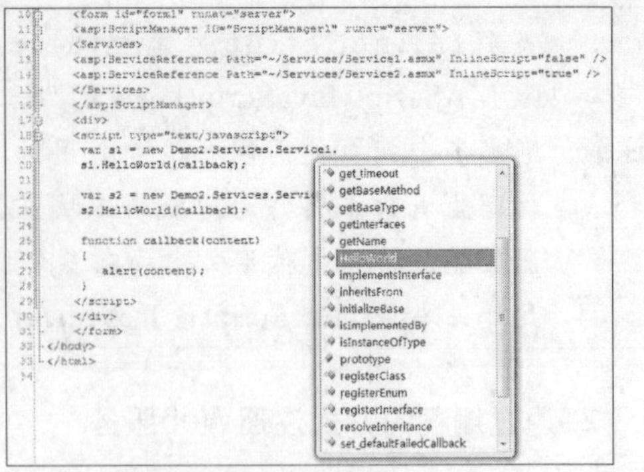

图22.21 智能提示图二

```
<script type="text/javascript">
//<![CDATA[
Type.registerNamespace('Demo2.Services');
Demo2.Services.Service2=function() {
    Demo2.Services.Service2.initializeBase(this);
    this._timeout = 0;
    this._userContext = null;
    this._succeeded = null;
    this._failed = null;
}
Demo2.Services.Service2.prototype={
_get_path:function() {
 var p = this.get_path();
 if (p) return p;
 else return Demo2.Services.Service2._staticInstance.get_path();},
HelloWorld:function(succeededCallback, failedCallback, userContext) {
/// <param name="succeededCallback" type="Function"
///optional="true" mayBeNull="true"></param>
/// <param name="failedCallback" type="Function" optional="true"
///mayBeNull="true"></param>
/// <param name="userContext" optional="true" mayBeNull="true"></param>
return this._invoke(this._get_path(),
'HelloWorld',false,{},succeededCallback,failedCallback,userContext); }}
Demo2.Services.Service2.registerClass
('Demo2.Services.Service2',Sys.Net.WebServiceProxy);
Demo2.Services.Service2._staticInstance = new Demo2.Services.Service2();
Demo2.Services.Service2.set_path = function(value) {
Demo2.Services.Service2._staticInstance.set_path(value); }
Demo2.Services.Service2.get_path = function() {
/// <value type="String" mayBeNull="true">The service url.</value>
return Demo2.Services.Service2._staticInstance.get_path();}
Demo2.Services.Service2.set_timeout = function(value) {
Demo2.Services.Service2._staticInstance.set_timeout(value); }
Demo2.Services.Service2.get_timeout = function() {
/// <value type="Number">The service timeout.</value>
return Demo2.Services.Service2._staticInstance.get_timeout(); }
```

```
37 Demo2.Services.Service2.set_defaultUserContext = function(value) {
38 Demo2.Services.Service2._staticInstance.set_defaultUserContext(value); }
39 Demo2.Services.Service2.get_defaultUserContext = function() {
40 /// <value mayBeNull="true">The service default user context.</value>
41 return Demo2.Services.Service2._staticInstance.get_defaultUserContext(); }
42 Demo2.Services.Service2.set_defaultSucceededCallback = function(value) {
43 Demo2.Services.Service2._staticInstance.set_defaultSucceededCallback(value); }
44 Demo2.Services.Service2.get_defaultSucceededCallback = function() {
45 /// <value type="Function" mayBeNull="true">
46 ///The service default succeeded callback.</value>
47 return Demo2.Services.Service2._staticInstance.get_defaultSucceededCallback(); }
48 Demo2.Services.Service2.set_defaultFailedCallback = function(value) {
49 Demo2.Services.Service2._staticInstance.set_defaultFailedCallback(value); }
50 Demo2.Services.Service2.get_defaultFailedCallback = function() {
51 /// <value type="Function" mayBeNull="true">The service default failed callback.</value>
52 return Demo2.Services.Service2._staticInstance.get_defaultFailedCallback(); }
53 Demo2.Services.Service2.set_path("/Services/Service2.asmx");
54 Demo2.Services.Service2.HelloWorld= function(onSuccess,onFailed,userContext) {
55 /// <param name="succeededCallback" type="Function"
56 ///optional="true" mayBeNull="true"></param>
57 /// <param name="failedCallback" type="Function" optional="true"
58 /// mayBeNull="true"></param>
59 /// <param name="userContext" optional="true" mayBeNull="true"></param>
60 Demo2.Services.Service2._staticInstance.HelloWorld
61 (onSuccess,onFailed,userContext); }
62 //]]>
63 </script>
```

【代码解析】第3行代码用于注册服务名称空间，第4～10行代码用于初始化服务对象的属性，第11～15行代码用于设置prototype属性，第16行代码用于执行回调，第24～25行代码用于注册代理服务类，第26行代码用于定义静态服务类，第27～28行代码用于设置服务路径，第29～31行代码用于获取服务路径，第32～33行代码用于设置超时属性值，第34～36行代码用于获取属性值，第37～38行代码用于设置默认内容，第42～43行代码用于设置成功的回调执行，第44～47行代码用于获取成功的回调执行，第48～49行代码用于设置默认的失败回调执行，第50～52行代码用于获取默认的失败回调，第53行代码用于设置服务路径，第54～61行代码用于设置服务执行的实例。

从中可以看到整个类代理后的客户端代码，而最主要的是对用户定义后的代码，在本例中即是HelloWorld方法。在调试的版本中，还会主动加入注释，代码如下所示。

```
HelloWorld:function(succeededCallback, failedCallback, userContext) {
/// <param name="succeededCallback"
///type="Function" optional="true" mayBeNull="true"></param>
/// <param name="failedCallback" type="Function" optional="true" mayBeNull="true">
///</param>
/// <param name="userContext" optional="true" mayBeNull="true"></param>
return this._invoke(this._get_path(),
'HelloWorld',false,{},succeededCallback,failedCallback,userContext); }}
```

参数说明：

- ❑ succeededCallback：调用成功后在客户端执行的回调方法，其参数是由Web服务返回的结果对象，由于ASP.NET AJAX使用的是JSON作为传输对象，因此可以很好地在客户端进行编程。
- ❑ failedCallback：调用失败时所调用的执行方法。
- ❑ userContext：用户上下文。

该方法的注释在页面编程时，也能够给予很好的提示，其效果如图22.22所示。

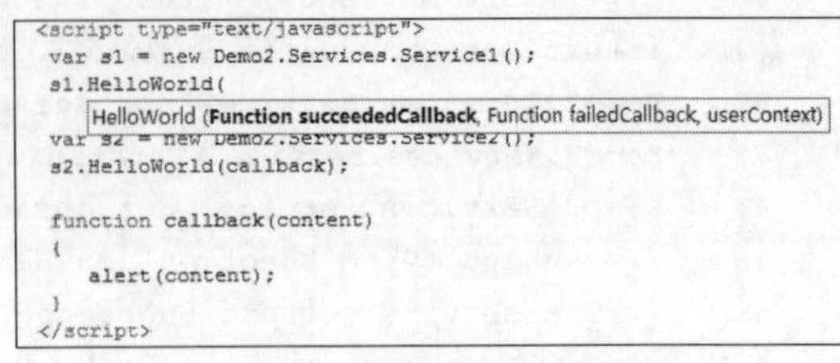

图22.22 代理方法的智能提示

而没有设置InlineScript属性为true的Service1，就会出现对脚本引用的文件，执行后的代码如下所示。

```
<script src="Services/Service1.asmx/jsdebug"
 type="text/javascript"></script>
```

而所得到的效果基本相同，如果对客户端进行缓存并且调用多个Web服务时，可以使用此属性以提高性能。

执行上述例子，将弹出两个Web服务的HelloWorld方法的内容，结果如图22.23和图22.24所示。

图22.23 调用Web服务代理执行结果一

图22.24 调用Web服务代理执行结果二

22.6 使用ScriptManagerProxy控件

在ASP.NET AJAX应用程序中，一个页面有且仅有一个ScriptManager控件。如果存在第二个ScriptManager控件，将会出现错误。在ASP.NET AJAX使用使嵌套组件（如内容页和用户控件），并且已在父元素中定义ScriptManager控件时，就可以使用ScriptManagerProxy控件，将脚本和服务引用添加到页中。

22.6.1 ScriptManagerProxy控件概述

ScriptManagerProxy控件是为了弥补ScriptManager控件的“不足”，该控件可以避免在同一个页面不出现两个ScriptManager控件就能够达到的通用效果。从图22.25中就可以看到ScriptManagerProxy控件所具有的属性，从中可以看出ScriptManagerProxy简化了很多属性。

当然ScriptManagerProxy控件还包含了ScriptManager所有的子节点属性，可以使用和ScriptManager控件相同的方法，对Web服务或者脚本进行引用。ScriptManagerProxy控件子节点属性如图22.26所示。

ScriptManagerProxy控件的基本（简单）定义如下所示。

```
<asp:ScriptManagerProxy ID="ScriptManagerProxy1" runat="server">
```

```
<Services>
<asp:ServiceReference Path="String" />
</Services>
<Scripts>
<asp:ScriptReference Path="String" />
</Scripts>
</asp:ScriptManagerProxy>
```

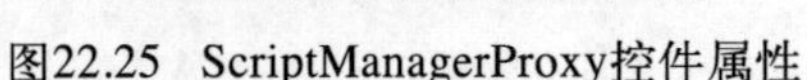
图22.25 ScriptManagerProxy控件属性

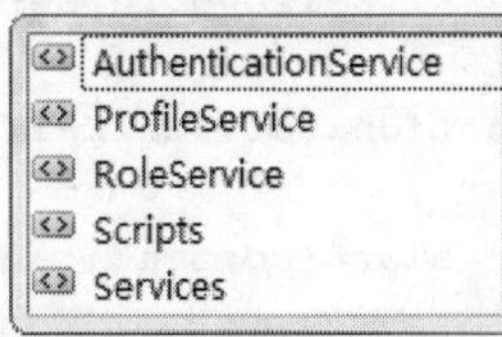

图22.26 ScriptManagerProxy控件子节点属性

ScriptManagerProxy控件的属性和用法，可以参考ScriptManager控件相关的属性和用法，其功能和意义是一样的。

22.6.2 应用ScriptManagerProxy控件

了解了ScriptManagerProxy控件的属性和基本定义后，就可以使用ScriptManagerProxy控件了。下面通过一个例子来讲解ScriptManagerProxy控件的使用方法。

(1) 新建一个项目，添加两个Web服务，分别定义两个HelloWorld方法，并返回各自的字符串。需要注意的是，两个Web服务类需要使用“[ScriptService]”属性标注。因为要提供给ASP.NET AJAX客户端调用，两个HelloWorld的方法分别如下所示。

WebService1类的HelloWorld方法：

```
01    [WebMethod]
02    public string HelloWorld()
03    {
04        return "Hello World, \r\nThis is for the master WebService!";
05    }
```

【代码解析】第1行代码用于声明该方法为Web调用方法，第4行代码用于返回字符串内容。

WebService2类的HelloWorld方法：

```
01    [WebMethod]
02    public string HelloWorld()
03    {
04        return "Hello World,\r\nThis is sub control WebService!!!";
05    }
```

【代码解析】第1行代码用于声明该方法为Web调用方法，第4行代码用于返回字符串内容。

（2）添加一个Site1.Master模板文件，并引入一个ScriptManager控件，对WebService1服务进行引用。引用Web服务后，定义调用的方法，其代码如下所示。

```
01  <form id="form1" runat="server">
02  <asp:ScriptManager ID="ScriptManager1" runat="server">
03  <Services>
04  <asp:ServiceReference Path="~/WebService1.asmx" />
05  </Services>
06  </asp:ScriptManager>
07  <div>
08  <script type="text/javascript">
09  function Service1()
10  {
11      var s1 = new Demo1.WebService1();
12      s1.HelloWorld(service1Callback);
13  }
14  function service1Callback(content)
15  {
16      alert(content);
17  }
18  </script>
19  <button onclick="Service1();">调用Service1</button>
20     <asp:ContentPlaceHolder ID="ContentPlaceHolder1" runat="server">
21     </asp:ContentPlaceHolder>
22  </div>
23  </form>
```

【代码解析】第2~3行代码用于为母板添加ScriptManager控件，第8~18行为javascript代码，第19行用于为页面添加按钮。

（3）添加一个Default.aspx内容页面，并使其模板页为Site1.Master。在Content控件中添加一个ScriptManagerProxy控件，并对WebService2进行引用，同时定义调用当前服务HelloWorld方法的方法，其代码如下所示。

```
01  <asp:ScriptManagerProxy ID="ScriptManagerProxy1" runat="server">
02  <Services>
03  <asp:ServiceReference Path="~/WebService2.asmx" />
04  </Services>
05  </asp:ScriptManagerProxy>
06  <script type="text/javascript">
07      function Service2()
08      {
09          var s2 = new Demo1.WebService2();
10          s2.HelloWorld(service1Callback);
11      }
12  </script>
13  <button onclick="Service2();">调用Service2</button>
```

【代码解析】第1~5行代码用于设置ScriptManagerProxy控件，第6~12行用于设置Javascript代码，第9行代码用于定义类对象，第10行用于调用Web方法。

ScriptManagerProxy控件的使用很简单，到此就完成了编码，剩下的就是检验一下是否能够成功地调用。执行上述代码，效果如图22.27所示。当单击图22.27中的“调用Service1”按钮时，将调用由ScriptManager控件引入的Web服务WebService1，其所得到的结果如图22.28所示。当单击“调用Service2”按钮时，调用的就是由ScriptManagerProxy控件引入的WebService2服务，其结果如图22.29所示。

图22.27 ScriptManagerProxy的应用

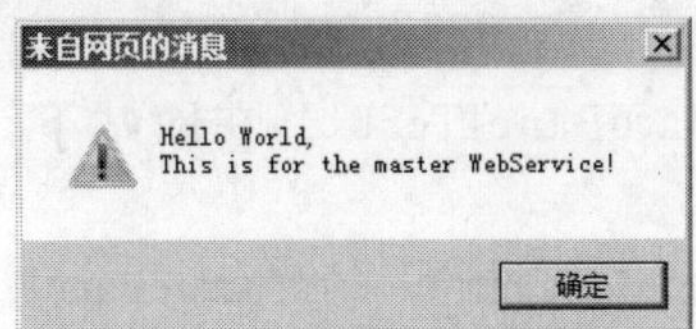

图22.28 WebService1调用结果

图22.29 WebService2调用结果

22.7 局部更新控件（UpdatePanel）

局部更新是AJAX中最基本、同时也是最重要的技术。本节将从UpdatePanel的结构入手，详细介绍如何使用UpdatePanel实现页面的局部更新。

22.7.1 UpdatePanel控件概述

UpdatePanel控件用来控制页面的局部更新，这些更新依赖ScriptManager的属性“EnablePartialRendering”，如果此属性设置为“false”，则局部更新将失去作用。一个比较完整的UpdatePanel结构如下所示。

```
<asp:updatepanel runat="server" ChildrenAsTriggers="true"
      UpdateMode="always" RenderMode="block">
<ContentTemplate>
</ContentTemplate>
<Triggers>
<asp:AsyncPostBackTrigger />
<asp:PostBackTrigger />
</Triggers>
</asp:updatepanel>
```

其中UpdatePanel的主要属性有3个：

- ChildrenAsTriggers：表示内容模板内的子控件的回发，是否更新本模板。
- UpdateMode：表示内容模板的更新模式，一般分为“Always”和“conditional”。
- RenderMode：表示局部更新控件的呈现形式，一般有“block”和“inline”两种，当呈现模式选择“block"时，局部更新控件在客户端以“div”形式展现，否则以“span”形式展现。

UpdatePanel的主要子元素有2个：

- ContentTemplate：是局部更新控件的内容模板，此模板与GridView控件等的模板相似，可以在其中添加任意控件。
- Triggers：局部更新的触发器，包括两种触发器，一种是异步回发“AsyncPostBack-

Trigger”，可以实现局部更新，另一种“PostBackTrigger”就是和普通页面的回发一样，不管是否使用了局部更新控件，都会引起页面的全部更新。

22.7.2 应用局部更新UpdatePanel控件

现在演示局部更新为Web应用带来的优势。本例要实现的是一个更新日期的按钮，当单击此按钮后，对日期的显示控件Label实现局部更新。

【本节案例参考光盘下的\源代码\C22\UpdatePanelTest】

(1) 新建一个网站“UpdatePanelTest”。在网站下，添加一个Web窗体 “Simple Update.aspx”。

(2) 在界面中拖放一个ScriptManager和一个UpdatePanel，注意两者的顺序。

(3) 在源代码视图下设计本例的控件，代码如下所示。其中按钮“btnUpdate”用来做局部更新的触发器，触发的事件是按钮的“Click”事件。局部更新模板内只放了一个“lbltime”，用来显示时间；在模板外面放了一个lbltime2，也显示时间，用来与局部更新的时间作对比效果。

```
01    <form id="form1" runat="server">
02    <div>
03        <asp:ScriptManager ID="ScriptManager1" runat="server">
04        </asp:ScriptManager>
05        <asp:UpdatePanel ID="UpdatePanel1" runat="server">
06            <ContentTemplate>
07                <asp:Label ID="lbltime" runat="server" ></asp:Label>
08            </ContentTemplate>
09            <Triggers>
10           <asp:AsyncPostBackTrigger ControlID="btnUpdate" EventName="Click" />
11            </Triggers>
12        </asp:UpdatePanel>
13         
14        <asp:Label ID="lbltime2" runat="server"></asp:Label>
15        <asp:Button ID="btnUpdate" runat="server"
16         OnClick="btnUpdate_Click" Text="Button" />
17    </div>
18    </form>
```

【代码解析】第3～4行代码为页面添加ScriptManager控件，第5～12行代码用于设置页面需要更新的部分，第6～8行代码用于设置页面的内容，第9～11行代码用于设置触发更新页面的按钮，第14行为页面添加Label控件，第15～16行代码为页面添加按钮控件。

(4) 既然局部更新的触发事件是按钮“btnUpdate”的Click事件，那么现在为此事件添加代码，如下所示，只是更新了“lbltime”的内容为当前时间，同时也设置了lbltime2的事件，以查看其是否发生变化。

```
protected void btnUpdate_Click(object sender, EventArgs e)
{
    //为两个label赋值，显示当前时间
    lbltime.Text = DateTime.Now.ToString();
    lbltime2.Text = DateTime.Now.ToString();
}
```

【代码解析】 第4～5行代码用于设置标签显示的内容。

(5) 在“Page_Load”事件中，让两个Label控件显示其初始内容，以使对比更明显。代码如下所示。

```
01    protected void Page_Load(object sender, EventArgs e)
02    {
03        //设置日期的初始值
04        lbltime.Text = DateTime.Now.ToString();
05        lbltime2.Text = DateTime.Now.ToString();
06    }
```

【代码解析】 第4～5行代码用于设置标签显示的初始内容。

(6) 保存并运行程序，单击“Button”按钮，查看是否是lbltime发生了变化，而lbltime2并没有变化，这就是局部更新的效果。

22.7.3 UpdatePanel的触发器

触发器（Triggers）是UpdatePanel的关键，通过此设置实现更新的触发，即当发生什么事件后，引起更新操作。本节将详细介绍UpdatePanel包含的两种触发器“AsyncPostBackTrigger”和“PostBackTrigger”。

【本节案例参考光盘下的\源代码\C22\UpdatePanelTest】

1. 普通回调触发器PostBackTrigger

PostBackTrigger主要是针对UpdatePanel模板内的子控件，因为当子控件被触发时，其只会更新模板内的数据，而模板外的数据并不发生变化。有些情况下需要更新全部内容，此时就可以通过PostBackTrigger触发器来实现页面的全面回调。本例要创建一个PostBackTrigger的触发器，步骤如下所示。

(1) 在网站下添加一个Web窗体，名为“PostBackTrigger_1.aspx”。

(2) 添加ScriptManager和UpdatePanel后，设计页面的控件，最终源代码如下所示。其中在模板外也显示了当前时间。

```
01    <asp:ScriptManager ID="ScriptManager1" runat="server">
02    </asp:ScriptManager>
03    <asp:UpdatePanel ID="UpdatePanel1" runat="server" UpdateMode="always" >
04        <ContentTemplate>
05        <% =DateTime.Now.ToString() %>
06            <asp:Button ID="Button2" runat="server" Text="ButtonIN" />
07        </ContentTemplate>
08        <Triggers>
09        <%--<asp:PostBackTrigger ControlID="Button2" />--%>
10        </Triggers>
11    </asp:UpdatePanel>
12     <% =DateTime.Now.ToString() %>
13    <asp:Button ID="Button1" runat="server" Text="ButtonOUT" />
```

【代码解析】 第1～2行代码为页面添加了一个ScriptManager控件，第3～11行代码用于设置页面更新的内容，第4～7行代码用于设置页面内容的显示模板，第8～10行代码用于设置触发器为页面的全面回调更新。

(3) 以上代码的“PostBackTrigger”触发器为不可用状态。使用了“<!-- -->”将其注释，现在先按F5键来看一下运行效果。

(4) 运行后可以发现，单击“ButtonIN”按钮时，只更新模板内的事件，模板外的时间无变化。关闭程序回到源代码视图。

(5) 取消对“PostBackTrigger”的注释。

(6) 按“Ctrl+S”组合键保存程序，按F5键运行，再单击“ButtonIN”按钮会发现，两个时间都发生了变化。

2. 异步回调触发器AsyncPostBackTrigger

AsyncPostBackTrigger是实现局部更新的关键触发器，在触发器内定义引起回发的控件和事件。

本例要实现一个简单的局部更新，使用AsyncPostBackTrigger定义触发更新的控件和事件，步骤如下所示。

(1) 在网站根目录下，添加一个Web窗体，命名为“AsyncPostBackTrigger_1.aspx”。

(2) 添加ScriptManager和UpdatePanel后，设计页面的控件，最终源代码如下所示。

```
01        <asp:ScriptManager ID="ScriptManager1" runat="server">
02        </asp:ScriptManager>
03        <asp:UpdatePanel ID="UpdatePanel1" runat="server" UpdateMode="always" >
04            <ContentTemplate>
05            <% =DateTime.Now.ToString() %>
06                <asp:Button ID="Button2" runat="server" Text="ButtonIN" />
07            </ContentTemplate>
08            <Triggers>
09            <asp:AsyncPostBackTrigger ControlID="Button1" EventName="Click" />
10            </Triggers>
11        </asp:UpdatePanel>
12         <% =DateTime.Now.ToString() %>
13        <asp:Button ID="Button1" runat="server" Text="ButtonOUT" />
```

【代码解析】第1~2行代码用于为页面添加ScriptManager控件，第3~11行代码用于设置更新内容，第8~10行代码用于设置触发器为异步更新触发器。

(3) 以上代码演示了AsyncPostBackTrigger的用法，EventName属性默认的事件就是“Click”，所以此属性可以忽略。

(4) 运行程序，单击“ButtonOUT”按钮，可以发现模板内的日期更新了，而模板外的日期没有发生变化，这就是AJAX的重点——局部更新。

22.8 更新进度提示控件（UpdateProgress）

UpdateProgress用于控制局部更新过程中的等待UI界面，为了让用户不在等待时面对空白的页面，可以使用UpdateProgress控件显示等待过程中的提示。

22.8.1 更新进度提示控件概述

UpdateProgress属于比较有特色的东西，在核心组件中并不属于重要的控件，但在日常应用中，经常会碰到必须使用UpdateProgress的地方，其主要功能是，当局部更新的内容比较多、有时间上的延迟时，为了让用户的等待时间不至于太枯燥，通常使用UpdateProgress呈现一些等待UI或进度条，如GMail中的等待Logo、很多形色各异的进度条，都是UpdateProgress的呈现形式，也是其主要作用。

UpdateProgress主要包括2个属性和1个模板：

- 属性“AssociatedUpdatePanelID”用来表示要关联的UpdatePanel。
- 属性“DisplayAfter”表示多长时间后显示进度提示，默认值为“500”，单位是毫秒。
- 模板“ProgressTemplate”用来设计等待时的界面。其实UpdateProgress实际上是一个div，通过代码控制div的显示或隐藏来实现更新提示。

在B/S应用程序中，如果需要大量的数据交换，则必须使用UpdateProgress，并设计良好的等待界面，这样才能保证与用户的交互。

22.8.2 用UpdateProgress实现更新提示

本例要实现的功能是，当更新正在进行时，给用户提示“正在更新数据….”。实例的步骤如下所示。

【本节案例参考光盘下的\源代码\C22\UpdatePanelTest】

（1）在网站下添加一个Web窗体，命名为“UpdateProgress.aspx”。

（2）添加ScriptManager和UpdatePanel后，设计页面的控件，最终源代码如下所示。

```
01        <asp:ScriptManager ID="ScriptManager1" runat="server">
02        </asp:ScriptManager>
03        <asp:UpdateProgress ID="UpdateProgress1"
04         runat="server" AssociatedUpdatePanelID="UpdatePanel1">
05        <ProgressTemplate>
06        <div>正在更新数据…</div>
07        </ProgressTemplate>
08        </asp:UpdateProgress>
09        <asp:UpdatePanel ID="UpdatePanel1" runat="server">
10            <ContentTemplate>
11                <asp:Label ID="Label1" runat="server"></asp:Label>
12         <asp:Button ID="Button1" runat="server" OnClick="Button1_Click1"
13                Text="更新" Width="70px" />
14            </ContentTemplate>
15            <Triggers>
16            <asp:AsyncPostBackTrigger ControlID="Button1" EventName="Click" />
17            </Triggers>
18        </asp:UpdatePanel>
```

【代码解析】第1～2行代码用于为页面添加ScriptManager控件，第3～8行代码用于设置更新进度条控件，第9～18行代码用于设置页面的更新内容，第11～13行代码分别为页面添加标签和按钮控件，第15～17行代码设置页面更新的触发器。

注意 引发更新的控件必须在UpdatePanel内，UpdateProgress才会正常显示。

（3）设计的效果如图22.30所示。

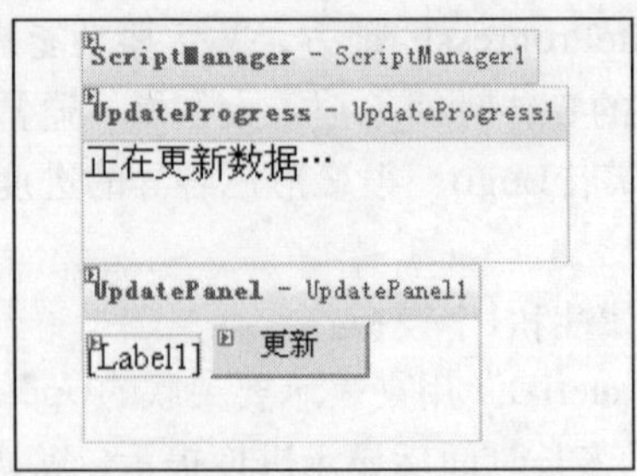

图22.30　UpdateProgress设计效果

（4）双击“更新”按钮，添加更新操作。代码如下所示。

```
System.Threading.Thread.Sleep(5000);                        //设置长时间等待状态
Label1.Text =DateTime.Now.ToString()+ "更新完毕";           //更新完毕后提示
```

（5）保存并运行程序，测试UpdateProgress的运行状态，查看是否出现更新过程中的提示。

22.9　定时控件

定时控件（Timer）属于无人管理而自动完成任务的一种特殊控件，本节只是简单了解其结构及应用语法。读者要明白，定时控件和日常生活中的闹钟类似。

22.9.1　定时控件概述

Timer控件用于在间隔一定的时间后自动完成任务，其用法比较简单，主要依靠一个事件“Tick”和一个属性“Interval”。

- 事件“Tick”用来设计要完成的任务。
- 属性“Interval”用来控制需要等待的时间，默认单位是毫秒。用这两个元素来描述Timer的功能，就是每间隔Interval时间就执行一次Tick任务。

Timer控件只有一个独立的事件“Tick”，其他都从模板继承而来，当用其作为局部更新触发器时，所应用的“EventName”属性多是“Tick”。

注意　一个页面中只能有一个Timer控件的实例。

22.9.2　使用Timer控件实现定时更新

本例要实现的是每隔10秒刷新局部控件内的时间，步骤如下所示。

（1）在网站下添加一个Web窗体，名为“TimerTest.aspx”。

（2）添加ScriptManager和UpdatePanel后，设计页面的控件，其中，在局部更新模板内外，各有一个时间显示控件Label，对比变化的结果。最终源代码如下所示。

```
<asp:ScriptManager ID="ScriptManager1" runat="server">
 </asp:ScriptManager>
 <asp:UpdatePanel ID="UpdatePanel1" runat="server">
     <ContentTemplate>
         <asp:Label ID="Label1" runat="server"></asp:Label>
     </ContentTemplate>
```

```
07          <Triggers >
08          <asp:AsyncPostBackTrigger  ControlID="Timer1" EventName="Tick"/>
09          </Triggers>
10          </asp:UpdatePanel>
11          <asp:Label ID="Label2" runat="server"></asp:Label>
12          <asp:Timer ID="Timer1" runat="server"  Interval="10000" >
13          </asp:Timer>
```

【代码解析】第1~2行代码用于为页面添加ScriptManager控件，第3~10行代码用于设置更新控件，第7~9行代码用于设置异步更新触发器，第12行代码为页面添加定时器。

注意 要设置Timer的“Interval”属性为10000，表示每隔10秒执行一次。

（3）双击“Timer”按钮，添加更新操作。代码如下所示。

```
Label1.Text = DateTime.Now.ToString();
```

（4）在Page_Load事件中，添加默认的显示时间，代码如下所示。

```
Label1.Text = DateTime.Now.ToString();
Label2.Text = DateTime.Now.ToString();
```

（5）按“Ctrl+S”组合键保存程序，按F5键运行程序，查看5秒后是否只更新了UpdatePanel内的时间。

22.10 AJAX的工具包

AjaxControlToolkit是Microsoft提供的一组个性化应用组件。本节主要介绍该组件的样式和结构，并以实例的形式演示如何在项目中应用这些特色组件。工具包虽然包含30多个组件，但基本上所有的组件应用方式都相同，所以本节只简要介绍几个常用的组件。工具包的下载地址是www.asp.net。

22.10.1 自动完成控件（AutoComplete）

AutoComplete的确切意义应该是自动提示，当用户输入前几个字母时，找出数据库中所有以这些字母开头的数据，提示给用户以供选择。实际上，它是一个文本框和div的组合控件。AutoComplete选择数据的方法由Web服务提供。

下面提供一个案例。案例中所有数据保存在文本文件中，当用户在文本框中输入内容时，系统通过Web服务从文本文件中读取数据，并返回数组，此时文本框出现自动完成效果。本例主要分为两步：创建获取数据的Web Service和创建实现自动完成功能的窗体。

1. 创建获取数据的Web服务

本例中的文本文件名为“TextFile.txt”，保存在网站的“App_Data”下，文件内容可从光盘下载，或者随意添加一个文本。注意，在文件中是每行一个单词。

创建服务的步骤如下所示。

（1）在网站下，添加一个“Web 服务”，名为“AutoComplete.asmx”。

（2）创建完成后，系统自动将服务分为两部分：设计部分“AutoComplete.asmx”和底层代码部分“AutoComplete.cs”。其中，“AutoComplete.cs”位于App_Code目录下。

（3）打开文件“AutoComplete.cs”，添加实现获取数据的方法“GetCompleteList”，其代码如下所示。

```
01   //定义数组保存获取的内容
02   private static string[] autoCompleteWordList = null;
03   //两个参数“prefixText”表示用户输入的前缀，count表示返回的个数
04   [WebMethod]
05   public String[] GetCompleteList(string prefixText, int count)
06   {
07       // 如果数组为空
08       if (autoCompleteWordList == null)
09       {
10           //读取内容文件的数据到临时数组
11     string[] temp = File.ReadAllLines(Server.MapPath("~/App_Data/TextFile.txt"));
12           Array.Sort(temp, new CaseInsensitiveComparer());//临时数组排序
13           autoCompleteWordList = temp; //将临时数组的内容赋给返回数组
14       }
15       //由于数组已经排序，所以可以搜索到前缀所在的第一位置
16       int index = Array.BinarySearch(autoCompleteWordList,
17        prefixText, new CaseInsensitiveComparer());
18       //如果没有数据
19       if (index < 0)
20       {
21           index = ~index;
22       }
23       //存在数据时
24       int matchingCount;
25       for (matchingCount = 0; matchingCount < count && index
26       + matchingCount < autoCompleteWordList.Length; matchingCount++)
27       {
28          if (!autoCompleteWordList[index + matchingCount].StartsWith(prefixText,
29               StringComparison.CurrentCultureIgnoreCase))
30              break;
31       }
32       String[] returnValue = new string[matchingCount]; //定义返回参数
33       if (matchingCount > 0)
34       {
35           Array.Copy(autoCompleteWordList, index, returnValue, 0, matchingCount);
36       }
37       return returnValue; //返回数据
38   }
```

【代码解析】第4行代码用于设置该方法为页面调用的方法，第8行代码用于判断数组是否为空，若为空，则执行第10～13行代码用于设置读取文件内容到数组中，并对数组进行排序，第16～17行代码使用二分查找法定位数据索引，第24～31行代码用于统计匹配记录的条数，第32～36行代码用于复制满足条件的数据。

（4）由于代码中使用了“File”类，所以还需要添加对类所在命名控件的引用，代码如下所示。

```
using System.IO;
```

(5) 因为需要在客户端引用此Web服务，所以必须为类添加如下属性。这非常重要，否则Web服务将不正常工作。

```
[System.Web.Script.Services.ScriptService]
```

(6) 保存Web 服务的代码。右击根目录下的“AutoComplete.asmx”文件，在弹出的菜单列表中，单击“在浏览器中查看”菜单命令，目的是实现Web服务的测试。

(7) 打开的测试窗口，如图22.31所示。

(8) 单击方法名“GetCompleteList”的链接，打开参数输入窗口，如图22.32所示。

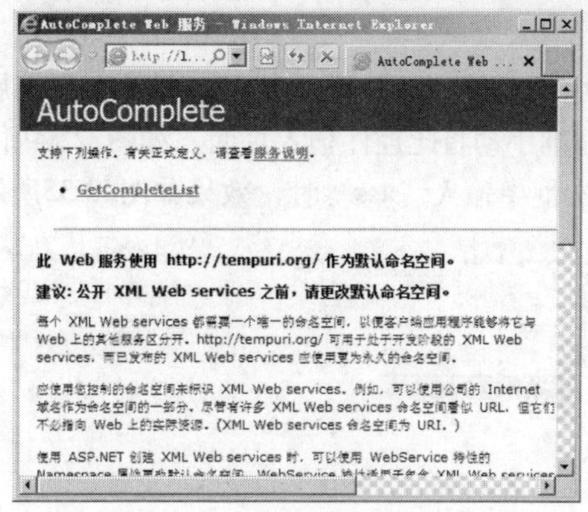

图22.31 Web服务测试窗口

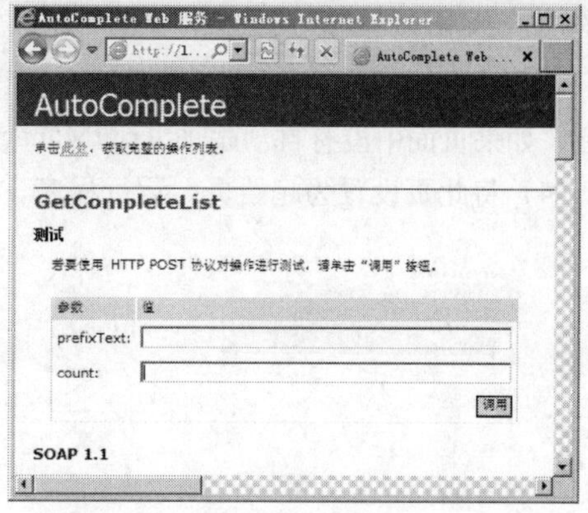

图22.32 Web服务参数输入窗口

(9) 输入两个参数，其中“prefixText”表示用户输入的前缀内容，“count”表示返回数据最多有多少行，此处输入“ass”和“10”。

(10) 单击“调用”按钮，Web服务的方法开始执行。如果运行正常，执行结果显示的是标准的XML文本，如图22.33所示。

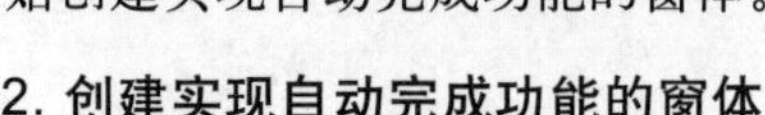

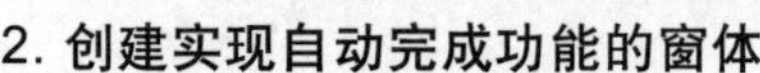

本小节提供了自动完成需要的数据，下一小节开始创建实现自动完成功能的窗体。

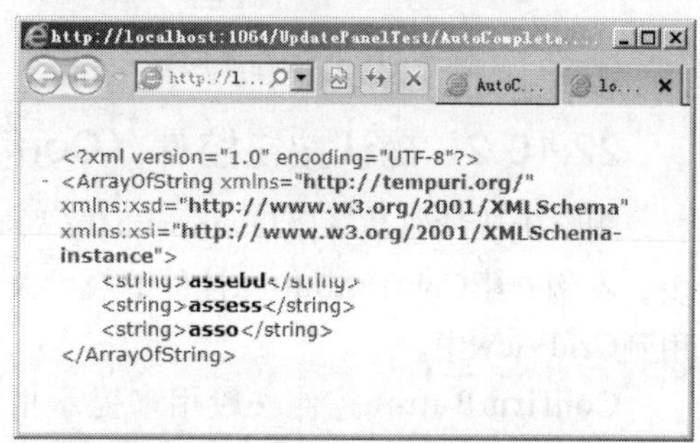

图22.33 Web服务正常调用的结果

2. 创建实现自动完成功能的窗体

本小节创建实现完成功能的窗体，步骤如下所示。

(1) 打开默认生成的Default.aspx页。在页面中添加一个TextBox控件，此时不需要直接添加自动完成控件，而是单击TextBox控件右上角的>按钮，选择“添加扩展程序”选项，打开支持TextBox的扩展程序向导。

(2) 选中AutoCompleteExtender，单击“确定”按钮。此时会在页面的源代码中自动添加一段代码，注册这个扩展控件，如下所示。

```
<%@ Register assembly="AjaxControlToolkit"
namespace="AjaxControlToolkit" tagprefix="cc1" %>
```

（3）设计AutoCompleteExtender控件的属性，如下所示。

```
            < cc1:AutoCompleteExtender
                  ID="AutoCompleteExtender1"
                  runat="server"
             TargetControlID="TextBox1"
              ServicePath="AutoComplete.asmx"
              ServiceMethod="GetCompleteList"
              CompletionSetCount="10"
              EnableCaching="true"
              CompletionInterval="1000"
              MinimumPrefixLength="2">
            </ cc1:AutoCompleteExtender>
```

Web服务中的参数“count”，就取自设计的属性“CompletionSetCount”。自动添加完扩展控件后，如果页面中没有自动添加ScriptManager控件，则手动将此控件拖入页面，如图22.34所示。

（4）将此页设置为起始页，运行程序，当在文本框中输入“ass”时，效果如图22.35所示。

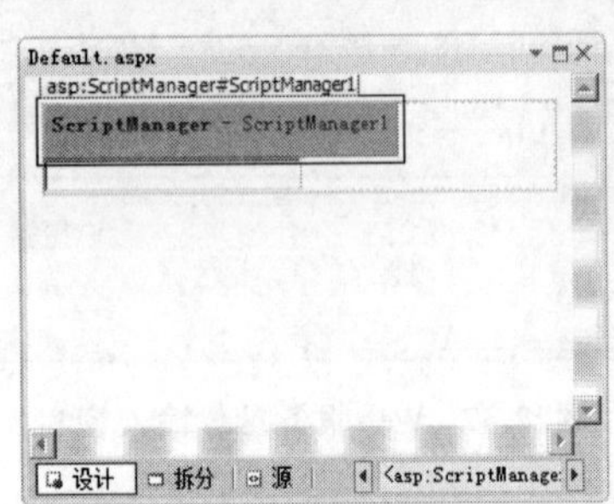

图22.34 扩展程序向导

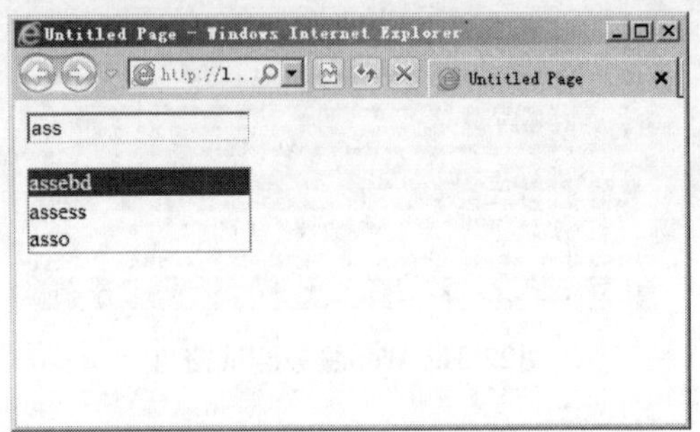

图22.35 自动完成功能运行效果

22.10.2 确认按钮控件（ConfirmButton）

删除确认按钮是一段JavaScript代码的简单应用，不是非常重要，但日常项目中又不可缺少。本例介绍ConfirmButton控件的属性及实现原理，最后还介绍如何将ConfirmButton控件应用到GridView中。

ConfirmButton控件一般用来提示用户，通常用在进行删除操作时，让用户确认删除。ConfirmButton控件的属性如下所示。

```
< cc1:ConfirmButtonExtender ID="cbe" runat="server"
     TargetControlID="LinkButton1"
     ConfirmText="确认删除吗？" />
```

其中，“TargetControlID”属性表示应用此确认的按钮ID。“ConfirmText”属性表示提示给用户的信息。

在以前的应用项目中，如果要为GridView添加删除确认，需要在绑定GridView数据行的时候，手动添加JavaScript脚本。本例就是演示如何使用ConfirmButton控件，实现GridView的删除确认功能。实例的演示步骤如下所示。

（1）在网站中添加一个Web窗体“GridViewConfirm.aspx”，之后在此窗体中添加一个ScriptManager和一个UpdatePanel。

（2）在UpdatePanel中添加一个GridView，并配置其数据源。在配置数据源的向导中，当出现如图22.36所示的窗口时，选择完数据内容后，单击“高级”按钮。

（3）此时打开如图22.37所示的窗口，选中窗口的第一项，表示GridView将实现删除功能。

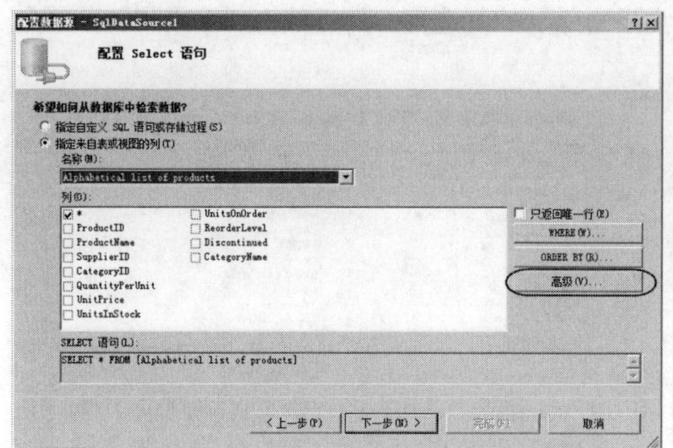

图22.36 配置Select语句窗口

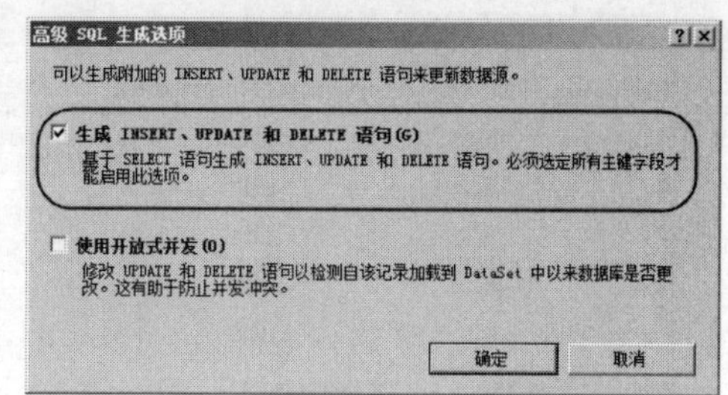

图22.37 高级SQL生成选项窗口

（4）单击“确定”按钮，继续配置数据源，最终数据源属性如下所示。

```
01  <asp:SqlDataSource ID="SqlDataSource1" runat="server"
02      ConnectionString="<%$ ConnectionStrings:NorthwindConnectionString %>"
03       DeleteCommand=
04              "DELETE FROM [Categories] WHERE [CategoryID] = @CategoryID"
05       InsertCommand="INSERT INTO [Categories] ([CategoryName], [Description],
06              [Picture]) VALUES (@CategoryName, @Description, @Picture)"
07      SelectCommand="SELECT * FROM [Categories]"
08       UpdateCommand="UPDATE [Categories] SET
09       [CategoryName] = @CategoryName, [Description] = @Description,
10       [Picture] = @Picture WHERE [CategoryID] = @CategoryID">
11      <DeleteParameters>
12          <asp:Parameter Name="CategoryID" Type="Int32" />
13      </DeleteParameters>
14      <UpdateParameters>
15          <asp:Parameter Name="CategoryName" Type="String" />
16          <asp:Parameter Name="Description" Type="String" />
17          <asp:Parameter Name="Picture" Type="Object" />
18          <asp:Parameter Name="CategoryID" Type="Int32" />
19      </UpdateParameters>
20      <InsertParameters>
21          <asp:Parameter Name="CategoryName" Type="String" />
22          <asp:Parameter Name="Description" Type="String" />
23          <asp:Parameter Name="Picture" Type="Object" />
24      </InsertParameters>
25  </asp:SqlDataSource>
```

【代码解析】第2行代码用于设置数据库连接字符串，第3～4行代码用于设置删除命令，第5～7行代码用于设置插入命令，第8～10行代码用于设置更新命令，第11～13行代码用于设置删除命令的参数，第14～19行代码用于设置更新命令的参数，第20～24行代码用于设置插入命令的参数。

注意 本例使用的数据库Northwind，可从Microsoft官方网站下载。

此时的设计效果如图22.38所示。

（5）单击GridView的任务菜单，选中“启用删除”的复选框。然后单击“编辑列”菜单命令，打开“字段”对话框，如图22.39所示。

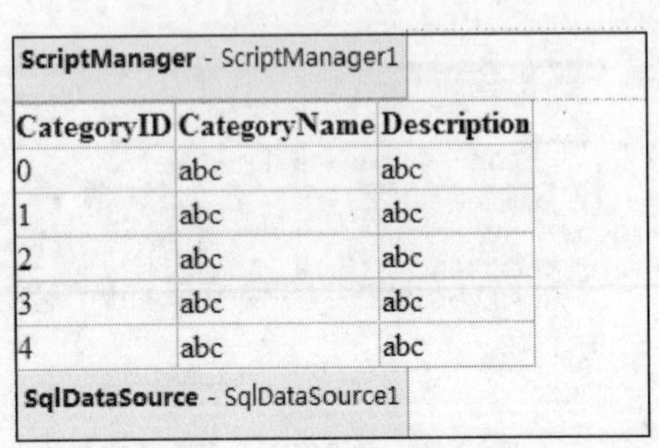
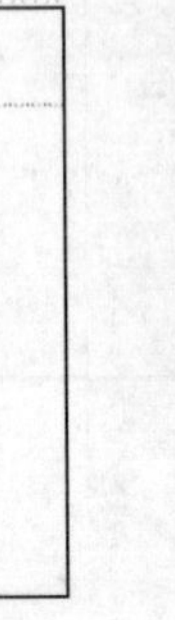

图22.38 GridView的设计效果

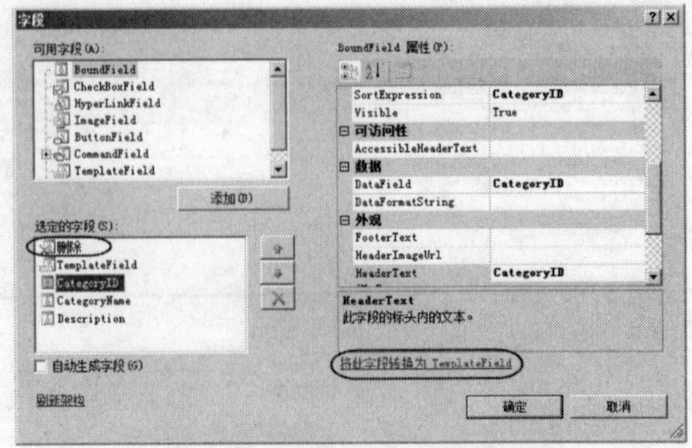

图22.39 字段对话框

（6）在“选定的字段”列表中，选择“删除”选项，单击“将此字段转换为TemplateField”链接按钮，将其设置为模板列，再单击“确定”按钮回到设计界面。

（7）再次打开GridView的任务菜单，单击“编辑模板”菜单命令。打开模板编辑视图，如图22.40所示。

（8）在模板中添加一个“ConfirmButtonExtender”控件。然后切换到到源代码视图，找到刚添加的“ConfirmButtonExtender”控件，修改其属性如下所示。

```
01    < cc1:ConfirmButtonExtender ID="ConfirmButtonExtender1" runat="server"
02            TargetControlID="LinkButton1"
03            ConfirmText="确认删除当前行吗?" >
04    </ cc1:ConfirmButtonExtender>
```

【代码解析】第2行代码用于设置需要确认的按钮控件，第3行代码用于设置确认时所显示的内容。

（9）打开GridView的任务菜单，单击“结束模板编辑”菜单命令。

（10）保存所有的设计，将此页设置为起始页。运行程序，初始界面如图22.41所示。

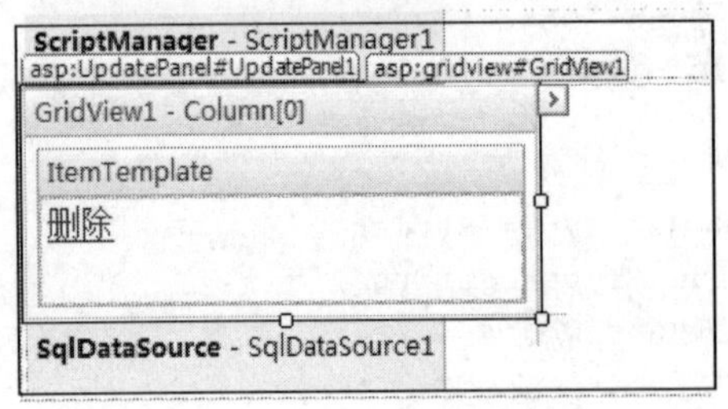

图22.40 模板编辑视图

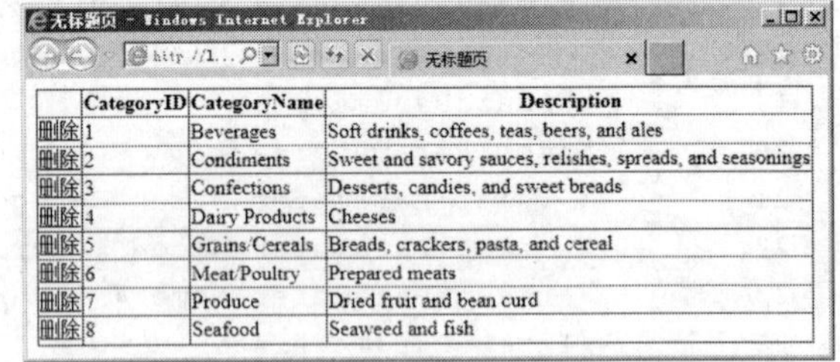

	CategoryID	CategoryName	Description
删除	1	Beverages	Soft drinks, coffees, teas, beers, and ales
删除	2	Condiments	Sweet and savory sauces, relishes, spreads, and seasonings
删除	3	Confections	Desserts, candies, and sweet breads
删除	4	Dairy Products	Cheeses
删除	5	Grains/Cereals	Breads, crackers, pasta, and cereal
删除	6	Meat/Poultry	Prepared meats
删除	7	Produce	Dried fruit and bean curd
删除	8	Seafood	Seaweed and fish

图22.41 GridView删除确认的初始运行效果

（11）单击“删除”按钮，此时效果如图22.42所示。

（12）如果单击“取消”按钮，则GridView不做任何修改；如果单击“确定”按钮，则GridView成功删除了一行。

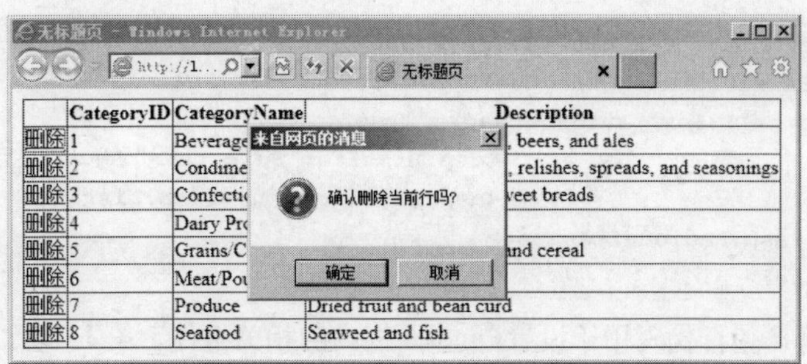

图22.42 GridView的删除确认效果

22.10.3 下拉菜单控件（DropDown）

DropDown控件可为任意控件生成下拉式菜单，本节介绍此控件的主要属性以及如何使用此控件为其他控件实现下拉菜单。

DropDown的功能是为任意控件指定下拉菜单，当然这个下拉菜单必须是已经存在的。本节通过实际项目中的一个应用，说明此控件的好处。在财务系统中，需要定义一些资产报表，这些报表项的内容不固定，有时候是一些行的合计，有时候是选择科目。那么在定义报表项之前，先要求用户选择“合计”和“科目”中的一个，然后根据选择的值，显示不同的内容。选择“合计”，则出现的应该是文本框控件；如果选择“科目”，则出现的是下拉框，供用户选择科目。

本例通过上述需求的描述，使用DropDown控件完成这个功能。实例的演示步骤如下所示。

（1）在网站中添加一个页面“DropDownTest”。为了避免页面的刷新，本例还使用UpdatePanel控件，在视图中添加此控件，同时还需要添加ScriptManager控件。

（2）本例使用Panel1作为要显示下拉菜单的控件，其属性设置如下所示。

```
01    <asp:Panel ID="Panel1" CssClass="pan" runat="server"
02          BackColor="#FFFFC0" Height="16px" Width="306px">
03    </asp:Panel>
```

【代码解析】第1～3行代码用于设置Panel控件的背景色、高度、宽度属性。

（3）为了不使Panel1获取焦点时其背景色把其内的控件覆写，还需要为Panel1应用样式“pan”，此样式的实际内容如下所示。

```
01    <style>
02        .pan
03        {
04            display: block; width: 300px; padding:2px; padding-right: 50px;
05              font-family: Tahoma; font-size: 11px;
06        }
07    </style>
```

【代码解析】第4行代码用于设置显示的样式。

（4）本例使用RadioButtonList控件作为下拉时显示的菜单，此控件被Panel2包装，最终属性如下所示。

```
<asp:Panel ID="Panel2" runat="server" Height="24px" Width="140px">
    <asp:RadioButtonList ID="RadioButtonList1" runat="server"
```

```
03          BackColor="#FFC0C0" Height="38px"
04          OnSelectedIndexChanged="RadioButtonList1_SelectedIndexChanged"
05          Width="136px" AutoPostBack="True">
06                          <asp:ListItem Selected="True">科目</asp:ListItem>
07                          <asp:ListItem>合计</asp:ListItem>
08            </asp:RadioButtonList>
09      </asp:Panel>
```

【代码解析】第1～9行代码用于设置Panel面板内的相关组件，第2～5行用于设置单选按钮的样式，第6～7行用于设置列表项的显示。

（5）上面的代码显示，当选择RadioButtonList时，会触发事件“SelectedIndexChanged”。为了在运行时回发控件，需要设置RadioButtonList控件的属性“AutoPostBack”。SelectedIndexChanged事件的代码如下所示。

```
01  protected void RadioButtonList1_SelectedIndexChanged(object sender, EventArgs e)
02   {
03        if(RadioButtonList1.SelectedValue=="科目")
04        {
05             Panel1.Controls.Clear();                    //首先要清空Panel的内容
06             DropDownList drop=new DropDownList();//创建一个包含内容的下拉框
07             drop.Items.Add("银行存款");
08             drop.Items.Add("银行贷款");
09             Panel1.Controls.Add(drop);                  //将下拉框添加到Panel中
10        }
11        if (RadioButtonList1.SelectedValue == "合计")
12        {
13             Panel1.Controls.Clear();                    //首先要清空Panel的内容
14             TextBox tb = new TextBox();                 //创建文本框
15             tb.Text = "合计：";
16             Panel1.Controls.Add(tb);                    //将文本框添加到Panel中
17        }
18   }
```

【代码解析】第3行代码用于判断单选按钮的当前选择值是否为科目，若是，则执行第5～9行代码。第5行代码用于清空面板中的控件，第6行代码用于创建一个下拉列表，第7～8行代码向下拉列表框中添加选择项，第9行代码用于将下拉列表框添加到面板上。第11行代码用于判断当前选择的值是否为合计，若是，则执第13～16行代码，清空面板上的控件，新建一个文本框，并将其添加到面板上。

（6）在视图中，添加控件“DropDownExtender”，其详细属性如下所示。

```
<cc1:DropDownExtender ID="RadioButtonList1_DropDownExtender" runat="server"
     DropDownControlID="Panel2" TargetControlID="Panel1>
</cc1:DropDownExtender>
```

（7）最终页面的设计效果如图22.43所示。

运行程序，初始界面如图22.44所示。当鼠标指针移动到Panel1时，单击此控件，效果如图22.45所示。选择“科目”单选按钮后，则Panel1中的内容发生了变化，效果如图22.46所示。如果单击“合计”单选按钮，则Panel1的变化如图22.47所示。

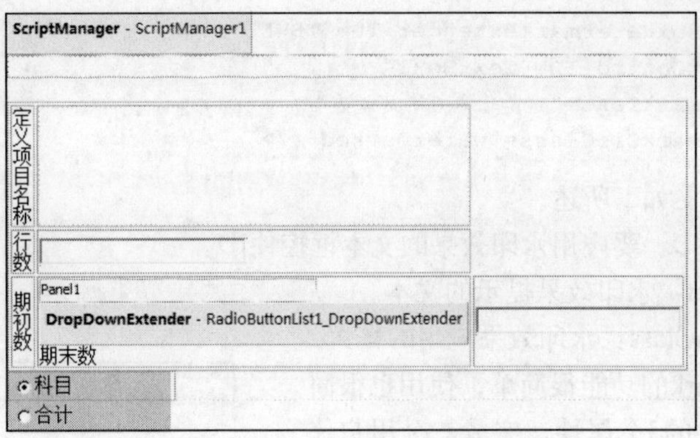

图22.43 DropDown实例的设计视图

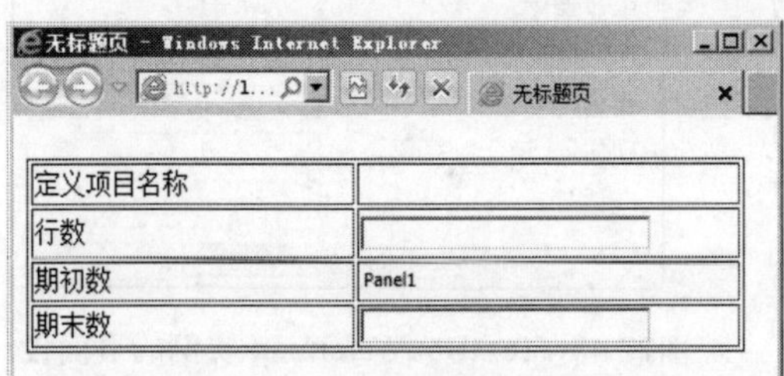

图22.44 DropDown实例的设计视图

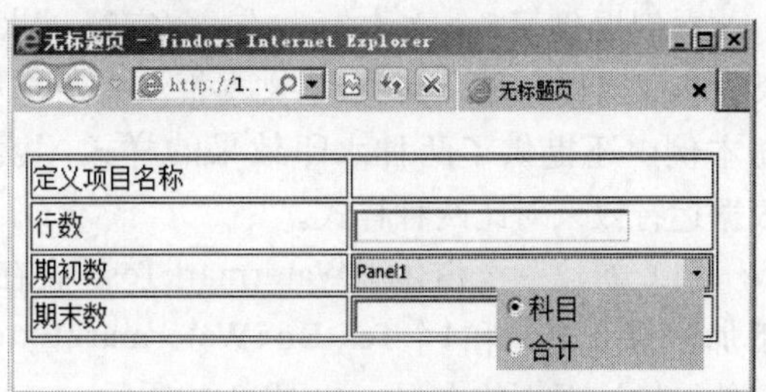

图22.45 弹出下拉菜单的视图

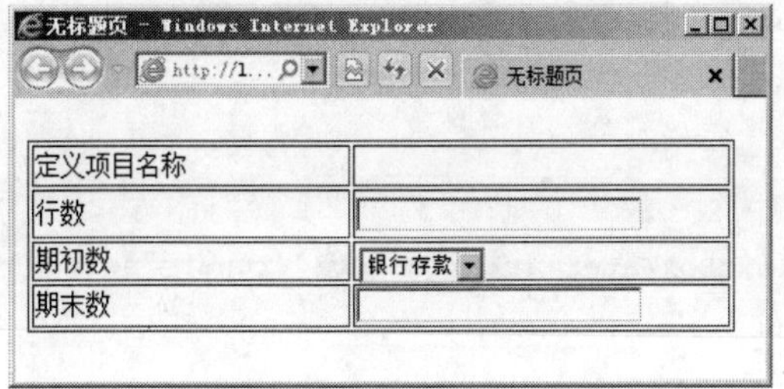

图22.46 选择科目后的视图

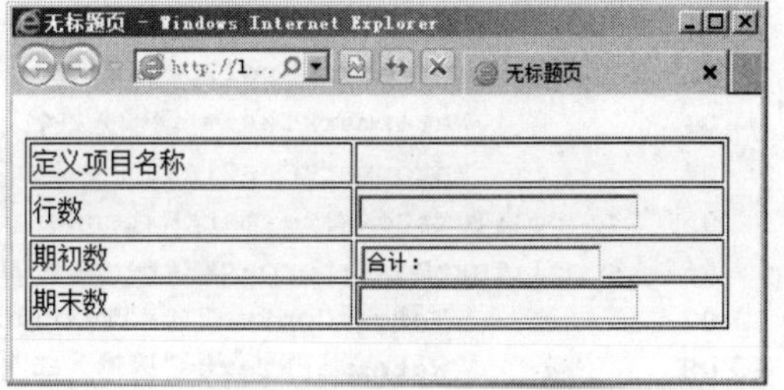

图22.47 选择合计的视图

注意 本例没有实现在选择后，去除Panel的颜色，读者可在“SelectedIndexChanged”事件中自行定义。

本例主要讲解了如何实现下拉菜单，可以使用多种控件作为菜单的内容，如CheckBoxList或者LinkButton等。

22.10.4 文本框水印控件（TextBoxWatermark）

TextBoxWatermark是一款个性化的文本框控件。当文本框中没有数据时，可以用非常特色的样式填充在文本框中。当用户开始输入内容时，这些特色的样式就消失了；如果用户没有输入内容，当文本框失去焦点后，这些特色的样式又显示出来，可以起到提醒和美观的作用。TextBoxWatermark控件的主要属性如下所示。

```
<CC1:TextBoxWatermarkExtender ID="TBWE2" runat="server"
     TargetControlID="TextBox1"
     WatermarkText="这是输入姓名的地方"
     WatermarkCssClass="watermarked" />
```

其中各属性的意义如下所述。

- TargetControlID：要应用水印效果的文本框控件ID。
- WatermarkText：水印效果提示的文本。
- WatermarkCssClass：水印效果应用的样式。

TextBoxWatermark的功能很简单，使用也很简单。本例通过其提供的3个属性，完成一个用户信息提交功能的界面。

本例提供了5个文本框：有4个实现了水印效果；为了对比结果，其中1个文本框没有使用水印。在本例中还提供了两种水印效果的样式，读者可根据运行效果对比两种样式。

（1）新建一个窗体“WatermarkTest”，在其中添加5个TextBox和4个TextBoxWatermarkExtender控件。设计页面的布局，如图22.48所示。

图22.48 TextBoxWatermark实例的页面设计

（2）切换到页面源代码，编辑4个TextBoxWatermarkExtender的属性如下所示。

```
01  <cc1:TextBoxWatermarkExtender ID="TextBoxWatermarkExtender1" runat="server"
02          TargetControlID="TextBox1"
03          WatermarkText="请输入姓名"
04          WatermarkCssClass="water1">
05  </ cc1:TextBoxWatermarkExtender>
06  < cc1:TextBoxWatermarkExtender ID="TextBoxWatermarkExtender2" runat="server"
07           TargetControlID="TextBox2"
08           WatermarkText="请输入毕业院校"
09           WatermarkCssClass="water1">
10  </ cc1:TextBoxWatermarkExtender>
11  < cc1:TextBoxWatermarkExtender ID="TextBoxWatermarkExtender3" runat="server"
12           TargetControlID="TextBox3"
13           WatermarkText="请输入籍贯"
14           WatermarkCssClass="water2">
15  </ cc1:TextBoxWatermarkExtender>
16  < cc1:TextBoxWatermarkExtender ID="TextBoxWatermarkExtender4" runat="server"
17           TargetControlID="TextBox4"
18           WatermarkText="请输入住址"
19           WatermarkCssClass="water2">
20  </ cc1:TextBoxWatermarkExtender>
```

【代码解析】第1～20行代码用于设置各个文本框中的提示信息，且设置提示信息以水印的方式显示，第3行、第13行和第18行用于设置水印显示的内容。

（3）上述代码中使用了两种样式，代码如下所示。

```
<style>
    .water1 {
     height:20px;
     width:150px;
     padding:2px 0 0 2px;
     border:1px solid #BEBEBE;
     background-color:#F0F8FF;
     color:gray;}
    .water2 {
     height:20px;
     width:150px;
     border:1px none #ffffcc;
     background-color:#ccccff;
     color:Green;}
</style>
```

（4）运行程序，效果如图22.49所示。可通过单击文本框，测试水印消失后的效果，然后不输入任何内容，鼠标指针离开文本框后，水印又回来了。

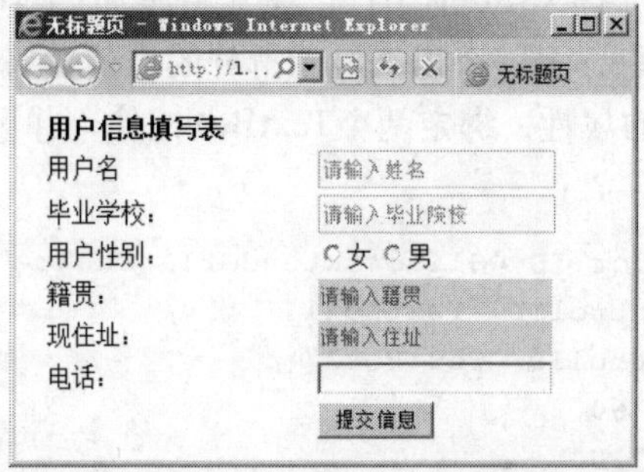

图22.49 TextBoxWatermark实例的运行效果

22.10.5 滑杆控件（Slider）

Slider（滑杆）控件可以比较个性化地显示当前的数字值，用户还可以通过文本框控制滑杆的数据值。Slider滑杆的主要属性如下所示。

```
<cc1:SliderExtender ID="SliderExtender1" runat="server"
   TargetControlID="Slider1"
   Minimum="-100"
   Maximum="100"
   Decimals="2"
   BoundControlID="Slider1_BoundControl"
   Steps="5" />
```

其中各属性的意义如下：

- TargetControlID：应用Slider的控件ID。
- Minimum：滑杆的最小值。
- Maximum：滑杆的最大值。
- BoundControlID：绑定到滑杆上，用来显示数据的控件ID。

- Steps：每次滑动时的步数。
- Decimals：显示值的小数位数。
- RaiseChangeOnlyOnMouseUp：鼠标离开滑杆时的事件。

在演示Slider滑杆前，需要先了解Microsoft给出的关于此控件的特别说明。

- 关于文本框的不可视状态：在应用Slider滑杆时，其实是使用脚本对TextBox控件进行了控制，如果想在不支持脚本的浏览器中应用此效果，则必须手动设置TextBox控件的不可视效果，使用样式“display:none”。
- 关于流控制：流控制有两种显示方式，作为块元素（block）和作为内流元素（inline）。当文本框以inline形式在客户端呈现时，则Slider的显示方式为block。建议在使用Slider控件的时候，用Table来布局页面。
- 为Slider应用样式表：如果要为Slider控件设置自定义的样式，则“HandleCssClass”的位置必须为“absolute”，而“RailCssClass”的位置必须为“relative”。

本例要实现一个简单的滑杆，可通过文本框控制滑杆的值，同时要求数值为2位小数。实例的演示步骤如下所示。

（1）新建一个窗体名为“AjaxSliderCtrl”，在其中添加2个TextBox和1个SliderExtender。其中一个TextBox用来显示滑杆，另一个用来显示滑杆的当前数值。

（2）设计SliderExtender的属性，绑定两个TextBox控件，并设置值的大小和小数位数，最终属性如下所示。

```
<cc1:SliderExtender ID="SliderExtender1" runat="server"
        TargetControlID="TextBox1"
        BoundControlID="TextBox2"
        Maximum="60"
        Minimum="10"
        Decimals="2"
        EnableHandleAnimation="true"   >
</cc1:SliderExtender>
```

（3）页面的最终设计效果如图22.50所示。

（4）运行程序，效果如图22.51所示。可通过修改文本框的值来改变滑杆的值，也可以通过滑动滑杆来改变文本框的值。

图22.50 Slider滑杆的属性设计

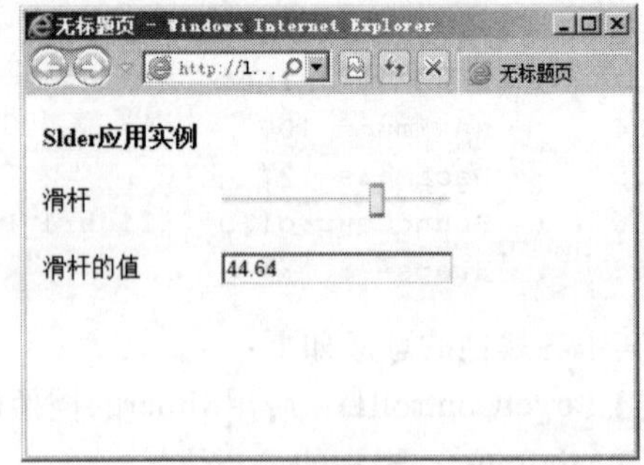

图22.51 Slider滑杆实例的运行效果

22.11 小结

本章主要了解ASP.NET AJAX的概念和结构，需要注意的是，ASP.NET AJAX所支持的最低.NET版本是2.0。本章还了解了ASP.NET AJAX自带的服务器控件的功能等，从而进一步掌握ASP.NET AJAX整个框架。本章最后介绍微软官方网站提供的AJAX工具包，其中包含30多种控件，拿来即用。至于如何应用，可参考最后的这几个案例。

22.12 上机实践习题

制作一个ASP.NET AJAX程序，当用户单击按钮时，可以实现局部更新，在页面上显示“欢迎学习ASP.NET AJAX网页设计”，而不需要通过服务器连接刷新数据。

【提示】该题目要求读者学习通过AJAX实现程序局部刷新的相关知识，重点掌握刷新事件的控制操作。

【关键代码】

```
01  <head runat="server">
02      <title>学习ASP.NET AJAX网页设计</title>
03  </head>
04  <body>
05      <form id="form1" runat="server">
06      <asp:ScriptManager ID="ScriptManager1" runat="server">
07      </asp:ScriptManager>
08      <div>
09          <asp:UpdatePanel ID="UpdatePanel1" runat="server">
10          <ContentTemplate>
11              <asp:Label ID="ShowText" runat="server"
12                     Text="在此处更新数据"></asp:Label>
13          </ContentTemplate>
14          <Triggers>
15              <asp:AsyncPostBackTrigger ControlID="Submit" EventName="Click" />
16          </Triggers>
17          </asp:UpdatePanel>
18          <asp:Button ID="Submit" runat="server" Text="欢迎" onclick="Submit_Click" />
19      </div>
20      </form>
21  </body>
22  protected void Submit_Click(object sender, EventArgs e)
23      {
24          ShowText.Text = "欢迎学习ASP.NET AJAX网页设计！";
25      }
```

【代码解析】第6～7行代码用于设置ScriptManager控件，第24行代码用于设置按钮的响应事件。

第七篇
建立一个电子商务网站

第23章　设计简单博客网站

本章通过开发一个博客网站为实例，学习网站开发的一般过程。通过学习本章，读者可以创建一个属于自己的博客网站，并通过该实例学会使用ASP.NET中提供的各个控件。

本章重点：

❑系统概要设计，学会分析系统的需求和设计网站架构。

❑ 数据库设计，学会依据实际需求设计数据库的表。

❑ 模块分析，学会依据实际需求划分各个模块，然后分别实现各个功能模块。

23.1　系统概要设计

本节主要介绍简单Blog网站的系统设计。系统设计是整个网站的基础，主要包括了系统需求、系统功能、系统架构的分析和设计。

23.1.1　分析系统需求

博客，英文名为Blog，是一个可以在网页上写日志并可以个性化设置自己网页的地方。随着Web 2.0的兴起，越来越多的人开始在网上个性化装扮自己。各大网站也提供了一些博客模板，用户可以自己设计自己的博客主页。Sina和Sohu还分别推出了名人Blog，网民可以在这些Blog上欣赏明星的风采。

简单Blog网站是基于Web的网上家园系统，其主要功能包括网站管理、图片管理、文集管理、通信录管理等功能，在网站具体实现数据绑定控件的使用，并结合AJAX技术灵活实现个性定制，进行信息发布、信息导航与信息组织。在信息发布中，通过AJAX用户不用刷新网页，发布最新的公告信息、文章和图片的最新信息，直接将信息显示在数据绑定控件中。本网站系统命名为：简单Blog网站。

根据总体规划，要求开发的ASP.NET应用程序具有以下基本功能。

（1）数据的日常管理更容易、更简单。网站将立足于用户使用的方便性。该网站将充分利用AJAX的XMLHttpRequest对象来发送异步请求操作，提高用户的信息处理效率。

（2）网站的更新更便利、更快捷。通过AJAX在后台获取数据，就能够获取目录的内容和最新信息，而无须等待。

（3）高效且可扩充。网站运用了AJAX的XMLHttpRequest对象使网站的访问和操作速度大大提高，并且和下一代浏览器相结合。

23.1.2 系统主要功能

根据Blog网站常有的功能，要求本系统应具有以下基本功能：

- 网站空间的日常管理，注册用户可以管理自己的空间。
- 图片管理，注册用户可以管理自己的图片库。
- 文集管理，注册用户可以管理自己的文章库。
- 通信录管理，注册用户可以管理自己的通信录信息。
- 浏览评论功能，游客可以在不注册的情况下，对文章和图片进行评论。

23.1.3 搭建开发系统的环境

网站开发采用的开发平台是Visual Studio 2010和SQL Server 2008数据库。选取C#为开发语言，可以保证网站性能最佳，并使用AJAX技术将XMLXMLHttpRequest技术充分应用到网站开发过程中，最大限度地发挥AJAX技术和C#语言结合的优势。采用C#作为语言开发平台，主要是基于以下考虑：

(1) C#的语言平台使得开发程序在Windows操作系统上的运行更为流畅，性能也更为出色。同时，使用C#提供的强大数据库访问及其操作控件使得操作数据更加方便、快捷。

（2）C#语言平台与AJAX技术结合性能上更胜一筹。

本网站解决方案的规划和设计，将立足于对网站环境的要求更容易满足、网站的实现更简单方便、网站的管理更安全可靠、网站的功能更加完善。

- 服务器操作网站：开发过程采用Windows服务器操作系统。
- 主要控件：数据绑定控件。
- 主要技术：AJAX技术。
- 开发语言：C#。
- 开发工具：基于ASP.NET 4.0版本的Visual Studio 2010。
- 数据库：SQL Server 2008数据库。

23.1.4 设计网站架构

根据网站总体目标和功能要求，网站架构大体上分为：用户层、AJAX逻辑操作层、数据操作层。这三个逻辑层在功能上相对独立，但在技术上相互渗透并融合在一起。

用户层、AJAX逻辑操作层主要处理和解决的是，对用户操作时产生的触发事件和一些参数的判断，以及XMLHttpRequest异步功能的创建和调用。数据访问处理层既要处理数据信息，同时还要负责网站结构与维护所需信息的数据管理。

数据操作层主要通过参数对数据库表中的信息进行处理和调用，然后将信息返还给AJAX逻辑操作层，如图23.1所示。

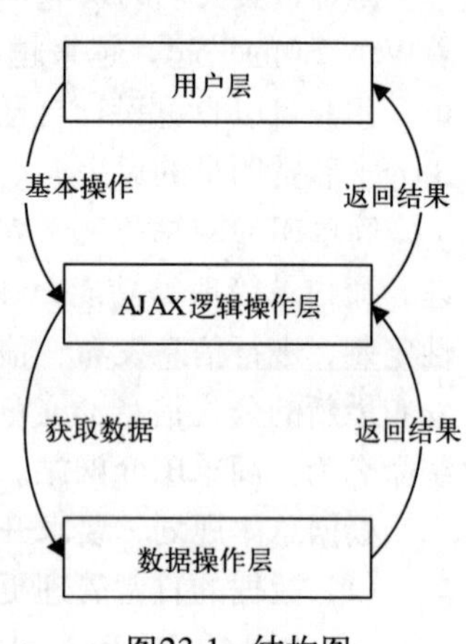

图23.1 结构图

23.2 数据库设计

本网站的数据库表设计过程中参照了数据库设计的3F范式，严格遵循了数据库设计3F范式的要求，最大限度地避免了数据冗余、更新异常、插入异常、删除异常等错误。

23.2.1 数据库表设计

根据需求分析和系统功能的需要，将本网站使用的数据库设计如下：数据库名为BlogDB；数据库表如下所示。

1. UserInfo（用户信息表）

用户信息表是用来存放注册用户的基本信息的。在此表中ZhuCYHM是主键，用来标识一行记录。BianH是用来记录用户个数的数字自动递增字段。具体表结构如表23.1所示。

表23.1 UserInfo（用户信息表）

字　段	名　称	类　型	主　键	备　注
BianH	编号	Int		自动增加
ZhuCYHM	注册用户名	Varchar(20)	是	对应注册表中的注册用户名
XingM	姓名	Varchar(10)		
MiM	密码	Varchar(50)		
XingB	性别	Varchar (50)		

2. T_ZhuangT（状态表）

状态表是用于设置文章状态的数据表。在此表中ZhuangT是主键，用于标识一行记录。BianH是用来记录状态个数的数字自动递增字段。具体结构如表23.2所示。

表23.2 T_ZhuangT（状态表）

字　段	名　称	类　型	主　键	备　注
BianH	编号	Int		自动增加
ZhuangT	状态	Varchar(50)	是	

3. T_XiangCPL（图片评论表）

图片评论表是用于保存图片评论信息的数据表。BianH是用来记录评论个数数字的自动递增字段。ZhaoPBH对应T_XiangC表中的BianH。具体表结构如表23.3所示。

表23.3 T_XiangCPL（图片评论表）

字　段	名　称	类　型	主　键	备　注
BianH	编号	Int		自动增加
ZhaoPBH	照片编号	Int		对应T_XiangC表中的BianH
PingL	评论	Varchar(8000)		
TianJRQ	添加日期	DataTime		

4. T_BlogPL（文章评论表）

文章评论表是用来保存文章评论信息的数据表。BianH是用来记录评论个数的数字自动递增字段。BlogBH对应T_Blog表中的BianH。具体表结构如表23.4所示。

表23.4 T_BlogPL（文章评论表）

字　段	名　称	类　型	主　键	备　注
BianH	编号	Int		自动增加
BlogBH	文章编号	Int		对应T_Blog表中的BianH
PingL	评论	Varchar(8000)		
TianJRQ	添加日期	DataTime		

5. T_TongXL（通讯录表）

通讯录表是用来保存通信人员信息的数据表。BianH是用来记录评论个数的数字自动递增字段，并且是这个数据表的主键。具体表结构如表23.5所示。

表23.5 T_TongXL（通讯录表）

字　段	名　称	类　型	主　键	备　注
BianH	编号	Int	是	自动增加
userName	用户名	Varchar(50)		
XingM	姓名	Varchar(50)		
DianH	电话	Varchar(50)		
TianJRQ	添加日期	DataTime		

6. T_XiangC（图片信息表）

图片信息表是用来保存用户上传的图片信息的数据表。BianH是用来记录评论个数的数字自动递增字段，并且是该数据表的主键。Username字段对应UserInfo表中的ZhuCYHM。具体表结构如表23.6所示。

表23.6 T_XiangC（图片信息表）

字　段	名　称	类　型	主　键	备　注
BianH	编号	Int	是	自动增加
username	注册用户名	Varchar(50)		对应UserInfo表中的ZhuCYHM
MingC	照片名称	char(10)		
ZhaoP	照片	Varchar(50)		
TianJRQ	添加日期	DataTime(8)		

7. T_Blog（文章信息表）

文章信息表是用来保存用户文章信息的数据表。BianH是用来记录评论个数的数字自动递增字段，并且是该数据表的主键。Username字段对应UserInfo表中的ZhuCYHM。具体表结构如表23.7所示。

表23.7 T_Blog（文章信息表）

字 段	名 称	类 型	主 键	备 注
BianH	编号	Int	是	自动增加
Username	注册用户名	Varchar(10)		对应UserInfo表中的ZhuCYHM
BiaoT	标题	Varchar(50)		
NeiR	内容	Varchar(8000)		
TianjRQ	添加日期	DataTime		

23.2.2 数据库表关系设计

在数据库设计时，各个数据库关系表的关联在最大限度上遵循了第三范式的要求，实现数据低耦合、高聚集的效果。各个数据库关系表是通过表中的字段信息连接在一起的。下面来介绍数据库中的表关系。方形代表的是数据表，菱形代表的是数据表中的字段，直线代表连接。

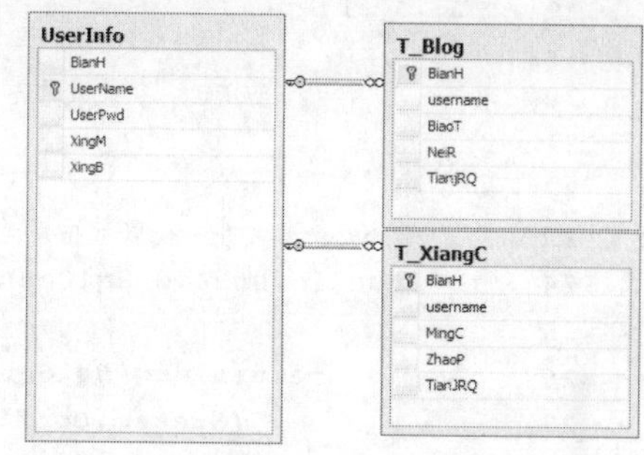

图23.2 UserInfo表关系图

（1）第一个表关系，UserInfo（用户表）、T_XiangC（图片表）、T_Blog（文章表）。UserInfo表和T_XiangC表通过共有字段ZhuCYHM（注册用户名）联系起来。UserInfo表和T_Blog表通过字段ZhuCYHM（注册用户名）联系起来，如图23.2所示。

（2）第二个表关系，T_XiangCPL（图片评论表）、T_XiangC（图片表）。T_XiangCPL表的ZhaoPBH（照片编号）和T_XiangC表的BianH（编号）联系起来，如图23.3所示。

（3）另一个表关系，T_BlogPL（文章评论表）、T_Blog（文章表）。T_Blog表的BianH（编号）和T_BlogPL表的BlogBH（文章编号）联系起来，如图23.4所示。

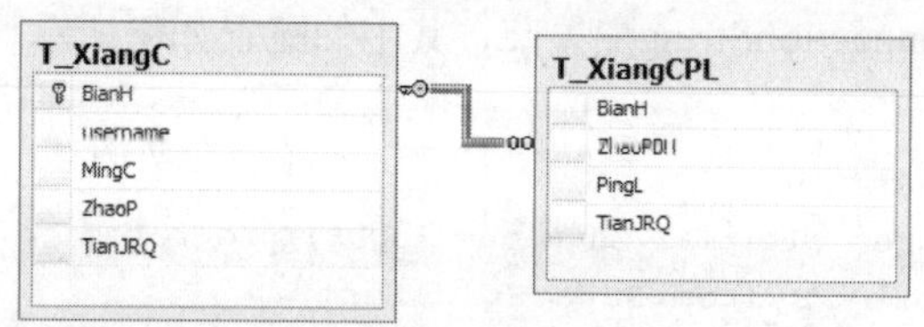

图23.3 T_XiangCPL表关系图

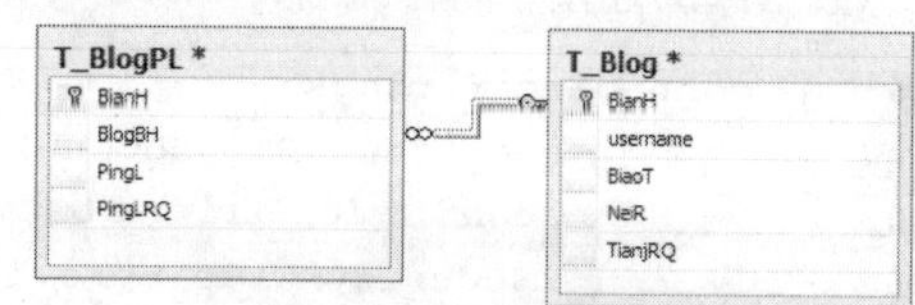

图23.4 T_BlogPL表关系图

23.3 网站数据库连接设计

标准的网站三层结构都需要一个数据处理层，该层用于处理所有与数据库相关的操作。通过把这些操作都放在一个处理类中以简化结构。本节在App_Code文件夹下，添加一个“Connection.cs”类，专门作为公共数据库操作类，数据库连接代码如下所示。

```
//所需要的命名空间
using System;
using System.Data;
using System.Configuration;
using System.Web;
```

```
06  using System.Web.Security;
07  using System.Web.UI;
08  using System.Web.UI.WebControls;
09  using System.Web.UI.WebControls.WebParts;
10  using System.Web.UI.HtmlControls;
11  using System.Data.SqlClient;
12  /// <summary>
13  /// Connection 的摘要说明
14  /// </summary>
15  public class Connection
16  {
17      public Connection()
18      {
19          //
20          // TODO: 在此处添加构造函数逻辑
21          //
22      }
23      //从配置文件中获取数据库连接信息
24      public static SqlConnection getConnection()
25      {
26          return new SqlConnection
27              (System.Configuration.ConfigurationManager.ConnectionStrings
28                  ["BlogDBConnectionString"].ConnectionString);
29      }
30  }
```

【代码解析】第2~11行代码用于包含程序所需的名称空间，第26~29行代码实现一个功能函数用于获取数据库的连接信息。

本类目前只有一个getConnection方法，其返回一个SQL连接SqlConnection。注意，上述代码表示数据库的连接字符串来自web.config中的ConnectionString配置节，其中的配置如下所示。

```
<connectionStrings>
        <add name="BlogDBConnectionString"
          connectionString="Data Source=.;Initial Catalog=BlogDB;Integrated
          Security=True" providerName="System.Data.SqlClient"/>
</connectionStrings>
```

23.4 用户管理模块

本节主要讲解用户管理模块的功能，其中包括用户注册、对用户信息的修改，以及用户登录时的验证功能。

23.4.1 用户注册功能

用户必须通过注册才能生成自己的Blog网站，新生成的网站是没有任何内容的，但是用户可以添加文章、图片和自己的通讯录。

在用户进行注册的时候需要填写用户名、密码、姓名、性别。在SQL Server数据库中会为每个用户生成一个编号，编号是自动增加的。所以每增加1个用户，编号自动增加1。用户名不能重复，此处的用户名是注册用户名，也就是用户登录时所使用的用户名。该模块实现使用AJAX技术。

用户注册界面的设计源代码如下所示，因为是一段标准的HTML代码，所以并未注释，读者可通过浏览器浏览页面的设计效果。其中用户注册的运行效果如图23.5所示。

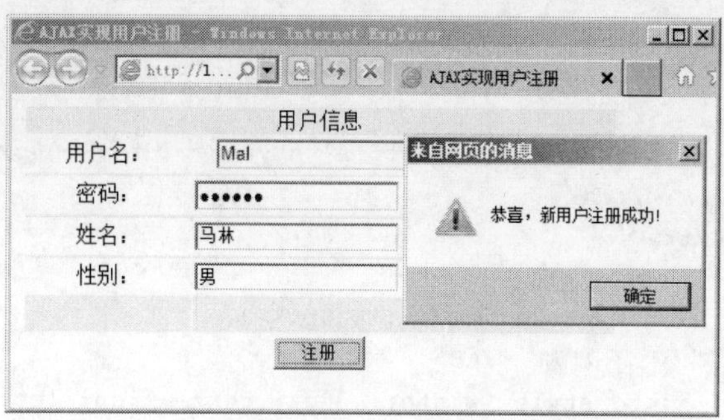

图23.5 用户注册效果

```
<body style="text-align: center" bgcolor="buttonhighlight">
    <form id="form1" runat="server">
    <div style="text-align: center">
        <table style="width: 442px; height: 145px">
            <tr>
                <td bgcolor="#ccffff" colspan="3">
                    用户信息</td>
            </tr>
            <tr>
                <td style="width: 100px">
                    用户名：</td>
                <td style="width: 100px">
                    <input id="userName" type="text"
             onkeyup="CheckName(document.getElementById('userName').value);" />
                  </td>
                <td style="width: 100px">
                    <img src="images/true.gif" id="imgName" /></td>
            </tr>
            <tr>
                <td bgcolor="#ccffff" style="width: 100px">
                </td>
                <td bgcolor="#ccffff" style="width: 100px">
                </td>
                <td bgcolor="#ccffff" style="width: 100px">
                </td>
            </tr>
            <tr>
                <td style="width: 100px">
                    密码：</td>
                <td style="width: 100px; text-align: left;">
                    <asp:TextBox ID="userPwd" runat="server"
                      TextMode="Password" Width="147px">*</asp:TextBox></td>
```

```
            <td style="width: 100px">
            </td>
        </tr>
        <tr>
            <td bgcolor="#ccffff" style="width: 100px">
            </td>
            <td bgcolor="#ccffff" style="width: 100px; text-align: left">
            </td>
            <td bgcolor="#ccffff" style="width: 100px">
            </td>
        </tr>
        <tr>
            <td style="width: 100px">
                姓名：</td>
            <td style="width: 100px; text-align: left;">
                <input id="XingM" type="text" /></td>
            <td style="width: 100px">
            </td>
        </tr>
        <tr>
            <td bgcolor="#ccffff" style="width: 100px">
            </td>
            <td bgcolor="#ccffff" style="width: 100px">
            </td>
            <td bgcolor="#ccffff" style="width: 100px">
            </td>
        </tr>
        <tr>
            <td style="width: 100px">
                性别：</td>
            <td style="width: 100px; text-align: left">
                <asp:TextBox ID="XingB"
                   runat="server" Width="147px"></asp:TextBox></td>
            <td style="width: 100px">
            </td>
        </tr>
        <tr>
            <td style="width: 100px; height: 24px;" bgcolor="#ccffff">
            </td>
            <td style="width: 100px; text-align: left;
                                  height: 24px;" bgcolor="#ccffff">
            </td>
            <td style="width: 100px; height: 24px;" bgcolor="#ccffff">
            </td>
        </tr>
        <tr>
            <td colspan="3">
                <input id="btnReg" style="width: 69px"
                   type="button" value="注册" onclick="regUser();" /></td>
        </tr>
```

```
83            </table>
84        </div>
85        </form>
86    </body>
```

【代码解析】第4～83行代码为页面添加了一个表格。其中，第5～8行代码用于设置表格第1行显示的内容，第9～18行代码用于设置表格第2行中所显示的内容为用户名标签和输入用户名的文本框，第19～26行代码用于设置表格的背景色，第27～35行代码用于设置密码标签和输入密码的文本框，第36～43行代码用于设置表格的背景色，第44～51行代码用于设置姓名标签和输入姓名的文本框，第52～59行代码用于设置表格的背景色，第60～68行代码用于设置性别标签和输入性别的文本框，第80～82行代码用于设置“注册”按钮。

当用户注册时，单击“注册”按钮会触发regUser()方法，该方法来自CreateObject.js脚本文件，其中就使用了AJAX方法，以提高服务器的响应速度。用户注册完成后，用户信息保存在UserInfo数据表中。

23.4.2 用户登录

用户登录是用户进入自己Blog进行管理的唯一通道。用户登录要输入自己的用户名和密码。经过验证，如果用户名和密码正确，就可以进入自己的Blog进行管理，如果给出错误提示，重新输入。用户登录后进入自己的Blog空间中，在自己的空间中可以添加新的文章、发布新的图片信息、修改自己的个人信息，也可以查看其他人给自己的文章或者图片的评论信息。

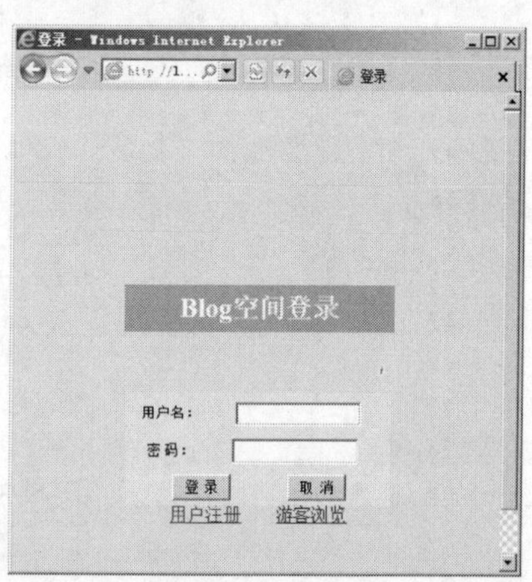

图23.6 登录界面

用户登录的界面如图23.6所示。本页面的设计代码如下所示，其中只给出了表格的设计部分，因为只有通过表格才可以让要显示的内容在正中间。

```
<table style="height: 373px; width: 68%;" id="TABLE1" language="javascript" >
    <tr>
        <td rowspan="6" style="width: 86px">
                        
        </td>
        <td class="style1">
        </td>
        <td rowspan="6" style="width: 83px">
                        
        </td>
    </tr>
    <tr>
        <td style="width: 582px; height: 15px; text-align: center" bgcolor=#799AE1>
            <strong>
           <span style="font-size: 18pt; color: #ffffff">Blog空间登录</span>
           </strong>
            </td>
    </tr>
```

```
    <tr>
        <td colspan="" style="width: 582px; height: 15px;">
            <a href="images/humans-4.ico"></a>
            </td>
    </tr>
    <tr bordercolor=#799ae1  >
        <td style="width: 582px; height: 8px; text-align: center;"
            bordercolorlight="#799ae1" bordercolordark="#799ae1">
          <table style="text-align: center" bgcolor="#dee5fa">
               <tr>
                <td style="width: 77px; text-align: center; height: 30px;" align="center">
                 <asp:Label ID="Label1" runat="server" Text="用户名："
                      Font-Size="Small" Width="76px"></asp:Label></td>
                 <td style="width: 154px; height: 30px;" align="center">
                   <asp:TextBox ID="TB_XingM" runat="server"
                        Width="108px"></asp:TextBox>
                    <asp:RequiredFieldValidator ID="RequiredFieldValidator1"
                        runat="server" ControlToValidate="TB_XingM"
                      ErrorMessage="*" Height="1px"
                        Width="4px"></asp:RequiredFieldValidator></td>
                 </tr>
                 <tr>
                    <td style="width: 77px; text-align: center;
                                height: 28px;" align="center">
                     <asp:Label ID="Label2" runat="server" Text="密    码："
                        Width="70px" Font-Size="Small"></asp:Label></td>
                    <td style="width: 154px; height: 28px;" align="center">
                      <asp:TextBox ID="TB_MiM" runat="server"
                        TextMode="Password" Width="109px"></asp:TextBox>
                      <asp:RequiredFieldValidator ID="Requiredfieldvalidator2"
                       runat="server" ControlToValidate="TB_MiM"ErrorMessage="*">
                    </asp:RequiredFieldValidator></td>
                 </tr>
                 <tr>
                   <td colspan="2" style="height: 26px" align="center">
                      <input id="btn_DengL" type="button"
                        value="登录" onclick="loginuser();" />
                               
                  <input id="btn_QuX" type="button" value="取消"
                        language="javascript" onclick="qux()" /></td>
                    </tr>
                </table>
            <a href="YongHZC.aspx" target="blank">用户注册</a>
      
            <asp:HyperLink ID="HyperLink1" runat="server"
ForeColor="#0000C0" NavigateUrl="~/Index_pageyouk.aspx">游客浏览
</asp:HyperLink></td>
     </tr>
     <tr>
```

```
68          <td style="width: 582px; height: 14px; text-align: center">
69              </td>
70      </tr>
71      <tr>
72          <td style="width: 582px; text-align: center; height: 13px;">
73              </td>
74      </tr>
75  </table>
```

【代码解析】第3～11行代码用于添加回车换行符，第12～18行代码用于设置空间登录的页面居中标题，第24～39行代码用于输入用户名并设置用户名的校验，第40～51行代码用于输入密码，并对密码进行校验，第52～59行代码用于设置“取消”按钮，第61行代码用于设置“用户注册”的超链接，第64行代码用于设置“游客浏览”的超链接。

本例在用户登录的时候也使用了AJAX技术。当用户单击“登录”按钮后，调用JavaScript方法loginuser()，其在JavaScript文件YongHDL.js中。感兴趣的读者，可参考光盘下的本章源代码。

23.4.3 用户信息维护

用户信息维护是用来管理用户的信息功能模块。当用户进入自己的管理控件中后，可以对自己的除了注册用户名以外的字段进行修改，例如，密码、姓名、性别，如图23.7所示。修改后的信息可以提交到数据库中。本页面的表格设计代码如下所示。

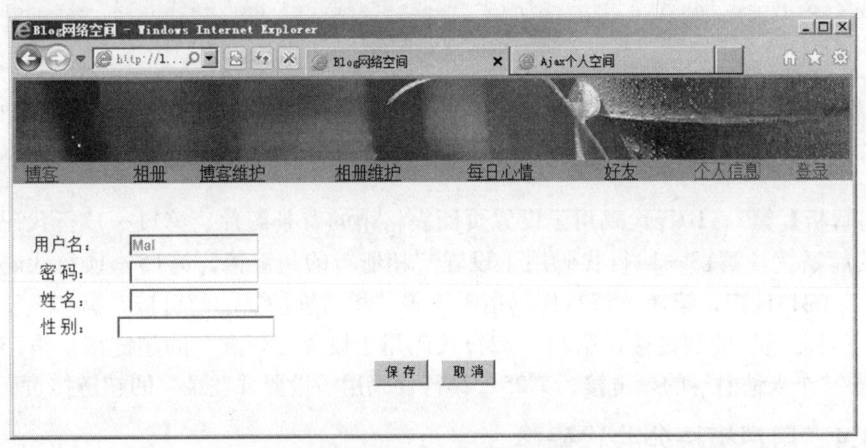

图23.7 用户信息维护界面

```
<frameset  rows="100,*" frameborder=no framespacing=no  border=0>
    <frame name = "TopPage" src="TopPage.aspx" scrolling=no  noresize=ture/>
    <frame name = "Mainpage" src="Main_page.aspx" scrolling=yes />
</frameset>
```

从代码中可以看出，本页面其实嵌套了两个网页，一个用来表示页眉的TopPage.aspx页，还有一个表示页面主体的Main_page.aspx页。其中，在TopPage.aspx设置一个导航菜单，登录用户可以选择要维护的各个项目，菜单的代码如下所示。

```
<body style="margin:0px" bgcolor="#66cc00">
  <table width="100%">
```

```
03        <tr  >
04            <td  >
05                <asp:Image ID="Image1" runat="server" Width="100%"
06     Height="77px" ImageAlign="Top"
07      ImageUrl="~/images/5029c2547a149b5cd109060c.jpg" />
08            </td>
09        </tr>
10      </table>
11      <asp:HyperLink ID="HyperLink1" runat="server"
12     NavigateUrl="Main_Page.aspx" Target="Mainpage" >博客</asp:HyperLink>
13      <asp:HyperLink ID="HyperLink8" runat="server" NavigateUrl="~/Main_XiangC.aspx"
14                Target="Mainpage">相册</asp:HyperLink>
15     <asp:HyperLink ID="HyperLink2" runat="server" NavigateUrl="Blog.aspx"
16     Target="Mainpage">博客维护</asp:HyperLink>
17      <asp:HyperLink ID="HyperLink3" runat="server" NavigateUrl="ZhaoP.aspx"
18     Target="Mainpage">相册维护</asp:HyperLink>
19      <asp:HyperLink ID="HyperLink4" runat="server" NavigateUrl="~/MessageAdd.aspx"
20          Target="Mainpage">每日心情</asp:HyperLink>
21     <asp:HyperLink ID="HyperLink5" runat="server" NavigateUrl="TongXL.aspx"
22     Target="Mainpage">好友</asp:HyperLink>
23     <asp:HyperLink ID="HyperLink7" runat="server" NavigateUrl="~/GeRXX.aspx"
24     Target="Mainpage">个人信息</asp:HyperLink>
25     <asp:HyperLink ID="HyperLink6" runat="server" NavigateUrl="~/DengLu.aspx"
26     Target="_parent">登录</asp:HyperLink>
27       <asp:Image ID="Image2" runat="server" Height="18px"
28     ImageUrl="http://hiphotos.baidu.com/seekyou100/pic/item/8962096dd7b70bf8431694b9.jpg"
29          Width="979px" />
30     </body>
```

【代码解析】第2～10行代码用于设置页面表格中的背景图片，第11～12行代码用于设置“博客”的超链接，第13～14行代码用于设置“相册”的超链接，第15～16行代码用于设置“博客维护”的超链接，第16～18行代码用于设置“相册维护”的超链接，第19～20行代码用于设置“每日心情”的超链接，第21～22行代码用于设置“好友”的超链接，第23～24行代码用于设置“个人信息”的超链接，第25～26行代码用于设置“登录”的超链接页面。

23.4.4 用户模块公共代码类

用户模块公共代码类——User，主要是用来实现用户注册、用户登录、用户修改个人信息的方法和过程。将这些方法和过程写在同一个类里面，这样做的好处是管理方便，程序结构简单明了，具体代码如下所示。

```
public class User
{
    public User()
    {
        //
        // TODO: 在此处添加构造函数逻辑
        //
}
```

下面介绍具体的一些方法。

checkName()是一个Bool类型的方法，它的作用是检测用户名是否存在，参数是用户名。在这个方法中使用的是存储过程验证用户的方法，具体代码如下所示。

```
01    //检测用户名是否存在
02    public Bool checkName(string userName)
03    {
04        SqlConnection userConnection = Connection.getConnection();
05        SqlCommand userCommand = new SqlCommand("checkName", userConnection);
06        //采用存储过程
07         userCommand.CommandType = CommandType.StoredProcedure;
08        //存储过程参数
09         userCommand.Parameters.Add("@userName", SqlDbType.VarChar, 50);
10         userCommand.Parameters["@userName"].Value = userName;   //给参数赋值
11        userCommand.Connection.Open();                           //打开连接
12        int n = (int)userCommand.ExecuteScalar();                //返回首行首列
13        userCommand.Connection.Close();                          //关闭连接
14        if (n > 0)
15        {
16            return True;
17        }
18        else
19        {
20            return False;
21        }
22    }
```

【代码解析】第4行代码用于创建数据库连接对象，第5行代码用于创建Command对象，第7行代码用于设置命令类型为存储过程，第9～10行代码用于设置存储过程中的参数，第11行代码用于打开数据库连接，第12行代码用于执行存储过程，并返回执行结果，第13行代码用于关闭数据库连接，第14～21行代码依据执行结果返回检测结果。

insertUserInfo()方法是向数据库中用户表添加新的用户信息。其中，用户参数有注册用户名、密码、姓名和性别，具体代码如下所示。

```
//插入新用户
public Bool insertUserInfo(string userName, string userPwd,string xingm,string xingb)
{
    SqlConnection userConnection = Connection.getConnection();
    SqlCommand userCommand = new SqlCommand("insertUserInfo", userConnection);
     //采用存储过程
     userCommand.CommandType = CommandType.StoredProcedure;
    //存储过程参数
    userCommand.Parameters.Add("@userName", SqlDbType.VarChar, 50);
    //给参数赋值
    userCommand.Parameters["@userName"].Value = userName;
    userCommand.Parameters.Add("@userPwd", SqlDbType.VarChar, 50);
    userCommand.Parameters["@userPwd"].Value = userPwd;
    userCommand.Parameters.Add("@xingm", SqlDbType.VarChar, 50);
    userCommand.Parameters["@xingm"].Value = xingm;
```

```
16        userCommand.Parameters.Add("@xingb", SqlDbType.VarChar, 50);
17        userCommand.Parameters["@xingb"].Value = xingb;
18        userCommand.Connection.Open();         //打开连接
19        userCommand.ExecuteNonQuery();         //执行查询
20        userCommand.Connection.Close();        //关闭连接
21        return True;
22    }
```

【代码解析】第4行代码用于创建数据库连接对象，第5行代码用于创建Command对象，第7行代码用于设置命令类型为存储过程，第9～17行代码用于设置存储过程中的参数，第18行代码用于打开数据库连接，第19行代码用于执行存储过程，并返回执行结果，第20行代码用于关闭数据库连接，第21行代码用于返回插入结果。

selectUserInfo()方法是用来获取所有用户信息的方法，主要是采用了SqlCommand对象执行SQL语句进行查询操作，并把查询出来的数据返回给SqlDataReader对象，具体代码如下所示。

```
01    //获取所有信息并显示
02    public SqlDataReader selectUserInfo()
03    {
04        SqlConnection userConnection = Connection.getConnection();
05         SqlCommand userCommand = new SqlCommand
06              ("SELECT * FROM UserInfo", userConnection);
07        userCommand.Connection.Open();                    //打开连接
08        return userCommand.ExecuteReader();
09    }
```

【代码解析】第4行代码用于设置数据库连接对象，第5～6行代码用于设置命令对象，第7行代码用于打开数据库连接，第8行代码用于返回查询到的数据集。

deleteUser()是一个Bool类型的方法。该方法是用来删除用户信息的方法，通过将用户名传给存储过程deleteUser，在数据库中执行删除操作，具体代码如下所示。

```
01    //删除用户
02    public Bool deleteUser(string userName)
03    {
04        SqlConnection userConnection = Connection.getConnection();
05        SqlCommand userCommand = new SqlCommand("deleteUser", userConnection);
06        //采用存储过程
07        userCommand.CommandType = CommandType.StoredProcedure;
08         //存储过程参数
09         userCommand.Parameters.Add("@userName", SqlDbType.VarChar, 50);
10        //给参数赋值
11        userCommand.Parameters["@userName"].Value = userName;
12        userCommand.Connection.Open();
13        userCommand.ExecuteNonQuery();
14        userCommand.Connection.Close();
15        return True;
16    }
```

【代码解析】第4行代码用于创建数据库连接对象，第5行代码用于创建命令对象，第7行代码用于设置命令对象的类型为存储过程，第9～11行代码用于为命令对象添加参数，第11行代码用于设置参数值，第12行代码用于打开数据库连接，第13行代码用于执行命令操作，第14

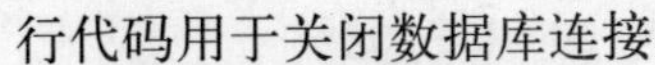

行代码用于关闭数据库连接。

updateUserInfo()是一个Bool类型的方法。该方法主要用来更新用户的信息，通过调用updateUserInfo存储过程，用新的数据信息覆写掉原来的数据信息，具体代码如下所示。

```
01  //更新用户信息
02  public Bool updateUserInfo(string userName, string userPwd, string xingm, string xingb)
03  {
04      SqlConnection userConnection = Connection.getConnection();
05      SqlCommand userCommand = new SqlCommand("updateUserInfo", userConnection);
06       //采用存储过程
07      userCommand.CommandType = CommandType.StoredProcedure;
08       //存储过程参数
09       userCommand.Parameters.Add("@userName", SqlDbType.VarChar, 50);
10      //给参数赋值
11      userCommand.Parameters["@userName"].Value = userName;
12      userCommand.Parameters.Add("@userPwd", SqlDbType.VarChar, 50);
13      userCommand.Parameters["@userPwd"].Value = userPwd;
14      userCommand.Parameters.Add("@xingm", SqlDbType.VarChar, 50);
15      userCommand.Parameters["@xingm"].Value = xingm;
16      userCommand.Parameters.Add("@xingb", SqlDbType.VarChar, 50);
17       userCommand.Parameters["@xingb"].Value = xingb;
18       //打开连接然后执行查询，最后关闭连接
19      userCommand.Connection.Open();
20      userCommand.ExecuteNonQuery();
21      userCommand.Connection.Close();
22      return True;
23  }
```

【代码解析】第4行代码用于创建数据库连接对象，第5行代码用于创建命令对象，第7行代码用于设置命令对象的类型为存储过程，第9～17行代码用于为命令对象添加参数，并设置参数值，第19行代码用于打开数据库连接，第20行代码用于执行命令操作，第21行代码用于关闭数据库连接。

loginInfo()方法是用来验证用户登录时的用户名和密码是否为合法的Bool方法。当用户名合法时返回True，否则返回False，具体代码如下所示。

```
//检测用户登录的用户名和密码是否合法
public Bool loginInfo(string userName, string userPwd)
{
    SqlConnection userConnection = Connection.getConnection();
    SqlCommand userCommand = new SqlCommand("AJAX_login", userConnection);
     //采用存储过程
    userCommand.CommandType = CommandType.StoredProcedure;
     //存储过程参数
     userCommand.Parameters.Add("@userName", SqlDbType.VarChar, 50);
    //给参数赋值
    userCommand.Parameters["@userName"].Value = userName;
    userCommand.Parameters.Add("@userPwd", SqlDbType.VarChar, 50);
    userCommand.Parameters["@userPwd"].Value = userPwd;
    userCommand.Connection.Open();
    //返回首行首列，如果存在的话返回1
```

```
16        int n = (int)userCommand.ExecuteScalar();
17        userCommand.Connection.Close();
18        if (n > 0)
19        {
20            return True;
21        }
22        else
23        {
24            return False;
25        }
26    }
```

【代码解析】第4行代码用于创建数据库连接对象，第5行代码用于创建命令对象，第7行代码用于设置命令对象的类型为存储过程，第9～13行代码用于为命令对象添加参数，并设置参数值，第14行代码用于打开数据库连接，第16行代码用于执行命令操作，第17行代码用于关闭数据库连接。

23.5　图片管理模块

本节主要介绍图片管理模块的主要功能，其中包括图片上传、图片编辑（修改、删除）等操作。图片管理功能是一个论坛或Blog的技术难点，请读者仔细阅读本节。

23.5.1　上传图片

上传图片是将所需要的图片信息上传到数据库的图片信息表中。上传图片包括图片的名称、图片信息、上传日期，如图23.8所示。图片名称是用作图片的标记，用来标示是哪个图片。图片存取、修改都是通过图片名称来确定的。图片信息是图片的描述信息，真实的图片保存在服务器程序的files文件夹中。上传日期是使用GetData()函数在添加图片时自动获取的系统时间。

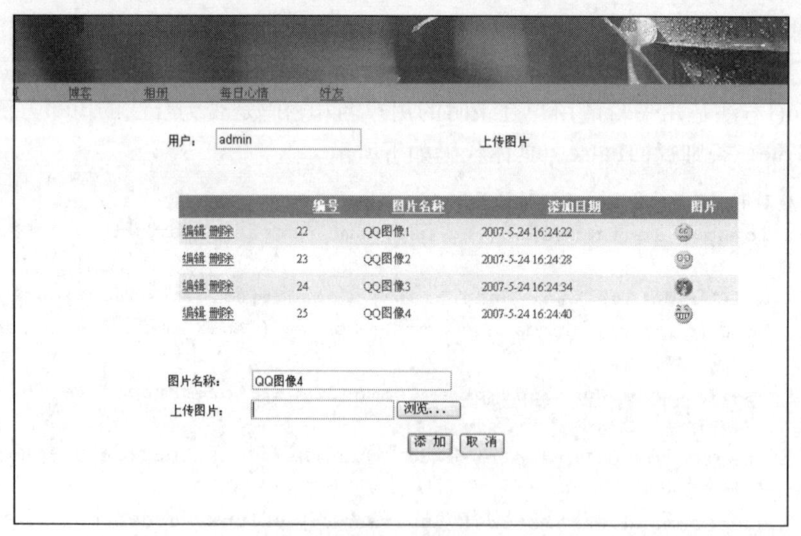

图23.8　上传图片

当切换到上传图片的页面时，需要首先获取当前登录用的用户名，代码如下所示。

```
protected void Page_Load(object sender, EventArgs e)
{
     //获取传过来的Session值，在此处这个值是用户名
    TextBox1.Text = Convert.ToString(Session["username"]);
}
```

“添加”按钮是通过调用存储过程向图片表中添加新的图片信息。在此应该注意，图片本身不放在数据库中，只是把与图片有关的信息保存到图片表中，图片本身上传到服务器所在的目录下。按钮的事件代码如下所示。

```
01 protected void Button1_Click(object sender, EventArgs e)
02  {
03      SqlConnection userConnection = Connection.getConnection();
04      SqlCommand userCommand = new
05      SqlCommand("AJAX_insertxiangc", userConnection);
06      //采用存储过程
07      userCommand.CommandType = CommandType.StoredProcedure;
08      //存储过程参数
09      userCommand.Parameters.Add("@user", SqlDbType.VarChar, 50);
10      userCommand.Parameters["@user"].Value = TextBox1.Text;
11      userCommand.Parameters.Add("@mingc", SqlDbType.VarChar, 50)
12      userCommand.Parameters["@mingc"].Value = tb_MingC.Text;
13      userCommand.Parameters.Add("@tupian", SqlDbType.VarChar, 100);
14      userCommand.Parameters["@tupian"].Value = file_TuP.FileName.Trim()
15      userCommand.Connection.Open();
16      userCommand.ExecuteNonQuery();
17      userCommand.Connection.Close();
18      //得到要上传文件
19      HttpPostedFile postedFile = this.file_TuP.PostedFile;
20      string fileName;
21      //文件名称
22      fileName = System.IO.Path.GetFileName(postedFile.FileName);
23      if (fileName != "")
24      {
25        //保存文件到文件夹，地址是当前页面的同一级目录下的files文件夹中
26      postedFile.SaveAs(System.Web.HttpContext.Current.Request.MapPath
27             ("~/") + fileName);
28      }
29      Response.Write("<script>alert('提交成功！')</script>");
30      GridView1.DataBind();
31  }
```

【代码解析】第3行代码用于创建数据库连接对象，第4～5行代码用于创建命令对象，第7行代码用于设置命令对象的类型为存储过程，第9～14行代码用于为命令对象添加参数，并设置参数值，第15行代码用于打开数据库连接，第16行代码用于执行命令操作，第17行代码用于关闭数据库连接。

23.5.2 图片修改和删除功能

图片的修改是使用GridView控件来实现的。在GridView控件的数据源中设置修改功能，也就是更新代码，在GridView控件中启用编辑选项。这样，就可以利用手动操作实现图片的修改功能。

和图片管理一样，图片删除功能也是通过在GridView控件的数据源中设置删除代码，在GridView控件中启用删除选项。删除的图片信息将从数据库图片表中消失，如图23.9所示。

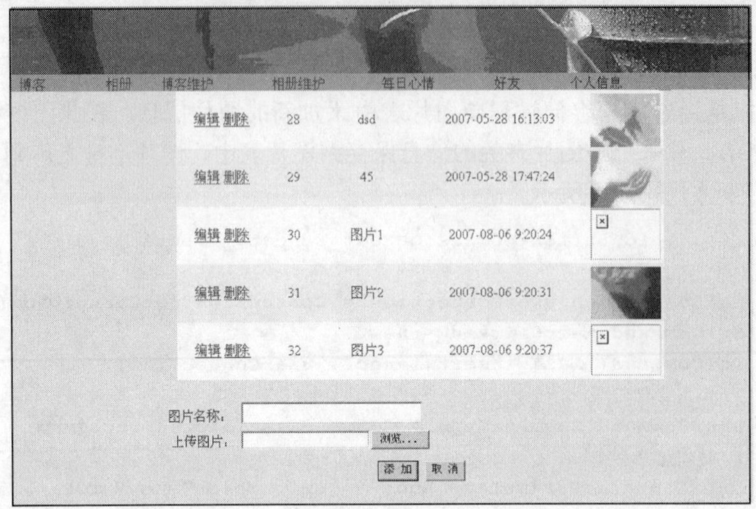

图23.9 图片维护

在进行图片维护时，使用了控件GridView，通过其DataSourceID属性获取数据源，然后按照GridView的表格布局显示获取的数据。详细的布局效果如下所示。

```
<asp:GridView ID="GridView1" runat="server" AllowPaging="True" AllowSorting="True"
    AutoGenerateColumns="False" CellPadding="4"
    DataKeyNames="BianH" DataSourceID="SqlDataSource1"
    ForeColor="#333333" GridLines="None" Width="592px"
    OnSelectedIndexChanging="GridView1_SelectedIndexChanging">
    <FooterStyle BackColor="#507CD1" Font-Bold="True" ForeColor="White" />
    <Columns>
        <asp:CommandField ShowDeleteButton="True" ShowEditButton="True" />
        <asp:BoundField DataField="BianH" HeaderText="编号"
        InsertVisible="False" ReadOnly="True"
            SortExpression="BianH" />
        <asp:BoundField DataField="username"
        HeaderText="username" SortExpression="username"
            Visible="False" />
        <asp:BoundField DataField="MingC" HeaderText="图片名称"
             SortExpression="MingC" />
        <asp:BoundField DataField="TianJRQ"
             HeaderText="添加日期" SortExpression="TianJRQ" />
        <asp:BoundField DataField="ZhaoP" HeaderText="ZhaoP"
             SortExpression="ZhaoP" Visible="False" />
        <asp:ImageField
            HeaderText="图片" DataImageUrlField="ZhaoP">
            <ControlStyle Height="60px" Width="85px" />
            <ItemStyle Height="60px" Width="85px" />
            <HeaderStyle Height="60px" Width="85px" />
            <FooterStyle Height="60px" Width="85px" />
```

```
27            </asp:ImageField>
28        </Columns>
29        <RowStyle BackColor="#EFF3FB" />
30        <EditRowStyle BackColor="#2461BF" />
31            <SelectedRowStyle BackColor="#D1DDF1" Font-Bold="True"
32               ForeColor="#333333" />
33        <PagerStyle BackColor="#2461BF" ForeColor="White" HorizontalAlign="Center" />
34        <HeaderStyle BackColor="#507CD1" Font-Bold="True" ForeColor="White" />
35        <AlternatingRowStyle BackColor="White" />
36    </asp:GridView>
```

【代码解析】第1～36行代码用于设置GridView控件的样式，第3行代码用于设置GridView控件数据源，第4行代码用于设置GridView控件的前景色和背景色，第7～28行代码用于设置GridView控件中所要显示的字段，第29行代码用于设置行的背景色。

23.5.3 图片模块公共代码类

图片模块公共代码类——Class_Xiangc，将在网站中所有对图片的操作都放在这个类中。当网站中需要使用Class_Xiangc类中的方法或者过程的时候，首先引用Class_Xiangc类，然后再调用对应方法，具体类的定义如下所示。

```
public class Class_Xiangc
{
public Class_Xiangc()
{
    //
    // TODO: 在此处添加构造函数逻辑
    //
}
}
```

下面就介绍类中包含的各个方法。

insertInfo()方法用来向图片信息表中添加新的图片信息，同样是通过调用存储过程完成，具体代码如下所示。

```
//向图片中插入新的图片
public Bool insertInfo(string userName, string mingc, string tupian)
{
    SqlConnection userConnection = Connection.getConnection();
     SqlCommand userCommand = new SqlCommand
     ("AJAX_insertxiangc", userConnection);
     //采用存储过程
    userCommand.CommandType = CommandType.StoredProcedure;
     //存储过程参数
     userCommand.Parameters.Add("@user", SqlDbType.VarChar, 50);
    //给参数赋值
    userCommand.Parameters["@user"].Value = userName;
    userCommand.Parameters.Add("@mingc", SqlDbType.VarChar, 50);
    userCommand.Parameters["@mingc"].Value = mingc;
    userCommand.Parameters.Add("@tupian", SqlDbType.VarChar, 100);
```

```
16          userCommand.Parameters["@tupian"].Value = tupian;
17          //打开连接然后执行查询，最后关闭连接
18          userCommand.Connection.Open();
19          userCommand.ExecuteNonQuery();
20          userCommand.Connection.Close();
21          return True;
22      }
23      //获取所有信息并显示
24      public SqlDataReader selectUserInfo()
25      {
26          SqlConnection userConnection = Connection.getConnection();
27           SqlCommand userCommand = new SqlCommand
28           ("SELECT * FROM T_XiangC ", userConnection);
29           userCommand.Connection.Open();                          //打开连接
30          return userCommand.ExecuteReader();
31      }
32  }
```

【代码解析】第4行代码用于创建数据库连接对象，第5～6行代码用于创建命令对象，第8行代码用于设置命令对象的类型为存储过程，第10～16行代码用于为命令对象添加参数，并设置参数值，第18行代码用于打开数据库连接，第19行代码用于执行命令操作，第20行代码用于关闭数据库连接，第24～31行代码用于创建连接，并执行查询命令。

23.6 文章管理模块

本节主要介绍文章管理模块的主要功能。在这个模块中，主要包括文章发布、文章编辑等操作。

23.6.1 文章发布功能

文章模块的功能主要包括：文章的发布、文章的管理、文章的删除。文章的基本信息包括：文章名称、内容、发布日期，如图23.10所示。

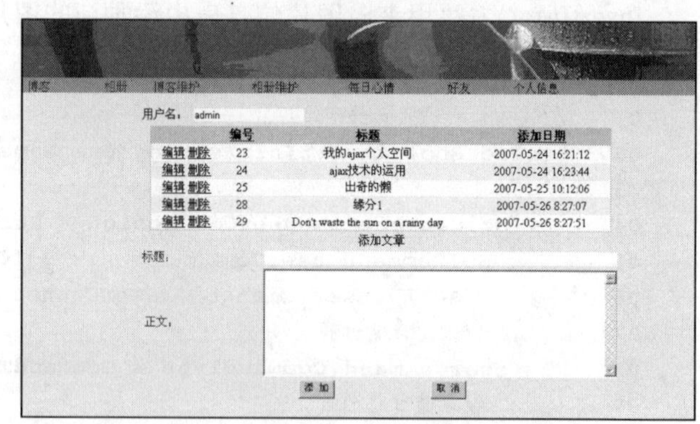

图23.10 上传文章

个人用户登录到自己的空间中后，使用文章的发布功能可以将自己的文章上传到自己文章的数据表中。上传的文章信息包括文章的名称、内容和发布日期。文章的名称是用来标示这个文章的。文章的内容使用记录保存文章的信息，以字符的形式保存到数据库表中。发布日期是使用GetData()函数在添加图片时自动获取的系统时间。

文章的发布功能包含在页面Blog中，下面是本页面的主要代码。其中，Page_Load事件需要首先获取当前的登录用户。当用户单击“添加”按钮时，将用户书写的文章添加到数据库中，并用列表的形式显示出来。这些代码都写在“添加”按钮的单击事件中。

```
01  public partial class Blog : System.Web.UI.Page
02  {
03      protected void Page_Load(object sender, EventArgs e)
04      {//获取当前登录用户
05          TextBox1.Text = Convert.ToString(Session["username"]);
06      }
07      protected void Button1_Click(object sender, EventArgs e)
08       {
09      //标题如果为空，给出提示，标题框获得焦点
10          if (tb_BiaoT.Text == "")
11          {
12              Response.Write("<script>alert('标题不能为空！')</script>");
13              tb_BiaoT.Focus();
14              return;
15          }
16          //正文内容如果为空，给出提示，正文框获得焦点
17          if (tb_ZhengW.Text == "")
18          {
19              Response.Write("<script>alert('正文不能为空！')</script>");
20              tb_ZhengW.Focus();
21              return;
22          }
23          //根据标题和正文添加文章信息
24          Class_Blog classb = new Class_Blog();
25          if (classb.insertInfo(TextBox1.Text, tb_BiaoT.Text, tb_ZhengW.Text))
26          {
27              Response.Write("<script>alert('添加成功！')</script>");
28          }
29          GridView1.DataBind();               //重新绑定表格的显示
30          tb_BiaoT.Text = "";                 //清空标题框
31          tb_ZhengW.Text = "";                //清空正文框
32      }
33  }
```

【代码解析】第5行代码用于判断页面获取当前用户名，并显示在文本框中。第10～15行代码用于判断标题是否为空，第17～22行代码用于判断正文内容是否为空，第24～28行代码用于添加正文信息，第29行代码用于更新数据显示，第30～31行代码用于清空标题框和正文框。

23.6.2 文章修改删除功能

用户对文章的修改和删除，也是通过GridView自带的功能实现的。在GridView控件的数据源中设置好更新和删除操作，将GridView控件的SqlDataSourceID指向这个数据源控件，然后再启用GridView控件的编辑和删除操作。这样用户登录到自己的空间后，就可以直接对GridView控件中的数据信息进行修改或删除的操作，具体代码如下所示。

```
<asp:GridView ID="GridView1" runat="server" AllowPaging="True" AllowSorting="True"
AutoGenerateColumns="False" DataKeyNames="BianH"
DataSourceID="SqlDataSource1" BackColor="LightGoldenrodYellow"
BorderColor="Tan" BorderWidth="1px" CellPadding="2"
```

```
ForeColor="Black" GridLines="None" Width="638px" >
    <Columns>
        <asp:CommandField ShowDeleteButton="True" ShowEditButton="True" />
        <asp:BoundField DataField="BianH" HeaderText="编号"
         ReadOnly="True" SortExpression="BianH" />
        <asp:BoundField DataField="username"
         HeaderText="username" SortExpression="username"
           Visible="False" />
        <asp:BoundField DataField="BiaoT" HeaderText="标题"
             SortExpression="BiaoT" />
        <asp:BoundField DataField="NeiR" HeaderText="NeiR"
             SortExpression="NeiR" Visible="False" />
        <asp:BoundField DataField="TianjRQ"
             HeaderText="添加日期" SortExpression="TianjRQ" />
    </Columns>
    <FooterStyle BackColor="Tan" />
    <SelectedRowStyle BackColor="DarkSlateBlue" ForeColor="GhostWhite" />
     <PagerStyle BackColor="PaleGoldenrod"
        ForeColor="DarkSlateBlue" HorizontalAlign="Center" />
    <HeaderStyle BackColor="Tan" Font-Bold="True" />
    <AlternatingRowStyle BackColor="PaleGoldenrod" />
     </asp:GridView>
<asp:SqlDataSource ID="SqlDataSource1" runat="server"
     ConflictDetection="CompareAllValues"
     ConnectionString="<%$ ConnectionStrings:BlogDBConnectionString %>"
     DeleteCommand="DELETE FROM [T_Blog] WHERE [BianH] = @original_BianH "
     InsertCommand="INSERT INTO [T_Blog] ([BianH], [username], [BiaoT], [NeiR],
     [TianjRQ]) VALUES (@BianH, @username, @BiaoT, @NeiR, @TianjRQ)"
     OldValuesParameterFormatString="original_{0}"
     SelectCommand="SELECT * FROM [T_Blog] Where username=@username"
     UpdateCommand="UPDATE [T_Blog] SET [BiaoT] = @BiaoT,
     [TianjRQ] = @TianjRQ WHERE [BianH] = @original_BianH ">
    <DeleteParameters>
        <asp:Parameter Name="original_BianH" Type="Int32" />
    </DeleteParameters>
    <UpdateParameters>
        <asp:Parameter Name="username" Type="String" />
        <asp:Parameter Name="BiaoT" Type="String" />
        <asp:Parameter Name="NeiR" Type="String" />
        <asp:Parameter Name="TianjRQ" Type="DateTime" />
        <asp:Parameter Name="original_BianH" Type="Int32" />
    </UpdateParameters>
    <InsertParameters>
        <asp:Parameter Name="BianH" Type="Int32" />
        <asp:Parameter Name="username" Type="String" />
        <asp:Parameter Name="BiaoT" Type="String" />
        <asp:Parameter Name="NeiR" Type="String" />
        <asp:Parameter Name="TianjRQ" Type="DateTime" />
    </InsertParameters>
```

```
54        <SelectParameters>
55            <asp:ControlParameter ControlID="TextBox1" Name="username"
56         PropertyName="Text" />
57        </SelectParameters>
58    </asp:SqlDataSource>
```

【代码解析】第1～5行代码用于设置GridView控件的数据源和前景色，第6～19行代码用于设置GridView控件所要显示的字段，第20～23行代码用于设置选定行和表头的样式，第27～29行代码用于设置数据源的连接字符串，第30～35行代码用于设置插入、查询、更新和删除的操作命令，第37～39行代码用于设置删除命令的参数，第40～46行代码用于设置更新命令的参数，第47～53行用于设置插入指令的参数，第54～57行代码用于设置查询命令的参数。

当GridView具备编辑特性时，需要注意SqlDataSource的UpdateCommand属性，和UpdateParameters属性中的这些参数。

23.6.3 文章公共类

文章公共类——Class_Blog，是用来管理用户Blog中文章的信息类。将对文章的操作都放在同一个类中，这样使得程序结构更加清晰、维护起来更加方便。和前面几个抽象类一样，在调用时可以通过实例化这个类，然后调用类中的方法和过程，具体代码如下所示。

```
public class Class_Blog
{
     public Class_Blog()
     {
             //
             // TODO: 在此处添加构造函数逻辑
             //
     }
    //向数据库中文章表中写入文章信息
    public Bool insertInfo(string userName, string biaot, string zhengw)
    {
        SqlConnection userConnection = Connection.getConnection();
        SqlCommand userCommand = new SqlCommand
         ("AJAX_insertblog", userConnection);
         //采用存储过程
        userCommand.CommandType = CommandType.StoredProcedure;
         //存储过程参数
            userCommand.Parameters.Add("@user", SqlDbType.VarChar, 50);
        //给参数赋值
        userCommand.Parameters["@user"].Value = userName;
        //存储过程参数
            userCommand.Parameters.Add("@biaot", SqlDbType.VarChar, 50);
        userCommand.Parameters["@biaot"].Value = biaot;
        userCommand.Parameters.Add("@zhengw", SqlDbType.VarChar, 8000);
        userCommand.Parameters["@zhengw"].Value = zhengw;
        userCommand.Connection.Open();
        userCommand.ExecuteNonQuery();
        userCommand.Connection.Close();
        return True;
    }
```

```
31          //获取所有信息并显示
32          public SqlDataReader selectUserInfo(string username)
33          {
34              SqlConnection userConnection = Connection.getConnection();
35              SqlCommand userCommand = new SqlCommand
36              ("SELECT * FROM T_Blog ", userConnection);
37              //打开连接
38              userCommand.Connection.Open();
39              return userCommand.ExecuteReader();
40          }
41      }
```

【代码解析】第12行代码用于创建连接对象，第13～14行代码用于创建命令对象，第16行代码用于设置命令类型为存储过程，第18～25行代码用于设置命令对象的参数，第26行代码用于打开数据库连接，第27行代码用于执行命令，第28行代码用于关闭数据库连接，第32～40行代码用于创建连接对象，第35～36行代码用于设置连接对象，第38行代码用于打开连接，第39行代码用于执行数据查询。

23.7 通讯录管理模块

本节主要介绍通讯录管理模块的主要功能。该模块主要包括通讯录人员信息的添加和维护这两个功能。

23.7.1 添加联系人

通讯录是用来设置自己通常联系人的基本信息，用来保存联系人信息，如图23.11所示。通讯录模块主要功能包括添加联系人、管理通讯录、删除信息。

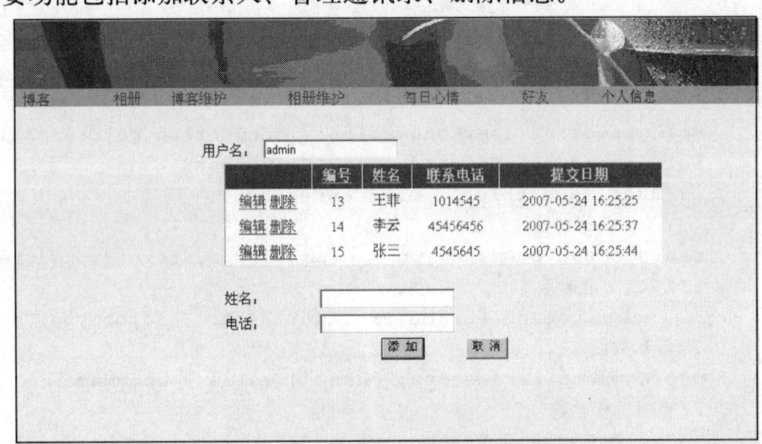

图23.11 添加联系人

和前面所有的页面一样，当页面加载时，首先要获取当前登录用户，代码如下所示。

```
protected void Page_Load(object sender, EventArgs e)
{
    TextBox1.Text = Convert.ToString(Session["username"]);
}
```

当单击“添加”按钮时，将联系人的姓名和电话添加到数据库中，并在网络列表中直接显示出来。

```
01    protected void Button1_Click(object sender, EventArgs e)
02    {
03              //姓名不能为空，如果为空给出提示，姓名框获得焦点
04        if (tb_XingM.Text == "")
05        {
06            //提示，然后文本框获得焦点
07            Response.Write("<script>alert('姓名不能为空！')</script>");
08            tb_XingM.Focus();
09            return;
10        }
11        //通过insertInfo添加联系人的姓名和电话
12        Class_tongxl classt=new Class_tongxl();
13        if (classt.insertInfo(TextBox1.Text, tb_XingM.Text, tb_DianH.Text))
14        {
15            Response.Write("<script>alert('添加成功！')</script>");
16        }
17        //绑定网格显示，并清空文本框
18        GridView1.DataBind();
19        tb_DianH.Text = "";
20        tb_XingM.Text = "";
21    }
```

【代码解析】 第4~10行代码用于判断姓名文本框是否为空，若为空，则提示相应信息。第12~16行代码用于添加联系人信息，第18行代码用于重新绑定数据，第19~20行代码用于清空文本框。

23.7.2 通讯录维护功能

个人用户进入自己的空间之后，为了联系方便，可以在自己的通讯录中添加联系人信息。通讯录模块中添加联系人功能是用来为自己添加新的联系人信息，其中添加的联系人信息包括：编号、姓名、电话、添加日期。这里的编号是自动增加的，并且是数据库表中的主键。

个人进入自己的空间中，找到要修改的通讯录记录信息，可以对联系人进行修改。对联系人的修改包括对联系人姓名、联系电话、添加日期的修改，在此联系人姓名不是联系人信息的主键，自动增加的编号是联系人信息的主键。

通讯录删除功能也是针对个人用户来说的。个人用户不仅可以对通讯录中的信息进行修改，也可以对通讯录中的信息进行删除操作。

以上这些操作也是GridView控件及其数据源控件结合实现的。在数据源控件中设置插入、更新、删除的命令，然后将GridView控件的SqlDataSourceID指向这个数据源，这样就可以通过手工设置控件来实现更新和删除操作。

```
<asp:GridView ID="GridView1" runat="server"
AutoGenerateColumns="False" DataKeyNames="BianH"
DataSourceID="SqlDataSource1" AllowPaging="True"
AllowSorting="True" BackColor="White" BorderColor="#3366CC"
BorderStyle="None" BorderWidth="1px" CellPadding="4" Width="505px">
    <Columns>
```

```
            <asp:CommandField ShowDeleteButton="True" ShowEditButton="True" />
            <asp:BoundField DataField="BianH" HeaderText="编号"
            InsertVisible="False" ReadOnly="True"
                SortExpression="BianH" />
            <asp:BoundField DataField="userName"
            HeaderText="userName" SortExpression="userName" Visible="False" />
            <asp:BoundField DataField="XingM" HeaderText="姓名"
            SortExpression="XingM" />
            <asp:BoundField DataField="DianH" HeaderText="联系电话"
            SortExpression="DianH" />
            <asp:BoundField DataField="TianJRQ"
            HeaderText="提交日期" SortExpression="TianJRQ" />
        </Columns>
        <FooterStyle BackColor="#99CCCC" ForeColor="#003399" />
        <RowStyle BackColor="White" ForeColor="#003399" />
         <SelectedRowStyle BackColor="#009999" Font-Bold="True"
             ForeColor="#CCFF99" />
         <PagerStyle BackColor="#99CCCC" ForeColor="#003399"
             HorizontalAlign="Left" />
    <HeaderStyle BackColor="#003399" Font-Bold="True"
         ForeColor="#CCCCFF" />
    </asp:GridView>
    <asp:SqlDataSource ID="SqlDataSource1" runat="server"
         ConflictDetection="CompareAllValues"
         ConnectionString="<%$ ConnectionStrings:BlogDBConnectionString %>"
         DeleteCommand="DELETE FROM [T_TongXL] WHERE [BianH] = @original_BianH "
         InsertCommand="INSERT INTO [T_TongXL] ([userName], [XingM], [DianH], [TianJRQ])
         VALUES (@userName, @XingM, @DianH, @TianJRQ)"
         OldValuesParameterFormatString="original_{0}" SelectCommand="SELECT * FROM
         [T_TongXL] Where username = @username"
         UpdateCommand="UPDATE [T_TongXL] SET [XingM] = @XingM,
         [DianH] = @DianH, [TianJRQ] = @TianJRQ WHERE [BianH] = @original_BianH">
        <DeleteParameters>
            <asp:Parameter Name="original_BianH" Type="Int32" />
        </DeleteParameters>
        <UpdateParameters>
            <asp:Parameter Name="userName" Type="String" />
            <asp:Parameter Name="XingM" Type="String" />
            <asp:Parameter Name="DianH" Type="String" />
            <asp:Parameter Name="TianJRQ" Type="DateTime" />
            <asp:Parameter Name="original_BianH" Type="Int32" />
        </UpdateParameters>
        <InsertParameters>
            <asp:Parameter Name="userName" Type="String" />
            <asp:Parameter Name="XingM" Type="String" />
            <asp:Parameter Name="DianH" Type="String" />
            <asp:Parameter Name="TianJRQ" Type="DateTime" />
        </InsertParameters>
        <SelectParameters>
```

```
56            <asp:ControlParameter ControlID="TextBox1" Name="username"
57    PropertyName="Text" />
58        </SelectParameters>
59    </asp:SqlDataSource>
```

【代码解析】第1～5行代码用于设置GridView控件的数据源和前景色，第6～19行代码用于设置GridView控件所要显示的字段，第20～27行代码用于设置选定行和表头的样式，第29～31行代码用于设置数据源的连接字符串，第31～38行代码用于设置插入、查询、更新和删除的操作命令，第39～41行代码用于设置删除命令的参数，第42～48行代码用于设置更新命令的参数，第49～54行代码用于设置插入指令的参数，第55～56行代码用于设置查询命令的参数。

23.7.3 通讯录管理公共代码类

通讯录管理公共代码类——Class_tongxl。这个类包含了对通讯录的两个主要操作方法和过程。一个是添加新数据的操作，另外一个是获取数据的操作，具体代码如下所示。

```
public class Class_tongxl
{
     public Class_tongxl()
     {
            //
            // TODO: 在此处添加构造函数逻辑
            //
     }
    //插入新通讯录用户
    public Bool insertInfo(string userName, string xingm, string dianh)
    {
        SqlConnection userConnection = Connection.getConnection();
        SqlCommand userCommand = new SqlCommand("AJAX_inserttongxl",
            userConnection);
        //采用存储过程
        userCommand.CommandType = CommandType.StoredProcedure;
        //存储过程参数
            userCommand.Parameters.Add("@user", SqlDbType.VarChar, 50);
        //给参数赋值
        userCommand.Parameters["@user"].Value = userName;
        userCommand.Parameters.Add("@xingm", SqlDbType.VarChar, 50);
        userCommand.Parameters["@xingm"].Value = xingm;
        userCommand.Parameters.Add("@dianh", SqlDbType.VarChar, 50);
        userCommand.Parameters["@dianh"].Value = dianh;
        //打开连接
        userCommand.Connection.Open();
        userCommand.ExecuteNonQuery();
        userCommand.Connection.Close();                //关闭连接
        return True;
    }
    //获取所有信息并显示
    public SqlDataReader selectUserInfo()
     {
```

```
34          //定义连接
35              SqlConnection userConnection = Connection.getConnection();
36              //创建查询命令语句
37              SqlCommand userCommand = new SqlCommand
38                  ("SELECT * FROM T_TongXL ", userConnection);
39              userCommand.Connection.Open();                      //打开连接
40              return userCommand.ExecuteReader();
41          }
42      }
```

【代码解析】第12行代码用于创建连接对象，第13～14行代码用于创建命令对象，第16行代码用于设置命令类型为存储过程，第18～24行代码用于设置命令对象的参数，第26行代码用于打开数据库连接，第27行代码用于执行命令，第28行代码用于关闭数据库连接，第32～41行代码用于创建连接对象，第35行代码用于设置连接对象，第38行代码用于打开连接，第40行代码用于执行数据查询。

23.8 评论模块

本节主要介绍评论模块的主要功能。该模块包括文章评论和图片评论这两个功能。对每篇文章或者每张图片的评论信息，都会显示在对应项目的下面。

23.8.1 查看评论信息

评论模块包括两个部分：一个是文章的评论功能，另一个是图片的评论功能。文章评论功能是用来对用户文章进行评论的。对文章的评论是不分等级的：浏览用户可以评论，注册用户也可以参与评论。用户的评论信息会显示在对应的文章下面。图片评论功能是用来对用户添加的图片信息进行评论的。对图片信息的评论也不分等级，任何等级的用户都可以对图片信息进行评论。用户的评论信息显示在对应的图片下面，具体如图23.12和图23.13所示。

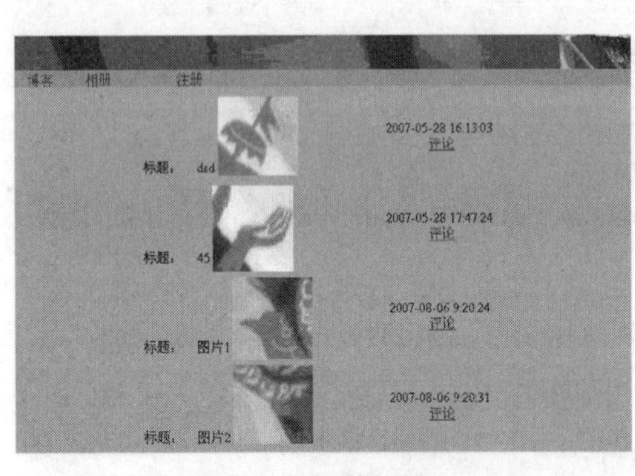

图23.12 图片评论

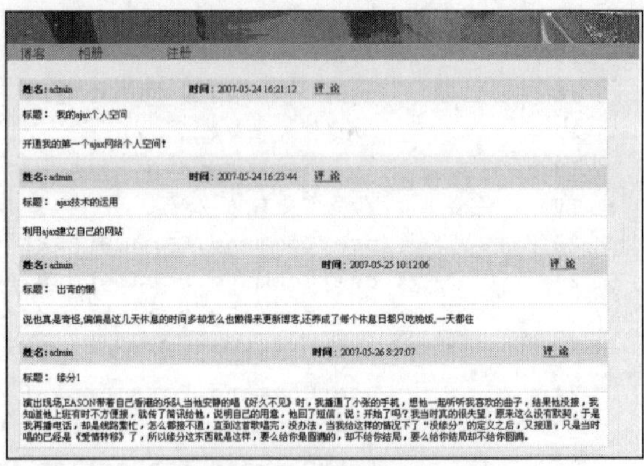

图23.13 文章评论

MessageAdd负责查看评论消息，其中涉及很多XML的操作，具体代码如下所示。

```
public partial class MessageAdd : System.Web.UI.Page
{
    protected void Page_Load(object sender, System.EventArgs e)
    {
```

```
05            // 在此处放置用户代码以初始化页面
06        }
07        protected void Button1_Click(object sender, System.EventArgs e)
08        {
09           //将留言信息写入xml文件中保存
10           //创建一个xml文档主节点是Item
11             XmlDocument doc = new XmlDocument();
12             doc.Load(MapPath("db.xml"));
13             XmlNode node = doc.CreateElement("Item");
14           //创建一个xml文档属性是UserName
15             XmlAttribute xmlattr = doc.CreateAttribute("UserName");
16             xmlattr.Value = XmlConvert.DecodeName(TextBoxUName.Text);
17             node.Attributes.Append(xmlattr);
18           //创建一个xml文档属性是Content
19             xmlattr = doc.CreateAttribute("Content");
20             xmlattr.Value = XmlConvert.DecodeName(TextBoxTxt.Text);
21             node.Attributes.Append(xmlattr);
22           //创建一个xml文档属性是SendTime
23             xmlattr = doc.CreateAttribute("SendTime");
24             xmlattr.Value = XmlConvert.DecodeName(DateTime.Now.ToString());
25             node.Attributes.Append(xmlattr);
26           //保存一个xml文档
27             doc.ChildNodes[0].AppendChild(node);
28             doc.Save(MapPath("db.xml"));
29             Response.Redirect("MessageList.aspx");
30        }
31    }
```

【代码解析】第11～13行代码用于创建一个XML文档的主节点，第15～17行代码用于设置节点属性值，第17行代码用于将节点添加到树形目录上，第19～21行代码用于创建Content属性，第23～25行代码用于创建SendTime属性，第27～28行代码将所有节点及属性值保存到XML文档中。

23.8.2 评论信息公共类

评论信息公共类——Class_PingL，主要包括了两种添加评论的方法。一种是添加新的Blog文章评论的insertInfo方法，另一种是添加新的图片评论的insertxiangcInfo方法，具体代码如下所示。

```
public class Class_PingL
{
    //插入新的Blog评论信息
    public Bool insertInfo(int bianh, string pingl)
    {
        SqlConnection userConnection = Connection.getConnection();
        SqlCommand userCommand = new SqlCommand
         ("AJAX_insertplblog", userConnection);
        //采用存储过程
        userCommand.CommandType = CommandType.StoredProcedure;
        //存储过程参数
```

```
12            userCommand.Parameters.Add("@bianh", SqlDbType.Int, 4);
13            //给参数赋值
14            userCommand.Parameters["@bianh"].Value = bianh;
15            userCommand.Parameters.Add("@pingl", SqlDbType.VarChar, 8000);
16            userCommand.Parameters["@pingl"].Value = pingl;
17            userCommand.Connection.Open();                        //打开连接
18            userCommand.ExecuteNonQuery();
19            userCommand.Connection.Close();                       //关闭连接
20            return True;
21        }
22        //插入新的图片评论信息
23        public Bool insertxiangcInfo(int bianh, string pingl)
24        {
25            SqlConnection userConnection = Connection.getConnection();
26            SqlCommand userCommand = new SqlCommand
27            ("AJAX_insertplxiangc", userConnection);
28            //采用存储过程
29            userCommand.CommandType = CommandType.StoredProcedure;
30            //存储过程参数
31            userCommand.Parameters.Add("@bianh", SqlDbType.Int, 4);
32            //给参数赋值
33                userCommand.Parameters["@bianh"].Value = bianh;
34            userCommand.Parameters.Add("@pingl", SqlDbType.VarChar, 8000);
35            userCommand.Parameters["@pingl"].Value = pingl;
36            userCommand.Connection.Open();                        //打开连接
37            userCommand.ExecuteNonQuery();
38            userCommand.Connection.Close();                       //关闭连接
39            return True;
40        }
41    }
```

【代码解析】第6行代码用于创建连接对象，第7～8行代码用于创建命令对象，第10行代码用于设置命令类型为存储过程，第12～16行代码用于设置命令对象的参数，第17行代码用于打开数据库连接，第18行代码用于执行命令，第19行代码用于关闭数据库连接，第25行代码用于创建连接对象，第26～27行代码用于设置命令对象，第29行代码用于设置命令类型为存储过程，第31～35行代码设置存储过程的参数，第36行代码用于打开连接，第37行代码用于执行插入命令，第38行代码用于关闭数据连接。

23.9 小结

使用ASP.NET建立起来的简单Blog控件网站，是通过数据控件和AJAX技术结合实现的。该网站中大量使用了数据控件的自带功能，例如：数据控件的编辑、删除功能，并且也使用了数据控件的模板操作，同时还使用了AJAX技术。数据控件的使用，大大方便了数据信息的显示和操作，AJAX技术的使用实现了用户注册和用户登录的异步操作功能。

第24章　图书销售管理系统

本章教读者如何构建一个网络销售平台。本章构建的是一个图书销售平台，从目录就可以看出本案例的整体架构。随着B2C商务运营模式的开展，越来越多的公司构建了自己的网络图书销售系统，并通过这些商城实现商品的销售。B就是公司，C就是客户，一种公司直接对客户的销售模式，省去了中间的一些环节。这种购物方式便捷，所以大部分公司都有了自己的销售网站。

本章重点：

- 系统功能划分，学会依据实际需求提取用户的需求，并划分为软件中相应的功能。
- 数据库设计，学会依据需求设计数据库表，并完成数据表到数据类的映射。
- 设计界面，从用户便捷性和美观性的角度出发，设计适用的用户界面。
- 技术应用，学会ASP.NET中各项技术在书籍管理、评论、订单管理等功能的应用。

24.1　系统总体设计

每个项目要想很好地被执行下去，必须前期就设计好。如果设计好了，开发人员根据设计完成主要功能即可。本节就介绍图书销售平台的前期设计。

24.1.1　销售系统功能设计

网上书店销售平台是企业内部的一个完整B2C电子商务网站。在本系统中，主要包括用户登录和注册功能、用户和角色管理功能、书籍信息类别管理功能、书籍信息管理功能以及书籍附件管理功能等。

1. 用户登录和注册功能

用户登录和注册功能主要包括的功能如下。

- 用户登录：验证用户的信息是否合法，以及验证用户是否为系统的合法用户。
- 用户注册：由系统管理员添加新的用户。

2. 用户和角色管理功能

用户和角色管理功能主要包括，用户管理、角色管理及其用户和角色之间的关系管理。在系统中，主要包括用户管理、角色管理、添加角色和用户修改密码。

3. 书籍信息类别管理功能

书籍信息类别管理功能主要是对书籍信息类别的管理，如书籍信息的添加、修改、删除和排序等。在系统中主要包括添加新的类别、修改类别、删除类别、排序类别。

4. 书籍信息管理功能

书籍管理功能主要实现书籍管理功能，如书籍的添加、修改、删除、查看以及浏览功能等。在系统中主要包括管理书籍、添加书籍、修改书籍、查看书籍、浏览书籍。

5. 书籍附件和图片管理功能

书籍附件和图片管理功能主要是对书籍的附件或图片进行管理，如附件或图片的添加、上载、删除等。在系统中主要包括显示附件和图片、上载附件和图片、删除附件和图片。

24.1.2 系统功能模块划分

按照第24.1.1小节的系统功能设计，可以把系统划分为：用户登录和注册模块、用户和角色管理模块、书籍信息类别管理模块、书籍信息管理模块，以及书籍附件和图片管理模块。它们之间的关系如图24.1所示。

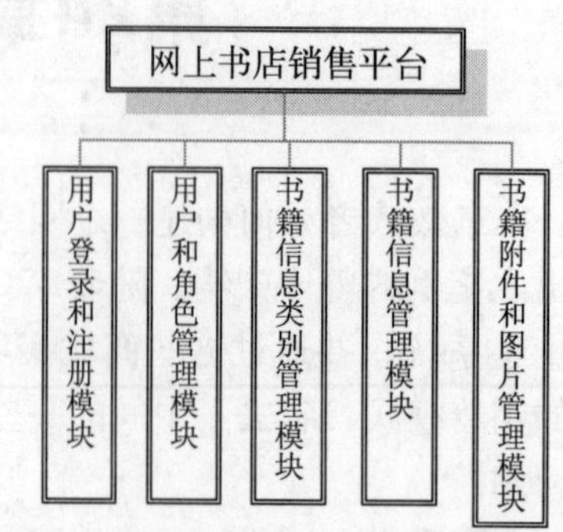

图24.1 网上书店销售平台模块划分图

24.2 数据库设计

在网络上销售图书，必须有图书的相关资料，这些资料就存储在数据库中。如何存储这些相关的资料，就需要进行数据库设计。

24.2.1 系统概要设计

考虑网上书店销售平台的实际需要和上一节的总体设计，本系统至少需要的数据包括用户数据、角色数据、书籍类别数据、书籍数据、书籍的附件和图片数据。

- 用户和角色的关系数据主要包括用户数据、角色数据以及信息；
- 书籍类别数据主要包括书籍的类别信息，如名称、上级类别等；
- 书籍数据主要包括书籍的信息，如书籍标题、详细介绍、出版社、作者、出版日期，以及书籍的属性等；
- 书籍的附件和图片数据主要包括书籍的普通附件信息和图片附件信息。

24.2.2 数据库表设计

根据概要设计的要求和程序设计的需要，本节开始设计网络商城需要的数据表。

1. 角色表Role

角色表Role用来存储系统的角色数据，如角色ID、角色名称等。表的字段说明如表24.1所示。

表24.1 Role表

字段名	数据类型	字段说明	备注
RoleID	int	角色ID	主键（自动增1）主键PK
RoleName	varchar	角色名称	尽量唯一

2. 用户表User

用户表User用来存储用户的数据，如用户ID、用户名称、用户密码、Email、所属角色ID

等。表的字段说明如表24.2所示。

表24.2 User表

字段名	数据类型	字段说明	备注
UserID	int	用户ID	主键（自动增1）主键PK
UserName	varchar(200)	用户名称	
Password	varchar(255)	用户密码	
Email	varchar(200)	电子邮件	
RoleID	int	所属角色ID	引用Role表的RoleID字段，外键FK

3. 书籍类别表Category

书籍类别表Category用来存储书籍类别的信息，如类别ID、类别名称、上级类别ID、排序顺序号和类别备注等。表的字段说明如表24.3所示。

表24.3 Category表

字段名	数据类型	字段说明	备注
CategoryID	int	类别ID	主键（自动增1）主键PK
Desn	varchar(200)	类别名称	
ParentID	int	上级类别ID	
OrderBy	int	排序顺序号	
Remark	text	类别备注	

4. 书籍表Book

书籍表Book用来存储系统的书籍数据，如书籍ID、书籍名称、书籍注释、书籍出版时间、书籍备注信息等。表的字段说明如表24.4所示。

表24.4 Book表

字段名	数据类型	字段说明	备注
BookID	int	书籍ID	主键（自动增1）主键PK
Name		书籍名称	
CategoryID	int	所属类别ID	引用Category表的CategoryID字段，外键FK
Desn	varchar(200)	详细说明	
Author	varchar(200)	作者	
Publish	varchar(200)	出版社	
PublishDate	datetime	出版时间	
ISBN	varchar(200)	书籍ISBN号	
Foreword	text	书籍前言	
List	text	书籍目录	
OutLine	text	内容提要	
BuyInDate	datetime	购进时间	
Price	money	书籍单价	

（续）

字段名	数据类型	字段说明	备注
TotalNum	int	进货总数	
StoreNum	int	库存数量	
SellOrder	int	销售排行	
Attribute1	text	属性1	
Attribute2	text	属性2	
Attribute3	text	属性3	
Attribute4	text	属性4	
Attribute5	text	属性5	
Remark	text	书籍备注信息	

5. 书籍图片表Picture

书籍图片表Picture用来存储书籍的图片信息，如图片描述、图片的链接地址、图片类型、图片所属书籍的ID等。表的字段说明如表24.5所示。

表24.5 Picture表

字段名	数据类型	字段说明	备注
PictureID	int	图片ID	主键（自动增1）主键PK
BookID	int	图片所属书籍的ID	引用Book表的BookID字段，外键FK
Desn	varchar(200)	图片名称	
Url	varchar(200)	图片的链接地址	
PictureType	varchar(200)	图片类型	
IsShow	int	是否显示该图片	
Remark	text	图片的备注信息	

6. 书籍评论表Comment

书籍评论表Comment用来存储评论的信息，如评论的标题、评论的内容、创建时间、评论所属书籍的ID等。表的字段说明如表24.6所示。

表24.6 Comment表

字段名	数据类型	字段说明	备注
CommentID	int	评论ID	主键（自动增1）主键PK
Desn	varchar(200)	评论的标题	
Body	text	评论的内容	
CreateDate	datetime	创建时间	
BookID	int	评论所属书籍的ID	引用Book表的BookID字段，外键FK
UserID	int	发表评论的用户ID	引用User表的UserID字段，外键FK

7. 订单表OrderForm

订单表OrderForm用来存储订单的数据，如订单ID、订单书籍的总数量、订单的总费用、订单所属用户的ID等。表的字段说明如表24.7所示。

表24.7 OrderForm表

字 段 名	数 据 类 型	字 段 说 明	备 注
OrderFormID	int	订单ID	主键（自动增1）主键PK
UserID	int	订单所属用户的ID	引用User表的UserID字段，外键FK
TotalNumber	int	订单书籍的总数量	
TotalMoney	money	订单的总费用	
OrderDate	datetime	创建日期	
State	int	订单状态	

8. 订单子项表OrderItem

订单子项表OrderItem用来存储订单子项的数据，如订单子项ID、所属订单ID、包含的书籍ID、书籍的数量等。表的字段说明如表24.8所示。

表24.8 OrderItem表

字 段 名	数 据 类 型	字 段 说 明	备 注
OrderItemID	int	订单子项ID	主键（自动增1）主键PK
BookID	int	包含的书籍ID	引用Book表的BookID字段，外键FK
OrderFormID	int	所属的订单ID	引用OrderForm表的OrderFormID字段，外键FK
Number	int	书籍的数量	
ItemDate	datetime	创建日期	

24.2.3 数据库表关系设计

在本系统数据库中，各个表之间的关系比较简单，表之间的关联如下所示。

- 用户表User引用角色表Role的RoleID字段；
- 书籍表Book分别与书籍类别表Category、书籍评论表Comment、书籍图片表Picture、订单子项表OrderItem形成关联；
- 订单表OrderForm分别和用户表User、订单子项表OrderItem形成关联。

最终设计各个表之间的关系图如图24.2所示。

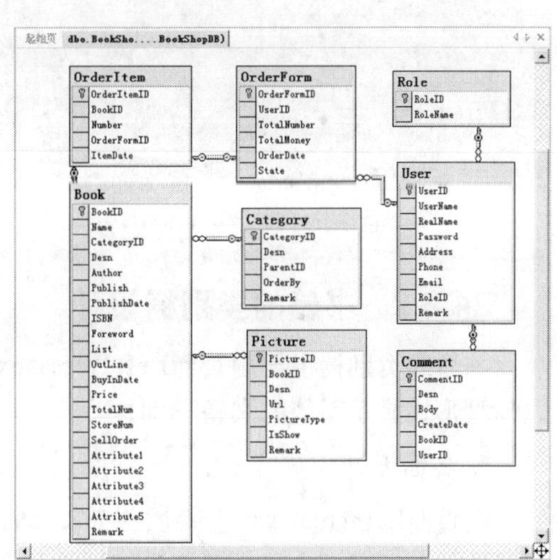

图24.2 系统数据库的表的关系设计图

24.2.4 数据表到数据类的映射(LINQ to SQL Classes)

本章的数据库使用实体数据访问方式，此时需要用到LINQ查询方式，实现完全面向对象的操作，所以需要把数据库中的所有表都映射到应用程序中。本例的映射步骤如下。

(1) 打开服务器资源管理器“Server Explorer”。

(2) 添加一个数据库连接，要连接的就是本例需要的数据库“OAManageDB”。

(3) 从表“Tables”节点中，可以看到当前数据库下的所有表。

(4) 在网站根目录下添加一个LINQ to SQL Classes类，会自动打开其设计视图。

(5) 把Tables节点下的所有表拖放到设计视图，单击“保存”按钮，保存所有的映射类。

本例使用拖放方式直接生成了数据表到数据类的映射。该映射关系以XML的形式保存在应用程序下，而类文件保存在“DataClasses.designer.cs”中。

24.3 网络商城的界面设计

本章的项目开发流程完全按照正常项目的开发流程走，当进行完系统设计和数据库设计后，本节开始设计网络商城的界面。

24.3.1 用户登录后的主界面设计（Main.aspx）

系统主页面为Main.aspx，存放在文件夹“DesktopModules”下，由页面Index.aspx、MainDesktop.aspx、LeftTree.aspx和页面头模块SystemTop.aspx共同组成。其中，头模块存放在文件夹“UserControls”下，属于用户控件。主页面Main.aspx的组成如图24.3所示，主要包含两个模块，即头模块（UserControls/SystmeTop.aspx）和主页面模块（DesktopModules/Index.aspx）。主页面模块也包含两个模块，即左边树模块（DesktopModules/LeftTree.aspx）和桌面主模块（DesktopModules/MainDesktop.aspx），如图24.4所示。

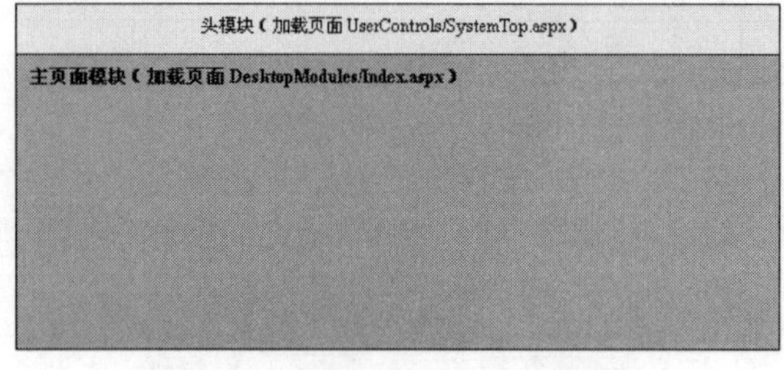

图24.3 主页面Main.aspx的组成

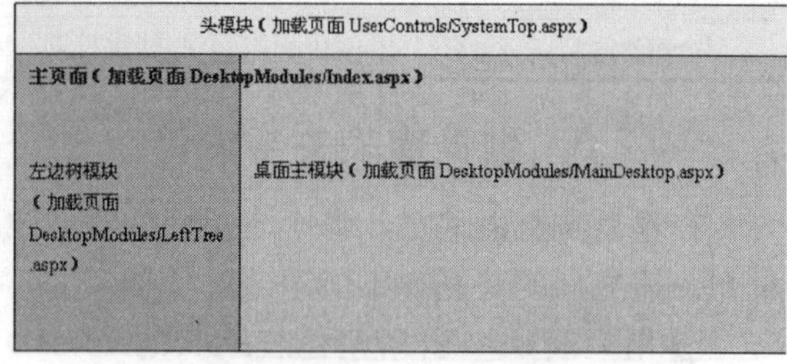

图24.4 主页面模块Main.aspx的详细组成

24.3.2 书籍的类别树设计

书籍的类别树主要由页面LeftTree.aspx实现，它的代码隐藏文件为LeftTree.aspx.cs，主要以树型形式显示系统的书籍类别。

1. 界面设计

在页面LeftTree.aspx上添加一个TreeView控件，设置其名称为CategoryView，主要用于显示系统的书籍类别。单击书籍类别树的每个节点，主模块中就会显示相应的页面，如用户管理页面UserManage.aspx等。

页面LeftTree.aspx还添加一个服务器端的td控件，名称为AdminOperationPanel，并在该控件中添加一个用户控件，设置其名称为AdminOperationUC。该用户控件显示管理员的操作链接等，页面LeftTree.aspx的HTML设计代码如下所示。

```
01    <HEAD runat="server">
02        <title>网络书店销售平台</title>
03        <link href="../CSS/ASPNET2BaseCss.css" type="text/css"
04            rel="stylesheet">
05    <asp:TreeView id="CategoryView" runat="server" Width="178px"
06        ShowLines="True" CssClass="GbText" BackColor="#5A7DD1"
07        ForeColor="White">
08        <NodeStyle BackColor="#5A7DD1" ForeColor="White" Font-Bold="True"
09            CssClass="GbText" />
10        <RootNodeStyle BackColor="Transparent" Font-Bold="True"
11            ForeColor="White"/>
12        <SelectedNodeStyle BackColor="#5A7DD1" CssClass="GbText"
13            Font-Bold="True" ForeColor="White" />
14    </asp:TreeView>
15    <td runat="server" visible="false" id="AdminOperationPanel">
16        <ucAdmin:AdminOperation ID="AdminOperationUC" runat="server" />
17    </td>
```

【代码解析】第2行代码用于设置页面的标题，第3～4行代码用于设置页面的CSS样式，第5～14行代码用于设置TreeView控件的节点样式，第8～9行代码用于设置节点的背景色和前景色以及字体粗度，第10～11行代码用于设置根节点的背景色、字体粗度，第12～13行代码用于设置选中节点的背景色、字体、前景色。

在页面LeftTree.aspx中添加的用户控件AdminOperationUC，它由AdminOperation.ascx创建，存放在文件夹“UserControls”下，该用户控件的设计界面如图24.5所示。

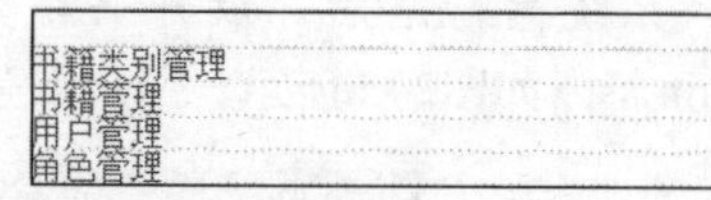

图24.5　用户控件AdminOperation.ascx的设计界面

用户控件AdminOperation.ascx的部分HTML设计代码如下所示。

```
01    <a href="../DesktopModules/Category/CategoryManage.aspx" target="main">
02        书籍类别管理</a>
03    <a href="../DesktopModules/Book/BookManage.aspx" target="main">
04        书籍管理</a>
05    <a href="../DesktopModules/User/UserManage.aspx" target="MainFrame">
06        用户管理</a>
07    <a href="../DesktopModules/Role/RoleManage.aspx" target="MainFrame">
08        角色管理</a>
```

【代码解析】第1～2行代码用于设置“书籍类别管理”的超链接页面，第3～4行代码用于设置“书籍管理”的超链接，第5～6行代码用于设置“用户管理”的链接页面，第7～8行代码用于设置“角色管理”的链接页面。

2. 页面初始化

页面LeftTree.aspx初始化功能比较简单，主要从数据库的书籍类别表Category中获取所有信息，然后通过CategoryView控件显示这些信息。页面LeftTree.aspx初始化功能由函数Page_Load()和函数InitCategoryTree()实现，它们的程序代码如下所示。

```
protected void Page_Load(object sender, EventArgs e)
{
    if (Session["RoleID"] != null)
```

```
04      {   ///判定管理员操作链接的用户控件是否可见
05          AdminOperationPanel.Visible
06              = Session["RoleID"].ToString() == "1" ? true : false;
07      }
08      ///显示树型结构
09      if (!Page.IsPostBack){InitCategoryTree();}
10  }
11  private void InitCategoryTree()
12  {   ///绑定类别树的数据，显示类别菜单
13      CategoryM category = new CategoryM();
14      category.InitCategory(CategoryView, "Book/BrowserBook.aspx");
15  }
```

【代码解析】第3行代码用于判断用户角色ID是否为null，若不为空，则显示管理面板。第9行代码用于显示书籍目录结构，第13～14行代码用于设置页面所要显示的书籍类别的页面。

函数InitCategoryTree()调用CategoryM类的函数InitCategory(TreeView treeView, strings NodeUrl)显示书籍类别树的详细实现，将在24.5.2小节中进行介绍。

24.3.3 系统主页面

系统运行之后，展开书籍类别树的所有节点，并单击“计算机”节点，此时页面Main.aspx如图24.6所示，用户未登录该系统。

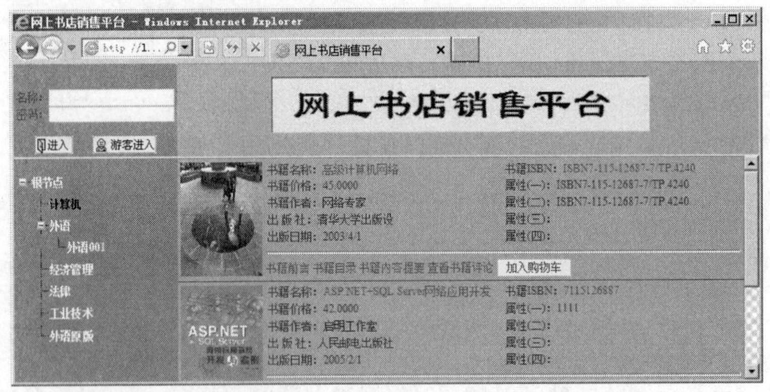

图24.6 显示“计算机”节点的所有书籍信息的页面Main.aspx

24.4 用户登录和注册功能

用户登录是使用该系统的前提，只有当用户登录系统之后，才能拥有操作该系统的权限。用户注册是为本系统添加新的用户，并设置新用户的权限。下面详细介绍这两个功能。

24.4.1 用户登录

在本系统中，由于同时考虑用户登录和退出系统功能，所以用户登录功能比较复杂。它由页面UserLoginPage.aspx、用户控件UserLogin.ascx和用户控件UserLoginInfo.ascx共同实现，UserLoginPage.aspx.cs、UserLogin.ascx.cs和UserLoginInfo.ascx.cs分别为它们的代码隐藏文件，这些页面和用户控件均保存在文件夹“UserControl”下。

1. 用户控件UserLogin.ascx

用户控件UserLogin.ascx实现用户登录功能，在该控件上添加2个TextBox控件和2个ImageButton控件，它们的名称分别为UserName、Password、LoginBtn、GuestLoginBtn。控件UserName和控件Password分别用来输入用户名称和用户密码；控件LoginBtn和控件GuestLoginBtn分别实现用户登录和游客登录功能。用户控件UserLogin.ascx的设计界面如图24.7所示。

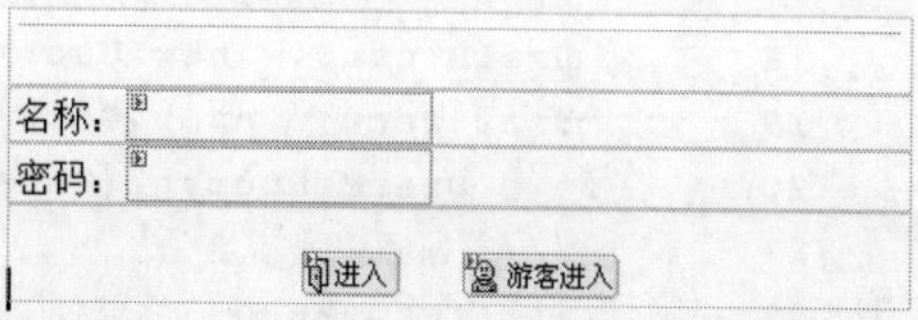

图24.7　用户控件UserLogin.ascx的设计界面

用户控件UserLogin.ascx的部分HTML设计代码如下所示。

```
01    <asp:textbox id="UserName" runat="server" cssclass="InputCss"
02        width="135px"></asp:textbox>
03    <asp:textbox id="Password" runat="server" cssclass="InputCss"
04        width="135px" textmode="password"></asp:textbox>
05    <asp:imagebutton id="LoginBtn" runat="server"
06        ImageUrl="~/images/Login.gif"
07        OnClick="LoginBtn_Click"></asp:imagebutton>
08    <asp:imagebutton id="GuestLoginBtn" runat="server"
09        ImageUrl="~/images/GuestLogin.gif" Enabled="False"></asp:imagebutton>
```

【代码解析】第1～2行代码用于设置输入用户名的文本框，第3～4行代码用于设置输入密码的文本框，第5～7行代码用于设置登录的按钮，并为按钮添加图片，第8～9行代码设置游客登录的按钮。

登录功能由LoginBtn按钮控件实现，它触发LoginBtn_Click(object sender,EventArgs e)事件。该事件验证用户输入的用户名称、密码是否正确，只有当这两个信息全部正确时，用户才能登录到系统中，否则页面将通过对话框形式显示相关错误的信息。用户登录成功后，系统跳转到页面UserLoginPage.aspx。

验证用户名称和密码时，调用User类的函数GetUserLogin()，从数据库获取用户ID信息和角色ID信息。如果用户ID为空，则用户登录失败。用户登录成功后，程序使用Session变量保存用户ID信息。事件LoginBtn_Click(object sender,EventArgs e)的程序代码如下所示。

```
protected void LoginBtn_Click(object sender,ImageClickEventArgs e)
{
    if (UserName.Text == null || UserName.Text == ""
        || UserName.Text.Length <= 0)
    {
        ShowMessage("用户名称为空，请输入用户名称！");
        return;
    }
    if (Password.Text == null || Password.Text == ""
        || Password.Text.Length <= 0)
    {
        ShowMessage("用户密码为空，请输入用户密码！");
        return;
    }
```

```
15        String userId = "";
16        String roleId = "";
17        ///定义类并获取用户的登录信息
18        UserM user = new UserM();
19        User recu = user.GetUserLogin(UserName.Text.Trim(),
20            UserM.Encrypt(Password.Text.Trim()));
21        ///判断用户是否合法
22        if (recu.Read())
23        {
24            userId = recu.UserID.ToString();
25            roleId = recu.RoleID.ToString();
26        }
27        recu.Close();
28        ///验证用户合法性，并跳转到系统平台
29        if ((userId != null) && (userId != ""))
30        {
31            Session["UserID"] = userId;
32            Session["UserName"] = UserName.Text;
33            if (roleId != ""){Session["RoleID"] = roleId;}
34            //跳转到登录后的第一个页面
35            Response.Redirect("~/UserControls/UserLoginPage.aspx");
36        }
37        else
38        {    ///显示错误信息
39            ShowMessage("你输入的用户名称/密码有误，请重新输入！");
40        }
41    }
```

【代码解析】第3～8行代码用于判断所输入的用户名是否为空，若为空，则提示用户重新输入。第9～14行代码用于判断输入的密码是否为空，若为空，则提示用户重新输入。第18～20行代码用于定义并获取用户登录信息，第22～26行代码用于判断用户是否合法。第29～36行代码用于验证用户合法性，若合法，则跳转到登录后的第一个页面，若为非法用户，则执行第39行代码显示关于错误的信息。

函数ShowMessage(string sMsg)通过对话框形式显示有关错误的消息sMsg，其中参数sMsg为有关错误的消息。函数ShowMessage(string sMsg)的程序代码如下所示。

```
01    private void ShowMessage(string sMsg)
02    {    ///显示操作结果信息
03        Response.Write("<script>window.alert('" + sMsg + "')</script>");
04    }
```

【代码解析】第3行代码用于返回用户出错的信息。

2. 用户控件UserLoginInfo.ascx

用户控件UserLoginInfo.ascx显示用户登录后的信息，如用户名称、退出按钮、购物车的商品数量，以及查看购物车的链接地址等。用户控件UserLoginInfo.ascx的设计界面如图24.8所示。

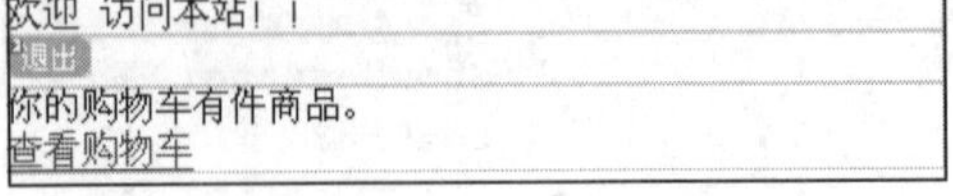

欢迎 访问本站！！
退出
你的购物车有件商品。
查看购物车

图24.8 用户控件UserLoginInfo.ascx的设计界面

用户控件UserLoginInfo.ascx的部分HTML设计代码如下所示。

```
01    <%=UserName%>
02    <asp:imagebutton id="LogoutBtn" runat="server"
03        ImageUrl="~/images/Logout.gif"
04        OnClick="LogoutBtn_Click"></asp:imagebutton>
05    <%=Number%>件商品。<br />
06    <a href="../DesktopModules/OrderForm/CommitOrderForm.aspx"
07        target="MainFrame">查看购物车</a>
```

【代码解析】第1行代码用于显示用户名，第2～4行代码用于设置图片按钮，第6～7行代码用于设置查看购物车的链接页面。

用户控件UserLoginInfo.ascx初始化，主要实现下面两个功能。

(1) 获取并显示用户名称。

(2) 获取并显示购物车中商品的总数量，由函数ViewShopCount()实现。

上述功能由函数Page_Load(object sender, EventArgs e)实现，它的程序代码如下所示。

```
01    public string UserName = "";
02    public int Number = 0;
03    protected void Page_Load(object sender, EventArgs e)
04    {
05       //判断Session是否为空
06        if (Session["UserID"] == null || Session["UserName"] == null)
07        {
08            return;
09         }
10    //判断是否是回发页面
11        if (!Page.IsPostBack)
12        {
13            Number = 0;
14            UserName = Session["UserName"].ToString();  //获取用户名
15            ViewShopCount();                              //显示购物篮内容
16        }
17    }
```

【代码解析】第6～9行代码用于判断用户是否为空，若为空，则直接退出，若为非空，则执行第11～16行代码，获取用户名和显示购物篮中的内容。

函数ViewShopCount()获取购物车中商品的总数量，该函数首先判定购物车中是否存在商品信息，如果存在，则获取所有商品的总数量（即累加商品数量）。函数ViewShopCount()的程序代码如下所示。

```
private void ViewShopCount()
{
    if (Session[Session.SessionID + ASPNET35System.ShoppingCart] != null)
     {
             //从购物表中获取所有的购物篮列表
        OrderFormInformation order
            = (OrderFormInformation)Session[Session.SessionID
                + ASPNET35System.ShoppingCart];
```

```
09          //遍历购物篮中的所有项
10          for (int i = 0;i < order.OrderItemList.Count;i++)
11          {
12          Number
13              += ((OrderItemInformation)order.OrderItemList[i]).Number;
14          }
15      }
16  }
```

【代码解析】第3行代码用于设置检查系统是否为空，第6～8行代码用于获取购物篮中的数据，第10～14行代码用于遍历购物篮中的所有项。

单击“退出”按钮，触发事件LogoutBtn_Click(object sender,ImageClickEventArgs e)，实现用户退出登录功能。该事件首先清空Session变量中的值，并取消Session对话，然后重新加载页面UserLoginPage.aspx。事件LogoutBtn_Click(object sender,ImageClickEventArgs e)的程序代码如下所示。

```
01  protected void LogoutBtn_Click(object sender,ImageClickEventArgs e)
02  {
03      Session["UserID"] = null;                                   //清空用户登录信息
04      Session.Clear();
05      Session.Abandon();
06      Response.Redirect("~/UserControls/UserLoginPage.aspx");  //重新加载用户登录模块
07  }
```

【代码解析】第3行代码用于清空用户登录信息，第4行代码用于清除所有资源，第5行代码用于关闭会话，第6行代码用于重新加载登录页面。

3. 页面UserLoginPage.aspx

页面UserLoginPage.aspx主要实现动态加载用户控件UserLoginInfo.ascx和用户控件UserLogin.ascx。当用户未登录时，加载用户控件UserLogin.ascx；当用户登录之后，加载用户控件UserLoginInfo.ascx。页面UserLoginPage.aspx的界面设计代码如下所示。

```
<td runat="server" id="LoginPanel"></td>
```

页面UserLoginPage.aspx动态加载用户控件的功能由函数Page_Load(object sender, EventArgs e)实现，该函数通过Session["UserID"]的值是否为空来判定用户是否登录，然后再加载相应的用户控件。注意在加载用户控件之前，首先清空控件LoginPanel的所有子控件。函数Page_Load(object sender, EventArgs e)的程序代码如下所示。

```
protected void Page_Load(object sender, EventArgs e)
{   ///动态加载登录模块
    if (Session["UserID"] == null)
    {   ///如果用户未登录，加载登录模块
        LoginPanel.Controls.Clear();
        LoginPanel.Controls.Add(
            Page.LoadControl("~/UserControls/UserLogin.ascx"));
    }
    else
```

```
10        {    ///如果用户已经登录，则加载用户登录信息模块
11             LoginPanel.Controls.Clear();                              //清空登录控件
12             LoginPanel.Controls.Add(
13                 Page.LoadControl("~/UserControls/UserLoginInfo.ascx"));
14        }
15    }
```

【代码解析】第3～8行代码用于判断会话是否为空，第11行代码用于清空登录表单上的所有控件，第12～13行代码用于加载用户信息。

用户“admin”登录系统之前的页面如图24.9所示，登录之后的页面如图24.10所示。

图24.9　“admin”登录之前的页面

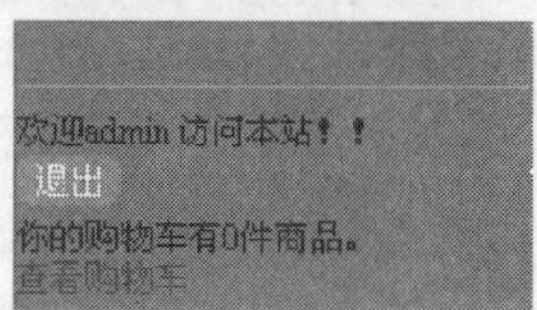

图24.10　“admin”登录之后的页面

24.4.2　用户注册

用户注册主要实现添加用户功能，它由页面AddUser.aspx实现，其代码隐藏文件为AddUser.aspx.cs。该页面保存在文件夹“DesktopModules/User”下。在添加新用户的同时，需要设置该用户的角色，即设置该用户的管理权限。

1. 界面设计

在页面AddUser.aspx中添加8个TextBox控件。其中，4个控件的名称分别为UserName、Password、PasswordStr和Email，分别用来输入用户名称、用户密码、确认密码和电子邮件。其中，下拉控件RoleList用来设置用户的角色，最后还在页面上添加输入验证控件。页面AddUser.aspx的设计界面如图24.11所示。

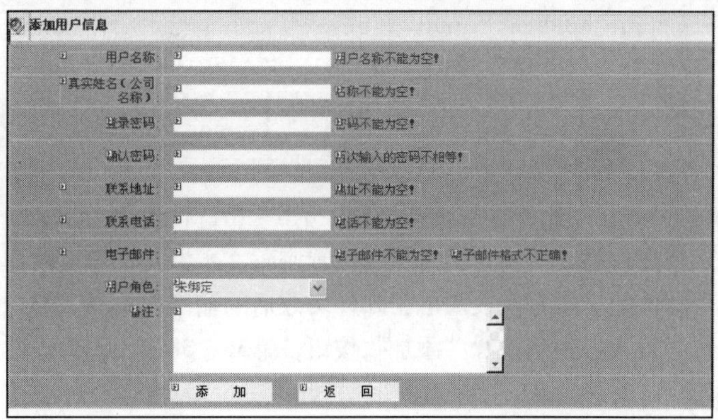

图24.11　页面AddUser.aspx的设计界面

页面AddUser.aspx的部分HTML设计代码如下所示。

```
<HEAD runat="server">
    <title>新用户注册</title>
```

```
03        <LINK href="../../Css/ASPNET2BaseCss.css" type="text/css"
04            rel="stylesheet">
05    </HEAD>
06    <asp:textbox id="UserName" runat="server" Width="150px"
07        CssClass="InputCss"></asp:textbox>
08    <asp:RequiredFieldValidator id="rfN" runat="server" ErrorMessage="
09        用户名称不能为空！" ControlToValidate="UserName">
10        </asp:RequiredFieldValidator>
11    ……………………
12    <asp:textbox id="Password" runat="server" Width="150px"
13        CssClass="InputCss" TextMode="Password"></asp:textbox>
14    <asp:RequiredFieldValidator id="rfP" runat="server" ErrorMessage="
15        密码不能为空！" ControlToValidate="Password">
16        </asp:RequiredFieldValidator>
17    <asp:textbox id="PasswordStr" runat="server" Width="150px"
18        CssClass="InputCss" TextMode="Password"></asp:textbox>
19    <asp:CompareValidator id="cvP" runat="server" ErrorMessage="
20        两次输入的密码不相等！" ControlToValidate="PasswordStr"
21        ControlToCompare="Password"></asp:CompareValidator>
22    ……………………
23    <asp:textbox id="Email" runat="server" Width="150px"
24        CssClass="InputCss"></asp:textbox>
25    <asp:RequiredFieldValidator id="rfE" runat="server" ErrorMessage="
26        电子邮件不能为空！" ControlToValidate="Email"
27        Display="Dynamic"></asp:RequiredFieldValidator> 
28    <asp:RegularExpressionValidator ID="reE" runat="server"
29        ControlToValidate="Email" ErrorMessage="电子邮件格式不正确！"
30        ValidationExpression="\w+([-+.']\w+)*@\w+([-.]\w+)*\.\w+([-.]\w+)*">
31        </asp:RegularExpressionValidator>
32    <asp:dropdownlist id="RoleList" runat="server" Width="150px"
33        CssClass="SelectSta"></asp:dropdownlist>
34    <asp:button id="AddBtn" runat="server" Width="100px" CssClass="ButtonCss"
35        Text="添加" OnClick="AddBtn_Click"></asp:button>
36    <asp:button id="ReturnBtn" runat="server" Width="100px"
37        CssClass="ButtonCss" Text="返  回" CausesValidation="False"
38        OnClick="ReturnBtn_Click"></asp:button>
```

【代码解析】第1~5行代码用于设置页面标题，第6~10行代码用于添加输入用户名的文本框以及校验失败的提示信息，第12~16行代码用于设置密码文本框及校验失败信息，第23~31行代码用于设置输入电子邮件的文本框及校验电子邮件失败后的输出，第32~33行代码用于设置下拉列表框控件，第34~35行代码用于设置“添加”按钮，第36~38行代码用于设置“返回”按钮。

2. 页面初始化

页面初始化功能主要实现绑定角色下拉列表控件RoleList的数据，同时设置“添加”按钮AddBtn的可用性。该功能由函数Page_Load(object sender,EventArgs e)实现。该函数调用函数BindRoleData()从数据库的角色表Role中获取所有角色信息，并绑定到控件RoleList。其中控件的Text属性域和Value属性域分别为“RoleName”和“RoleID”。函数Page_Load()和函数BindRoleData()的程序代码如下所示。

```
01  protected void Page_Load(object sender,EventArgs e)
02  {    ///绑定控件的数据
03       if(!Page.IsPostBack){BindRoleData();}
04       ///设置按钮的可用性
05       AddBtn.Enabled=RoleList.Items.Count>0?true:false;
06  }
07  private void BindRoleData()
08  {    ///获取数据源
09       RoleM role=new RoleM();
10       RoleList.DataSource = role.GetRoles();
11       ///设定控件的数据源，Text域属性、value域属性
12       RoleList.DataTextField="RoleName";
13       RoleList.DataValueField="RoleID";
14       ///绑定控件的数据
15       RoleList.DataBind();
16  }
```

【代码解析】第3行代码用于绑定控件，第5行代码依据返回是否有记录设置按钮的可用性，第10行代码用于获取角色的数据源。

页面AddUser.aspx运行后，它的初始化页面如图24.12所示，此时页面已经显示角色信息，即已经绑定了下拉控件RoleList的数据。

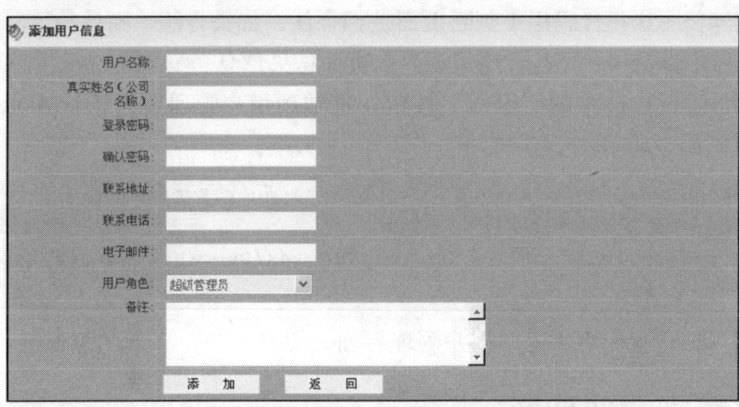

图24.12 页面AddUser.aspx的初始化页面

3. 添加新用户

添加新用户功能由AddBtn按钮控件实现。单击此按钮，它触发事件AddBtn_Click(object sender, EventArgs e)。该事件调用User类的函数AddUser()实现添加新用户的功能，并把用户信息存储到数据库中。在添加新用户时，还将使用User类的函数Encrypt()对用户密码进行加密。如果操作成功，则显示提示信息；否则，弹出失败对话框。事件AddBtn_Click(object sender, EventArgs e)的程序代码如下所示。

```
protected void AddBtn_Click(object sender,EventArgs e)
{    ///如果页面输入内容合法
     if(Page.IsValid==true)
     {    ///定义类User
```

```
05              UserM user=new UserM();
06              try
07              {    ///添加新用户
08                   user.AddUser(UserName.Text.Trim(),RealName.Text.Trim(),
09                        BookShop.User.Encrypt(Password.Text.Trim()),
10                        Address.Text.Trim(),Phone.Text.Trim(),
11                        Email.Text.Trim(),
12                        Int32.Parse(RoleList.SelectedValue),Remark.Text);
13                   ///显示操作结果信息
14                   Response.Write("<script>window.alert('"
15                        + ASPNET35System.OPERATIONADDSUCCESSMESSAGE+"'
16                          )</script>");
17              }
18              catch(Exceptionex)
19              {    ///显示添加操作中的失败、错误信息
20                   Response.Redirect("~/DesktopModules/ErrorPage.aspx?ErrorUrl="
21                        + ASPNET35System.RedirectErrorUrl(Request.RawUrl)
22                        + "&ErrorMessage="+ex.Message.Replace("\n",""));
23              }
24         }
25    }
```

【代码解析】第3～16行代码用于判断页面是否合法，如果合法，则执行第8～12行代码将新用户添加到数据库中，第14～15行代码用于返回页面结果信息。第18～23行代码用于捕获异常。

单击页面AddUser.aspx中的“返回”按钮，跳转到用户管理页面UserManage.aspx，实现此功能的程序代码如下所示。

```
01    protected void ReturnBtn_Click(objectsender,EventArgse)
02    {    ///返回管理页面
03         Response.Redirect("~/DesktopModules/User/UserManage.aspx");
04    }
```

【代码解析】第3行代码用于返回用户管理界面。

24.5 书籍类别管理功能

在本系统中，书籍的类别采用动态管理机制，即不限制类别的层数，它可以由用户动态维护。书籍的类别管理主要实现类别的添加、修改、删除和排序四大功能。下面将详细介绍这些功能。

24.5.1 类别管理界面设计

类别管理由页面CategoryManage.aspx实现，代码隐藏文件为CategoryManage.aspx.cs。该页面保存在文件夹“DesktopModules/Category”中。

1. 界面设计

页面CategoryManage.aspx可以分为两部分，即显示类别信息部分和操作类别信息部分。其中：显示类别信息部分由TreeView控件实现，名称为CategoryView；操作类别信息部分由2个TextBox控件和5个按钮控件实现。

在页面CategoryManage.aspx的左版面中添加TreeView控件，它的名称为CategoryView，用来显示类别信息；在页面CategoryManage.aspx的右版面中添加2个TextBox控件和5个按钮控件，它们的名称分别为Category、Remark、AddBtn、UpBtn、DownBtn、UpdateBtn和DeleteBtn。其中：Category控件用来输入类别的名称、Remark控件用来输入类别的备注信息；另外5个按钮控件分别实现类别信息的添加、上移、下移、修改和删除功能。页面CategoryManage.aspx的设计界面如图24.13所示。

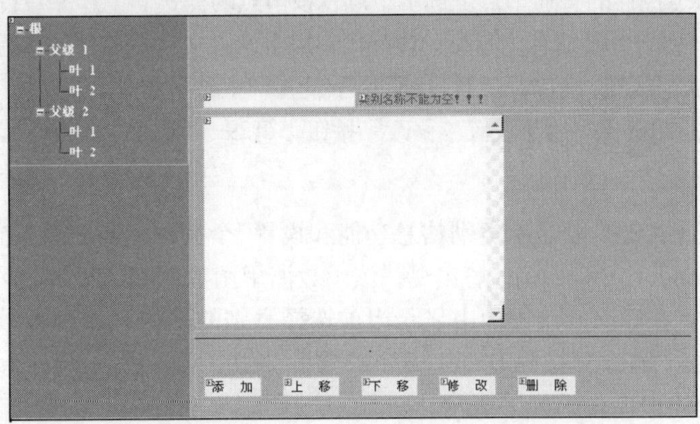

图24.13 页面CategoryManage.aspx的设计界面

页面CategoryManage.aspx的HTML设计代码如下所示。

```
<head runat="server">
    <title>类别管理页面</title>
    <LINK href="../../Css/ASPNET2NoLinkCss.css" type="text/css"
        rel="stylesheet">
</head>
<asp:TreeView ID="CategoryView" runat="server" Width="100%"
    ShowLines="True" CssClass="GbText"
    OnSelectedNodeChanged="CategoryView_SelectedNodeChanged">
    <RootNodeStyle BackColor="Transparent" Font-Bold="True"
        ForeColor="Maroon" />
    <SelectedNodeStyle BackColor="#804040" CssClass="GbText"
        ForeColor="#FF8000" /></asp:TreeView>
<asp:TextBox ID="Category" runat="server" Width="150"
    CssClass="InputCss"></asp:TextBox>
<asp:RequiredFieldValidator ID="rfC" runat="server" ErrorMessage="
    类别名称不能为空！！！" ControlToValidate="Category">
    </asp:RequiredFieldValidator>
<asp:TextBox ID="Remark" runat="server" Width="300px" CssClass="InputCss"
    Height="200px" TextMode="MultiLine"></asp:TextBox>
<asp:Button ID="AddBtn" runat="server" CssClass="ButtonCss" Text="添加"
    OnClick="AddBtn_Click" />
<asp:Button ID="UpBtn" runat="server" CssClass="ButtonCss" Text="上移"
    CausesValidation="False" CommandName="up" OnClick="UpDownBtn_Click" />
<asp:Button ID="DownBtn" runat="server" CssClass="ButtonCss" Text="下移"
    CausesValidation="False" CommandName="down" OnClick="UpDownBtn_Click"
```

```
26          />
27      <asp:Button ID="UpdateBtn" runat="server" CssClass="ButtonCss"
28          Text="修改" OnClick="UpdateBtn_Click" />
29      <asp:Button ID="DeleteBtn" runat="server" CssClass="ButtonCss"
30          Text="删除" CausesValidation="False" OnClick="DeleteBtn_Click" />
```

【代码解析】第2行代码用于设置页面标题，第3～4行代码用于设置标题的超链接，第6～12行代码用于设置TreeView控件的普通节点、选中节点、根节点的样式。第13～17行代码用于输入类别名称，并校验类别名称的失败信息。第18～19行代码用于设置文本框控件为多行显示，第20～21行代码用于设置“添加”按钮，第22～23行代码用于设置“上移”按钮，第24～26行代码用于设置“下移”按钮，第27～28行代码用于设置“修改”按钮，第29～30行代码用于设置“删除”按钮。

2. 页面初始化

页面初始化功能主要实现显示类别信息功能和设置5个按钮的可用性功能。该功能由函数Page_Load(object sender, EventArgs e)实现。该函数调用函数BindCategoryData()，以树型显示所有的类别信息，并在Category控件中显示当前选择类别的名称。该函数最后还设置5个按钮的可用性，并设置“删除”按钮DeleteBtn的删除确认对话框。函数Page_Load()和函数BindCategoryData()的程序代码如下所示。

```
01  protected void Page_Load(object sender, EventArgs e)
02  {
03      if (!Page.IsPostBack)
04      {
05          BindCategoryData();                              //绑定树的显示
06          ///显示选择节点的文本
07          if (CategoryView.SelectedNode != null)
08          {
09              Category.Text = CategoryView.SelectedNode.Text;
10          }
11      }
12      ///设置按钮的可用性
13      AddBtn.Enabled = UpBtn.Enabled = DownBtn.Enabled = UpdateBtn.Enabled
14          = DeleteBtn.Enabled = CategoryView.SelectedNode == null ? false : true;
15      ///添加删除确认对话框
16      DeleteBtn.Attributes.Add("onclick", "return confirm('"
17          + ASPNET35System.OPERATIONDELETEMESSAGE + "');");
18  }
19  //绑定TreeView的方法
20  private void BindCategoryData()
21  {
22      CategoryM category = new CategoryM();
23      category.BindCategoryTreeView(CategoryView, true, "-1");
24  }
```

【代码解析】第5行代码用于绑定数据的显示，第7～10行代码用于将选中节点显示出来，第13～14行代码用于设置“添加”和“删除”按钮的可用性，第16～17行代码用于设置“添加”“删除”功能的确认对话框，第20～24行代码用于绑定数据显示。

函数BindCategoryData()调用CategoryM类的BindCategoryTreeView()显示类别的信息，该功能比较复杂，请参考本章的随书光盘源代码。

单击类别树的任何一个节点时，将触发事件CategoryView_SelectedNodeChanged()，该事件重新设置5个按钮的可用性，并在Category控件中显示当前选择节点的名称，它的程序代码如下所示。

```
01    protected void CategoryView_SelectedNodeChanged(object sender, EventArgs e)
02    {   ///设置按钮的可用性
03        AddBtn.Enabled = UpBtn.Enabled = DownBtn.Enabled = UpdateBtn.Enabled
04            = DeleteBtn.Enabled = CategoryView.SelectedNode == null ? false : true;
05        ///显示选择节点的文本
06        if (CategoryView.SelectedNode != null)
07        {
08            BindCategoryData(Int32.Parse(CategoryView.SelectedValue));
09        }
10    }
```

【代码解析】第3~4行代码用于设置“添加”“删除”按钮，第6~9行代码用于绑定数据。

页面CategoryManage.aspx运行后，它的初始化页面如图24.14所示。此时选择的节点为根节点，即在Category控件中显示“根节点”的名称。

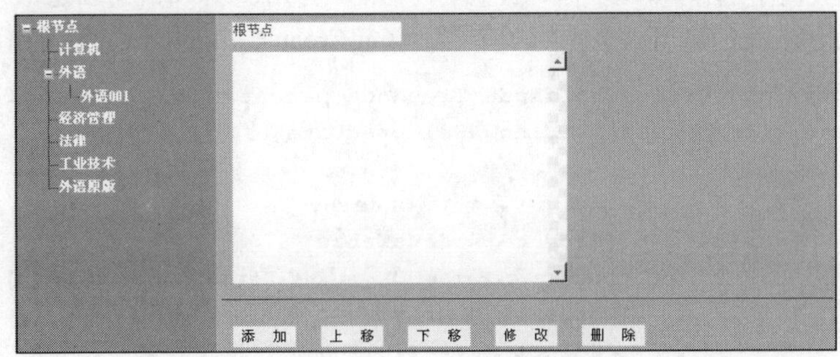

图24.14 页面CategoryManage.aspx的初始化页面

24.5.2 使用TreeView控件设置导航信息

ASP.NET 3.5提供了TreeView控件，该控件可以以树型形式显示信息。在本系统中多次使用了该控件，如：页面LeftTree.aspx使用TreeView控件显示系统的功能模块表的信息，书籍的类别管理页面CategoryManage.aspx使用TreeView控件显示书籍的类别信息。

显示功能模块信息时，使用函数BindCategoryTreeView()和函数CreateChildNode()创建TreeView控件的节点。其中，函数BindCategoryTreeView()带有3个参数：参数treeView表示TreeView控件，参数isExpanded表示节点是否扩展，参数sSelectedData选择节点的数据。该函数首先创建TreeView控件的根节点，然后调用函数CreateChildNode()递归创建其他所有子节点。函数BindCategoryTreeView()的程序代码如下所示。

```
public void BindCategoryTreeView(TreeView treeView, bool isExpanded,string
    sSelectedData)
{
```

```
04            treeView.Nodes.Clear();                              //清空树的所有节点
05            DataClassesDataContext db = new DataClassesDataContext();
06            Category cat = db.Categories.Where(c => c.ParentID == -1).First();
07            TreeNode rootNode = new TreeNode();                  //创建根节点
08            rootNode.Text = cat.Desn;                            //设置根节点属性
09            rootNode.Value = cat.CategoryID.ToString();          //设置根节点的Key值
10            rootNode.Expanded = isExpanded;
11            rootNode.Selected = true;
12            treeView.Nodes.Add(rootNode);                        //添加根节点
13             //创建其他节点
14             CreateChildNode(rootNode, db.Categories, isExpanded, sSelectedData);
15        }
```

【代码解析】第4行代码用于清空TreeView控件中的所有节点，第5行代码用于声明一个数据操作对象，第6行代码用于设置查询条件，第7行代码用于新建一个节点，第8行代码用于设置根节点的属性，第9行代码用于设置根节点的键值，第10行代码用于设置节点的可扩展性，第11行代码用于设置节点的可选择性，第12行代码用于添加根节点，第14行代码用于创建其他节点。

函数CreateChildNode()带有4个参数：参数parentNode为当前添加节点的父节点，参数dataTable为数据源，参数isExpanded表示节点是否扩展，参数sSelectedData选择节点的数据。函数使用Where关键字选择parentNode的所有子节点，并用foreach语句创建每一个节点，然后递归调用该函数，再次创建当前节点的子节点。函数CreateChildNode()的程序代码如下所示。

```
private void CreateChildNode(TreeNode parentNode, DataTable dataTable,
    bool isExpanded, string sSelectedData)
{
        //选择数据时，添加了排序表达式OrderBy
        var cats = (from c in dataTable
                    where c.ParentID == int.Parse(parentNode.Value.ToString())
                    orderby c.OrderBy
                    select c);
        //遍历其中的内容
        foreach (Category row in cats)
        {
            TreeNode node = new TreeNode();                //创建新节点
            //设置节点的属性
            node.Text = row.Desn;
            node.Value = row.CategoryID.ToString();
            node.Expanded = isExpanded;
           //判断节点的值
            if (node.Value == sSelectedData)
            {
                node.Selected = true;
            }
            parentNode.ChildNodes.Add(node);
            //递归调用，创建其他节点
            CreateChildNode(node, dataTable, isExpanded, sSelectedData);
        }
}
```

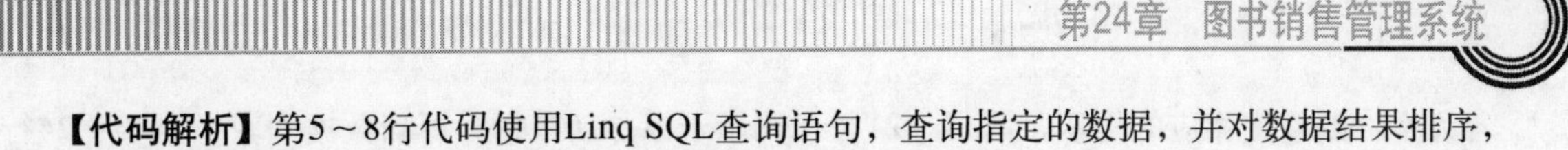

【代码解析】第5～8行代码使用Linq SQL查询语句，查询指定的数据，并对数据结果排序，第10～24行代码用于将排好序的数据分别显示到TreeView控件中。

24.5.3 添加新的图书类别

添加新的类别功能由AddBtn按钮控件实现：在Category输入框中输入新类别的名称，在Remark输入框中输入类别的备注信息，并单击“添加”按钮触发事件AddBtn_Click(object sender, EventArgs e)，实现新类别的添加功能。在单击此按钮之前，必须选择类别树的某个节点，而且新添加的类别节点为选择节点的子节点，否则程序会提示用户先选择类别树的节点。事件AddBtn_Click()调用CategoryM类的函数AddCategory()将新的类别添加到数据库中，如果添加成功，并显示提示信息，否则显示添加操作的失败信息。事件AddBtn_Click()的程序代码如下所示。

```
01  protected void AddBtn_Click(object sender, EventArgs e)
02  {   //如果页面输入内容合法
03      if (Page.IsValid == true)
04       {
05          //判断节点的值是否为空
06          if (CategoryView.SelectedNode == null)
07          {
08             //输出错误信息
09              Response.Write("<script>window.alert('"
10                + ASPNET35System.OPERATIONNOSELECTMESSAGE + "')</script>");
11              return;
12          }
13          //定义类
14          CategoryM category = new CategoryM();
15          try
16          {   //添加新数据
17              category.AddCategory(Category.Text.Trim(),
18                  Int32.Parse(CategoryView.SelectedNode.Value),
19                  CategoryView.SelectedNode.ChildNodes.Count + 1,
20                  Remark.Text);
21                  BindCategoryData();
22              //显示操作结果信息
23              Response.Write("<script>window.alert('"
24                + ASPNET35System.OPERATIONADDSUCCESSMESSAGE + "
25                   ')</script>");
26          }
27          catch (Exception ex)
28          {   //显示添加操作中的失败、错误信息
29              Response.Redirect("~/DesktopModules/ErrorPage.aspx?ErrorUrl="
30                  + ASPNET35System.RedirectErrorUrl(Request.RawUrl)
31                  + "&ErrorMessage=" + ex.Message.Replace("\n", " "));
32          }
33      }
34  }
```

【代码解析】第3行代码用于判定页面是否合法，第6～12行代码用于判断节点是否为空，

若为空，则给出相应的提示，第17～21行代码用于添加新数据并更新数据列表，第23～24行代码用于返回操作信息，第27～32行代码用于捕获页面出错信息。

24.5.4　修改图书类别

修改类别信息由“修改”按钮（UpdateBtn）控件实现。首先，选择类别树需要修改的节点，并在Category输入框中输入修改的信息，类别的备注信息可以修改或者不修改。单击该按钮触发事件UpdateBtn_Click(object sender, EventArgs e)，实现类别名称的修改功能。与添加新类别功能一样，该事件同样需要首先判定用户是否选择类别树的节点，否则显示提示信息。最后该事件调用CategoryM类的函数UpdateCategory()修改类别信息，并保存到数据库中。如果修改成功，并显示提示信息，否则显示修改操作的失败信息。类别的修改事件UpdateBtn_Click()的程序代码如下所示。

```
01  protected void UpdateBtn_Click(object sender, EventArgs e)
02  {   //如果页面输入内容合法
03      if (Page.IsValid == true)
04      {   //验证是否选择修改的数据
05          if (CategoryView.SelectedNode == null)
06          {
07              Response.Write("<script>window.alert('"
08            + ASPNET35System.OPERATIONNOSELECTMESSAGE + "')</script>");
09              return;
10          }
11          //定义类
12          CategoryM category = new CategoryM();
13          try
14          {   //更新数据
15              category.UpdateCategory(
16                  Int32.Parse(CategoryView.SelectedNode.Value),
17                  Category.Text.Trim(),Remark.Text);BindCategoryData();
18              //显示操作结果信息
19              Response.Write("<script>window.alert('"
20                + ASPNET35System.OPERATIONUPDATESUCCESSMESSAGE
21                 + "')</script>");
22          }
23          catch (Exception ex)
24          {   //显示修改操作中的失败、错误信息
25              Response.Redirect("~/DesktopModules/ErrorPage.aspx?ErrorUrl="
26                + ASPNET35System.RedirectErrorUrl(Request.RawUrl)
27                + "&ErrorMessage=" + ex.Message.Replace("\n", " "));
28          }
29      }
30  }
```

【代码解析】第3行代码用于判定页面是否合法。第5～12行代码用于判断节点是否为空，若为空，则给出相应的提示。第15～17行代码用于更新数据并更新相应的数据列表，第19～21行代码用于返回操作信息，第24～28行代码用于捕获页面出错信息。

24.5.5 图书类别排序

排序类别功能实现类别的上移功能和下移功能，它们分别由“上移”控件（UpBtn）和“下移”控件（DownBtn）实现。这两个控件都触发事件UpDownBtn_Click(object sender, EventArgs e)，当控件触发排序事件时，事件首先获取控件的“CommandName”属性的值，即判定是上移控件还是下移控件触发该事件。如果“CommandName”属性的值为“up”，则执行上移操作；如果“CommandName”属性的值为“down”，则执行下移操作。

上移功能和下移功能均由CategoryM类的函数UpdateCategoryOrder(int nCategoryID, string sMoveFlag)实现。其中，参数nCategoryID标识需要移动的类别ID，参数sMoveFlag标识移动操作（上移、下移）。若移动成功，则重新绑定类别树的数据。事件UpDownBtn_Click()的程序代码如下所示。

```
01  protected void UpDownBtn_Click(object sender, EventArgs e)
02  {
03      string sCommandName = ((Button)sender).CommandName;
04      //验证是否选择修改的数据
05      if (CategoryView.SelectedNode == null)
06      {
07          Response.Write("<script>window.alert('"
08         + ASPNET35System.OPERATIONNOSELECTMESSAGE + "')</script>");
09          return;
10      }
11      //定义类
12      CategoryM category = new CategoryM();
13      try
14      {   //对数据排序
15          category.UpdateCategoryOrder(
16              Int32.Parse(CategoryView.SelectedNode.Value),sCommandName);
17          BindCategoryData();
18          //显示操作结果信息
19          Response.Write("<script>window.alert('"
20              + ASPNET35System.OPERATIONUPDATESUCCESSMESSAGE + "'
21              )</script>");
22      }
23      catch (Exception ex)
24      {   //显示修改操作中的失败、错误信息
25          Response.Redirect("~/DesktopModules/ErrorPage.aspx?ErrorUrl="
26              + ASPNET35System.RedirectErrorUrl(Request.RawUrl)
27              + "&ErrorMessage=" + ex.Message.Replace("\n", " "));
28      }
29  }
```

【代码解析】第3行代码用于获取按钮的标题，第5～10行代码用于判断选定的节点是否为空，第15～16行代码对数据进行排序，第17行代码用于绑定数据，第23～28行代码用于捕获异常。

24.5.6 删除图书类别

删除类别功能由DeleteBtn按钮控件实现，该按钮触发事件DeleteBtn_Click(object sender,

EventArgs e)，在删除选择的类别时，需要判断该类别是否包含子节点。如果包含子节点，则不能删除该类别。事件DeleteBtn_Click()调用CategoryM类的函数DeleteCategory()删除选择的类别信息，并保存到数据库中。在删除类别节点之后，需要再次绑定类别树的数据。事件DeleteBtn_Click()的程序代码如下所示。

```
01  protected void DeleteBtn_Click(object sender, EventArgs e)
02  {     //验证是否选择修改的数据
03        if (CategoryView.SelectedNode == null)
04        {
05            Response.Write("<script>window.alert('"
06                + ASPNET35System.OPERATIONNOSELECTMESSAGE + "')</script>");
07            return;
08        }
09        //验证选择节点的子节点是否为空
10        if (CategoryView.SelectedNode.ChildNodes.Count > 0)
11        {
12            Response.Write("<script>window.alert('"
13         + ASPNET35System.OPERATIONCHILADRENDATANOTNULL + "')</script>");
14            return;
15        }
16        //定义类
17        CategoryM category = new CategoryM();
18        try
19        {   //删除数据
20            category.DeleteCategory(
21                Int32.Parse(CategoryView.SelectedNode.Value));
22            BindCategoryData();
23            //显示操作结果信息
24            Response.Write("<script>window.alert('"
25             + ASPNET35System.OPERATIONDELETESUCCESSMESSAGE + "')</script>");
26        }
27        catch (Exception ex)
28        {   //显示修改操作中的失败、错误信息
29            Response.Redirect("~/DesktopModules/ErrorPage.aspx?ErrorUrl="
30                + ASPNET35System.RedirectErrorUrl(Request.RawUrl)
31                + "&ErrorMessage=" + ex.Message.Replace("\n", " "));
32        }
33  }
```

【代码解析】第3～8行代码用于判断选定的节点是否为空，第10～15行代码用于判断选定节数是否大于零，第20～21行代码用于删除指定的数据，第22行代码用于更新数据，第24～25行代码用于返回页面信息，第27～32行代码用于捕获页面异常。

24.6 书籍管理功能

书籍管理功能由页面BookManage.aspx、页面LeftTree.aspx和页面MainManage.aspx共同实现，它们均保存在文件夹“DesktopModules/Book”下。它们的代码隐藏文件分别为文件BookManage.aspx.cs、文件LeftTree.aspx.cs和文件MainManage.aspx.cs。

在页面BookManage.aspx定义了3个Frame，分别为thisFrame、LeftFrame和MainFrame。其中，框架thisFrame加载文件夹“UserControls”下的页面SystemTop.aspx，框架LeftFrame加载页面LeftTree.aspx，框架MainFrame加载页面MainManage.aspx。页面BookManage.aspx的部分HTML设计代码如下所示。

```
01  <html xmlns="http://www.w3.org/1999/xhtml" >
02      <head runat="server">
03          <title>书籍管理页面</title>
04      </head>
05      <frameset id="thisFrame" cols="180,*" rows="*" border="0"
06          framespacing="0">
07          <frame name="LeftFrame" src="LeftTree.aspx" scrolling="no"
08              frameborder="0" noresize>
09          <frame name="MainFrame" src="MainManage.aspx" scrolling="auto"
10              frameborder="0">
11      </frameset>
12  </html>
```

【代码解析】第3行代码用于设置页面标题，第5～11行代码用于设置框架的样式。

24.6.1 动态加载书籍类别

加载书籍类别功能由页面LeftTree.aspx实现，它主要以树型形式显示书籍的所有类别信息，其中树型形式采用TreeView控件实现，它的名称为CategoryView。页面LeftTree.aspx的HTML代码如下所示。

```
01  <asp:TreeView id="CategoryView" runat="server" Width="178px" Height="100%"
02      BorderColor="White" BorderWidth="0px" BackColor="SandyBrown"
03      SelectedNodeStyle-ForeColor="ActiveCaption" Font-Bold="False"
04      ImageSet="BulletedList3" ShowLines="True">
05      <SelectedNodeStyle ForeColor="Brown" BackColor="Transparent"
06          BorderColor="Maroon" />
07      <RootNodeStyle BorderColor="Maroon" ForeColor="Maroon" />
08      <HoverNodeStyle BorderColor="Green" />
09  </asp:TreeView>
```

【代码解析】第1～9行代码用于设置TreeView控件的选定节点、根节点的样式，第5～6行代码用于设置选定节点的样式，第7行代码用于设置根节点的样式。

页面LeftTree.aspx初始化时创建TreeView控件的所有节点，即加载所有书籍的类别信息，该功能由页面LeftTree.aspx的初始化函数Page_Load(object sender, EventArgs e)实现，它调用函数InitCategoryTree()和类CategoryM中的函数InitCategory()共同实现书籍类别的加载功能。

值得注意的是，函数InitCategory()的第二个参数为一个链接地址，即为单击TreeView控件节点时显示页面的链接地址，在页面LeftTree.aspx中，单击TreeView控件节点时，显示页面的链接地址为MainManage.aspx。

函数Page_Load(object sender, EventArgs e)和函数InitCategoryTree()的程序代码如下所示。

```
protected void Page_Load(object sender, EventArgs e)
{    //显示树型结构
```

```
03      if (!Page.IsPostBack){InitCategoryTree();}
04  }
05  //绑定TreeView的方法
06  private void InitCategoryTree()
07  {
08      Category category = new Category();
09      category.InitCategory(CategoryView,"MainManage.aspx");
10  }
```

【代码解析】第3行代码用于设置初始化TreeView控件内容，第9行代码用于绑定TreeView控件。

类CategoryM中的函数InitCategory(TreeView treeView，string sNodeUrl)和函数InitChildNode(TreeNode parentNode, DataTable dataTable, string sNodeUrl)共同实现创建TreeView控件的功能。其中，函数InitCategory()创建TreeView的根节点，函数InitChildNode()递归调用自己创建树中每个节点的子节点。

函数InitCategory(TreeView treeView，string sNodeUrl)中的参数treeView为TreeView控件，参数sNodeUrl为节点的链接地址。函数InitChildNode(TreeNode parentNode, DataTable dataTable, string sNodeUrl)的参数parentNode为父节点（即为当前节点，该函数创建该节点的所有子节点），参数dataTable为数据源，参数sNodeUrl为节点的链接地址。

函数InitCategory(TreeView treeView，string sNodeUrl)和函数InitChildNode(TreeNode parentNode, DataTable dataTable, string sNodeUrl)的程序代码如下所示。

```
public void InitCategory(TreeView treeView,string sNodeUrl)
{
      treeView.Nodes.Clear();                         //清空树的所有节点
       DataClassesDataContext db = new DataClassesDataContext();
       Category cat = db.Categories.Where(c => c.ParentID == -1).First();
       TreeNode rootNode = new TreeNode();            //创建根节点
       ///设置根节点属性
       rootNode.Text = cat.Desn;
       rootNode.Value = cat.CategoryID.ToString(); //设置根节点的Key值
       rootNode.Expanded = true;
       rootNode.Selected = true;
       rootNode.NavigateUrl = sNodeUrl + "?CategoryID=" + cat.CategoryID.ToString();
       rootNode.Target = "MainFrame";
       treeView.Nodes.Add(rootNode);                  //添加根节点
       InitChildNode(rootNode, db.Categories, sNodeUrl); //创建其他节点
}
private void InitChildNode(TreeNode parentNode, DataTable dataTable, string sNodeUrl)
{
      //选择数据时，添加了排序表达式OrderBy
       var cats = (from c in dataTable
                   where c.ParentID == int.Parse( parentNode.Value.ToString())
                   orderby c.OrderBy
                   select c);
       foreach (Category row in cats)
       {
           TreeNode node = new TreeNode();            //创建新节点
           ///设置节点的属性
```

```
28                  node.Text = row.Desn;
29                  node.Value = row.CategoryID.ToString();
30                  node.Expanded = true;
31                  node.NavigateUrl = sNodeUrl + "?CategoryID=" + row.CategoryID.ToString();
32                  node.Target = "MainFrame";
33                  parentNode.ChildNodes.Add(node);
34                  InitChildNode(node, dataTable, sNodeUrl);  //递归调用，创建其他节点
35              }
36      }
```

【代码解析】第3行代码用于清空TreeView控件的所有节点，第5行代码用于查询数据，第6行代码用于创建根节点，第7～13行代码用于设置根节点的属性，第14行代码用于将根节点添加到TreeView控件中，第15行代码用于创建其他节点，第20～23行代码用于查询数据，第24～35行代码用于遍历所有节点。

页面BookManage.aspx运行之后，页面LeftTree.aspx以树型形式显示书籍的类别树，如图24.15所示。

根节点
计算机
外语
外语001
经济管理
法律
工业技术
外语原版

图24.15 以树型形式显示书籍的类别树

24.6.2 书籍管理

书籍管理功能由页面MainManage.aspx实现，它的代码隐藏文件为MainManage.aspx.cs。该页面保存在文件夹“DesktopModules/Book”下。

1. 界面设计

书籍管理功能由页面MainManage.aspx实现，该页面首先根据书籍的类别以列表形式显示该类别的所有书籍，然后在该页面上分别为“添加新的书籍”、“修改书籍信息”、“查看书籍信息”、“书籍图片管理”、“书籍评论管理”功能添加了一个链接按钮，其中，该页面还直接实现了“书籍的删除”功能。

根据以上功能，页面MainManage.aspx添加了1个ListBox控件和6个Button按钮，它们的名称分别为BookList、AddBtn、UpdateBtn、DeleteBtn、PictureBtn、CommentBtn，分别实现了显示书籍信息、添加新的书籍、修改书籍信息、删除书籍信息、查看书籍信息、书籍图片管理、书籍评论管理功能。页面MainManage.aspx的设计界面如图24.16所示。

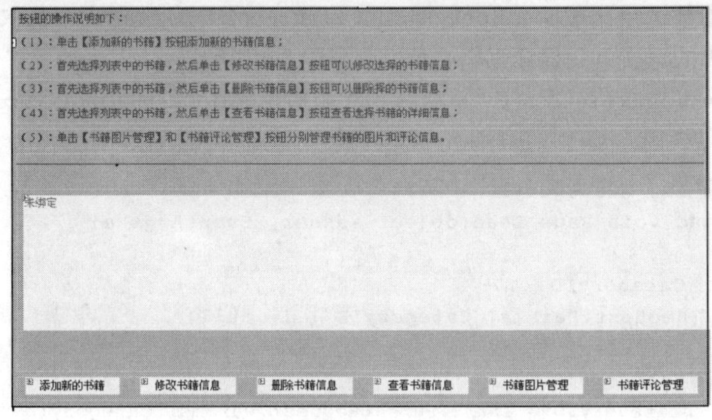

图24.16 页面MainManage.aspx的设计界面

页面MainManage.aspx的部分HTML设计如下所示。

(1) 单击“添加新的书籍”按钮，添加新的书籍信息；

(2) 选择列表中的书籍，然后单击“修改书籍信息”按钮，可以修改选择的书籍信息；

(3) 选择列表中的书籍，然后单击“删除书籍信息”按钮，可以删除选择的书籍信息；

(4) 选择列表中的书籍，然后单击“查看书籍信息”按钮，查看选择书籍的详细信息；

(5) 单击“书籍图片管理”和“书籍评论管理”按钮分别管理书籍的图片和评论信息。代码如下所示。

```
01    <asp:ListBox ID="BookList" Width="100%" runat="server"
02        CssClass="SelectSta" Rows="20"></asp:ListBox>
03    <asp:Button ID="AddBtn" runat="server" CssClass="ButtonCss"
04        Text="添加新的书籍" OnClick="AddBtn_Click" />
05    <asp:Button ID="UpdateBtn" runat="server" CssClass="ButtonCss"
06        Text="修改书籍信息" OnClick="UpdateBtn_Click" />
07    <asp:Button ID="DeleteBtn" runat="server" CssClass="ButtonCss"
08        Text="删除书籍信息" CausesValidation="False" OnClick="DeleteBtn_Click"/>
09    <asp:Button ID="ViewBtn" runat="server" CssClass="ButtonCss"
10        Text="查看书籍信息" CausesValidation="False" OnClick="ViewBtn_Click" />
11    <asp:Button ID="PictureBtn" runat="server" CssClass="ButtonCss"
12        Text="书籍图片管理"
13        CausesValidation="False" OnClick="PictureBtn_Click"/>
14    <asp:Button ID="CommentBtn" runat="server" CssClass="ButtonCss"
15        Text="书籍评论管理"CausesValidation="False"OnClick="CommentBtn_Click"/>
```

【代码解析】第1～2行代码用于设置列表框的属性，第3～4行代码用于设置“添加新的书籍”按钮，第5～6行代码用于设置“修改书籍信息”按钮，第7～8行代码用于设置“删除书籍信息”按钮，第9～10行代码用于设置“查看书籍信息”按钮，第11～13行代码用于设置“书籍图片管理”的按钮，第14～15行代码用于设置“书籍评论管理”按钮。

2. 页面初始化

页面MainManage.aspx初始化功能主要实现在列表中显示给定书籍类别的所有书籍信息，由函数Page_Load(object sender, EventArgs e)和函数BindBookData(int nCategoryID)共同实现。

函数Page_Load(object sender, EventArgs e)首先获取书籍类别ID值，即参数nCategoryID的值，然后根据此参数调用函数BindBookData(int nCategoryID)从数据库中获取该类型的所有书籍信息，并以列表的形式（只显示书籍名称）显示这些书籍。

函数Page_Load(object sender, EventArgs e)和函数BindBookData(int nCategoryID)的程序代码如下所示。

```
private int nCategoryID = -1;
protected void Page_Load(object sender, EventArgs e)
{
    //判断CategoryID是否为空
     if (Request.Params["CategoryID"] != null)
       {
    //获取CategoryID的值
          nCategoryID = Int32.Parse(Request.Params["CategoryID"].ToString());
       }
```

```
10      if (!Page.IsPostBack)
11      {
12          if (nCategoryID > -1){BindBookData(nCategoryID);} //按照书籍种类显示所有书籍
13      }
14      //添加删除确认对话框
15      DeleteBtn.Attributes.Add("onclick","return confirm('"
16          + ASPNET35System.OPERATIONDELETEMESSAGE + "');");
17  }
18  private void BindBookData(int nCategoryID)
19  {
20      //从数据库获取信息
21      BookM book = new BookM();
22      IList<Book> recb = book.GetBookByCategory(nCategoryID);
23      //绑定列表的数据
24      BookList.DataSource = recb;
25      BookList.DataTextField = "Name";
26      BookList.DataValueField = "BookID";
27      BookList.DataBind();
28  }
```

【代码解析】第5～9行代码用于获取书籍ID，第10～13行代码用于显示所有书籍，第15～16行代码用于设置删除确认对话框，第19～29行代码用于绑定所要显示的数据，第27行代码用于更新数据。

页面BookManage.aspx运行之后，单击页面LeftTree.aspx的书籍类别树中的“计算机”节点，页面BookManage.aspx如图24.17所示。

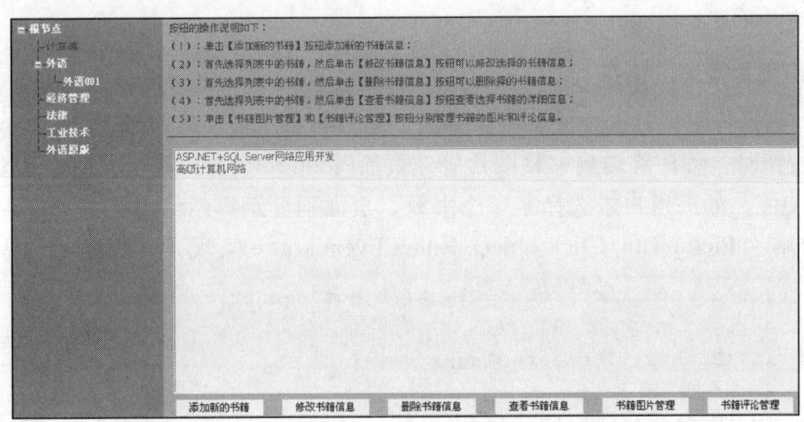

图24.17 显示“计算机”节点的页面BookManage.aspx

3. “添加新的书籍”链接

当用户单击页面MainManage.aspx中的“添加新的书籍”按钮时，程序跳转到添加新的书籍的页面AddBook.aspx，并在链接地址中添加书籍种类的ID值。该功能由“添加新的书籍”按钮的事件AddBtn_Click(object sender, EventArgs e)实现，它的程序代码如下所示。

```
01  protected void AddBtn_Click(object sender,EventArgs e)
02  {
```

```
03      //导航到其他页面
04      Response.Redirect("~/DesktopModules/Book/AddBook.aspx?CategoryID="
05          + nCategoryID.ToString());
06  }
```

【代码解析】第4～5行代码用于设置添加书籍的返回页面信息。

4. “修改书籍信息”链接

当用户首先选择书籍列表中的某一个书籍，然后再单击页面MainManage.aspx中的“修改书籍信息”按钮时，程序跳转到修改书籍信息的页面UpdateBook.aspx，并在链接地址中添加修改书籍的ID值。如果用户未选择某一个书籍，页面则显示提示信息。该功能由“修改书籍信息”按钮的事件UpdateBtn_Click(object sender,EventArgs e)实现，程序代码如下所示。

```
01  protected void UpdateBtn_Click(object sender,EventArgs e)
02  {
03      if (BookList.SelectedIndex <= -1)
04      {   //显示提示信息
05          Response.Write("<script>window.alert('"
06              + ASPNET35System.LISTBOX_NO_SELECT_ITEM + "')</script>");
07          return;
08      }
09      Response.Redirect("~/DesktopModules/Book/UpdateBook.aspx?BookID="
10          + BookList.SelectedValue);
11  }
```

【代码解析】第4～7行代码用于设置没有选定节点时所要显示的信息，第9～10行代码用于设置修改成功后的页面信息。

5. “书籍图片管理”链接

当用户首先选择书籍列表中的某一个书籍，然后再单击页面MainManage.aspx中的“书籍图片管理”按钮时，程序跳转到书籍图片管理页面PictureManage.aspx，并在链接地址中添加修改书籍的ID值。如果用户未选择某一个书籍，页面则显示提示信息。该功能由“书籍图片管理”按钮的事件PictureBtn_Click(object sender,EventArgs e)实现，它的程序代码如下所示。

```
01  protected void PictureBtn_Click(object sender,EventArgs e)
02  {
03      if (BookList.SelectedIndex <= -1)
04      {   //显示提示信息
05          Response.Write("<script>window.alert('"
06              + ASPNET35System.LISTBOX_NO_SELECT_ITEM + "')</script>");
07          return;
08      }
09      //导航到其他页面
10      Response.Redirect("~/DesktopModules/Book/PictureManage.aspx?BookID="
11          + BookList.SelectedValue);
12  }
```

【代码解析】第5～6行代码用于设置没有选定节点时所要显示的信息，第9～10行代码用于设置修改成功后的页面信息。

6. "书籍评论管理"链接

当用户首先选择书籍列表中的某一个书籍，然后再单击页面MainManage.aspx中的"书籍评论管理"按钮时，程序跳转到书籍评论管理页面CommentManage.aspx，并在链接地址中添加修改书籍的ID值。如果用户未选择某一个书籍，页面则显示提示信息。该功能由"书籍评论管理"按钮的事件CommentBtn_Click(object sender,EventArgs e)实现，程序代码如下所示。

```
01  protected void CommentBtn_Click(object sender,EventArgs e)
02  {
03      if (BookList.SelectedIndex <= -1)
04      {   //显示提示信息
05          Response.Write("<script>window.alert('"
06              + ASPNET35System.LISTBOX_NO_SELECT_ITEM + "')</script>");
07          return;
08      }
09      //导航到其他页面
10      Response.Redirect("~/DesktopModules/Book/CommentManage.aspx?BookID="
11          + BookList.SelectedValue);
12  }
```

【代码解析】第5～6行代码用于设置没有选定节点时所要显示的信息，第9～10行代码用于设置评论成功后的页面信息。

7. "查看书籍信息"链接

当用户首先选择书籍列表中的某一个书籍，然后再单击页面MainManage.aspx中的"查看书籍信息"按钮时，程序跳转到查看书籍信息页面ViewBook.aspx，并在链接地址中添加修改书籍的ID值。如果用户未选择某一个书籍，页面则显示提示信息。该功能由"查看书籍信息"按钮的事件ViewBtn_Click(object sender,EventArgs e)实现，程序代码如下所示。

```
01  protected void ViewBtn_Click(object sender,EventArgs e)
02  {
03      if (BookList.SelectedIndex <= -1)
04      {   //显示提示信息
05          Response.Write("<script>window.alert('"
06              + ASPNET35System.LISTBOX_NO_SELECT_ITEM + "')</script>");
07          return;
08      }
09      //导航到其他页面
10      Response.Redirect("~/DesktopModules/Book/ViewBook.aspx?BookID="
11          + BookList.SelectedValue);
12  }
```

【代码解析】第5～6行代码用于设置没有选定节点时所要显示的信息，第9～10行代码用于设置查看成功后的页面信息。

24.6.3 添加书籍

当用户单击页面MainManage.aspx中的"添加新的书籍"按钮时，程序跳转到添加新的书籍的页面AddBook.aspx，该页面的代码隐藏文件为AddBook.aspx.cs，它实现添加新的书籍功能。

添加新的书籍到数据库中，即添加书籍的信息（如书籍名称、作者、出版社等信息）到数据库中，因此需要在页面AddBook.aspx中添加TextBox控件或者DropDownList控件供用户输入书籍的信息。由于书籍的信息比较多，在页面AddBook.aspx中添加TextBox控件或者DropDownList控件的数量也比较多，因此不再做详细介绍，读者可以直接参考该页面的设计源代码。页面AddBook.aspx的设计界面如图24.18所示。

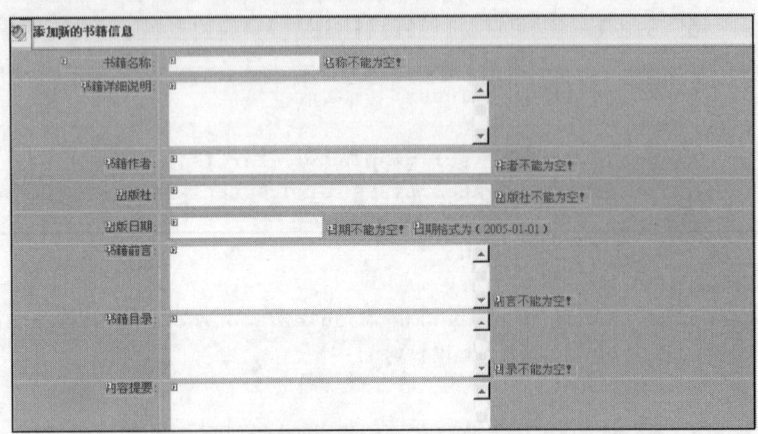

图24.18　页面AddBook.aspx的设计界面

页面AddBook.aspx的部分HTML设计代码如下所示。

```
<asp:textbox id="Name" runat="server" Width="150px"
    CssClass="InputCss"></asp:textbox>
<asp:RequiredFieldValidator id="rfN" runat="server"
    ErrorMessage="名称不能为空！"
    ControlToValidate="Name"></asp:RequiredFieldValidator>
<asp:textbox id="Desn" runat="server" Width="320px" CssClass="inputcss"
    TextMode="MultiLine" Height="60px"></asp:textbox>
<asp:textbox id="Author" runat="server" Width="320px"
    CssClass="inputcss"></asp:textbox>
<asp:RequiredFieldValidator id="RequiredFieldValidator1" runat="server"
    ErrorMessage="作者不能为空！"
    ControlToValidate="Author"></asp:RequiredFieldValidator>
<asp:textbox id="Publish" runat="server" Width="320px"
    CssClass="inputcss"></asp:textbox>
<asp:RequiredFieldValidator id="RequiredFieldValidator2" runat="server"
    ErrorMessage="出版社不能为空！"
    ControlToValidate="Publish"></asp:RequiredFieldValidator>
<asp:textbox id="PublishDate" runat="server" Width="150px"
    CssClass="inputcss"></asp:textbox>
<asp:RequiredFieldValidator id="rfBD" runat="server"
    ControlToValidate="PublishDate"
    ErrorMessage="日期不能为空！"></asp:RequiredFieldValidator>
<asp:RegularExpressionValidator id="reBD" runat="server"
    ControlToValidate="PublishDate" ErrorMessage="日期格式为（2005-01-01）"
    ValidationExpression="\d{4}-(\d){1,2}-(\d){1,2}">
```

```
26        </asp:RegularExpressionValidator></TD>
27    ………………
28    <asp:button id="AddBtn" runat="server" Width="100px" CssClass="ButtonCss"
29        Text="添  加" OnClick="AddBtn_Click"></asp:button>
30    <asp:button id="ReturnBtn" runat="server" Width="100px"
31        CssClass="ButtonCss" Text="返  回"
32        CausesValidation="False" OnClick="ReturnBtn_Click"></asp:button>
```

【代码解析】第1～5行代码用于设置输入名称的文本框，并校验出错信息，第6～7行代码用于设置文本框为可以输入多行文本，第8～12行代码用于设置输入作者的文本框，并校验出错信息，第13～17行代码用于输入出版社，并校验是否为空，第18～26行代码用于设置输入日期的文本框，并校验日期的格式，第28～29行代码用于设置“添加”按钮，第30～32行代码用于设置“返回”按钮。

当用户在页面AddBook.aspx上输入书籍的所有信息合法时，单击“添加”按钮，该按钮触发事件AddBtn_Click(object sender,EventArgs e)，它实现书籍的添加功能。该事件首先检测页面输入内容合法，如果合法，则调用类BookM中的函数（具体如下）把新的书籍信息添加到数据库中，从而完成书籍的添加功能。如果书籍添加成功，页面AddBook.aspx将进一步显示“添加书籍”操作的结果，如果失败，页面跳转到系统错误处理页面ErrorPage.aspx。

```
AddBook(string sName,int nCategoryID,string sDesn,string sAuthor,
    string sPublish,DateTime dPublishDate,string sForeword,string sList,
    string sOutLine,DateTime dBuyInDate,decimal dPrice,int nTotalNum,
    string sAttribute1,string sAttribute2,string sAttribute3,string sAttribute4,
    string sAttribute5,string sRemark)
```

事件AddBtn_Click(object sender,EventArgs e)的程序代码如下所示。

```
protected void AddBtn_Click(object sender,EventArgs e)
{   //如果页面输入内容合法
    if (Page.IsValid == true)
    {
        BookM book = new BookM();                           //定义类
        try
        {
          ///添加新的书籍信息
          book.AddBook(Name.Text.Trim(),
          nCategoryID,Desn.Text.Trim(),Author.Text.Trim(),
          Publish.Text.Trim(),DateTime.Parse(PublishDate.Text.Trim()),
          ISBN.Text.Trim(),Foreword.Text.Trim(),
          List.Text.Trim(),OutLine.Text.Trim(),
          DateTime.Parse(BuyInDate.Text.Trim()),
          Decimal.Parse(Price.Text.Trim()),Int32.Parse(TotalNum.Text.Trim()),
          Attribute1.Text,Attribute2.Text,Attribute3.Text,Attribute4.Text,
          Attribute5.Text,Remark.Text);
          //显示操作结果信息
          Response.Write("<script>window.alert('"
          + ASPNET35System.OPERATIONADDSUCCESSMESSAGE + "')</script>");
        }
        catch (Exception ex)
```

```
23            {    //显示添加操作中的失败、错误信息
24                 Response.Redirect("~/DesktopModules/ErrorPage.aspx?ErrorUrl="
25                     + ASPNET35System.RedirectErrorUrl(Request.RawUrl)
26                     + "&ErrorMessage=" + ex.Message.Replace("\n"," "));
27            }
28        }
29    }
```

【代码解析】第3行代码用于判断页面是否合法，第9～17行代码用于添加书籍信息，第19～20行代码用于设置操作成功的页面，第22～27行代码用于捕获操作异常。

24.6.4 修改书籍

当用户单击页面MainManage.aspx中的“修改书籍信息”按钮时，程序跳转到添加新的书籍的页面UpdateBook.aspx。该页面的代码隐藏文件为UpdateBook.aspx.cs，它实现修改书籍信息的功能。

修改书籍信息不同于添加新的书籍信息。由于在提交用户修改信息之前，必须先显示书籍修改前的信息，因此页面UpdateBook.aspx在初始化时，就首先调用初始化函数Page_Load(object sender,EventArgs e)和函数BindBookData(int nBookID)实现了这一功能，即显示书籍修改前的信息。值得注意的是，由于需要显示书籍修改前的信息，因此需要被修改书籍的ID值，该值由参数nBookID从页面UpdateBook.aspx的地址栏中获取。函数Page_Load(object sender,EventArgs e)和函数BindBookData(int nBookID)的程序代码如下所示。

```
private int nBookID = -1;
private int nCategoryID = -1;
protected void Page_Load(object sender, EventArgs e)
{
    if (Request.Params["CategoryID"] != null)
    {
        nCategoryID = Int32.Parse(Request.Params["CategoryID"].ToString());
    }
    if (Request.Params["BookID"] != null)
    {
        nBookID = Int32.Parse(Request.Params["BookID"].ToString());
    }
    if (!Page.IsPostBack)
    {
        if (nBookID > -1){BindBookData(nBookID);}      //显示被修改书籍的数据
    }
    //设置更新按钮的可用性
    UpdateBtn.Enabled = (nBookID <= -1 || nCategoryID <= -1) ? false : true;
}
private void BindBookData(int nBookID)
{     //从数据库获取数据
     BookM book = new BookM();
     Book recb = book.GetSingleBook(nBookID);
    //显示数据
     if (recb!=null)
```

```
26         {
27                 Name.Text = recb.Name;
28                 Desn.Text = recb.Desn;
29                 Author.Text = recb.Author;
30                 Publish.Text = recb.Publish;
31                 PublishDate.Text = recb.PublishDate.ToString();
32                 Foreword.Text = recb.Foreword;
33                 List.Text = recb.List;
34                 OutLine.Text = recb.OutLine;
35                 BuyInDate.Text = recb.BuyInDate.ToString();
36                 Price.Text = recb.Price.ToString();
37                 TotalNum.Text = recb.TotalNum.ToString();
38                 StoreNum.Text = recb.StoreNum.ToString();
39                 SellOrder.Text = recb.SellOrder.ToString();
40                 Attribute1.Text = recb.Attribute1;
41                      Attribute2.Text = recb.Attribute2;
42                      Attribute3.Text = recb.Attribute3;
43                      Attribute4.Text = recb.Attribute4;
44                      Attribute5.Text = recb.Attribute5;
45                 Remark.Text = recb.Remark;
46         }
47     }
```

【代码解析】第7行代码用于获取类别ID，第11行代码用于获取书籍ID，第13～16行代码用于显示修改书籍的数据，第18行代码用于设置按钮的可用性，第23行代码用于从数据库获取数据，第27～45行代码将数据绑定到控件显示。

当用户在页面UpdateBook.aspx中输入书籍的所有信息（合法），并单击“修改”按钮时，该按钮触发事件UpdateBtn_Click(object sender,EventArgs e)，实现修改书籍信息的功能。该事件首先检测页面输入内容的合法性，如果合法，则调用类BookM中的函数（具体如下）修改书籍的信息，从而完成书籍信息的修改功能。如果修改书籍成功，页面UpdateBook.aspx将进一步显示“修改书籍”操作的结果，如果失败，页面跳转到系统错误处理页面ErrorPage.aspx。

```
UpdateBook(int nBookID,string sName,int nCategoryID,string sDesn,
string sAuthor,string sPublish,DateTime dPublishDate,string sForeword,string sList,
string sOutLine,DateTime dBuyInDate,decimal dPrice,int nTotalNum,
string sAttribute1,string sAttribute2,string sAttribute3,
string sAttribute4,string sAttribute5,string sRemark)
```

事件UpdateBtn_Click(object sender,EventArgs e)的程序代码如下所示。

```
protected void UpdateBtn_Click(object sender,EventArgs e)
{    //如果页面输入内容合法
    if (Page.IsValid == true)
    {
          Book book = new Book();                              //定义类
            try
            {                                                  //修改书籍信息
               book.UpdateBook(nBookID,Name.Text.Trim(),nCategoryID,
            Desn.Text.Trim(),Author.Text.Trim(),Publish.Text.Trim(),
```

```
10                  DateTime.Parse(PublishDate.Text.Trim()),
11                  Foreword.Text.Trim(),List.Text.Trim(),OutLine.Text.Trim(),
12                  DateTime.Parse(BuyInDate.Text.Trim()),
13                  Decimal.Parse(Price.Text.Trim()),
14                  Int32.Parse(TotalNum.Text.Trim()),Attribute1.Text,
15                  Attribute2.Text,Attribute3.Text,Attribute4.Text,
16                  Attribute5.Text,Remark.Text);
17                    //显示操作结果信息
18                    Response.Write("<script>window.alert('"
19                  + ASPNET35System.OPERATIONADDSUCCESSMESSAGE + "')</script>");
20              }
21              catch (Exception ex)
22              {   //显示修改操作中的失败、错误信息
23                 Response.Redirect("~/DesktopModules/ErrorPage.aspx?ErrorUrl="
24                  + ASPNET35System.RedirectErrorUrl(Request.RawUrl)
25                  + "&ErrorMessage=" + ex.Message.Replace("\n"," "));
26              }
27          }
28      }
```

【代码解析】第3行代码用于检测页面输入是否合法，第8～16行代码用于更新修改书籍的相关信息，第18～19行代码用于显示操作结果，第21～26行代码用于捕获程序更新的异常。

24.6.5　删除书籍

当用户在页面MainManager.aspx上单击“删除书籍信息”按钮时，该按钮触发删除事件DeleteBtn_Click(object sender,EventArgs e)，实现删除书籍信息的功能。该事件调用类BookM中的函数DeleteBook(int nBookID)删除书籍的信息，从而完成书籍信息的修改功能。如果删除书籍成功，页面UpdateBook.aspx将进一步显示“删除书籍”操作的结果，如果失败，页面跳转到系统错误处理页面ErrorPage.aspx。

事件DeleteBtn_Click(object sender,EventArgs e)的程序代码如下所示。

```
protected void DeleteBtn_Click(object sender,EventArgs e)
{
    if (BookList.SelectedIndex <= -1)
    {   //显示提示信息
        Response.Write("<script>window.alert('"
            + ASPNET35System.LISTBOX_NO_SELECT_ITEM + "')</script>");
        return;
    }
    try
    {
        BookM book = new BookM();                               //定义类
        book.DeleteBook(Int32.Parse(BookList.SelectedValue)); //删除操作
        //显示操作结果信息
        Response.Write("<script>window.alert('"
            + ASPNET35System.OPERATIONDELETESUCCESSMESSAGE + "'
            )</script>");
        BindBookData(nCategoryID);                              //重新绑定数据
```

```
18          }
19          catch (Exception ex)
20          {    //显示删除操作中的失败、错误信息
21              Response.Redirect("~/DesktopModules/ErrorPage.aspx?ErrorUrl="
22                  + ASPNET35System.RedirectErrorUrl(Request.RawUrl)
23                  + "&ErrorMessage=" + ex.Message.Replace("\n"," "));
24          }
25      }
```

【代码解析】第3行代码用于判断列表的选择项是否为空，若为空，则给出相应的提示，第11～12行代码用于删除数据，第14～16行代码用于返回执行结果，第17行代码用于重新绑定数据，第19～24行代码用于捕获程序删除操作的异常。

24.7　书籍图片管理功能

用户首先选择页面BookManage.aspx的BookList列表中某本书籍，然后单击“书籍图片管理”按钮，系统跳转到页面PictureManage.aspx。

图片管理功能主要对书籍的图片进行管理，如图片的显示、添加、删除等功能，而且一本书籍可以包含多个图片，但只有一张图片是该书籍的当前显示图片。图片管理功能主要由页面PictureManage.aspx实现，它的代码隐藏文件为PictureManage.aspx.cs。

24.7.1　图片的管理

页面PictureManage.aspx的界面设计可以分为两部分：一部分显示书籍的图片，可以采用ListBox控件实现；另外一部分上载图片，即输入图片的相关属性，如名称、类别等，其中ListBox控件的名称为PictureList，上载图片信息的控件名称为PictureFile。最终页面PictureManage.aspx的设计界面如图24.19所示。

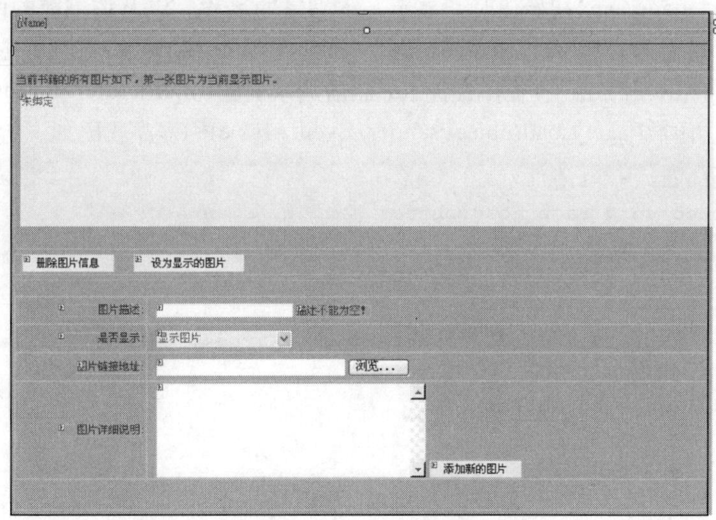

图24.19　页面PictureManage.aspx的设计界面

页面PictureManage.aspx的部分HTML设计代码如下所示。

```
01 <asp:ListBox ID="PictureList" Width="100%" runat="server"
02     CssClass="SelectSta" Rows="20"></asp:ListBox>
03 <asp:Button ID="DeleteBtn" runat="server" CssClass="ButtonCss"
04     Text="删除图片信息" CausesValidation="False"
05     OnClick="DeleteBtn_Click" />
06 <asp:Button ID="SetDefaultBtn" runat="server" CssClass="ButtonCss"
07     Text="设为显示的图片" CausesValidation="False"
08     OnClick="SetDefaultBtn_Click" />
09 <asp:textbox id="Desn" runat="server" Width="150px"
10     CssClass="InputCss"></asp:textbox>
11 <asp:RequiredFieldValidator id="rfN" runat="server"
12     ErrorMessage="描述不能为空！"
13     ControlToValidate="Desn"></asp:RequiredFieldValidator>
14 <asp:dropdownlist id="ShowList" runat="server" Width="153px"
15     CssClass="SelectSta">
16     <asp:ListItem Text="显示图片" Value="1" Selected="true"></asp:ListItem>
17     <asp:ListItem Text="不显示图片" Value="0"></asp:ListItem>
18 </asp:dropdownlist>
19 <input id="PictureFile" type="file" runat="server" style="width: 285px" />
20 <asp:textbox id="Remark" runat="server" Width="300px" CssClass="InputCss"
21     Height="100px" TextMode="MultiLine"></asp:textbox>
22 <asp:Button ID="AddBtn" runat="server" CssClass="ButtonCss"
23     Text="添加新的图片" OnClick="AddBtn_Click" />
```

【代码解析】第1～2行代码用于设置列表框的信息，第3～5行代码用于设置“删除图片信息”的按钮，第6～8行代码用于设置“设为显示的图片”按钮，第9～13行代码用于设置描述信息的文本框，并校验其信息为非空，第14～18行代码用于设置列表框，第20～21行代码用于设置文本框为多行显示，第22～23行代码用于设置“添加新的图片”按钮。

页面PictureManage.aspx初始化时，显示某本书籍的名称，以及该书籍的图片信息。上述功能由页面的初始化函数Page_Load(object sender, EventArgs e)实现，它首先调用函数BindBookData(int nBookID)显示书籍的名称，然后调用函数BindPictureData(int nBookID)显示书籍的图片信息。函数Page_Load(object sender, EventArgs e)的程序代码如下所示。

```
int nBookID = -1;
protected void Page_Load(object sender, EventArgs e)
{
    if (Request.Params["BookID"] != null)
    {
        nBookID = Int32.Parse(Request.Params["BookID"].ToString());
    }
    if (!Page.IsPostBack)
    {
        if (nBookID > -1)
        {
            BindBookData(nBookID);                          //显示书籍名称
            BindPictureData(nBookID);                       //显示图片列表信息
        }
    }
```

```
16         //添加删除确认对话框
17         DeleteBtn.Attributes.Add("onclick","return confirm('"
18             + ASPNET35System.OPERATIONDELETEMESSAGE + "');");
19     }
```

【代码解析】 第6行代码用于获取书籍ID，第8行代码用于判断是否为首次加载，第10～14行代码用于显示书籍名称和图片信息，第17～18行代码用于添加删除确认信息。

函数BindBookData(int nBookID)根据书籍的ID值，从数据库中获取该书籍的名称，并用控件Name显示，程序代码如下所示。

```
01  private void BindBookData(int nBookID)
02  {
03      BookM book = new BookM();
04      Book recb = book.GetSingleBook(nBookID);
05      if (recb!=null)
06      {   //显示书籍名称
07          Name.Text = recb["Name"].ToString();
08      }
09      recb.Close();
10  }
```

【代码解析】 第3行代码用于创建书籍对象，第4行代码用于获取ID，第5～9行代码用于获取书籍名称。

在显示图片信息时，函数BindPictureData(int nBookID)首先根据书籍的ID值从数据库的图片表获取相关图片信息，用IList<Picture>对象recp保存获取的结果，并把该对象设为PictureList控件的数据源，并绑定控件的数据，同时还设置控件的DataValueField属性值为“PictureID”。函数BindPictureData(int nBookID)的程序代码如下所示。

```
01  private void BindPictureData(int nBookID)
02  {   ///从数据库获取图片信息
03       PictureM picture = new PictureM();
04       IList<Picture> recp = picture.GetPictureByBook(nBookID);
05      ///绑定图片列表的数据
06      PictureList.DataSource = recp;
07      PictureList.DataTextField = "Desn";
08      PictureList.DataValueField = "PictureID";
09      PictureList.DataBind();
10      ///关闭数据源
11      recp.Close();
12  }
```

【代码解析】 第3行代码定义了一个图片对象，第4行代码用于获取列指定书籍的ID，第6～9行代码用于绑定图片列表数据。

24.7.2 上载图片

上载图片总体上可以分为两个部分：第一部分上载图片，第二部分就是保存第一部分操作中对图片表的修改信息。第一部分由上载控件PictureFile实现，单击“添加新图片”按钮控件，触发事件AddBtn_Click(object sender, EventArgs e)后，就可以将上载控件PictureFile中的文件数据上载到服务器中，并重新更新PictureList控件的信息。

该事件首先调用函数PictureFile()上载图片的数据，并返回访问该图片的链接地址。上载图片的数据成功之后，调用PictureM类的函数AddPicture()将图片信息添加到图片表中。事件AddBtn_Click(object sender, EventArgs e)的程序代码如下所示。

```
01  protected void AddBtn_Click(object sender,EventArgs e)
02  {   //如果页面输入内容合法
03      if (Page.IsValid == true)
04      {   //定义类
05          PictureM picture = new PictureM();
06          try
07          {   //添加新数据
08              picture.AddPicture(nBookID,Desn.Text.Trim(),UploadPicture(),
09              PictureFile.PostedFile.ContentType,
10              Int32.Parse(ShowList.SelectedValue),Remark.Text);
11              //绑定附件列表的数据
12              BindPictureData(nBookID);
13              //显示操作结果信息
14              Response.Write("<script>window.alert('"
15                + ASPNET35System.OPERATIONADDSUCCESSMESSAGE + "')</script>");
16          }
17          catch (Exception ex)
18          {   //显示添加操作中的失败、错误信息
19              Response.Redirect("~/DesktopModules/ErrorPage.aspx?ErrorUrl="
20                  + ASPNET35System.RedirectErrorUrl(Request.RawUrl)
21                  + "&ErrorMessage=" + ex.Message.Replace("\n"," "));
22          }
23      }
24  }
```

【代码解析】第1～24行代码用于设置“添加”按钮的响应事件，第3行代码用于判断页面是否合法，第8～10行代码用于添加新数据，第14～15行代码用于返回操作结果，第17～22行代码用于捕获异常。

函数UploadPicture()主要实现两个功能，即创建上载附件的名称和上载附件。其中，创建附件名称的步骤如下所示。

(1) 获取文件的后缀。

(2) 获取当前时间，并把当前时间的“年”、“月”、“日”、“小时”、“分钟”、“秒”、“毫秒”等字符串连接起来，创建成一个新字符串。

(3) 创建4位数的随机整数，并转化为字符串。

最终构成的文件名称为：“年”+“月”+“日”+“小时”+“分钟”+“秒”+“毫秒”+4位随机整数字符串+文件的后缀。

函数UploadPicture()上载附件时，它首先判定该附件的内容是否为空、数据是否为空；然后判定该附件是否存在，只有当附件不存在时，才能上载该附件。其中，上载功能由函数SaveAs(string sFileName)实现。函数UploadPicture()上载附件的流程图如图24.20所示。

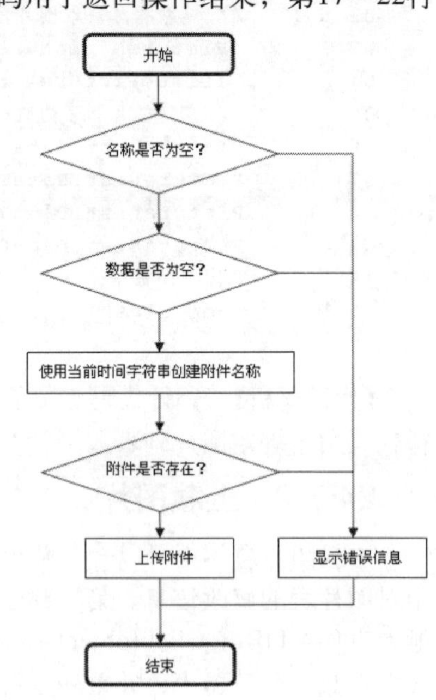

图24.20 上传图片的操作流程图

函数UploadPicture()的程序代码如下所示。

```
private string UploadPicture()
{
    if ((Desn.Text.Trim() != "")
        && (PictureFile.PostedFile.ContentLength > 0))
    {
            //文件名称
        String fileName = PictureFile.PostedFile.FileName.Substring(
            PictureFile.PostedFile.FileName.LastIndexOf("\\"),
            PictureFile.PostedFile.FileName.Length
                - PictureFile.PostedFile.FileName.LastIndexOf("\\"));
       //时间
        String fileTime = DateTime.Now.Year.ToString()
            + DateTime.Now.Month.ToString()
            + DateTime.Now.Day.ToString() + DateTime.Now.Hour.ToString()
            + DateTime.Now.Second.ToString()
            + DateTime.Now.Minute.ToString()
            + DateTime.Now.Millisecond.ToString();
        fileName = "\\" + fileTime + GetRandomint()
            + fileName.Substring(fileName.IndexOf("."),fileName.Length
                - fileName.IndexOf("."));
        string sFileName = Server.MapPath(Request.ApplicationPath)
            + "\\Pictures" + fileName;
        if (File.Exists(sFileName) == false)
        {
            try
            {   //把文件存入磁盘，如果失败，导向提示页面
                PictureFile.PostedFile.SaveAs(sFileName);
                return ("\\Pictures" + fileName);
            }
            catch (Exception ex)
            {
               //错误的来源
                string sRawURL = Request.RawUrl;
                if (sRawURL.IndexOf("?") > -1)
                {
                    sRawURL = sRawURL.Substring(0,sRawURL.IndexOf("?"));
                }
                Response.Redirect("~/DesktopModules/ErrorPage.aspx?ErrorUrl
                    =" + sRawURL + "&ErrorMessage="
                    + ex.Message.Replace("\n"," "));
            }
        }
        else
        {
            Response.Write("<script>alert(\
                "你上传的文件已经存在！\")</script>");
        }
    }
    else
```

```
50         {
51             Response.Write("<script>alert(\
52                 "你输入的文件描述\\文件名为空，请重新输入！\")</script>");
53         }
54         return ("");
55     }
```

【代码解析】第3～4行代码用于判断文件名和文件长度是否正确，第7～10行代码用于获取文件名称，第12～17行代码用于组合日期字符串，第18～20行代码用于设置上传的文件名，第23行代码用于判断文件名是否存在，第27～28行代码将文件存入磁盘，第30～41行代码用于捕获存入文件时的异常，第45～46行代码用于设置返回文件已经存在的提示信息，第51～52行代码用于返回文件名为空的提示信息。

函数GetRandomint()创建一个0～10000的随机整数，用来区别同一时刻上传的文件。它的程序代码如下所示。

```
01  private String GetRandomint()
02  {
03      Random random = new Random();
04      return (random.Next(10000).ToString());
05  }
```

【代码解析】第3～4行代码用于产生一个0～10000的随机数。

24.7.3 设置书籍默认图片

当用户在页面PictureManager.aspx上单击“设为显示图片”按钮时，该按钮触发事件SetDefaultBtn_Click(object sender,EventArgs e)，它实现设置书籍的默认图片的功能。该事件调用类PictureM中的函数UpdatePictureShow(int nPictureID)修改当前被选择的图片为数据的默认图片。事件SetDefaultBtn_Click(object sender,EventArgs e)的程序代码如下所示。

```
protected void SetDefaultBtn_Click(object sender,EventArgs e)
{
    if (PictureList.SelectedIndex <= -1)
    {   //显示提示信息
        Response.Write("<script>window.alert('"
            + ASPNET35System.LISTBOX_NO_SELECT_ITEM + "')</script>");
        return;
    }
    try
    {
        PictureM pictrure = new PictureM();                    //定义类
        ///更新操作
        pictrure.UpdatePictureShow(
            Int32.Parse(PictureList.SelectedValue));
        //显示操作结果信息
        Response.Write("<script>window.alert('"
    + ASPNET35System.OPERATIONUPDATESUCCESSMESSAGE + "')</script>");
        BindPictureData(nBookID);                              //重新绑定数据
    }
```

```
20      catch (Exception ex)
21      {   //显示更新操作中的失败、错误信息
22          Response.Redirect("~/DesktopModules/ErrorPage.aspx?ErrorUrl="
23              + ASPNET35System.RedirectErrorUrl(Request.RawUrl)
24              + "&ErrorMessage=" + ex.Message.Replace("\n"," "));
25      }
26  }
```

【代码解析】第3行代码用于判断选定的图片是否为空，若为空，则提示用户。第11～14行代码用于更新图片信息，第16～18行代码用于返回更新页面的操作结果，第20～25行代码用于捕获更新失败的提示信息。

24.7.4 删除图片

当用户在页面PictureManager.aspx上单击“删除图片信息”按钮时，该按钮触发删除事件DeleteBtn_Click(object sender,EventArgs e)，实现书籍图片信息的删除功能。该事件调用类PictureM中的函数DeletePicture(int nPictureID)删除书籍的图片信息，从而完成书籍图片信息的修改功能。如果删除书籍图片信息成功，页面PictureManager.aspx将进一步显示“删除图片信息”操作的结果；如果失败，页面跳转到系统错误处理页面ErrorPage.aspx。事件DeleteBtn_Click(object sender,EventArgs e)的程序代码如下所示。

```
01  protected void DeleteBtn_Click(object sender,EventArgs e)
02  {
03      if (PictureList.SelectedIndex <= -1)
04      {   //显示提示信息
05          Response.Write("<script>window.alert('"
06              + ASPNET35System.LISTBOX_NO_SELECT_ITEM + "')</script>");
07          return;
08      }
09      try
10      {
11          PictureM picture = new PictureM();                    //定义类
12          picture.DeletePicture(Int32.Parse(PictureList.SelectedValue)); //删除操作
13          //显示操作结果信息
14          Response.Write("<script>window.alert('"
15        + ASPNET35System.OPERATIONDELETESUCCESSMESSAGE + "')</script>");
16          BindPictureData(nBookID);                             //重新绑定数据
17      }
18      catch (Exception ex)
19      {   //显示更新操作中的失败、错误信息
20          Response.Redirect("~/DesktopModules/ErrorPage.aspx?ErrorUrl="
21              + ASPNET35System.RedirectErrorUrl(Request.RawUrl)
22              + "&ErrorMessage=" + ex.Message.Replace("\n"," "));
23      }
24  }
```

【代码解析】第3行代码用于判断选定的图片是否为空，若为空，则提示用户。第11～12行代码用于删除图片信息，第14～15行代码用于返回更新页面的操作结果，第16行代码用于重新绑定数据，第20～25行代码用于捕获删除失败的提示信息。

24.8 书籍评论管理功能

用户首先选择页面BookManage.aspx的BookList列表中的某本书籍，然后单击“书籍评论管理”按钮，系统就跳转到页面CommentManage.aspx。

书籍评论管理功能主要对书籍的评论进行管理，如查看书籍的评论信息、删除书籍的评论信息等，而且用户可以对一本书籍进行多次评论。评论管理功能由页面CommentManage.aspx实现，它的代码隐藏文件为CommentManage.aspx.cs。

24.8.1 显示评论信息

页面CommentManage.aspx的界面设计可以分为两部分：一部分以列表形式显示书籍的评论信息，可以采用ListBox控件实现；另外一部分是删除书籍的评论，其中ListBox控件的名称为CommentList，删除评论信息的控件名称为DeleteBtn。最终页面CommentManage.aspx的设计界面如图24.21所示。

图24.21 最终页面CommentManage.aspx的设计界面

页面CommentManage.aspx的部分HTML设计代码如下所示。

```
01  当前书籍的所有评论如下
02  <asp:ListBox ID="CommentList" Width="100%" runat="server"
03      CssClass="SelectSta" Rows="20"></asp:ListBox>
04  <asp:Button ID="DeleteBtn" runat="server" CssClass="ButtonCss"
05      Text="删除评论信息" CausesValidation="False" OnClick="DeleteBtn_Click"/>
```

【代码解析】第2~3行代码用于设置列表控件，第4~5行代码用于设置“删除评论信息”的按钮。

页面CommentManage.aspx初始化时，显示被选中书籍的名称，以及该书籍的评论信息。上述功能由页面的初始化函数Page_Load(object sender, EventArgs e)实现，它首先调用函数BindBookData(int nBookID)显示书籍的名称，然后调用函数BindCommentData(int nBookID)显示书籍的评论信息。函数Page_Load(object sender, EventArgs e)的程序代码如下所示。

```
int nBookID = -1;
protected void Page_Load(object sender,EventArgs e)
{
    if (Request.Params["BookID"] != null)
    {
        nBookID = Int32.Parse(Request.Params["BookID"].ToString());
```

```
07          }
08          if (!Page.IsPostBack)
09          {
10              if (nBookID > -1)
11              {
12                  BindBookData(nBookID);                  //显示书籍名称
13                  BindCommentData(nBookID);               //显示评论列表信息
14              }
15          }
16          //添加删除确认对话框
17          DeleteBtn.Attributes.Add("onclick","return confirm('"
18              + ASPNET35System.OPERATIONDELETEMESSAGE + "');");
19      }
```

【代码解析】第4行代码用于判断书籍ID是否为空，第6行代码用于获取参数中的书籍ID，第8行代码用于判断页面是否为首次加载，第12～13行代码用于显示书籍名称和书籍评论信息，第17～18行代码用于删除确认对话框。

函数BindBookData(int nBookID)根据书籍的ID值，从数据库中获取该书籍的名称，并用控件Name显示，它的程序代码如下所示。

```
01      private void BindBookData(int nBookID)
02      {   //从数据库获取数据
03          BookM book = new BookM();
04          Book recb = book.GetSingleBook(nBookID);
05          if (recb.Read())
06          {
07              Name.Text = recb["Name"].ToString();            //显示书籍名称
08          }
09          recb.Close();                                       //关闭数据源
10      }
```

【代码解析】第4行代码用于获取书籍ID，第5～8行代码用于读取书籍名称。

在显示评论信息时，函数BindCommentData(int nBookID)首先根据书籍的ID值从数据库的评论表中获取相关评论信息，用IList<Comment>对象recp保存获取的结果，把该对象设为CommentList控件的数据源，并绑定控件的数据，同时还设置控件的DataValueField属性值为"CommentID"。函数BindCommentData(int nBookID)的程序代码如下所示。

```
01      private void BindCommentData(int nBookID)
02      {   //从数据库获取图片信息
03          CommentM comment = new CommentM();
04          IList<Comment> recc = comment.GetCommentByBook(nBookID);
05          //绑定图片列表的数据
06          CommentList.DataSource = recp;
07          CommentList.DataTextField = "Desn";
08          CommentList.DataValueField = "CommentID";
09          CommentList.DataBind();
10      }
```

【代码解析】第3～4行代码用于获取书籍ID，第6～9行代码用于绑定图片列数据。

24.8.2 查看和发表单本书的评论

当用户在页面BrowserBook.aspx中单击“查看书籍评论”链接按钮时，显示一个新Web页面，即页面ViewBookComment.aspx，它的代码隐藏文件为ViewBookComment.aspx.cs。

页面ViewBookComment.aspx可以分为两个部分，即显示书籍评论部分和发表书籍评论部分。该页面使用GridView控件CommentList显示某本书籍的所有评论，并显示每条评论的作者、评论日期、评论标题和评论内容。发表评论部分主要由2个TextBox控件和1个Button按钮实现。其中：TextBox控件名称分别为Title和Comment，分别用来输入评论标题和内容；Button控件的名称为SureBtn，此按钮实现发表评论功能。

另外，页面ViewBookComment.aspx还在开始部分显示书籍的部分信息，如标题、出版社等信息，页面ViewBookComment.aspx的设计界面如图24.22所示。

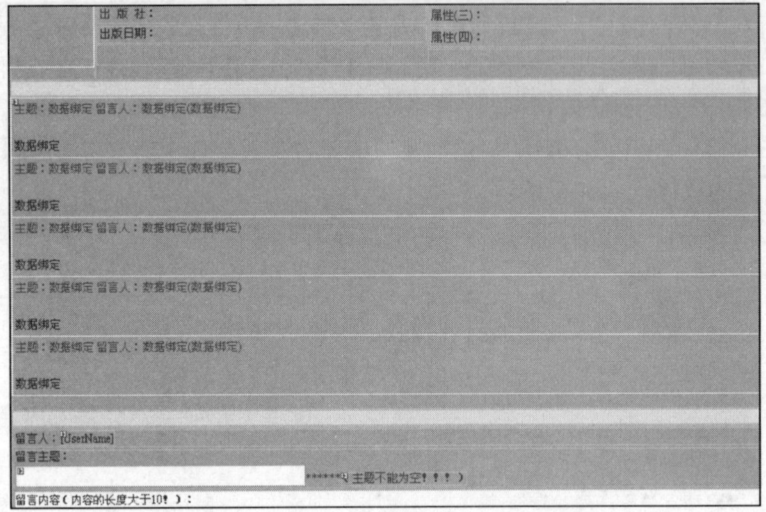

图24.22 ViewBookComment.aspx的设计界面

页面ViewBookComment.aspx的部分HTML设计代码如下所示。

```
<a href='ViewBook.aspx?BookID=<%=nBookID%>' target="_blank">
    <asp:Image ID="BookPicture" Runat="server" Width="90"
        Height="120"></asp:Image></a>
<a href='ViewBook.aspx?BookID=<%=nBookID%>'
    target="_blank"><%=sName%></a>
<%=sPrice%><%=sAuthor%><%=sPublish%><%=sPublishDate%><%=sISBN%>
<%=sAttribute1%><%=sAttribute2%><%=sAttribute3%><%=sAttribute4%>
<asp:GridView id="CommentList" Runat="server" AutoGenerateColumns="False"
    Width="100%" ShowHeader="False" BorderWidth="1px">
        <Columns>
            <asp:TemplateColumn><ItemTemplate>
                <%# DataBinder.Eval("Desn") %>
                <%# DataBinder.Eval("UserName") %>
                 (<%# DataBinder.Eval("CreateDate",
                    "{0:d}")%>)
                <%# DataBinder.Eval("Body") %>
```

```
17                </ItemTemplate></asp:TemplateColumn>
18            </Columns>
19        </asp:GridView>
20    <asp:label id="UserName" Runat="server" CssClass="Normal"></asp:label>
21    <asp:textbox id="Title" Runat="server" CssClass="NormalTextButton"
22        Width="300px"></asp:textbox>
23    <asp:RequiredFieldValidator id="rfT" runat="server"
24        ErrorMessage="（主题不能为空！！！）" ControlToValidate="Title"
25        CssClass="Normal"></asp:RequiredFieldValidator>
26    <asp:TextBox ID="Comment" runat="server" CssClass="InputCss" Width="100%"
27        Height="200"></asp:TextBox>
28    <asp:button id="SureBtn" Runat="server" Text="确定" CssClass="ButtonCss"
29        Width="100" OnClick="SureBtn_Click"></asp:button>
```

【代码解析】第8～18行代码用于设置GridView控件显示的字段及其对显示字段的数据源绑定，第20行代码用于设置标签控件的显示内容，第21～25行代码用于设置输入主题的文本框以及对文本框的校验信息，第26～29行代码用于设置评论内容的文本框和“确定”按钮。

页面ViewBookComment.aspx初始化时，显示被选中书籍的部分属性，如书籍名称、书籍作者等，以及该书籍的评论信息。上述功能由页面的初始化函数Page_Load(object sender, EventArgs e)实现，它首先调用函数BindBookData(int nBookID)显示书籍的部分属性，然后调用函数BindCommentData(int nBookID)显示书籍的评论信息。

值得注意的是，由于书籍的属性比较多，因此使用多个变量保存书籍的属性，这些变量的定义放在页面的开始处。函数Page_Load(object sender, EventArgs e)的程序代码如下所示。

```
protected int nBookID = -1;
protected string sName;
protected string sAuthor;
protected string sPublish;
protected string sPublishDate;
protected string sPrice;
protected string sISBN;
protected string sAttribute1;
protected string sAttribute2;
protected string sAttribute3;
protected string sAttribute4;
protected void Page_Load(object sender, EventArgs e)
{    //获取图书的ID
     if (Request.Params["BookID"] != null)
     {
         nBookID = Int32.Parse(Request.Params["BookID"].ToString());
     }
     if (!Page.IsPostBack)
      {
              //如果图书的ID争取
         if(nBookID > -1)
         {//绑定图书数据
             BindBookData(nBookID);BindBookCommentData(nBookID);
         }
```

```
25        }
26    }
```

【代码解析】第1～11行代码用于声明书籍变量，第16行代码用于获取书籍ID，第23行代码用于设置首次登录时绑定书籍ID。

函数BindBookData(int nBookID)用于从书籍表Book中获取ID值等于nBookID的书籍的所有属性，并使用变量显示该书籍的部分属性。函数BindBookData(int nBookID)的程序代码如下所示。

```
01    private void BindBookData(int nBookID)
02    {
03              .//获取图书
04               BookM book = new BookM();
05               Book recb = book.GetSingleBook(nBookID);
06              if (recb!=null)
07              {
08                 //设置图书的信息
09                  sName = recb.Name;
10                  sAuthor = recb.Author;
11                  sPublish = recb.Publish.ToString();
12                  sPublishDate = recb.PublishDate.ToString();
13                  sPrice = recb.Price.ToString();
14                  sISBN = recb.ISBN.ToString();
15                  sAttribute1 = recb.Attribute1;
16                  sAttribute2 = recb.Attribute2;
17                  sAttribute3 = recb.Attribute3;
18                  sAttribute4 = recb.Attribute4;
19                  BookPicture.ImageUrl = "../.." + recb.Pictures.First().Url;
20              }
21    }
```

【代码解析】第5行代码使用书籍ID获取图书信息，第6～20行代码用于设置书籍的基本信息。

函数BindBookCommentData(int nBookID)根据参数nBookID从书籍评论表Comment中获取BookID值等于nBookID的书籍的所有评论信息，评论信息使用CommentList控件显示，因此只要设置该控件的数据源即可。函数BindBookCommentData(int nBookID)的程序代码如下所示。

```
01    private void BindBookCommentData(int nBookID)
02    {
03         //定义一个评论，注意其类型
04         CommentM comment = new CommentM();
05         IList<Comment> reccrecc = comment.GetCommentByBook(nBookID);
06         //设置评论的数据来源
07         CommentList.DataSource = recc;
08         CommentList.DataBind();
09         recc.Close();
10    }
```

【代码解析】第4～5行代码用于获取评论数据，第7～8行代码用于绑定评论列表的数据源。

若用户已经登录该系统，且用户在页面ViewBookComment.aspx的Title和Comment两个输

入框中输入的信息正确时，单击“确定”按钮即可发表对当前书籍的评论。该功能由“确定”按钮的事件SureBtn_Click(object sender, EventArgs e)实现，它调用类Comment的函数AddComment(string sDesn, string sBody, int nBookID, int nUserID)把用户提交的评论信息添加到评论表Comment中。值得注意的是，该事件首先判定用户是否登录，如果没有登录，事件将显示提示对话框。事件SureBtn_Click(object sender, EventArgs e)的程序代码如下所示。

```
01  protected void SureBtn_Click(object sender, EventArgs e)
02  {
03      if (Session["UserID"] == null)
04      {
05          Response.Write("<script>window.alert(
06              '你还没有登录，现在不能对书籍评论！')</script>");
07          return;
08      }
09      CommentM comment = new CommentM();
10      try
11      {   //添加书籍的评论信息
12          comment.AddComment(Title.Text, Comment.Text,
13          nBookID,Int32.Parse(Session["UserID"].ToString()));
14          //显示操作结果信息
15          Response.Write("<script>window.alert('"
16              + ASPNET35System.OPERATIONADDSUCCESSMESSAGE + "')</script>");
17      }
18      catch (Exception ex)
19      {   //显示添加操作中的失败、错误信息
20          Response.Redirect("~/DesktopModules/ErrorPage.aspx?ErrorUrl="
21              + ASPNET35System.RedirectErrorUrl(Request.RawUrl)
22              + "&ErrorMessage=" + ex.Message.Replace("\n", " "));
23      }
24  }
```

【代码解析】第3行代码用于判断用户ID是否为空，第12～13行代码用于添加书籍评论信息，第15～16行代码用于返回操作结果，第18～23行代码用于捕获设置过程中的异常。

24.8.3　删除单本书籍的评论

当用户在页面CommentManager.aspx上单击“删除评论信息”按钮时，该按钮触发删除事件DeleteBtn_Click(object sender, EventArgs e)，实现书籍评论信息的删除功能。该事件调用类Comment中的函数DeleteComment(int nCommentID)删除书籍的评论信息，从而完成书籍评论信息的删除功能。如果删除书籍评论信息成功，页面CommentManager.aspx将进一步显示“删除评论信息”操作的结果，如果失败，页面跳转到系统错误处理页面ErrorPage.aspx。事件DeleteBtn_Click(object sender，EventArgs e)的程序代码如下所示。

```
protected void DeleteBtn_Click(object sender,EventArgs e)
{
    if (CommentList.SelectedIndex <= -1)
    {   //显示提示信息
        Response.Write("<script>window.alert('"
```

```
06                 + ASPNET35System.LISTBOX_NO_SELECT_ITEM + "')</script>");
07             return;
08         }
09         try
10         {
11             CommentM comment = new CommentM();                    //定义类
12            comment.DeleteComment(Int32.Parse(CommentList.SelectedValue));//删除操作
13             //显示操作结果信息
14             Response.Write("<script>window.alert('"
15           + ASPNET35System.OPERATIONDELETESUCCESSMESSAGE + "')</script>");
16             BindCommentData(nBookID);                              //重新绑定数据
17         }
18         catch (Exception ex)
19         {   //显示删除操作中的失败、错误信息
20             Response.Redirect("~/DesktopModules/ErrorPage.aspx?ErrorUrl="
21                 + ASPNET35System.RedirectErrorUrl(Request.RawUrl)
22                 + "&ErrorMessage=" + ex.Message.Replace("\n"," "));
23         }
24     }
```

【代码解析】第3行代码用于判断选择的评论列表是否为空，第11～12行代码用于删除评论，第14～16行代码用于返回删除操作的结果，第18～23行代码用于捕获异常。

24.9 购物车和订单管理功能

购物车和订单管理功能模块主要介绍了浏览书籍、购买书籍、查看购物车和提交订单这四个功能。下面将详细介绍这些功能。

24.9.1 浏览书籍

当用户访问本系统的网上书店销售平台时，用户将首先浏览销售平台的所有书籍。该功能由页面LeftTree.aspx和页面BrowserBook.aspx共同实现，其中，页面LeftTree.aspx按树型结构显示书籍的所有类别，页面BrowserBook.aspx显示某一个具体类别（即LeftTree.aspx选择的类别）下的所有书籍。下面依次介绍这两个页面。

1. 页面LeftTree.aspx

由于页面LeftTree.aspx是按树型结构显示书籍的类别，因此在该页面中添加TreeView控件，它的名称为CategoryView。页面LeftTree.aspx的设计界面如图24.23所示。

图24.23 页面LeftTree.aspx的设计界面

页面LeftTree.aspx的部分HTML设计代码如下所示。

```
<asp:TreeView id="CategoryView" runat="server" Width="178px"
     ShowLines="True" CssClass="GbText" BackColor="#5A7DD1"
     ForeColor="White">
     <NodeStyle BackColor="#5A7DD1" ForeColor="White" Font-Bold="True"
```

```
05            CssClass="GbText" />
06        <RootNodeStyle BackColor="Transparent" Font-Bold="True"
07            ForeColor="White"/>
08        <SelectedNodeStyle BackColor="#5A7DD1" CssClass="GbText"
09            Font-Bold="True"ForeColor="White" />
10    </asp:TreeView>
```

【代码解析】第1～10行代码用于设置TreeView控件的样式，第4～5行代码用于设置节点样式，第6～7行代码用于设置根节点样式，第8～9行代码用于设置选定节点的样式。

页面ViewBookComment.aspx初始化时，调用函数InitCategoryTree()以树型结构显示书籍的类别信息。函数Page_Load(object sender, EventArgs e)和函数InitCategoryTree()的程序代码如下所示。

```
01    protected void Page_Load(object sender, EventArgs e)
02    {
03        if (!Page.IsPostBack)
04        {   //显示树型结构
05            InitCategoryTree();
06        }
07    }
08    private void InitCategoryTree()
09    {   //显示书籍的类别信息
10        CategoryM category = new CategoryM();
11        category.InitCategory(CategoryView,"MainManage.aspx");
12    }
```

【代码解析】第3行代码用于判断是否为首次加载页面，第5行代码用于显示书籍类别，第8～12行代码用于初始化显示书籍类别。

2. 页面BrowserBook.aspx

页面BrowserBook.aspx中放置了一个GridView控件，该控件以列表形式显示某个类别下的所有书籍信息，其中GridView控件的名称为BookList。控件BookList的每个子项显示了书籍名称、书籍价格、书籍作者、出版社、出版日期、书籍ISBN等属性，以及书籍的前言、目录、内容提要、评论的链接地址，最后还添加了一个“加入购物车”按钮，供用户购买该书籍所用。页面BrowserBook.aspx的设计界面如图24.24所示。

```
<asp:GridView id="BookList" BorderWidth="1" BorderColor="PaleGoldenrod"
    Runat="server" CssClass="Normal" AutoGenerateColumns="False"
    ShowHeader="False" Width="100%" OnItemCommand="BookList_ItemCommand"
    DataKeyField="BookID">
    <Columns>
        <asp:TemplateColumn><ItemTemplate>
            <a href='ViewBook.aspx?BookID=<%#
                DataBinder.Eval("BookID") %>'
                target="_blank">
                <asp:Image ID="BookPicture" Runat="server" Width="90"
                Height="120"></asp:Image>
```

```
                </a>
                <a href='ViewBook.aspx?BookID=<%#
                    DataBinder.Eval("BookID") %>'
                    target="_blank"><%#
                    DataBinder.Eval("Name")%></a>
                <asp:Label ID="Price" CssClass="GbText" runat="server" Text='<%#
                    DataBinder.Eval("Price")%>'></asp:Label>
                <%# DataBinder.Eval("Author")%>
                <%# DataBinder.Eval("Publish")%>
                <%# DataBinder.Eval("PublishDate","{0:d}")%>
                <%# DataBinder.Eval("ISBN")%>
                <%# DataBinder.Eval("Attribute1")%>
                <%# DataBinder.Eval("Attribute2")%>
                <%# DataBinder.Eval("Attribute3")%>
                <%# DataBinder.Eval("Attribute4")%>
                <a href='viewBookAttribute.aspx?BookID=<%#
                    DataBinder.Eval("BookID")%>
                    &AttributeFlag=0' target="_blank">书籍前言</a>
                <a href='viewBookAttribute.aspx?BookID=<%#
                    DataBinder.Eval("BookID")%>
                    &AttributeFlag=1' target="_blank">书籍目录</a>
                <a href='viewBookAttribute.aspx?BookID=<%#
                    DataBinder.Eval("BookID")%>
                    &AttributeFlag=2' target="_blank">书籍内容提要</a>
                <a href='ViewBookComment.aspx?BookID=<%#
                    DataBinder.Eval("BookID")%>'
                    target="_blank">查看书籍评论</a>
                <asp:Button ID="BuyBook" Runat="server" CommandName="add"
                  CssClass="ButtonCss" Text="加入购物车" Width="80"></asp:Button>
            </ItemTemplate></asp:TemplateColumn>
        </Columns>
</asp:GridView>
```

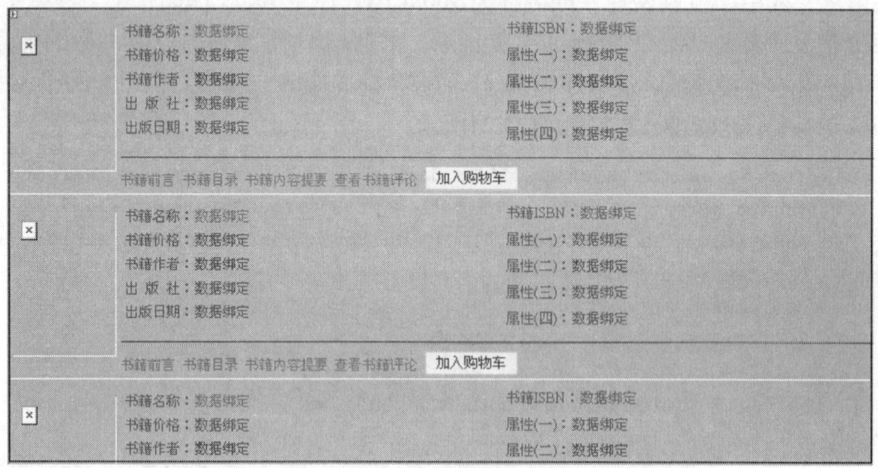

图24.24 页面BrowserBook.aspx的设计界面

【代码解析】第3行代码用于设置GridView控件是否显示表头、宽度和OnItemCommand事件，第5～42行代码用于绑定所要显示的书籍前言、书籍目录、书籍内容提要，以及书籍的评论信息。

页面BrowserBook.aspx初始化时，显示被选中类别的所有书籍的部分属性，如书籍名称、书籍作者等，以及书籍的评论信息、目录信息、前言信息、内容提要信息的链接按钮。上述功能由页面的初始化函数Page_Load(object sender, EventArgs e)实现。它首先调用函数BindBookData(int nCategoryID)获取被选中类别的所有书籍，其中类别ID值为nCategoryID，并把获取的结果设为GridView控件BookList的数据源，并绑定该控件的数据，然后调用函数BindCommentData(int nBookID)显示书籍的评论信息。函数Page_Load(object sender, EventArgs e)和函数函数BindBookData(int nCategoryID)的程序代码如下所示。

```
01    protected int nCategoryID = -1;
02    protected void Page_Load(object sender, EventArgs e)
03    {
04        if(Request.Params["CategoryID"] != null)
05        {
06            nCategoryID = Int32.Parse(Request.Params["CategoryID"].ToString());
07        }
08        if (!Page.IsPostBack)
09        {   //按照书籍种类显示所有书籍
10            if (nCategoryID > -1){BindBookData(nCategoryID);}
11        }
12    }
13    private void BindBookData(int nCategoryID)
14    {   //获取书籍信息
15        BookM book = new BookM();
16        IList<Book> recb = book.GetBookByCategory(nCategoryID);
17        //绑定控件的数据
18        BookList.DataSource = recb;
19        BookList.DataBind();
20    }
```

【代码解析】第4行代码用于获取书籍的类别ID，第8行代码用于判断是否为首次加载页面，第10行代码用于按类别显示所有书籍信息，第13～20行代码用于获取书籍信息，第18行代码用于设置书籍列表的数据源。

系统运行之后，单击页面LeftTree.aspx中的“计算机”节点，此时页面LeftTree.aspx和页面BrowserBook.aspx如图24.25所示。

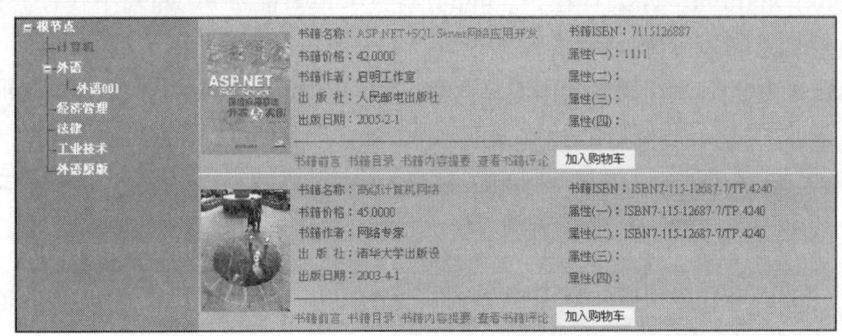

图24.25 LeftTree.aspx和页面BrowserBook.aspx

24.9.2 购买书籍

单击页面BrowserBook.aspx中某本书籍的“加入购物车”按钮，可以把该本书籍添加到自己的购物车中。该功能由GridView控件BookList的ItemCommand类型的事件BookList_ItemCommand(object source, GridViewCommandEventArgs e)实现。

用户购买书籍时，系统把用户购买的书籍信息暂存在Session变量中。为了保存数据的方便性，在此定义了OrderItemInformation类和OrderFormInformation类。其中，第一个类保存购物车中每一个子项的数据，第二个类保存整个购物车的数据。定义这两个类的程序代码如下所示。

```
01  public class OrderItemInformation
02  {
03      public int BookID;                              //书籍ID
04      public int Number;                              //购买数量
05      public decimal Price;                           //书籍价格
06      public DateTime ItemDate;                       //购买时间
07      public string Name;                             //书籍名称
08      public string Desn;                             //书籍种类名称
09  }
10  public class OrderFormInformation
11  {
12      public int TotalNumber;                         //购物车的书籍的总数量
13      public decimal TotalMoney;                      //购物车的书籍的总金额
14      public ArrayList OrderItemList = new ArrayList(); //保存购物车的子项数据
15  }
```

【代码解析】第1～9行代码用于设置书籍的属性，第10～15行代码用于设置购物车的属性。

用户购买书籍时，系统把书籍信息添加到Session变量中的具体步骤如下所示。

（1）判断Session变量是否已经包含书籍信息，即是否已经购买了一定数量的书籍。

（2）如果已经购买了书籍，从Session变量获取已经购买的书籍数据，并设为order；如果没有购买书籍，则重新定义一个OrderFormInformation实例order，用来保存购物车的信息。

（3）调用函数GetOrderItemInformation(GridViewCommandEventArgs e)获取购物车的一个数据子项item（它是OrderItemInformation对象），并设置item的各种属性。

（4）如果order为新创建的，即在此之前用户未购买过书籍，则把item添加到order中，并重新设置Session变量的值。

（5）如果order不是新创建的，即在此之前用户已经购买过书籍，则首先从order中查找是否存在相同BookID的item。如果存在，item的属性Number值加1；如果不存在，则把item添加到order中。最后，重新设置Session变量的值。

事件BookList_ItemCommand(object source, GridViewCommandEventArgs e)的程序代码如下所示。

```
protected void BookList_ItemCommand(object source,
    GridViewCommandEventArgs e)
{
    if (e.CommandName.ToLower() == "add")
    {   //添加到购物车中，购物车的数据使用Session保存
        OrderItemInformation item = null;
```

```
        OrderFormInformation order = null;
        if (Session[Session.SessionID + "OrderForm"] == null)
        {   //当购物车没有任何信息时
            item = GetOrderItemInformation(e);
            if (item == null)
            {   //显示错误信息
                Response.Write("<script>window.alert('数据错误')</script>");
                return;
            }
            //创建订单信息
            order = new OrderFormInformation();
            order.OrderItemList.Add(item);
            order.TotalMoney = item.Price;
            order.TotalNumber = item.Number;
            //添加订单信息到Session中
            Session[Session.SessionID + "OrderForm"] = order;
        }
        else
        {   //当购物车中已经存在书籍信息时，从Session中获取以前的书籍信息
            order = (OrderFormInformation)Session[Session.SessionID
                    + "OrderForm"];
            item = GetOrderItemInformation(e);
            if (item == null)
            {   //显示错误信息
                Response.Write("<script>window.alert('数据错误')</script>");
                return;
            }
            //判断是否已经添加该类型的书籍
            int i = 0;
            for (i = 0; i < order.OrderItemList.Count; i++)
            {   //如果添加了，则数量加一
                if (item.BookID
                  == ((OrderItemInformation)order.OrderItemList[i]).BookID)
                {
                    ((OrderItemInformation)order.OrderItemList[i]).Number++;
                    break;
                }
            }
            //否则添加新的书籍
            if (i == order.OrderItemList.Count)
            {
                order.OrderItemList.Add(item);
            }
            //更新订单信息
            order.TotalNumber++;
            order.TotalMoney += item.Price;
            Session[Session.SessionID + "OrderForm"] = order;
        }
    }
}
```

【代码解析】第4行代码用于判断按钮的标题为“添加”，第8行用于设置会话ID，第17～20行代码用于创建订单信息，第22行代码用于将订单信息添加到Session对象中，第26～33行代码用于判断购物车中是否已经存在该书，第36～44行代码用于更新订单中的数据量，第46～49行代码用于添加书籍信息，第51～53行代码用于更新订单信息。

函数GetOrderItemInformation(GridViewCommandEventArgs e)获取购物车的一个数据子项item（它是OrderItemInformation对象），并设置item的各种属性，如BookID、购买日期、书籍价格、书籍名称、书籍所属类别的名称等。值得注意的是，书籍名称、书籍所属类别的名称都存放在“加入购物车”按钮的CommandArgument属性中，并采用字符“|”进行分隔。函数GetOrderItemInformation(GridViewCommandEventArgs e)的程序代码如下所示。

```
01  private OrderItemInformation
02      GetOrderItemInformation(GridViewCommandEventArgs e)
03  {   //当购物车没有任何信息时
04      OrderItemInformation item = new OrderItemInformation();
05      item.BookID
06          = Int32.Parse(BookList.DataKeys[e.Item.ItemIndex].ToString());
07      item.ItemDate = DateTime.Now;
08      item.Number = 1;
09      //获取书籍价格
10      Label priceL = (Label)e.Item.FindControl("Price");
11      if (priceL == null)
12      {   //显示错误信息
13          Response.Write("<script>window.alert('数据错误')</script>");
14          return null;
15      }
16      //设置购物车的各项信息
17      item.Price = decimal.Parse(priceL.Text.Trim());
18      string sDesnName = e.CommandArgument.ToString();
19      int index = sDesnName.IndexOf("|");
20      if (index < -1 || index + 1 >= sDesnName.Length) return item;
21      item.Desn = sDesnName.Substring(0, index);
22      item.Name = sDesnName.Substring(index + 1);
23      return (item);
24  }
```

【代码解析】第5～6行代码用于获取书籍ID，第10行代码用于获取书籍的价格，第13～14行代码用于设置书籍价格为空时的出错信息，第17～22行代码用于设置购物车的各项信息。

当用户单击“加入购物车”按钮，且成功将该书籍添加到自己的购物车中后，系统将弹出提示对话框，如图24.26所示。

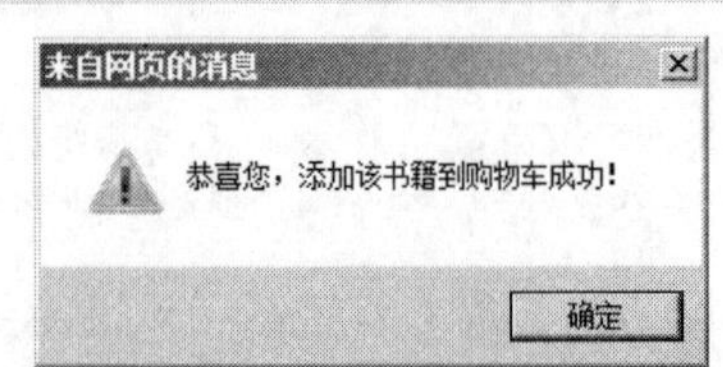

图24.26 购买书籍成功的提示对话框

24.9.3 查看自己的购物车

用户只有当登录系统之后，才会有查看自己购物车的权限。查看购物车功能由页面CommitOrderForm.aspx实现，CommitOrderForm.aspx.cs为它的代码隐藏文件。

在页面CommitOrderForm.aspx中添加1个GridView控件和2个按钮，它们的名称分别为OrderFormList、AddBookBtn、CheckShopCart。控件OrderFormList用来显示购物车的信息，控件CheckShopCart提交用户的购物车信息到数据库中，并同时结算；控件AddBookBtn使页面跳转到浏览书籍的页面BrowserBook.aspx。页面CommitOrderForm.aspx的设计界面如图24.27所示。

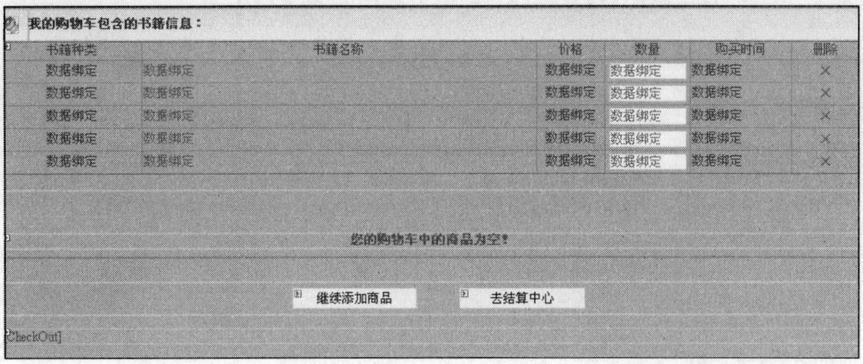

图24.27　页面CommitOrderForm.aspx的设计界面

页面CommitOrderForm.aspx的部分HTML设计代码如下所示。

```
<asp:GridView Runat="server" ID="OrderFormList" CssClass="GbText"
    AutoGenerateColumns="False" Width="100%" BorderColor="NavajoWhite">
    <Columns>
        <asp:TemplateColumn HeaderText="书籍种类"
            ItemStyle-HorizontalAlign="center">
            <ItemTemplate>
                <%# (OrderItemInformation)Container.DataItem).Desn %>
            </ItemTemplate>
        </asp:TemplateColumn>
        <asp:TemplateColumn HeaderText="书籍名称">
            <ItemTemplate>
                <a href='Book/ViewBook.aspx?BookID=<%#
                    (OrderItemInformation)Container.DataItem).BookID %>'>
                    <%# (OrderItemInformation)Container.DataItem).Name %>
                </a>
        </ItemTemplate>
    </asp:TemplateColumn>
    <asp:TemplateColumn HeaderText="价格"
        ItemStyle-HorizontalAlign="center">
        <ItemTemplate>
            <asp:Label ID="Price" Width="100%" Runat="server"
            Text='<%
                #(OrderItemInformation)Container.DataItem).Price%>'>
            </asp:Label>
        </ItemTemplate>
    </asp:TemplateColumn>
    <asp:TemplateColumn HeaderText="数量"
        ItemStyle-HorizontalAlign="center"><ItemTemplate>
        <asp:TextBox ID="Number" Runat="server" CssClass="InputCss"
            Width="100%" Text='<%#
             (OrderItemInformation)Container.DataItem).Number %>'>
```

```
32              </asp:TextBox>
33              </ItemTemplate>
34          </asp:TemplateColumn>
35          <asp:TemplateColumn HeaderText="购买时间"><ItemTemplate>
36                  <%# (OrderItemInformation)Container.DataItem).ItemDate%>
37              </ItemTemplate></asp:TemplateColumn>
38              <asp:TemplateColumn HeaderText="删除"
39                  ItemStyle-HorizontalAlign="center"><ItemTemplate>
40                  <asp:ImageButton ID="DeleteBook"
41                      ImageUrl="~/Images/delete.gif" Runat="server"
42                      CssClass="CommandButton" CommandName="delete"
43                      CommandArgument='<%#
44                      (OrderItemInformation)Container.DataItem).BookID %>'>
45                  </asp:ImageButton>
46                  </ItemTemplate>
47              </asp:TemplateColumn>
48          </Columns>
49      </asp:GridView>
50      <asp:Label ID="Message" runat="server" Width="100%" Visible="False"
51          CssClass="GbText" Text="您的购物车中的商品为空！" Font-Bold="True"
52          ForeColor="Red"></asp:Label>
53      <asp:Button ID="AddBookBtn" Width="120" Runat="server"
54          CssClass="ButtonCss" Text="继续添加商品"
55          OnClick="AddBookBtn_Click"></asp:Button>
56      <asp:Button ID="CheckShopCart" Width="120" Runat="server"
57          CssClass="ButtonCss" Text="去结算中心"
58          OnClick="CheckShopCart_Click"></asp:Button>
59      <asp:Label ID="CheckOut" Runat="server" Width="100%" CssClass="GbText"
60          ForeColor="Red"></asp:Label>
```

【代码解析】第1～49行代码用于设置GridView控件中所要显示的行和列的样式，以及所要显示的字段，第50～52行代码用于设置Label控件的显示内容，第53～55行代码用于设置添加商品的按钮，第56～58行代码用于设置结算按钮，第59～60行代码用于设置Label控件的显示内容。

页面CommitOrderForm.aspx初始化时，调用函数ShowShoppingCartInfo()显示购物车中的所有书籍信息，如书籍名称、书籍价格、购买数量、购买时间等。上述功能由页面的初始化函数Page_Load(object sender, EventArgs e)实现。

函数ShowShoppingCartInfo()首先从Session变量中获取购物车的所有信息，并把购物车的子项列表OrderItemList作为控件OrderFormList的数据源，并绑定该控件的数据。函数Page_Load(object sender, EventArgs e)和函数ShowShoppingCartInfo()的程序代码如下所示。

```
protected void Page_Load(object sender, EventArgs e)
{
    if (!Page.IsPostBack)
    {   //获取购物车的信息
        ShowShoppingCartInfo();
    }
}
private void ShowShoppingCartInfo()
{   //判定购物车中是否存在数据
    if (Session[Session.SessionID + ASPNET35System.ShoppingCart] == null)
    {
```

```
12            Message.Visible = true;
13            return;
14        }
15        //绑定购物车的数据，显示购物车信息
16        OrderFormInformation order
17            = (OrderFormInformation)Session[Session.SessionID
18                + ASPNET35System.ShoppingCart];
19        OrderFormList.DataSource = order.OrderItemList;
20        OrderFormList.DataBind();
21        //不显示提示信息
22        Message.Visible = false;
23    }
```

【代码解析】第3～6行代码用于判断页面是否为首次加载，若不是首次加载，则显示购物车的信息。第10～14行代码用于判断购物车中是否存在数据，第16～19行代码用于绑定购物车信息，第20行代码用于绑定订单表信息。

事件OrderFormList_ItemDataBound(object sender, GridViewItemEventArgs e)在GridView控件OrderFormList数据绑定时，为每一个“删除”按钮添加一个删除确认对话框，实现的程序代码如下所示。

```
01    protected void OrderFormList_ItemDataBound(object sender,
02        GridViewItemEventArgs e)
03    {    //为删除按钮添加确认对话框
04        ImageButton deleteBtn = (ImageButton)e.Item.FindControl("DeleteBook");
05        if (deleteBtn != null)
06        {
07            deleteBtn.Attributes.Add("onclick", "return confirm('"
08                + ASPNET35System.OPERATIONDELETEMESSAGE + "');");
09        }
10    }
```

【代码解析】第4行代码用于设置删除确认按钮，第5～9行代码用于设置返回信息。

用户“Admin”登录系统之后，并查看自己的购物车，如图24.28所示，此时购物车中显示两本书籍，购买的数量分别是2和1。

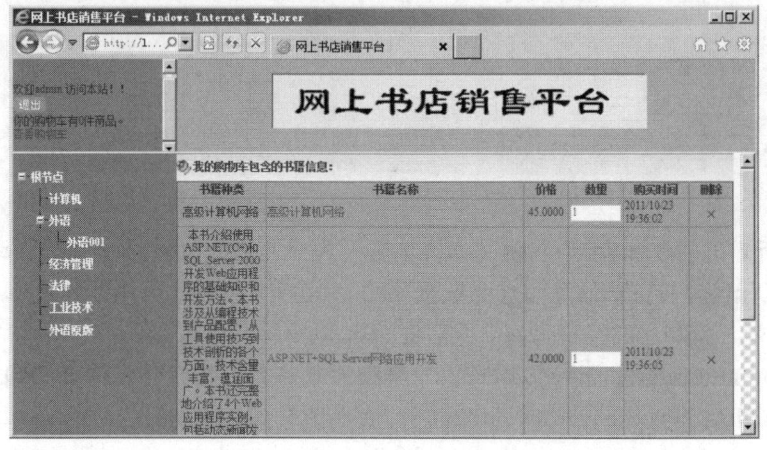

图24.28 用户“Admin”的购物车信息

24.9.4 提交订单

单击页面CommitOrderForm.aspx中的“去结算中心”按钮时，该页面触发按钮的事件CheckShopCart_Click(object sender, EventArgs e)。该事件提交用户订单，即把用户购物车中的信息提交到数据库中。

事件首先从Session变量中获取购物车中的所有信息，并把购物车的总信息添加到订单表OrderForm中，然后把购物车中的OrderItemList数组中的每一个子项添加到订单子项表OrderItem中，最后显示本次购物车中书籍的总数量和总金额。

事件CheckShopCart_Click(object sender, EventArgs e)的程序代码如下所示。

```
01  protected void CheckShopCart_Click(object sender, EventArgs e)
02  {    //保存订单信息到数据库中
03       if (Session[Session.SessionID + ASPNET35System.ShoppingCart] == null)
04       {
05           return;
06       }
07       //获取购物车的信息
08       OrderFormInformation order
09           = (OrderFormInformation)Session[Session.SessionID
10               + ASPNET35System.ShoppingCart];
11       OrderForm orderform = new OrderForm();
12       //添加订单信息到数据库中
13       int nOrderFormID = orderform.AddOrderForm(
14           Int32.Parse(Session["UserID"].ToString()),
15           order.TotalNumber,
16           order.TotalMoney);
17       if (nOrderFormID > -1)
18       {    //添加订单中的每一个子项
19           OrderItem orderItem = new BookShop.OrderItem();
20           foreach (OrderItemInformation item in order.OrderItemList)
21           {
22               orderItem.AddOrderItem(item.BookID, item.Number,nOrderFormID);
23           }
24       }
25       //显示提示信息
26       Response.Write("<script>alert(\"结帐成功！！！\")</script>");
27       CheckOut.Text = "你这次购物总共" + order.TotalNumber.ToString()
28           + "件，总消费金额为：" + order.TotalMoney.ToString() + "元。";
29  }
```

【代码解析】第3行代码用于判断订单信息是否为空，第8～10行代码用于获取购物车的信息，第13～15行代码将订单信息添加到数据库中，第17～24行代码用于将订单中的商品信息添加到数据库中，第26～28行代码用于返回页面信息。

在页面CommitOrderForm.aspx中单击“继续添加商品”按钮时，该页面触发按钮的事件AddBookBtn_Click(object sender, EventArgs e)，页面跳转到浏览书籍的页面BrowserBook.aspx，实现的程序代码如下所示。

```
01    protected void AddBookBtn_Click(object sender, EventArgs e)
02    {
03        Response.Redirect("~/DesktopModules/Book/BrowserBook.aspx");
04    }
```

【代码解析】第3行代码用于设置保存数据后所返回的信息。

当用户单击GridView控件OrderFormList的每一个“×”按钮时，都触发GridView控件OrderFormList的ItemCommand类型的事件OrderFormList_ItemCommand(object source, GridViewCommandEventArgs e)。该事件删除控件OrderFormList被选中的数据行，同时把购物车对应的数据子项也删除，最后重新绑定控件OrderFormList的数据。实现上述功能的程序代码如下所示。

```
01    protected void OrderFormList_ItemCommand(object source,
02        GridViewCommandEventArgs e)
03    {   //保存订单信息到数据库中
04        if (Session[Session.SessionID + ASPNET35System.ShoppingCart] == null)
05        {
06            return;
07        }
08        //删除购物车中的书籍
09        if (e.CommandName.ToLower() == "delete")
10        {   //获取购物车的信息
11            OrderFormInformation order
12                = (OrderFormInformation)Session[Session.SessionID
13                    + ASPNET35System.ShoppingCart];
14            order.OrderItemList.RemoveAt(e.Item.ItemIndex);
15            //重新绑定购物车的数据
16            ShowShoppingCartInfo();
17        }
18    }
```

【代码解析】第4行代码用于判断会话是否为空，若为空，则停止操作。第9～17行代码用于清空购物车中的商品信息，第16行代码用于刷新购物车中的信息。

此时，用户“Admin”单击页面CommitOrderForm.aspx中的“去结算中心”按钮时，如果结算成功，系统弹出结算提示对话框，如图24.29所示。

用户“Admin”单击图24.29中的“确定”按钮，系统将显示用户结算后的信息，如消费的总金额、购买商品（书籍）的总数量，如图24.30所示。

图24.29 结算成功的提示对话框

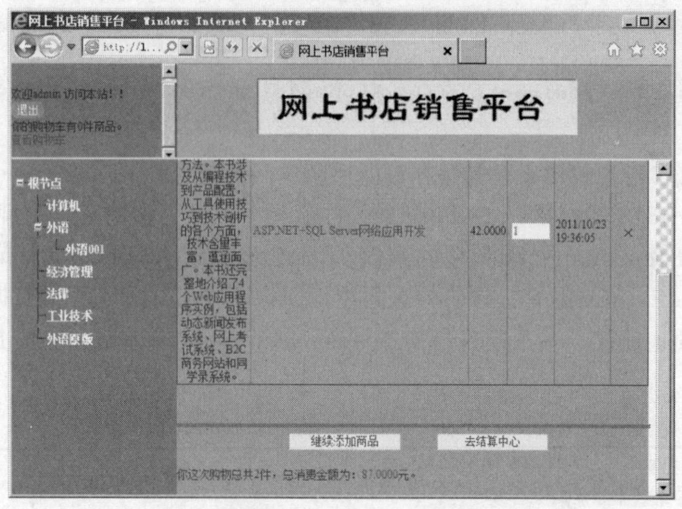

图24.30　用户“Admin”结算后的信息

24.10　小结及关键技术详解

在本系统中，使用Session变量临时保存用户购买书籍的信息，因此当用户购买书籍时，系统把用户购买的书籍信息暂存在Session变量中。为了保存数据的方便性，在此定义了OrderItemInformation类和OrderFormInformation类。其中，第一个类保存购物车中每一个子项的数据，第二个类保存整个购物车的数据。定义这两个类的程序代码如下所示。

```
public class OrderItemInformation
{
    public int BookID;                              //书籍ID
    public int Number;                              //购买数量
    public decimal Price;                           //书籍价格
    public DateTime ItemDate;                       //购买时间
    public string Name;                             //书籍名称
    public string Desn;                             //书籍种类名称
}
public class OrderFormInformation
{
    public int TotalNumber;                         //购物车的书籍的总数量
    public decimal TotalMoney;                      //购物车的书籍的总金额
    public ArrayList OrderItemList = new ArrayList(); //保存购物车的子项数据
}
```

用户购买书籍时，系统把书籍信息添加到Session变量中的具体步骤如下。

（1）判断Session变量是否已经包含书籍信息，即已经购买了一定数量的书籍。

（2）如果已经购买了书籍，则从Session变量获取已经购买的书籍数据，并设为order；如果没有购买书籍，则重新定义一个OrderFormInformation实例order，用来保存购物车的信息。

（3）调用函数GetOrderItemInformation(GridViewCommandEventArgs e)获取购物车的一个数据子项item（它是OrderItemInformation对象），并设置item的各种属性。

（4）如果order为新创建的，即在此之前用户未购买过书籍，则把item添加到order中，并重新设置Session变量的值。

（5）如果order不是新创建的，即在此之前用户已经购买过书籍，则首先从order中查找是否存在相同BookID的item，如果存在，item的属性Number值加1，如果不存在，则把item添加到order中，最后，重新设置Session变量的值。

事件BookList_ItemCommand(object source,GridViewCommandEventArgs e)的程序代码如下所示。

```
protected void BookList_ItemCommand(object source,
    GridViewCommandEventArgs e)
{
    if (e.CommandName.ToLower() == "add")
    {   //添加到购物车中，购物车的数据使用Session保存
        OrderItemInformation item = null;
        OrderFormInformation order = null;
        if (Session[Session.SessionID + "OrderForm"] == null)
        {   //当购物车没有任何信息时
            item = GetOrderItemInformation(e);
            if (item == null)
            {   //显示错误信息
                Response.Write("<script>window.alert('数据错误')</script>");
                return;
            }
            //创建订单信息
            order = new OrderFormInformation();
            order.OrderItemList.Add(item);
            order.TotalMoney = item.Price;
            order.TotalNumber = item.Number;
            //添加订单信息到Session中
            Session[Session.SessionID + "OrderForm"] = order;
        }
        else
        {   //当购物车中已经存在书籍信息时，从Session中获取以前的书籍信息
            order = (OrderFormInformation)Session[Session.SessionID
                      + "OrderForm"];
            item = GetOrderItemInformation(e);
            if (item == null)
            {   //显示错误信息
                Response.Write("<script>window.alert('数据错误')</script>");
                return;
            }
            //判断是否已经添加该类型的书籍
            int i = 0;
            for (i = 0; i < order.OrderItemList.Count; i++)
            {   //如果添加了，则数量加1
                if (item.BookID
                    == ((OrderItemInformation)order.OrderItemList[i]).BookID)
                {
```

```
                    ((OrderItemInformation)order.OrderItemList[i]).Number++;
                    break;
                }
            }
            //否则添加新的书籍
            if (i == order.OrderItemList.Count)
            {
                order.OrderItemList.Add(item);
            }
            //更新订单信息
            order.TotalNumber++;
            order.TotalMoney += item.Price;
            Session[Session.SessionID + "OrderForm"] = order;
        }
    }
}
```

函数GetOrderItemInformation(GridViewCommandEventArgs e)获取购物车的一个数据子项item（它是OrderItemInformation对象），并设置item的各种属性，如BookID、购买日期、书籍价格、书籍名称、书籍所属类别的名称等。值得注意的是，书籍名称、书籍所属类别的名称都存放在“加入购物车”按钮的CommandArgument属性中，并采用字符“|”进行分隔。函数GetOrderItemInformation(GridViewCommandEventArgs e)的程序代码如下所示。

```
private OrderItemInformation
    GetOrderItemInformation(GridViewCommandEventArgs e)
{   //当购物车中没有任何书籍时
    OrderItemInformation item = new OrderItemInformation();
    item.BookID
        = Int32.Parse(BookList.DataKeys[e.Item.ItemIndex].ToString());
    item.ItemDate = DateTime.Now;
    item.Number = 1;
    //获取书籍价格
    Label priceL = (Label)e.Item.FindControl("Price");
    if (priceL == null)
    {   //显示错误信息
        Response.Write("<script>window.alert('数据错误')</script>");
        return null;
    }
    //获取各项值
    item.Price = decimal.Parse(priceL.Text.Trim());
    string sDesnName = e.CommandArgument.ToString();
    int index = sDesnName.IndexOf("|");
    if (index < -1 || index + 1 >= sDesnName.Length) return item;
    item.Desn = sDesnName.Substring(0, index);
    item.Name = sDesnName.Substring(index + 1);
    return (item);
}
```

第25章 发布程序（制作安装程序）

本章主要介绍如何使用Visual Studio 2010实现Web程序的配置、部署、安装和发布，其中部署使用的是Visual Studio 2010提供的Web安装模板。因为在应用程序开发完毕后，通常需要对程序的所有资源文件、配置文件进行整理，然后审核无误后，将完整的应用程序发布给客户。虽然部署和配置并不是项目中最重要的部分，但其影响着所有代码的运行，影响着用户与程序之间的交互。

本章重点：

- 准备部署ASP.NET应用程序，理解ASP.NET应用程序的部署方案。
- 创建安装文件，学会使用Visual Studio 2010创建系统安装文件。
- 配置与调试，学会部署远程网站和安装完成后的测试。

25.1 ASP.NET应用程序的部署准备

应用程序的部署，主要就是把开发完成的应用程序打包安装到服务器上，然后用户就可以在客户端直接访问程序。本节介绍部署ASP.NET 4.0应用程序前的一些工作。

25.1.1 ASP.NET应用程序的部署方案

Visual Studio 2010提供了两种部署方式：安装模板和XCopy功能。

- 使用Web安装模板：可以创建傻瓜式的安装向导，使用户可以方便地安装应用程序，同时安装项目还可以自动装载程序必需的一些资源文件或DLL文件等。使用此安装模式，还可以保障应用程序的安全性，其缺点主要是占用资源比较多。
- 使用XCopy安装：此种方式的安装，占用资源比较少，使用比较方便，可以通过本地的虚拟目录部署远程的网站，但不提供一些DLL文件的注册，也不带任何的安装程序，部署就像复制文件夹一样。此方法一般用于比较简单的程序，如纯文本编写的Web程序。

本书会主要介绍上述两种部署方案，如果读者感兴趣，还可以去下载一些专业的打包工具。

25.1.2 创建Web程序测试项目

要部署网站，一定要知道此网站所需要的文件都在什么地方，这样才能将文件正确添加到部署项目中。一般要注意的文件资源如下。

- 图像资源：所有与网站有关的图标和图画等。
- 皮肤资源：自定义的网站皮肤文件。
- 资源文件：为网站提供说明的文件，或多语言文件的模板。
- 项目文件：.cs和.aspx等项目必需的代码文件。
- 引用文件：在网站中添加的引用，默认会加在bin目录中。这是网站常用的文件，要分类管理好，如应用AJAX工具包，就需要引用专门的DLL文件。

25.2 使用Visual Studio 2010模板创建安装文件

本节学习如何使用Visual Studio 2010提供的安装项目模板。读者需要注意，Visual Studio 2010提供两个安装项目，一个是普通Windows的安装项目，另一个是Web安装项目。本书主要介绍ASP.NET程序开发，所以主要讲解的是Web安装项目。

25.2.1 创建Web程序测试项目

Visual Studio 2010提供了一个制作安装程序的项目模板“Web安装项目”，本节演示如何实现Web应用程序的部署。创建项目的演示步骤如下所示。

（1）打开Visual Studio 2010，创建一个网站，命名为“WebInstallTest”。很简单的一个网站，主要是为了下面的安装操作。

（2）打开Default.aspx页，在设计界面添加1个Button和1个TextBox，将Button按钮的Text属性设置为“提交”。双击“提交”按钮，切换到其代码视图，编写“提交”的内容如下所示。

```
01    protected void Button1_Click(object sender, EventArgs e)
02    {
03        Response.Write("您输入的是：" + TextBox1.Text);    //显示用户输入的内容
04    }
```

【代码解析】第3行代码用于响应单击按钮的操作。

（3）到此完成了Web应用程序的创建。但此时还没有编译整个应用程序。按F5键运行程序，测试程序是否有错误。

（4）右击网站根目录，在弹出的快捷菜单中，单击“发布网站”菜单命令，打开“发布网站”对话框，如图25.1所示。

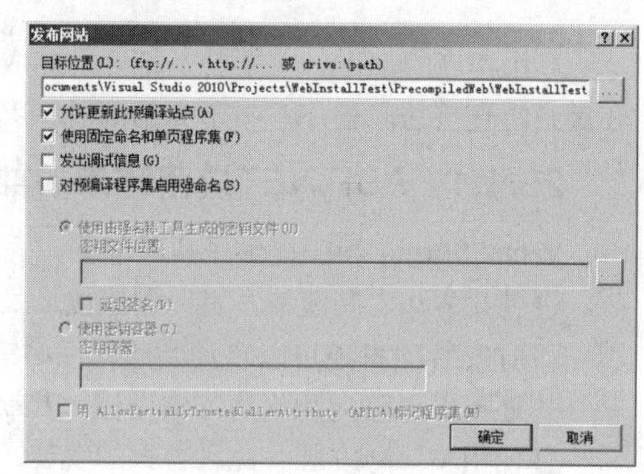

图25.1 发布网站对话框

（5）默认选择都保存不变，只需要记住发布网站后的目标位置，该地址在后面会遇到。单击“确定”按钮，系统开始编译网站，如果没有任何问题，在任务栏会提示发布成功，此时Web应用程序的开发和编译已经完成。

注意 可到发布后的文件夹查看文件内容，所有的CS文件都被编译成bin目录下的dll文件。

25.2.2 创建测试程序的安装文件

上一小节创建了一个简单的Web测试程序，本节将为该程序创建安装包，实现步骤如下所示。

（1）单击“文件”|“新建”|“项目”菜单命令，打开“新建项目”对话框，如图25.2所示。

（2）选择“其他项目类型”|“安装和部署”树节点，在列出的模板中，选择“Web安装项目”模板，并将其名称修改为“FirstWebInstall”，并注意其保存的位置。

（3）一切修改完毕后，单击“确定”按钮。打开安装项目模板的工作界面，如图25.3所示，其中分为目录区和文件列表区两部分。

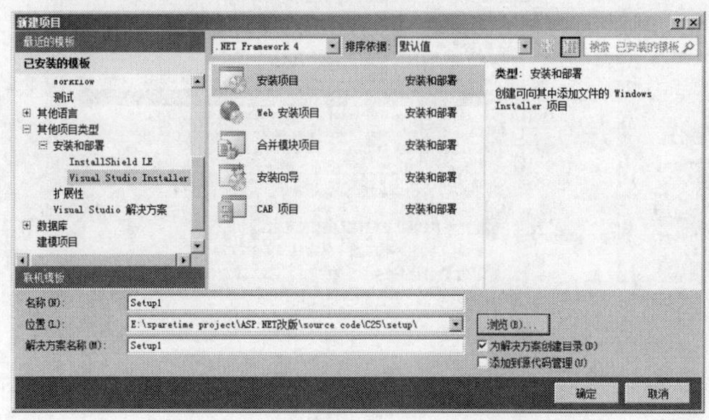

图25.2　新建项目对话框

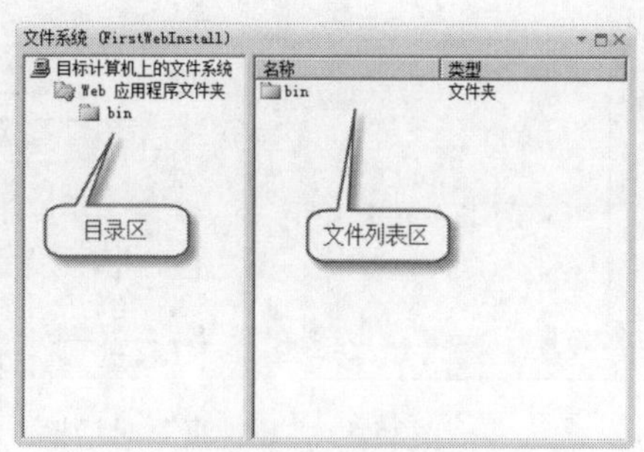

图25.3　安装项目模板的工作界面

（4）右击目录区的“Web应用程序文件夹”，在弹出的快捷菜单中，单击“添加”｜“文件”菜单命令，打开“添加文件”对话框，如图25.4所示。

图25.4　“添加文件”对话框

（5）找到前面发布的Web应用程序地址，选中所有的文件，单击“打开”按钮，回到安装的工作界面。此时不选择“bin”文件夹，其中的文件需要在后面单独添加。

（6）此时在文件列表区，可以看到刚刚添加的文件。右击目录区的“bin”文件夹，在弹出的快捷菜单中，单击“添加”｜“文件”菜单命令，打开“添加文件”对话框。

此时选择bin文件下的所有文件，单击“打开”按钮，回到安装工作界面。此时已经在安装项目中添加了所有需要的文件。

（7）因为目标安装机器上可能不存在.NET框架，所以打包时还需要将框架打包进安装文件。在资源管理器中，右击网站根目录，单击“属性”菜单命令，打开“属性页”对话框，如图25.5所示。其中的输出文件名文本框，显示的是默认安装文件的输出地址，可通过单击后面的按钮对其修改。

（8）单击“系统必备”按钮，打开“系统必备”对话框，如图25.6所示。

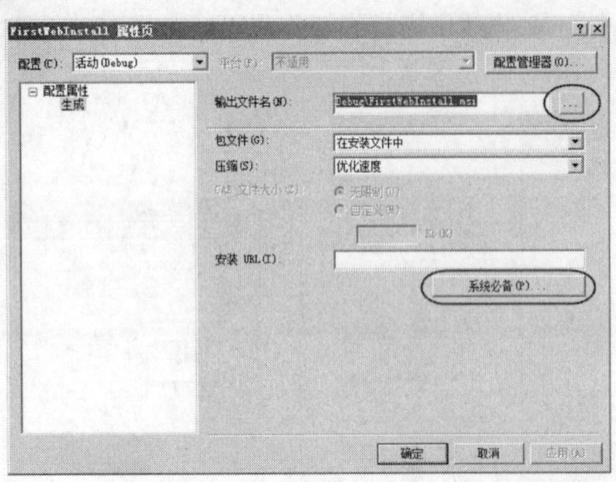

图25.5 “属性页”对话框

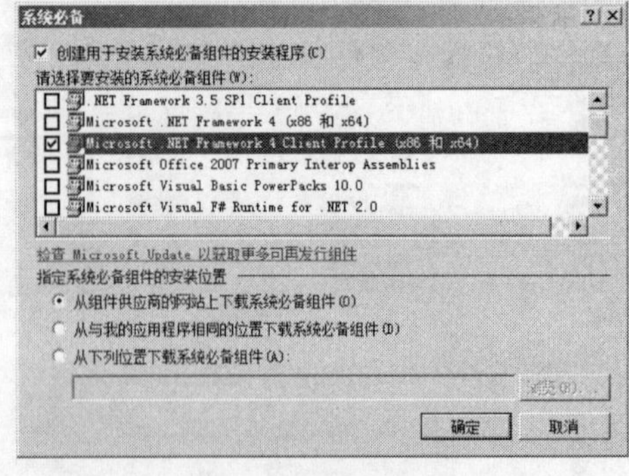

图25.6 “系统必备”对话框

（9）在必备组件列表中，选择“.NET Framework 4.0”和“Windows Installer 3.1”选项。

（10）在“安装位置”单选按钮处，选择第二个选项，可以将所有的文件安装在一个文件夹下。

（11）单击“确定”按钮，返回到“属性页”对话框，再单击“确定”按钮，即完成了应用程序的安装设置。在资源管理器中，右击项目的根目录，单击“生成”菜单命令，就完成了第一个安装项目。

25.2.3 安装Web项目

Visual Studio 2010提供的安装模板主要功能就是方便用户的安装。本节就以一个程序的安装过程为例，介绍前面创建的Web安装项目“FirstWebInstall”的安装过程。

（1）找到安装项目所在的文件夹，可以看到一个名为“setup”的安装文件。

（2）双击“setup”安装文件，打开安装的第一步，如图25.7所示。这个安装向导就是使用的Windows Installer 3.1。

（3）单击“下一步”按钮，出现“选择安装地址”对话框，如图25.8所示。

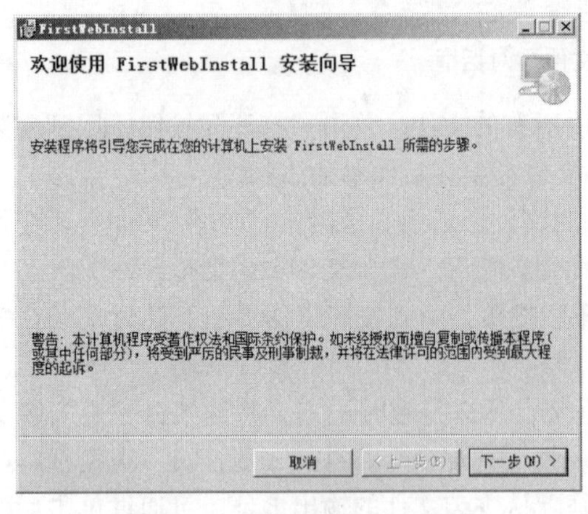

图25.7 安装向导的欢迎界面

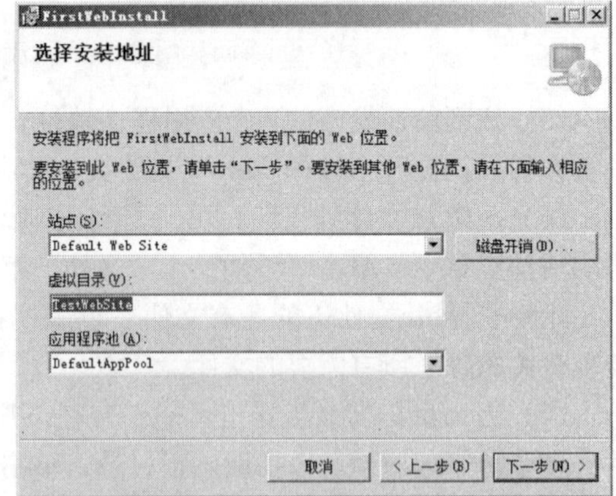

图25.8 安装向导的欢迎界面

（4）将虚拟目录的名称修改为“TestWebSite”，此名称会作为本地访问的站点地址，如“http://localhost/TestWebSite”。单击“下一步”按钮，打开“确认安装”界面，如图25.9所示。

(5) 单击“下一步”按钮，安装完毕后，出现“安装完成”界面，如图25.10所示。

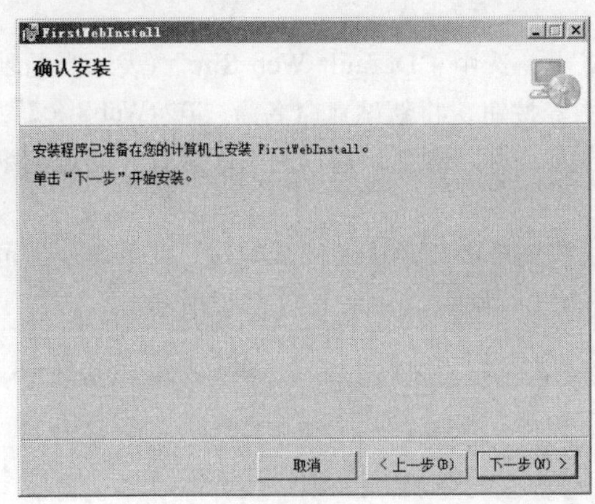

图25.9 “确认安装”界面

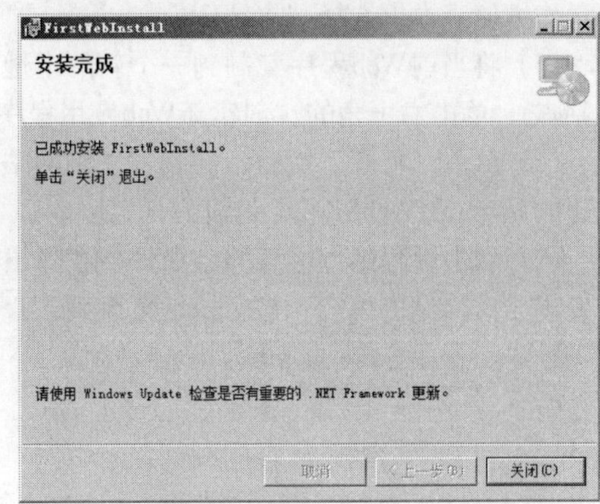

图25.10 “安装完成”界面

(6) 安装完成后，可到IIS中找到虚拟目录为“TestWebSite”的网站，右击其中的“Default.aspx”页面，单击“浏览”菜单命令，可测试安装后程序的执行情况。

25.3 使用XCopy部署远程网站

XCopy是.NET推出时呼声就很高的部署方式，因为其操作简单、占用资源小而广受开发人员的喜欢。本节主要学习如何使用XCopy部署小型网站。实现XCopy部署的主要步骤如下所示。

(1) 打开上一节创建的应用程序“WebInstallTest”。

(2) 右击网站根目录，在弹出的快捷菜单中，单击“复制网站”菜单命令，打开“复制网站”界面，其中包括工具栏、源网站和远程网站3部分，如图25.11所示。

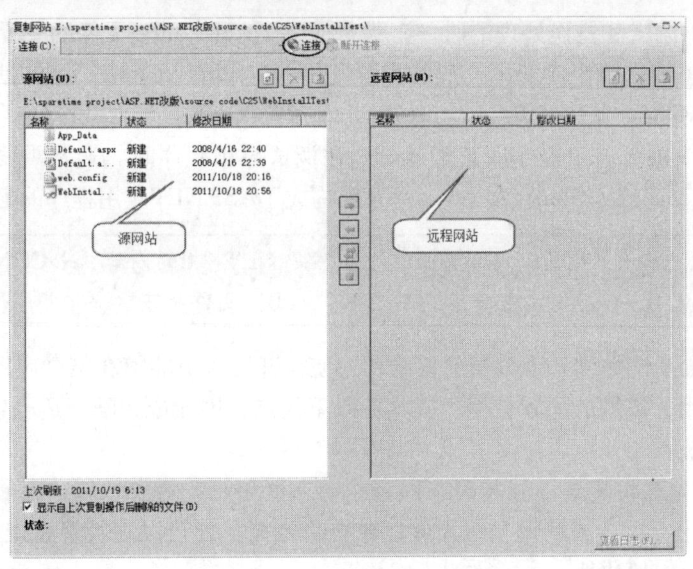

图25.11 “复制网站”工作界面

(3) 单击工具栏中的“连接”图像按钮，打开“打开网站”对话框，如图25.12所示。

（4）从左侧可以选择要复制到的项目，可以是本地IIS中的项目，还可以是远程站点。为了操作方便，本例选择“本地IIS”。

（5）将当前Web程序复制到一个新的本地站点中，选中“Default Web Site”（表示当前默认站点），单击右上角的“创建新Web应用程序”图标按钮，将新站点命名为“TestWebSite2”。

（6）单击“打开”按钮，回到“复制网站”界面。可以看到，远程网站区域打开的是刚刚创建的站点TestWebSite2，但没有任何内容。

（7）右击远程站点区域的空白处，在弹出的快捷菜单中，单击“同步网站”菜单命令。可以发现当前网站的内容，被轻松地复制到了TestWebSite2站点，效果如图25.13所示。

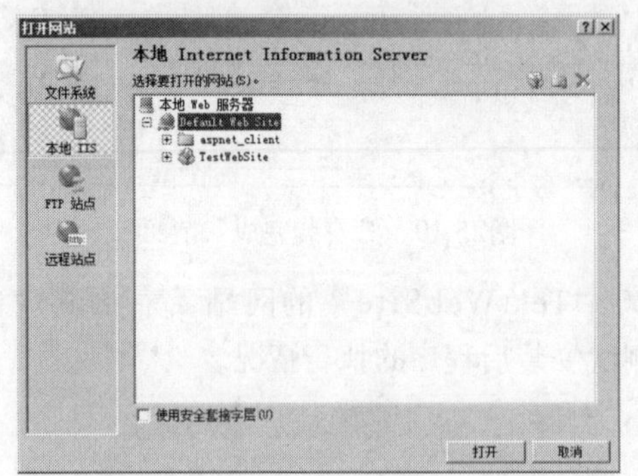
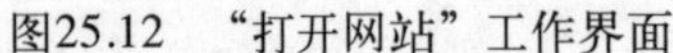

图25.12 “打开网站”工作界面

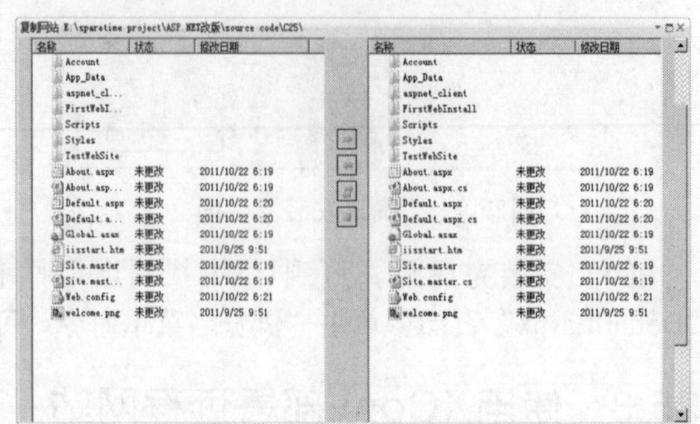

图25.13 复制完成后的界面

（8）可打开IIS（Internet信息服务），测试TestWebSite2站点的运行效果是否同WebInstallTest一样。

25.4 安装完成后的配置

在介绍跟踪、调试和错误处理的时候，经常会碰到web.config文件的配置。其实，在.NET框架安装到机器上后，就生成一个全局的配置文件“Machine.Config”，其默认的安装位置是“C:\WINDOWS\Microsoft.NET\Framework\v2.0.50727\CONFIG”，应用程序中所有的配置都由其控制。为了保障每个应用程序的正常运行，在调试应用程序时，通常需要为程序生成一个web.config文件。Machine.Config和web.config就构成了ASP.NET应用程序的配置系统。

注意 虽然.NET已经是4.0版本，但很多配置依然是.NET 2.0的内容，如CONFIG文件夹就在系统的“v2.0.50727”文件夹下，而不是“v4.0”文件夹下。

ASP.NET配置系统提供一个分层配置结构，使得开发人员能够在整个应用程序、站点或计算机中定义和使用可扩展的配置数据。其具备以下优点，因此成为唯一适合生成和维护Web应用程序的配置系统：

- ASP.NET允许将配置设置与静态内容、动态页和业务对象一起，存储在单个应用程序的目录层次结构中。用户或管理员只需复制单个目录树，便可以在计算机上设置ASP.NET框架应用程序，轻松方便快捷。
- 文件内的配置数据既具有可读性，又具有可写性，是一种纯文本文件的存储形式。管理员和开发人员可以使用任何标准的文本编辑器、XML分析器或脚本语言，来解释和更新配置设置。此特点是XML配置文件的最大优点。

- ASP.NET提供了可扩展的配置结构，使开发人员能够存储自己的配置设置，并为自己的配置设置定义持久格式，智能化地参与其中的处理，以及控制用来最终公开设置的结果对象模型。
- 对ASP.NET配置文件的更改，由系统自动检测，并在不需要任何用户参与的情况下应用（即管理员不需要重新启动Web 服务器或计算机，即可使配置的更改生效）。

配置文件还非常适合存储自定义应用程序设置，如数据库连接字符串、文件路径或远程XML Web服务URL等，这类似于以前的INI信息存储文件。同时C#提供了访问web.config的类库“System.Configuration”，可以方便地在运行时修改程序的配置。

配置文件提供了多个标准配置节，通过这些配置节，开发人员可以配置会话状态、跟踪和应用程序的编译等。下面将详细介绍web.config中，基本配置的功能特色。

- <httpModules>：应用程序中的HTTP模块处理，HTTP模块参与处理应用程序中的每个请求。当用户登录时，就可以使用此配置节对登录用户进行检测等处理。
- <httpHandlers>：负责将传入的URL映射到IHttpHandler类，可以用来过滤文件，如果用户请求的是xml文件，可使用此配置将其导航到正常的aspx页面。
- <sessionState>：会话状态的处理，如设置会话保存时间、是否启用Cookie等。
- <globalization>：应用程序的全球化设置，如一些编码设置和本地化设置等。
- <compilation>：应用程序的一些编译配置，如是否调试、业务对象，等等。
- <trace>：应用程序的跟踪配置，如使用启用跟踪、跟踪模式等。
- <processModel>：配置IIS Web服务器系统上的ASP.NET进程模型。
- <browserCaps>：负责控制浏览器功能组件的设置。

25.5 安装完成后的测试

如果要测试程序，考虑到一些应用程序都会引用文件，所以为了避免引用文件的打包错误，需要裸机测试。

裸机测试主要是为了查看是否把所有需要的程序集都包括了。比如说，打包的机器上包含system.data DLL文件，而在打包的时候没有包括这个文件，那么在本机上运行程序是没有问题的，可是拿到裸机上一试，就会提示少了文件。

裸机测试是测试的最后一步，此时还是要全面测试功能的完整性和输入数据的准确性，把好最后一道关。

提示 裸机测试时，要求给定的数据库是空库，相当于一个崭新的项目。

裸机测试的文件来源于上节创建的安装项目，此步既测试了安装文件的完整性，又测试了软件的功能和性能。安装项目文件前，机器上一定要装有.NET 4.0框架。当然，有能力的程序员，也可以把数据库和框架都打包进安装项目中，此时就少了手动安装的麻烦。

25.6 小结

此处需要提到一点：如果是部署Web应用程序，通常安装包都不大。这样很多客户就会怀疑，我花那么多钱，只买来几个文件，连张光盘都没有？这是用户经常提出的问题。考虑到这种Web程序只需要服务器安装一次，客户端根本不需要任何安装，所以就省略了光盘，但用户希望看到实物。我们建议，如果文件够大，也可以刻录光盘。

本章介绍了一个程序从开发、到制作安装程序、到安装、到测试的4大步骤。通过这些知识，一个项目的完整周期就体现出来了。读者可以自己尝试做几个不同类型的安装程序，具体选择哪个安装方案，要根据实际项目情况而定。

25.7 上机实践习题

将第23章网站打包，制作成一个安装包，然后到另外一台计算机上测试安装后的网站是否正确。

【提示】 参照第25.2节打包安装程序。

第26章　常见面试题目分析

本章依据IT企业对ASP.NET的需求情况和当前ASP.NET的应用，提供了各种面试题，加深读者对于ASP.NET的理解。这些面试题可以帮助读者充分掌握ASP.NET的各方面知识点，以及熟悉ASP.NET程序员在面试过程中遇到的一些问题。

26.1　基础面试题目分析

本节的面试题目侧重于对C#语言的基本知识点，以及基本语法的考核，其目的在于检验面试者是否具有扎实的基础知识。

面试题1　页面传递参数的方法

【题目】说明在.net中常用的几种页面间传递参数的方法，并说出它们的优缺点。

【分析】本题目主要考核页面参数传递的方法。

【答案】Session简单，但易丢失；Application全局；Cookie简单，但可能不支持，可能被伪造；input ttype="hidden"简单，可能被伪造；url参数简单，显示于地址栏，长度有限；数据库稳定、安全，但性能相对弱。

面试题2　SQL注入

【题目】什么叫做SQL注入，如何防止？请举例说明。

【分析】本题主要考核SQL注入的问题。

【答案】利用SQL语言漏洞获得合法身份登录系统，如身份验证的程序设计成：

```
SqlCommand com=new SqlCommand("Select * from users where username='"
    +t_name.text+"' and pwd='"+t_pwd.text+"'");
object obj=com.ExcuteScale();
if(obj!=null)
{
    //通过验证
}
```

这段代码容易被SQL注入，如，用户在t_name中随便输入，在t_pwd中输入1' and 1='1就可以进入系统了。

面试题3　区分类成员的访问权限

【题目】访问范围限定于此程序或派生类，以下哪个关键字是对上述访问范围的正确描述？

A. public　　B. protected　　C. internal　　D. protected internal

【分析】本题目用于考核派生类访问基类成员的权限。public表示公有类，访问不受限制；protected表示可以访问该类或从该类派生的类；internal表示内部类，仅供本程序访问；private表示私有类，一般定义于嵌套类中，仅供定义的类使用。

【答案】B。

面试题4 C#实现多重继承

【题目】C#支持多重继承，通过什么方式实现多重继承？

【分析】本题目考核C#语言中如何实现多重继承。在C#语言中，继承机制仅存在单继承，即一个派生类只能有一个基类，若要实现多重继承，则需要通过接口实现。

【答案】接口。

面试题5 区分重载与覆写

【题目】重载和覆写的区别是什么？

【分析】考核重载与覆写的区别。重载是对同一个方法名的不同实现方式，编译器通过参数个数和参数类型进行区分；覆写指在派生类中覆写基类的方法。重载与覆写在实现方式上存在根本性区别，但都属于C#语言的多态机制。

【答案】重载提供了对一个方法签名的不同参数调用的实现；覆写提供了子类中改变父类方法行为的实现。

面试题6 区分接口与抽象类

【题目】接口和抽象类的区别是什么？

【分析】本题目考核接口与抽象类的定义。接口用于描述任何类或结构的一组相关功能，接口可由方法、属性、事件、索引器或这4种成员类型的任意组合构成，接口不能包含字段，其成员必须是公共的；抽象类可以包含抽象方法和抽象访问器，abstract修饰符指示所修饰的内容缺少实现或未完全实现。

【答案】接口中所有方法必须是抽象的，并且不能指定方法的访问修饰符；抽象类中可以有方法的实现，也可以指定方法的访问修饰符。

面试题7 B/S结构传递变量

【题目】如果在一个B/S结构的系统中需要传递变量值，但是又不能使用Session、Cookie、Application，有几种方法进行处理？

【分析】本题考核B/S结构的系统中传递变量的方法。

【答案】this.Server.Transfer。

面试题8 C#索引器

【题目】描述一下C#中索引器的实现过程，是否只能根据数字进行索引？

【分析】该题目用于考核对对于索引器的理解。

【答案】不是。可以用任意类型。

面试题9 应用程序域

【题目】什么叫应用程序域？

【分析】本题目用于考核对应用程序域的理解。

【答案】应用程序域可以理解为一种轻量级进程，起到安全的作用，占用资源小。

面试题10　CTS、CLS、CLR

【题目】CTS、CLS、CLR分别做何解释？

【分析】本题目考核ASP.NET中的基本概念及缩写。

【答案】CTS：通用语言系统。CLS：通用语言规范。CLR：公共语言运行库。

面试题11　访问类成员

【题目】类成员有哪几种访问形式？

【分析】本题目用于考核类成员的访问方式。通常通过点运算符访问类成员。

【答案】有2种访问形式：一种是通过“对象名.成员名”，另一种是通过“类名.成员”。具体采用哪种使用方法，取决于成员的定义方式。

面试题12　数据库操作类

【题目】.NET中读写数据库需要用到哪些类？

【分析】本题用于考核.NET中数据库操作的类。

【答案】DataSet：数据存储器。DataCommand：执行语句命令。DataAdapter：数据的集合，用于填充DataSet数据集。

面试题13　调用WebService

【题目】常用的调用WebService的方法有哪些？

【分析】本题目用于考核在.NET中调用WebService方法的操作。

【答案】

（1）使用WSDL.exe命令行工具。

（2）使用Visual Studio中的Add Web Reference菜单选项。

面试题14　.NET Remoting的工作原理

【题目】.NET Remoting的工作原理是什么？

【分析】本题目考核.NET Remoting的工作原理。

【答案】服务器端向客户端发送一个进程编号、一个程序域编号，以确定对象的位置。

面试题15　Session对象中的BUG

【题目】Session有什么重大BUG？微软提出了什么方法加以解决？

【分析】本题考核Session对象的深入理解。

【答案】IIS中由于有进程回收机制，所以系统繁忙的话Session会丢失，可以用State server或SQL Server数据库的方式存储Session。不过这种方式比较慢，而且无法捕获Session的END事件。

26.2　代码分析题

本节习题用于测试面试人员的代码分析能力，主要包含代码中基本知识点的考核、程序执行结果。

面试题16 覆写方法

【题目】阅读下列代码，写出程序的执行结果。

```
01    Public class Base
02    {Public virtual string Hello() {Console.Write( "Base、");}}
03    Public class Sub:Base
04    {Public override string Hello() { Console.Write("Sub、");} }
05    Base b = new Base();  b.Hello();
06    Sub s = new Sub();   s.Hello();
07    Base b = new Sub ();  b.Hello();
08    Sub s = new Base();   s.Hello();
```

【分析】程序中定义了一个类，并且在该类中定义了一个虚方法，还在派生类中重新定义了基类中的虚方法。第5行代码定义了一个基类对象，因此调用基类的Hello方法。第6行代码定义了一个派生类对象，因此调用派生类中的Hello方法。第7行代码调用派生类的构造函数初始化一个基类对象，因此调用基类中的Hello方法。第8行代码调用基类的构造函数创建了一个派生类对象，因此调用派生类的Hello方法。

【答案】Base、Sub、Base、Base。

面试题17 识别变量的长度

【题目】分析以下代码，确定变量i和变量j的值。

```
string strTmp = "abcdefg某某某";
int i= System.Text.Encoding.Default.GetBytes(strTmp).Length;
int j= strTmp.Length;
```

【分析】在C#语言中，字符串中每个字符占2字节，每个int型数据占据4字节的存储单元。

【答案】以上代码执行完后，i= 13 j= 10 。

面试题18 区分类的静态构造函数与静态成员

【题目】阅读下列代码，回答问题。

```
class Class1
{
    private static int count = 0;
    static Class1()
    {
        count++;
    }
    public Class1()
    {
        count++;
    }
}
Class1 o1 = new Class1();
Class1 o2 = new Class1();
```

请问，o1.count的值是多少？

A. 1　　B. 2　　C. 3　　D. 4

【分析】本题考查面试者对于类中的静态构造函数和静态成员变量的理解。由于count字段是一个静态成员变量，静态构造函数仅由系统自动调用一次，然后调用默认构造函数，因此声明完o1对象时，count字段的值为2，当声明o2对象时，再执行一次默认构造函数，字段count的值在2的基础上再加1，因此，代码执行结束后，count的值为3。

【答案】C。

面试题19 使用覆写方法

【题目】阅读下列代码，并回答问题。

```
abstract class BaseClass
{
    public virtual void MethodA()
    {
    }
    public virtual void MethodB()
    {
    }
}
class Class1: BaseClass
{
    public void MethodA(string arg)
    {
    }
    public override void MethodB()
    {
    }
}
class Class2: Class1
{
    new public void MethodB()
    {
    }
}
class MainClass
{
    public static void Main(string[] args)
    {
        Class2 o = new Class2();
        Console.WriteLine(o.MethodB());
    }
}
```

请问，o.MethodB调用的是：____。

A. BaseClass.MethodB　　B. Class2.MethodB

C. Class1.MethodB　　D. 都不是

【分析】程序中定义了一个抽象类BaseClass，抽象类中定义了可覆写的方法，接着程序中定义了一个派生类Class1，继承自BaseClass类，并在其中实现了基类中的虚方法，最后定义了一个派生类，继承自Class1，并在其定义中覆写了方法MethodB，屏蔽了基类中的MethodB方法，因此在程序中调用Class2中的MethodB方法。

【答案】B。

面试题20 分析死锁的产生原因

【题目】根据线程安全的相关知识，分析以下代码，当调用test方法且i>10时是否会引起死锁？并简要说明理由。

```
public void test(int i)
{
  lock(this)
  {
  if (i>10)
     {
        i--;
        test(i);
      }
   }
}
```

【分析】死锁产生的根本原因在于争用资源。本题中资源不断被申请，而不释放，但由于在参数传递的过程中使用值传递，因此不会产生死锁。

【答案】不会发生死锁。（但有一点，int是按值传递的，所以每次改变的都只是一个副本，因此不会出现死锁。但如果把int换作一个object，那么死锁就会发生。）

面试题21 使用数据库连接池

【题目】分析以下代码。以下代码可以正确使用连接池吗？

```
public static void test(string ConnectString)
{
   System.Data.OleDb.OleDbConnection conn = new System.Data.OleDb.OleDbConnection();
conn.ConnectionString = ConnectString;
try
{
  conn.Open();
  …….
}catch(Exception Ex)
{
  MessageBox.Show(Ex.ToString());
}finally
{
  if (!conn.State.Equals(ConnectionState.Closed))
     conn.Close();
}
```

【分析】本题考核数据库连接池的使用方法，程序中对于OleDb连接对象可以正确使用，但如果连接Microsoft SQL Server数据库，则不能正确连接。

【答案】如果传入的connectionString相同，可以正确使用连接池。

面试题22 操作xml文件

【题目】给定以下xml文件，完成遍历文件的算法设计。

```
<FileSystem>
< DriverC >
<Dir DirName="MSDOS622">
<File FileName =" Command.com" ></File>
</Dir>
<File FileName ="MSDOS.SYS" ></File>
<File FileName =" IO.SYS" ></File>
</DriverC>
</FileSystem>
```

【分析】简单地说，就是从根节点开始遍历子节点，再从找到的子节点找该节点的子节点，直到节点没有子节点为止，循环找完所有节点的子节点即可。

【答案】算法实现如下。

```
void FindFile( Directory d )
{
 FileOrFolders = d.GetFileOrFolders();          //获取文件或文件夹
 foreach( FileOrFolder fof in FileOrFolders )  //循环遍历所有文件
 {
  if( fof is File )                             //判断是否为文件
    You Found a file;
  else if ( fof is Directory )
    FindFile( fof );                            //递归调用
 }
}
```

面试题23 使用运行时多态

【题目】在下面的例子里，当使用new B()创建B的实例时，产生输出____。

```
using System;
class A
{
 public A(){
  PrintFields();
 }
 public virtual void PrintFields(){}
}
class B:A
{
  int x=1;
  int y;
  public B(){
  y=-1;
```

```
}
public override void PrintFields(){
   Console.WriteLine("x={0},y={1}",x,y);
}
```

【分析】本题考核运行时多态的实现，其关键的要素在于，派生类中实现了基类中的输出函数。

【答案】X=1，Y=−1。

面试题24 使用四舍五入

【题目】math.round(11.5)和math.round(−11.5)的结果各是多少？

【分析】round函数用于实现数据的四舍五入。

【答案】12和−11。

面试题25 使用参数传递

【题目】看程序，写结果。

```
Class class1
{
private string str = "class1.str";
 private int i = 0 ;
  static void stringconvert  (string str )
{
   str  =  “string  being  converted”;
}
static void stringconvert  (class1 c )
{
c. str = "string being converted";
}
static void Add (int i)
{
    i++;
}
static void AddwithRef (ref int i)
{
    i++;
}
static void Main()
{
int i1 = 10;
int i2 = 20;
 sting str = "str";
class c=new class1();
  Add(i1);
AddwithRef(ref i2) ;
Add(c.i) ;
stringconvert(str);
stringconvert(c);
```

```
console. WriteLine(i1);
console. WriteLine(i2);
console. WriteLine(c.i);
console. WriteLine(str);
console. WriteLine(c.str);
}
}
```

【分析】本题考核面试者对于传值调用与引用调用的区别。

【答案】10，21，0，“str”，“string being converted”。

面试题26 使用new重定义参数

【题目】看程序，写结果。

```
public abstract class A
{
  public A ()
  {
   console.writeline('A');
  }
  public virtual void Fun()
  {
   console.writeline("A.Fun()" );
   }
}
public class B : A
{
      public B ()
    {
         console.writeline('B');
       }
       public new void Fun()
       {
        console.writeline(" B.Fun()" );
       }
    public static void Main()
     {
        A a = new B();
      a.Fun();
       }
}
```

【分析】本题目考核new覆写方法与虚方法的重载。

【答案】‘A’，‘B’，A.fun()。

面试题27 使用override覆写方法

【题目】看程序，写结果。

```
public class A
{
```

```
        public virtual void Fun1( int i)
        {
         console.writeline(i);
        }
        public void Fun2 ( A a )
        {
                  a.Fun1(1);
            Fun1(5);
         }
    }
    public class B : A
    {
           public override  void Fun1(int i)
        {
             base.Fun1( i+1 );
        }
         public static void Main()
        {
           B b = new B();
           A a = new A();
              a.Fun2(b);
              b.Fun2(a);
            }
    }
```

【分析】本题考核覆写方法的使用方法。

【答案】2，5，1，6。

面试题28 使用位运算

【题目】看下述代码，写出程序的执行结果。

```
int a=-67,b=116,c=78;
int d=~a|b&c;
System.Console.Write(d);
```

结果为：______。

【分析】本程序中考核C#语言中位运算符的使用方法。其中&、|、~分别表示与运算、或运算、取反运算，将给定的数据依次转化为二进制数据，然后进行位运算。

【答案】70。

26.3 程序设计题

本节介绍使用C#语言进行程序设计的方法，以及观察题目、分析规律、编制算法、实现算法的过程。

面试题29 使用递归

【题目】有这样规则的几个数：1，1，2，3，5，8，13，21，34，55，……，用递归的方法算出第30个数是多少？

【分析】该数列是一个有规律的数列。通过观察不难发现，程序从数列的第3项开始，每一项的值都等于前2个数据项之和，因此在求某一个数据项的值时，可依次向前推算数据项的值，直到数据项为第1项或第2项。

【答案】程序代码设计如下所述。

```
public static int add(int i)
{
if(i<=0)                                        //对于不合法的数据项直接返回0
{
   return 0;
}
else if(i == 1 || i ==2)                        //当数据项为1或2时，直接返回前一数据项的值1
{
   return 1;
}
else
return add(i-1)+add(i-2);                       //依次递归求解各个数据项
}
```

第30个数是：832040。

面试题30　订阅事件

【题目】猫大叫一声，所有的老鼠都开始逃跑，主人被惊醒。

要求：

（1）要有联动性，老鼠和主人的行为是被动的。

（2）考虑可扩展性，猫的叫声可能引起其他联动效应。

【分析】该题目考核面试者对于C#中事件订阅机制的理解。

【答案】使用event -- delegate设计程序代码如下。

```
public delegate void SubEventHandler();
public abstract class Subject                          //定义抽象事件类
{
    public event SubEventHandler SubEvent;             //定义事件委托
    protected void FireAway()
    {
        if (this.SubEvent != null)
            this.SubEvent();
    }
}
public class Cat : Subject                             //定义猫的事件
{
    public void Cry()
    {
        Console.WriteLine("cat cryed");
        this.FireAway();
    }
}
public abstract class Observer                         //定义抽象类，并订阅事件
```

```
{
    public Observer(Subject sub)
    {
        sub.SubEvent += new SubEventHandler(Response);    //订阅事件
    }
    public abstract void Response();
}
public class Mouse : Observer                         //定义老鼠的事件响应方式
{
    private string name;
    public Mouse(string name, Subject sub) : base(sub)
    {
        this.name = name;
    }
    public override void Response()
    {
        Console.WriteLine(name +"attempt to escape!");
    }
}
public class Master : Observer                        //定义人对事件的响应方式
{
    public Master(Subject sub) : base(sub){}
    public override void Response()
    {
        Console.WriteLine(host waken);
    }
}
class Class1                                          //测试事件
{
    static void Main(string[] args)
    {
        Cat cat = new Cat();
        Mouse mouse1 = new Mouse(mouse1, cat);
        Mouse mouse2 = new Mouse(mouse2, cat);
        Master master = new Master(cat);
        cat.Cry();
    }
}
```

面试题31 为页面上的控件赋值

【题目】请编程遍历页面上所有TextBox控件，并给它赋值为string.Empty。

【分析】该题目考核遍历页面上所有控件的方法，以及为控件赋值的方法。

【答案】代码设计如下：

```
foreach (System.Windows.Forms.Control control in this.Controls)
{
    if (control is System.Windows.Forms.TextBox)
    {
```

```
        System.Windows.Forms.TextBox tb = (System.Windows.Forms.TextBox)control ;
        tb.Text = String.Empty ;
      }
  }
```

面试题32 冒泡算法

【题目】请编程实现一个冒泡排序算法。

【分析】考核冒泡算法的实现过程。

【答案】代码设计如下：

```
int [] array = new int
int temp = 0 ;
for (int i = 0 ; i < array.Length - 1 ; i++)
{
   for (int j = i + 1 ; j < array.Length ; j++)
   {
     if (array[j] < array[i])
    {
      temp = array[i] ;
      array[i] = array[j] ;
     array[j] = temp ;
    }
   }
}
```

面试题33 生成随机数

【题目】产生一个int数组，长度为100，并向其中随机插入1-100的数，并且不能重复。

【分析】考核产生随机数据的方法。

【答案】代码设计如下：

```
int[] intArr=new int[100];
  ArrayList myList=new ArrayList();
  Random rnd=new Random();
while(myList.Count<100)
{
  int num=rnd.Next(1,101);
  if(!myList.Contains(num))
  myList.Add(num);
}
for(int i=0;i<100;i++)
  intArr[i]=(int)myList[i];
```

26.4 逻辑测试题

本节提供一些逻辑测试题，用于考核面试者的逻辑思维、智力能力，以及对于问题的自我认知能力。

面试题34　使用容器取水

【题目】假设有一个池塘，里面有无穷多的水。现有2个空水壶，容积分别为5升和6升。问题是，如何只用这2个水壶从池塘里取得3升的水。

【分析】本题用于考核面试者的智力和对于实现目标过程中每一步操作的逻辑顺序安排。

【答案】按下述操作步骤，即可以只使用2个水壶取到3升水。

（1）先将5升的水壶装满水，然后将5升水壶中的全部水倒入6升的水壶中，此时5升水壶为空，而6升水壶中的水剩余5升水。

（2）再次将5升的水壶装满水，将5升壶中的水倒入6升的水壶中，确保装满6升的水壶，此时5升的水壶中剩下4升水，而6升水壶中为6升水。

（3）把6升水壶中的水全部倒掉，此时6升水壶中的水为空，而5升水壶中有4升水。

（4）把5升水壶中的4升水倒入6升的水壶中，此时5升水壶为空，6升水壶中有4升水。

（5）再次将5升水壶装满水，并将水倒入6升容量的水壶中，确保装满。此时5升水壶中剩余3升水，6升水壶中为6升。

（6）将5升水壶中的水倒出，即可得到3升水。

面试题35　切蛋糕

【题目】请把一盒蛋糕切成8份，分给8个人，但蛋糕盒里还必须留有一份。

【分析】该题目其实是一个智力题，用于考核面试者如何才能将蛋糕分到8个人手中，并确保蛋糕盒中还剩下一份。

【答案】使每个人手中都有一块蛋糕，并确保蛋糕盒中还留有一份，是切分蛋糕目的。因此，可将蛋糕分成8份，前7个人，每人从蛋糕盒中取出一份，到最后一个人来取蛋糕时，蛋糕盒中还留有一份蛋糕，第8个人可将最后一份蛋糕连盒带走，即可达到目的。

面试题36　十层楼挑钻石

【题目】一楼到十楼的每层电梯门口都放着一颗钻石，钻石大小不一。乘坐电梯从一楼到十楼，每层楼电梯门都会打开一次，只能拿一次钻石，问怎样才能拿到最大的一颗？

【分析】该题目用于考核面试者解决问题的思路。选择前几层楼，只观察各层钻石的大小，而不拿钻石，记下钻石大小的标准。然后，在后面的几层楼再选择大小接近前几层楼出现过的最大钻石大小的钻石，从中选取一颗即可。

【答案】该题没有确定的答案，只要能提供一种解决问题的思路即可。

面试题37　小鸟回程

【题目】有一辆火车以每小时15公里的速度离开洛杉矶直奔纽约，另一辆火车以每小时20公里的速度从纽约开往洛杉矶。如果有一只鸟，以每小时30公里的速度和2辆火车同时启动，从洛杉矶出发，碰到另一辆车后返回，依次在2辆火车之间来回飞行，直到两辆火车相遇，请问，这只小鸟飞行了多长距离？

【分析】该题用于考核面试者分析问题的能力，并通过物理上关于路程的计算方法解决问题。

【答案】假设洛杉矶到纽约的距离为s，那么小鸟飞行的距离就是$(s/(15+20))\times 30$，如果在使用C#语言实现程序时，必须注意将s声明为float型或double型。

面试题38 取红球

【题目】有2个罐子，50个红色弹球，50个蓝色弹球。随机选出一个罐子，随机选取一个弹球放入罐子，怎么给红色弹球最大的选中机会？在计划中，得到红球的准确几率是多少？

【分析】该题目用于考核面试者坚持自己看法的坚定性，对于一个员工而言，对于问题要有自己的看法，并相信自己对于问题的理解能力。

【答案】该题没有确定的答案，只要能坚持自己的看法即可得分。

面试题39 数黑帽

【题目】一群人开舞会，每人头上都戴着一顶帽子。帽子只有黑白2种，黑的至少有一顶。每个人都能看到其他人帽子的颜色，却看不到自己的。主持人先让大家看看别人头上戴的是什么帽子，然后关灯，如果有人认为自己戴的是黑帽子，就打自己一个耳光。第一次关灯，没有声音。于是再开灯，大家再看一遍，关灯时仍然鸦雀无声。一直到第3次关灯，才有劈劈啪啪打耳光的声音响起。问有多少人戴着黑帽子？

【分析】考核面试者对于问题的推断能力，以及针对不同的问题进行分类处理的能力。

【答案】对于该问题的推断思路如下所述。

（1）如果仅有一顶戴黑帽子，当戴黑帽子的人看到所有人都戴白帽，在第1次关灯的时候，此人应当给自己一个耳光，现在的情况却是当第1次关灯时，全场却鸦雀无声，因此现场的人群中肯定不止一顶黑帽子，应该多于1顶黑帽子。

（2）如果有2顶黑帽子，第1次关灯前，2人都只看到对方头上的黑帽子，不敢确定自己的颜色，因此，第1次关灯时，仍然无声音，当第2次关灯，2个戴黑帽子的人会推测，如果自己戴着白帽，对方早在上次就应当有耳光声音响起了，但上次没有声音，因此，可确定自己戴的是黑帽子，第2次关灯时，应该听到耳光声音，但第2次仍然鸦雀无声，因此现场的人群中肯定不是只有2顶黑帽子。

（3）按照同样的方法推断下去，应该是关了几次灯，就有几顶黑帽子，但关灯次数必须小于人群的个数。

软件工程技术丛书

软件工程技术丛书
软件能力成熟度模型与模型集成基础
Software Capacity Maturity Model and Model Integration Basis
黎连业 张晓冬 吕小刚 编著
机械工业出版社
China Machine Press

软件工程技术丛书
精益软件开发管理之道
Leading Lean Software Development
[美] Mary Poppendieck Tom Poppendieck 著 王海鹏 等译
机械工业出版社
China Machine Press

软件工程技术丛书
软件设计的艺术
Bringing Design to Software
[美] Terry Winograd 等编 韩柯 等译
机械工业出版社
China Machine Press

软件工程技术丛书
People CMM
人力资源管理框架
(原书第2版)
People CMM A Framework for Human Capital Management (Second Edition)
[美] Bill Curtis William E. Hefley Sally A. Miller 著 仲田 等译
机械工业出版社
China Machine Press

软件工程技术丛书
数据库重构
Refactoring Databases Evolutionary Database Design
[加] Scott W. Ambler
[美] Pramodkumar J. Sadalage 著 王海鹏 等译
机械工业出版社
China Machine Press

软件工程技术丛书
死亡之旅
Death March (Second Edition)
[美] Edward Yourdon 著 周浩宇 译
机械工业出版社
China Machine Press

软件工程技术丛书
个体与交互
敏捷实践指南
Individuals and Interactions An Agile Guide
[美] Ken Howard Barry Rogers 著 贾永娜 张凯峰 等译
机械工业出版社
China Machine Press

软件工程技术丛书
人件集
人性化的软件开发
The Peopleware Papers Notes on the Human Side of Software
[澳] Larry L. Constantine 著 谢超 刘颖 谢卓凡 李虎 译
机械工业出版社
China Machine Press

软件工程技术丛书
解析极限编程
——拥抱变化
(原书第2版)
Extreme Programming Explained Embrace Change (Second Edition)
[美] Kent Beck Cynthia Andres 著 雷剑文 李应樵 陈振冲 译
机械工业出版社
China Machine Press

Learning Python
Python
学习手册
O'REILLY

Python for UNIX and Linux System Administration
Python
UNIX和Linux系统管理指南
O'REILLY

Classic Shell Scripting
Shell
脚本学习指南
O'REILLY

Erlang
编程指南
O'REILLY

Designing Social Interfaces
社交网站界面设计
O'REILLY

Building Social Web Applications
SNS
网站构建
O'REILLY

Build and Run Scalable Web Apps with GAE
GAE
编程指南
O'REILLY

JavaScript: The Definitive Guide
JavaScript
权威指南
O'REILLY

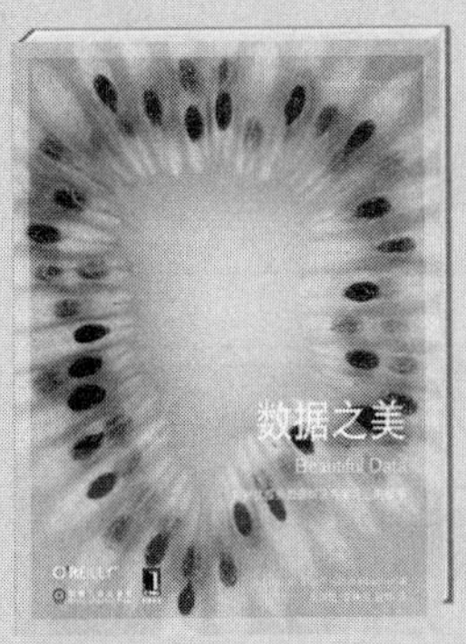
数据之美
O'REILLY

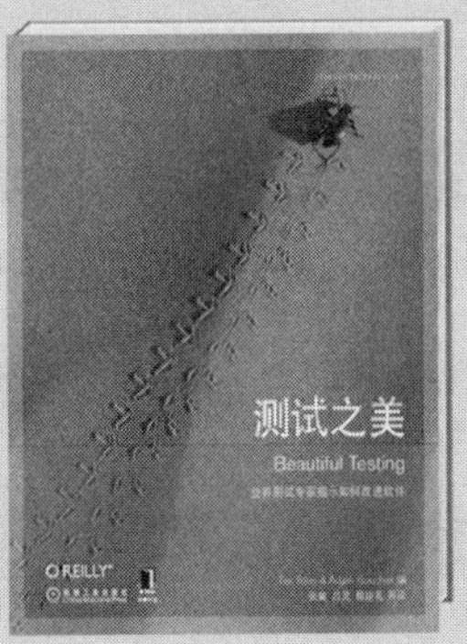
测试之美
Beautiful Testing
O'REILLY

团队之美
Beautiful Teams
O'REILLY

代码之美
Beautiful Code
O'REILLY

www.hzbook.com

填写读者调查表　加入华章书友会
获赠精彩技术书　参与活动和抽奖

尊敬的读者：

感谢您选择华章图书。为了聆听您的意见，以便我们能够为您提供更优秀的图书产品，敬请您抽出宝贵的时间填写本表，并按底部的地址邮寄给我们（您也可通过www.hzbook.com填写本表）。您将加入我们的"华章书友会"，及时获得新书资讯，免费参加书友会活动。我们将定期选出若干名热心读者，免费赠送我们出版的图书。请一定填写书名书号并留全您的联系信息，以便我们联络您，谢谢！

书名：　　　　　　　　　　书号：7-111-(　　　　　　　　　)

姓名：	性别：☐男　☐女	年龄：	职业：
通信地址：		E-mail：	
电话：	手机：	邮编：	

1. 您是如何获知本书的：

☐朋友推荐　☐书店　☐图书目录　☐杂志、报纸、网络等　☐其他

2. 您从哪里购买本书：

☐新华书店　☐计算机专业书店　☐网上书店　☐其他

3. 您对本书的评价是：

技术内容	☐很好	☐一般	☐较差	☐理由____
文字质量	☐很好	☐一般	☐较差	☐理由____
版式封面	☐很好	☐一般	☐较差	☐理由____
印装质量	☐很好	☐一般	☐较差	☐理由____
图书定价	☐太高	☐合适	☐较低	☐理由____

4. 您希望我们的图书在哪些方面进行改进？

5. 您最希望我们出版哪方面的图书？如果有英文版请写出书名。

6. 您有没有写作或翻译技术图书的想法？

☐是，我的计划是________　☐否

7. 您希望获取图书信息的形式：

☐邮件　☐信函　☐短信　☐其他____

请寄：北京市西城区百万庄南街1号　机械工业出版社　华章公司　计算机图书策划部收

邮编：100037　电话：(010) 88379512　传真：(010) 68311602　E-mail: hzjsj@hzbook.com